실무를 위한 식품포장 위생·안전관리

FOOD Packaging Hygiene & Safety

실무를 위한 식품포장 위생·안전관리

김정민·배호재·최원영·박준석

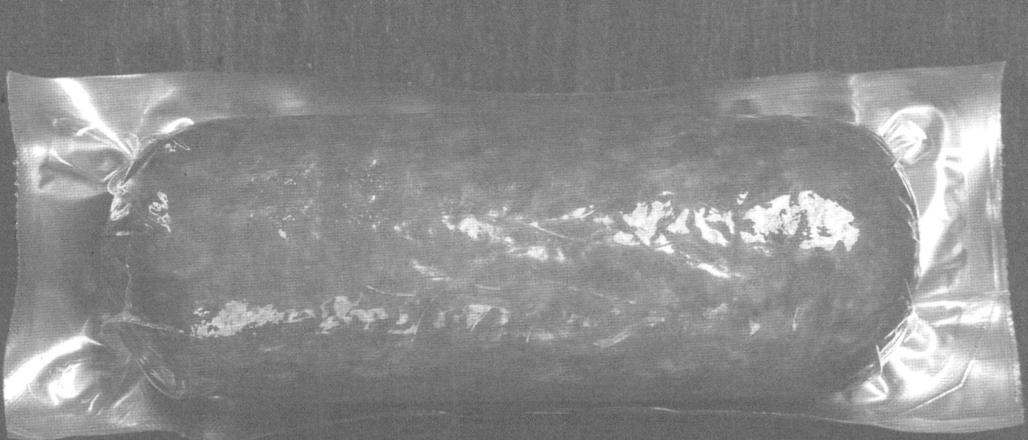

수학사

머리말

식품의 제조와 유통에 있어서 안전 관리는 우리의 건강과 직결되는 중요한 문제이다. 따라서 많은 식품 회사와 유통 회사들은 식품의 위생과 안전 관리에 대해 항상 긴장감을 가지고 철저한 관리를 유지하고 있다.

HACCP의 도입과 함께 많은 사업장에서는 각 단계별로 세분화된 위생 관리 시스템을 갖추고, 여러 방면에서의 위해요소를 줄이려는 노력을 기울이고 있다.

하지만 현재까지 식품과 식품 포장의 통합된 관리에 대한 개념이 부족하였다. 식품 제조와 유통의 각 단계에서 포장은 단순히 부재료로서의 관리 대상으로 취급되는 일이 많았고, 포장에 대한 보다 세심한 관리도 부족하였다. 그러다 보니 포장을 통해 안전성을 추구하기보다는 원인을 알 수 없는 식품에 대한 클레임을 막연히 포장의 문제로 돌리는 사례도 빈번하였다.

포장은 단순히 부재료가 아니라 식품의 안전성을 높일 수 있는 수단으로 활용되어야 하며, 그러기 위해서는 현장 실무자들의 포장재에 대한 지식과 이해가 필요하다.

현재까지 식품에서의 관리를 살펴보면, 가공과 유통에는 많은 기술들이 개발되고 식품에 도입되어 식품의 안전성을 높이고 있지만 정작 포장을 통한 안전성 추구의 노력은 다소 미흡하였다고 볼 수 있다. 이에 식품의 위생과 안전 분야에서 포장에 대한 이해를 높이고, 이를 실무에 활용한다면 현재보다 더 좋은 관리 시스템을 구현할 수 있다고 저자들은 생각한다.

식품의 안전 관리는 미생물을 대상으로 하는 것이며 사람에 의해 관리되는 것이기 때문에 언제나 100%라는 것은 없으며, 99.9%에 가깝게 도달하도록 노력하는 것만이 최선이라고 할 수 있다. 따라서 기존에 활용되었던 관리 기술에 포장이라는 수단을 추가한다는 것은 안전 관리에 있어서 신뢰성을 높일 수 있는 매우 효과적인 선택이 될 것이다.

본서는 식품의 가공 및 유통 현장에서 소홀할 수 있는 포장의 위생과 안전성의 가치를 알리고 식품의 위생과 안전을 향상시킬 수 있는 실무 지식을 전달하여, 독자들이 더 넓은 시야로 식품의 위생 및 안전 관리를 종합적으로 할 수 있도록 하는 데 목적을 두고 저술되었다.

따라서 실무에서 잘 이용되지 않는 내용은 줄이고 현장에서 꼭 필요한 실무 위주의 내용으로 구성하였으며, 식품과 포장을 별개로 나누지 않고 공정별로 함께 다루었다.

앞으로 이 책을 통하여 독자들이 현장에서 식품의 위생 및 안전 관리를 수행하는 데 능동적이고도 선제적으로 대처하는 데 도움이 되기를 바라며, 아울러 식품의 위생 및 안전 관리에 있어서 포장에 대한 인식의 변화를 통해 실무 능력 향상의 밑거름이 되기를 바란다.

끝으로 이 책이 출간되는 데 많은 도움을 주신 (재)오뚜기함태호재단과 수학사에 깊은 감사를 드린다.

2021년 가을

저자 일동

차례

11 포장재 재질별 기준 및 규격

CHAPTER 01

식품 포장의 안전 관리

1. 식품 시장의 변화와 식품 포장 안전의 중요성

최근 우리나라 식품 시장의 큰 변화는 신선편이식품 시장의 성장과 온라인 마켓의 성장, 배달식의 증가 등으로 요약할 수 있다. 특히 2020년부터는 코로나19(COVID-19)를 겪으면서 이러한 추세가 더욱 가속화되고 있다.

우리나라의 식품 시장을 살펴보면 과거 세 차례의 임팩트가 있었다. 1995년부터 시작된 학교 급식으로 급식 시장이 성장하면서 가정용 제품에서 업무용 식품으로 시장의 이동이 일어났다. 여기에 2000년을 전후하여 시작된 프랜차이즈 식당의 증가는 외식 시장의 양적 증가를 가져왔다. 2012년서부터는 'HMR(home meal replacement, 가정간편식)'이라고 불리는 즉석식품과 신선편이식품의 시장이 증가하기 시작하였다.

과거의 식품 시장 흐름을 살펴보면 가정에서 조리에 사용되었던 식품 및 식재료들의 소비가 급식이나 외식업체로 이동되면서 식품의 포장에 대해서는 큰 관심을 갖지 않았다. 하지만 즉석식품과 신선편이식품과 같이 전자레인지 등으로 간단히 조리를 하여 섭취할 수 있는 식품 시장이 성장하면서 포장재의 안전성에 대해서 관심이 늘어나기 시작하였다. 여기에 온라인(on-line) 시장에서의 식품 판매 증가와 배달식의 증가는 더욱 식품 포장재의 사용을 증가시키는 계기가 되고 있다.

2020년 식품 시장은 큰 변화를 겪고 있다. 2012년부터 시작이 된 HMR 시장을 견인한 즉석식품과 신선편이식품 시장은 올해 코로나19 확산을 계기로 더욱 성장하고 있는

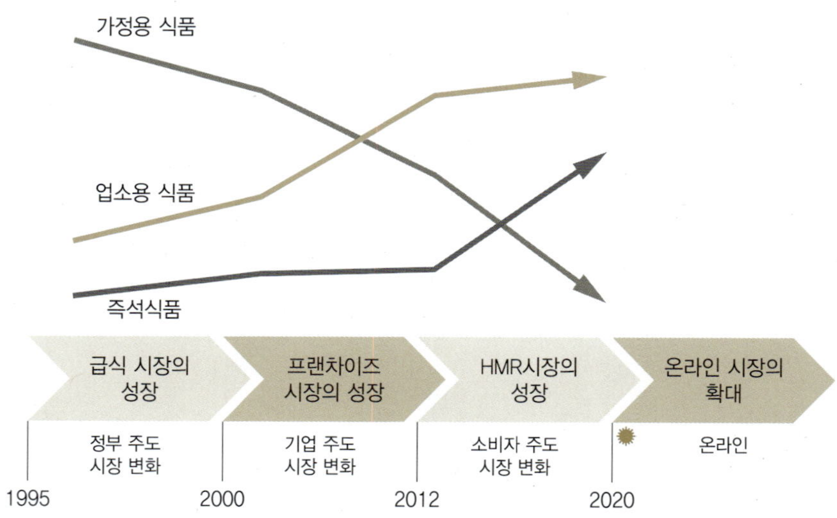

그림 1-1 25년간 국내 식품 시장의 변화

중이다. 향후에도 코로나19가 사라지지 않는다고 가정한다면 즉석식품 시장은 더욱 더 성장할 수밖에 없다고 전망된다.

식품은 인간에게 있어서 허기를 채우는 재료가 아니라 하나의 문화이자 생활 방식이다. 소비자들이 이러한 식생활로 바뀌게 되고, 2년 이상 이러한 식생활에 익숙해진다면 신종 코로나 바이러스가 사라진다고 하더라도 다시는 과거의 식생활로 돌아가지 않을 것으로 판단하기 때문이다. 학생들의 등교가 사라진 2020년, 급식 시장은 큰 타격을 입었지만 그렇다고 가정에서 사용되는 조리용 식품의 매출이 많이 증가하지도 않았다. 식품 회사들은 매출이 늘었지만 사람들이 집에서 조리를 하는 사례는 많이 늘지 않았다. 그들은 식재료보다는 신선편이식품과 즉석식품을 선택하였기 때문이다.

올해 식품 시장의 성장을 자세히 들여다보면 매출이 크게 신장된 식품 분야는 레토르트와 즉석식품, 그리고 신선편이식품들이다. 이들은 주로 상온 유통이 가능한 식품들이다. 냉장식품의 성장세보다 상온 유통되는 식품이 늘고 있는 원인은 유통 형태에 있다. 냉장 유통되는 식품들의 유통은 오프라인(off-line) 판매 비중이 압도적으로 높다.

하지만 올해 소비자들은 오프라인 매장을 잘 방문하지 않았다. 코로나 때문이다. 따라서 냉장식품의 매출은 크게 늘지 않았지만, 반면에 즉석밥과 레토르트 식품과 같은 HMR 식품은 높은 신장률을 보이고 있다. 그리고 이 추세는 당분간 계속될 전망이다.

코로나19가 시작되기 이전부터 소비자들은 1인 가구, 즉 혼자 생활하는 인구가 증가 추세였으며, 따라서 더 작은 생활공간에서 더 작은 가전기기를 보유하게 되었다. 1인 가구 증가로 소형가전의 판매량이 2014년 46.2%에서 2016년 61.8%로 증가하였다. 가정 내의 다른 조리 기구들도 소형화되고 있으며, 혼자 자취를 하는 1인 가구의 경우 집에 조리 도구가 전자레인지밖에 없는 경우도 많다.

온라인 매출 증가는 매년 진행되어 왔으나 코로나19로 인해 급격한 성장의 계기가 되었다. 최근 식품의 매출은 대형 유통업체에서 온라인으로의 이동이 두드러진다. 올해 식품 분야 온라인 매출은 작년 성장률의 50% 이상을 기록하였다. 증가한 식품 매출의 구성을 살펴보면 전자레인지에 간편하게 조리하는 즉석식품의 비중이 가장 크게 늘어났다. 배달 식품의 증가도 식품 시장 변화의 큰 변화이다. 올해 들어 배달 서비스 이용이 급증하였으며, 배달 앱 비이용자의 경우도 테이크아웃 빈도가 증가하고 있다.

즉석식품, 택배 및 배달식의 시장 증가는 결국 식품 포장재의 사용을 증가시킨다. 또한 이러한 식품의 소비로 전자레인지의 사용 빈도도 증가하고 있다. 최근 컵라면의 경우에도 전자레인지 조리용으로 포장이 바뀌고 있는데, 베스트셀러 제품 중 하나인 '컵밥'의 경우도 전자레인지 조리로 간편히 먹을 수 있는 제품이다.

포장째로 전자레인지에 데워서 먹는 식품이 증가하면서 포장 식품의 전자레인지 조리 시 안전성에 대해서도 소비자들의 관심이 높아지고 있다. 전자레인지 조리 시 급격하고 불균일한 온도 상승으로 인한 포장재의 안전성 문제는 식품업계에는 잘 알려져 있는 사실이지만, 뾰족한 해결 수단을 아직 찾지 못하고 있다. 요구되는 내열온도가 경우에 따라서는 200℃가 넘을 수 있기 때문이다.

현재 사용되는 플라스틱 포장재는 지방이나 당 등 특정 성분을 포함하고 있는 식품들에 적용될 경우 마이크로파 조리 시 포장재의 손상이 일어날 수 있으며, 이를 해결할 수 있는 포장재는 아직 개발되지 않았다. 마이크로파 에너지가 특정 부위에 집중되는 문제점 등으로 포장재의 손상이 일어날 수 있다.

식품 유통이 오프라인에서 온라인으로 전환되면서 제기되고 있는 또 하나의 문제는 포장된 식품의 위생과 미생물 안전성이다. 식품에 따라서는 신선도 유지기간이 매우 짧은 식품들이 있는데, 이러한 식품들이 과거에는 주로 오프라인으로 유통이 되었지만 현재는 택배로 배송된다. 기본적으로 택배 배송에는 시간이 걸리게 되며, 배송되는 동안 완벽한 냉장 및 냉동 조건을 유지하기 어렵다. 따라서 포장된 식품, 그리고 식품의 포장에 있어서 위생성이 많이 요구되고 있는 상황이다.

더 나아가 최근에는 유통 중 미생물 리스크를 줄이기 위해 PCM(phase change material)과 같은 보랭재, 탈산소제, 건조제 등 기능성 포장도 늘어나고 있다. 이들 기능성 포장들은 만능은 아니기 때문에 적절한 사용이 요구되었을 때 원하는 기능을 제대로 구현할 수 있다.

본서에서는 시대적인 흐름에 맞추어 식품 포장을 통해 식품의 안전성을 확보하는 방

Q. 포장된 음식물을 통하여 신종 코로나 바이러스가 전파된 사례가 있나요?

A. 아직까지 음식물을 통한 신종 코로나 바이러스의 전파나 감염은 보고된 사례가 없다.
하지만 이론적으로 전혀 불가능한 것은 아니기 때문에 열처리 등 미생물의 살균에 준하는 살균 처리가 된 식품을 선택하는 것이 보다 안전하다.

법과 식품 포장 그 자체의 안전성을 확보하는 방법에 대해 살펴보고자 한다.

2. 식품 포장에서 안전의 정의

우리가 보통 식품의 안전성을 정의할 때는 '소비자가 그 음식을 먹었을 때 건강을 해치지 않고 식중독 등의 병에 걸리지 않으며, 안심할 수 있는 음식'이라고 정의한다. 식품 안전성 확보를 위해서는 식품 생산자와 유통업자가 식품 제조, 가공, 포장, 보관과 유통 과정에서 식품의 안전을 위협하는 요소로부터 식품을 보호해야 하며, 각 단계에서 위생을 철저하게 관리하여야 한다.

식품 안전을 위협 요인에는 생물학적 위해요소, 화학적 위해요소와 물리적 위해요소의 3종류로 나눌 수 있다. 생물학적 위해요소로는 병원성 대장균(enteropathogenic *E. coli*), 캠필로박터(*Campylobacter*), 살모넬라(*Salmonella*), 장염 비브리오(*Vibrio parahaemolyticus*) 등의 식중독 세균 외에 바이러스, 기생충 등이 있다.

최근에는 코로나19의 확산으로 그동안 식품 위생 관리에서 제외되었던 바이러스에 대한 감염 예방도 관심이 높아지고 있다. 아직 식품을 통한 전염에 대한 근거는 확실히 밝혀지지 않았지만 축산물 및 수산물 수입제품들에서 신종 코로나 바이러스의 검출 사례가 보고되고 있어 관심이 요망된다. 2020년 중국에서는 산둥성 옌타이(煙臺)와 안후이성 우후(蕪湖) 등 다수 지역의 수입 냉동 해산물에서 신종 코로나 바이러스가 검출되었으며, 광둥성 선전 시에서는 브라질산 냉동 닭날개에서 신종 코로나 바이러스가 나오기도 하였다. 신종 코로나 바이러스의 식품 매개 전파는 아직 사례가 공식적으로 나오지는 않았지만, 감염된 작업자를 통하여 식품에 전이될 가능성은 충분히 있다고 본다.

화학적인 위해요소로는 곰팡이 독(aflatoxin)을 비롯한 천연 화학물질, 식품첨가물 등 의도적으로 첨가되는 화학물질 및 살충제, 농약, 항생물질 등 고의적으로 혼입되는 화학물질 등이 있다. 포장에서 비롯될 수 있는 화학적 위해요소로는 플라스틱 모노머 또는 올리고머, 플라스틱 첨가제, 잉크, 용제, 가소제와 환경 호르몬으로 불리는 내분비 교란물질(endocrine disrupters) 등을 들 수 있다.

물리적인 위해요소는 유리, 나무, 돌, 금속과 플라스틱 등 이물로 분류되는 식품 이외의 물질이 해당된다. 비록 생물학적 위해요소들이 위험성의 측면에서 더 중요시 여겨지는 경향이 있기는 하지만 물리적인 위해요소인 이물은 발생 빈도나 식품의 건전성 측면에서 중요한 클레임의 원인이 되고 있다. 물리적 위해는 생물학적 위해나 화학적 위해와 달리 개인 또는 소수의 소비자를 대상으로 한 장애(구강이나 치아 손상, 목구멍에 걸려 일어나는 질식 등)로 발생하는 경우가 많다.

식품의 위해요소에는 국내에서 제조, 유통되는 식품들뿐만 아니라 수입식품 및 재료에서도 많은 위해 원인물질이 있다. 특히 포장재에 있어서는 각국마다 관리 기준이 다르거나 관리가 철저하지 않을 수도 있기 때문에 더욱 주의가 요망된다.

식품 위생의 정의에 대해서 세계보건기구(WHO)는 식품의 생육, 생산, 제조에서 최종적으로 사람들에게 섭취되기까지의 모든 단계에서 식품의 안전성, 건전성 및 악화 방지를 확보하기 위한 모든 수단을 말한다고 규정하고 있다.

세계 각국은 식품 및 포장의 위생 관리 방법으로 HACCP을 채택하고 있다. 이 HACCP는 미국의 NASA의 우주식 개발에서 처음 비롯되었으며, FAO/WHO의 CAC(코덱스 위원회)에서 1993년 7월에 HACCP의 적용에 관한 가이드라인이 나왔다.

HACCP은 Hazard Analysis Critical Control Point System의 약칭으로 '위해요소 중점 관리 기준'을 말하며, 2014년부터 '식품 관리 인증'으로 명칭이 단순화되었다.

HACCP 제도는 위해요소 분석, 위해요소를 제거하거나 일정 수준까지 줄일 수 있는 중요 관리점(Critical Control Points, CCP) 결정, CCP 한계기준 설정, CCP 모니터링 체계 확립, 개선 조치 방법 수립, 검증 절차 및 방법 수립, 문서화, 기록 유지 방법 설정 등의 7가지 원칙에 의거한다. 1993년에 유럽에 처음 도입되었고, 우리나라에서는 1995년부터 도입되기 시작하였다.

현재 우리나라에서 HACCP 적용 범위는 축산물의 경우 축산물의 생산·가공·유통의 모든 분야에 적용된다. 식품의 경우에는 식품 및 즉석 판매 제조·가공업, 건강 기능 식품 및 식품첨가물 제조업, 식품 소분업, 집단 급식소 및 기타 식품 판매업, 식품 접객업 및 집단 급식소 등 식품의 제조·가공·유통·외식·급식의 모든 분야에 적용된다. HACCP 도입과 함께 위생 기준에 맞는 시설, 설비가 갖추어진 식품공장에서 안전성, 품질이 뛰어난 식품을 소비자에게 제공할 수 있게 되었다.

식품의 위생 및 안전 관리에는 포장재의 관리도 필수이며, 포장재를 법규와 규격 기준에 적합하게 관리하는 것도 중요하지만 그러한 규격에만 부합한다고 해서 포장재가 안전하고 위생적으로 관리된다고는 반드시 말할 수 없을 것이다.

규격 기준에 규정되지 않은 품질 항목이라도 객관적인 근거뿐만 아니라 전 공정과 유통 과정에 있어서 안전하고 위생적인 대비책을 항상 갖추고 있어야 한다. 포장재는 그 자체의 가공 공정에서와 유통 과정에서 안전 위생 관리가 필요할 뿐만 아니라 식품의 포장에 사용되어 식품이 유통, 사용되는 단계에 이르기까지 폭넓은 범위에서 안전성이 고려되고 관리되어야 한다.

따라서 식품 포장에 있어서 안전의 정의는 '식품 포장재는 포장재에서 기인하는 위해요소, 식품을 포장하는 공정에서의 위해요소, 그리고 포장된 식품을 가공, 유통, 소비하는 단계에서의 위해요소로부터 식품을 안전하게 보호해야 한다.'라고 정의할 수 있을 것이다. 즉 포장재 자체로부터 기인하는 위해물질뿐만 아니라 식품을 가공, 유통, 소비하는 단계에서 생물학적, 화학적, 물리적 위해요소들이 식품에 영향을 미치지 않도록 보호하는 것도 식품 포장의 안전에 있어서 중요한 요소가 된다.

3. 식품 포장에서 안전의 범위

앞서 식품 포장의 안전에 대한 정의에서 언급했듯이 바람직하고 안전한 포장이란 '포장재에서 기인하는 위해요소, 식품을 포장하는 공정에서의 위해요소, 그리고 포장된 식품을 가공, 유통, 소비하는 단계에서의 위해요소로부터 식품을 안전하게 보호해야 하는' 포장을 말한다.

식품 포장에 있어 안전의 범위는 다음과 같이 구분할 수 있다.

1) 포장재의 안전성과 건전성

식품의약품안전처에서 발행한 『식품용 기구 및 용기·포장 공전』에서 살펴보면, 식품 포장재의 안전성과 건전성에 대해 서두에서 언급하고 있다.

『식품용 기구 및 용기·포장 공전』의 'II. 공통기준 및 규격 1. 공통제조기준의 가. 원재료 기준 1)항'에서 포장재 원재료 기준에 대하여 "기구 및 용기·포장의 제조·가공에 사용되는 원재료는 품질이 양호하고, 유독·유해 물질 등에 오염되지 아니한 것으로 '안전성'과 '건전성'을 가지고 있어야 한다."라고 명시하고 있다.

식품 포장재의 안전성이란 포장재와 관련한 어떠한 '위해요소'가 어떠한 경로를 통하여 인체에 해로운 영향을 미칠 수 있는 가능성으로부터 자유로워야 한다는 것을 의미한다. 식품 포장재의 건전성은 포장재와 관련한 '위해요소'에만 국한되지 않고, 어떠한 포장재를 식품 포장재로서 사용하고자 할 때 그것이 건전한지에 대한 판단이다.

이것은 식품에도 공통적으로 적용되는 사항이다.

일례로, 매우 우수한 성능의 정수기가 개발되어 폐수를 걸러 사람이 먹어도 문제가 없을 정도의 음용수로 만들 수 있었는데, 이것을 음용수로서 사용할 수 있는지에 대해서 논란이 있었다. 많은 논의를 거친 후 결국에는 음용수로 사용할 수 없다는 결론에 이르게 되었다. 비록 정수기에서 얻은 물이 인체에 해를 끼친다는 과학적인 근거가 없었음에도 불구하고 폐수를 원료로 사용하는 것은 그 자체로서 원료의 건전성이 없고, 향후 잠재적인 위해요소가 나올 수도 있다는 판단이었기 때문이다.

포장재와 관련한 몇 가지 사례를 들면 다음과 같다.

일전에 지인으로부터 "소의 배설물을 이용해 고온의 공정으로 일회용 용기를 개발하는 연구를 성공하였는데, 시장에서의 상용화 가능성은 어떻겠습니까?"라는 질문을 받은 적이 있다.

이야기를 들어보니 값도 싸고 플라스틱과 물성도 비슷하며 친환경적이고, 포장재 가공 중 고온 처리 공정이 있어 미생물에 대한 위해요소가 없으며, 기타 식품 포장재로서의 안전성도 모두 규격에 문제가 없다는 주장이었다. 하지만 여기서 가장 중요한 하나를 간과하였다. 그것은 포장재 원료의 건전성에 위배된다는 점이었다. 따라서 상용화는 고사하고 식품 포장재로서 사용 자체가 될 수 없다고 답변하였고, 결국 그 제품은 상용화되지 못하였다.

또 하나의 사례로는 전자레인지 조리 시 충분한 내열성을 갖지 못하는 포장재에 대한 논란이다. 전자레인지에서 조리를 할 때 조리 방법에 따라 수성 식품은 105℃, 유지가 포함되는 식품은 200℃ 내외까지 온도가 상승할 가능성이 있다.

그렇다면 컵라면에 사용되는 발포 PS(PSP) 용기나 PE가 코팅된 종이컵을 전자레인지에서 사용하는 것은 문제가 될 수 있을까? 둘 다 『식품용 기구 및 용기·포장 공전』에서 규정하고 있는 위해물질이 전자레인지 조리중 식품으로 이행될 가능성은 없다고 하자.

이 경우에도 발포 PS(PSP) 용기나 PE가 코팅된 종이컵의 전자레인지 사용은 포장재의 건전성에 위배된다고 할 수 있다. 왜냐하면, 두 가지 용기 모두 95℃ 정도에 이르게 되면 용기에 변형이 일어나거나 녹아서 포장재로서의 기능을 상실하기 때문이다. 용기의 변형은 사용 시 안전성에도 영향을 미칠 수 있기 때문에 위해요소도 존재한다고 할 수 있다.

결국, 전자레인지 조리 시 변형이 일어나는 포장재는 포장재에 사용된 원료가 충분한 내열성을 갖지 못하기 때문에 포장재 원료로서의 안전성과 건전성을 만족시키지 못한다고 할 수 있다. 이러한 이유로 시중에서 유통되는 컵라면 용기의 경우 발포 PS(PSP) 용기나 PE가 코팅된 종이컵인 경우에는 전자레인지 조리 불가 표시를 하고 있다.

그림 1-2 컵라면 표시 사항 사례(발포 PS 용기, PE 코팅 종이컵 등)

2) 미생물 관리

우리가 보통 식품 포장재의 안전성에 대해 생각을 할 때는 포장재 자체로부터의 안전성을 생각하기 쉽다. 하지만 실제로 가장 위해요소가 많고, 안전 관리에 신경을 써야 하는 분야는 바로 미생물 관리이다.

식품 포장재는 미생물과 같은 생물학적 위해요소로부터 식품을 보호하기 위한 기능이 매우 중요하다. 또한 이 기능을 충분히 발휘하지 못하였을 때는 사고와 클레임에 대한 리스크가 매우 크기 때문에 가장 신경을 써서 관리해야 하는 분야이다.

예컨대 레토르트 식품 포장재에 미세한 균열이나 핀홀(pin-hole)이 있으면 유통 중 미생물의 증식으로 인해 심각한 클레임에 직면할 수도 있다. 눈에 잘 안 보이는 조그만 구멍으로 세균은 쉽게 침투할 수 있기 때문이다.

레토르트 파우치의 미세한 균열이나 핀홀은 포장재 제조 공정에서 발생할 가능성도 배제할 수는 없지만, 대부분은 식품 공정이나 유통 중 발생한다. 따라서 레토르트 식품에 있어서 포장재의 미생물 안전 관리는 포장재 제조 공정뿐만 아니라 식품의 가공 그리고 유통 단계에 이르는 범위를 모두 포함하여야 한다.

그렇다면 이 넓은 범위에 있어서 안전 관리를 어떻게 해야 할까? 포장재를 설계할 때, 이 모든 범위에서 포장재에 영향을 미칠 수 있는 스트레스의 수준에 대해 감안하여 포장재에 가해질 수 있는 스트레스에 충분한 저항성을 갖는 포장재로서 설계가 되어야 하는 것이다.

무균 포장의 하나인 즉석밥은 무균 상태로 포장 내부가 유지되어야 한다. 곰팡이 등의 호기성 미생물의 증식을 막기 위해 질소 충진 포장을 하며, 또한 유통 중 외부로부터의 미생물 유입을 막기 위해 충분한 밀봉성을 유지하여야 한다. 따라서 이러한 미생물 리스크를 막을 수 있는 설계를 해야 하며, 포장 기능의 손상을 막기 위한 생산 및 유통 관리가 필요하다.

신선편이 샐러드와 같은 비살균 식품의 경우에는 미생물이 샐러드 내에 존재하므로 유통 중 미생물의 증식을 막을 수 있는 적절한 산소와 이산화탄소 농도를 포장 내부에 구현하여야 한다. 만약 포장재가 이러한 기능을 상실한다면 충분한 기간 동안 유통을 시키기 어렵고, 정해진 유통기한 내에서도 미생물에 대한 리스크가 커질 수밖에 없다.

최근 즉석식품이 늘어나면서 미생물 관리의 중요성도 높아지고 있다. 식품 포장으로서 미생물 안전 관리는 포장재 제조 공정 및 식품공장으로의 입고, 포장재 보관, 식품의 제조 공정 및 유통 단계에 이르는 범위를 모두 대상으로 하여야 하며, 위해요소를 미리 파악하여 각 단계별로 사전에 안전성을 확보하려는 노력이 필요하다.

3) 이물 관리

보통 이물에 대해서는 안전성과 관련이 없는 것으로 판단하기 때문에 간과하기가 쉽다. 하지만 식품 회사에서 가장 많이 발생하는 클레임은 이물이며, 경제적인 손실 또한 막대하다는 것을 주지하여야 한다.

식품 내에 이물질이 유입되어 야기되는 경제적 손실은 점점 더 커지고 있다. 단순히 상품을 폐기하는 손실만이 아니라 회수 비용, 원인 조사, 위해가 있을 경우 보상, 거래 기회의 손실, 재거래 개시에 필요한 영업 노력, 언론에 거론될 경우 이미지 손상 등을 포함하면 상당한 손실이라고 판단할 수 있다.

식품의약품안전처에 의하면 최근 5년간(2015~2019) 식품 이물 신고 건수는 총 21,544건으로, 이 중 벌레와 곰팡이가 각각 6,852건(31.8%), 2,452건(11.4%)으로 가장 많았고, 다음으로는 금속(1,863건, 8.6%), 플라스틱(1,439건, 6.7%) 순이었다. 특히 벌레는 7~10월, 곰팡이는 6~10월에 신고 건수가 크게 증가했는데 이는 온·습도가 높은 여름철은 벌레, 곰팡이가 생육 또는 번식하는 데 최적의 환경이 조성되기 때문이다.

최근에는 코로나19의 영향으로 배달 식품이 증가하면서 이물 혼입 사례도 늘어나고 있다. 배달앱 이물 통보제가 시행된 2019년 7월 16일부터 2020년 7월 31일까지 7개 주요 배달앱에서 발생된 이물질 신고 건수는 1,596건에 달했다고 한다. 직접 주문하여 먹는 배달 식품까지 포함한다면 전체 가공식품에서 발생하는 이물의 건수보다도 많을 수가 있는데, 이는 배달 식품의 제조가 식당 등 소규모 개인 사업자에 의한 수작업에 의존하기 때문이다.

식품에서의 이물 발생은 위해성 여부를 떠나서 식품의 위생 상태에 대해 신뢰를 할 수 없는 가시적인 요인이 될 수밖에 없다. 이물 관리는 제조와 포장 단계에서 동시에 이루어져야 하며, 포장재 자체가 이물이 될 수도 있다는 점도 고려해야 한다.

식품 포장으로서 이물 관리는 포장재 제조 공정부터 시작하여 식품공장으로의 입고, 포장재 보관, 식품의 포장 공정 및 유통 단계에 이르는 범위를 모두 대상으로 하여야 하며, 위해요소를 미리 파악하여 각 단계별로 사전에 안전성을 확보하려는 노력이 필요하다.

4) 포장재로부터 기인하는 위해요소 관리

포장재의 안전·위생성에 대해서 포장 회사와 식품 회사 모두 「식품위생법」과 『식품용 기구 및 용기·포장 공전』을 숙지하고 기준 규격에 맞도록 관리하여야 하는 것이 필수이다.

포장재 또는 식품을 수출하는 회사에 있어서는 대상국의 규정 또는 FDA 등의 규정에 포장재의 규격이 적합한지를 확인하는 것도 필수이다. 이 범위에 속하지 않는 분야에 있어서는 각 업체별로 자율 기준 규격을 설정하여 관리하는 것이 좋다. 포장재 자체가 식품은 아니지만 포장재는 식품과 접촉하기 때문에 식품의 생산 공정 및 유통 중 언제든 식품으로 위해물질이 전이될 가능성이 있기 때문이다.

포장재로부터 기인하는 위해요소들은 크게 포장재를 만들기 위한 소재로부터 기인하는 위해물질과 포장재의 제조 가공 시에 포장재에 전이될 수 있는 위해물질로 나눌 수 있다. 여기에 한 가지 더한다면 포장재의 운반 또는 보관 중 포장재로 전이될 수 있는 물질도 포함될 수 있다.

포장재로부터 기인하는 위해요소 관리를 위한 포장재의 기준 규격에 대해서는 「식품위생법」 제9조제1항 및 「축산물 위생관리법」 제5조제1항의 규정에 따른 '기구 및 용기·포장의 제조 방법에 관한 기준'과 '기구 및 용기·포장과 그 원재료에 관한 규격'이 있다. 여기에 근거하여 만들어진 것이 『식품용 기구 및 용기·포장 공전』이며, 이 공전은 '공통기준 및 규격', '재질별 규격', '시험법'으로 구성되어 있다.

공전에서 '재질별 규격'은 기구 및 용기·포장의 재질을 합성수지제, 가공셀룰로스제, 고무제, 종이제, 금속제, 목재류, 유리제, 도자기제, 법랑 및 옹기류, 전분제로 구분하여 구성되며, 재질별로 정의와 잔류규격, 용출규격, 시험법으로 구성된다.

① 정의는 해당 재질의 범위를 규정하기 위해서 제조 시 사용되는 원료물질 및 그 함량, 제조 방법 등으로 구성한다.

② 잔류 규격 및 용출 규격은 기구 및 용기·포장 제조 시 원료물질 등으로 사용되어 재질 중 잔류하거나 재질에서 식품으로 이행될 수 있는 유해물질에 대한 규격 등이 제시되어 있다.

③ 시험법은 공통기준 및 규격, 잔류규격, 용출규격에 기준 또는 규격이 정해져 있는 개별 항목에 대한 시험법이다.

포장재로부터 기인하는 위해요소의 안전 관리를 위하여 식품 회사는 처음부터 공전의 규격에 적합한 포장재를 선정하여 사용하여야 하며, 주기적으로 포장 회사로부터 시험성적서를 받아 포장재의 기준 규격에 맞는지를 항시 확인하여야 한다.

포장재로부터 기인하는 유해물질로는 기구 및 용기·포장을 제조할 때 사용되는 주원료, 가공보조제 등의 원료성 물질과 제조공정 중 생성·혼입되는 불순물, 오염물질 등(이행 가능 위해 우려 물질)이 있으며, 표 1-1과 같이 구분될 수 있다.

표 1-1 포장재로부터 기인하는 유해물질의 구분

구분	항목
미반응 원료물질	염화비닐, 비스페놀 A, 포름알데히드, 페놀, 멜라민, 테레프탈산, 이소프탈산, 1-헥센, 1-옥텐 등
가공 보조제	DEHP, DEHA, 디부틸주석화합물, 비페닐, 일차방향족아민 등
반응생성물질	비스페놀 A 디글리시딜에테르, 비스페놀 F 디글리시딜에테르, 니트로사민류 등
오염물질 등	PCBs, 과망간산칼륨소비량*, 총용출량**, 형광증백제, 납, 카드뮴, 비소 등

*과망간산칼륨소비량: 기구·용기·포장으로부터 식품으로 이행(용출)될 수 있는 물질 중 과망간산칼륨에 의해 산화되는 물질의 총량에 대한 규격

**총용출량: 기구·용기·포장으로부터 식품으로 이행(용출)될 수 있는 물질 중 비휘발성 물질의 총량에 대한 규격

5) 사용자 안전성

식품 포장재의 안전 분야에 있어서 식품 회사에서 가장 많은 노력을 기울여야 하는 분야가 바로 소비자의 사용 시 안전성이다. 사용 시 안전 문제는 소비자가 책임을 져야 하는 분야로 생각하기 쉽지만 소비자의 책임은 비정상적인 사용에만 해당되는 것이고, 정상적인 사용 행위에도 발생할 수 있는 안전사고는 바로 식품 회사의 책임인 것이다. 포장재의 사용 시 발생하는 사고는 소비자 클레임으로 직결되기 때문에 기업의 이미지를 훼손시키고, 때로는 클레임의 처리를 위해 많은 비용이 발생하게 된다.

식품 포장재 사용 시 위해요소는 다음과 같이 분류할 수 있다.

첫째는 식품 포장재 자체에 위해요소가 있는 경우이며, 둘째는 소비자들이 포장된 식품을 사용 시 사용 방법대로 사용하지 않아(오용) 위해가 발생하는 경우이다.

식품 포장재 자체에 위해요소가 있는 경우의 사례를 들면, 캔의 뚜껑(easy open end, EOE)을 들 수 있다. 현재는 많이 개선이 되었지만 과거에는 캔을 따면서 날카로운 뚜껑에 손을 베이는 경우가 있었다. 이것은 뚜껑의 소재가 철(steel)이면서 매우 얇게 만들어졌을 경우, 그리고 캔에서 완전히 분리되지 않을 경우에 일어난다.

소비자의 오용에 의해 위해가 발생하는 사례로서는 포장 식품의 전자레인지 조리를 들 수 있다. 전자레인지 조리를 하면 안 되는 식품 용기(예컨대 PS 용기)에 담긴 식품을 전자레인지에 조리하였을 경우 열에 의한 용기 변형이 일어나고, 전자레인지에서 조리된 식품을 꺼낼 때 소비자가 화상을 입을 위험이 있다.

사용 시 안전사고를 예방하는 방법은 근원적으로는 안전한 포장재를 식품에 사용하는 것이 최선이지만, 달리 방법이 없을 경우에는 식품 포장재에 사용 방법과 경고 문구,

그림 등을 인쇄하여 위험성에 대해 소비자들에게 충분히 고지해야 한다. 따라서 식품 포장재의 사용 시 안전성을 확보하기 위해서는 제품 개발 전에 충분히 사용성 평가를 진행하여 사용이 안전한 포장을 설계하고, 제품 출시 이후에도 지속적으로 모니터링을 할 필요성이 있다.

소비자들의 사용 시 안전 문제 이외에 또 중요한 것은 악의를 갖고 유통 중인 식품에 독극물을 넣는 경우이다. 대부분 협박으로 끝나지만 그렇지 않은 경우도 있는데, 이 경우에는 식품 회사에 심각한 타격을 줄 수 있다.

2019년 4월 유럽에서는 독극물을 식품에 넣겠다는 협박 사건이 있었다. 식품 회사를 상대로 제품에 독을 넣겠다며 금품을 요구하는 수법은 이탈리아에서 시작되었다.

커피 제조업체 라바짜(Lavazza)와 베르그나노(Vergnano), 초콜릿 제조업체 페레로(Ferrero), 케이크 제조업체 발로코(Balocco) 등이 녹색 가루가 든 협박 편지를 받았다. 비슷한 시기에 덴마크와 스웨덴, 벨기에, 네덜란드, 스위스, 오스트리아, 독일, 영국 등지의 식품 회사도 협박 편지를 받은 것으로 조사되었다. 이들은 상당한 금액의 비트코인을 식품 회사에 요구하였고, 결국 범인이 범행을 실행에 옮기지는 않았지만 식품 회사들은 포장 라인과 유통업체들에 대한 점검을 강화할 수밖에 없었다.

이와 같은 악의적인 범죄에 대처하기 위해서 사용되는 것이 위·변조 방지 포장이다. 밀봉된 포장을 소비자들이 쉽게 확인할 수 있도록 하여야 하며, 유통 중 위·변조가 어렵도록 하는 대책이 필요하다. 하지만 너무 밀봉성을 중요시 하게 되면 소비자의 사용 편의성을 해칠 수가 있다. 최근 우리나라는 고령화 사회로 접어들고 있고, 노약자나 어

Q. 안전한 식품용 용기를 나타내는 표시 사항으로는 무엇이 있나요?

A. 식품 용기의 안전성은 기준 규격으로 관리하고 있으며, 그 기준은 『식품용 기구 및 용기·포장 공전』과 「식품위생법」에 명시되어 있다.
용기의 안전성에 대한 표시 사항은 식품과 접촉하는 내면 재질에 대한 의무적인 표시 외에는 주로 식품의 사용 시 안전에 대한 것들이 대부분이며, 법적인 기준에 의해 표시하지는 않고 식품 회사 자율적으로 표시하고 있다. 포장째로 조리를 하는 식품의 안전한 조리법, 개봉 시 유의 사항, 보관 방법, 전자레인지 사용 가능 여부 등이 있다.
다만, 이들 표시 사항도 『식품용 기구 및 용기·포장 공전』과 「식품위생법」에 의거하여 표시를 하고 있다. 예를 들어 전자레인지 사용 가능 여부는 내열성이 120°C까지 있는지를 기준으로 하고 있으며, 이것은 『식품용 기구 및 용기·포장 공전』에 명시되어 있다.

린이가 개봉하기 쉽도록 고안된 포장 설계가 필요하다. 왜냐하면 개봉을 위해 무리하게 힘을 가하는 과정에서 또 다른 안전사고가 발생할 여지가 있기 때문이다.

포장에서 사용자 안전성에 대해 고려할 범위는 이와 같이 매우 넓다. 식품 회사들이 소비자의 사용 안전성에 대해 고민하는 결과는 결국 식품 회사에 대한 신뢰도를 상승시키고, 회사의 브랜드 가치를 유지하는 데 큰 도움이 될 것이다.

4. 안전을 위한 제조 관리

포장 식품의 안전 관리에 있어서 주체가 되는 것은 사람이다. 철저한 관리를 하고 있는 상황에서 위해요소가 우연히 나타나는 경우는 드물다. 안전과 관련한 사고나 클레임이 발생한다면 그것은 누군가의 실수가 개입이 되어 있고 결국 사람으로 인해 발생되는 사고, 즉 인재라고 볼 수 있는 것이다. 따라서 식품 및 포장 재료의 제조 공정에서는 이물질 관리를 위해 다음과 같은 대책을 세워 관리하고 있다.

① 공장 내로 종업원이 이물질을 갖고 오지 않도록 한다.

② 식품 원료뿐만 아니라 포장재에 혼입되어 있는 이물질을 충분히 검사하여 제거한다. 공정 중 이물의 혼입을 검사하여 제거하기 위하여 금속 탐지기와 X선 장치, 화상 장치 등을 사용하여 검출하거나 육안으로 제거한다.

③ 이물질과 곤충의 원인 제거를 위하여 식품이나 포장재 제조공장의 창과 환기구, 통로에는 벌레가 들어갈 수 없는 장치를 설치하고, 가공기계 등은 금속 조각이 튀지 않는 재질과 구조로 만든다.

④ 작업자가 육안으로 구별이 쉽도록 작업장 안의 조명은 1,500~2,000 lux로 유지하고, 검사자의 작업 교대 시간은 철저히 준수한다.

플라스틱 포장재의 경우 정전기로 인해 먼지나 이물, 미생물의 부착이 식품보다 더 문제가 될 수 있으며, 따라서 제조장에서 공정의 위생 관리뿐만 아니라 방충, 이물질 혼입과 방진, 낙하·부착 미생물 등의 방지 대책이 필요하다.

대표적인 사례가 의약품 포장재, 식품용 무균 포장재로서 제조 라인을 클린룸화하여 포장재를 제조한다. 가스치환 포장 등 완전한 밀봉 상태를 유지하여야만 하는 포장 식품의 경우에는 외포장 공정에 들어가기 전 핀홀 테스터를 설치하여 밀봉이 제대로 되었는지 확인하여야 한다.

살균 식품이나 레토르트 식품에서는 포장재의 내충격성과 내핀홀성이 유통 중 가장 중요한 요소이다. 사실 핀홀에 대해서는 포장재 제조 시 발생하는 결함보다는 생산 공정이나 유통 과정에서 발생하는 경우가 많다. 따라서 생산 공정에서는 파우치가 심하게 구겨지지 않도록 공정 관리를 하여야 하며, 유통 중의 포장재 손상을 예방하기 위해 규격대로 포장재가 제조되었는지 입고 검사가 필수이다. 소비자 사용 안전성에 대한 확인을 위해 제조된 포장 식품에 대해서는 출고 검사 시 개봉 강도나 사용 편이성에 대해 생산 로트별로 확인을 하는 것도 중요하다.

식품 포장에 대한 안전에 대해서는 갈수록 그 중요성이 대두되고 있다. 현재 세계 각국은 포지티브 리스트(positive list, 허용물질목록) 제도를 도입하는 추세이며, 우리나라도 곧 포지티브 리스트 제도를 도입하려는 움직임이 있다.

2020년을 기준으로 해외의 식품용 기구 및 용기·포장의 포지티브 리스트 제도 도입 현황을 살펴보면 포지티브 리스트 제도를 도입하고 있는 국가는 미국, EU, 이스라엘, 인도, 중국, 인도네시아, 베트남, 호주, 뉴질랜드, 사우디아라비아, 브라질 등이며, 일본은 2020년 하반기부터 플라스틱 포장재를 시작으로 도입을 시작하였다. 우리나라와 태국은 2020년 말부터 포지티브 리스트 제도 도입을 검토 중이다.

2020년 기준 식품용 기구 및 용기·포장의 원료 소재별 포지티브 리스트 도입은 미국은 합성수지, 종이, 고무에 대해 적용하고 있으며, EU는 합성수지만 통일된 규제를 하고 있고 종이, 고무, 금속 및 유리는 각국별 규제를 하고 있다.

여기에 더하여, 각국들은 포장재 제조에 사용되는 물질들에 대한 포지티브 리스트를 계속적으로 업데이트하고 있다. 즉 이제는 허용된 소재와 물질들만 포장재로 사용될 수 있는 것이다.

현재 우리나라는 포장재에 대한 관리를 최종 제품의 유형별 재질 시험과 용출 시험으로 이루어지는 사후 관리 체계, 즉 '어떤 물질이 포장재에 있어서는 안 된다.'라는 개념(negative list, 금지물질목록)에서 관리를 하여 왔으나 향후에는 '허용된 물질만 포장재에 포함되어야 한다.'라는 개념(positive list)'으로 전환하게 될 전망이며, 따라서 포장재에 대해서는 더 엄격한 관리가 요구되고 있다. 특히 수출하는 식품에 있어서는 포장재가 해외의 규격에 적합한지 확인하는 것이 필수이다.

코로나19는 전 세계 사람들에게 위생과 안전의 중요성을 환기시키는 계기가 되고 있다. 식품공장에서 작업자의 감염은 제품에 대한 영향을 떠나서 전체 공장의 가동을 중단시키는 원인이 되기 때문에 식품 회사에서는 작업자의 위생 관리가 더 철저해지고 있다.

신종 코로나 바이러스가 식품을 매개로 전파된다는 근거는 아직 나오지 않았지만, 확진자가 발생한 회사의 식품을 한동안은 아무도 사먹지 않을 것이라는 염려도 현실이 되고 있다. 공장에서 작업자의 밀집도를 최대한 줄이려는 노력은 라인의 자동화 추세로 이어지고 있으며, 제조 공정에서의 검사의 자동화도 더 요구되고 있는 상황이다. 하지만 자동화된 검사 장비들의 한계로 인해 각 식품 회사들은 식품의 제조 공정에 있어서 더 엄격한 기준을 세우고 관리하여야 한다.

최근 시장이 커지고 있는 레토르트 식품을 예로 들면, 원재료의 미생물과 이물질 혼입 여부, 조리 가열 공정에서의 온도 관리, 포장재의 미생물 부착 여부, 충진 공정에서의 낙하균 문제, 포장재의 열접착 강도와 밀봉성 여부, 레토르트 살균 온도와 시간, 냉각 공정에서의 온도 관리와 잔류 염소 농도, 제품 완성 후의 금속 검출과 이물질 검사에 더 엄격한 기준을 적용하고 있으며, 유통업체들에서도 안전과 위생이 확보된 포장을 더 엄격히 요구하고 있다.

고령층 등 건강에 관심을 많이 갖는 계층에서는 적절한 포장기법과 미생물 제어기술 사용 등이 요구되며, 안전한 의료·간병식이 필요한 계층이다. 현재 우리나라도 안전한 즉석식품에 대한 소비자의 요구가 늘고 있으며, 이들 식품을 조리, 제조하는 경우 시설 및 제조 방식은 더 엄격한 HACCP 방식을 채택하여야 할 것이다.

Q. Positive List 제도를 적용하고 있는 국가들은 어느 나라들이 있나요?

A. Positive List 제도는 사용을 원칙적으로 금지한 후 사용을 허용하는 물질을 리스트화하여 관리하는 제도로서 현재 미국, EU, 이스라엘, 인도, 중국, 인도네시아, 베트남, 호주, 뉴질랜드, 사우디아라비아, 브라질, 일본 등이 이 제도를 적용하고 있다. 일본은 2020년 하반기부터 용기 및 포장부터 적용을 시작하였으며, 우리나라도 2021년 현재 도입을 검토하고 있다.

Q. 최근 배달음식 이용 횟수가 급격하게 늘었는데, 포장재를 전자레인지에 돌려도 큰 문제가 없나요?

A. 전자레인지에 데우기 위해서는 용기의 재질을 확인해야 한다. 전자레인지 조리가 가능한 플라스틱 용기는 120℃까지 내열성이 있어야 하며, 이 수준의 내열성을 가지고 있는 재질은 폴리프로필렌(PP)이다. 폴리프로필렌은 내열성이 있지만 다른 플라스틱은 그렇지 않다. 용기의 재질은 용기 밑바닥의 재활용 표시를 보면 알 수 있다.

Q. 전자레인지 사용 가능 유무는 어떻게 판단하나요?

A. 포장째로 데워 먹는 식품들은 보통 표시 사항에 전자레인지 조리 가능 표시가 되어 있거나 전자레인지 조리 방법이 표시되어 있다.
전자레인지 조리가 불가능 식품은 표시 사항에 '전자레인지 조리 불가'로 표시되어 있다.

CHAPTER 02

포장 식품에서의 해충 관리

1. 포장 식품 이물 신고 현황

식품에 해충이 혼입하는 문제는 꾸준히 제기되고 있다. 특히, 지구 온난화와 관련한 기온의 상승은 식품에서의 벌레 클레임 발생 빈도를 높이는 요인이 되고 있다. 해충의 알이 부화되어 생장하는 데는 온도의 상승이 주요한 역할을 하기 때문이다.

식품의약품안전처에 의하면 2015년부터 2019년까지 5년간 식품 이물 신고 건수는 총 21,544건으로, 이 중 벌레는 6,852건으로 가장 많은 31.8%를 차지하였다. 제품별로 보면 벌레는 커피 > 면류 > 시리얼 > 과자류의 순으로 혼입 신고가 많은 것으로 나타났다(그림 2-1).

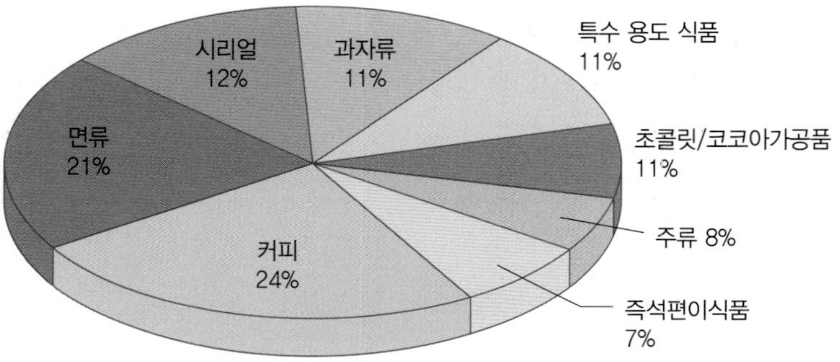

그림 2-1 5년간(2015~2019) 제품 유형별 벌레 발생 신고 현황

자료: 식품의약품안전처

벌레의 발생은 기온과 밀접한 관련이 있다. 날씨가 따뜻해지는 5~6월에 부화가 시작되어 11월까지 벌레로 인한 클레임의 빈도가 높아진다(그림 2-2).

최근에는 즉석편이식품의 시장 증가와 함께 즉석편이식품에서도 벌레로 인한 클레임이 증가 추세에 있다. 샐러드와 같은 간편식과 제조장 관리가 허술한 배달식의 경우에는 제조 과정에서의 벌레 혼입이 되는 사례가 많으며, 발견되는 벌레도 다양하다. 유명 커피 전문점에서 판매되는 샐러드에서 지네가 발견되거나, 배달식에서 여러 종류의 벌레 클레임이 보고되고 있다. 이들은 유통 단계에서의 시간이 짧아 식품의 제조 가공 단계에서 혼입되었을 가능성이 높지만, 유통 과정에서 발생하였을 가능성도 무시할 수는 없다.

2019년부터는 배달앱 사업자도 이물 발생 시 의무 신고 대상이 되었다. 2019년 7월부

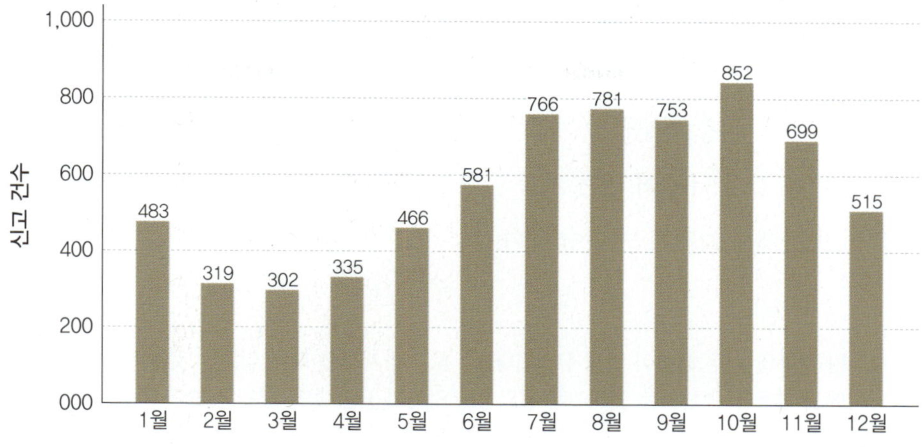

그림 2-2 **5년간(2015~2019) 계절별 벌레 발생 현황**

자료: 식품의약품안전처

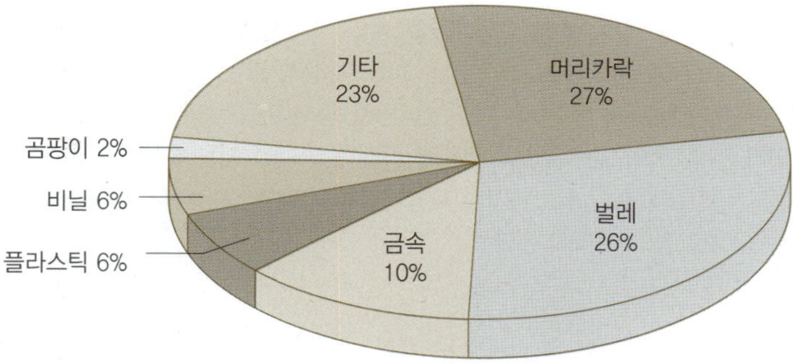

그림 2-3 **배달앱 이물 신고 현황(2019년 7월~2020년 7월)**

자료: 식품의약품안전처

터 2020년 7월까지 보고된 배달 식품에서의 이물 신고 현황을 살펴보면, 머리카락과 벌레로 인한 클레임이 가장 많은 것으로 조사되었다(그림 2-3).

택배로 배송되는 식품의 경우 박스 포장 상태로 배송되는 경우가 많은데, 벌레들은 어두운 곳을 좋아하여 찾아들어 가는 습성이 있으므로, 배송 중 종이 박스 틈새로 들어가 식품에 혼입될 수 있다. 따라서 택배 배송차 등에 대한 위생 관리가 철저히 이루어져야 하며, 어둡고 습한 장소는 피하고 택배 등을 통해 배달된 제품은 받는 즉시 포장 상자를 제거한 뒤 보관하여야 한다.

곤충은 식품의 원료로부터 기인하거나 제조 공정, 유통 과정에서 모두 혼입이 될 가능성이 있지만, 살아있는 곤충은 대부분 제조 단계에서의 혼입보다는 식품을 보관·취급하는 과정 중에 혼입되고 있는 것으로 파악되고 있다.

곤충들 중에는 포장재를 뚫고 들어갈 만큼 천공 능력이 있는 해충들도 있어 유통 중 주의가 요망된다. 유충(애벌레)은 제품의 포장지를 뚫고 침입할 수 있으므로 시리얼과 같이 여러 번에 걸쳐 나누어 먹는 제품은 단단히 밀봉하거나 밀폐 용기 등에 담아 바닥에서 떨어진 곳에서 보관하는 것이 좋다.

Q. 포장된 제품의 경우 해충이 언제 유입되나요? 창고에 저장할 때 유입되는 것인지, 아니면 공장에서 제품을 생산하는 단계에서 유입되는 것인지 궁금해요. 혼입 신고가 가장 많은 커피 같은 경우에는 개별포장 외에 종이 박스로 한 번 더 포장이 되어 있고 그 제품이 박스 안에 들어가 있는데 그걸 다 뚫고 들어가는 것이 쉽지 않아 보여요.

A. 포장된 식품은 창고에서의 저장 혹은 유통 중에 포장재를 뚫고 들어가는 경우가 많다. 보통 식품의 제조 공정에서는 열처리가 가해지기 때문에 벌레가 생존하기 어렵기 때문이다. 다만, 식품의 제조 공정 중 최종 포장 공정에서의 혼입 가능성은 있을 수 있다. 인스턴트커피의 경우는 대부분 화랑곡나방의 애벌레에 의한 피해 사례가 많은데, 화랑곡나방의 애벌레는 어두운 곳을 선호하기 때문에 종이 케이스의 틈 등을 통해 어두운 케이스의 안쪽으로 침입하려는 경향이 있다. 종이 케이스는 완전히 밀봉된 상태가 아니기 때문에 벌레가 틈을 통해 침입하기가 수월하며, 종이 케이스 내로 침입한 화랑곡나방의 애벌레는 다시 필름 포장재를 뚫고 들어가 식품을 먹이로 삼고 자라게 된다.

Q. 해충 혼입 신고 건수가 가장 많은 제품은 커피, 면류, 시리얼, 과자 등 모두 수분함량이 적고 당도가 높은 식품들인데 특별한 연관성이 있나요?

A. 해충은 습도가 낮을 때 행동이 둔화되기는 하지만 치명적이지는 않다. 특히 바구미 등 저곡 해충들은 건조환 환경에서 잘 생장하는 곤충이다. 따라서 식품의 수분함량 역시 이들 해충의 생장에 영향을 미치지는 않는다.

탄수화물은 곤충의 에너지원이기도 하며 동시에 곤충을 유인하는 성분이다. 곤충은 영양소로 활용할 수 있는 탄수화물 함량이 높은 식품에 많이 유인되며, 그 대표적인 식품이 커피(특히 인스턴트커피), 면류, 시리얼, 과자 등이다.

Q. 해충이 여름에 가장 많을 것 같은데 가을에 해충 유입 건수가 많은 이유는 무엇인가요?

A. 해충의 발생은 부화 시기와 밀접한 관계가 있다. 알에서 부화하는 시기가 보통 5월, 9월이기 때문에 이때 많이 발생한다.

2. 해충으로 인한 문제

해충으로 인하여 포장 식품에 발생되는 문제는 다음 네 가지로 요약된다.

① 실외에 있던 벌레가 실내로 침입하여 포장재에 부착한다.

② 천공 능력이 높은 해충에 의해 포장재를 뚫고 벌레가 들어간다.

③ 포장재의 핀홀이나 작은 틈으로 작은 벌레가 침입한다.

④ 포장 내 식품에 오염되어 있던 벌레나 벌레의 알이 부화하여 문제가 된다.

포장재는 포장재 회사에서 식품공장에 운반되어 포장 식품으로 가공된 후 유통 과정을 거쳐 소매점 또는 소비자에 제공된다. 이러한 흐름 속에서 실외에서 발생한 곤충의 부착 문제는 포장재 회사에서부터 소비자에게 전달되는 모든 단계에서 발생할 수 있으며, 천공에 의한 침입의 문제는 포장재의 제조공장을 제외한 거의 모든 단계에서 발생하는 경우가 많다.

1) 실외에서 발생한 곤충의 포장재 부착

포장재 자체는 곤충의 먹이가 되기 어려우며, 따라서 몇 개의 포장재에 한정된다. 가장 대표적인 사례는 종이 제품에서 발견되는 해충이다. 제지공장에서는 책벌레로 불리는 좀벌레가 서식하고 있다. 좀벌레는 종이뿐만 아니라 의류 등의 섬유질에서도 발견되며, 밀가루나 건어물 등에서도 드물게 발견되기도 한다. 또한 식균성 해충으로 알려져 있는 다듬이 벌레는 곰팡이를 먹고 살기 때문에 습도가 높은 환경에서 종이 포장재 등에 발생될 수 있다. 특히 좀벌레나 다듬이 벌레(*Psocoptera*목)는 공장에 정착이 가능한 벌레이므로 주의가 필요하다.

포장재 제조공장에서 문제가 되는 해충은 좀벌레나 다듬이 벌레를 제외하고는 대부분 실외에서 발생하여 실내로 침입하여 들어온 해충이다. 따라서 이러한 해충들이 포장재가 식품 회사로 납품되는 과정에서 포장재에 부착되어 식품공장 내부로 같이 들어가는 것에 초점을 맞추어 관리하여야 한다.

식품공장에 침입하는 벌레의 종류는 공장의 주변 환경에 따라 크게 다르다. 예를 들어 인접한 공장에서 생산되는 제품이 무엇인가에 따라 다를 수 있으며, 주변 환경이 해

변인지, 아니면 산림인지, 농지 주변인지 등 입지 조건의 차이에 따라 발생율과 발생되는 벌레의 종류도 다양하다.

식품공장에 침입하는 벌레의 수는 공장의 위치뿐만 아니라 건물의 건축 연수 및 구조(주로 밀폐 정도), 그리고 건물의 사용 목적에 따라 다르다. 건물에 곤충이 침입하는 요인은 다음과 같이 몇 가지를 들 수 있다.

공장의 광원이 밖으로 새어나가는 경우로, 빛의 방향에 따라 모여드는 습성(주광성)을 가진 곤충이 주로 해당된다. 또한 포장재의 제조공장에서 인쇄 및 라미네이션(lamination)에 사용되는 용제 냄새에 유인되는 곤충도 있다.

공장이 음압으로 유지되는 경우 총채 벌레(*Thysanoptera*), 다듬이 벌레 등 작은 곤충이 강제적으로 공장 내부로 빨려 들어갈 수 있다. 공장 내외부의 접점이 많고 밀폐성이 떨어지는 공장에서는 개미, 쥐며느리 등 이동성이 있는 벌레가 우발적으로 침입해 문제를 일으킬 가능성이 높다.

늦가을에는 노린재류가 월동 장소를 찾기 때문에 온도가 높은 공장 내부로 침입할 수 있다. 또한 실외에서 발생하여 침입한 벌레 중에는 공장에 침입한 후 공장에서 정착하고 번식하여 실내에서 부화, 발생하는 경우도 있다.

실외에서 발생하여 침입한 곤충에 의한 문제는 비단 포장재 제조공장에만 국한되는 것은 아니며, 포장재의 원료가 출하되어 이송되고 보관되는 과정, 그리고 식품공장의 포장 자재 보관창고에서도 발생할 수 있기 때문에 포장 자재를 보관하는 장소의 위생 상태가 좋지 않은 경우 제품이 2차 오염되는 경우도 있다.

포장재 표면 부착 능력은 톱가슴머리대장(*Oryzaephilus*) 등이 뛰어나며, 장두(*Rhyzopertha dominica*) 등은 떨어지는 편이다. 하지만 대부분의 해충들은 크라프트지 등 종이에는 쉽게 부착될 수 있다.

2) 천공 침입

곤충의 입 부분은 먹이 습성에 따라 다양한 형태가 있으며, 포장재를 뚫을 수 있을 만큼 강한 턱을 가진 종류도 많다. 뚫거나 씹는 턱을 가지고 있는 곤충의 입 구조는 윗입술과 좌우로 움직일 수 있는 큰턱, 혀, 작은턱 그리고 아랫입술로 구성되어 있으며, 좌우로 움직이는 강한 큰턱이 주로 포장재를 관통하는 수단이 된다.

포장재를 뚫고 포장재 내부로 침입하는 해충은 주로 작은 딱정벌레에 속하는 저곡 해충과 화랑곡나방의 애벌레이다. 이 해충이 포장 봉지에 구멍을 뚫어 제품 내로 침입하는 요인은 어두운 곳을 찾는 습성, 냄새 그리고 산란 장소의 탐색 등을 들 수 있다.

곤충의 먹이 선택 행동은 음식에 포함된 각종 성분의 자극에 대한 반응으로 일어난다. 식품의 포장재 외부에 식품 성분이 묻어 있을 수도 있고, 식품공장 내에서 식품의 냄새가 포장재에 배일 수도 있으며, 포장재를 투과하여 식품 냄새가 포장 밖으로 나갈 수도 있다.

식품으로부터 기인한 향기 성분은 플라스틱 포장재를 통해 투과할 수 있으며, 투과되는 데 소요되는 시간은 포장재의 재질과 두께에 따라, 그리고 향기 성분의 종류에 따라 다르다.

음식의 냄새가 포장재를 통과하여 벌레에 도달하면 이들은 냄새의 근원(유인 요인)에 반응하여 포장재의 미세한 틈을 찾아 이동한다. 포장재의 틈을 찾지 못한 벌레들은 포장 봉지에 구멍을 뚫고, 냄새의 근원이 되는 식품이 담겨져 있는 포장재 안으로 침입하게 된다.

벌레들을 유인하는 식품의 냄새 성분들은 식품의 제조 공정에서 포장재 외면에 부착되어 있을 수도 있고, 포장재의 틈 또는 포장재 자체를 투과하여 외부로 확산될 수 있다. 이들 냄새 성분들이 포장재를 투과하는 정도는 냄새 성분의 화학적인 성질과 포장재의 재질에 따라 다르다.

일반적으로 친수성 물질들은 플라스틱 포장재를 잘 투과하지 못하지만 친유성이거나 방향족고리(aromatic ring)를 가진 방향성 화합물은 플라스틱 필름을 비교적 잘 투과하는 편이다.

포장재 재질에 있어서는 PET 필름이 Nylon 필름이나 PE, PP에 비해 향기 성분의 투과율이 낮은 편이다(표 2-1). 하지만 향기 성분의 투과를 100% 차단한다고 하여도 벌레의 침입을 원천적으로 차단하기는 어렵다. 벌레가 반드시 향기 성분에 유인되어서만 포장재를 뚫고 봉지 안으로 들어간다고는 할 수 없다. 벌레가 포장재를 천공하여 침입하는 이유에는 여러 가지 요인들이 있으며, 향기 성분의 투과 정도는 벌레가 포장재를 천공하여 침입하는 확률에만 영향을 미칠 것으로 판단된다.

표 2-1 포장 필름의 종류별 향기 성분이 투과하는 데 걸리는 시간

필름 종류	바닐라향	레몬향	카레향	마늘향	커피향	코코아향	녹차향
PET 12 ㎛	2주 이상	1~2주	1주	2주 이상	2주 이상	2주 이상	2주 이상
ONY 15 ㎛	1일	1일 이내	2주 이하	1일	1일	1일	2주 이상
OPP 20 ㎛	1일	1일	1주	1일 이내	1일	1주	1주
LLDPE 40 ㎛	1일 이내	1일 이내	1일 이내	1일 이내	1일 이내	1일	1일 이내

포장재 내부로 침투하는 벌레는 강한 턱으로 포장재를 천공하는 능력뿐만 아니라 포장재 표면에 부착하는 능력도 강하다. 왜냐하면 벌레가 포장재에 구멍을 뚫을 때, 자신의 몸을 포장재에 고정하는 능력(달라붙는 능력)이 높아야 쉽게 천공을 할 수 있기 때문이다. 포장재 표면에 부착할 수 있는 능력이 없다면 벌레는 포장재 표면에서 미끄러져서 천공을 하기 어렵게 된다. 따라서 포장재가 두껍고 표면이 미끄러울수록 벌레의 침투가 어려워진다고 볼 수 있다.

포장재 표면의 평평한 부분은 벌레에 의한 천공의 피해를 받기 어렵지만, 제품의 모서리 또는 실링 부분은 요철 또는 주름이 발생하기 때문에 벌레가 천공하기 좋은 위치이다. 또한 제품의 바닥은 벌레가 포장재에 달라붙지 않아도 되므로, 벌레에 의한 천공이 많이 발생된다.

3) 핀홀(pin-hole)과 열접착 부위의 틈새를 통한 침입

제품에 해충이 침입하는 것은 벌레가 포장재를 천공하고 침투하는 것보다는 포장재의 미세한 핀홀 또는 열접착 불량 부위에서 이루어지기가 쉽다. 식품의 향기 성분이 유출된 경우 이러한 불량 부위로 벌레들을 유인할 수 있으며 천공 능력이 낮은 벌레들도 제품으로 침입할 수 있게 한다.

핀홀이나 실링 불량 부위가 없다 하더라도 천공 능력이 낮은 벌레는 다른 벌레가 뚫어 놓은 천공 구멍을 이용하여 제품 내에 침입할 수 있다. 종류가 다른 여러 해충이 서식하고 있는 곳에서는 이런 경우가 종종 발생한다. 벌레들은 좁은 틈을 선호하는 경향이 많으며, 따라서 포장재 실링 부위의 좁은 틈으로 벌레가 끼는 경우도 많다. 이와 같은 위치에 해충이 잠복하고 있는 경우에는 제품 개봉과 동시에 벌레가 제품 내로 침입

할 수 있다.

가장 취약한 포장재를 들자면, 과자류의 필로우 포장이다. 필로우 포장의 배접 실링 부위는 보통 실링이 불완전해지기 쉬운 부위이며, 특히 T자형으로 맞닿는 부위는 실바(seal bar)에 의한 열전달이 잘 일어나지 않아 구멍이 생기기 쉬운 부위가 된다. 이러한 틈으로 냄새가 새어나갈 수 있으며, 이는 벌레가 침투하기에도 쉬운 환경이 된다(그림 2-4).

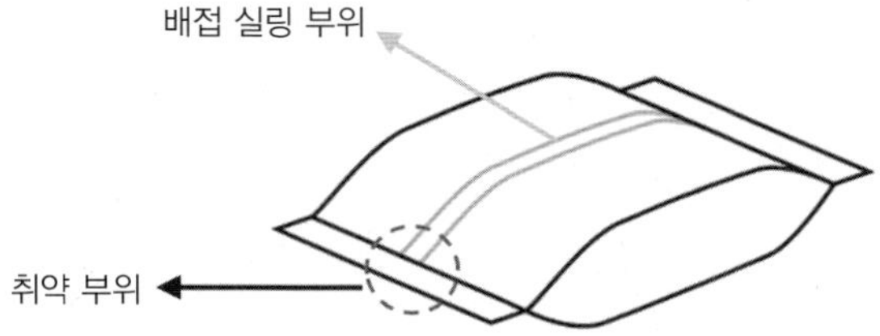

그림 2-4 필로우(pillow) 포장재에서 실링 불량 취약 부위

이외에도 포장 용기 등 매우 두꺼운 포장재 내부로 해충이 침입하는 경우가 있는데, 이것은 포장재의 미세한 구멍이나 틈을 통한 침투이기 때문에 해충의 천공 능력과는 상관이 없다.

화랑곡나방 유충은 0.5 mm 크기의 작은 구멍이 뚫린 용기 내에도 침입이 가능하다. 화랑곡나방의 유충은 어두운 곳을 선호하여 찾아 들어가는 습성이 있어 포장재를 뚫고 포장재 내부로 침입할 수 있는 능력이 있는데 주로 어두운 포장재의 틈을 잘 찾아 들어가며, 필름 포장재의 경우에는 작은 핀홀 또는 실링 부위의 간극을 교묘하게 찾아 제품에 침입하여 문제를 일으키는 경우가 많다.

4) 포장 내에서 식품에 오염되어 있던 벌레의 알 부화

일부 해충은 곡류의 배아 부분을 뚫고 알을 낳으며, 해충의 알은 곡물의 내부에서 적절한 온도 조건이 갖추어지면 부화하여 곡류의 낟알 속에서 성장한다. 성충이 된 벌레는 종자를 뚫고 나와 이동하면서 다른 종자들을 감염시킨다.

이렇게 곡식 종자 내부에 알을 낳아 번식하는 해충으로는 *Sitophilus*속의 바구미들, 즉 곡물바구미(granary weevil, *Sitophilus granarius*), 쌀바구미(rice weevil, *Sitophilus* *oryzae*), 옥수수바구미(maize weevil, *Sitophilus Zeamais*) 등이 대표적이며, 이들은 쌀, 밀, 옥수수, 호밀, 보리 등 다양한 식물의 종자를 감염시킨다.

장두(*Rhyzopertha dominica*), 거짓쌀도둑거저리(*Tribolium castaneum*), 어리쌀도둑거저리(*Tribolium confusum*)도 종자 내에 알을 낳는 해충들이다.

이들 해충의 알은 매우 작기 때문에 육안으로 확인하기가 어려우며, 반투명하다. 따라서 이 알들이 곡식 종자의 내부에 감염되어 있는지 구별할 수 있는 방법은 없다. 대부분의 경우 곡식을 저장하는 창고에서 감염되기는 하지만 논이나 밭에서 감염되는 사례도 적지 않기 때문에 특정 단계에서 감염을 방지하기란 쉽지 않다.

이러한 해충들의 피해를 막는 방법으로서는 곡식의 저장 단계에서 종자에 열이나 방

Q. 골판지 골에서 서식하는 대표적인 곤충에는 어떤 것들이 있을까요?

A. 골판지는 재활용 펄프를 주원료로 하여 만들어지며, 목재 펄프나 전분, 기타 첨가제가 사용된다. 따라서 골판지 자체가 해충의 먹이로 이용되기는 어렵다. 하지만 골판지의 틈새로 벌레가 침입하기 쉽고, 골판지의 골(그림 참조)에는 벌레가 침입하여 서식하기에 충분한 공간이 있으므로 창고 등에서 오래 보관하는 경우에는 벌레들의 서식 장소가 되기도 한다.

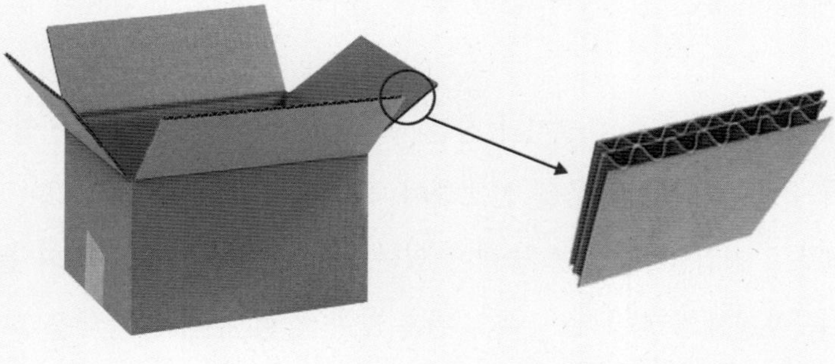

골판지 박스에서 발견되는 곤충들은 식품의 포장재를 침입하여 식품에 해를 끼치는 저곡 해충뿐만 아니라 이, 좀벌레, 진드기, 바퀴벌레, 파리, 개미 등 외부에서 유입되는 해충들도 많이 발견된다. 또한 어두운 곳을 선호하는 곤충이나 겨울철 추위를 피해 월동을 하려고 하는 곤충들에 의한 주요 침입 사례도 많다.

이들 해충을 방제하기 위해서는 창고의 바닥에는 정기적으로 살충제를 사용하여 해충을 방제하고, 출입구에는 포충망, 점착성 트랩 등을 설치하여 해충의 유입을 막아야 한다. 또한 창고의 환기구, 벽의 갈라진 틈을 통해 해충이 유입되기 쉬우므로 환기구는 자주 청소하고, 해충이 유입되기 어렵도록 망 등을 설치함은 물론 벽의 균열 또는 틈새가 발견될 경우 시멘트 등을 이용해서 즉시 막도록 해야 한다.

사선(감마선), 훈증제를 사용하여 종자에 감염되어 있는 알을 살충하거나 저온 저장을 하여 알의 부화를 막는 방법이 있다. 또한 식품으로의 가공 단계에서는 충분한 열을 가해 이들이 생존하지 못하도록 해야 한다. 식품으로의 가공 단계에서는 보통 알을 살충하기에 충분한 열이 가해지기 때문에 문제가 없지만, 가공된 식품을 보관하는 창고에서 오염이 될 가능성이 있으므로 주의해야 한다.

종자에 알을 낳아 번식하는 해충들은 대부분 성충 단계에서 포장재를 천공할 수 있는 능력을 갖는 해충들이며, 성충 단계에서 이동 능력이 뛰어나기 때문에 창고 등에서 주변에 있는 포장된 식품을 감염시킬 수 있다.

식품으로의 해충 혼입이 발견되었을 경우에는 재발 방지 대책을 확실하게 수립하여야 한다. 종합적 해충 관리를 실천하기 위해서는 혼입 경로의 규명을 빼놓을 수 없다. 즉 이러한 천공 능력이 있는 해충들이 원료 및 부자재, 제조 공정, 유통 과정 중 어느 단계에서 혼입했는지를 파악하는 것이 무엇보다 중요하다.

3. 해충의 식품 포장재 관통 능력

포장 필름이나 종이에 대한 각종 해충의 천공 및 침입에 대한 연구가 세계적으로 진행되어 몇몇 보고 사례들이 있기는 하지만 각각의 내용을 보면 시험 방법이 서로 다르고 표준화된 시험법이 없는 것이 현실이다. 벌레는 생명체이기 때문에 같은 실험을 하여도 재현성을 가지기는 어려운데, 대표적 사례와 실험 결과를 살펴보면 다음과 같다.

표 2-2는 포장재 관통 능력에 따른 해충의 분류이다.

표 2-2 포장재 관통 능력에 따른 주요 해충의 분류[120)]

구분	천공 능력	종류
아주 강한 해충	목재 천공 가능	장두(*Rhyzopertha dominica*) 성충 및 유충, 창고좀벌레(*Stegobium paniceum*) 성충 및 유충
강한 해충	40 ㎛ PVDC* 천공 가능	화랑곡나방(*Plodia interpunctella*) 유충, 바구미(*Curculionidae*과) 성충
약간 강한 해충	25 ㎛ PVDC 천공 가능	거짓쌀도둑거저리(*Tribolium castaneum*) 성충
약한 해충	25 ㎛ LDPE* 천공 가능	거짓쌀도둑거저리(*Tribolium castaneum*) 유충, 톱가슴머리대장(*Oryzaephilus*) 성충
매우 약한 해충	25 ㎛ LDPE 천공 불가	톱가슴머리대장(*Oryzaephilus*) 유충, 진응애류

*PVDC: Polyvinylidene chloride, LDPE: Low density polyethylene

*이 중에서 화랑곡나방 성충은 포장재 천공 능력이 없음

그림 2-5 포장재를 뚫고 들어갈 수 있는 대표적인 해충들

목재를 관통할 수 있을 만큼 아주 강한 해충은 장두(*Rhyzopertha dominica*) 등이며, 포장된 식품의 소비자 클레임으로 자주 보고되는 해충 중에는 화랑곡나방 유충, 바구미 성충 등이 그 다음으로 천공 능력이 있는 해충으로 분류될 수 있다(강한 해충). 이들은 보통 플라스틱 필름이나 종이, 알루미늄 포일 등을 뚫을 수 있다.

거짓쌀도둑거저리(*Tribolium castaneum*)는 성충의 경우 약간 강한 해충, 그리고 유충의 경우는 약한 해충으로 분류될 수 있다.

장두와 쌀바구미(*Sitophilus oryzae*), 권연벌레(*Lasioderma serricorne*)를 가지고 포장 재질에 따른 천공 형태를 비교한 J. Riudavets 등[19]의 연구에서 이들 벌레들은 포장재 외부를 갉기 시작하여 내부에 이르기까지 종이의 경우는 내외부의 구멍 크기가 비슷했으나, 플라스틱 필름의 경우에는 외부에 비해 내부 구멍의 크기가 작은 것으로 조사되었다. 이러한 내외부의 구멍 크기 차이는 쌀바구미의 경우가 가장 심하였다(표 2-3).

필름이 두껍고 유연할수록 침투를 시작하는 입구(외측) 구멍과 천공이 끝나는 출구 구멍의 크기 차이가 심하였다. 또한 출구 쪽 구멍의 내부 크기는 실험에 사용된 곤충의 크기와는 관련이 없었으며, 3종 모두 약 지름 1 mm 내외였다.

하지만 LDPE에 있어서는 출구 쪽 구멍의 크기가 곤충의 폭보다도 작았는데, 이것은 LDPE가 유연하기 때문에 곤충이 이 작은 통로로도 침입할 수 있었기 때문이다.

그림 2-6은 장두가 네 가지 유형의 포장 필름을 천공하면서 만든 구멍의 형태를 입구(entrance)와 출구(exit) 측면에서 비교한 사진이다.

장두 성충은 입구 쪽 구멍의 윤곽을 따라 긁힌 것 같은 자국과 찢긴 것 같은 손상을

표 2-3 장두, 쌀바구미, 권연벌레에 의해 천공된 네 가지 종류의 포장 필름과 종이에 생성된 구멍의 직경 비교

(mm, mean±SEM, n=3)[22]

구분	곤충명	Cigarette paper(13 g/m^2)	OPP 25 ㎛	LDPE 50 ㎛	PET 12 ㎛	Multilayer*
외부	장두	0.856±0.102	0.663±0.004	0.615±0.075	0.578±0.001	0.904±0.038
	쌀바구미	1.463±0.021	1.069±0.137	1.791±0.086	1.865±0.065	1.613±0.028
	권연벌레	0.728±0.041	1.176±0.214	1.534±0.070	-	1.516±0.138
내부	장두	0.856±0.102	0.438±0.050	0.306±0.076	0.562±0.008	0.597±0.058
	쌀바구미	1.263±0.024	0.567±0.101	0.228±0.005	1.373±0.099	0.250±0.046
	권연벌레	0.728±0.041	0.656±0.007	0.787±0.017	-	0.915±0.046

*Multilayer: Paper/LDPE 15 ㎛/aluminium foil 7 ㎛/LDPE 30 ㎛

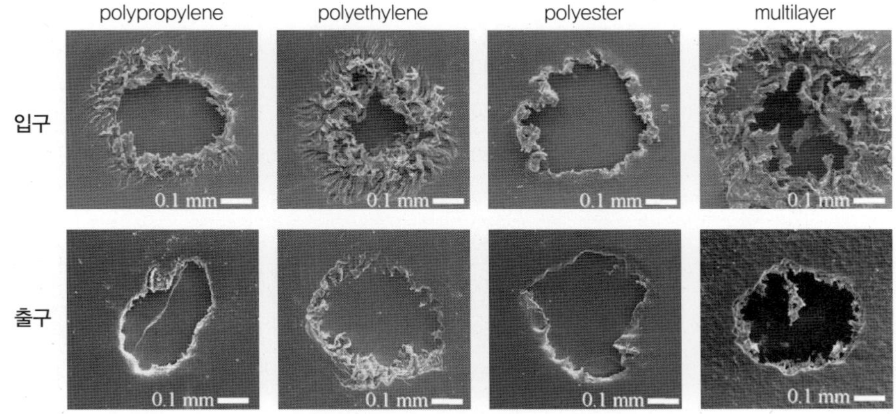

그림 2-6 장두(*Rhyzopertha dominica*)가 OPP 필름을 천공하면서 남긴 입구와 출구의 구멍 형태 비교[22]

필름에 입혔다. 반면 출구 쪽 구멍 주변에는 긁힘이나 찢김이 없었다.

다른 두 종에서도 마찬가지로 출구에 뚫린 구멍은 손상이 적었다.

각 플라스틱 필름에 따른 손상을 비교하였을 때 긁힘과 찢김은 OPP 필름보다 LDPE 필름에서 훨씬 더 뚜렷하였고, PET 필름의 경우는 손상 자국이 적었다. 이는 필름이 유연할수록 천공을 하는 데 더 많은 수고가 필요하다는 것을 의미한다. 다층 필름에서는 구멍 주위의 손상은 곤충이 박막을 뚫고 들어가는 쪽인 종이 층에서 곤충이 방을 나가는 쪽인 LDPE층에서보다 훨씬 더 뚜렷하였다.

포장재에 어떠한 한 종의 해충에 의해 형성된 천공의 문제는 다른 종류의 해충이 침

입할 수 있는 경로가 될 수 있다는 것에 주목해야 한다. 유통 과정의 각 단계에서 저장 조건에 따라 여러 종의 해충에 의해 순차적으로 오염될 수 있다는 점을 간과하여서는 안 된다.

우리나라에서 포장재를 뚫고 침입한 해충에 의해 문제가 되는 사례로서는 화랑곡나방(*Plodia interpunctella*) 유충에 의한 사례가 가장 많다. 표 2-4에 화랑곡나방 유충의 천공 능력을 여러 가지 종류의 플라스틱 필름에 대해 조사한 결과를 표시하였다.

표 2-4 화랑곡나방 유충의 연포장 필름에 대한 관통 능력[147)]

재질	두께(㎛)	천공 여부	
		임의접촉법	강제접촉법
LDPE(Low density Polyethylene)	50	×	-
	90	○	○
LLDPE(Linear Low density Polyethylene)	40	○	-
	70	○	×
	80	○	×
HDPE(High density polyethylene)	20	×	-
CPP(Casted Polypropylene)	80	○	×
	100	○	×
OPP(Oriented Polypropylene)	50	×	-
	80	○	○
	140	○	-
VM-CPP	25	×	×
OPS(Oriented Polystylene)	30	×	-
ONylon	15	×	-
Polyolefin계 수축필름	20	○	×
EVOH	15	×	-

○: 천공이 없음, ×: 천공 발생
임의접촉법: 시험 용기 안에 여러 샘플을 놓아두고 임의 선택을 하게 함.
강제접촉법: 각 샘플에 해충을 방사하여 샘플에 강제 접촉시킴.

이 실험에서는 화랑곡나방의 유충을 여러 가지 종류의 플라스틱 필름에 임의로 접촉시킨 시험과 한 가지 플라스틱 필름에만 접촉시킨 실험을 병행하였다. 표에서는 임의접촉법과 강제접촉법 두 가지 방법으로 실험하였으며, 실험 결과가 획일적이지는 않지만 대체적으로 필름의 종류에 관계없이 두꺼운 경우 천공의 발생이 줄어드는 경향이 있다. 또한 화랑곡나방 유충에 의한 천공이 큰 턱의 작용에 의해 이루어지고 있기 때문에 포장 재료의 경도에 의한 영향도 어느 정도 관여하고 있는 것으로 판단된다.

4. 식품 포장재를 침입하는 대표적인 해충

식품 포장재를 침입할 수 있는 해충으로서 우리나라에서는 화랑곡나방의 피해 사례가 가장 많고, 그 다음은 바구미류에 의한 사례가 많다. 그리고 장두, 거짓쌀도둑거저리에 의한 피해 사례도 보고되고 있다.

1) 화랑곡나방(Indian meal moth)

학명 *Plodia interpunctella*

형태 화랑곡나방은 나비목 명나방과의 곤충으로 분류된다. 부화한 애벌레(유충)들의 털이 발달하여 침투 능력이 뛰어나고 식품을 감지하는 감각기관이 잘 발달해 있다.

유충의 형태적 측면은 몸집에 비해 길이가 작은 원통형으로 최대 성장 시에 몸의 길이는 9~15mm 내외이다. 유충의 몸통은 노란색이나 백색 또는 담황색을 띠며, 머리는 노란빛이 도는 갈색이다. 화랑곡나방 유충의 가장 특이한 점은 다른 저장 해충의 유충과 다르게 발달한 턱 구조라 할 수 있다. 이는 구겨진 포장재 또는 구멍(pin-hole)에 턱을 걸고 포장지를 뚫는 역할을 하는 데 큰 기여를 한다.

화랑곡나방 유충의 일반적인 식별법으로는 다른 유충과 다른 배설물의 형태이며, 이는 어떤 먹이를 먹어도 암적색 알갱이의 배설물을 낸다. 유충의 생태적 측면은 성장과 함께 입에서 많은 실을 배출하여 쌀이나 곡식을 얽어매며, 먼저 쌀눈을 먹은 다음에 바깥 부분을 갉아먹고 성장을 마치며 애벌레는 두께가 얇은 고치를 만들고 번데기가 된다. 유충이 고밀도로 존재할 경우에는 실로 먹이를 철하는 것 외에도 먹이 전체에 고치를 지은 것과 같은 형태로 실을 배출한다.

이러한 배설물 또는 실의 형태가 다른 해충과 비교되며, 비슷한 서식지를 지닌 쌀바구미보다도 더 건조한 환경에서도 살아갈 수 있다. 암컷이 될 유충은 몸이 비대하므로 머리가 상대적으로 작아 보이며, 수컷이 될 유충의 경우에는 배의 제8마디 중앙에 담갈색의 반점을 지니고 있다.

생활사 화랑곡나방은 생육 주기가 짧고 번식 개체 수가 많다는 것이 주요 특징이다. 다화성(多化性) 곤충으로 온대지방에서는 연 3~4회 발생하며, 우화한 암컷은 18일간, 우화 후 2~3일 간에 걸쳐 150~200개의 알을 낳는다. 또한 낮은 온도와 낮의 길이가 짧아질 때의 환경에서 휴면이 유기되고 기회적 휴면을 하는 것으로 알려져 있다. 화랑곡나방 유충의 발육과 생존율, 성충의 수명과 산란 수는 온도, 습도, 먹이의 영향을 받는다. 이 나방의 부화 최저 온도는 15℃이며, 부화 최적의 조건은 25~30℃, RH 70~80%이다.

유충의 발육 속도는 온도와 습도가 증가함에 따라 빨라지며, 유충의 생존율은 32℃, 80% 상대습도에서 최대값을 보인다.

그림 2-7은 화랑곡나방의 유충과 성충의 모습이다.

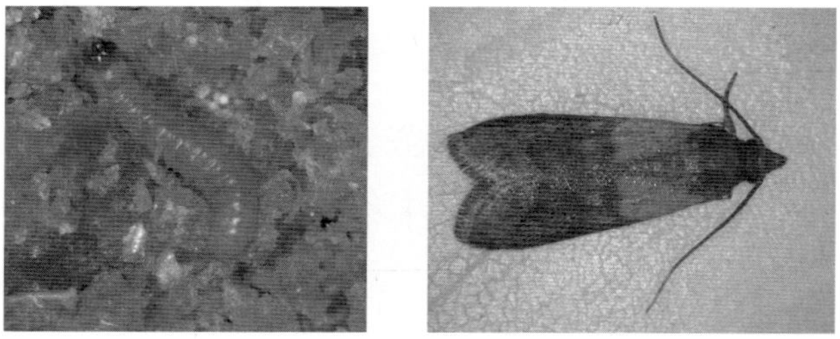

그림 2-7 화랑곡나방(*Plodia interpunctella*) 애벌레와 성충
자료: 고려대학교 생명자원연구소 나자현 교수 연구실

알의 크기는 직경 0.5 ㎜ 내외로 매우 작아 육안으로 구별하기가 어렵다. 알은 적절한 온도 조건이 되는 5~6월에는 10일 정도 경과하면 부화한다. 부화 후 애벌레는 10 ㎜ 내외이며, 약 한 달에서 한 달 반 정도 애벌레로 생장한다. 이후 7~10일 정도의 번데기 기간을 거쳐 성충인 나방으로 변화한다.

포장 식품에 있어서 가장 큰 피해를 입히는 기간은 애벌레 기간이며, 성충도 피해를 입힐 수 있다. 15℃ 이상에서 부화가 가능하기 때문에 식품의 저장 기간이 긴 경우 저온 저장이 필수이다. 표 2-5에 온도 조건에 따른 화랑곡나방의 생활사를 표시하였다. 생육은 약 11~15℃ 이상에서 시작될 수 있으며, 최적 생장 온도는 25~30℃ 정도이다.

신속한 라이프 사이클(4주)을 갖는 것이 특징이다.

표 2-5 온도 조건에 따른 화랑곡나방의 생활사[141]

온도	발육 기간			발육 기간(일)	산란 수(개)
	알(부화율%)	유충(용화율%*)	번데기(우화율%**)		
10℃	- (0)	- (0)	- (0)	-	0
15℃	14.8 (31.0)	100.6 (53)	♂ 26.1 (44) ♀ 32.7 (48)	144.7	6.6
20℃	8.5 (84.2)	47.7 (74)	♂ 11.6 (180) ♀ 13.1 (95)	68.4	-
25℃	5.1 (86.7)	26.0 (93)	♂ 8.4 (70) ♀ 9.5 (84)	40.0	96.1
30℃	4.0 (95.7)	20.9 (90)	♂ 7.1 (63) ♀ 7.2 (77)	32.0	87.1
35℃	- (0)	- (0)	♂ 7.5 (62) ♀ 7.4 (58)	-	12.4

*용화(蛹化, pupation)율: 알에서 번데기가 되는 비율
**우화(羽化, feathering)율: 번데기가 변태하여 성충이 되는 비율

피해 화랑곡 나방은 범세계적으로 분포하면서 저장 곡물, 건조채소, 가공식품 등 100여 종류의 저장식품에 문제를 일으키는 해충이다. 식성이 다양하고, 곡식, 콩(대두), 견과류 등을 포함하는 과자나 국수, 라면, 씨리얼 등 대부분의 가공식품에서 발생한다. 국내에서 농식품의 유통 중 가장 문제가 되는 해충이며, 곡식뿐만 아니라 다양한 곡류 식품에 있어서 주요한 유통 클레임의 원인이 되고 있다. 특히 애벌레에 의한 피해가 큰데, 이들은 다양한 곡류 또는 곡류 식품에 인접한 장소에 알을 낳아 부화하여 피해를 입힌다.

유충은 빛을 꺼리는 습성이 있어 쌀통이나 식품창고의 어두운 곳을 선호하며, 냄새를 쫓아가며 어두운 곳을 선호하는 특성이 있다. 따라서 유충은 먹이 탐색을 활발히 하며 포장재의 핀홀이나 실링 부위 사이의 틈 등으로 침입할 수 있으며, 무엇보다 포장재의 관통 능력이 뛰어나 포장재에 구멍을 뚫고 제품 내로 침입할 수 있다. 이러한 특성으로 국내에서 발견되는 포장된 곡류식품의 유통 중 해충 오염은 대부분이 화랑곡나방의 애벌레이다.

부화 후 유충들은 먹이 탐색을 활발히 하며 병의 입구부 틈이나 포장재에 있는 구멍 등을 통해 제품 안으로 들어갈 수 있다.

최근 발생한 소비자 클레임 중 하나는 액상 분유에서 발견된 화랑곡나방 애벌레 클레임이었는데, 음료용 PET병 PCO finish의 단절된 스크류(screw) 사이의 틈으로 화랑곡나방 애벌레가 침입하여 발생한 사례이다. 플라스틱 필름뿐만 아니라 판지를 뚫을 수 있으며, 건조한 곳에서도 잘 버틴다.

그림 2-8은 액상분유의 입구부에서 나와 문제가 되었던 소비자 클레임 사례이다.

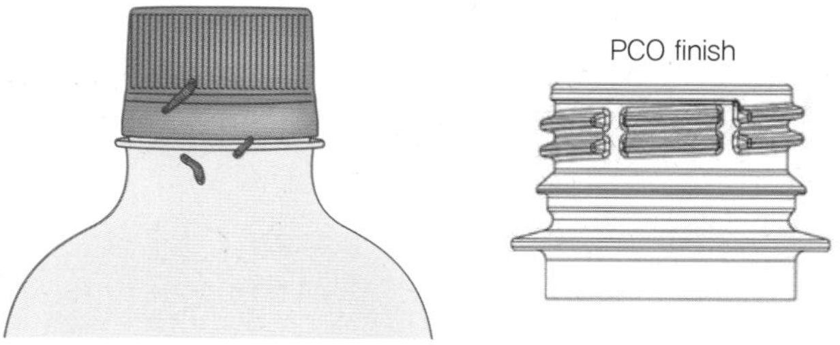

그림 2-8 액상분유의 화랑곡나방 애벌레 소비자 클레임 사례

2) 바구미(Weevil)

바구미에는 곡물바구미(granary weevil, *Sitophilus granarius*), 쌀바구미(rice weevil, *Sitophilus oryzae*), 옥수수바구미(maize weevil, *Sitophilus Zeamais*) 등이 있으며, 우리나라에서 가장 흔하게 발견되어 피해를 주는 것은 쌀바구미이다.

바구미는 바구미상과에 속하는 딱정벌레 곤충의 총칭이다. 식물의 씨앗이나 잎을 갉아먹는 초식성이다. 7~8개 과에 6만여 종 이상이 있으며, 대부분의 종은 바구미과에 속해 있다. 일부 바구미는 '바구미상과' 이외의 상과에 속하기도 한다. 이 중 일부 종은 곡식 등을 파먹는 해충이다.

형태 몸길이는 3~4 mm이고, 흑갈색으로서 앞가슴의 등면과 앞날개 위에 원형의 작은 점각이 있다. 수컷의 주둥이는 뭉뚝하고 등면이 거칠며 광택이 없다. 암컷의 주둥이는 가늘고 길며 등면이 반드럽고 광택이 있다.

쌀바구미의 몸은 타원형이고 주둥이가 길다. 이 주둥이로 식물의 열매, 씨 따위에 구멍을 뚫는데 주둥이 끝에 입이 있다. 유충은 다리가 없고, 열매의 속을 먹거나 구멍을 뚫는다. 주변에서 흔히 볼 수 있는 어리쌀바구미나 팥바구미의 성충은 저장된 곡물에 알을 낳으며, 알에서 나온 유충은 곡물을 파먹는다.

생활사 쌀바구미는 상대습도나 쌀의 수분함량과 큰 관계없이 발생하며, 온도에 민감하다.

류 등[7]은 20℃에서 0.1759였던 내적 자연 증가율이 30℃가 되자 2.7배 상승하였으며, 평균 세대기간은 20℃에서 18.8주, 25℃에서 18.8주, 10.9주, 30℃에서 7.1주라고 보고하였다. 발생 최성기(最盛期)는 1회 5월 중순~6월 상순, 2회 7월 중순~하순, 3회 8월 중순~하순, 4회 10월 중순~11월 상순이라고 한다[8]. 또한 쌀바구미의 최적 온도는 28~30℃로 보고되고 있다.

쌀바구미의 생활환은 그림 2-9에서와 같이 쌀눈을 뚫고 알을 낳아 적당한 온도가 갖

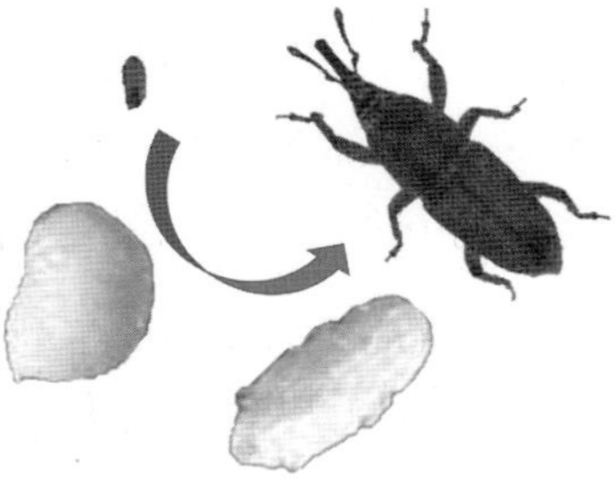

그림 2-9 쌀바구미(*Sitophilus oryzae* L.)의 생활환
자료: 고려대학교 생명자원연구소 나자현 교수 연구실

추어지면(5~6월경) 부화하여 쌀을 갉아먹고 성장한 뒤 성충이나 유충의 형태로 쌀 밖으로 나와 번식을 하게 된다. 알에서 성충으로 되는 기간은 온도 조건에 따라 다르나 최적 조건하에서는 4주 정도면 가능하다.

알은 직경 0.5 ㎜ 내외로 작고 반투명하기 때문에 육안으로 구별하는 것은 거의 불가능하다. 유충이나 번데기의 크기도 약 2 ㎜ 이하의 크기로 쌀 내부에서 쌀을 갉아 먹으며 생육한다. 성충이 되어도 크기는 2 ㎜ 내외로서, 마치 알을 깨고 나오듯이 쌀을 깨고 밖으로 나오게 된다.

알은 25℃에서 일주일이면 부화한다. 쌀 내부에서 부화한 알이 성충으로 자라 쌀을 뚫고 나오는 데 걸리는 기간은 약 40일 내외이다.

암컷은 평생 동안 300~400개의 알을 낳을 수 있으며, 하루 평균 4개의 알을 낳는다. 생육 최적 조건은 30℃와 75% RH이며, 최저 생장 가능 온도는 13℃ 이상이다. 보통 바구미류는 저온 내성이 강하기 때문에 주로 성충으로 월동하지만, 쌀바구미는 주로 비휴면 유충 상태로 월동을 한다.

피해 바구미는 한국을 비롯하여 세계 각지에 분포하며, 월동한 성충은 기온이 15~16℃가 되면 활발히 활동하며 섭식한다. 쌀·보리·밀·수수·옥수수 등의 종자를 가해하는데, 피해립은 질이 변하여 품질이 저하된다. 한국에는 약 400종이 알려져 있다.

쌀바구미에 의한 쌀의 감염 시기는 도정 전후가 모두 가능하며, 적절한 온도 조건이 되면 부화를 시작한다(약 18℃ 이상, 5월경). 한국 전역에 널리 퍼져 있는 저곡 해충이기 때문에 쌀의 수확 시부터 포장 전까지 알에 의한 감염을 막는 것은 불가능하다.

이들 바구미류는 곡식의 내부에 알을 낳고 부화하여 성충이 되면 곡식을 갉아먹고 나온다.

그림 2-10은 쌀 내부에서 부화하여 나오는 쌀바구미의 모습이다.

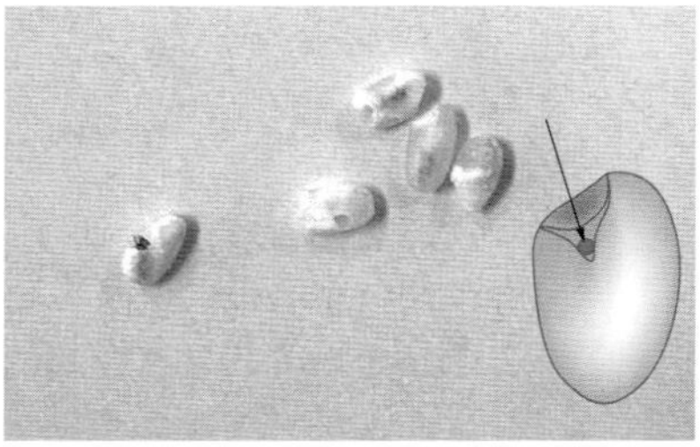

그림 2-10 쌀 안에서 부화, 생장하여 성충이 된 바구미(Weevil)

바구미는 곡물 저장 시설과 식품 가공공장, 식품 시장 등에서 감염될 수 있으며, 곡류뿐만 아니라 곡류 가공식품 등에도 피해를 준다. 수입 식품 중에는 파스타에서의 발견 사례가 있다.

바구미에 의해 피해를 입은 곡류는 바구미 유충의 호흡에 의해 온도와 습도가 상승하기 때문에 건조하고 비교적 온도가 낮은 환경에서도 생존이 가능하다. 바구미들이 이동 능력을 보유하는 시기는 성충 시기이며, 알을 곡류의 내부에 낳기 때문에 알이나 유충 상태에서의 감염 확인이나 방제는 매우 어렵다. 따라서 이들에 대한 방제로서는 저온 저장을 추천한다. 약 10℃ 이하에서는 운동성이 매우 떨어지며, 곡류 내부에 존재하는 알도 부화할 수 없기 때문이다.

저온 저장한 곡류를 즉시 식품 가공에 투입하면 오염되어 있던 알들도 열에 의해 사멸하고, 부화하지 못하게 된다. 또한 이들은 알 상태에서도 호흡을 지속하고 있기 때문에 진공 포장이나 혐기적 조건에서의 저장 시 2주 이상이면 알조차도 사멸시킬 수 있다.

3) 장두(Grain borer)

학명 *Rhyzopertha dominica*

형태 장두는 주로 곡식에서 발견되는 해충으로 성충은 잘 발달된 털을 가지고 있으며, 쌀과 보리를 파괴적으로 가해를 주지만 가공식품에 대한 피해는 적다.

알은 직경 약 0.5 ㎜의 크기, 성충의 몸길이는 2~3 ㎜ 정도이며 적갈~흑갈색으로 몸은 윗부분으로부터 눌러진 듯하게 원통형이다. 머리는 앞가슴 쪽으로 심하게 구부러져 있어 위에서 잘 보이지 않으며 촉각의 끝 3마디는 하나의 곤봉형을 이룬다. 앞머리 부분에 톱날 돌기가 나와 있으며 날개에는 작은 반점이 세로로 배열되어 있고 잘 발달되어 있어 날 수도 있다. 유충의 몸길이는 3~4 ㎜ 정도로 유백색이며 몸 안쪽으로 약간 굽은 모양이고 3쌍의 다리가 있다. 알은 장경이 0.7 ㎜ 정도의 타원형으로 유백색이다. 번데기는 3 ㎜ 정도로 초기에는 유백색이나 서서히 갈색으로 되고 곡립 내부에서 지내다가 성충이 된 후 곡립 밖으로 나온다.

생활사 장두의 최적의 생육 조건은 34℃, 70% RH이며, 생육 범위는 20~38℃, 최소 습도 조건은 30% RH이다. 암컷은 평생 동안 300~500개의 알을 곡립에 덩어리 모양으로 낳고 23℃에서 생육이 활발하며, 생육 최적 온도는 28~30℃이다. 1세대의 기간이 40~60일로 연중 수회에 걸쳐서 발생하고 잡식성이며 번식력도 강한 해충이다. 특히 곡립을 파먹어 들어갈 때는 많은 가루를 남겨 제2차 해충인 갈색머리대장, 톱가슴머리대장, 응애류 등의 서식 조건을 제공한다.

월동은 주로 성충으로 하며 포장 곡물 속이나 창고 기둥, 천장 틈에서 월동한다. 저장 중인 곡물에 산란된 알에서 비롯된 애벌레는 자라면서 곡식 내부로 잠입한다. 월동은 성충과 애벌레의 양쪽에서 이루어지지만, 목재 중에 천공하여 월동하는 습성이 있는 성충에서는 월동 시 생존율이 애벌레보다 더 좋다.

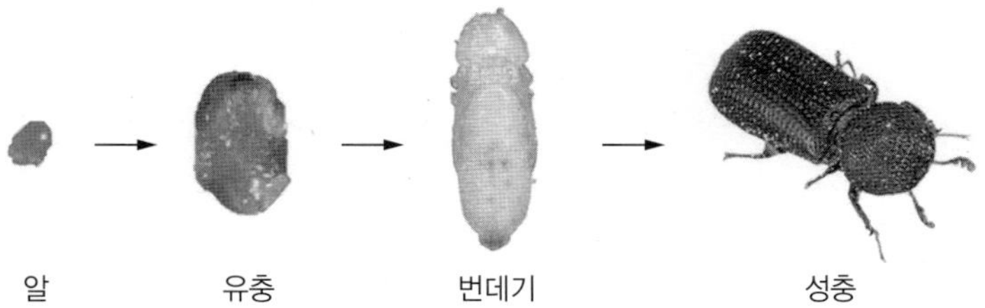

그림 2-11 장두(*Rhyzopertha dominica*)의 생활환

곡식 알갱이의 내부에 침투하여 생존하는 경우에는 호흡에 의한 발열로 온도를 상승시켜 동절기에도 번식을 계속할 수 있다.

피해 장두는 턱이 매우 강하여 성충은 플라스틱 필름, 목재 및 종이 상자 등 다양한 포장재를 뚫을 수 있는 능력을 가지고 있다. 알려진 해충 중에서 가장 포장재의 천공 능력이 뛰어난 편이다.

유충과 성충은 포장재를 뚫고 침입하여 저장 중인 곡물 내부를 파먹어 들어가 불규칙하게 구멍을 만들고 곡물의 온도를 상승시킨다. 모든 곡류와 종자의 1차 해충으로 가해 범위가 매우 넓고 심하게 피해를 입은 곡물에서는 꿀 냄새가 난다.

이들이 거의 곡식에서만 생육하기 때문에 장두의 방제는 곡식의 저장 단계에 있어서 저온 저장 또는 혐기 저장을 추천한다. 장두는 온도에 민감하여 15℃ 이하에서는 생육을 하지 못한다. 또한 장두는 알 상태에서도 호흡을 지속하고 있기 때문에 진공 포장이나 혐기적 조건에서의 저장 시 2주 이상이면 알조차도 사멸시킬 수 있다.

4) 거짓쌀도둑거저리(Red flour beetle)

학명 *Tribolium castaneum*

형태 거짓쌀도둑거저리는 곡류에서 발견되는 해충으로, 밀가루 등 곡물과 밀가루, 시리얼, 파스타, 비스킷, 콩 및 견과류를 포함한 식품, 과자, 빵 등 다양한 종류의 곡류 가공품에서 발견되는 해충으로 세계적으로 넓게 분포하는 것으로 알려져 있다.

딱정벌레목에 거저리과에 속하고, 옥수수, 밀, 보리, 한약재 등을 갉아 먹는 곤충으로 성충은 3~4 mm이고 적갈색을 띠며, 밤색 광택이 나고 알은 구형(0.1 mm)으로 유백색이다.

유충은 5~6 mm 내외로 원형으로 담황색이다. 번데기는 3~4 mm 크기이고 유백색으로 몸 전체에 가는 털이 있다.

생활사 거짓쌀도둑거저리의 알은 30℃에서 4일이면 부화하며, 부화 후 25일 내에 성충으로 변태할 수 있다. 성충의 경우 암컷은 226일, 수컷은 547일 정도 생존하며 산란수는 500~1,000개 정도이다. 생존 최적 조건은 25~35℃, 70~80% RH이며 연간 2~4세대를 거친다.

그림 2-12 거짓쌀도둑거저리의 생활환
자료: 고려대학교 생명자원연구소 나자현 교수 연구실

피해 거짓쌀도둑거저리는 전 세계적으로 분포하며, 곡물과 식품에 1차적인 피해 이외에도 곰팡이의 포자를 옮겨 2차적으로 곰팡이에 의한 피해를 주는 특성이 있다.

윤[134] 등의 보고에 의하면 전국 21개 미곡 종합처리장(RPC)에서 확보된 거짓쌀도둑거저리를 대상으로 습지 배양을 실시하여, 충체 외부에 붙어있는 곰팡이를 분리하여 확보된 61균주에 대해 ITS 분석을 통하여 동정을 실시한 결과 *Alternaria*, *Aspergillus*, *Penicillium*, *Cladosporium* 등에 속하는 11종 및 속 수준 7속의 균주를 확인하였고, 이 중 주요 독소 생성 곰팡이로 알려진 *Fusarium*(zearalenone, fumonisin), *Aspergillus flavus*(aflatoxin), *Penicillium*(ochratoxin) 중에서 *Aspergillus* 및 *Penicillium*속에 속하는 균들이 발견되었다고 한다. 이는 곡물의 저장 시 해충에 의해 운반되는 곰팡이균에 의해 곡물에서 독소 생성 곰팡이 발생이 촉진될 수 있음을 의미한다.

Fusarium 외에 독소를 생성하는 주요 곰팡이인 *Aspergillus*와 *Penicillium*속 곰팡이가 생산하는 독소인 아플라톡신 등은 주로 아열대 지역에서 재배하는 벼에서 빈번히 발생하고 있으나 아직 우리나라의 재배 환경에서는 발생이 미미하다. 하지만 기후 변화와 함께 최근 국내에서도 문제가 될 수 있다는 주장이 제기되고 있다. 곰팡이는 온도보다는 습도에 더 의존적이지만 온도에 민감한 해충이 곰팡이의 매개로서 활용될 때에는 해충 → 곰팡이로 피해가 확산될 수 있기 때문에 주의가 필요하다.

감염 경로는 창고에서 저장 시 또는 소매점에서 진열 시에도 오염될 수 있으며, 포장재를 뚫고 들어가 식품에 감염될 수 있다. 일반 가정에서는 비스킷과 초콜릿 등의 과자류와 라면 등에서 주로 발견된다.

같은 속에 있는 비슷한 형태의 벌레로 어리쌀도둑거저리(confused flour beetle)가 있

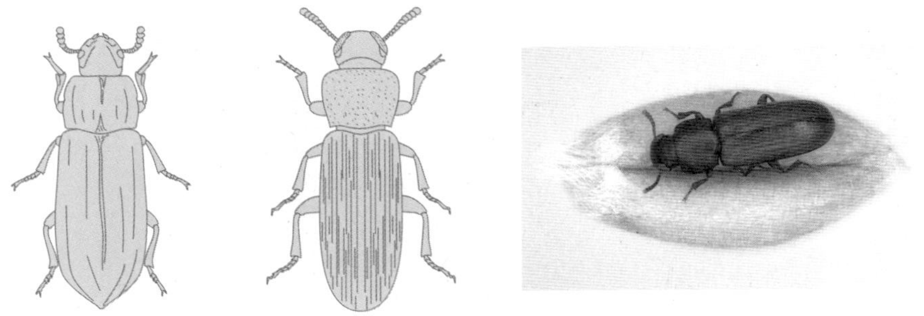

그림 2-13 거짓쌀도둑거저리와 어리쌀도둑거저리의 형태 비교

다. 이 종 역시 거짓쌀도둑거저리와 비슷한 생활을 하는 해충으로서 곡립에 대한 가해 능력과 증식력이 상당한 편이다.

5) 권연벌레(Cigarette beetle)

학명 *Lasioderma serricorne*

형태 권연벌레는 이름에서도 알 수 있듯이 담뱃잎에서 자주 발견되는 해충이며, 쌀, 현미, 콩, 잎담배, 밀가루 등에 해를 끼친다.

성충은 긴 타원형으로 몸길이는 2~4 ㎜ 정도이며, 적갈색을 띠고 몸 표면은 황갈색의 부드러운 털로 덮여 있다. 머리는 작으며 앞가슴 쪽으로 구부러져 있어 위에서는 보이지 않는다. 촉각은 톱니 모양으로 되어 있으며, 갈색에 백색의 털이 많이 나 있고 주광성으로 빨리 기어 다닌다.

유충은 털이 많이 나 있고 머리 부분은 진한 갈색이며 마다마다 주름이 많고 4 ㎜ 정도 자란다. 부화한 유충은 실을 토하여 보호 주머니를 만들고 그 속에서 곡물을 갉아먹으며 성장한 후 번데기가 된다. 알은 0.3 ㎜ 정도의 긴 타원형이다. 번데기는 갈색이고 길이는 3 ㎜ 정도로서 회갈색의 고치 속에 들어 있다.

생활사 권연벌레는 연 2~3회 발생하며 유충으로 월동한다. 곡물이나 포장재, 목재 속에서 얇은 고치를 짓고 이듬해 4~5월에 월동한 유충이 번데기가 되어 5~6월에 1회 성충이 발생되며, 6~9월에 2회, 9월 이후에 3회 발생한다. 암컷은 20~100개의 알을 낳으며 산란 기간은 평균 10일 정도이다.

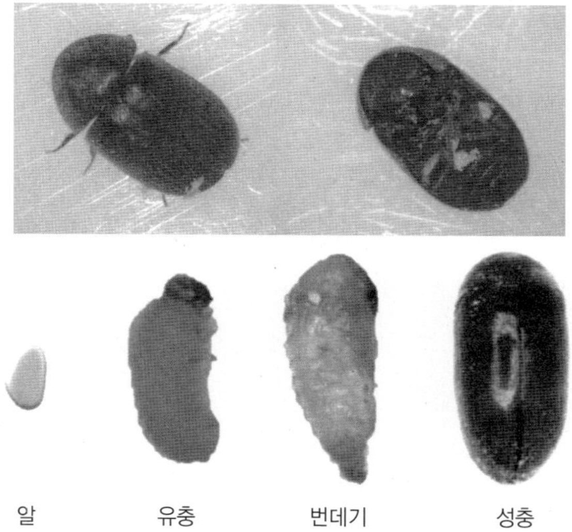

그림 2-14 권연벌레의 유충/번데기/성충의 형태와 후추에서 발견된 권연벌레

자료: 고려대학교 생명자원연구소 나자현 교수 연구실

유충기는 30~45일, 번데기 기간은 10~13일 정도이다.

피해 곡물에 있어서의 피해는 주로 쌀, 현미, 콩, 잎담배, 밀가루, 보릿가루 등을 가해한다. 유충이 주로 저장물을 엉키게 하고 종자의 배(胚)를 먹으며 산다.

잎담배 저장창고 및 가공공장 식품창고, 식품 가공공장에서 서식한다. 성충은 빛에 유인되며, 천공 능력이 있어 포장재를 뚫고 들어갈 수 있다. 유사한 종으로는 인삼벌레(*Stegobium paniceum*)가 있다.

약 30℃에서 알은 6~10일이면 부화할 수 있으며, 부화한 알은 40~60일이면 성충으로 변태할 수 있다. 성충의 수명은 2~4주 정도이며, 평균 산란 수는 대략 110개 정도로 인삼벌레에 비해 많은 편이다. 온난한 기후의 서식처에 잘 적응하였다. 연간 출현 수는 2~3회 정도이다.

생육 최저 온도는 약 18℃이며, 유충으로 월동할 경우 약 6개월 동안 생존할 수 있다. 성충의 수명이 최대 4주이기 때문에, 식품에서 발견되는 권연벌레 성충은 유통·저장 중에 혼입되었을 가능성이 높다.

5. 기타 포장 식품이나 곡류에 해를 입힐 수 있는 해충

1) 톱가슴머리대장(Saw-toothed grain beetle)

학명 *Oryzaephilus surinamensis*

형태 성충의 몸길이는 2.5~3.5 ㎜ 정도이며 모양은 가늘고 긴 편이다. 가슴은 긴 타원형이며 등에는 세로로 된 2개의 깊은 홈과 좌우에 각 6개의 톱날 같은 치상돌기(齒狀突起)가 나 있으며, 암갈색 또는 적갈색의 표면에 미세한 황갈색의 털로 덮여 있다. 촉각은 끝 쪽으로 갈수록 굵고 넓은 곤봉형으로 되어 있다.

유충의 몸길이는 3~4 ㎜ 정도로 납작하면서 가늘고 길고 몸통은 황백색이며, 몸마디의 배면에는 흑색반문이 있고 여기에 짧은 털이 드문드문 나 있다. 알은 노란빛을 띤 갈색으로 크기 0.3~0.5 mm의 타원형이다. 번데기는 2.5 ㎜ 정도이며 황갈색이다. 부화한 유충은 몸길이 3~4 mm로 납작하면서 가늘고 길다.

그림 2-15 톱가슴머리대장(*Oryzaephilus surinamensis*)의 성충

생활사 톱가슴머리대장은 한국을 비롯한 전 세계에 분포하는 국제종으로 연 3회 정도 발생하며, 가마니나 벽틈, 창고 안팎의 쓰레기 더미 속이나 돌무더기 속에서 성충으로 월동하고 암컷은 약 150개의 알을 곡립 사이에 점점이 산란한다. 생활주기는 기온과 습도 및 영양 상태에 따라 다소 차이가 있으나 3~10주 정도이고 온대 지방에서는 겨울에도 생육하며 약 2~3년간 살 수 있다.

피해 쌀바구미와 같은 파괴성 해충에 뒤이어 발생하는 제2차 해충이지만 간혹 단독으로 쇄립이 많은 곡식에 제1차 해충으로 발견되기도 한다. 창고, 가구공장 등에서 서식하며 곡류, 종자, 밤, 견과 등을 가해하며 주로 가루를 만들어 감량시킨다.

2) 쌀거저리

학명 *Latheticus oryzae*

형태 거짓쌀도둑거저리와 모양은 비슷하지만 가늘고 긴 형태의 벌레이다. 성충의 몸길이는 2.5~3.0 ㎜ 정도이며, 황적갈색으로서 독특한 촉각 형태와 눈 뒤의 작은 분안(分眼)이 돌출되어 구분된다.

그림 2-16 쌀거저리(*Latheticus oryzae*)의 성충

생활사 연 수회 발생하고 곡립 사이에 점점이 산란하며 유충은 곡물 속에서 번데기가 된다. 습기가 많을 때 번식이 왕성하고 성충은 가끔 날아다니며 생육 적온은 25~28℃이다.

피해 밀, 쌀, 옥수수, 보리, 호밀 등을 가해한다. 가해 방법은 거짓쌀도둑거저리와 같이 파괴성과 박피성이다.

3) 두줄쌀거저리

학명 *Alphitophagus bifasciatus*

형태 장타원형인 성충의 몸길이는 2~3 ㎜ 정도로 작고 촉각은 곤봉형이며 적갈색 날개에는 가로로 3개의 검은 무늬가 있다. 등 쪽은 가는 털이 있고 약간 파여서 광택이 희미하다. 유충은 황색 또는 황갈색을 띠고 몸길이는 1~3 ㎜ 정도이며 알은 백색의 타원형이다.

생활사 연 1회 발생하고 발생 왕성기는 5~8월이며 곡립 및 가공 부산물, 쓰레기 더

그림 2-17 **두줄쌀거저리(*Alphitophagus bifasciatus*)의 성충**

미 등에 서식하면서 300~500개의 알을 낳아 덩어리를 형성하고 2주 정도 지나면 부화한다. 유충은 3개월 정도 지나면 성충이 되고 1세대는 1년 정도이다.

피해 곡류, 채소류, 살아있는 식물, 저장식품 등 가해대상 범위가 넓으며 경우에 따라서는 다른 해충을 잡아먹기도 한다.

4) 갈색쌀거저리

학명 *Tenebrio molitor*

형태 갈색거저리라고도 한다. 몸길이 약 15 mm이다. 몸빛깔이 구룡충(구룡거저리)과 비슷해 어두운 갈색이며 광택이 난다. 머리에 점들이 있으나 촘촘히 나 있지 않다. 촉각(더듬이)의 끝마디는 길이와 나비가 같다. 앞가슴 등판은 정사각형이고 뒷가두리의 세로 홈은 뚜렷하다. 복판은 나비가 넓은 오각형이다. 딱지날개는 갈색으로 8줄의 세로 홈이 있고 간실은 볼록하며 작은 점들이 촘촘히 있다.

생활사 연 1회 발생하고 1세대는 1년 정도이며 성충은 5~7월까지 생활이 활발하나

그림 2-18 **갈색쌀거저리(*Tenebrio molitor*)의 성충**

8월말까지도 생활한다. 암컷은 다산성이라 약 500개의 알을 낳고 유충은 3개월 정도 지나면 성충이 되며 완전 변태한다.

피해 곡류, 밀가루, 가공식품

Q. 해충의 혼입의 판별에 사용되는 카탈레이스(catalase) 시험법은 무엇인가요?

A. 곤충의 혼입 경로와 이력을 추정하는 데 사용되는 방법으로, 카탈레이스 반응을 이용한 시험법이 사용된다. 카탈레이스는 동식물에 널리 존재하는 효소로서 생체 내의 과산화수소와 반응, 산소가스를 발생시킨다.
만약 곤충이 식품의 원료나 가공 공정 단계에서 혼입이 되어 열처리 과정을 거치게 되면 이 효소가 열에 파괴되어 불활성화되지만 제조 단계 이후, 즉 유통 과정 중에 혼입이 되었다면 이 효소가 남아 있어 유통 단계에서 침입하였다는 근거가 될 수 있다.

시험 방법

소량의 검체를 테스트 튜브에 넣고 유리막대로 으깬 후, 3% 과산화수소수 약 20 mL를 섞어 기포(산소)의 발생 유무를 확인한다. 곤충의 사체가 죽은 지 얼마 되지 않았거나 열처리를 거치지 않은 경우에는 카탈레이스가 남아 있기 때문에 기포가 발생하지만 열처리를 거쳐 사멸한 곤충의 사체에서는 기포가 발생하지 않는다.

6. 해충의 방지 대책

1) 공장으로 반입되는 해충

식품 제조 가공공장에서는 식품 원료나 포장자재 등에 해충이 부착·혼입하여 공장 내에 반입되는 경우가 있으며, 원료의 경우 곡물에서 유래한 저곡 해충이 종종 섞여서 반입된다.

(1) 식품 원료에서의 문제

저곡 해충들의 알은 크기가 매우 작으며 곡식 알갱이 내부에 알을 낳는 경우가 많기 때문에 육안으로 구별하여 발견하는 것이 어렵다. 따라서 곡물 원료가 어느 정도는 벌레의 알에 의해 오염되어 있다고 가정하고 이에 대한 관리를 하여야 한다.

가장 기본적인 곡물 원료의 관리 방법으로는 10℃ 이하의 저온에서 보관하는 것이다. 이 온도 조건에서는 알이 부화할 수 없으며, 유충이나 성충의 생장도 억제할 수 있다.

곡류를 장기간 보관하기 위하여 오래전부터 시행되어 왔던 해충 방제 방법으로는 훈증제 처리를 들 수 있다. 과거에 많이 사용되었던 훈증제는 브롬화메틸(methyl bromide)이 대표적이다. 이것은 냄새와 색깔이 없는 불연성의 기체로서 곡물의 저장을 위한 살충제로 많이 사용되었으나 독성으로 인해 21세기에 들어서는 사용을 금지하고 있다.

브롬화 메틸은 다양한 독성 이외에도 염소보다 강력한 오존층 파괴물질로서 현재는 전 세계적으로 사용을 하지 않고 있으며, 2005년 이후 인화알루미늄(aluminium phosphide)이 이를 대체하고 있다.

우리나라에서는 '에피흄'이라는 상품명으로 판매되고 있다.

인화 알루미늄(aluminium phosphide)은 부롬화 메틸에 비해 잔류량이 적어 안전하지만 이것 역시 맹독성 물질이면서 인화성이 있기 때문에 사용 시 철저한 안전 관리가 필요하며, 관련 기관의 인허가를 취득한 사람만이 취급을 할 수 있다. 주로 식량 비축창고 등에 적용되고 있으며, 곡류 등에의 잔류 허용기준은 0.1 ㎎/kg 이하로 관리되고 있다.

표 2-6 훈증제로서 인화 알루미늄(aluminium phosphide)의 적용 용도

작물	적용 해충	사용 적기
쌀	바구미	해충 발생기
건채류 및 향신료	검역대상해충 및 저장해충	해충 발생기
곡물류	저장해충	해충 발생기
두류, 박류, 한약재, 종자류, 서류, 건과류	검역대상해충	해충 발생기
마늘	혹응애	수확 직후
담배	다색알락명나방, 권연벌레	해충 발생기

식품의 살균·살충 등에 사용되는 화학 훈증제의 사용이 세계적으로 점차 금지되는 추세에 있기 때문에 그 대안으로 방사선 조사 방법이 많이 권장되고 있다.

국제식품규격위원회(Codex)를 비롯한 WHO(World Health Organization, 세계보건기구), FAO(Food and Agriculture Organization, 국제식량농업기구), IAEA(International Atomic Energy Agency, 국제원자력기구) 등에서는 방사선 조사에 의한 식품 보존이 다른 어떤 방법보다 안전하며 효과적인 것으로 평가하고, 모든 식품에 방사선 조사를 적용할 수 있도록 승인하였다.

따라서 수출입 등 국가 간의 농산물 거래에는 감마선 조사에 의한 해충 방제가 적극 권장되고 있기는 하지만, 비용상의 문제 등으로 적용이 확대되고 있지는 않다.

우리나라에서는 중국으로부터 수입되는 건조채소 등 라면 스프 원료에 살충의 목적으로 감마선 조사를 하고 있는 사례가 있다. 화랑곡나방, 권연벌레, 가루 진드기, 바퀴벌레, 바구미류에 대해 감마선은 0.1~3 kGy의 조사량 범위 내에서 완벽한 살충 효과가 있는 것으로 알려져 있다.

표 2-7에 식품 및 식품 포장재에 사용되는 용도별 감마선 조사선량에 대하여 표시하였다.

표 2-7 용도에 따른 감마(γ)선 조사선량

대상	목적으로 하는 효과	Typical dose range(kGy)
감자, 양파, 마늘 등	발아 억제	0.05~0.15
건조식품, 생식품	해충의 살충을 목적으로 하는 식품의 처리	0.1~3.0
딸기 등 과일	곰팡이 증식 지연 및 부패 지연을 통한 저장 수명 연장	1~4
축육, 가금류, 어패류 등	부패의 지연, 특정 병원성 세균의 살균(e.g. *Salmonella*)	1~7
향신료 및 조미료(시즈닝 등)	광범위한 세균 및 해충의 살균 및 살충	1~30

식품에 대한 감마선 조사선량은 『식품공전』의 '식품 일반에 대한 공통기준 및 규격'에 명시되어 있으며, 사용 방사선의 선원 및 선종은 Co-60의 감마선, 그리고 식품의 발아 억제, 살충, 살균 및 숙도 조절의 목적에 한하여 식품에 방사선을 조사할 경우 다음의 기준 이하의 선량으로 조사할 것을 명시하고 있다(표 2-8).

표 2-8 식품의 종류에 다른 방사선 조사선량과 목적

허가 연도	품목	조사선량(kGy)	목적
1987	감자, 양파, 마늘	0.15	발아 억제
	밤	0.25	발아 억제
	생버섯 및 건조버섯	1	숙도 지연
1988	건조향신료	10	살균·살충

(계속)

허가 연도	품목	조사선량(kGy)	목적
1991	가공식품 제조 원료용 건조식육 및 어패류 분말	7	살균·살충
	된장·고추장·간장분말	7	살균·살충
	조미식품 제조 원료용 전분	5	살균·살충
1995	가공식품 제조 원료용 건조채소류	7	살균·살충
	건조향신료 및 이들 조제품	10	살균·살충
	효모, 효소식품	7	살균·살충
	알로에 분말	7	살균·살충
	인삼(홍삼 포함) 제품류	7	살균·살충
	2차 살균이 필요한 환자식	10	살균
2004	난분	5	살균
	가공식품 제조 원료용 곡류, 두류 및 그 분말	5	살충·살균
	조류식품	7	살균·살충
	복합조미식품	10	살균
	소스류	10	살균·살충
	분말차	10	살균·살충
	침출차	10	살균·살충

자료: 식품의약품안전처, 식품공전, 2021

Q. 방사능 노출 오염과 방사선 조사의 차이점은 무엇인가요?

A. 방사능에 노출되어 오염된 식품이란 핵실험이나 원전사고에 의하여 방출된 방사성 물질에 의해 오염된 식품을 말한다. 방사성 물질은 지속적으로 방사능을 방출하기 때문에 방사성 물질을 함유하고 있는 식품을 섭취하면 위험하다. 예컨대 원전의 사고로 인한 오염수에 의해 오염된 생선을 섭취할 경우 방사능 물질이 인체에 남아 지속적으로 방사선을 방출하기 때문에 인체에 치명적인 해를 끼친다.

반면, 식품의 방사선 조사란 방사성 물질에서 나오는 일정량의 방사선(감마선 등)을 조사한 식품으로 방사능 오염 식품과는 완전히 다르다. 방사능 오염 식품은 방사성 물질이 식품에 오염되어 방사선을 지속적으로 방출하지만 방사선 조사 식품은 방사선에 일시적으로 노출된 것이지 방사성 물질에 오염이 식품에 존재하는 것이 아니기 때문에 방사선이 식품으로부터 방출되지 않는다. 많은 사람들이 방사능에 대해 막연한 공포감을 가지고 있지만 방사선 조사 식품은 방사능이 식품에 잔류하는 것이 아니므로 안심하여도 된다.

⑵ 포장 자재에서의 문제

포장 재료 중 특히 골판지는 많은 곤충들에게 적합한 장소가 되기 쉽다. 저곡 해충들은 월동 장소로서 또는 서식지로서 어두운 곳, 예컨대 골판지 상자 내부 등을 선호하는 경향이 있으며, 골판지의 틈새를 통해 침입할 수 있으므로 주의가 필요하다. 따라서 골판지 상자 등 포장 자재 수입 검사 시 파손, 오염, 젖음 등 해충의 혼입이 우려되는 경우에 대해서 주의 깊게 체크가 필요하며 오염이 보이는 경우에는 즉시 격리해야 한다.

제품 원료나 포장자재의 보관 상태와 관리가 적절치 않을 경우에는 그것들에 부착, 침입한 해충이 공장 내에 이동하여 분산되는 경우가 있다. 따라서 반입물의 보관 관리 체제를 감시할 목적으로 계속적인 트랩조사의 실시가 필요하다. 또한 보관창고에서는 흔히 쥐류의 점착 트랩이 설치하는 경우가 있는데, 이 트랩을 쥐의 포획에만 사용하는 것이 아니라 곤충의 포획 상황도 함께 점검하도록 하는 것이 좋다.

미국에서는 반입물과 제품 창고의 보관 방법으로서 '18인치 룰'을 권장하고 있다. 이 룰은 모든 제품의 보관 시 벽에서 18인치(45.72 cm) 떨어진 곳에서 보관해야 한다는 것이다. 이 공간을 확보하기 위한 표시로 벽에서 18인치 떨어진 바닥에 흰 선을 그려 표시하고 있다. 이 18인치 룰을 지킴으로써 곤충 혹은 쥐에 대한 감시와 청소가 용이하게 된다.

물품 보관소에서는 제품뿐만 아니라 파렛트 검사도 꼼꼼히 해야 한다. 특히 장기간 방치된 팔레트는 곤충의 부착이나 내부 천공을 볼 수 있다. 또한 원료 구역에서 사용하고 있는 기재 기구를 포장 구역에서도 중복해서 사용하는 것은 피해야 한다. 원료에 부착되어 있는 곤충을 포장 지역까지 인위적으로 운반할 수 있기 때문이다.

물건을 운반할 때 사용되는 컨테이너나 짐수레에 대해서도 마찬가지로 용도별로 구분해서 사용하여야 한다. 컨테이너 등의 유지보수는 밑부분과 뒷면 등의 보이지 않는 부위에 대해서도 실시하여 해충의 유입 가능성을 원천적으로 막아야 한다.

2) 공장 내에서 발생하는 해충에 대한 대책

⑴ 발생원 대책

시설 내에서의 발생원 대책은 기본적으로 정기적인 청소를 철저히 하는 것에서 시작되어야 한다. 청소의 기본은 곤충류의 발생원이 되는 식품 찌꺼기 등을 제거하는 것이며, 그 방법으로는 진공청소기에 의한 흡인이 바람직하다.

식품공장에서 에어건에 의한 청소를 흔히 볼 수 있지만 에어건을 사용한 청소는 식품 찌꺼기 등을 주위에 날려버릴 수 있으며, 곤충이 서식할 수 있는 장소를 공장 내에 확산시키는 결과를 낳게 된다. 또한 에어건에 의해 날아간 식품 분말 찌꺼기 등은 제조 라인의 다리 부분과 바닥면에 있는 좁은 틈새 등에 들어가 청소가 어려워진다. 따라서 청소는 에어건이나 빗자루 등으로 하지 말고 진공청소기를 사용하여 흡인하는 것이 가장 바람직하다.

근본적으로는 먼지나 식품의 찌꺼기가 쌓이기 쉬운 틈새를 없애는 것이 필요하겠지만 실제 상황에서는 여러 설비로 가득한 공장의 모든 틈새를 개선하는 것은 어렵다. 따라서 공장의 설계나 설비의 도입 시부터 가능한 한 먼지나 식품 찌꺼기 등이 쌓이기 어려운 구조로 설계하는 것이 중요하다. 이렇게 공장을 설계하게 되면 청소를 용이하게 할 수 있기 때문에 해충의 번식뿐만 아니라 미생물의 생육도 억제할 수 있는 효과를 보게 된다.

예를 들어 제조 라인 아래에 식품의 원료 가루가 쏟아질 경우에 대비하여 서랍식 받침대를 미리 설치해 두는 것 등은 좋은 예방책이 될 수 있다.

식품 찌꺼기가 쌓이기 쉬운 곳은 청소가 어렵기 때문에 손을 대지 않고 방치되는 경우가 많다. 방충을 목적으로 한 청소는 외형의 미관을 높이는 청소가 아니라 일상적으로 시야가 미치지 않는 곳에 서식하고 있는 해충의 서식원까지 탐색하여 발생원을 제거·개선하는 것이다. 따라서 정확한 발생원 대책을 실시하기 위해서는 해충 구제 전문업자로부터 청소 방법과 청소 구역에 대한 조언을 구하는 것이 좋다.

⑵ 공장 내에서의 방충 대책

만약 공장 안에 해충이 침입하거나 정착하는 것이 발견되면 살충제가 즉각적으로 사용되어야 하지만, 살충제의 사용이 제한되는 경우도 충분히 고려해야 한다.

아무리 잘 사용하는 살충제를 사용하더라도 사용 환경이 나쁘면 그 효과를 기대할 수 없다. 살충제는 해충과 직접 접촉하지 않는 한 효과를 기대할 수 없으며, 따라서 곤충과 살충제가 접촉할 수 있는 기회를 늘리도록 하는 것이 효과적인 살충제 사용 방법이다. 또한 대상 지역의 정리, 정돈, 청소가 필수적이다.

살충제는 대부분 인체에 해를 끼치는 화학물질들로서 식품을 취급하는 공장 내에서 살충제의 사용은 매우 조심스럽게 검토되어야 한다. 예컨대 살충제의 대다수는 휘발성이지만 친유성을 띠는 경우가 많으며, 이는 기름 성분이 많은 식품에 베어들 가능성이 높다.

오래전 이야기지만 벌레 클레임으로 사장으로부터 질책을 받은 모 식품 회사에서 유탕처리 공장 내부 소독을 위해 살충제를 과다 사용한 결과 식품에서 석유 냄새가 난다는 소비자 클레임이 제기된 적이 있었다. 비록 사건이 확대되지는 않았지만 지금 생각하면 식품 회사의 입장에서나 소비자 입장에서나 매우 아찔한 일이 아닐 수 없다.

(3) 용도 구역(Zoning)

용도 구역은 공장 외부에서 반입하거나 침입한 곤충이나 실내 발생 곤충의 공장 내부로의 이동과 분산을 방지하기 위해 유용하다. 용도 구역을 정함으로써 조사 결과를 통해 문제점을 정확히 알 수 있다. 그러나 용도 구역을 공장 전체에 도입하게 되면 도입비용이 엄청날 뿐만 아니라 관리가 매우 어려워진다. 따라서 구역 설정이 필요한 지역에 위해도의 우선순위를 매겨 적절히 도입해 나가는 것이 현실적이다.

예를 들어 개방되어 있는 제조 공정 구역에 다른 제조 구역에서 발생한 해충이 이동·분산될 가능성이 있는 경우에는 용도 구역 설정이 우선되어야 한다.

구역 설정을 도입하는 우선순위를 정하기 위해서 어느 제조 지역에서 어떤 피해가 발생하는지를 잘 살펴야 하며, 이를 위해서는 전술한 해충의 서식 조사가 불가결하다. 데이터가 불충분하면 위해 방지상 적절한 용도 구역 설정이 도입되었는지 불명확해지기 때문에 평가가 어려워진다.

3) 공장 외부에서 발생하는 해충에 대한 대책

(1) 유인원의 제거

외부에서 발생하는 병충을 공장 주변에 접근시키지 않기 위해 유인원을 제거하는 것은 공장 내 침입 저지 방법으로 효과적이다.

유인원을 제거하는 방법으로는 광원을 관리하는 방법이 있는데, 공장 건물에서 새는 광원에 대해서는 창문에 방충 필름을 붙이는 방법이 있다. 곤충들 중에는 자외선의 파장에 민감하게 반응하는 것들이 있는데 이 경우 자외선 차단 필름이 사용될 수 있다.

또한 건물 바깥에 직접 접하고 있는 출입구의 광원 및 실외에 설치되어 있는 광원은 방충 램프의 사용하거나 램프에 방충 시트를 씌워 사용하는 것이 일반적이다.

악취가 유인원이 되는 경우도 있는데 악취 관리는 설비에서 기인하는 경우도 있기 때문에 악취를 완전히 제거하기 위해서는 신규 설비 투자가 필요한 경우가 많다. 따라서 신규 설비나 공장을 설계할 때는 배기에 따른 취기 대책을 고려하여 설계해야 한다.

공장 외부의 환경에서 중요한 것은 쓰레기장의 관리이다. 대부분의 식품공장에서는 쓰레기장이 건물에서 멀지 않은 곳에 설치되거나 건물에서 멀리 떨어진 장소에 쓰레기장이 설치되어 있다고 하더라도 쓰레기를 그곳까지 운반하기 위한 임시 쓰레기 보관장이 건물 근처에 배치되어 있는 경우가 많다. 쓰레기장이 건물 근처에 있다는 것은 곤충을 건물 근처에 유인하는 것이므로 가능한 한 쓰레기장은 건물과 떨어진 곳에 설치하여야 하며, 악취가 발생하지 않도록 하는 것이 바람직하다.

(2) 침입구 개선

발생원 대책 및 유인원 대책을 철저히 실시했다고 하더라도 완전히 곤충을 공장 건물까지 접근시키지 않는 것은 극히 어렵다고 할 수 있다.

우발적으로 건물 안으로 침입하는 미세한 곤충이나 월동을 위해 온난한 장소를 찾기 위해 건물 안으로 침입하는 곤충도 볼 수 있기 때문이다. 따라서 출입구 관리가 매우 중요한데, 당연히 출입구를 자주 여닫을수록 벌레가 침입할 수 있는 기회가 증가하기 때문이다.

또한 출입구의 개구부가 넓을수록 곤충은 쉽게 침입할 수 있으므로 출입구는 최소한의 면적으로 하고 방충 커튼, 스피드 셔터, 자동문 등을 이용하여 개방시간을 조절하여 관리해야 한다.

짧은 시간에 출입문을 개폐하고 이중문으로 관리하는 것이 바람직하며, 바닥에는 끈끈이 등을 도입하는 것이 중요하다.

4) 유통 중 해충 관리

식품이 생산되어 공장을 빠져나가는 순간부터 식품은 외부에 노출된다. 이것은 유통 중 외부에 존재하는 다양한 종류의 벌레가 식품으로 침입할 수 있다는 것을 의미한다.

따라서 벌레로 인한 피해는 공장에서보다 유통 중에 발생할 가능성이 더 높다고 할 수 밖에 없다.

벌레에 의한 오염은 공장에서 소매점까지에 이르는 모든 과정에서 일어날 수 있지만 발견되는 해충의 유형을 고려하면 차량에서보다는 소매점 창고에서의 오염이 더 비중이 높다.

해충에 의한 유통 중 피해를 줄이기 위한 관리 방법은 다음과 같이 요약할 수 있다.

① 생산된 식품이 출하전 보관되는 장소는 외부와 격리되어 있어야 한다.

② 원료를 운반한 차량이 소비지로 식품을 배송하는 데 사용되지 않도록 한다.

③ 배송 차량은 혼적을 될 수 있으면 피해야 한다.

④ 배송 차량의 청소 및 소독, 방충 관리가 철저히 이루어져야 한다.

⑤ 소매점에서의 매대, 창고 관리가 매우 중요하다.

식품이 생산되는 공장보다는 외부에 곤충이 많으며, 따라서 출하 전 제품의 보관 시에 곤충이 유입되는 경로는 외부로부터의 침입이 주가 된다. 그러므로 해충의 유입을 막기 위해 출하 전 제품이 보관되는 장소는 외부로부터 철저히 격리된 장소이어야 한다.

식품 원료를 운반하는 차량은 산지로부터 유입된 저곡 해충 등에 의해 오염되어 있을 가능성이 크다. 따라서 원료를 운반한 차량을 다시 소매점 등으로 제품을 운반하는 데 사용해서는 안 된다. 또한 해충이 감염되기 쉬운 곡류 등과 다른 식품들을 같이 혼적하거나 같은 차량으로 배송하는 것은 될 수 있으면 피해야 한다. 바구미류 등 저곡 해충의 성충은 충분한 이동성을 갖고 있으며, 포장재를 뚫고 침입할 수 있어 이웃한 다른 식품으로 감염될 수 있기 때문이다.

배송 차량의 청소 및 소독은 가급적 매일 실시하는 것이 좋다. 해충은 언제든 차량 안으로 침입할 수 있으며, 차량 내 식품의 찌꺼기나 먼지 등 해충이 자리 잡기 좋은 원인을 미연에 방지하기 위함이다.

소매점에서는 매대 및 창고 관리가 무엇보다 중요하다. 소매점의 매대와 창고는 항상 식품들로 가득 차 있고, 구석진 곳까지 청소가 철저히 이루어지지 않는 경우가 많다. 특히 어두운 환경이 제공되면 벌레들이 서식하기에는 매우 좋은 환경이 되어버린다.

벌레의 방제에 있어서 가장 효과적인 방법은 발생 원인이 될 수 있는 장소를 철저히 관리하는 것이며, 여기서 가장 중요한 것은 청소 작업이다. 발생원이 100% 관리되면 이론적으로는 곤충에 의한 위해는 완전히 억제할 수 있다. 하지만 실제로는 발생원을 완전히 관리하는 것은 매우 어렵기 때문에 여러 단계에서 위해요소를 제거하는 노력이 필요하다.

해충을 포장재만으로 막을 수 있는 방법은 없다. 포장재를 뚫고 침입하는 해충의 경우 포장재의 재질과는 큰 상관이 없으며, 두께가 두꺼울수록 침투 가능성이 줄어들기는 하지만 포장재의 두께를 무한정 두껍게 하기는 어렵기 때문이다. 따라서 포장 식품에서의 해충 예방은 사람들에 의한 관리에 의해서 달성될 수 있음을 주지하여야 할 것이다.

공장에서는 어디서 해충이 유입될 가능성이 있는지를 조사하여, 이를 예방하기 위하여 실시해야 할 예방 조치를 각 단계별로 명시해야 한다. 유통업체의 경우도 마찬가지이다. 유통의 각 단계별로 주체자가 해야 할 일들을 정하고, 이를 지속적으로 실시하고 있는지 관리, 감독하여야 한다.

해충 관리는 관리하는 각 시설의 책임자가 주역이 되어 실시한다. 그리고 해충 구제 전문 업자는 일상·정기 청소 혹은 보수·개선 계획을 작성하는 데 있어서 정확한 조언을 해야 한다.

시설 관리자는 일상 업무 시 발견된 해충의 '목격 기록'을 작성함으로써 해충 구제 전문 업자와 연계를 유지해야 한다. 해충 관리는 어느 한쪽의 역량으로 달성되는 것이 아니라 서로의 역할을 명확히 하고 균형 있게 대처함으로써 달성될 수 있다.

5) 해충 기피제의 사용

인체에 무해하거나 식용으로 사용될 수 있는 원료 유래의 해충 기피제를 사용하여 저장 중 곡류나 식품의 보존성을 올리려는 연구도 시도되고 있다. 전래되는 대표적인 방법은 숯과 고추냉이를 이용하여 해충을 방제하는 방법이다. 그러나 이 방법은 실제적으로 완벽하지 않으며, 고추냉이의 경우 식품에 냄새가 밸 수 있다는 문제점이 있다.

최근 시도되고 있는 것은 식물성 정유를 해충 기피제 또는 살충제로 사용하려는 노력이 있다. 저곡 해충에 대한 식물 추출물 및 정유 성분 물질 살충 활성 연구로 Ebadollahi 등[11]은 허브의 일종인 배초향(Agastache foeniculum) 정유가 화랑곡나방 성충에 훈증독성을 나타낸다고 보고하였으며, Shaayas 등[57]은 Pimpinella anisum 및 Menthapiperita 정유를 이용하여 가루좀벌레, 거짓쌀도둑거저리 및 쌀바구미에 대한 훈증독성을 보고하였다.

국내에서는 Lee 등[38]이 화랑곡나방과 거짓쌀도둑거저리 유충 및 성충에 대한 10종 식물체 정유의 훈증 및 접촉 독성을 비교한 실험 결과를 보고하였다. 화랑곡나방 및 거짓쌀도둑거저리 유충은 *N. bigard* 및 *A. graveolens* 정유에 대해 접촉 독성으로 가장 우수한 살충 활성을 나타냈으며, 화랑곡나방 및 거짓쌀도둑거저리 성충의 경우 *A. millefolium* 및 *A. graveolens* 정유가 훈증 독성으로 가장 우수한 살충 활성을 나타냈다고 한다.

하지만 이러한 식물성 정유 역시 완벽한 살충 효과를 가지고 있지 못하며, 그대로 식용으로 사용되는 곡류나 식품으로부터의 잔류 정유의 제거 문제, 그리고 비용 문제 등으로 상용화되지 못하고 있다.

6) 탈산소제와 습기제거제를 이용한 포장 쌀의 해충 및 곰팡이 방제 효과

탈산소제는 포장 내부의 산소를 48시간 내에 0.1% 이하로 만들 수 있다. 해충과 곰팡이는 호기성 생물로서 산소가 존재하지 않으면 생존이 불가능하다. 따라서 탈산소제를 포장 쌀이나 잡곡에 적용하면 곰팡이와 해충을 완벽히 제거할 수 있다.

탈산소제는 무취이며 쌀의 맛에 큰 영향을 주지 않기 때문에 약제나 해충 기피제 등과 달리 안전하고 적용성이 높은 방법이다. 또한 산소의 제거를 통해 묵은쌀 냄새의 원인이 되는 지방산의 산패를 억제하는 효과가 있다.

매년 날씨가 따뜻해지면 문제가 발생하는 포장 쌀의 곰팡이와 해충 발생 문제를 액티브 포장(active packaging) 기법을 활용하여 방제하는 실험을 실시하였으며, 그 결과를 요약하면 다음과 같다.

(1) 시험 대상

곰팡이로는 쌀의 저장 시 가장 문제가 되는 *Aspergillus candidus*와 *Penicillium* sp.를 선택하였으며, 해충으로는 쌀바구미를 대상으로 선정하였다.

쌀바구미는 쌀 안에 알을 낳기 때문에 도정 전에 감염되어 유통 중 발현하는, 제거가 어려운 해충이다. 백미는 우리나라에서 보편적인 품종 중 하나인 '일미'(2017년산)를 사용하였다.

(2) 실험 방법

① 곰팡이 억제 효과의 실험

백미에 *Aspergillus candidus*, *Penicillium* sp.를 접종하여 대조군과 함께 각각 5℃, 15℃, 25℃에서 보관하였다. 기간은 총 4주 동안 실시하였으며, 이때의 상대습도를 측정하여 기록하였다. 빛에 의한 효과를 무시하기 위하여 직사광선을 피하고 간헐적인 간접광에 노출시켰다. 쌀의 초기 수분함량의 경우 13.5%였으며, 곰팡이 균주의 접종 후 동일하게 13.5%의 수분함량을 유지하고 있는지 확인하였다.

준비된 시료를 Nylon/EVOH/LLDPE 재질의 스탠딩 파우치에 각각 100 g씩 충진 밀봉하여 실험을 수행하였다. 습기제거제(desiccant, 흡습제)와 탈산소제(oxygen scavenger)는 립멘(주)에서 제공받은 것을 사용하였다. 포장 내의 습도는 낮은 상태로 유지되므로 탈산소제는 자체반응형을 선택하여 실험하였다.

대조군과 습기제거제, 탈산소제를 사용한 총 3개의 시료에 대해 각각의 시료는 1주 단위로 헤드스페이스(headspace) 조성과 백도, 수분함량 그리고 총균수를 측정하였다.

② 해충 억제 효과 실험

백미에 쌀바구미 성충을 감염시켜 실험하였다. 쌀의 초기 수분함량의 경우 13.5%였으며, 빛에 의한 효과를 무시하기 위하여, 직사광선을 피하고 간헐적인 간접 광에 노출시켰다. 25℃에서 저장 실험을 실시하였으며, 기간은 총 1주 동안 실시하였다.

상대습도의 수준은 포장 내의 상대습도를 10% 이하로 떨어뜨려 습도의 영향을 조사하였다. 약 600cc의 공기를 함유하고 있는 Nylon/EVOH/LLDPE 스탠딩 파우치에 대조군과 함께 5 g 흡습제를 넣은 실험군을 만들어 감염된 소량의 쌀과 쌀벌레(바구미) 성충 10마리씩 포장하여 시간을 두고 관찰하였다. 시간에 따른 상대습도 변화는 습도 센서 paper를 같이 포장하여 확인하였다. 탈산소제의 효과는 약 600 cc의 공기를 함유하고 있는 Nylon/EVOH/LLDPE 스탠딩 파우치에 1000 cc 탈산소제를 넣어 소량의 쌀과 쌀벌레(바구미) 성충 10마리씩 포장하여 탈산소제를 넣지 않은 대조군과 함께 시간을 두고 관찰하였다. 시간에 따른 포장구 내의 산소 농도 변화는 대조구와 함께 headspace analyser를 이용하여 확인하였다. 쌀바구미 성충의 호흡률을 계산하기 위하여 탈산소제를 넣지 않은 대조군의 헤드스페이스를 분석하였다.

③ 탈산소제의 산패 억제 실험

탈산소제의 또 다른 효과는 산소를 제거하여 저장·유통 중 식품의 산패를 방지하는 데 있다. 탈산소제의 지방산 산패 억제 효과를 조사하기 위하여 지방산가 측정을 수행하였다. 곰팡이나 해충(쌀바구미)이 포함되지 않은 깨끗한 쌀 100 g을 약 600 cc의 공기를 함유하고 있는 Nylon/EVOH/LLDPE 스탠딩 파우치에 넣고 4주간 저장하며, 1주 단위로 지방산가를 측정하였다. 지방산가의 측정은 KOH 정량법을 사용하였다.

(3) 결과

① 도정미의 저장 중 품질 변화

외관 품질 및 식미 분석에서는 흡습제를 첨가한 쌀과 탈산소제를 첨가한 쌀 모두 유의차가 없었다. 흡습제는 쌀의 백도에 영향을 주지 않지만, 수분은 저하시킨다는 단점이 있다. 수분이 저하되면 밥이 되었을 때 밥 조직이 약해져 무너지는 단점이 있으며, 이는 식미감의 저하를 의미한다. 만약 저장기간이 길어진다면 식미감의 저하가 문제가 될 수 있다. 탈산소제는 쌀의 수분함량과 백도에 영향을 주지 않았다.

지방산가의 분석 결과에서는 탈산소제를 사용하여 포장구 내의 산소를 0%로 유지한 결과 1주가 경과한 시점에서부터 대조군은 8.7(KOHmg/100 g)인 반면, 탈산소제를 사용

표 2-9 저장 기간에 따른 도정미의 품질 변화(백도, 수분함량)

구분		0주차	3주차	4주차	5주차	7주차
대조군	산소 농도	21	20.5	20.1	18.9	19
	백도	47.1	46.6	46.1	45.9	45.4
	수분	14.4	14.2	14.3	14.2	14.3
흡습제	산소 농도	20.8	20.5	20.2	19.8	19.7
	백도	47.1	46.4	45.9	45.5	45.6
	수분	14.4	13.9	14.0	14.0	13.3
탈산소제	산소 농도	20.8	0.0	0.0	0.0	0.0
	백도	47.1	46.5	46.5	45.3	45.5
	수분	14.4	14.4	14.4	14.3	14.3

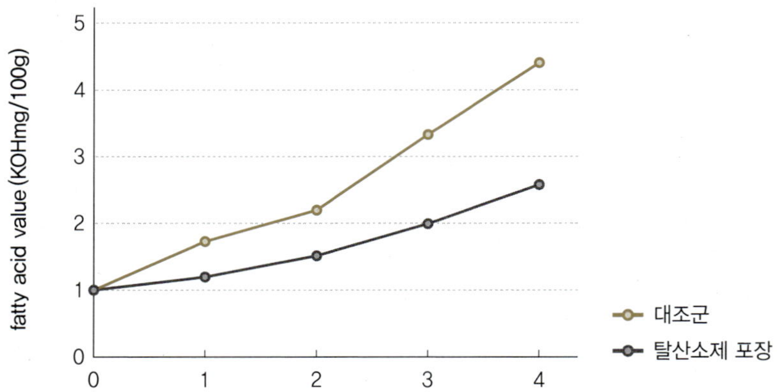

그림 2-19 보존 기간에 따른 지방산가의 변화

한 경우는 6.1(KOHmg/100 g)로 지방산가가 차이가 나기 시작하여 시간이 경과함에 따라 그 차이가 많이 벌어졌다(그림 2-19).

② 곰팡이 생존율

표 2-10 저장 기간에 따른 곰팡이 생존율(단위: CFU/g)

구분	0주차	1주차	2주차	3주차	4주차
대조군	9.1×10^3	1.8×10^4	3.1×10^4	3.3×10^4	3.4×10^4
흡습제	9.1×10^3	3.7×10^3	2.1×10^3	1.4×10^3	7.0×10^3
탈산소제	9.1×10^3	3.8×10^3	7.3×10^2	1.5×10^2	0.9×10^2

실험 결과 흡습제를 첨가한 제품은 초기 균수에서 서서히 감소하거나 비슷한 수로 곰팡이의 발현이 억제되는 것을 발견할 수 있었다. 대조군의 경우 저장 기간에 따라 약간 증가하는 경향이 보였으나, 큰 차이는 없었다.

탈산소제를 첨가한 쌀에서는 대조군과 흡습제를 첨가한 쌀에 비해 곰팡이를 감소시키는 효과가 두드러짐을 알 수 있었다. 곰팡이의 생육을 저해함과 동시에 시간이 지남에 따라 어느 정도의 살균 효과도 나타냄을 알 수 있었다.

이것은 탈산소제가 산소를 제거하기 때문에 일반 세균과 곰팡이가 생육하기 어려운 조건이 되는 것으로 판단된다. 육안 관찰에서도 대조군과 흡습제를 첨가한 샘플에서는 배아가 검게 변한 모습을 가끔 확인할 수 있었으나, 탈산소제를 첨가한 샘플에서는 검

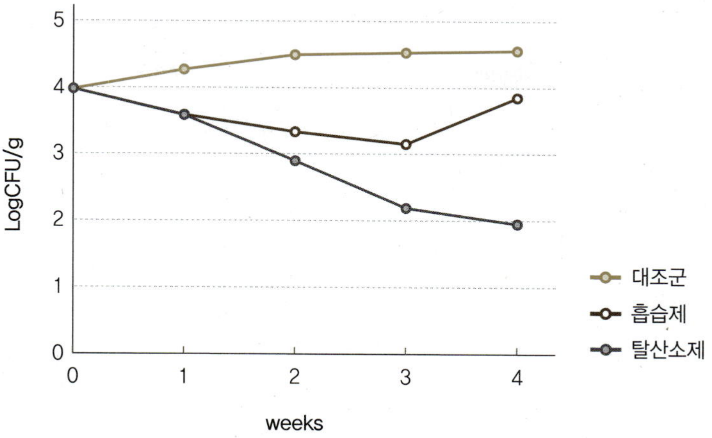

그림 2-20 보존 기간 중 곰팡이 생존율

게 변한 배아를 발견할 수 없었다.

③ 쌀바구미의 억제

흡습제와 탈산소제의 쌀바구미의 생육 저해 효과를 알아보기 위한 실험에서 흡습제는 큰 효과를 발휘하지 못하였다. 1주 경과 후 흡습제를 사용한 샘플에서 쌀바구미는 절반 정도 사멸한 것으로 조사되었으나, 이것이 습도의 영향인지는 분명하지 않았다.

포장구 내의 습도 변화는 초기와 많이 달라지지 않았으며, 이는 쌀바구미가 호흡을 하는 과정에서 수분이 발생하기 때문에 생존에 치명적인 요소는 되지 않는 것으로 판단한다.

탈산소제의 경우에는 24시간 이내에 포장구 내의 산소를 0.0%로 만들어 쌀바구미의 호흡을 저해함으로써 가장 확실한 효과를 나타내었다. 24시간이 경과한 뒤 생존하여 활동하고 있는 쌀바구미는 한 마리도 발견되지 않았다.

대조군의 헤드스페이스 분석을 통하여 쌀 바구미의 호흡률을 계산한 결과 한 마리가 소비하는 산소의 량은 하루에 평균 0.22 cc 정도로 매우 작은 산소를 소비하며 생존하는 것으로 나타났다.

④ 고찰

탈산소제는 자체 반응형으로 진공 포장된 상태에서 바로 뜯어 사용하였으며, 효과는 24시간 이내에 포장 내 산소 농도를 0.1% 이하로 떨어뜨린다. 실험에서와 같이 탈산소제와 함께 포장한 경우 쌀벌레의 성충은 24시간 안에 모두 죽었으며 이는 모두 생체대사에 필요한 산소의 고갈로 질식사한 것으로 판단된다.

방습제도 쌀바구미 성충의 생육을 어느 정도 억제하는 효과가 있는 것으로 조사되었으나 제한적이었으며, 알의 부화를 막지는 못하였다. 상대습도가 낮아지면 쌀바구미의 움직임이 현저히 줄어드는 경향을 보였다.

탈산소제와 흡습제(습기제거제) 모두 곰팡이와 벌레 등에 효과가 있는 것으로 나타났으며, 탈산소제가 보다 신속한 효과를 발휘하는 것으로 나타났다. 이는 포장 내 산소를 신속히 제거하여 무산소 상태로 만들기 때문이다. 쌀바구미는 아주 적은 양의 산소(0.22 cc/day)를 소비하면서도 생존이 가능하므로 큰 포장재를 사용할 경우 탈산소제의 효과가 부족하다면 포장재를 통한 산소의 유입에 의해 발생 가능성이 있다.

백미 1 kg은 쌀알 사이에 약 440 cc 정도의 공기를 포함하기 때문에 쌀의 포장 단위가 클 경우에는 충분한 양의 탈산소제 사용이 고려되어야 한다.

방습제는 약간의 효과를 보여주기는 했으나 실험에 사용한 쌀의 양이 매우 적었기 때문이며, 쌀의 양이 증가하면 쌀 자체가 포함하는 수분이 서서히 외부로 확산되어 곰팡이나 벌레 등이 생육을 할 수 없는 수준의 습도 상태로 도달하는 데는 시간이 필요하다고 판단된다. 또한 유의차를 충분히 느끼기에는 부족하였다. 방습제 사용 시 문제점은 장기 보관 시 쌀이 필요 이상으로 건조되어 맛이 나빠진다는 점이며, 습도 저하로 인한 쌀의 수분함량 저하와 맛의 저하를 충분히 확인할 필요성이 있다. 이를 위해 포장 단위별로 방습제를 얼마나 사용하여야 하는 지에 대한 조사도 필요할 것으로 판단된다.

쌀바구미 알의 부화는 상대습도와 관계없이 온도에 의해 좌우된다. 포장 내의 습도가 상대습도(RH) 10% 이하에서도 알은 부화가 가능한 것으로 조사되었는데, 여기에는 알과 성충이 호흡하면서 스스로 수분을 만들어 낸다는 점을 고려할 필요성이 있다. 특히 쌀 내부에 이들이 존재하는 경우 호흡을 통해 발생되는 수증기에 의하여 포장 내의 상대습도가 낮더라도 쌀 내부 공동은 이보다 높은 습도일 것으로 생각할 수 있다.

포장 내의 습도를 낮추는 것은 곰팡이의 발생에는 다소 효과가 있었지만 해충 부화의 억제에는 큰 영향을 끼치지 못하는 것으로 조사되었으며, 오히려 쌀의 수분함량 감소로 인해 식미감의 저하를 초래하는 부정적인 요소가 있었다.

반면 포장구 내 탈산소제를 이용하여 O_2의 농도를 0.01% 이하로 유지한 경우는 곰팡이의 발생뿐만 아니라 해충의 알까지 모두 사멸시키는 효과가 있었으며, 지질의 산패를 억제하는 효과가 있어 풍미 유지에 도움이 되었고, 도정 초기 단계 수분함량을 저장 중에도 그대로 유지시켜 식미감 유지에도 도움을 주는 것으로 조사되었다.

다만, 4주 이상 저장한 쌀에서는 약간의 에탄올 취가 느껴졌는데 미생물 등에 의한 혐기적 대사의 산물로 추정되며, 양은 약 0.05 ppm 이하로서 취반 시 밥맛의 변화에는 영향을 미치지 않는 수준으로 평가되었다. 포장 내의 산소 제거는 쌀바구미의 알을 2주 만에 모두 사멸시키는 효과가 있기 때문에, 약 2~3주 정도 포장구 내를 혐기적인 조건으로 유지시키는 것이 해충의 예방에 매우 효과적인 것으로 조사되었으며, 이후에도 이러한 혐기적인 조건을 유지하면 추가적으로 곰팡이의 생장 또한 막을 수 있을 것으로 판단된다.

해충 방제가 목적이라면 포장재에 첨가하는 탈산소제의 양은 3~4주 동안 성능을 발휘할 수 있는 정도의 양이면 충분하지만(포장재를 통한 산소의 투과를 감안하여), 곰팡이까지 억제하기 위해서는 유통기한 동안 산소 흡수 기능을 계속 유지하여야 한다.

Q. 해충으로부터 식품을 보호하기 위하여 포장재에 해충 기피제 성분을 첨가하여 사용하면 어떨까요?

A. 포장재에 해충 기피제를 사용하여 해충의 유입 문제를 해결하고자 하는 시도들이 국내외에서 있었으나 현저한 해충 방제 효과를 보았다는 사례는 아직 없다. 해충 기피제가 어느 정도 효과가 있기는 하지만 이 방법만으로는 100% 해충을 막을 수 없기 때문에 식품 회사들은 해충 기피제의 포장재 적용에 대하여 미온적인 입장이다. 또한 해충 기피제를 포장재에 많이 넣으면 식품에 영향(안전성, 냄새 등)을 미칠 수도 있기 때문에 충분한 검토가 필요하다.

CHAPTER 03

식품과 미생물

1. 세균의 종류와 구분

세균은 자연계 어디에나 존재한다. 최근에는 심해나 극지방, 그리고 우주 정거장에서도 생존할 수 있는 미생물도 발견되고 있다. 하지만 식품의 부패와 안전에 영향을 미치는 미생물들은 대부분 토양과 물에 존재한다. 대기 중에도 세균이 존재한다. 다만, 대기 중의 세균이나 곰팡이 포자들은 대부분 먼지와 같은 작은 물질에 묻어 대기 중에 흩어져 있는 것이 많다.

대기 중에 부유하는 먼지에 존재하던 균들은 비가 오면 빗방울 속에 섞여 땅에 떨어진다. 물이 고여 있는 곳에 섞여 있는 세균들은 증식하여 개체 수도 상당히 많은 편인데, 이렇게 습한 환경에서 증식하는 세균 중에는 그람음성균이 많다.

반면, 토양과 동식물의 표피에 존재하는 미생물 중에는 그람양성균이 많다. 보통은 수생 미생물이 건조하고 온도의 변화가 심한 육지의 환경에 적응하면서 진화한 형태의 세균을 그람양성균이라고 생각하면 된다.

그람양성균(gram-positive bacteria)은 그람 염색법에 의해 세포벽이 보라색으로 염색되는 세균에서 비롯된 명칭이다. 그람 염색법은 1884년 덴마크의 의사 그람(H. C. J. Gram, 1853~1938)이 고안한 세균을 염색하는 방법으로 세균을 보라색 염기성 색소로 염색한 뒤 알코올로 탈색시키고, 다시 붉은색 색소로 염색하면 탈색되지 않은 그람양성균은 보라색, 그람음성균은 빨갛게 되어 구별할 수 있는 방법이다.

그람양성균의 세포벽은 두꺼운 층으로 구성되어 있기 때문에 크리스탈 바이올렛과 같은 염기성 염료로 염색한 후 에탄올을 처리해도 탈색되지 않고 보라색으로 나타난다.

그람음성균은 세포막과 얇은 외막으로 구성되어 있지만 그람양성균은 두꺼운 세포벽을 갖는다. 따라서 건조한 환경에서도 증식이 가능하다.

그람양성균에는 스트렙토코쿠스(*Streptococcus*), 스타필로코쿠스(*Staphylococcus*), 클로스트리듐(*Clostridium*), 락토바실루스(*Lactobacillus*), 바실루스(*Bacillus*) 등이 있으며, 이 중에서 바실루스속, 클로스트리듐속 세균은 내열 내건성 포자를 만들어 내 건조한 육상에서도 잘 적응할 수 있는 세균이다.

그람음성균에는 대장균(*E. coli*), 살모넬라(*Salmonella*), 슈도모나스(*Pseudomonas*), 비브리오(*Vibrio*) 등이 있으며, 습한 환경으로부터 전이되는 경우가 많다. 따라서 온도와 습도가 높은 계절에 식품에서 발생되는 경우가 많다.

병원성 대장균(pathogenic *Escherichia coli* O157)이나 살모넬라속과 같은 그람음성균이 증식하기 쉬운 환경은 식품공장에서는 습도가 높은 곳에 위치한 설비, 냉각 수조, 젖은 바닥, 배수구 등과 식육 등의 육즙이 붙은 채로 작동되고 있는 식품 가공 라인이다.

그람양성균은 건조한 환경에서도 잘 살아남기 때문에 세척과 청소를 잘 한다고 해서 완전히 제거하기가 쉽지 않고, 포장재에 부착된 형태로도 자주 발견이 되는 편이다. 그리고 비록 세균으로 분류되지는 않지만 효모도 가끔씩 포장재에서 발견되는 경우가 있다.

그람양성균과 그람음성균의 세포 표면 구조를 비교하면 두 종류의 세균 모두 인지질의 2중막으로 구성된 세포막을 갖고 있지만 그 바깥쪽 층의 구조에서 차이가 난다(그림 3-1).

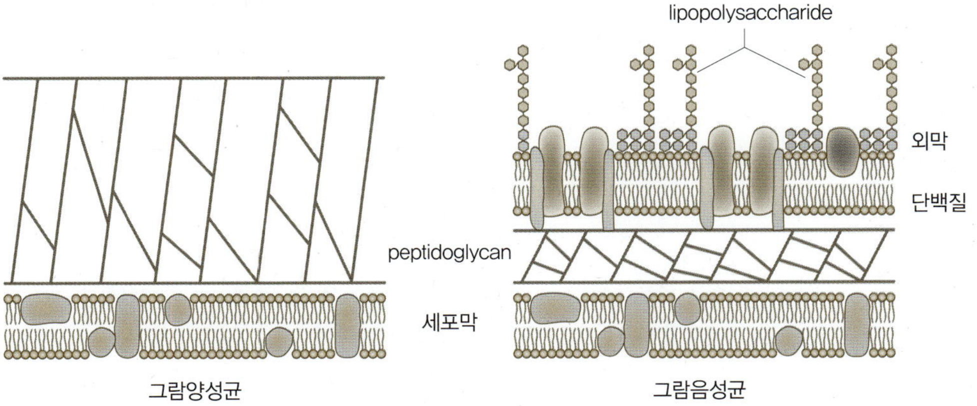

그림 3-1 그람양성균과 그람음성균의 세포 표층 구조의 차이

육상에 적응하여 진화한 그람양성균은 세포막 바깥쪽에 펩티도글리칸으로 만들어진 견고하고 두꺼운 세포벽이 발달하였으며, 물에서 사는 그람음성균은 세포벽이 너무 두껍지 않은 대신 또 다른 세포막인 외막층이 발달하였다.

이러한 표층 구조의 차이는 그람양성균과 그람음성균의 약제에 대한 내성 차이를 만든다. 한마디로 말하자면, 그람양성균은 약제에 약하고 그람음성균은 약제에 강하다.

그람음성균에서는 외막이 다양한 화학물질의 침입을 막는 장벽의 기능을 한다. 반면에 그람양성균이 갖는 세포벽(두꺼운 peptidogycan층)은 물리적으로는 견고하지만 구조상 화학물질이 통과하기 쉬운 구멍이 많은 구조라고 할 수 있다. 따라서 보통 그람양성균은 그람음성균에 비해 항균제로 비교적 쉽게 증식을 억제할 수 있다.

이러한 성질은 대장균이나 살모넬라를 식품으로부터의 검출할 때도 응용되고 있다(그림 3-2). 이 두 종류 세균의 차이는 식중독균으로서의 측면에서도 크게 관련이 있다. 식중독균은 독소형 식중독균과 감염형 식중독균으로 나눌 수 있다. 감염형 식중독균은 세균이 직접 인체의 장관에 감염이 되어 증식하면서 발생하는 식중독의 원인균이며, 독소형 식중독균은 인체에 감염되지는 않지만 세균이 만들어 낸 독소가 인체에 영향을 끼치는 식중독의 원인균이다.

즉 식품에서 이미 균이 사멸했다 하더라도 세균이 만들어 낸 독소가 있으면 식중독을 일으킬 수 있는 것이다. 황색포도상구균(*Staphylococcus aureus*)에 의한 식중독이 대표적인 사례이다. 황색포도상구균이 생산하는 독소인 엔테로톡신(entrotoxin)은 열에 강하여 가열된 식품이라 할지라도 식중독을 일으킬 수 있으며, 구토, 복통과 설사를 일으킨다. 잠복기는 3시간 정도로 매우 짧은 편이다.

감염형 식중독의 사례로는 그람음성균인 살모넬라에 의한 식중독, 역시 그람음성균인 비브리오에 의한 식중독을 들 수 있다.

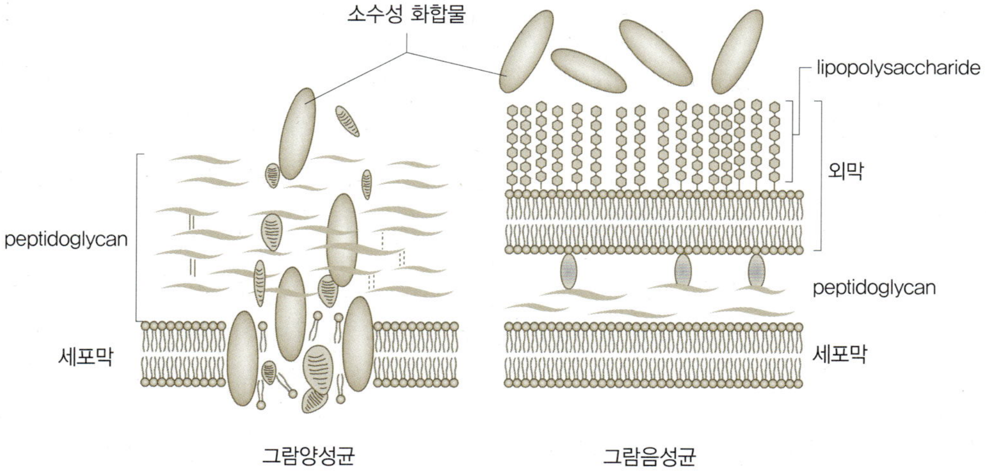

그림 3-2 그람양성균과 그람음성균의 약제 투과성 비교[110)]

독소형과 감염형 식중독은 식중독 발병 방식이 다르므로 발병까지의 시간이나 증상에도 차이가 있다. 독소형 식중독의 경우 독소에 의한 발병이기 때문에 오염된 식품을 먹고 발병하기까지 걸리는 시간은 대략 몇 시간에서 수십 시간이며, 증상도 메스꺼움 등의 증상이 주로 나타난다.

반면에 감염형 식중독의 경우에는 세균에 오염된 식품을 먹고 발병하기까지 1일 이상 장시간이 소요되는 경우가 많으며, 방열이나 설사 증상이 대부분이다. 감염형 식중독은 세균이 인체의 장관에 감염이 되어 증식이 되어야 발병을 일으키기 때문에 시간이 걸리는 것이다.

그람양성균은 독소형 식중독균이 많고, 그람음성균은 감염형 식중독균이 많다. 세균이 인체의 장관에 감염되기 위해서는 '위장'이라는 산으로 가득 찬 소화기관을 통과해야 한다. 그리고 소장과 대장으로 가면서 효소와 화학물질을 만나게 된다. 그람양성균의 세포벽은 산이나 화학물질이 잘 통과하기 때문에 그람음성균에 비해서 생존율이 떨어지는 편이다.

또한 그람양성균은 물에서 서식하지 않기 때문에 세포의 외부로 독소를 분비하는 경향이 있다. 반면에 그람음성균은 물에서 서식하기 때문에 외부로 독소를 분비하는 세균이 많지 않다. 물에 독소가 쓸려나가 효과를 발휘하기 어렵기 때문이다.

Q. 그람양성균과 그람음성균 중에 식품에서 발견되는 균은 어떤 것이 더 많은가요?

A. 식품에서 발견되는 미생물들은 식품의 성분 조성, 예컨대 수분함량과 수분활성도(a_w), pH, 무기염류 함량, 원료 성분, 그리고 가공 처리 조건 등에 따라 달라진다.
특별히 그람양성균과 그람음성균의 차이에 따라 식품에 어느 것이 더 많이 발생된다고 말하기는 어렵지만 식품의 수분함량만을 가지고 본다면 액상 식품의 경우 그람음성균이 생육하기 더 좋은 조건이며, 대부분의 고체 식품은 그람양성균이 생육하기에 더 좋은 환경이라고 볼 수 있다. 식품의 원료로부터 기인하는 오염을 고려한다면 곡류를 원료로 하는 식품의 경우 토양 미생물에 의한 오염이 많으므로 그람양성균이 많은 편이다.

2. 식품과 관련 있는 미생물

식품과 관련이 있는 미생물을 식품의 관점에서 분류하면 다음 네 가지로 분류할 수 있다.

① 발효 미생물(fermentative microorganism)

② 부패 미생물(putrefactive microorganism)

③ 병원성 미생물(infectious microorganism)

④ 독소형 미생물(food poisoning microorganism)

첫 번째는 발효식품을 제조하기 위해 사용되는 발효 미생물로서 세균과 효모, 곰팡이 등 많은 미생물들이 포함된다.

대표적인 전통 발효식품인 된장에는 곰팡이, 세균, 효모의 세 가지 미생물이 모두 관여한다. 자연 발효되는 전통 메주에는 국균 또는 누룩곰팡이라고 불리는 아스퍼질루스 오리제(*Aspergillus oryzae*)라는 곰팡이가 자라는데, 공기를 좋아해서 메주 표면에서 자란다.

아스퍼질루스 오리제의 역할은 단백질분해효소와 당화효소를 형성시켜 메주의 성분을 분해하는 데 있다. 메주의 안쪽에는 바실루스 서브틸리스(*Bacillus subtillis*)가 자란다. 바실루스속의 세균은 분해력이 왕성한 세균으로 된장 특유의 향미성분을 만들어 낸다. 또한 바실루스의 역할은 곰팡이가 만드는 독소인 아플라톡신(aflatoxin)을 제거해 주는 역할도 한다.

메주를 소금물과 함께 장독에 넣고 발효시키는 과정에서는 장 뚜껑을 여닫을 때 효모가 생겨 자라게 된다. 혐기적인 조건을 좋아하는 효모는 발효 과정 중에 된장의 풍미를 더 좋게 만들어 주는 역할을 한다. 완성된 발효식품인 된장의 경우 장의 종류에 따라 차이가 있기는 하나 된장에서 발견되는 미생물은 바실루스속 세균이 95% 이상이며, 이 중에서 *B. siamensis*와 *B. amyloliquefaciens*가 절반 이상을 차지한다.

발효식품의 종류는 된장뿐만 아니라 술, 김치, 요구르트 등 매우 다양하다. 이런 발효식품에 이용되는 미생물은 대부분 인체에 해가 없고 인체에 유용한 성분을 만들어 내는 미생물이 많다. 또한 유산균과 같이 사람의 장에서 공생하며, 균 자체가 사람의 건강에 도움이 되는 미생물도 있다.

두 번째로 부패 미생물은 인체에 해는 별로 끼치지 못하지만 식품을 부패시켜 사람이 식용으로 사용할 수 없게끔 만드는 미생물이다. 부패 미생물에 속하는 미생물은 자연계에 흔한 곰팡이와 토양 미생물 등 많은 종류가 있다.

이들은 식품의 영양소를 분해하여 악취가 나게 하고, 식품으로서의 가치를 상실하게 만든다. 인제에 직접적인 해가 없다고 하더라도 식품으로서의 가치를 상실하게 만들기 때문에 식품의 관점에서 보면 역시 관리 대상이 될 수밖에 없다.

다음으로 사람에게 해가 되는 미생물을 우리는 식중독 미생물이라고 하며, 여기에는 병원성 미생물과 독소형 미생물이 있다.

병원성 미생물은 직접 사람의 장관에 감염되어 해를 끼치는 미생물이며, 독소형 미생물은 인체에 감염되지는 않지만 이들이 생산해 낸 독소에 의해 식중독을 발생시키는 미생물이다.

따라서 식품 및 포장의 안전 관리 범주에 드는 미생물은 네 가지 중에 부패 미생물, 병원성 미생물, 독소형 미생물이라 할 수 있으며, 예외적으로 발효 미생물인 누룩곰팡이에서 생성되는 아플라톡신도 관리의 대상이 된다.

또한 발효식품에 이용되는 미생물이라도 식품이 다르면 부패 미생물로 취급되는 경우가 있다. 따라서 관리 대상의 미생물 범위는 매우 넓다.

포장 식품에는 미생물이 번식하기 쉬운 형태의 식품, 그리고 쉽게 상할 수 있는 식품, 간단히 조리되어 짧은 기간 동안 냉장유통을 필요로 하는 식품, 살균 또는 멸균 공정을 거쳐 장기간 유통될 수 있는 식품 등 다양한 식품이 있으며, 여기서 포장은 미생물에 의한 위해요소를 제어할 수 있는 형태로서 다양하게 활용되는 경우가 많다.

Q. 대장균과 대장균군의 차이점은 무엇인가요?

A. 대장균군은 그람음성이며 무아포성 간균으로서, 사람과 동물의 장내에서 기생하는 대장균 및 대장균과 유사한 성질을 가진 균을 총칭한다. 이들은 동물의 장뿐만 아니라 물, 식물, 토양 등 다양한 환경에도 분포하고 있으며, *Escherichia*, *Citrobacter*, *Klebsiella*, *Enterobacter* 속 세균 등 광범위한 세균들이 이에 속한다. 대장균군은 어느 한 세균만을 지칭하는 것이 아니므로 coliforms라는 용어를 사용한다.

반면에 대장균은 대장균군에 속한 균으로 *Escherichia. coli* 종에 속한 세균을 총칭한다.

분류는 *Enterobacteriaceae* family(장내세균과) > *Escherichia* genus(에세리키아속) > *Escherichia. coli* species(대장균종)으로 분류되는 세균으로서 사람이나 동물의 장내에 서식하며, 분변 오염의 지표가 되는 세균이다.

유전형과 표현형이 매우 다른 수많은 아종을 포함하기 때문에 이 종에 속하는 모든 균주들에 공통적으로 존재하는 유전자는 20%밖에 되지 않을 정도로 매우 다양한 세균 집단을 아우르는 종이다.

대장균에 속한 세균들은 대부분 인체에 해를 끼치지 않는 세균이지만 *E. coli* O-157:H-7과 같은 균은 장출혈을 유발하는 병원성 대장균(Enterohemorrhagic *E. coli*, EHEC)으로 알려져 있다.

3. 부패 미생물

좁은 의미에서 식품의 부패는 식품 내에 있는 단백질의 분해(주로 혐기적), 탄수화물과 지질의 분해를 통해 악취 등을 발생시키는 것을 의미하고 있다. 식품에 미생물이 오염되면 미생물의 증식에 따라 식품 성분은 미생물의 효소에 의해 분해가 되어 각종 대사산물(아민, 황화합물, 유기산 등)이 생성되고 식품으로서의 가치를 잃는다. 이 현상은 단일 미생물에 의해서 일어나는 것이 아니라 여러 종류의 미생물에 의해 일어난다.

그러므로 모든 미생물이 부패 미생물이 될 수 있겠지만 식품 위생에서는 오염원이 어디냐에 따라 1차 오염 미생물(원료 유래)과 2차 오염 미생물(가공·보존·유통 과정에서 오염된 미생물)로 나누어 생각한다. 이것은 1차 오염 미생물이 검출되면 원료의 검사, 2차 오염 미생물이 검출되면 제조 환경의 위생 관리를 준수하는 것과 같이 대처 방법이 다르기 때문이다.

1) 부패 미생물의 오염원

미생물을 서식지에 따라 분류하면 토양 미생물, 수생 미생물, 분변(장관) 미생물, 부유 미생물 등으로 분류할 수 있으며, 이렇게 미생물을 분류하면 1차 오염 미생물을 조사하는 데 편리하다(표 3-1).

표 3-1 **서식지에 따른 자연계의 미생물 분류**

토양	그람양성균과 포자 형성균이 많다. 세균 외에도 방선균, 효모, 사상균이 있다. 세균 수는 10^5~10^6개/g 수준이며, 중온성 및 호열성 미생물이 많다.
해수	그람음성균과 무포자균이 많다. 세균 수는 먼바다에서 0.1~0.5개/mL, 연안에서 10^3~10^4개/mL 수준이다. 중온성 및 저온성 미생물이 많고 약 3%의 염분 농도에서 잘 증식한다.
담수	그람음성균이 많다. 세균 수는 맑은 물에서는 10^2/mL이지만 부영양 수역에서는 10^4/mL이다. 중온성 및 저온성 미생물이 많다.
부유균(낙하균)	구균, 포자 형성균, 사상균이 많다. 중온성 미생물이 많다.
식물	토양 미생물과 부유 미생물이 많다. 세균 수는 일정하지 않다.
동물	동물의 체표, 소화기 내에 주로 분포한다. 중온성 미생물이 많다.
어패류	세균 수는 체표와 아가미에는 적고(10^2~10^5/㎠) 소화관에 많다(10^3~10^8/g). 중온성 및 저온성 미생물이 많다. 소화관의 미생물 군집은 거의 일정하다.

토양에는 많은 종류의 미생물이 존재하며, 종류도 매우 다양하다. 토양 미생물은 근채류를 직접 오염시킬 뿐 아니라 하천의 오염, 부유 미생물의 원인이 되고 있기 때문에 토양 미생물에 의한 식품 부패 사례가 많다.

대부분의 공중 부유 미생물이 토양 미생물이지만 식품 제조 시설에서는 원재료 부착균이나 공조 설비에서 유래하는 에어로졸 등이 많다.

수생 미생물은 담수와 해수(호염성 미생물)로 구별되기는 하지만 대부분은 토양, 분변, 하수에서 유래하는 미생물이 많아 병원성 미생물의 존재도 무시할 수 없다. 바닷물에서는 연안에서 미생물 농도가 높고, 먼바다에서는 농도가 낮다.

2) 곰팡이

식품에 있어서 곰팡이는 대표적인 부패 미생물이다. 곰팡이에 의한 클레임은 식품 기업에게 있어서 중요한 문제이지만 인체에 감염되는 경우가 없고, 어느 정도 자라서 군집이 형성되면 육안으로 구별이 가능하다는 점에서 위생 관리상 큰 문제를 발생시키지는 않는다. 하지만 곰팡이의 오염에 의해 폐기되는 식품의 양은 가장 많은 편이다.

부패 미생물 중에서도 곰팡이는 생리 활성과 오염 경로에 있어서 세균과는 약간 다르고 위해를 받기 쉬운 식품의 종류나 방제 방법도 다르다. 곰팡이의 특성은 절대 호기성으로 산소 없이는 생존을 못하며, 세균보다 낮은 수분활성도(0.7 이상)와 낮은 pH(3 이상), 낮은 온도 지역(5~15℃)에서도 자랄 수 있다는 것이다. 식품 자체의 수분활성도가 낮은 경우라도 습기나 결로 현상 등을 이용해 식품이나 식품공장의 벽 표면에서 생육하는 경우가 있다.

식품의 종류에 따라 잘 번식하는 곰팡이의 종류에는 어느 정도 상관관계가 있다. 페니실륨(*Penicillium*)속을 제외하면 하나는 호건성 곰팡이의 증식이며, 초콜릿, 과자, 설탕에서 잘 발견된다. 다른 하나는 습도가 높은 곳을 좋아하는 클라도스포륨(*Cladosporium*)속에 의한 음료, 과일에서의 증식이다. 클레임 사고의 대부분은 *Penicillium*속, *Cladosporium*속, *Aspergillus*속, *Wallemia*속, *Eurotium*속 균에서 유래한다.

곰팡이의 발생은 계절 간 차이를 보이며, 여름(7~9월)에는 *Aspergillus*속이, 겨울(11~4월)에는 *Penicillium*속, *Cladosporium*속이 많이 발견된다.

곰팡이는 저온 영역에서도 증식이 가능하며, 다른 미생물에 비해 비교적 낮은 온도에서도 생육을 한다(표 3-2).

저온에서의 클레임 사례로서 *Cladosporium*속에 의한 생수에서의 클레임 사례가 있다. 특히 탄산음료 공장 등에서 검출되는 *Aureobasidium*속, *Exophiala*속, *Phialophora*속은 점성포자를 특징으로 자연계에서는 물(빗물)에 의해 포자가 분산된다.

이런 곰팡이들은 물을 사용하거나 증기가 서려 있는 장소에서 발생하며, 물의 비말과 함께 비산하거나 습한 공기 중에 부유하기 때문에 증기 살균 후의 냉각 공정에서 2차 오염의 원인이 되는 경우도 적지 않다. 또한 이들은 수조, 정수기 등 항상 축축하게 젖어 있는 시설과 기계, 기구에도 정착하여 자라기 때문에 호습성 곰팡이의 오염에 주의를 기울여야 한다.

표 3-2 저온에서 생장하는 내냉성 곰팡이의 발육 온도 범위

균명	최저 온도(℃)	최적 온도(℃)	최고 온도(℃)
Alternaria alternata	-5~6.5	25~28	31~32
Aureobasidium pullulans	2	25	35
Botrytis cinerea	-2~12	22~25	30~33
Cladosporium cladosporioides	10~3	20~28	32
C. herbarum	5	24~25	30~32
Geotrichum candidum	-8~0.5	25~27	35~38
Fusarium equiseti	-3	21	28
F. poae	-7	25	-
F. sporotrichioides	-2	22~23	31~32.5
Mucor racemosus	3	20~25	37
Paecilomyces variotii	2	25~40	45~48
Penicillium aurantiogriseum	0~4	21~23	30~35
P. brevicompactum	-2	23	30
P. expansum	-2	23	30
P. verrucosum	-2~4	21~23	30~35
Phoma chrysanthemicola	2	22~28	35
P. eupyrena	3	20~21	28~32
Stachyborys chartarum	2~3	23~27	37~40
Thamnidium elegans	-10~0	18	27
Trichoderma viride	0	20~28	30~37

저온성 곰팡이에 대한 방제 대책으로는 식품용 용기 및 기구, 설비들을 에탄올이나 독성이 낮은 약재로 닦아내고 표면을 최대한 건조시키는 것이다.

곰팡이는 일반적으로 열에 약한 것으로 알려져 있지만 내열성 곰팡이도 있으며, 이런 내열성 곰팡이에 의한 사고, 멸균을 하지 않은 통조림이나 병조림에서의 곰팡이 증식이 가끔씩 발견되고 있다. 내열성 곰팡이는 *Byssochlamys*속, *Talaromyces*속, *Neosartorya*속 등으로 80℃ 이상의 내열성을 보이며, 80~90℃에서의 D값은 1~100분으로 매우 다양하다.

내열성 곰팡이로 인한 부패는 곡류 가공품(숙면, 삶은 스파게티 등)이나 과실 가공품 등에서 많이 볼 수 있고, 특히 원료 유래에 의한 것이 많은데, 그것들은 공장 시설 내에서도 종종 발견된다. 내열성 곰팡이에 의한 문제를 예방하기 위해서는 가공 시 가열 시간을 연장하거나 가열 온도를 높게 하여야 한다.

3) 곰팡이의 예방

곰팡이의 오염 경로는 원료나 부자재로 인한 경우와 제조 환경에서의 경우로 나눌 수 있다.

(1) 원료나 부재료에 의한 오염 방지

식품 원재료에는 토양, 물, 식물로부터 기인한 곰팡이가 묻어 있다. 오염 수준이 높은 밀가루, 옥수수, 향신료 같은 분체의 원료를 사용할 경우 공장 내 공중 부유균 수를 증가시켜 제품 오염의 원인이 된다.

케이크 등에 사용되는 과일류도 오염되었다고 생각해야 한다. 이 경우 부유균보다는 기구나 손가락을 통한 오염에 주의하여야 한다.

(2) 제조 환경으로부터의 오염 방지

식품공장은 많은 물을 사용하며, 공정에 열과 수증기도 많이 적용된다. 때문에 내부가 고온·고습해지기 쉽고 결로가 발생하며, 유기물이 부착된 용기나 기구류에 쉽게 곰팡이가 발생한다.

공장에서 곰팡이는 포자를 형성하고 먼지나 물방울과 함께 공기 중에 떠다니면서 여기저기 포자를 떨어뜨리고, 직접적으로 혹은 컨베이어 벨트나 손등을 통해 간접적으로 식품을 오염시킨다.

곰팡이의 포자가 공기 중에 떠다니기 때문에 바깥 공기가 유입되는 것도 주의해야 한다. 밀가루 등을 많이 사용하는 공정에서는 분체의 비산을 조심해야 하며, 에어컨 필터의 청소 불량, 바닥이나 공장 안에 축적된 먼지, 포장재로는 지분이 많이 날릴 수 있는 골판지 상자 등의 취급 불량, 시설 내부의 청소 불량도 낙하균의 증가를 초래하므로 유의할 필요가 있다.

공장 밖에서 침입하는 곤충도 곰팡이의 전달자 역할을 한다.

(3) 곰팡이 오염의 예방

곰팡이 오염을 예방하기 위한 기본적인 방법으로서 다음과 같은 네 가지가 있다.

① 공장 내부에 외부의 오염이 침입하지 않는 구조로 만든다.

② 공장 내부에서 오염이 발생하지 않도록 한다.

③ 오염이 발생했을 경우 그 오염이 다른 부분으로 확산되지 않도록 한다.

④ 오염이 발생하거나 발생할 경우 신속히 제거되도록 한다.

구체적인 방법으로는 우선, 청결하게 공기를 오염 구역에서 흐르게 하고 오염되지 않도록 하는 것이 좋다. 또한 곰팡이의 발생을 방지하기 위해서는 바닥이나 기구 등을 청소하기 쉬운 배치·구조로 하는 것이 필요하며, 흡습성이 있는 재료를 설비에 사용하지 않고 방수제를 곳곳에 철저히 도포한다. 또 결로의 방지(환기)와 결로 수가 식품에 닿지 않도록 해야 한다.

곰팡이의 발생원이 되는 폐기물의 처리가 이루어지는 장소를 식품공장과 격리시키는 것도 필요하다. 또한 발생한 곰팡이를 제거하기 위해서는 세정 살균이 필요하다. 보통 식품 설비 및 용기, 기구 등에는 열수 살균이 일반적이다.

곰팡이의 포자는 세균 포자에 비해 열에 약하기 때문에 간이적인 수증기 발생 장치를 이용하여 곰팡이가 발생하기 쉬운 장소에 사용하는 것도 효과적이다. 약제로서는 표면의 살균을 위하여 알코올(제제)이나 차아염소산(1%)을 사용해 시설 벽면이나 작업 테이블 등을 세정하는 것도 유효하다.

포장재를 곰팡이의 오염으로부터 보호하는 것은 무엇보다 포장재의 보관이 중요하다.

플라스틱 포장 용기는 항시 플라스틱 필름 등으로 밀봉하여 보관하여야 하며, 정전기가 많이 발생하는 연포장재 역시 곰팡이가 부착하기 좋으므로 플라스틱 필름으로 밀봉하여 보관하여야 한다.

골판지 상자는 제조에서 유통 보관이 야적으로 이루어지기 때문에 많은 수의 세균과 곰팡이가 있을 수 있다. 따라서 골판지 상자를 보관하는 장소는 가급적 일반 포장재와 다른 곳에 보관하는 것이 좋으며, 식품의 생산 가장 마지막 단계에서 이루어지는 골판지 상자를 이용한 외포장 역시 공장 내부와는 별도로 구분된 포장룸에서 실시하여야 한다.

4) 효모

우리는 식품에 영향을 미치는 미생물에 대해 병원성이 있는지, 독소가 있는지 혹은 부패를 일으키는지에 관심을 두고 있기 때문에 효모가 식품에 미치는 영향에 대해 크게 중요하게 생각하지 않고 있다. 하지만 여러 가지 방법으로 병원성 미생물과 부패 미생물에 대해 신경을 쓰고 있는 동안 효모는 사각지대에 있었다고 생각할 수 있다.

효모는 식품의 발효에만 관여하는 것이 아니라 변패를 일으키고 식품의 품질 저하를 일으키는 효모도 있다. 변패를 일으키게 하는 효모는 제조된 식품이 보존, 유통 단계에서 바람직하지 않은 현상을 발생시키는 효모를 말한다. 식물성 원재료를 사용하는 식품, 당류를 다량으로 사용하는 식품은 효모로 인해 변패가 일어나기 쉽다. 이들에 의한 변패 현상은 고체 식품에서는 효모균체 부착으로 인한 반점 생성, 알코올 발효, 가스 발생, 에스테르 생성, 산 생성 등이 있다.

또한 효모는 유기산류를 이용 또는 분해하는 경우도 많기 때문에 식품의 pH 조정에 이용되는 아세트산, 젖산, 구연산이 분해되면서 pH가 높아지고 세균 증식이 촉진되는 경우도 있다.

효모는 내산성이 강한 것들이 많기 때문에 pH 4 내외에서 증식하는 것들도 있고, 따라서 산성 식품 보존료를 사용하여 억제하는 것이 어렵다.

로도토룰라(*Rhodotorula*)속에 속하는 여러 종의 효모는 0.25%의 안식향산(benzoic acid)을 탄소원으로 pH 4.5에서도 잘 증식하고 *Saccharomyces rosei*는 0.25%의 프로피온산(pH 4.5), *Brettanomyces intermedius*는 0.1%의 소르빈산(sorbic acid)의 존재 하에서도 양호하게 증식을 한다.

그러나 이들 효모로 인해 식품이 변패하더라도 효모의 대사산물에는 독성이 없기 때문에 식중독을 일으키지는 않는다. 칸디다 알비칸스(*Candida albicans*)와 같은 일부 효모의 경우, 효모균 자체에 병원성이 있다고는 하지만 크게 심각한 것은 아니며, 세균류나 다른 진균류에서처럼 효모 자신이 식품을 통해 감염증이나 중독증을 유발하는 원인이 되지는 않는다.

자연계에는 많은 야생 효모가 존재하고 있으며 이들 식품의 변패 원인이 되고 있는 경우가 많다. 자연계에서의 효모의 분포는 매우 많아 식물의 잎, 식물의 꽃, 수액, 동물, 토양, 해수, 담수 등 여러 곳에서 검출된다. 조류나 초식성 동물의 배설물에서도 효모가 많이 검출된다.

이렇게 효모는 자연계에 널리 분포할 뿐만 아니라 내산성, 내염성, 그리고 어느 정도의 내열성도 갖고 있으며, 혐기적인 조건에서도 잘 생육하는 종들이 많아 식품에서도 자주 발견되고 있다.

효모로 인한 식품 변패 원인의 90% 이상이 식품 소재로부터의 1차 오염 및 제조 공정에서의 2차 오염이다. 이 중에는 포장재를 통한 오염도 해당된다.

효모가 식품에서 문제가 되는 경우는 고체 식품에서는 진공 포장이나 가스치환 포장을 하는 경우에 자주 발견되며, 가스 발생이나 식품의 풍미 저하를 일으키는 경우가 많다. 김치, 간장, 맥주, 와인과 같은 발효식품에서도 자주 발견된다.

김치의 경우 원료로부터 유입된 효모의 수가 발효 초기와 중기에 이르기까지 유지되지만 발효 후기 유산균이 감소하는 시점 이후부터 점진적으로 증가한다고 알려져 있다. 예를 들면 *Saccharomyces* spp.는 유산균 발효가 끝나는 후기부터 20일 동안 증가하고 이후부터는 감소하기 시작하는데, 이때 에탄올과 글리세롤을 생성하고 김치의 포도당과 과당의 농도를 감소시킨다. 반면에 *Candida* sp.는 발효가 끝나는 후기부터 45일 이후에 증식하기 시작하여 김치 산패의 원인이 된다. 한편 *Kazachstania exigua* 및 *Kazachstania pseudohumilis*, *Pichia kudriavzevii*와 같은 김치 부패 효모 또한 김치 발효가 끝나는 후기부터 생육이 시작되는 것으로 알려져 있다[76].

간장은 20% 이상의 높은 소금 함량이 일반적인 부패 세균의 번식을 억제할 수 있지만 간장의 장기간의 숙성 과정 동안 산패가 일어나 이취가 발생할 수 있는데, 이는 김치와 유사하게 간장 표면에 형성되는 내염성 산막효모 때문이다[94]. *Zygosaccharomyces* *rouxii*와 *Pichia anomala* 등 내염성 효모들은 주로 간장의 표면에 산막을 형성하여 제품의 시각적 품질은 물론 이취를 발생시켜 제품의 가치를 떨어뜨린다[95]. 한편 비산막 효모인 *Candida globosa*는 간장에 가스를 발생시켜 포장된 용기를 팽창시키며, 심한 경우에는 용기의 폭발을 일으킴으로써 제품의 가치를 떨어뜨릴 수 있다.

*Pichia manshurica*와 같은 일부 부패 효모의 경우 낮은 pH에 내성을 가지고 있어 발효식품에서 생육하여 발효식품의 품질을 저하시키며, 발효주 제조 과정 중에 원료 등으로부터 오염된 일부 알코올 내성 효모는 발효주의 향미에 부정적인 영향을 미치는 성분을 생성하여 발효주의 품질을 저하시킨다.

식품 보존료로서 효모에 작용이 확실한 효과를 나타내는 것들은 많지 않지만, 효모의 세포막을 통과하기 쉬운 비해리형, 그리고 친유성 식품 보존료들은 다소의 효과를 볼 수 있다.

이들은 비해리형 상태로 효모의 세포막을 통과하여 세포 내 pH를 떨어뜨려 해당 과정에 작용하는 포스포프룩토키네이스(phosphofructokinase) 활성을 저해하고 ATP 생성량을 감소시켜 생육 저해를 일으키는 것으로 알려져 있다.

최근에는 식품에 가스치환 포장, 진공 포장, 산소흡수제 및 알코올 휘산제의 적용이 늘어나는 추세이기 때문에 지금까지 크게 문제가 되지 않았던 식품에서 효모의 경쟁적 증식 환경이 유리해지면서 이취의 원인이 되는 에틸아세테이트가 생산되어 식품의 품질 저하를 일으키는 경우가 종종 발생하고 있다.

에센셜 오일 등을 이용한 포장재로 효모의 증식을 억제할 수 있었다는 연구 보고는 꽤 많이 제기되었지만, 확실한 효과를 얻기는 어렵기 때문에 상용화 실적은 많지 않다.

현재로서는 효모의 예방은 열처리를 통한 방법이 최선이 아닐까 생각된다. 일반적으로 효모 살균은 50~60℃에서 10~15분, 70℃에서 2~3분, 그리고 80℃에서 2~3초 동안 처리하고 있다.

5) 식품에서 곰팡이와 효모의 발생 사례와 해결 방안

곰팡이는 고온 다습해지는 여름철에 많이 발생하는 클레임이다. 탈산소제를 사용하는 포장에서도 빵이나 과자 등에서 곰팡이 클레임이 종종 발생하는데, 주로 그 유형은 반점 형태의 곰팡이 발생과 효모로 인한 이취이다.

가장 빈도수가 많은 빵과 과자 등의 곰팡이·효모 발생 사례와 예방을 위해 주의할 점에 대해 간단히 설명하면 다음과 같다.

(1) 최근 많이 발생하는 곰팡이·효모로 인한 클레임

최근 자주 나타나는 클레임 사례와 그 원인균은 다음과 같다.

① 당도 높은 케이크, 카스테라, 빵 등 표면 반점

- 검은색 또는 검붉은 반점: *Wallemia sebi*(건성 곰팡이)
- 녹색 반점: *Aspergillus penicillioides*(건성 곰팡이)
- 백색 반점: *Xeromyces*속 곰팡이(건성 곰팡이)

② 생과자, 떡류의 봉지 팽창 및 알코올 냄새, 이미(異味)

- *Zygosaccharomyces rouxii*(내삼투압성 효모), 일부는 유산균이 공존

③ 카스테라와 생과자 원료의 백반점, 이취

- *Pichia anomala*(효모)

④ 초콜릿류의 흰 반점

- *Eurotium herbariorum*(건성 곰팡이)

⑤ 젤리의 흑색 이물질(가열 부족 제품이 원인)

- *Exophiala*속 효모

(2) 빵, 과자의 종류와 곰팡이·효모 등의 생육 관계

세균, 곰팡이, 효모 등 미생물이 발생하는 경우 식품의 종류에 따라 생육하는 미생물이 대략 결정된다. 어떤 미생물이 자라는지 알기 위한 지표 중 하나로 수분활성도가 주로 사용된다.

수분활성은 미생물이 이용할 수 있는 물의 양으로서 수분활성이 높으면 부패하기 쉽고, 낮으면 부패하기 어렵다고 할 수 있다. 그림과 같이 일반적으로 수분이 많은 빵이나 과자일수록 수분활성이 높고, 건조식품일수록 수분활성은 낮아진다.

같은 수분이라도 당류와 염류를 많이 가할수록 수분활성이 낮아지게 된다. 최근에는 단맛이 적은 당류가 개발되어 사용되고 있는데, 단맛을 억제하고 수분활성을 더욱 낮출 수 있어 빵이나 과자의 식감을 좋게 하면서 곰팡이를 예방하는 데 효과적이다. 따라

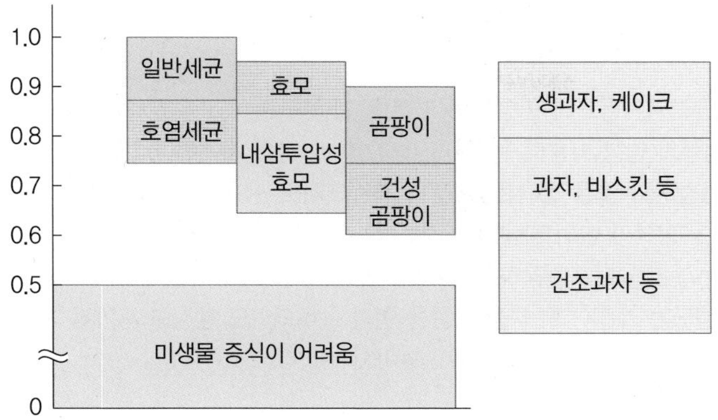

그림 3-3 미생물의 발육 가능 최저 수분활성(a_w)과 과자의 수분활성(개략도)

서 최근 많이 발생하는 클레임은 수분활성이 낮아도 생육 가능한 '건성 곰팡이'나 '내삼투압성 효모'가 클레임의 원인균으로 증가하게 된 것으로 판단된다.

⑶ 곰팡이·효모 발생 예방을 위해 주의할 점

곰팡이는 대부분의 경우 탈산소제나 알코올계 선도유지제로 예방할 수 있다. 그러나 열접착 불량이나 핀홀 같은 포장 결함으로 혐기적인 조건에 문제가 발생하거나 고온에서는 알코올 증산 효과의 지속 기간이 짧아진다는 알코올계 선도유지제의 특성으로 인해 유통기한이 경과하기 전에 곰팡이가 발생하는 경우가 있다.

초콜릿과 같이 곰팡이가 잘 발생하지 않는 수분활성이 낮은 식품이라고 하더라도 하절기는 결로에 의해 부분적으로 수분활성이 상승하여 곰팡이가 생기는 일이 있다. 또한 알코올계 선도유지제가 잘 효과를 발휘하지 못하는 알코올 내성 곰팡이도 일부 알려져 있다. 효모의 경우에는 알코올에 내성이 있기 때문에 알코올계 선도유지제가 효과를 발휘하기 어려우며, 또 저산소 상태에서도 생육할 수 있으므로 탈산소제도 그다지 효과가 없다. 따라서 최종 제품에 효모가 부착되어 버리면 하절기 제어는 매우 어려워진다.

효모의 방지에는 원료와 생산 라인에서의 위생 관리, 그리고 적절한 수준의 열처리가 필요하며, 포장재에서 기인한 요인 방지를 위해 자외선 살균 등 포장재의 살균이 필수적이다.

곰팡이와 효모를 모두 가열 살균한 후 포장하여 최종 제품의 오염을 줄이는 것이 중요하며, 공장 내부를 잘 세척하여 살균·살균을 하고, 알코올 살균제의 과용·과신을 하

Q. 균이나 곰팡이 오염이 가장 많은 계절은 언제인가요?

A. 일반적으로 세균은 온도에 민감하여 따뜻한 계절에 증식이 활발해진다. 따라서 봄철과 여름철은 신선식품의 냉장 유통에 철저히 신경을 써야 하는 시기이다. 반면에 곰팡이는 온도에 상대적으로 민감하지 않은 경향을 보인다. 저온에서도 생육할 수 있으며, 냉장고에 보관 중인 식품에서도 곰팡이가 많이 발생되는 것을 볼 수 있다.
하지만 곰팡이는 습도에 민감하다. 습도가 높은 환경, 예컨대 봄철에서 가을철까지는 곰팡이가 많이 발생되는 계절이며, 냉장 보관을 한다고 하더라도 냉장고의 개폐 시 습기가 유입되기 때문에 여름철에는 곰팡이의 발생률이 높아지게 된다.

Q. 효모의 경우에는 알코올에 내성이 있어서 관리가 어렵다고 하였는데 효모가 부착된 식품을 적절하게 관리할 수 있는 포장재는 없나요?

A. 효모는 산과 알코올, 염류에 대한 내성을 가지고 있는 것들이 많아 예방이 꽤 까다로운 편이지만 원료와 생산 라인에서의 위생 관리, 열처리를 통한 적절한 살균에 의해 막을 수 있다.
효모의 살균은 50~60°C, 10~15분 동안, 70°C에서 2~3분 동안, 그리고 80°C에서 2~3초 동안 살균 처리가 적당하며, 그럼에도 불구하고 효모가 발생된다면 포장재에 존재하는 효모에 의해 발생되었을 가능성이 있으므로 포장재에 대한 살균을 고려해야 한다.

지 않는 것이 중요하다. 특히 습기가 많은 장소와 행주 등에는 균수가 많으므로 이러한 도구 등을 통해 식품을 오염시키지 않도록 주의가 필요하다.

4. 식품의 부패와 포장

일반적으로 부패는 좋지 않은 것이고 발효는 좋은 것이라는 인식이 있지만 실은 이 두 가지는 미생물의 입장에서 보면 같다. 부패와 발효 모두 식품 성분이 미생물에 의해 분해·대사된 결과로서 일어나게 되는 현상이다. 식품이나 미생물의 종류, 생성물 등의 차이에 의한 것이 아니라 사람의 관점에서 음식의 식용 가치가 향상되면 발효라고 하고, 식품의 가치를 훼손하여 식용할 수 없는 상태로 만드는 것이 부패이다.

식품의 부패에 관여하는 미생물은 우리의 주변에 흔히 존재한다. 따라서 식품을 그대로 대기 중에 노출시키면 자연히 부패가 진행된다. 부패가 진행된 식품에서는 같은 식품이라도 한 가지 미생물만 부패에 관여하는 것이 아니라 여러 종류의 미생물들이 부패에 관여하게 된다.

또한 미생물의 감염은 여러 경로에 의해 발생될 수 있으며, 식품을 조리, 가공하는 공장에서는 원료로부터의 오염, 환경으로부터의 오염뿐만 아니라 식품 간의 교차오염과 기구 및 용기에 의한 2차 오염도 발생할 수 있다.

하지만 대부분의 HACCP 기준을 준수하고 있는 가공공장에서는 미생물에 의한 오염과 부패는 철저히 관리되고 있다. 실은 식품의 부패는 유통과 소비 단계에서 더 많이 일어난다.

포장되어 유통되는 식품의 대부분은 조리 가공이 되어 있기 때문에 신선식품과 달리 건조에 강한 진균류나 그람양성균에 의한 부패가 원인이 되며, 유산균도 부패의 원인이 될 수 있다.

식품 포장은 식품이 부패하는 것을 방지하는 역할도 한다. 전통적으로 가장 많이 사용되는 부패균 억제 포장 방법은 다음과 같다.

① 식품을 살균 후 밀봉 포장하는 방법
② 식품을 살균 후 밀봉 포장하며, 다시 포장된 상태로 후살균을 하는 방법
③ 식품을 가스 차단성 재질로 포장하며, 내부의 가스를 치환하는 방법
④ 저온 유통하는 방법
⑤ 보존제 등을 사용하는 방법

1) 식품에서 발생되는 부패 클레임

포장된 식품에서 부패를 유발하는 미생물은 다양하게 존재한다. 보통은 가공이 끝난 식품이 저산소 포장되어 저온 유통되는 경우가 많은데, 이러한 경우에는 내생포자를 가진 세균류나 어느 정도의 염분이나 열에도 내성이 있는 유산균류가 부패에 관여하는 경우가 많다.

건어물이나 당도가 더 높은 과자류에서는 건조나 고삼투압에 내성이 있는 진균류가 부패의 원인이 되는 경우가 많다.

통조림 및 레토르트 제품에서는 식품을 포장하여 클로스트리듐 보툴리눔균(*Clostridium botulinum*)의 살균을 목적으로 $F_0 = 4$(120℃, 4분) 이상의 가열 살균(상업적 멸균)이 행해진다. 레토르트 식품에서 부패가 발생하면 파우치가 팽창하여 풍선처럼 부푸는 현상이 발견되는데, 대부분의 경우에는 파우치에 보이지 않는 핀홀이 발생되어 있

거나 열접착 불량으로 생긴 틈으로 미생물이 오염되어 발생하는 현상이다. 물론 가끔씩 미살균에 의한 부패가 발생하기도 한다.

미살균에 의한 부패는 내열성이 매우 높은 세균 포자에 의해 발생하는데, 갈비탕이나 도가니탕, 삼계탕 등 뼈가 들어가거나 건더기의 두께가 두꺼운 식품에서 주로 발견된다. 동물의 뼈는 미생물이 번식하기 좋은 환경이며, 실온에서 오래 방치한 원료를 사용하는 것은 삼가야 한다. 살균 식품에서 문제가 되는 대표적인 내열성 세균 중 하나인 *Bacillus coagulans*는 120℃ 살균 시 D값은 2.3 min, Z값은 7.2℃이다(표 3-3).

표 3-3 대표적인 내열성 세균 포자[152)]

미생물	살균 온도(℃)	D값(min)	Z값(℃)	가열 매체
Bacillus coagulans	120	2.3	7.2	
Geobacillus stearothermoohilus	120	5.8	13	
	121	2.1	8.3	0.1M 인산 완충액 pH 7.0
	123.4	1.0	5.7	증류수
Thermoanaerobacterium thermosaccharolyticum	121	3.0~4.0		
Desulfotomaculum nigrificans	121	3.2		67mM 인산 완충액 pH 7.0
	121	13.0~54.4	6.7~9.5	유아용 콩 조제식

포장 내에 공기가 많이 혼입되는 용기 포장에서도 종종 미살균으로 인한 미생물 증식이 발견된다. 레토르트 식품에 공기가 많이 혼입되는 경우에는 식품으로의 열전달이 늦게 일어나며, 미살균은 물론 살균 중 압력 차이에 의해 포장재 실링부에 미세한 틈이 생길 수 있으므로 가급적 공기의 양을 줄이는 것이 좋다.

급속 동결 기술 및 포장 재료, 특히 플라스틱 포장재의 발달로 많은 냉동식품이 유통되고 있다. 냉동 유통되는 동안에는 미생물의 증식은 불가능하지만 지질 성분의 산화와 건조, 농축 등으로 인한 화학적·물리적 변패가 진행되어 풍미나 조직감이 나빠진다.

가끔씩 냉동식품에서도 미생물에 의한 부패 클레임이 발생한다. 이는 유통 중 적절한 냉동 온도를 지키지 않아 발생하는 클레임이며, 주로 냉동 차량에서의 온도 유지가 적절히 이루어지지 않거나 소비지 유통 단계에서 상온에 노출되는 시간이 길 경우에 발생한다. 이들 클레임이 집중되는 시기는 여름철로 더운 계절에 많이 발생한다.

표 3-4 생선을 각 조건 하에서 저장했을 때 발견되는 주요 미생물[78]

생물 생선	냉동 생선	가스치환 포장 생선	
냉장 온도	냉장 온도	냉장 온도	개봉 상태(냉장 온도)
Alteromonas *Vibrio* *Pseudomonas* *Shewanella*	*Moraxella* *Alteromonas* *Pseudomonas*	*Vibrio* *Aeromonas* *Enterobacteriaceae*	*Pseudomonas* *Vibrio* *Aeromonas*

생선의 경우에는 해동 시와 해동 후 냉장 시에는 저온 내성을 가지며 저온 증식성이 높은 세균이 부패의 원인이 된다(표 3-4).

각종 기체 차단성 플라스틱 필름 기술의 발전에 따라 진공 포장을 포함한 다양한 MA포장(modified atmosphere packaging) 식품이 유통하게 되었다. 일반적으로 진공 포장이나 질소가스치환은 산화에 의한 변패의 억제에 매우 효과적이지만 세균의 억제 효과는 그리 크지 않다. 반면에 이산화탄소를 이용한 MA포장은 많은 부패균을 억제할 수 있다.

하지만 유산균은 이산화탄소의 존재 하에서 더 잘 증식하며, 육가공품을 비롯한 다양한 식품에서 신맛을 나게 하거나 점액질의 물질을 생성시키는 원인이 된다. 포장 내에 산소가 매우 적을 경우에는 클로스트리듐속 균의 증식이 문제가 된다.

표 3-5 생선을 각 조건 하에서 저장했을 때의 미생물 군(주요 미생물)[78]

	신선 상태	냉동	가스치환 포장	
생선	*Alteromonas, Vibrio*	*Moraxella*	*Aeromonas*	
	Pseudomonas, Moraxella	*Flavobacterium*	*Moraxella, Coliforms*	
	Flavobacterium, Coliforms	*Micrococcus*	*Micrococcus*	
	Micrococcus, Acinetobacter	*Staphylococcus*	*Lactobacillus*	
	냉장 조건	냉장 조건	냉장 조건	개봉, 냉장
부패 생선	*Alteromonas, Vibrio*	*Moraxella*	*Vibrio, Aeromonas*	*Pseudomonas*
	Pseudomonas, Shewanella	*Alteromonas*	*Enterobacteriaceae*	*Vibrio, Aeromonas*
		Pseudomonas		

2) 유산균에 의한 식품의 부패

pH를 낮추거나 저산소 포장, 보존료 등으로 저장 기간을 어느 정도(3~4주간) 연장시키는 방법이 적용된 가공식품에서는 유산균이나 효모가 증식했으며, 다양한 포장 식품의 악취, 산패취, 팽창, 점질 물질의 생성 등에 유산균이 관여한다.

유산간균의 *Lactobacillus fructivorans*는 청주 양조에 함께 쓰이는 균으로 알려져 있지만 가공식품 포장 후의 부패·변패균으로서의 보고도 많다.

특히 포장 생면 등 전분성 식품 속에서 헤테로 발효를 일으켜 팽창과 에탄올 냄새의 원인이 된다(표 3-6). 절임 등 산도가 높은 환경에서 잘 분리되는 *Lactobacillus plantarum*도 조건부 헤테로 발효를 하여 각종 식품에서 팽창과 에탄올 냄새의 원인이 된다(표 3-7).

저온 증식성이 높은 유산균류는 축육 저장 중의 냄새, 색조를 변패시키는 것은 오래전부터 보고되어 왔으나 수산가공품에서도 저온성 유산균이 부패균으로서 보고되었다.

예를 들어 MA(CO_2 50%, N_2 50%) 포장하여 처리한 생연어의 저장 중에 *Photobacterium phosphoreum*과 함께 *Latococcus piscim*이 우세해졌다는 보고가 있다. 또한 *Carnobacterium*속도 저온에 강한 유산균으로 알려져 있으며, 축육 숙성 중의 부패균으로

표 3-6 *Lactobacillus fluctivolans*에 의한 포장 식품의 변패[98]

식품	현상	오염원
생면	팽창, 알코올취	공장
생라면	팽창, 알코올취	공장
국수장국	팽창, 알코올취	공장
양념장	팽창, 알코올취	공장
가공된장	팽창	불명
된장	팽창, 알코올취	공장
스프	팽창, 알코올취	공장
단무지	팽창, 알코올취	공장
건조과일	팽창, 알코올취	공장
훈제 오징어	팽창, 알코올취	공장
소시지	녹변	불명

표 3-7 *Lactobacillus fluctivolans* 이외의 유산간균류에 의한 포장 식품의 변패[98]

미생물	식품	현상	오염원	포장 형태
Lb. plantarum	가공된장	산패, 알코올취	공장	
	숙면	팽창	공장	
	연두부	팽창	공장	
	찐빵	팽창, 알코올취	공장	
	단무지	이취		밀착 포장
	스프	이취		밀착 포장
Lb. curvatus	쇠고기	산패		진공 포장
Lb. sakei	쇠고기	산패		진공 포장
Wissella viridescens	햄	녹변	불명	
	된장 가공육	녹변		스킨 포장
	소시지	녹변		스킨 포장

잘 알려져 있지만 어육, 특히 훈제 연어나 연어 스테이크 등을 MA포장 처리 후 냉장했을 경우의 부패균으로서 *C. martaromaticum* 등이 보고되고 있다.

어묵 제품의 점액질 생성의 원인균으로는 *Leuconostocmes mesenteroides*가 오래전부터 알려져 있으며, 당에서 생성되는 다당류 프랙탄 등이 점질을 가진다(표 3-8).

표 3-8 *Leuconostoc*속에 의한 식품의 변패[98]

미생물	식품	현상	오염원	포장 형태
Leu. mesenteroides	슬라이스 햄	황색 반점	공장	
	포장 두부	황색 반점	공장	트레이 포장
	가공유	변색	공장	
	치즈	팽창	공장	스킨팩
	생크림	이취, 점질화	공장	
	당밀	점질화	공장	
	과일케이크	이취, 점질화	공장	
	식육	점질화	공장	
	베이컨	산패	공장	진공 포장
	햄	황변, 산패	공장	진공 포장
	소시지	변색, 점질화	공장	

(계속)

미생물	식품	현상	오염원	포장 형태
Leu. mesenteroides	어묵	산패취	공장	
	숙면	알코올취, 산패	공장	
Leu. citrovorum	버터	이취	공장	
	치즈	팽창, 균열	공장	스킨팩

장구균인 *Enterococcus faecalis*는 인체 장내의 상주균이며 환경 스트레스에도 비교적 강하기 때문에 위생 지표균으로 제창되기도 해서 종업원의 손가락에서 오염될 가능성이 높다. 이 균은 생크림 등 당도가 높은 식품의 부패·변패 원인균으로 분리되어 있지만 성게알, 연어알 등의 부패·변패 균으로도 보고되고 있다(표 3-9).

표 3-9 *Enterococcus*속에 의한 식품의 변패[98]

미생물	식품	현상	오염원	포장 형태
Ec. faecalis	생크림	이미, 이취	공장	
	팥앙금	이미, 이취	공장	
	카스텔라	이취	원료, 공장	
	숙면	이취, 산패	공장	
	햄	이미, 이취		진공 포장
	로스트 치킨	산패	원료, 공장	
	소시지	산패	원료, 공장	
	어묵	산패	원료, 공장	
	국수장국	이취	공장	
Ec. faecium	딸기샌드	산패	원료, 공장	
	감자 샐러드	산패	원료, 공장	
	미트볼	산패	원료, 공장	
	닭고기	산패		스킨팩
	윈너 소시지	변색		
	가스치환 포장	피자	산패	
	가스치환 포장	치즈	산패	스킨팩

많은 식품 및 식품을 둘러싼 환경에서 부패·변패의 원인은 여러 가지가 존재하고 있으며, 그 제어법도 다양하다. 현재는 관능적으로도 보다 좋은 품질을 유지하면서 유효한 미생물 제어를 실시하기 위한 복수의 제어 인자를 조합한 '허들' 기술이 구축되어 적용되고 있다.

'허들' 기술을 이용하기 위해서는 위해 인자의 데이터베이스와 미생물학적 예측이 필수적이지만 다양한 식품과 식품 성분 및 미생물의 상호작용에 대해서는 아직 검토가 충분하지는 않다. 따라서 포장 식품도 포함하여 조리·가공 현장에서는 이른바 식중독에 대한 3원칙인 '세균에 오염시키지 않는다', '세균이 증식하지 못하게 한다', '세균을 제거한다'를 철저히 준수하거나 WHO에서 제창하고 있는 식품을 보다 안전하게 하기 위한 5가지 열쇠인 '청결하게 유지한다', '생식품과 가열된 식품을 나누어 관리한다', '충분히 가열한다', '안전한 온도로 유지한다', '안전한 물과 원재료만을 사용한다'가 부패의 방지에 가장 효과적이라고 할 수 있다.

5. 식중독 병원성 미생물

식중독 세균 중에서 직접 인체에 감염되어 식중독을 일으키는 미생물을 병원성 미생물(infectious microorganism)로 분류한다.

이들은 주로 사람의 장관에 감염되며, 장내의 혐기적인 조건에서 생장할 수 있는 미생물들이 많다. 식중독 병원성 미생물만 본다면 2016년부터 2020년까지 가장 발생 건수가 많은 것은 노로바이러스로 주로 겨울철에 발생하며 음식점에서의 감염 사례가 많

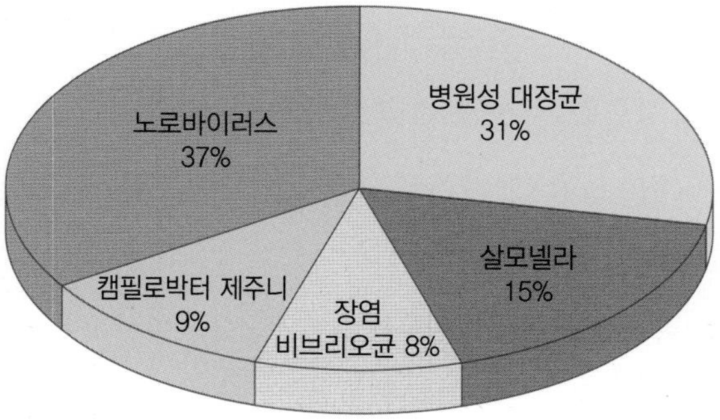

그림 3-4 병원성 미생물 종류별 식중독 발생 비중(2016~2020년)

자료: 식품의약품안전처

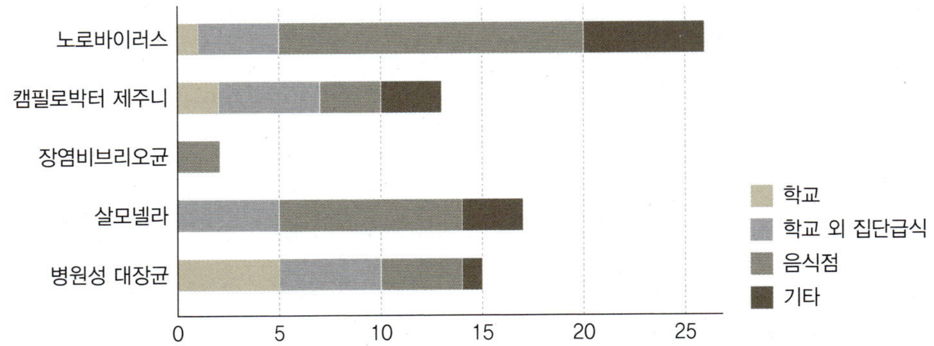

그림 3-5 발생 장소별 식중독 원인균 현황(2020년, 발생 건수)

자료: 식품의약품안전처

았다. 그다음은 병원성 대장균으로 학교나 급식, 음식점 등 다양한 경로에서 감염 사례가 보고되고 있다. 살모넬라의 경우 매년 꾸준히 봄, 가을철에 발생하는 식중독이다.

1) 병원성 대장균(pathogenic *Escherichia coli*)

대장균은 인체의 대장에서 많이 발견되는 균이므로 '대장균'이라고 이름이 붙여졌다. 대부분의 대장균은 원래 무해한 균이지만 병원성 대장균(pathogenic *Escherichia coli* O-157)의 경우에는 식중독균으로서 감염되면 설사, 출혈성 대장염을 일으킨다.

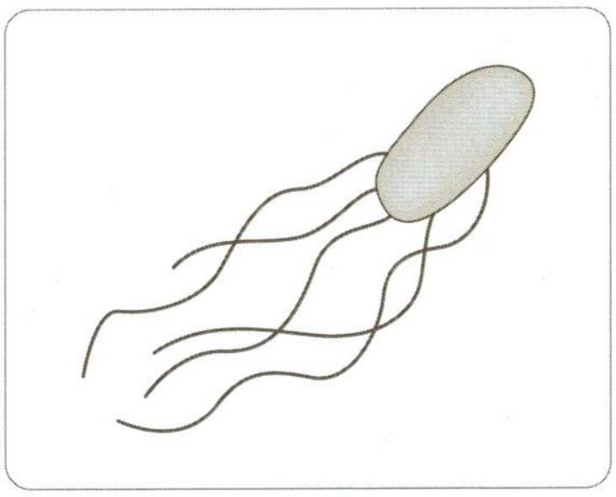

병원성 대장균은 감염 형태에 따라 분류되는데 장관 침입성(EIEC), 장관 병원성(EPEC), 독소형(ETEC), 장관 응집부기성(EAEC), 장관 출혈성(EHEC)의 5종류가 있다.

장관 출혈성 대장균 감염증은 장관 출혈성 대장균의 하나인 *Escherichia coli* O-157:H-7(보통 O-157로 부름)에 의한 감염증이며, 1982년에 미국에서 처음으로 발표되었다.

E. coli O-157은 그람음성균임에도 불구하고 독소를 생산하는데, 이 균이 생산하는 베로독소(verotoxin)는 장 세포에 침투하여 세포의 단백질 합성을 저해하고 세포를 파괴하여 감염된 사람으로 하여금 복통과 설사, 하혈을 일으킨다.

병원성 대장균이 아니라 하더라도 대장균은 식품 위생에 있어서 지표로서 많이 활용된다. 대장균은 매우 흔한 세균으로 식품에서 대장균이 검출된다는 것은 다른 식중독균에 의해서 그 식품이 오염되어 있다고 해도 전혀 이상하지 않다고 볼 수 있기 때문이다. 대장균이 사는 곳은 주로 포유동물의 창자이며, 살모넬라 등 감염형 식중독균의 서식지도 조류나 포유동물의 창자라는 점에서 같다. 즉 두 세균 모두 생육에 필요한 온도, 영양소의 농도, pH 등이 같다고 볼 수 있다. 반면에 그람양성균들은 이러한 환경에서 잘 자라지 못한다. 따라서 대장균은 살모넬라 등 다른 감염형 식중독균과 함께 발견되는 경우가 많으므로 대장균이 식품에서 검출된다는 것은 감염형 식중독균이 검출될 가능성이 높다는 것을 의미하게 되는 것이다. 또한 대장균은 사람의 대변에서 가장 많이 발견되는 세균으로서 분변을 매개로 한 오염의 지표로서도 사용된다. 분변에 의해 오염된 환경에서 발견되기 때문에 식품공장이나 식당의 청결도를 판단하기 위한 세균 오염의 지표로 사용된다.

대장균은 통성 혐기성균으로 산소가 있는 환경을 선호하지만 산소가 없는 환경에서는 발효만으로 살아갈 수도 있다. 산소가 적은 환경에서는 혼합산 발효(mixed-acid fermentation)를 통해 젖산(lactate), 숙신산(succinate), 에탄올, 아세트산(acetate) 등 다양한 발효 산물을 만들어 낸다.

대장균은 장내에서 유당을 이용할 수 있는 세균으로, 따라서 새끼였을 때 젖을 먹고 자라는 포유동물의 장에서 많이 발견된다. 유산균과 대장균 모두 유당을 이용할 수 있지만 유산균이 유당의 발효 생산물로 젖산을 만들어 다른 잡균이 증식하기 어려운 장내 환경을 조성하는 반면에, 대장균군은 젖산을 대량으로 만드는 것이 아니라 혐기적인 조건에서는 아세트산과 같은 산을 만들며, 호기적인 조건에서는 이산화탄소와 물로 당을 분해해 버린다. 따라서 사람에게 있어서 일반 대장균들은 독도 안 되지만 그렇다고 인체에 유익하다고도 볼 수 있는 애매한 위치에 있다.

대장균이 분변 오염의 지표로서 활용되고 있기는 하지만 그것을 모든 식품에 엄격히 적용하는 것은 생각해 볼 여지가 있다. 신선 어패류의 경우 특히 양식 굴 같은 경우에는 연안 해안에서 채취하기 때문에 대장균이 전혀 검출이 안 되는 것은 현실적으로 불가능한 이야기이므로 어느 정도의 허용치가 설정되어 있다. 식육제품의 경우에도 생고기에서는 대장균 오염이 어느 정도 불가피하기 때문에 비가열 식육제품(생햄 등)의 경우

에는 굴에서처럼 어느 정도의 대장균 검출을 허용할 수밖에 없다,

일반 대장균과 병원성 대장균에 대한 위생 관리상 차이점은 크게 없다. 다만, 병원성 대장균(*E. coli* O-157)은 일반 대장균과 달리 사람이 아닌 다른 동물의 장내에 사는 것으로 추측되고 있다. 하지만 소 등의 가축에서는 증상을 보이지 않는 경우가 많기 때문에 이 균을 보유하고 있는지 판별하기가 어렵다.

식품 위생의 관점에서 병원성 대장균이라 하더라도 대장균이므로 생존이나 생육에 관한 조건은 대장균과 거의 같다고 보면 되며, 살모넬라나 장염비브리오 등의 그람음성 식중독균과 마찬가지로 가열이나 소독약에 의해 사멸된다. 따라서 병원성 대장균에 대한 위생 관리는 현재까지 식품 제조현장에서 시행하고 있는 일반 대장균에 대한 위생 관리 방법과 같은 방법으로 관리하면 된다.

대장균은 보통 습한 환경에서 증식하지만 건조한 환경에서 바로 사멸하는 것은 아니다.

따라서 포장재에 부착되어 있을 가능성은 있다. 포장재의 종류별로 대장균의 부착 가능성을 추정하여 본다면 플라스틱 필름의 경우에는 가능성이 가장 적고, 그 다음이 플라스틱 용기나 유리병, 종이 포장재의 순이라고 판단된다. 대장균은 축축한 곳에서 오염이 되기 쉽기 때문에 포장재 보관 시에는 절대 비를 맞지 않는 건조한 환경에서 보관하여야 한다.

포장을 통해 식품에서 병원성 대장균의 생장을 억제한 사례로서는 CO_2 발생 포장이 효과가 있다는 연구 결과가 보고된 바 있으나 완전한 억제는 어려우며, 포장재에 액상 식품의 충진 작업 시 80℃ 이상의 고온충진(hot filling)은 포장재에 부착된 대장균의 살균에 효과가 있다.

포장 식품에서 대장균에 의한 피해를 막기 위해 주의할 사항은 다음과 같다.

① 포장재를 청결하고 건조한 곳에서 보관한다.

② 물에 젖지 않도록 잘 밀봉시켜 보관한다.

③ 작업장 바닥에 닿지 않도록 해야 하며, 작업 후에는 포장 라인을 살균제 등으로 세척하여 위생 관리를 하는 것이 중요하다.

2) 살모넬라(*Salmonella*)

살모넬라는 세계에서 가장 식중독 발생 건수가 많은 식중독균 중 하나이다.

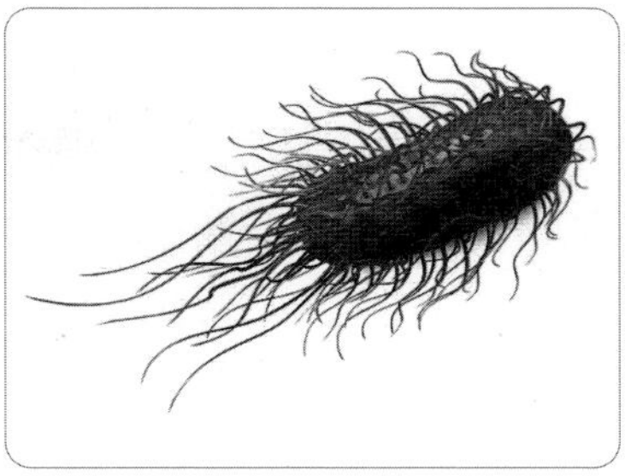

날씨가 따뜻해지는 5월이 오면 어김없이 살모넬라에 의한 식중독이 발생한다. 우리나라에서 발생하는 사례를 살펴보면 야외로 피크닉을 떠날 때 준비하는 도시락이나 김밥에서 많이 발생하고 있다. 자주 식중독이 일어나기 때문에 크게 보도되는 일은 없지만 봄철 집단 식중독의 주요 원인이고, 또한 심한 경우 사망에도 이를 수 있는 식중독이다.

살모넬라는 원래 조류나 쥐에 있는 세균인데 식품의 경우 소비량이 많은 닭이나 달걀에서 많이 발견된다. 닭의 장에 있던 살모넬라가 달걀의 표면에 묻거나 닭고기에 닭의 분변이 묻어 오염이 되는 것이다. 따라서 살모넬라에 의해 오염된 달걀의 껍질을 깰 때 달걀 물과 균이 섞이게 되며, 식품 가공 단계에서 충분한 열처리가 되지 않는다면 죽지 않고 식품에 남아 있게 된다.

오염된 달걀이나 닭고기, 또는 교차오염된 식품을 통해 살모넬라균이 사람의 장관으로 들어가면 감염형 식중독을 일으킨다. 증상은 다른 감염형 식중독과 마찬가지로 설사와 발열이 주를 이룬다.

살모넬라 식중독의 원인균은 보통 두 병원균으로 분류된다. 하나는 위에 언급한 살모넬라 식중독으로 불리는 것으로 살모넬라균이 식품과 함께 섭취할 경우 발생한다. 이 경우 균의 유래는 조류 등 다른 온혈동물이다. 반면에 살모넬라균 중에서도 특수한 유형인 장티푸스균(*Salmonella enterica* Typhi)과 파라티푸스균(*Salmonella enterica* Paratyphi)에 의해 발생하는 파라티푸스 병의 경우 균의 자연 숙주는 사람으로 전염병으로 취급된다. 이 병에 걸리면 혈액 속에 균이 들어가 사망률도 높다. 식품의 위생관리에서 다루는 식중독균은 전자인 동물 매개 감염균이다.

살모넬라균은 앞서 언급하였듯이 보통 닭고기 등에서 자주 검출되지만 닭고기는 보통 높은 온도에서 조리하여 먹기 때문에 조리 과정에서 사멸한다. 하지만 닭고기를 자른 칼이나 도마, 가공공장에서의 기구 등으로부터 다른 식품으로 살모넬라균이 교차오염되어 균이 증식한 다음 사람에게로 감염되는 사례도 있다. 따라서 닭고기를 사용한 칼이나 도마를 다른 고기에 사용하는 경우 닭고기가 아닌데도 불구하고 살모넬라에 의한 식중독을 일으킬 수 있다.

달걀로부터 살모넬라의 오염은 주로 살모넬라균이 달걀 껍질에 묻어 있기 때문에 껍질을 깨는 과정(할란 과정)에서의 관리가 중요하다. 특히 가공공장에서 자동으로 달걀을 깨뜨려 난액을 취하는 경우에는 껍질의 세척이 매우 중요하다. 달걀 껍질에서 살모넬라의 감염이 일어나기 때문이다.

달걀 내에는 각종 항균물질이 존재하여 세균으로부터의 공격을 방어하고 있다. 달걀 흰자에는 세균의 세포벽 구성 성분인 다당을 녹이는 리조팀(lysoteam)이라는 효소와 세균 증식에 필수적인 철을 빼앗아 버리는(킬레이드 작용) 물질이 많이 포함되어 있다.

따라서 달걀이 살모넬라에 의해 오염이 되어 있다고 하더라도 주로 달걀 껍질이며, 달걀 내에 존재할 가능성은 별로 없다. 하지만 할란을 해서 노른자와 흰자가 섞이면 문제가 된다. 노른자에는 철분을 포함한 살모넬라의 영양분이 풍부하게 포함되어 있으며, 할란하고 섞인 난액 중에서 살모넬라는 왕성한 증식을 하기 시작한다.

달걀말이, 오믈렛, 케이크 등에서 살모넬라 식중독이 발생하는 경우가 많은데, 그 이유는 할란 후 난액의 위생 관리(살균, 온도 관리 등)를 철저하게 하지 못하였기 때문이다.

유통되는 달걀의 오염률은 5000~2만 개 중 1개 정도로 추정된다. 하지만 실제로 식품을 통해 살모넬라에 감염될 확률은 이보다는 많이 떨어진다. 왜냐하면 오염란에서 살모넬라균 수는 달걀 1개당 10세포 정도의 수준이며, 더 많은 수의 살모넬라에 달걀이 오염되어 있을 가능성은 거의 없기 때문이다.

살모넬라균이 사람에게 살모넬라 식중독을 일으키기 위해서는 일반적으로 10^4세포/g 이상의 개체 수가 포함한 식품을 먹었을 때 가능하다. 다만, 살모넬라균이 사람에게 식중독을 일으키는 데 필요한 개체 수는 사람의 건강 상태나 체질, 그리고 면역 능력에 따라 달라질 수 있으므로 위가 약하거나 체력이 약한 어린이, 노약자들의 경우 익히지 않고 달걀을 먹을 때는 주의가 요망된다.

3) 비브리오(*Vibrio*)

비브리오속에 속하는 식중독 세균으로서 장염비브리오균과 콜레라균이 있다. 장염비브리오 세균에 의한 식중독은 생선이나 조개를 날것으로 먹어서 발생한다. 주로 여름철에 발생하는 식중독으로 잠복기는 10시간 정도이고 심한 복통과 설사, 발열, 구토를 일으킨다.

비브리오속은 해양 세균으로 장염비브리오와 같은 해양 세균은 물고기와 함께 찬물 속에 서식한다. 따라서 물고기나 조개류의 체표면이나 소화관에 사는 세균은 주로 저온에서 생장하며, 냉장고 같은 저온에도 적응할 수 있다.

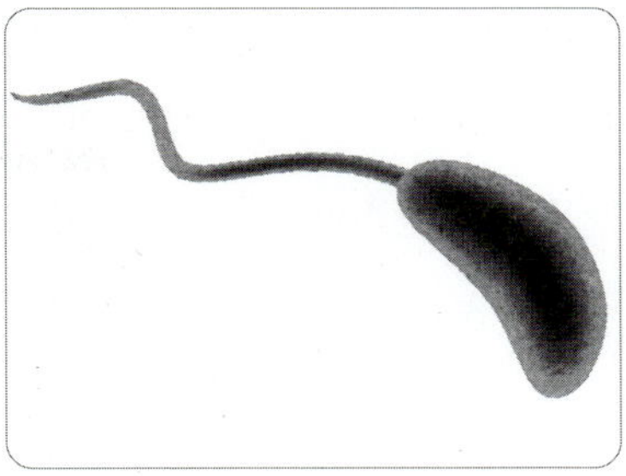

그러나 장염비브리오는 피브리오속 세균 중에서는 예외라고 할 수 있다. 원래 바다에 서식하는 세균이면서도 인체의 장내에 침입해 설사, 발열을 일으킨다는 점에서 해양 세균답지 않은 특징을 갖고 있다. 바다에 살고 있는 해양 세균 중에는 사람이 음식과 함께 먹어도 식중독을 일으키는 균은 거의 없지만 이 균은 해양 세균 중에서도 몇 안 되는 예외이다.

장염비브리오처럼 원래 서식지가 차가운 바다이면서도 온혈 동물의 따뜻한 장내에서도 왕성하게 증식을 하는 세균은 상당히 특수한 부류라고 할 수 있다. 따라서 이 균은 37℃ 정도의 고온에 강하고 저온에는 약하다.

다른 비브리오균과 달리 장염비브리오 균은 냉장 온도(8℃ 이하)에서는 증식이 거의 불가능하며, 한여름 실외기온(30℃)의 조건 하에서는 18분에 한 번꼴로 분열한다. 이 속도는 대장균 O-157이나 살모넬라 등 다른 식중독균과 비교할 때 압도적으로 빠른 증식률이라 할 수 있다. 예를 들어 생선회 1조각에 10세포의 장염비브리오가 부착되어 있

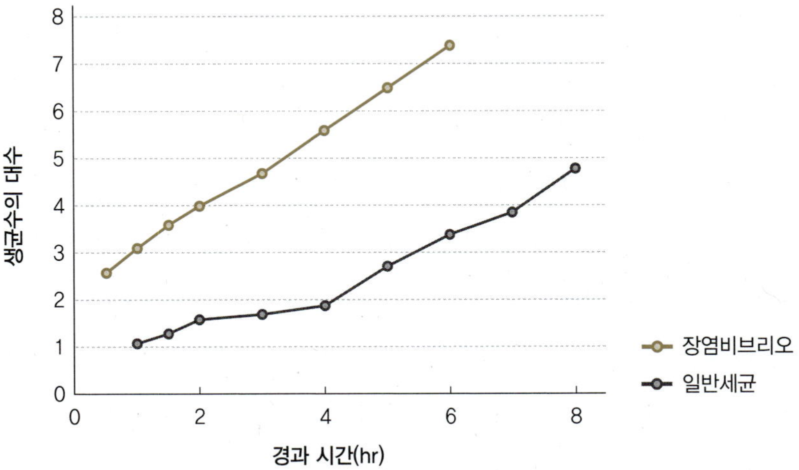

그림 3-6 생선회에서의 시간에 따른 증식률(30℃)

었다고 가정하면, 30℃에서 18분 뒤에는 20개 세포가 되고 36분 뒤에는 40개의 세포가 된다. 그리고 3시간이 경과하면 무려 1만 개의 세포로 증식한다. 이 경우 생선회 10조각을 먹으면 10만 개의 장염비브리오 세균을 섭취하게 되는 것이다.

그림 3-6에 생선회에 장염비브리오균을 접종하고 30℃에서 저장한 경우 일반 생균수와 장염비브리오 균수를 나타냈다.

장염비브리오는 저장 후 5시간 만에 식중독 발병 균량인 10^6 cfu/g을 초과하였다. 장관 감염형 식중독균의 경우 보통 1~10세포 정도면 위에 있는 강산에 의해 살균되므로 먹어도 식중독이 발병하지 않는다. 그러나 10만 세포가 되면 위에서 위산에 의해 완전히 살균하기 어렵고, 이를 뚫고 나온 균이 장에 도달해 식중독을 일으킨다. 이와 같이 장염비브리오는 여름철 실온에서는 다른 식중독균에 비해서 매우 빠르게 증식하기 때문에 신선 어패류의 온도 관리가 매우 중요하다.

비브리오균이 부착된 어류, 패류, 연체동물 등(표피, 내장 및 아가미 등에 서식) 섭취나 조리한 사람의 손과 기구로부터 2차적으로 다른 식품에 오염되어 발생할 수 있다. 따라서 조리환경에서의 온도 관리와 청결 유지는 물론, 되도록 날것으로 섭취하지 않는 것이 중요하다.

최근 배달 음식이 증가하고 있어 주의가 요망되는 균이므로 가급적 여름철(5~9월)에는 생선회나 초밥류의 배달 음식을 지양하고, 부득이한 경우 반드시 보랭재를 이용하여 포장하고 짧은 시간 내에 섭취를 마쳐야 한다.

4) 캠필로박터 제주니(*Campylobacter jejuni*)

캠피로박터는 원래 소와 양의 불임, 유산 등의 번식 장애를 일으키는 원인균으로 캠필로박터 속에 속한 캠필로박터 제주니는 인수공통 감염균으로서 사람과 동물에 있어서 세균성 설사증의 원인이 된다. 특히 닭, 칠면조, 돼지, 소, 고양이 등에 보균율이 높으며, 인간보다 체온이 높은 가금류의 경우 장내 증식이 쉽게 일어난다.

캠필로박터 제주니에 의한 식중독은 우리나라에서는 살모넬라 식중독 다음으로 발생 빈도가 높으며, 일본에서는 식중독 발생 건수를 기준으로 장염비브리오, 황색포도상구균, 살모넬라 다음으로 많다. 미호기성 조건(산소 3~15%)에서 발육하는 그람음성간균이다.

가금류나 가축 등 원료육을 오염시켜 식중독의 원인이 되는 경우가 많으며, 처리하지 않은 우유나 오염된 음용수, 버섯, 생선회 및 덜 익힌 생선, 조개 및 굴류도 감염원이 될 수 있다. 우리나라에서는 생닭 취급 및 조리 과정에서 교차오염에 의한 감염 사례가 많으며, 교차 감염에 의해 육류나 채소 등에서 원인이 되고 있다.

비교적 작은 수인 500균체 정도의 수로 감염이 가능하지만 증상은 다른 식중독 균에 비하면 경미한 편이다. 어른보다 어린아이에서 증상이 심하게 나타나지만 사망하는 경우는 드물고 1~2주면 완쾌한다. 잠복기는 2~7일이며 설사가 주된 증상으로 열, 메스꺼움, 복통, 구토 등의 증상을 나타낸다.

대부분의 캠필로박터균은 42℃에서 잘 증식하고, 열에 약해 70℃에서 1분 만에 사멸한다. 열에 약해 저온 살균 등의 조건에서 쉽게 사멸시킬 수 있지만 냉장 조건에서는 오랫동안 생존할 수 있어 비열처리 식품이라면 주의가 요망된다.

교차오염에 의한 사례가 많으므로 생닭을 다뤘던 손은 반드시 비누 등 세정제로 씻은 후에 다른 식재료를 취급해야 한다. 또한 조리를 위해 생닭 취급에 사용한 칼이나 도마 등은 다른 식재료와 구분해서 사용하고, 조리기구의 구분 사용이 어렵다면 식재료 종류를 바꿀 때마다 칼·도마를 깨끗하게 씻거나 소독하여야 한다. 식품용 용기나 기구 등에 오염이 있을 경우 80℃ 이상의 열수나 염소계 살균제로 제거가 가능하다.

5) 리스테리아 모노사이토제네스(*Listeria monocytogenes*)

리스테리아 모노사이토제네스는 우리나라에서는 발병 빈도가 높지 않지만 서양에서는 대규모 식중독을 일으키는 균으로 주목받고 있는 저온 증식성 식중독균이다.

리스테리아속에서 동물에 질병을 일으킬 수 있는 균은 리스테리아 모노사이토제네스와 리스테리아 이바노바(*L. ivanovii*) 2종뿐이며, 대부분의 식중독은 리스테리아 모노사이토제네스균에 의해 발병된다. 리스테리아 모노사이토제네스 감염증이 사람에게 발병할 빈도는 낮으나 면역력이 약한 사람에게 감염되어 발병할 경우 치사율이 높다. 건강한 사람이 이 균에 감염되면 증상이 없거나 1~7일의 잠복기를 거쳐 가벼운 열과 복통, 설사, 구토 등을 일으키다 대부분 정상 회복된다.

그러나 면역력이 약한 어린이나 노약자, 임산부의 경우 패혈증·뇌수막염·유산 등을 유발할 수 있으며, 심한 경우에는 사망에까지 이르게 된다.

리스테리아 모노사이토제네스는 양, 소, 돼지 등의 장내에 살고 있는 그람양성균이다. 대장균 O-157, 살모넬라 같은 그람음성 식중독균과 달리 토양, 하천 등 환경으로 방출되어도 각종 스트레스에 강하기 때문에 혹독한 환경에서도 살아남는다. 그람음성균과 가장 큰 차이점은 어디에서나 살아남아 있을 수 있다는 점이다.

이것은 식품 위생의 관점에서 생각해 보면 어디서 2차 오염이 되어도 이상하지 않은 잘 없어지지 않는 균이라고 할 수 있다는 점이다. 더구나 이 균은 10℃ 이하의 저온에서도 증식할 수 있기 때문에 냉장 유통되는 식품에서도 증식을 억제하지 못한다.

오염되기 쉬운 식품으로는 생햄, 생고기 등의 오염을 생각할 수 있다. 유럽에서는 자연치즈에 의한 식중독 발생 사례도 많다. 임신 중에 자연치즈를 먹고 발열 및 설사 등 언뜻 바람과 같은 증상에 시달리다 회복되지만 결국 유산으로 이어지는 경우가 있다. 또 면역력이 약한 노인이 이 식중독에 걸리면 치명률이 매우 높다.

1980년대 캐나다와 미국에서는 채소와 치즈를 매개로 하여 해마다 수십 명이 사망하는 식중독이 발생하였다. 이외에 냉장 유통되는 수산식품에서도 발생 사례가 있다.

생햄 등 비가열 식육제품에서는 햄, 소시지 등 가열 식육제품보다 오염율이 높으며, 따라서 식육제품에서 발견되는 리스테리아 모노사이토제네스균은 원료육에서 유래된 것임을 알 수 있다. 리스테리아 모노사이토제네스균은 건강한 가축류의 분변에서 항상 검출되는 균이므로 원료육에서의 오염을 피하는 것은 쉽지 않다.

또한 햄 등의 슬라이스 육가공 제품에 비해 제조 공정이 더 복잡한 소시지 등의 육가공 제품에서 리스테지아 모노사이토제네스균의 검출율이 높고, 슬라이스 후의 햄이 슬라이스 전의 햄보다 오염율이 높다. 즉 공장 내에서의 교차오염에 의한 것임을 알 수 있다.

이와 같이 육류 가공공장에서는 원료육으로부터의 리스테리아 오염이 불가피하기 때문에 가공 라인에서 어떻게 교차오염을 막는가가 안전 관리에 있어 가장 중요하다.

리스테리아 모노사이토제네스균의 원료육으로 오염되는 것은 완전히 예방하는 것이 불가능하지만, 육가공 제품은 가공 공정 중 가열을 하는 것들이 많아 비록 리스테리아 모노사이토제네스에 의해 어느 정도 오염되어 있다고 하더라도 심각한 식품 위생학적인 문제로 직결되는 것은 아니다. 하지만 열처리 가공을 하지 않는 비가열 제품의 경우에는 다르다.

가장 위험하다고 할 수 있는 식품의 사례로는 유럽 등에서 즐겨먹는 생햄과 자연치즈를 넣은 샌드위치 등이다. 열처리가 불충분한 훈제 연어 또한 오염이 우려될 수 있는 식품으로 분류가 되고 있다.

어패류 포장 식품의 리스테리아 모노사이토제네스균 오염 경로에 대해서는 아직 충분히 밝혀지지 않았지만 훈제 연어의 리스테리아 모노사이토제네스균 오염원은 연어의 고기나 해수 유래가 아니라 가공공장에서의 2차 오염임을 나타내는 데이터가 많이 제시되고 있다.

고기를 슬라이스하는 칼날 또는 배수구에서 증식하고 있을 가능성도 있다. 배수구 안은 생산 라인이나 바닥에 비해 브러시 등에 의한 물리적인 세척 빈도가 낮기 때문에 각종 세균이 바이오 필름을 만들어 생존하기 쉽다. 따라서 고압 호스로 배수구를 세척하면 균이 포함된 작은 물방울이 에어로졸로서 공장 내의 공기 중으로 흩어져서 식품을 2차 오염시킬 가능성도 있다.

그림 3-7에 인공적으로 리스테리아 모노사이토제네스균이 포함된 에어로졸을 공기 중에 살포하여 얼마의 시간 동안 에어로졸이 공기 중에 체류하며 식품을 오염시킬 가능성이 있는지 조사한 결과를 나타내었다.

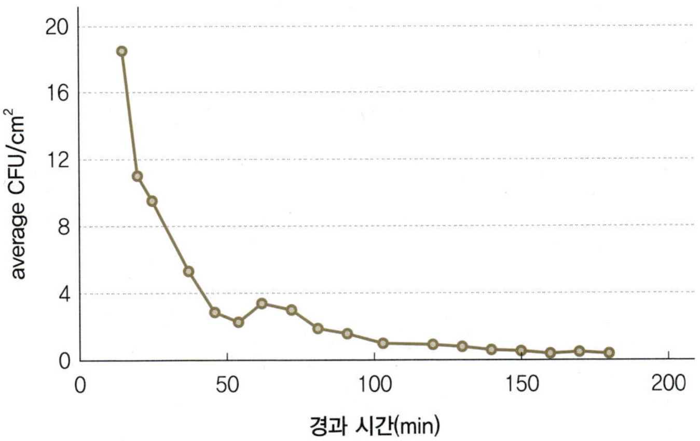

그림 3-7 리스테리아의 에어로졸 부유 잔류 실험(초기 10^5 CFU/mL 비산)

한 번 공기 중에 에어로졸로 살포된 리스테리아 모노사이토제네스균은 무려 3시간에 걸쳐 공기 중에 체류하고 있어, 포장 식품에서의 2차 오염원으로서의 중요성을 나타내고 있다.

미국에서는 비가열 섭취 식품에 대해서는 허용 제로 정책(zero-tolerance policy)을 채택하고 있다. 즉 이러한 식품으로부터 만일 리스테리아 모노사이토제네스균이 검출되면 그 시점에서 리콜의 대상이 된다. 생햄도 마찬가지여서 리스테리아 모노사이토제네스균이 검출되면 리콜 대상이 된다.

유럽 각국에서는 식품에서의 어느 정도 약제 오염은 허용해야 한다는 견해도 있다. 그 이유는 식육 제품이나 훈제 연어에 리스테리아 모노사이토제네스균의 오염이 완전 방제가 현재로서는 쉽지 않다는 점, 또한 정상인에서는 극히 적은 양의 리스테리아가 식품으로 체내에 들어간다고 하더라도 식중독이 발병하는 것은 아니라는 점 등에 있다.

또 리스테리아 모노사이토제네스 균종 내에서도 몇 가지 혈청형이나 유전형이 있기 때문에 리스테리아균 전체가 반드시 강력한 병원성을 갖고 있다고는 할 수 없다.

앞으로 리스테리아의 좀 더 세부적인 유전학적·생리학적 분별이 가능하게 되면 위에서 설명한 것과 같은 비가열 식품에서 리스테리아가 검출되어도 어느 정도의 허용치를 두는 것이 가능할 것으로 전망된다.

6) 노로바이러스(Norovirus)

노로바이러스는 명칭 그대로 세균이 아니라 바이러스이다. 하지만 매년 발생되는 감염형 식중독의 원인으로서 빈도수가 높으며, 음식점을 위주로 많이 발생하므로 배달 음식 등 포장 식품에서도 주의가 요망된다.

노로바이러스는 *Caliciviridae*속에 속하는 리본형의 RNA 바이러스로 27~32 nm의 크기이며, 사람에게는 소장 미세융모 손상으로 인한 흡수장애 증상을 발현시킨다. 5개의 유전자군(Genogroup I~V)이 있으며 유전자군 Ⅰ, Ⅱ, Ⅳ는 사람에게만 검출된다. Ⅱ 그룹이 유행의 70%를 차지한다. 노로바이러스의 감염에 의한 증상으로는 급성위장관염이 있으며, 5세 이하의 영유아뿐만 아니라 성인에서도 감염되어 설사, 복통, 구토 등의 위장관염 증세를 유발하는 것으로 알려져 있다.

전 세계적으로 흔하게 발생하며, 우리나라에서도 장관감염증 집단 발생 원인 병원체 중에서 가장 높은 비율을 차지한다. 계절적으로는 겨울철에 많이 발생하는데, 11월부터 다음해 4월까지가 가장 발생률이 높다.

오염된 수원으로부터 유래한 지하수를 통한 전파 사례가 많으며, 환자의 분변을 매개로 하는 감염, 조리 과정을 거치지 않는 샐러드 재료, 냉동·냉장식품 등에서 종종 발생한다. 잠복기는 24~48시간으로 감염자의 30%는 무증상이며, 증상이 발현되는 경우 구토, 설사, 복통이 주된 증상으로 권태감, 열, 근육통 등 전신 증상도 동반할 수 있다. 위장관 증상은 24~48시간 지속될 수 있으며, 대부분의 경우 저절로 회복되나 회복 후 면역력은 장기간 유지되지 않는 편이다.

식품의 원료가 되는 채소 등은 항상 깨끗한 물로 세척을 하여 사용하여야 하며, 오염 방지를 위하여 지하수의 사용은 배제하여야 한다. 열에 의해 불활성될 수 있으므로 식품용 용기 및 기구, 설비 등은 열수나 염소계 살균제, 계면 활성제 등을 이용하여 세척하면 예방할 수 있다.

Q. 일반적으로 미생물에 의한 식중독은 여름에 많이 발생하는데 노로바이러스에 의한 식중독은 언제 많이 발생하나요?

A. 노로바이러스는 저온에서의 생존성이 뛰어나고 감염 경로도 다양하여 겨울철 식중독의 주원인이 된다. 노로바이러스의 주요 특징은 다음과 같다.

- 낮은 온도(영하)에서도 오래 생존(차가운 바닷물에서도 생존이 가능)
- 약 10마리 정도의 적은 수로도 발병이 가능
- 구토물, 분변, 오염수 등에 많은 수로 존재가 가능
- 환자의 침, 오염된 손 등에 의한 접촉 감염도 가능

감염 경로도 다양하여 원료수 및 식재료의 오염, 감염된 조리사를 통한 식품의 오염, 사람 간 감염이 모두 가능하다. 노로바이러스는 다른 식중독 세균과 달리 바이러스이며, 그 특성상 고온보다는 차가운 물에서의 생존성이 더 강하기 때문에 그래프에서와 같이 12월에서 3월까지 겨울철에 주로 발생한다.

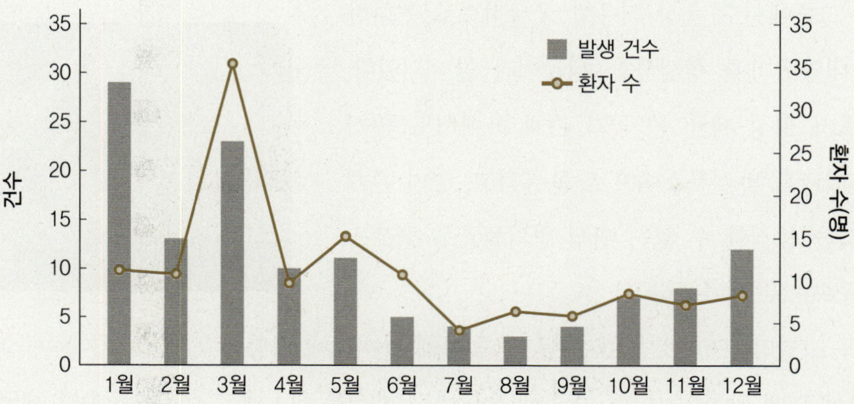

6. 식중독 독소형 미생물

식중독 세균 중에서 인체에 직접 감염되지는 않지만 식품 내에서 증식하면서 독소를 생성하기 때문에 이런 독소가 포함된 식품을 사람이 섭취 시 식중독을 발생시키는 미생물을 독소형 미생물(food poisoning microorganism)로 분류한다.

이런 독소형 미생물 중에는 열에 강한 포자 형성균이 많아 식품 공정에서 열에 의한 제거가 어려우며, 진공 포장 등 혐기적인 조건에서도 생장하는 경우가 많아 주의가 요망된다. 우리나라에서는 클로스트리듐 퍼프린젠스와 바실루스에 의한 식중독 사례가 거의 대부분을 차지하고 있다(그림 3-8).

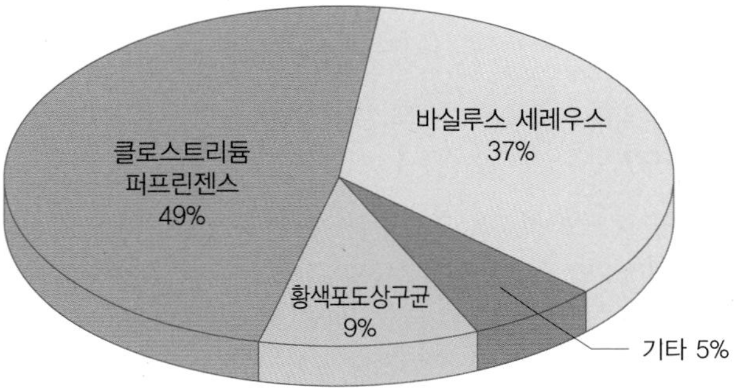

그림 3-8 독소형 미생물 종류별 식중독 발생 비중(2016~2020년)

자료: 식품의약품안전처

1) 클로스트리듐 보툴리눔(*Clostridium botulinum*)

그람양성균은 온도 변화가 심하고 건조하기 쉬운 지상 환경에 잘 적응하고 있는 세균으로, 그중에서도 육상 적응형 궁극적으로 진화한 것이 내열포자를 형성하는 세균이라 할 수 있다. 내열포자 형성 세균 중 공기 존재 하에서도 증식하는 세균을 바실루스속으로 분류하고, 공기 존재 하에서는 증식할 수 없는 편성 혐기성균을 클로스트리듐속으로 분류한다.

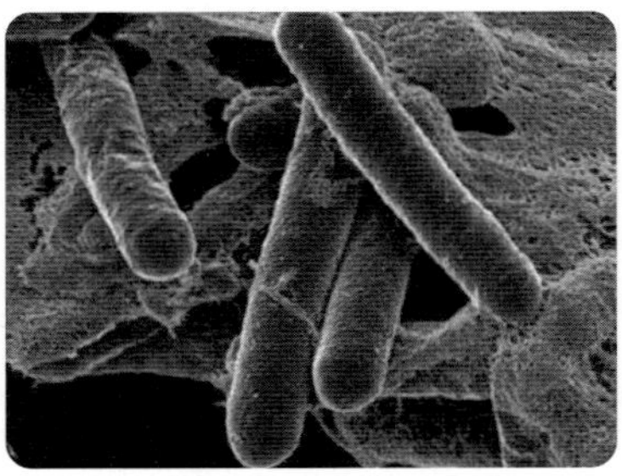

초목, 고엽의 표면, 토양 표층 등 땡볕 아래 한여름에 태양이 직접 쪼여지는 곳의 온도는 수십 도에 달한다. 이런 가혹한 온도에서 바실루스나 클로스트리듐속의 세균이 생

존할 수 있는 것은 이들 세균이 내열성 포자를 만들어 휴면에 들어갈 수 있다는 특징 때문이다.

이들 균의 포자가 열에 강하다는 성질은 가열 살균을 요하는 식품 공정에는 부적합하다. 100℃의 끓는 물에서는 바실루스와 클로스트리듐속을 제외한 세균들은 모두 죽는다. 그러나 바실루스와 클로스트리듐속의 세균들은 내열성 포자를 만들기 때문에 100℃에서 1시간 이상 끓여도 사멸하지 않는다.

바실루스속 세균 중 발효균의 경우에는 인체에 해를 끼치지 않으며, 식품의 발효에도 많이 사용된다. 대표적인 예로서 청국장을 발효할 때 사용되는 바실루스 서브틸리스(*Bacillus subtillis*)가 있다. 삶은 콩을 청국장으로 발효하면 향미도 좋아지고, 콩의 단백질이 적당히 분해되어 소화도 잘 된다. 반면에 같은 내열성 포장 형성균이라고 하지만 클로스트리듐속 보툴리눔은 식품 위생상 심각한 악영향을 미친다.

보툴리눔균의 경우 바실루스와 마찬가지로 내열 포자를 만들어 열에 강함과 동시에 생물독 중에서 최강의 살상 능력을 가진 신경독을 만든다. 이 두 가지 성질을 동시에 가지고 있기 때문에 인간의 식생활에 매우 불행한 결과를 가져왔다.

상온에서 오랫동안 식품을 보존하기 위해 만들어진 레토르트 살균 기술(통조림 살균 기술)은 클로스트리듐 보툴리눔균의 사멸을 기준으로 만들어진 기술이다.

열에 강하며 혐기적인 조건에서 생장하여 인체에 치명적인 신경독소를 만드는 세균이기 때문에 살균 포장 식품 분야에서는 항상 주의를 기울여야 하는 세균이다.

2) 클로스트리듐 퍼프린젠스(*Clostridium perfringens*)

클로스트리듐 퍼프린젠스는 우리나라에서 가장 많이 발생되는 독소형 식중독의 원인균으로 토양 등 자연환경, 사람과 동물의 장관·분변 및 식품 등에 널리 분포하며 포자를 형성하는 균이다. 포자는 토양, 침전물, 분변이 오염된 곳에서 오랫동안 생존이 가능하다.

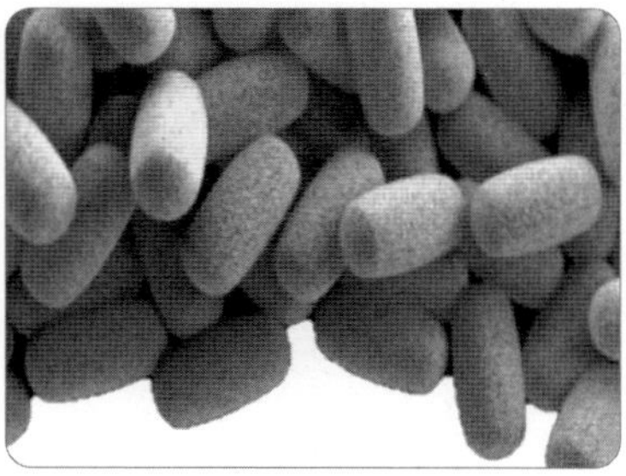

자료: CDC/James Archer

그람양성 간균이며, 편성 혐기성균이지만 약간의 산소 존재 하에서는 생육할 수 있다. 편모가 없어 운동성이 없으며, 내열성 포자를 형성하는데 포자

형성 시 독소를 생산한다. 독소는 생산 능력에 따라 A~F 6종이 존재하며, 대부분 A형이 원인이다.

A형 독소는 흔하며 증상이 경미한 것이 특징이지만 드물게 발견되는 C형 독소는 괴사성 장염과 같은 치명적인 증상을 나타낼 수 있다. 생산된 독소는 약 75℃ 정도의 열에 의해 파괴될 수 있지만 포자는 100℃에서 1시간 이상 가열해도 죽지 않고, 60℃ 이하에서 깨어나 증식하며 다시 독소를 생산한다. 혐기성 조건에서도 잘 자라는 균이기 때문에 진공 포장 상태에서도 잘 증식한다.

잠복기간은 8~12시간이며 설사·복통 등 가벼운 증상 후 회복되는 것이 보통이지만 심각한 경우도 보고되고 있다. 위장염은 오염된 음식을 섭취한 후 약 6~24시간 안에 시작된다. 공통된 증상은 장액성 설사와 복부 경련이다. 감염은 대부분 경미하지만 복통과 가스로 인한 복부 팽창(팽만), 설사, 탈수, 혈압 저하(쇼크)등을 초래할 수 있다. 클로스트리듐 퍼프린젠스 식중독의 증상은 보통 약 24시간 동안 지속된다.

계절적으로는 주로 봄철에 집중적으로 발생한다. 2015년부터 2019년까지의 발생 현황을 살펴보면 4월부터 6월까지 총 879명의 환자가 발생하여 총환자 수 1,744명의 50.4%가 집중된 것으로 나타났다.

클로스트리듐 퍼프린젠스는 최적 증식 온도가 43~45℃로 비교적 높은 편이며, 저온에서는 증식이 어려워 약 6℃ 이하에서는 생육을 멈춘다. 낮은 수분활성도에 민감하여 최적 수분활성도(a_w)는 0.93~0.97이다.

최적의 pH는 6~7 수준으로, 5 이하에서는 증식이 억제된다. 따라서 식품의 pH를 낮추는 것이 클로스트리듐 퍼프린젠스에 의한 식중독 사고를 예방하는 방법이 될 수 있다.

클로스트리듐 퍼프린젠스는 증식을 위해서는 13개의 아미노산이 필수이기 때문에 육류 등 단백질 함량이 높은 식품에서 잘 번식한다. 오염된 쇠고기, 가금류 그리고 이들을 말리거나 조리한 음식이 보통 식중독 발생의 원인이 된다. 열에 의해 잘 사멸하지 않기 때문에 끓인 식품이라도 유통 중 5℃ 이하의 냉장 유지가 권장된다.

3) 황색포도상구균(*Staphylococcus aureus*)

황색포도상구균은 마이크로코커스(*Micrococcaceae*)과에 속하는 포도상구균의 일종으로 자연계에 널리 분포되어 있는 비운동성, 그람양성의 통성 혐기성균(facultative anaerobes), 무아포(asporogenous) 구균(coccus)으로 대부분의 동물과 사람의 피부, 코점막 등에 존재한다. 현미경으로 관찰 시 불규칙한 황색의 포도송이 모양을 하고 있어 '포도상구균'이라는 명칭이 붙여졌으며, 식중독을 일으키는 장독소를 생성한다.

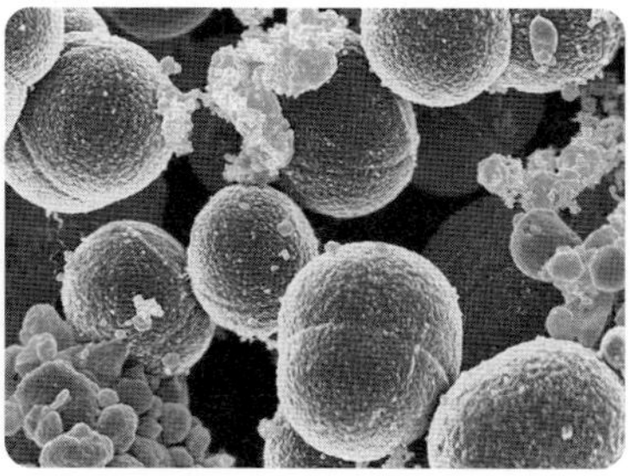

자료: 국립 알레르기 및 전염병 연구소 (NIAID)

황색포도상구균은 일반적으로 호기 조건에서 잘 자라지만 혐기 조건에서도 생존할 수 있으며, 내염성으로 NaCl 7.5% 함유 배지에서도 잘 증식한다. 여러 가지 탄수화물을 발효하여 산을 형성하고 백색, 오렌지색 또는 황색의 색소를 생성하며, 건조, 열(50℃, 30분) 및 식염(3~7%)에는 저항성을 나타낸다.

황색포도상구균은 원래 포유동물의 체표에 기생하고 있는 균으로 우리 손가락의 표면이나 콧속 등에도 서식하고 있다. 동물의 표피에서 분비되는 땀 등의 영양물을 흡수해 살아가고 있는 기생균이라고 할 수 있다. 우리의 몸 상태가 나쁘고 면역력이 저하되었을 때 '이때다' 하고 피부를 통해 체내에 침입하여 들어가려고 하는데 이러한 균을 기회 감염균이라고 한다.

물론 피부에 서식하는 세균은 황색포도상구균뿐만 아니라 많은 종류의 세균이 있다. 황색포도상구균이 속한 *Staphylococcus*속 세균만 하더라도 피부에 서식하는 세균은 약 30여 종이 존재한다. 기타 유산균의 상당수도 표피에 기생하고 있는 경우가 많다.

이들 기생균 중 황색포도상구균은 코아굴레이스(coagulase)라는 효소를 이용해 균 주위의 혈액을 응고시켜 백혈구 등이 공격하기 어렵게 한다는 특징이 있다. 자신 주위의 혈액을 굳혀 버리므로 체내에 깊게 침입하는 것은 어렵지만 체표 하부에 고착하여 살아가는 방어적인 관점에서는 다른 균보다 뛰어난 생존 특성을 가지고 있다.

따라서 피부에 기생하는 세균인 황색포도상구균은 소화기관으로 들어가 장관에서 감염되는 균은 아니지만 이 균이 식품에서 증식하게 되면 독소가 식품에 축적이 되어 사람에 영향을 미치게 된다(독소형 식중독).

황색포도상구균은 포유동물의 표피에 많이 서식하기 때문에 젖소의 젖 등에서도 많이 발견되므로 우유에 쉽게 오염될 수 있다. 그리고 이 균은 우리 주변 환경에 흔하게 존재하고 있으므로 식품을 취급하는 과정에서 작업자 등에 의해 균이 식품에 들어갈 가능성은 매우 높다. 흔히 발생하는 식중독 사례는 주먹밥, 김밥, 반찬, 도시락 등이다.

제조 과정에서 조리사 등의 손으로부터 식품으로 감염되어 유통 중 혹은 소비 단계에서 증식이 일어난다. 따라서 이 식중독을 예방하기 위해서는 식품의 가공 및 조리 단계에서 식품이 사람의 손에 접촉하지 않도록 막는 것이 가장 중요하다. 또한 식품과 접촉하는 포장재(예를 들면 랩 등)가 작업 시 사람의 손에 접촉하지 않도록 주의를 기울이는 것도 필요하다.

장독소는 단백질이지만 식품 중에 함유되어 있을 경우 매우 높은 내열성을 갖기 때문에 120°C로 20분간 가열해도 완전히 파괴되지 않는다. 장독소 생성에 적합한 pH는 약 6.5~7.5이며, 이보다 산성 또는 알칼리성이 되면 장독소 생성능이 나빠지고 pH가 5 이하 또는 9 이상이면 장독소 합성이 저지된다.

작업자의 접촉에 의한 식품으로의 감염이 쉬우며, 생성된 독소의 내열성이 커서 살균 공정상 제거되기 어렵다는 것을 고려하면 식품 제조 공정 시 수작업이 필요한 원료의 가공 시부터 위생관리에 철저하여야 한다. 즉 원료의 취입 및 가공 단계에서 철저히 세균의 증식을 막는 관리 방법이 필요하다고 볼 수 있다.

4) 바실루스 세레우스(*Bacillus cereus*)

바실루스 세레우스는 토양 미생물로서 평소에는 포자 상태로 존재하다가 적당한 영양이나 온도가 주어지면 발아하여 증식하는 포자 형성균이다.

토양, 하수, 공기 등 자연계에 널리 분포하며, 모든 식품에 존재할 수 있으나 특히 곡물 및 채소류 등이 오염되어 있기 쉽다.

바실루스 세레우스균은 식중독 증상에 따라 설사형과 구토형의 두 가지로 구분된다. 유럽이나 북아메리카에서는 대부분 설사형이 보고되고 있으며, 식육제품이나 수프 등 원인이 되는 경우가 많다. 이 균에 의한 감염증은 나라마다 다른 패턴을 보이며, 우리나라나 일본의 경우 구토형의 발생 비율이 설사형보다 높다.

이는 국가별 식습관 및 음식의 차이 때문으로 설명되고 있다. 설사형은 육류, 스프류, 바닐라소스, 소시지, 푸딩, 기타 여러 가지 식품에 의해 발생되며, 구토형은 쌀밥과 볶음밥 등 농작물을 원료로 한 식품이 주된 오염원이다.

우리나라의 경우는 발생 건수가 많지 않아 좀 더 연구가 필요한 상황이나 쌀밥 등 전

분질 식품을 주식으로 하기 때문에 구토형이 많이 발생하는 것으로 보고되고 있다.

바실루스 세레우스균은 식품 중에 독소를 축적하고 그것을 사람이 먹어서 식중독 증상을 일으키는 이른바 독소형 식중독이다.

구토형은 1~5시간의 짧은 잠복기를 거쳐 구토, 메스꺼움, 복통, 설사 등의 증세가 나타나며, 설사형은 8~15시간의 비교적 긴 잠복기 후에 설사와 복통이 나타난다. 다른 식중독에 비해 증세는 가벼운 편이며, 24시간 정도 지나면 저절로 회복된다.

바실루스 세레우스균에 의한 식중독은 균의 이상 증식으로 인해 발생된 독소에 의한 것이므로 균이 10^6 CFU/g 이상 다량으로 증식하여야 식중독을 일으키며, 소량의 균이 존재하여도 식중독을 일으키지는 않는다.

구토형은 주로 밥 등이 원인 식품이며, 설사형은 향신료, 식육, 수프, 낙농제품 등 다양한 식품에서 원인이 될 수 있다. 바실루스 세레우스균 자체는 63°C에서 30분 또는 100°C에서 1분 이내에 사멸하지만 구토형 균의 포자는 135°C에서 4시간 가열해도 견딜 수 있는 열저항성이 있으며, 대부분의 집단 식중독은 조리 후 식히기 위하여 장시간 상온에 방치하였을 경우 포자가 발아하여 세균이 증식함으로써 발생한다. 바실루스속 세균들은 이러한 내열성 포자를 형성하는 특징으로 여러 단계에서 미생물 관리를 하는 즉석밥 등에서도 드물게 검출이 되기도 한다.

바실루스 세레우스균은 호기적 조건이나 혐기적 조건에서 모두 증식할 수 있으며, 30~40°C에서 가장 잘 자라나 5~55°C에서도 증식한다. 그러나 소량의 균으로는 식중독이 발생하지 않으므로 균의 증식을 억제하는 것이 가장 좋은 예방책이다. 이를 위해

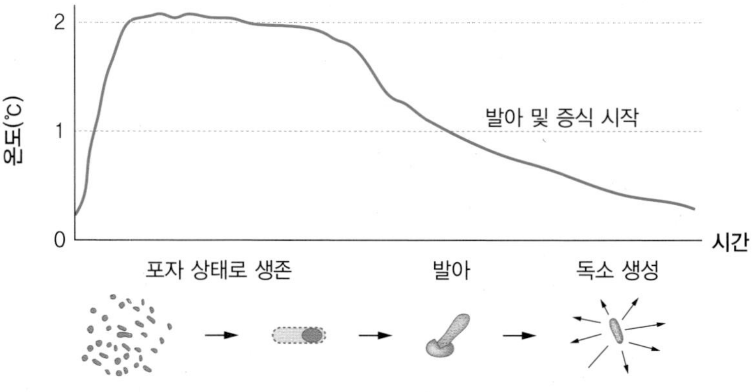

그림 3-9 밥의 취반 후 시간 경과에 따른 바실루스 세레우스의 독소 형성 과정[110)]

조리 시 충분히 가열 살균하여야 하며, 조리 후에는 상온에서 장시간 놓아두지 말고 남은 음식은 가능한 한 빨리 10℃ 이하의 저온에서 보관하여야 한다. 가열 조리하여도 포자는 사멸하지 않으므로 저장하였던 음식은 다시 재가열하여 먹도록 하여야 한다.

구토형의 경우에는 오염된 식품의 섭취 후 약 1~5시간이 경과한 뒤 심한 구토와 메스꺼움, 복통 등을 유발하지만 증상은 다른 식중독에 비하면 약하고, 사망에 이르는 경우는 거의 없다.

하지만 바실루스 세레우스균은 식품의 원료가 되는 농산물에 널리 분포하며, 내열 포자를 형성하기 때문에 열처리 살균을 하는 가공식품에서도 종종 발견될 수 있다. 따라서 바실루스 세레우스균을 식품으로부터의 완전히 배제하는 것은 대장균이나 살모넬라에 비해 훨씬 어렵다고 볼 수 있다. 식품 가공 시 효과적으로 억제하기 위해서는 pH 조정과 저온의 유지가 중요시 된다.

M. Valero 등[41]에 의하면 pH 5 이하에서 바실루스 세러우스의 생장은 효과적으로 억제된다. pH 5.0에서는 배양 온도와 관계없이 60일 동안 성장이 관찰되지 않았으며, pH 5.1 및 5.2에서는 배양 16℃였을 때만 성장이 관찰되었다. pH가 증가함에 따라 성장을 억제하기 위해서는 냉장 온도를 낮추는 것이 필요하다고 보고되었다(표 3-10).

독소형 식중독균을 예방하는 것은 이들이 내열성 포자를 형성하며, 산소가 없는 진공 포장 상태에서도 생육이 가능하다는 어려운 점이 있지만 반면에 저온에서 생존이 어려우며, 낮은 pH에 민감하다는 점을 적극 활용해야 한다.

냉장식품, 특히 최소 가공식품의 경우에 저장 및 유통하는 동안 8℃의 냉장 온도를 철저히 준수함과 동시에 pH를 5 이하로 조정하는 것을 권장한다. 육가공 제품이 들어가는 최소 가공식품(닭 가슴살 샐러드 등)의 경우에는 육류를 별도로 포장하여 살균하거나 pH를 조정한 상태로 별도로 살균하여 포장하는 것을 권장한다.

이들 미생물로부터의 리스크를 최소화하기 위해서는 가공 시 교차 감염을 최소화하고, 식품 원재료별로 어떤 미생물에 쉽게 감염되는지를 미리 파악하여 대처하고자 하는 노력이 필요하다.

표 3-10 온도와 pH에 따른 당근 퓨레에 배양된 *B. cereus* 혼합물의 성장[41)]

pH	배양 온도(℃)	지연 시간(h)	특정 성장률(h^{-1})
5	5	성장 없음	-
	8	성장 없음	-
	12	성장 없음	-
	16	성장 없음	-
5.1	5	성장 없음	-
	8	성장 없음	-
	12	성장 없음	-
	16	294.7	0.012
5.2	5	성장 없음	-
	8	성장 없음	-
	12	성장 없음	-
	16	223.3	0.015
5.3	5	성장 없음	-
	8	성장 없음	-
	12	46.6	0.022
	16	19.1	0.04
5.4	5	성장 없음	-
	8	577.2	0.014
	12	39.4	0.028
	16	17	0.056
5.5	5	성장 없음	-
	8	567	0.011
	12	25.6	0.032
	16	13.2	0.053

Q. 감염형 식중독균과 독소형 식중독균의 차이점과 종류는 어떻게 되나요?

A. 식중독의 원인균은 크게 식중독 병원성 미생물(infectious microorganism)과 식중독 독소형 미생물(food poisoning microorganism)의 두 가지로 분류된다.

감염형 식중독의 원인균은 식중독 병원성 미생물로서 식품을 통해 인체에 들어와 감염되어 생육하고 이로 인해 질병을 일으키는 세균이며, 독소형 식중독의 원인균은 식중독 독소형 미생물로서 인체에 직접 감염을 일으키는 것이 아니라 식품 저장 중에 오염된 미생물이 식품에서 생육하면서 독성 대사 분비물을 식품에 남김으로써 이 독소를 식품과 함께 섭취하여 식중독이 발생되는 경우를 말한다.

대표적인 식중독 병원성 미생물에는 장티프스균(*Salmonella* typhi), 파상열균(*Brucella abortus*), 세균성 이질균(*Shigellosis species*), 콜레라균(*Vibrio cholerae*), 아메바성 이질균(*Entamoeba histolytica*), 캠필로박터균(*Campylobacter jejuni*), 장출혈성 대장균(*E. coli* O-157), 노로바이러스 등이 있으며, 식중독 독소형 미생물로는 클로스트리듐 보툴리눔(*Clostridium botulunum*), 스타필로코커스 오레우스(*Staphylococcus aureus*), 바실루스 세레우스(*Bacillus cereus*), 클로스트리듐 퍼프린젠스(*Clostridium perfringens*), 아스퍼질러스 플래버스(*Aspergillus flavus*) 등이 있다.

Q. 최근 들어 해산물 산지 직송 제품이 많아졌는데 여름철에 온도가 올라가면 배송 중에 병원성균들의 증식이 가속화되지는 않나요?

A. 대부분의 병원성균들은 5℃ 이하에서는 증식이 억제되며, 따라서 온도가 높은 여름철에는 유통 중 철저한 콜드체인 관리가 필요하다. 냉장 온도보다 높은 온도에서는 MA포장, pH 등에 의한 미생물 억제 효과도 떨어지므로 신선식품에서는 무엇보다도 냉장 온도의 유지가 중요하다. 만약 배송 중 냉장 온도의 유지가 적절히 관리되지 않고, 또한 배송 시간이 길어진다면 병원성 균의 증식이 활발해지므로 식중독의 원인이 될 수 있다.

CHAPTER 04

미생물의 제어와 살균

식품산업 분야에 널리 사용되는 미생물의 제어 기술로서는 수분활성도와 열, pH 등을 이용한 방법이 오래전부터 사용되어 왔다. 또한 상업적인 살균 방법의 도입 이후 열을 이용한 살균 방법이 식품의 가공에 많이 채용되고 있다. 미생물의 리스크는 식품의 원료-가공-유통 단계에 있어서 모두 관리가 되어야 함은 물론이고, 포장재 및 포장 방법, 포장 공정에 있어서도 미생물 관리가 요구되고 있다.

다음에서는 식품의 다양한 미생물 관리 방법에 대해 다루고자 한다.

1. 수분활성도와 미생물 증식

식품에서 미생물의 증식을 억제하기 위하여 소금이나 설탕 등을 더해 수분활성도를 떨어뜨리는 방법이 옛날부터 많이 사용되어 왔다. 잼에 사용되는 방법인 당장이나 소금에 절이는 염장이 그 대표적인 사례이다. 수분활성도를 떨어뜨리면 식품을 건조했을 때와 비슷한 효과를 얻을 수 있다. 즉 미생물이 이용할 수 있는 수분을 줄여주는 것이 그 원리이다.

건조식품에서는 미생물이 이용할 수 있는 수분 자체가 적어서 미생물의 번식이 어려운 형태이지만 잼과 같은 경우는 당이 대량으로 들어 있기 때문에 미생물이 용매로 사용하고자 하는 자유수가 부족한 것이다. 또한 미생물 세포가 가지고 있는 수분조차도 삼투압 현상에 의해 잃어버리기 때문에 당이나 염류가 가득한 식품에서는 미생물의 증식이 어렵게 된다.

예를 들어 소금물에서는 소금이 녹아 나트륨 이온과 염소 이온이 물속에 존재하는

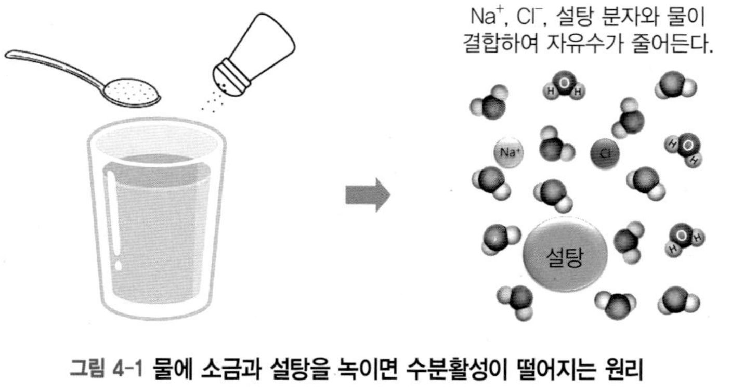

그림 4-1 물에 소금과 설탕을 녹이면 수분활성이 떨어지는 원리

데, 이들은 극성을 띠는 물 분자를 둘러싸서 이온-수소결합 형식을 띠게 된다.

따라서 이온이 과다하게 많은 물에서는 자유수라고 할 수 있는 물 분자가 매우 줄어든 상태가 된다(그림 4-1).

이와 같이 미생물의 증식에 있어서 가장 중요한 물질인 물의 이용을 좌우하는 삼투압의 원리는 식품 분야에서 수분활성도(a_w, water activity)라는 용어로 표현되고 있으며, 식품의 보존법으로서는 소금 절임이나 설탕 절임 등으로 응용된다.

수분활성도는 식품을 넣은 일정 습도의 밀폐 용기 내의 증기압(P)과 그 습도에서 최대 증기압(P_0)의 비로 나타낼 수 있다.

$$\frac{P}{P_0} = a_w$$

예를 들어 수분활성 0.9라는 의미는 순수한 물을 컵에 담아 통 안에 넣고 측정한 포화 수증기압(습도 100%)에 대하여 소금이나 설탕을 녹인 컵의 물을 통 안에 담아 측정한 포화 증기압의 비율이다.

일정 시간 단위로 측정하면 소금이나 설탕이 녹은 물로부터의 수분 증발량은 순수한 물로부터의 증발량에 비해 낮아지므로 수분활성은 1.0 이하의 숫자가 된다.

보통 곰팡이, 효모, 세균의 순으로 낮은 수분활성도에 저항성이 있다. 마른 떡이나 빵, 염분이나 당분이 높은 식품에서 세균보다 곰팡이나 효모에 의한 변패가 일어나기 쉬운 것은 바로 이 때문이다.

미생물의 증식에 필요한 최소 수분활성도는 세균에서 0.90, 효모에서 0.88~0.60, 곰팡이 0.80~0.60 범위에 있다(표 4-1).

수분활성도가 낮은 식품은 습도가 높은 환경에서는 대기 중의 수분을 흡착하기 쉽다. 대기 중의 수분을 흡착하여 식품의 표면에 자유수 층이 형성되면 여기에 곰팡이 등의 증식이 일어날 수 있다. 따라서 건조식품이나 당 함량이 높은 식품들은 습기를 차단할 수 있는 포장이 필요하다. 외부로부터의 수분을 차단하여 식품을 낮은 수분활성도 상태로 유지시켜야 하기 때문이다.

표 4-1 25°C에서 다양한 용액, 수분활성, 미생물의 발육 하한

<table>
<tr><th>NaCl(wt%)</th><th>설탕(wt%)</th><th>수분활성도 (a_w)</th><th>그람음성균</th><th>그람양성균</th><th>곰팡이, 효모</th><th>호염성 세균</th></tr>
<tr><td>0.872</td><td>8.51</td><td>0.995</td><td rowspan="3">생존</td><td rowspan="4">생존</td><td rowspan="5">생존</td><td rowspan="6">생존</td></tr>
<tr><td>3.43</td><td>26.1</td><td>0.980</td></tr>
<tr><td>9.38</td><td>48.2</td><td>0.940</td></tr>
<tr><td>14.2</td><td>58.4</td><td>0.900</td><td rowspan="4">생존 불가</td></tr>
<tr><td>19.1</td><td>67.2(포화)</td><td>0.850</td><td rowspan="3">생존 불가</td></tr>
<tr><td>23.1(포화)</td><td></td><td>0.800</td><td rowspan="2">생존 불가</td></tr>
<tr><td></td><td></td><td>0.700</td><td>생존 불가</td></tr>
</table>

Q. 된장, 잼과 같이 소금이나 당의 농도가 높아 수분활성도(a_w)가 매우 낮은 식품의 경우에도 오래두면 표면에 곰팡이가 생기는 일이 있는데 이것은 왜 그럴까요?

A. 된장이나 잼은 수분활성도가 매우 낮은 식품이다. 따라서 미생물이 생육하기 어려운 식품이라고 할 수 있다. 하지만 장기간 보관 시에는 대기 중의 수분이 삼투압차에 의해 식품으로 이동하고 용기와 식품 사이의 경계 면에 결로 현상이 발생할 수 있다. 이렇게 이슬이 맺힌 부분에는 수분활성도가 상대적으로 높기 때문에 곰팡이 등이 자랄 수 있다.

따라서 아무리 수분활성도가 낮은 식품이라고 할지라도 포장 용기가 잘 밀폐되어 있어야 하며, 용기 내의 헤드스페이스(headspace)를 건조한 상태로 유지시키는 것이 필요하다. 된장 등에는 유산지 등을 적용하여 직접 공기와 접촉하지 않도록 하는 것도 하나의 방법일 수 있다. 저염된장이나 당함량이 적은 잼의 경우에는 호염성 곰팡이, 내삼투압성 세균 등이 생존할 수 있다. 따라서 일반적으로 수분활성도가 낮은 것으로 알려져 있는 식품이라고 할지라도 식품의 종류에 따라 실제적인 수분활성도가 얼마나 되는지를 직접 측정해 보는 것이 바람직하다.

수분활성도는 시중에서 판매되는 수분활성도 측정기로 측정할 수 있다. 보통 소량의 샘플을 밀폐된 용기에 넣고 측정한다. 측정할 때 주의할 점은 용기가 제대로 밀폐되어 있는지 확인해야 하며, 샘플과 플라스틱 샘플 컵 또는 금속 샘플 컵, 그리고 센서 자체의 온도까지 모두가 원하는 온도(대부분의 경우 실내 온도: room temperature)와 같아질 때까지 기다린 후 측정해야 한다. 샘플 및 센서 자체의 온도가 실내 온도와 다를 때 측정을 하게 되면 기기의 에러가 발생할 가능성이 높기 때문이다.

2. pH와 미생물의 증식

21세기 들어 먹거리에 대한 소비자의 안전, 안심, 건강에 대한 관심과 요구가 늘어나면서 식품에 사용되는 합성 첨가물에 대해 사용이 줄어들고 있는 상황이다.

많은 회사들이 이른바 '3無'에서 '6無'까지, 즉 합성 보존료, 합성 조미료, 합성 색소 등 식품 보존료와 식품첨가물을 사용하지 않았다는 것이 주요 셀링 포인트(selling point)로 자리 잡고 있는 상황이다. 그리고 이러한 추세는 앞으로도 계속될 전망이다.

하지만 식품 보존료를 넣지 않고 유통 중 식품의 품질을 그대로 유지하기는 어렵다. 이에 식품 회사들은 보존료 대신 다른 천연 대체물을 찾기 시작하였는데 그 대표적인 방법이 pH를 조절하는 방법으로, pH를 낮추기 위해 비교적 산미가 약한 유기산을 활용하고 있다.

원래 유산이나 초산 등의 유기산은 자연계나 전통적인 발효식품에서 사용되어져 왔던 부패 억제 물질이다. 치즈, 요구르트 등과 김치의 발효와 같이 식품의 보존을 목적으로 젖산이 널리 이용되고 있으며, 장아찌나 초절임에는 초산이 널리 이용되고 있다.

일반적으로 식품에 유기산을 첨가해 미생물의 증식을 제어하는 경우 식품의 pH를 어느 정도 수준까지 내릴 수가 없다면 유기산의 첨가 효과는 기대할 수 없다. 그림 4-2는 소르빈산(sorbic acid)을 첨가하여 각기 다른 pH를 조성한 어묵에 있어서 보존 가능 일수를 실험한 그래프이다.

같은 유기산을 사용하더라도 pH가 낮아질수록 보존 효과는 상승한다.

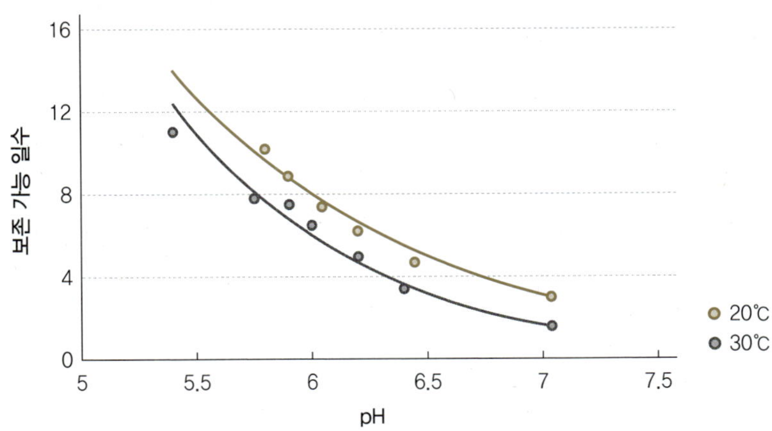

그림 4-2 어묵에 대한 유기산(소르빈산)의 저장 효과와 저장 온도, pH의 관계[110)]

유기산의 미생물 억제의 원리는 그림 4-3과 같이 나타낼 수 있다. 유기산의 해리 상태는 식품의 pH에 따라 $RCOOH \leftrightarrow RCOO^- + H^+$의 화학 평형식으로 표시될 수 있다. 식

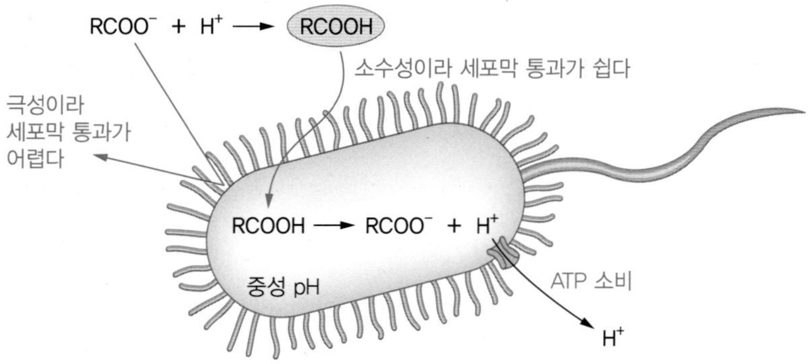

그림 4-3 산성 식품에서 세균의 유기산에 의한 생리 저해

품의 pH가 산성이면 비해리 상태(RCOOH)의 전환이 늘어난다. 따라서 유기산은 비해리 상태에서는 R기의 영향이 강하고, 소수성의 성질이 강해진다. 미생물 세포막은 친수성 물질과 이온은 통과시키지 않지만 소수성 물질은 미생물의 세포막을 통과하기 쉽다. 따라서 비해리형 유기산은 세포 내에 들어가기 쉽다.

세포 내의 pH는 중성이므로 세포 내에 들어간 유기산은 세포 내에서 $RCOO^-$와 H^+로 해리한다. 그 결과 세포 내에 축적되는 과잉의 H^+를 배출시키기 위해 미생물은 ATP 소비를 수반하는 H^+ 배출 기구를 작동시킨다. 따라서 미생물은 ATP의 낭비에 의해 증식 저하나 정지가 일어난다.

이와 같은 현상은 유기산의 종류와 크게 상관없이 일어난다. 식품 보존료로 분류되고 있는 프로피온산(propionic acid), 안식향산(benzoic acid), 소르빈산(sorbic acid)뿐만 아니라 보존료 표시 의무가 없는 초산이나 젖산도 모두 화학적으로는 유기산이며, 미생물의 증식을 억제한다.

그림 4-4는 진공 포장한 슬라이스 햄에 젖산과 초산을 첨가했을 경우의 유산균과 리스테리아균(*Listeria monocytogenes*)의 증식을 나타낸 그래프이다. 실험에 사용한 진공 포장 슬라이스 햄은 pH가 약 6.2, 염분 3%, 수분활성 0.97 이상이므로, 저온 저장만으로는 리스테리아균의 증식을 억제할 수 없다. 따라서 NaCl 2.5%를 첨가하고, 젖산과 초산을 각각 2.5%, 0.25% 첨가하여 리스테리아균의 증식을 억제하려고 하였다.

그 결과 유기산을 첨가한 햄에서는 5주간에 걸쳐 리스테리아의 증식을 완전히 억제할 수 있었다. 이러한 증식 억제 효과는 온도 관리 미비를 가정한 9℃ 저장구에서도

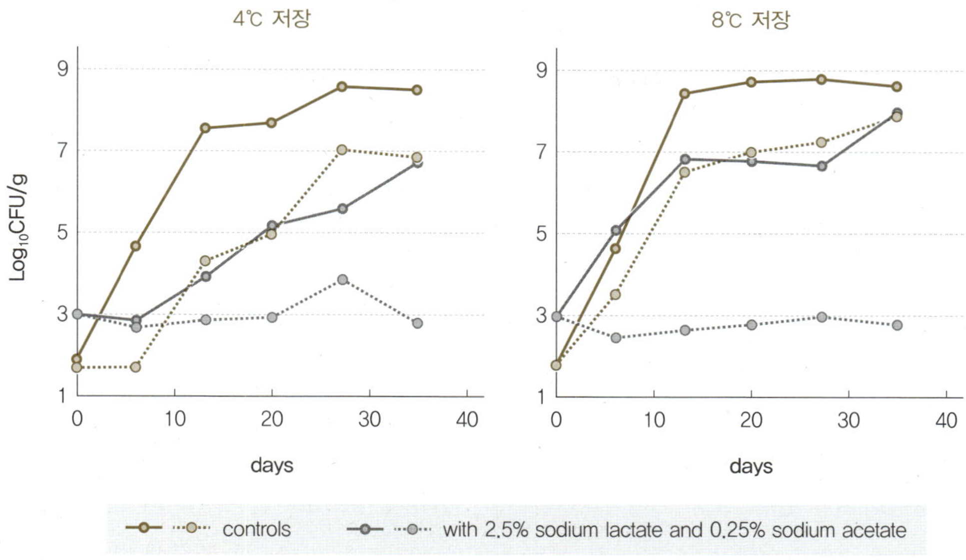

그림 4-4 NaCl(2.5%)을 첨가하여 진공 포장한 슬라이스 햄에 sodium lactate(2.5%)와 sodium acetate(0.25%)를 첨가했을 경우 유산균(○,□)과 *Listeria monocytogenes*(●,■)의 증식에 미치는 영향[15)]

마찬가지의 결과를 얻을 수 있었다. 이러한 결과는 햄 제조 공정에서 리스테리아가 가열 후 생존해 있거나 혹은 2차 오염으로 진공 포장 햄에 존재할 경우 유산/초산 첨가(2.5%/0.25%)에서는 리스테리아 증식 억제 효과가 있다는 것을 말해 준다.

Q. 식품에 많이 사용되는 산도조절제는 인체에 유해한 것이 아닌가요?

A. 최근 건강에 대한 관심의 증가로 식품에 방부제의 사용이 줄어드는 추세이다. 이들 보존료들은 식품으로의 첨가량이 정해져 있으며, 정해진 양 이하로 사용하면 인체에 유해하지 않다고 알려져 있지만 소비자 입장에서는 왠지 꺼려지는 것도 사실이다.

하지만 식품에 따라서는 어쩔 수 없이 방부제를 써야 하는 경우도 있다. 미생물에 의한 피해가 실은 인체에 더 위험하기 때문이다. 방부제를 어쩔 수 없이 써야 하는 식품이라도 산도조절제에 의해 pH를 낮추면 보존료를 조금만 사용하더라도 미생물 억제에 충분한 효과를 보는 경우가 많다. 가스치환 포장과 pH 조정을 적절히 하는 경우에는 보존료를 첨가하지 않아도 미생물 억제 효과를 볼 수 있는 경우도 있다. 따라서 산도조절제의 사용은 합성 보존료의 첨가보다는 인체에 해롭지 않다는 시각이 많다.

최근에는 산도조절제조차도 천연물에서 기인한 것을 사용하는 사례가 늘고 있다. 많은 유기산 등은 우리가 그동안 과일이나 채소 등 천연식품을 통해서 많이 섭취해 왔던 대표적인 산도조절제이다. 무조건 식품첨가물에 대해 나쁘다고 생각하기보다는 식품의 미생물적인 안전성을 높이는 측면에서 적절한 산도조절제를 사용하는 것이 바람직하다고 판단된다.

글리신(glycine)과 같은 아미노산도 미생물의 증식을 억제하는 pH 조정제로서 유기산과 함께 식품에 첨가되어 이용되고 있다. 글리신은 아미노산으로 단맛을 갖고 있기 때문에 조미료로도 분류될 수 있다. 미생물의 증식 억제제로서의 기능을 살펴보면 글리신은 내열성 아포를 만드는 세균에 대하여 효과적이며, 반면에 곰팡이, 효모 등 진균류에 대해서는 거의 항균성을 나타내지 않는다.

3. pH와 염류 농도, 유기산과의 관계

유기산으로 많은 미생물의 생육을 억제할 수는 있으나, pH와 염류 농도와의 상관관계도 생각하여야 한다. 보통 미생물의 억제에는 염류의 농도보다는 유기산의 작용이 강하며, pH가 중요한 역할을 한다. 또한 이들에 대한 민감도는 미생물의 종류에 따라 다르다.

리스테리아균의 생장에 미치는 pH, 염류 농도, 유기산의 영향을 살펴보기 위한 실험의 결과를 그림 4-5에 표시하였다.

이 실험은 각각 다른 조건에서의 리스테리아의 생장을 9℃에서 조사하였으며, 탁도계로 생장의 정도를 측정하였다. 생장률(growth)의 값이 6보다 클 경우에 생장이 있었던 것으로 판단할 수 있으며, 수치가 클수록 생장을 많이 한 것으로 평가되었다.

pH 5.5에서는 비교적 낮은 농도의 유기산 존재 하에서도 생장 억제 효과가 확실히 나타났지만 NaCl의 농도는 리스테리아의 생장에 큰 영향을 미치지 않는 것으로 나타났다. 오히려 높은 NaCl의 농도는 생장 억제에 부정적인 것으로 나타났다.

pH 5.9에서는 pH 5.5에서보다 전반적으로 리스테리아의 생육 억제 효과가 줄어들었으며, 역시 높은 NaCl의 농도는 오히려 생육 억제에 부정적인 영향을 미치는 것으로 조사되었다. pH 6.3에서의 유기산의 효과는 pH 5.9에서 시험했을 때보다 더 줄어드는 것으로 조사되었으며, 높은 농도의 NaCl 농도에서 유기산의 효과가 감소되는 경향을 보였다.

결과를 종합해 보면 pH가 낮은 상태에서 유기산의 효과가 확실히 나타나며, 염류의 작용은 일정 농도 이하에서는 효과가 있으나 농도가 높아지면 오히려 유기산의 작용을 방해하는 경향이 있었다고 볼 수 있다.

이러한 효과를 이용한 대표적인 예로서 마요네즈와 유화형 드레싱을 들 수 있다. 이들 식품은 pH가 4.0 전후인데 마요네즈와 유화형 드레싱은 영양이 풍부한 난황이 들

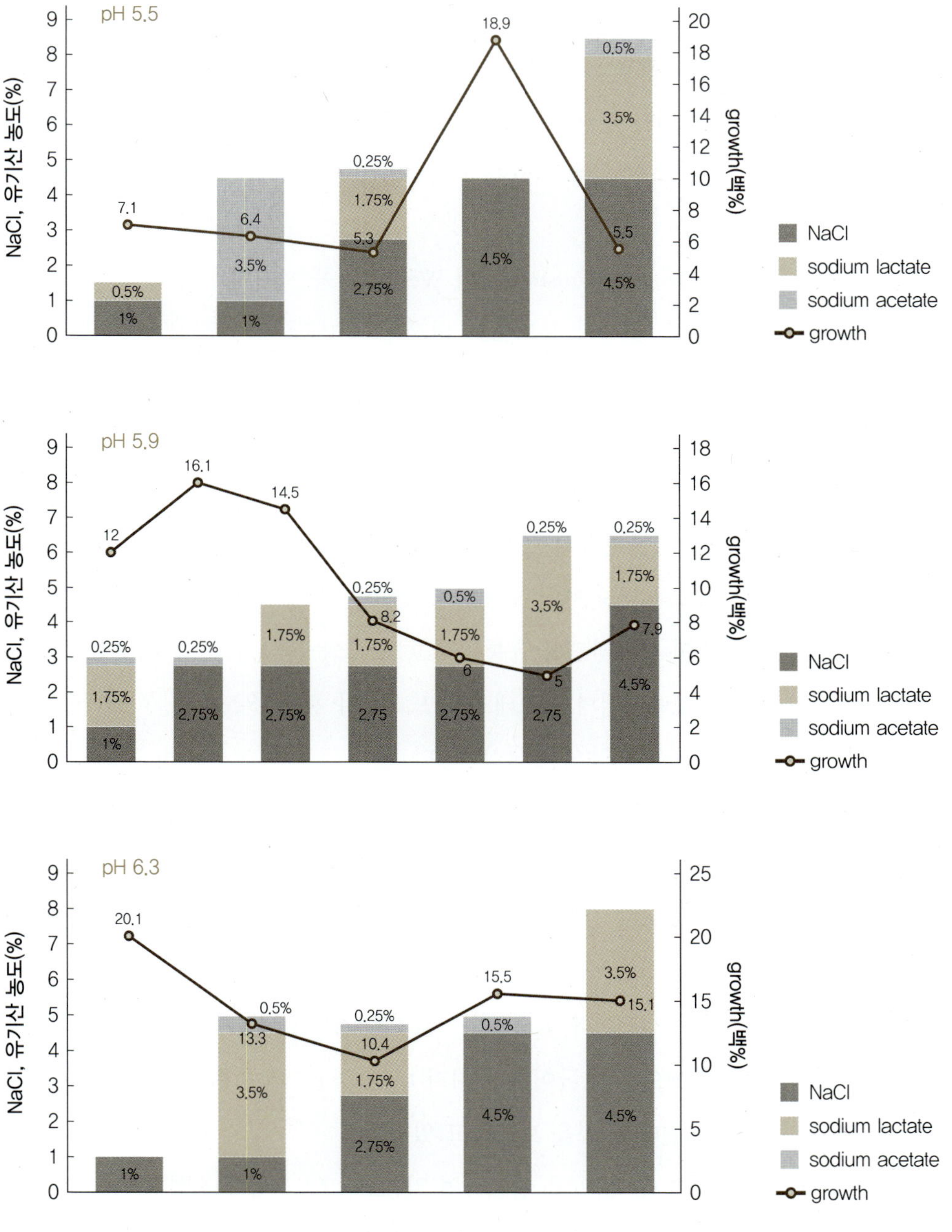

그림 4-5 각기 다른 pH에서 진공 포장한 슬라이스 햄에 각각 다른 농도의 pH, NaCl, 유기산(sodium lactate, sodium acetate)을 첨가했을 경우 *Listeria monocytogenes*의 생장률[15)]

어 있는 식품으로 가열 살균하지 않는 식품이다. 그럼에도 불구하고 부패하지는 않는데 그 이유는 낮은 pH와 약간의 NaCl, 그리고 유기산이 존재하기 때문이다. 이들 식품에는 식초가 함유되어 있으며 산성을 띠는 식품이다. 이러한 산성 식품에서는 균이 자라기 어렵지만 온도에 따라 세균의 생존율은 달라지게 된다.

1993년 오리건주의 스테이크 레스토랑에서 셀프 샐러드 바에 놓여 있던 마요네즈와 마요네즈를 베이스로 한 드레싱이 원인이 되어 300명이 대장균 O-157 식중독에 걸린 사건이 발생하였다.

미국 FDA(Food and Drug Administraion)의 Weagant 등[64]은 대장균 O-157에 오염된 마요네즈에서 균의 생존을 조사할 목적으로 대장균 O-157을 접종한 네 가지 소스(마요네즈-머스터드소스, 블루치즈 드레싱, 천 아일랜드 드레싱, 해산물 소스)를 25℃와 7℃에서 각각 저장하면서 일정 시간마다 균의 생존을 조사하였다.

그 결과 25℃에서는 O-157은 신속하게 사멸하여 저장 72시간 후에는 검출할 수 없게 되었는데, 반면에 7℃에서는 마요네즈-머스터드소스를 제외한 세 가지 소스에서 균은 좀처럼 사멸하지 않고 최대 저장 35일 후에도 O-157이 검출되는 것으로 나타났다. 25℃의 저장 온도는 일반적인 마요네즈의 유통 온도(마요네즈는 상온 유통 제품임)이며, 7℃는 식중독을 일으킨 레스토랑에서의 마요네즈와 드레싱의 관리 온도이다. 마요네즈-머스터드소스에서는 3일 이내에 배양성이 상실되었다.

마요네즈는 산성 식품이기 때문에 O-157과 같은 장내 병원균의 전달 수단으로서 위험이 있다고 판단하기 어렵지만, 마요네즈와 같은 산성 식품이 냉장 온도에서 저장될 때는 비교적 오래 생존하여 교차 감염을 일으키는 역할을 할 수 있다는 것을 알 수 있다.

또 하나의 사례는 1995년에 미국 캘리포니아에서 발생한 살라미 소시지에 의한 대규모 대장균 O-157 식중독 사건이다. Faith 등[48]에 의해 행하여진 조사 연구에서, 페퍼로니 반죽(pepperoni batter)으로 만들어진 소시지 내의 O-157균 생존성은 대기 조건보다 온도가 더 큰 영향을 미친다는 것을 보고하고 있다.

실험은 페퍼로니 반죽에 O-157균을 접종하여 일반포장 및 진공 포장한 뒤 -20, 4, 21℃에서 저장하면서 균의 생존율을 조사하는 방법으로 수행되었다. 발효와 건조로 인해 21℃에서 보관한 시료는 공기 및 진공 상태에서 14일 이내에 약 2와 3.8로그의 수로 각각 감소했으며, 28일 이내에 두 가지 대기 조건 모두 5로그 수의 감소가 관찰되었다. 저장한 대기 조건과 관계없이 각각 -20 또는 4℃에서 보관한 시료의 경우에는 90일이 지나도 3.6 또는 3.7로그 수를 보이며 균수의 감소가 천천히 진행되었다.

페퍼로니 소시지와 같은 발효 소시지의 경우 발효 제조 과정에서 유산균이 소시지의 pH를 낮추고 식중독 원인균은 발효 과정에서 사멸한다. 전통적인 페퍼로니 소시지의 제조 방식은 상온에서 이루어지기 때문에 식품 위생상으로는 일반적으로 안전하다고 보고 있다. 그러나 냉장이나 냉동 조건에서 보관했을 경우에는 실온에 보존했을 때와 비교할 때 소시지 내의 대장균 사멸은 매우 완만하게 일어난다는 것을 알 수 있다.

결론적으로 말하면, O-157과 같은 유해 식중독균의 경우에는 산성 식품에서 수일이면 대부분 사멸하지만 저온에서는 생존 기간이 늘어난다는 것이다. 저온에서 산에 의한 균의 사멸이 지연되는 원리에 대해서는 아직까지 명확히 밝혀지지는 않았으나 온도가 높으면 미생물의 세포 내로 수소 이온 확산이 증가하면서 세포 내의 항상성 유지가 어려워지기 때문에 사멸이 빨라지는 것으로 추정된다.

4. 가열 살균

가열 살균은 그 살균작용의 정도에 따라 멸균(sterilization)과 소독(disinfection)으로 나눌 수 있다. 멸균은 피가열 물체 안에 포함되거나 부착되어 있는 모든 미생물을 완전히 사멸시키고 무균 상태로 만드는 것을 말한다.

한편, 소독이란 살균 대상물에 존재하는 병원 미생물은 완전히 사멸시키지만 위생상 위해를 일으킬 우려가 없는 비병원성 미생물은 완전히 사멸시키지 않는 살균법이다. 이 방법은 '저온 살균법(pasteurization)'이라 불리며, 산성 식품이나 수분활성이 낮은 식품, 알코올 함량이 높은 음료, 식품의 조성 성분이 미생물의 생육 억제에 유리한 조성을 가지며 열 저항성이 약한 미생물만이 살균 대상이 되는 식품의 미생물 억제에 적용되며, 저온 살균, 열탕 처리 등의 용어로 불린다.

식품을 가열하여 완전한 무균 상태로 만드는 것은 실제적으로는 불가능하다. 장시간 동안 높은 온도의 열을 가한다면 미생물의 멸균은 가능할 수 있겠지만 부수적으로 식품 품질의 과잉 열화를 수반하기 때문이다.

그 때문에 레토르트 식품이나 캔·병조림의 가열 살균에는 품질을 일정 수준으로 유지하면서 미생물을 제어할 필요가 있기 때문에 '상업적 무균', '상업적 살균'의 개념이 도입되고 있다. 즉 가열 살균 공정에서 병원성 세균(및 포자)은 사멸시키지만 식품 내에서 활동을 정지하고 있는 약간의 비병원성 세균(및 포자)이 남아 있어도 상온에서 저장 및 유통 시 이 세균이 다시 활성화되지 않으면 허용된다고 본다는 것이다.

이 개념이 상업적 무균성으로 불리는 것으로, 전 세계에서 널리 인정되고 있는 가열 포장 식품 제조의 원칙이다. 좀 더 정확하게 정의하면 상업적 무균성이란 '가열 처리에 의해 공중위생상 유해한 미생물 및 일반적인 비냉장 저장·유통 조건 하에서 식품 중에 발육할 수 있는 공중위생상 유해한 모든 미생물을 사멸시킨 상태'로 정의할 수 있다.

가열에 의한 미생물의 사멸은 미생물 세포의 손상에 의해 일어난다. 가열의 수준이 비교적 약한 경우 우선적으로 세균의 세포막에 장애가 발생하여 선택 투과성이 없어지고 세포 내의 아미노산, 뉴클레오티드 등이 세포 밖으로 유출되는 손상이 발생하며, 그 결과 대사 활성이 저하된다. 살균 조건이 더 강해지면 RNA의 분해가 일어나며, DNA도 입체 구조가 변화하여 DNA사슬의 절단이 일어난다. 이러한 손상이 적은 경우에는 미생물은 어느 정도 손상에 대한 회복 능력이 있지만 살균을 목적으로 하는 가열 처리는 이러한 비치사적 손상과는 달리 미생물에게 치명적인 세포 손상을 입히게 된다.

1) 저온 살균법(100℃ 이하의 살균)

식품에 존재하는 균을 모두 사멸시키면 식품의 미생물학적 변패는 방지할 수 있으며, 여기에서 비롯된 방법이 가열 살균이다. 하지만 가열을 많이 할수록 식품의 맛과 물성 등이 저하되며, 또한 비용과 시간이 많이 든다는 것이 단점이다.

열은 식품의 조직을 분해하여 무르게 하기 때문에 식감을 저하시키며, 또한 열분해가 된 식품은 산화가 되기 쉬워지기 때문에 산소에 의해 쉽게 품질이 변할 수 있다. 이러한 이유로 유해한 미생물이나 부패균만을 제거하고자 하는 것이 저온 살균법이다. 일반적으로 파스퇴르 살균법이라고 불리는 방법으로, 63℃에서 30분(식품의 중심온도) 정도의 가열이 식품의 살균에 널리 행해지고 있다.

이 조건에서 대다수의 부패 및 식중독균이 사멸한다. 일반적으로 균의 사멸은 단백질의 변성 과정과 거의 동일한 그래프를 그리며, 단백질 변성은 열량의 적분값에 따라 일어나므로 63℃라도 시간이 길면 70℃보다 열변성이 더 많이 일어난다.

또한 같은 시간 내에서는 식품에 존재하는 수분의 함량에 크게 좌우되며, 수분이 많으면 단백질이 변성이 쉽고 수분이 적으면 단백질의 변성이 어렵다. 일반적으로 식품의 수분활성도가 낮은 경우에는 균이 사멸하기 어렵다. 또한 지방이 많이 들어간 고기는 지방이 적은 고기보다 대장균 O-157이 사멸하기 어렵다고 하는 보고도 있다.

따라서 식품제조업자의 품질 관리 담당자는 식품의 배합비가 바뀔 때마다 그 식품의 가열 조건을 재검토해야 한다. 특히 중심온도와 가열처리 시간, 생균수 감소 등을 측정하여 그래프를 그려보고, 가열 시 D값(균수가 10분의 1로 감소하는 시간)과 F값(원하는 수준의 세균 수를 전멸시키기 위한 시간)을 수시로 계측하여 확인해 둘 필요가 있다.

가열 살균은 식품에 존재하는 미생물의 생존 가능한 온도보다 고온을 유지하고 신속히 살균하는 방법으로 가열 온도와 가열 시간을 설정해야 한다. 그러기 위해서는 대상으로 삼는 식품에 존재하는 사멸 대상 미생물 중 가장 높은 내열성을 나타내는 지표 미생물을 정하고 그 내열성을 아는 것이 중요하다.

가열 방법은 여러 가지이지만 원리는 모두 가열에 의해 미생물 중의 성분(주로 단백질)을 열변성시킴으로써 살균하고 있다. 병원성균, 식중독균, 부패세균들은 내열성이 낮은 편이며, 60℃ 전후의 가열로 단시간에 사멸하지만 바실루스(*Bacillus*)속, 클로스트리듐(*Clostridium*)속 등의 내열포자 형성균은 내열성이 높아 단시간에 사멸하기 위해서는 100℃ 이상의 고온이 필요하다.

식품을 살균하는 경우 장아찌나 무쌈 등의 유통기한이 짧은 식품에서는 일반 세균을 대상으로 5D(D값의 5배) 정도를 채용하며, 레토르트 식품처럼 유통기한이 긴 식품에서는 클로스트리듐 보툴리눔의 포자를 지표로 삼아 12D를 최저 살균 시간으로 채용하고 있다. 미생물의 Z값은 5~10정도(표 4-2)인데 안전을 위하여 보통 10이 채용되고 있다.

식품 성분(비타민, 색소 등)이 열분해되는 Z값은 25~50 정도이므로 고온 단시간 살균을 행하면 식품 성분 분해를 막을 수 있다. 저온 살균은 살균 온도가 100℃ 이하의 가열 살균이므로 냄비, 솥에서 온수 침지식 연속 저온 살균기 등의 장치가 이용되고 있다.

온수 침지식 살균은 주로 80℃ 내외에서 행해지며, 시간은 보통 15~30분 정도 이루어진다. 이렇게 살균하는 것은 주로 포장된 식품의 후살균이 많으며, 두부나 푸딩, 과일젤리 등이 있다. 즉석밥의 경우에도 포장 후 뜸들이기 공정에서 약 65~80℃의 후살균 공정을 도입하고 있다.

반면에 고온 살균은 100℃ 이상의 조건에서 행하는 살균법이며 고온 단시간 살균, 레토르트 살균 등이 있다.

표 4-2 미생물과 식품 성분의 Z값

성분	Z값(℃)
미생물(영양세포)	4~8
세균 포자	7~12
효소	10~50
비타민류	25~30
단백질	15~37
관능성 인자(조직감, 색 등)	25~47

2) 레토르트 살균

레토르트 살균은 완전히 100% 미생물을 사멸시키는 것은 아니지만 거의 100%에 가까운 확률로 미생물을 살균하는 방법이기 때문에 보통 상업적 멸균이라고 부른다. 이는 멸균에 준하는 개념이나 잔존하는 미생물이 있어도 상업적인 조건 하에서는 발육하지 않고 품질을 유지할 수 있으면 좋겠다는 것으로 미생물학적인 의미에서의 멸균은 아니다.

상업적 무균성을 달성하기 위한 가열 조건은 식품의 성상(pH 등), 식품의 저장 조건, 미생물 또는 포자의 내열성, 열전달성, 초기 미생물 오염량에 크게 의존하고 있다.

레토르트 식품에서는 포장재 내의 산소 농도 레벨이 지극히 낮게 억제되므로 생육에 산소를 필요로 하는 미생물의 경우 식품을 부패시키거나 식품 위생상의 문제를 일으킬 때까지 생육할 수 없다. 따라서 고온 가열에 견딜 수 있으며 혐기 상태에 있는 포장재 내의 식품에서 증식할 수 있는 포자형성 세균이 살균의 대상이며, 그중에서도 식품 위생상 가장 중요한 독소 생성균인 클로스트리듐 보툴리눔(*C. botulinum*)균 포자를 타깃으로 이를 사멸시키는 데 필요한 최소한의 가열 처리를 목표로 한다.

레토르트 살균은 살균 온도에 따라 크게 세 가지로 분류된다.

(1) 세미 레토르트(semi retort) 살균

일반적으로 105~115℃의 온도에서 행하는 살균이다. 120℃ 이상으로 살균하는 레토르트 살균보다 온도가 낮기 때문에, 열에 의한 손상이 적어 식품의 맛, 조직감, 단백질의 변성, 퇴색 등을 보다 양호하게 살릴 수 있다. 냉장 유통 식품에 주로 적용이 된다.

(2) 레토르트(retort) 살균

120℃ 내외, 즉 117~123℃에서 약 30~60분간 수행된다. 일반적으로 '레토르트 식품'이라 하면 중심부의 온도가 120℃에서 최소 4분 이상 살균하는 것을 의미한다. 상온에서 유통되는 대부분의 레토르트 식품이 이 조건에서 살균되고 있다.

(3) 하이 레토르트(high retort) 살균

130℃ 이상의 고온에서 살균하는 방식으로 두유 등에 적용되고 있다. 미생물의 멸균 시 130℃ 이상의 살균은 온도가 증가하면 멸균 시간이 급격히 단축된다. 따라서 단시간에 가열 시간을 줄임으로써 내용물의 열화를 억제할 수 있다.

130℃ 이상의 온도를 포장재가 견디기 위해서는 내열성이 뛰어난 소재로 만든 레토르트 파우치가 필요하다. 레토르트 파우치의 내열성은 CPP(cacted polypropylene) 필름과 접착제에 의해 좌우되는데, 현재 상업적으로 판매되는 레토르트용 CPP 필름은 135℃ 정도까지 견딜 수 있다.

따라서 135℃ 정도가 레토르트 파우치를 이용한 레토르트 살균의 한계라고 보면 된다. 캔의 경우에는 중심부까지의 거리가 길어 열전달에 시간이 걸리기 때문에, 130℃에서 살균하는 경우도 종종 있다.

가열 살균에 대해서는 식품의 pH는 살균의 강도 정도를 결정하거나 살균 효과를 좌우하는 가장 중요한 인자이다. 미생물은 일반적으로 중성 영역에서 활발히 활동하며, 산성 혹은 알칼리성 영역에서는 활동이 활발하지 않게 된다. 그림 4-6에 나타나듯이 미생물에 의해서도 그 활동 범위는 다르다. 곰팡이, 효모, 유산균 등 내열성이 없는 미생물은 광범위한 pH의 범위에서 발육할 수 있다.

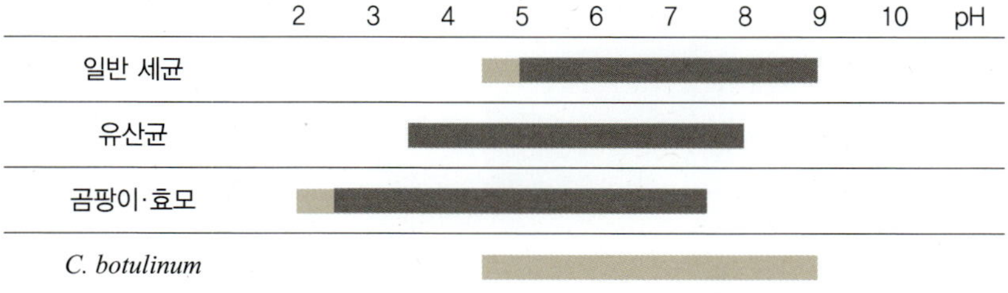

그림 4-6 미생물의 종류별 생육 범위(pH)

내열성이 있는 세균 포자의 경우에는 최소 pH 3.7까지 저항성이 있는 것이 있다고 알려져 있으며, *C. botulinum*균에서는 pH 4.6 이상의 식품에서 발육하여 독소를 생성하는 것으로 알려져 있다. 따라서 *C. botulinum*균의 생육 pH 범위를 고려하여 레토르트 식품의 pH 기준은 pH 4.6를 경계로 이보다 pH가 낮은 식품을 산성 식품이라고 정의하고 있다. 명확하게는 ① pH 5 이상의 비산성 식품, ② pH 4.6~5.0 저산성 식품, ③ pH 3.7~4.6의 산성 식품, ④ pH 3.7 미만의 고산성 식품으로 분류하고 있다.

레토르트 식품은 대부분 저산성 식품에 해당한다. 미국의 FDA에 의한 저산성 레토르트 식품의 정의는 최종 평행 pH가 4.6 이상이고 수분활성이 0.85 이상인 알코올음료를 제외한 식품이다.

우리나라에서 레토르트 식품에 대한 『식품공전』의 정의는 '단층 플라스틱 필름이나 금속박 또는 이를 여러 층으로 접착하여 파우치와 기타 모양으로 성형한 용기에 제조·가공 또는 조리한 식품을 충진하고 밀봉하여 가열 살균 또는 멸균한 것'을 말하며, 제조·가공 기준으로 제품의 중심온도가 120℃ 4분간 또는 이와 같은 수준 이상의 효력을 갖는 방법으로 열처리하여야 함과 동시에 pH 4.6~5.0의 저산성 식품(low acid food)의 경우 제품의 내용물, 가공 장소, 제조일자를 확인할 수 있는 기호를 표시하여야 하며, 멸균 공정 작업에 대한 기록도 보관하도록 되어 있다.

표 4-3에 일반 미생물의 내열성을 나타내었다. 표에서 알 수 있듯이 포자를 형성하지 않는 미생물은 모두 저온에서 사멸하는 것을 알 수 있다. 따라서 레토르트 식품의 살

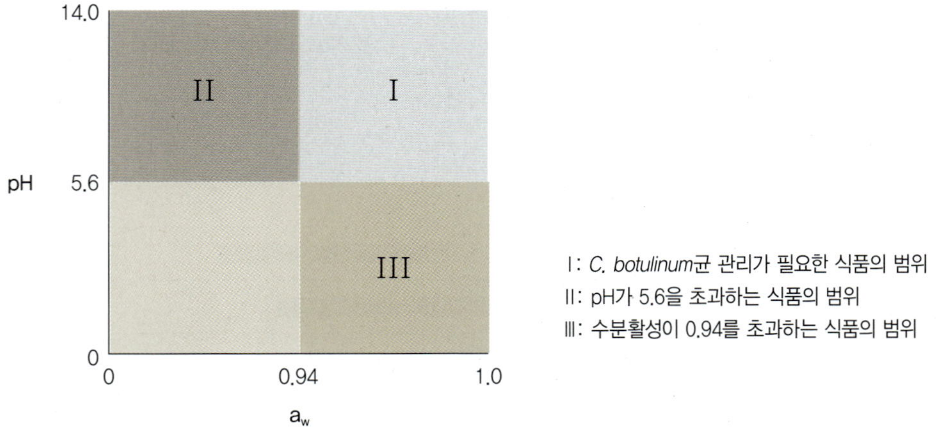

그림 4-7 pH 및 수분활성 조정으로 *C. botulinum*균 관리가 필요한 식품의 범위[110)]

표 4-3 미생물의 종류에 따른 내열성의 비교

미생물의 종류		온도(℃)	시간(min)
곰팡이	영양세포	60	5~10
	Asp. niger 포자	50	4
효모	*Zygosacch. rouxii*	50	15
	Sacch. cerevisiae	50	9
구균	*Staph. aureus*	60	15
	Staph.thermophilus	70~75	15
무포자 간균	*E. coli*	60	5~30
	Pseudomonas fragi	50	35
포자 형성 세균	*Bacillus* sp.	100	2~1,200
	Clostridium sp.	100	5~800

균 조건에서는 도저히 살아남을 수 없다.

일반적으로 생물은 각각의 종의 특성으로서 어느 정도의 온도 범위에서 활동할 수 있을지가 정해져 있다. 고등동물은 생육 온도의 상한이 50℃ 전후이지만 미생물의 대부분은 이보다 약간 높은 온도에서도 증식할 수 있다.

미생물 중에서는 증식 온도의 상한이 가장 높은 것은 세균류이며, 효모나 곰팡이는 그보다 약간 낮다. 세균은 생육할 수 있는 온도 범위에 따라 저온성 세균(15~20℃, 호냉성 세균), 중온성 세균(30~37℃), 고온성 세균(50~60℃, 호열 세균)으로 크게 나뉜다. 가열 살균 포장 식품의 주요 변패 세균인 바실루스속, 클로스트리듐속은 이 온도대에 분포하고 있다.

식품에 관련된 미생물 중에서 내열성이 월등히 높은 균은 바실루스속과 클로스트리듐속(보툴리눔)의 2속뿐이다. 따라서 가장 내열성이 높은 균인 클로스트리듐 보툴리눔의 포자를 표적 미생물로 삼아 식품을 밀봉 상태로 가열 살균하면 상온에서 장기간 유통할 수 있다. 클로스트리듐속(보툴리눔) 세균이 많은 식품 원료로는 토양에서 재배하는 채소(근채류) 등이 있으며, 따라서 토양에서 자라는 채소 등을 100℃ 정도의 저온 살균만으로 가공하는 것은 위험하다.

클로스트리듐 보툴리눔은 식품공업에서 흔한 세균은 아니다. 하지만 인체에 매우 치명적인 신경독소를 생산하는 균인데다가 대량 생산되는 식품공업의 특성상 수백, 수천만 개의 제품 중 하나의 제품에 나올 수 있는 확률은 언제든 존재하기 때문에 무시할 수 없는 세균이라고 할 수 있다. 생물을 대상으로 하는 것은 언제든 변수가 있으며, 숫자와 공식으로 완벽히 매칭되기 어렵다. 그래서 우리는 미생물에 대해 연구할 때 항상 확률과 통계의 개념으로 바라보는 것이다.

3) 가열 살균에서의 열 특성치

가열 살균의 경우 각각의 미생물의 열에 대한 저항성을 조사해 서로 비교하거나 최종적으로는 그것들에 근거해 가열 살균 조건을 설정할 필요가 있다.

오래전에는 미생물의 내열성에 대해서는 미생물이 접종된 액체를 일정한 환경 하에서 10분간 가열해서 사멸시키는 데 필요한 최저 온도를 구해 열 저항성을 보는 경우가 많았다. 그러나 가열 살균 효과는 항상 온도와 시간의 관계로 설명될 수 있으며, 미생물의 초기 농도도 영향을 미치기 때문에 현재는 일정 농도의 미생물을 일정 온도로 가열했을 때 시간 경과마다 생존 균수를 측정하여 가열 치사 시간을 구하는 방식이 널리 채용되고 있다.

이 가열 치사 시간 곡선으로부터 미생물의 내열 거동을 알 수 있는 열 특성치로서 D값, Z값, F_0값, L값이 있다. D값은 처리 온도에서 식품 성분에 들어 있는 세균의 90%를 사멸시키는 데 필요한 시간, Z값은 D값을 1/10 변화시키기 위해 필요한 온도차, F값은 일정 농도의 세균이 일정 온도에서 사멸하는 데 필요한 가열 시간, L값은 치사율 값을 의미하며, 가열 살균을 포함한 열에 의한 식품 성분의 변화를 수치적으로 나타내기 위해 사용한다.

(1) D값

일정 균량의 세균(또는 아포)을 어떤 온도에서 가열했을 때 균수가 1/10로 감소하는, 즉 생균수의 90%를 사멸시키는 데 필요한 시간을 D(decimal reduction time)값이라고 한다.

예를 들어 어떤 세균의 집단을 90% 사멸시키는 데 100℃에서 10분이 소요되었다고 하면, 이 세균의 100℃에서의 내열성은 $D_{100℃}=10$으로 나타내게 된다.

식품의 제조에서 적용하는 가열 온도 범위에서는 가열에 의한 세균의 사멸이 1차 반응의 법칙에 따라 반응 속도가 거의 일정하다. 따라서 세균(포자)의 사멸 속도는 식 4-1과 같이 표시할 수 있다.

$$\frac{dN}{dt} = -kN \tag{식 4-1}$$

여기에서 k는 사멸 속도 상수, N은 가열 후 생존 균수이다.

식 4-1에서 $t = 0$일 때의 세균 수를 N_0으로 적분하면 식 4-2 또는 식 4-3을 얻는다.

$$\frac{N}{N_0} = -e^{-kt} \tag{식 4-2}$$

$$\log\frac{N_0}{N} = \frac{1}{2.303}\int_0^t kdt \tag{식 4-3}$$

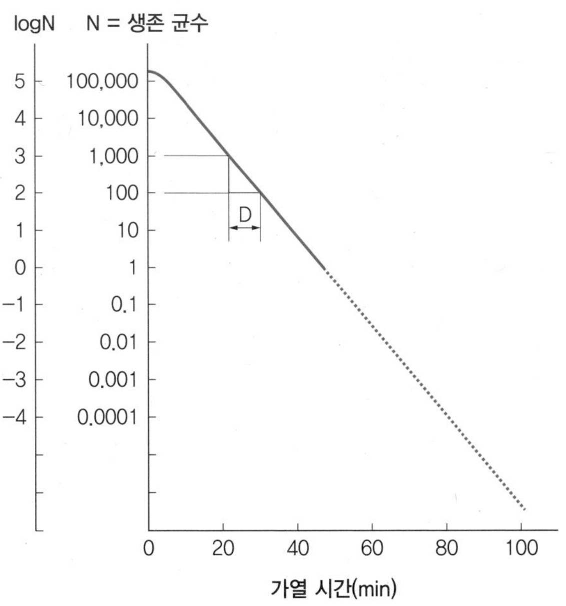

그림 4-8 가열 시간에 따른 미생물의 생존 곡선

일반적으로 세균이나 포자의 가열에 의한 사멸 곡선은 잘 일치하지만 가끔은 다른 거동을 취하는 경우도 있다.

생존 균수를 초기 세균 수로 나눈 것의 대수를 가열 시간에 대하여 플롯하면 그림 4-8에 나타낸 것과 같이 $\log N/N_0$과 가열 시간은 직선 관계를 나타낸다.

이 그래프는 일반적으로 생존 곡선으로 알려져 있다. 앞서 언급하였듯이 일정 온도에서의 생존 곡선으로부터 세균 수를 감소하는 데 필요한 가열 시간을 D값이라고 하기 때문에 식 4-2의 시간 t에 D를 대입하여 k와 D값의 관계를 나타내면 식 4-4로 표시할 수 있다.

$$\frac{N_0}{N}=\frac{1}{10}=e^{-kD}, \quad k=\frac{2.303}{D} \qquad \text{(식 4-4)}$$

그림 4-8의 생존 곡선을 보면 살균 시 미생물의 가열 시간이 경과하면 생균수는 무한히 작아져서 0에 가까워지지만, 절대 0이 될 수는 없으며, 이론적으로는 완전 살균이 불가능함을 알 수 있다.

식에서 계산되는 0.1, 0.01 … 개의 균체는 살아 있는 균이 아니라 미생물이 살아남을 확률을 의미한다. 즉 생균수가 0.1이라는 것은 용기 포장 식품 10개를 살균하였을 때 1개의 용기에서만 1개의 균이 생존한다는 것이며, 0.01이라는 것은 100개 중 어떤 용기에 1개 살아남아 살균이 실패할 확률로 간주하는 것이다.

살균 공정에서 어떤 식품을 5D로 혹은 6D로 살균하고 있다고 하는 것은 이러한 생존 확률을 나타내는 것이다. 가열 포장 식품의 제조 규격인 120℃, 4분은 클로스트리듐 보툴리눔균 포자에 대해서 12D의 안전율을 감안한 것으로 알려져 있다.

(2) Z값

미생물은 고온에서 보다 신속히 사멸하고, 저온에서는 보다 완만하게 사멸하기 때문에 D값은 고온에서 작고, 저온에서는 크다. 그림 4-9에 나타낸 것과 같이 어느 세균의 각 온도에서의 D값을 구하여 세로축에 D값을 상용로그 눈금으로 맞추어 취하고, 가로축에 그때의 가열 온도를 산술 눈금으로 취하여 좌표상에 플롯하면 직선이 된다.

이 직선은 가열치사시간 곡선이라고 부르며, 이 직선이 D값의 1대수 주기를 횡단하는 데 대응하는 온도차, 즉 D값의 10배 또는 10^{-1}배의 변화에 대응하는 온도 변화를 Z값이라고 정의한다.

Z값은 미생물 사멸 거동의 온도 의존성을 나타내는 값으로 Z값이 크면 가열 온도의 변화가 미생물의 사멸 속도에 미치는 영향이 작고, Z의 값이 작으면 가열 온도의 변화가 미생물의 사멸 속도에 미치는 영향이 큰 것을 나타내고 있다.

일반 세균에서는 Z값이 14(℉), 포자 형성 세균의 경우는 18(℉) 내외인 균이 많다.

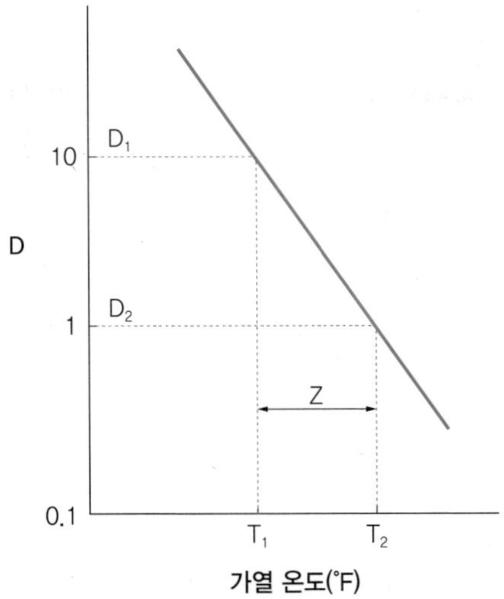

그림 4-9 미생물의 열에 의한 사멸에서의 D값과 가열 온도의 관계

그림 4-9에서 가열 온도 T_1에서의 D를 D_1, 가열 온도 T_2에서의 D를 D_2로 하면 이들의 관계를 식 4-5로 표시할 수 있다.

$$\log\frac{D_2}{D_1}=\frac{T_1-T_2}{Z} \quad \text{(식 4-5)}$$

기준 온도를 Tr로 하고, 그때의 D를 Dr로 하면 임의의 온도 T에서의 D와의 관계는 다음 식으로 표시할 수 있다.

$$D=Dr\log^{-1}(\frac{Tr-T}{Z}) \quad \text{(식 4-6)}$$

이상의 각 식을 정리하면 다음과 같이 나타낼 수 있다.

$$\log\frac{N_0}{N}=\frac{1}{2.303}\int_0^t\frac{2.303}{Dr}\ /\ \log^{-1}(\frac{Tr-T}{Z})dt=\frac{1}{Dr}\int_0^t\log^{-1}(\frac{T-Tr}{Z})dt \quad \text{(식 4-7)}$$

D값과 Z값의 상관관계를 그래프상에 다시 쉽게 정리하여 나타낸 것이 그림 4-10이다. D값이란 어떤 온도에서 균을 가열 살균할 때 생균수가 1/10이 되기 위해 필요한 시간(분)을 나타내기 때문에 그림 4-10에서 D값이 5분이라고 한다면 100개의 균은 10분간 열처리를 하면 거의 죽지만, 10,000개의 경우 균을 거의 죽이는 데 20분이 필요하다

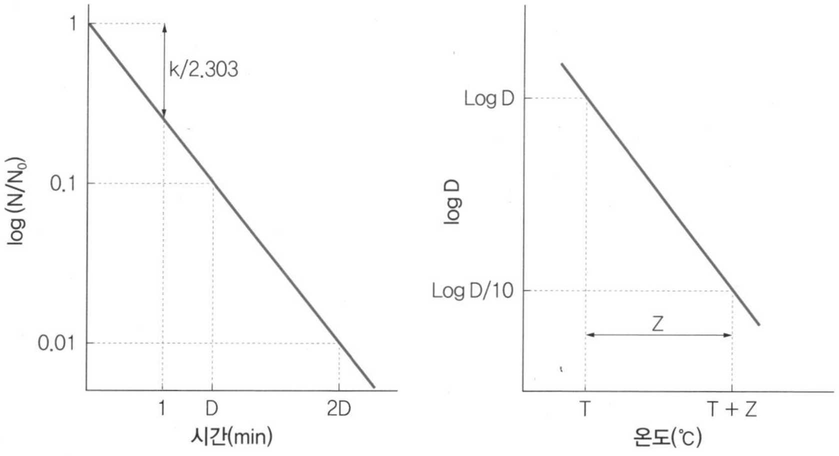

그림 4-10 가열 살균에서 D값과 Z값의 상관관계

N_0: 초기 균수, *N*: *t*시간 후의 생균수, *k*: 단위시간당 사멸 확률(1/분), *T*: 살균 온도(°C)

는 것을 나타낸다.

즉 식품 원재료에 많은 미생물이 있다면 장시간 가열 살균이 필요하다는 뜻이다. 따라서 식품을 제조하기 위해서는 미생물 수가 적은 원자재를 선택하는 것이 가장 중요하며, 인위적으로 미생물 수를 감소시키기 위해서는 세척이나 산성수 침지 등 초기 균수를 줄여주는 전처리를 해야 한다.

클로스트리듐 보툴리눔 A형의 포자를 대상으로 완전한 멸균을 목적으로 하는 레토르트 식품이나 통조림 식품의 경우는 부하 가열량의 적분치를 나타내는 개념인 F값이 중요하다. 레토르트 살균 조건인 F값이 만약 4라는 것은 대상 식품의 중심부 온도를 기준으로 120°C에서 4분 상당의 가열을 한다는 의미이다.

이만큼 누적 가열하면 클로스트리듐 보툴리눔 A형 균의 포자가 12D 레벨까지 줄어든다는 것이 실험 데이터에서 산출된다. 12D 레벨이란 균수가 10^{-12}로 줄어든다는 뜻이다.

현실적으로는 클로스트리듐 보툴리눔의 내열 포자를 살균하기 위해서는 100도 가열로는 불가능하며, 120도 정도는 되어야 살균이 가능하다. 이때 클로스트리듐 보툴리눔 A형 포자의 D 수치는 121°C로 0.21분이다. 따라서 12D 레벨로 균을 살균하려면 0.212 ≒ 2.52분의 살균 시간이 필요하다. 국제적인 식품 살균 가이드라인에서는 121도, 3분 상당의 가열로 명시하고 있다.

상업적 멸균의 기준으로 12D를 적용하는 것에 대해 쉽게 설명하자면 다음과 같다.

표 4-4 주요 병원성 세균의 생장 조건과 열 사멸 조건[150]

세균명	생장 조건		열 사멸 조건(D)	
	pH	온도(℃)	온도(℃)	시간(min)*
Aeromonas hydrophila	5.5~9.0	0~45	60	0.026~0.04
Bacillus anthracis	(7~7.2)**	12~43	100	2~5
Bacillus cereus	4.9~9.3	10~45	60	0.13
Bacillus cereus	-	-	100	0.8~14
Brucella abortus	5.8~8.7	8~43	60	10
Campylobacter jejuni	4.9~9.0	25~45	55	0.74~1.0
Clostridium botulinum A	4.7~8.5	10~37	110	1.6~4.4
Clostridium botulinum B	4.7~8.5	10~37	110	0.74~13.7
Clostridium botulinum E	5.0~9.0	3.3~30	77~80	0.6~4.3
Clostridium botulinum F, G	-	-	82.2	0.25~0.84
Clostridium perfringens	5.0~9.0	15~50	115.6	0.6~0.8
Corynebacterium diphtheriae	(7.2~7.8)	15~40	58	10
Escherichia coli	4.0~9.6	10~45	60	0.27
Klebsiella pneumoniae	4.4~9.0	(37)**	55	30
Legionella pneumophila	5.4~8.0	5.7~50	60	2.3~5.0
Listeria monocytogenes	4.7~9.2	1~45	65	0.1
Mycobacterium tuberculosis	4.5~8.0	30~44	60	20~30
Plesiomonas shigelloides	4.5~8.5	10~55	60	30
Proteus vulgaris	4.4~9.2	10~43	55	60
Pseudomonas aeruginosa	6.0~9.3	5~42	50	14~60
Salmonella enteritidis	6.0~8.0	15~41	55	5.5
Salmonella senftenberg	6.0~8.0	15~41	60	7.5
Salmonella typhi	6.0~8.0	15~41	60	5~15
Salmonella typhimurium	6.0~8.0	15~41	55	10
Shigella dysenteriae	4.9~9.3	6.1~47.1	60	5
Staphylococcus aureus	4.5~9.8	12~45	60	0.43~2.5
Staphylococcus faecalis	4.0~9.0	10~45	60	0.83~13
Streptococcus pyogenes	5.7~9.0	20~40	60	0.4~2.5
Vibrio cholerae	6.4~9.6	23~37	60	0.63
Vibrio parahaemolyticus	4.8~11.0	5.0~43	53	2.8~4.0
Yersinia enterocolitica	4.4~7.8	0~44	62.8	0.24~0.96

* 사멸 시간, D 90% 사멸 시간

** ( ) 최적 pH, 최적 온도

만약 레토르트 식품 한 개의 파우치에 초기 균수로 10^6개의 클로스트리듐 보툴리눔균 포자가 존재한다면 12D 살균을 하면 레토르트 파우치 1개당 균수는 10^{-6}개의 포자인 셈이 되고, 계산상으로는 레토르트 파우치 100만 개당 1개의 파우치에 1개의 클로스트리듐 보툴리눔 포자가 남아 있다고 할 수 있다.

식품 회사에서는 초기 균수 관리를 위해 원료에 대한 검수와 세척, 전처리를 철저하게 하고 있기 때문에 살균 전에도 106개의 세균이 존재하는 경우는 없지만 최악의 경우를 생각하여 이러한 수준의 살균을 하면 안전하다는 논리에서 비롯되었다.

식품의 초기 균수에 대하여 생각해 보면 생선, 고기, 채소의 경우 신선하다면 10^3세포/g의 미생물이 존재하며, 부패하면 10^7세포/g, 그리고 대변에서는 10^{12}세포/g 정도이다. 동물의 대변은 약 1/3이 미생물 세포로 채워져 있는 매우 특수한 경우이다. 그런데 1 cm^3를 미생물로 가득 채우면 약 $10^{12\sim13}$세포/g이 되어 이 이상의 미생물 농도는 있을 수 없다.

따라서 레토르트 식품의 초기 균수는 아무리 관리를 제대로 하지 않는다고 해도 클로스트리듐 보툴리눔균이 10^6개/g 이상 포함되기는 어렵다. 부패 식품의 경우 10^7개/g의 수준이지만 이 정도 수준으로 미생물이 번식한 상태의 식품이면 상한 냄새가 심하게 나기 때문에 보통 이런 제품을 봉지에 담기는 어렵다. 따라서 오염도가 가장 높으면서 상한 식품인지 관능적으로 구별하기 어려운 상태의 식품은 가장 심각한 경우를 가정해도 미생물 수를 10^6개/g 이하라고 할 수 있다.

이 정도의 수준이라 하더라도 12D 살균을 하면 클로스트리듐 보툴리눔균 포자는 모두 사멸한다고 볼 수 있다.

표 4-4에 주요 병원성 세균의 생장 조건과 열 사멸 조건을 나타내었다. 표에서 일반적으로 제시된 D값은 충분히 수분이 존재하는 조건(습열 조건)의 값이며, 건열 조건하에서는 D값이 커진다. 하지만 D값은 건조 조건에서 최고치를 나타내는 것이 아니라 수분 활성도가 0.2~0.4일 때 최고치를 나타낸다.

또 D값의 대부분은 완충액 속에서 측정되고 있으나 미생물이 존재한 온도 이력(미생물은 고온에서 열 쇼크를 받으면 단백질을 생성하여 열 저항성이 증대한다) 혹은 pH(산에 의한 쇼크로 단백질의 생성), 식품 성분에 의한 영향(미생물에 대하여 당과 지질은 보호 역할을 하며, 소금은 저해 역할을 한다), 첨가물 등에 의한 영향을 받는 것으로 알려져 있다.

(3) F값

일정 온도에서 일정 농도의 미생물을 사멸시키는 데 필요한 가열 시간(분)을 F값이라고 한다.

따라서 각각의 가열 온도에서 치사 시간이 존재하므로 110°C이면 F_{110}, 120°C이면 F_{120}으로 표시한 각각의 가열 온도에 상응하는 F값이 존재한다. 보다 정확하게 표시하면 그 때의 미생물의 Z값도 함께 기입하는 것이 바람직하다.

예를 들어 Z값을 10으로 하면 110°C에서의 F값은 F_{110}^{10}, 120°C에서의 F값은 F_{120}^{10}이라는 표시로 나타낼 수 있다.

변패 세균 포자의 Z값은 18°F(10°C)인 것이 많지만 이 Z값이 18°F(10°C)일 때와 동일한 살균 효과를 갖는 가열치사시간 곡선상의 250°F(121.1°C)에서의 가열치사시간(min)을 F_0값이라고 정의한다. 어떠한 온도에서 얼마의 시간 동안 가열했을 때 얼마만큼의 세균이 사멸하느냐 하는 문제는 온도를 높이면 살균 시간을 줄이더라도 동일한 살균 효과를 볼 수 있는 것이다.

살균 조건을 산출할 때 보통은 기준 온도로서 250°F를 채용하는 일이 많으므로 원래는 F_{250}^{18} 혹은 $F_{121.1}^{10}$으로 해야 하지만 F_0값으로서 통일해서 표시하고 있다.

식 4-7을 정리하면 식 4-8을 얻을 수 있다.

$$Dr \times \log\frac{N_0}{N} = \int_0^t \log^{-1}\left(\frac{T-Tr}{Z}\right)dt \qquad \text{(식 4-8)}$$

식 4-8의 왼쪽 변은 미생물을 기준 온도로 가열했을 때 생균수를 N0에서 N까지 감소시키는 데 필요한 가열 시간(분)을 나타내고 있다.

이것을 F값이라고 정의하기 때문에 F값은 식 4-9로 표시할 수 있다.

따라서 식 4-8은 식 4-9로 나타낸다.

$$F = \int_0^t \log^{-1}\left(\frac{T-Tr}{Z}\right)dt \qquad \text{(식 4-9)}$$

앞서 서술한 바와 같이, 특히 기준 온도가 250°F, Z를 18°F로 했을 때의 살균 효과를 F_0이라고 하는데, 따라서 F를 F_0으로 바꾸면 식 4-10과 같이 표시할 수 있다.

$$F_0 = \int_0^t \log^{-1}(\frac{T-250}{18})dt \quad \text{(식 4-10)}$$

(4) L값

식품 중의 미생물의 내열성에 영향을 주는 인자는 여러 가지 있다. 가열 전에 관련된 인자로서는 주요한 것으로는 세균 세포가 배양된 균주인지 아니면 야생주인지와 관련 있는 생존 환경의 차이, 환경의 pH, 수분활성 등을 들 수 있다. 보통 수분활성이 낮아질수록 내열성은 높고, 지질이 존재하면 내열성은 증대한다.

염류의 영향은 소금의 종류와 농도에 따라 다르다. 수분활성을 저하시키는 염류에서는 내열성이 증대되지만, Ca^{2+} 이온이나 Mg^{2+} 이온은 수분활성도를 높이기 때문에 내열성은 저하시킨다고 알려져 있다. 또한 식품 내에 포함되어 있는 단백질도 미생물의 가열 사멸에 보호적으로 작용한다.

pH에 대해서는 일반적으로 미생물은 pH 7.0을 중심으로 한 중성 영역에서 활발히 활동하며, 산성 혹은 알칼리 성역에서의 활동은 불활발하다. 마찬가지로 세균 포자의 내열성은 중성 영역에서 가장 강하고, 산성 및 알칼리성 영역에서는 약해진다.

L값은 미생물의 치사율에 대한 값을 의미한다. 일정 농도의 포자를 어떤 가열 온도에서 처리했을 때 모든 포자를 사멸시키는 데 필요한 가열 시간(min)을 대수 축으로 그때의 온도를 가로축으로 하여 플롯한 곡선을 가열치사시간 곡선이라고 하는데, 그림으로 표시하자면 그림 4-11과 같이 표시할 수 있다.

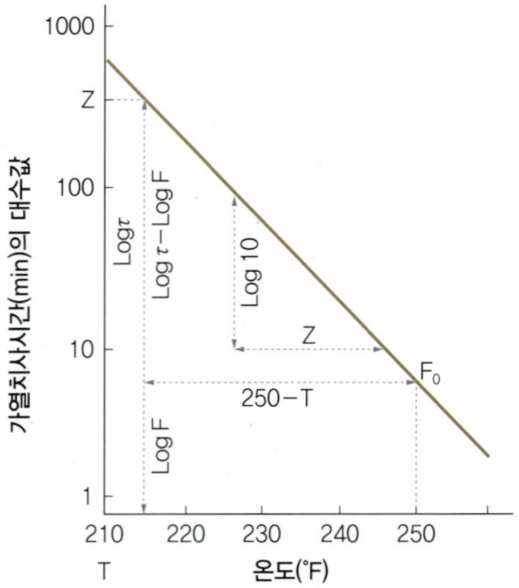

그림 4-11 가열치사시간 곡선

여기서 온도 범위는 레토르트 가열 살균에서의 온도 범위이며, F치, Z치로 특징지어진다.

온도 T에서의 가열치사시간을 τ(min)로 하면, 가열치사시간 곡선에서의 F와 Z의 관계는 그림 4-11에서 보여지는 것과 같이 다음 식으로 나타낼 수 있다.

$$\frac{\log \tau - \log F}{\log 10} = \frac{250 - T}{Z} \quad \text{(식 4-11)}$$

이 식은 다음과 같이 변형할 수 있다.

$$\log \frac{\tau}{F} = \frac{250 - T}{Z} \quad \text{(식 4-12)}$$

또는

$$F = \tau \cdot 10^{(\frac{T-250}{Z})} \qquad \text{(식 4-13)}$$

식 4-13은 온도 T에서 t시간 동안의 가열 처리 시 살균가를 나타내고 있으나 일반화하여 t시간의 가열 처리에 있어서의 살균가를 L로 하면 식 4-14와 같이 쓸 수 있다.

$$L = \tau \cdot 10^{(\frac{T-250}{Z})} \qquad \text{(식 4-14)}$$

용기의 최냉점(주로 중심 부근)에 있어서 살균 효과는 온도 프로파일에 근거해 시간 변화마다의 살균가를 합계한 것이다. 식으로 나타내면 다음과 같다.

$$L = \int_0^t 10^{(\frac{T-250}{Z})} dt \qquad \text{(식 4-15)}$$

필요로 하는 살균 목표치 F_0치를 달성하기 위해서는 전 공정에서의 살균가 L은 F_0와 같아지지 않으면 안 되기 때문에 다음 식으로 나타나는 경우가 많다.

$$F_0 = \int_0^t 10^{(\frac{T-250}{Z})} dt$$

즉 앞에 언급한 식 4-10이 된다.

열 특성치의 정리

- D값: 균을 90% 사멸시키는 데 걸리는 시간이다.
  예) D_{121} = 5의 뜻은 특정 균에 대해서 121°C에서 5분간 가열을 하면 초기 균수의 1/10이 살아남을 수 있다는 뜻이다.
- Z값: D값을 1/10로 줄이는 데 필요한 온도 차이이다.
  ※ 일반적으로 온도가 올라가면 특정 균의 사멸 속도는 증가하게 된다. 따라서 D_{121}의 값이 5분이라고 할지라도 150°C에서의 D_{150}의 값은 5분보다 훨씬 적은 시간이 소요될 것이다. 여기서 Z값은 각각의 D값이 1/10로 줄어드는 데 필요한 온도 차이라고 이해할 수 있다.
- F값: 일정한 온도에서 미생물을 사멸시키는 데 요구되는 시간으로 일반적으로 pH 4.5 이상의 저산성 식품의 살균 공정에서는 초기 균수의 10^{-12}만큼으로 감소시키는 것을 기준으로 한다.
  ※ F_0는 121°C에서 초기 균수의 10^{-12}만큼으로 감소시키는 데 소요되는 시간을 말한다.

Q. *Clostridium botulinum* 포자 현탁액을 121℃에서 열처리하여 초기 균수의 99.9999%로 사멸시키는 데 소요되는 시간은 3분이다. *Clostridium botulinum* 포자의 D_{121}값은 얼마인가?

A. $D=\frac{t}{\log A-\log B}$, t=가열 시간, A=초기 균수, B=t시간 후의 균수이다.

t=3분, A를 1이라고 하면 B는 0.000001

따라서 $D_{121}=\frac{t}{\log 1-\log 10^{-6}}=\frac{3}{6}=0.5$분(30초)

Q. 어떤 균의 초기 농도의 1/100로 만드는 데 121℃에서는 10분이 소요되고 127℃에서는 1분이 소요된다고 할 때 이 균의 Z 값을 구하시오.

A. $Z=\frac{t_2-t_1}{\log D_1-\log D_2}$, t_1=초기 온도, t_2=가열 온도, D_1=t_1에서의 D값, D_2=t_2에서의 D값

① $D_1=10/2=5$분, $D_2=1/2=0.5$분

② $Z=\frac{127-121}{\log 5-\log 0.5}$

Q. 어떤 공정에서 Z=10℃이고, F_{121}은 2분이라고 할 때, 이 공정을 111℃에서 수행한다면 몇 분간 살균해야 하는가?

A. $F_t=F_0\times 10^{\left(\frac{121-t}{Z}\right)}$, t=열처리 온도, F_t=온도 t에서 소요되는 열처리 시간

$F_0=F^{10}_{121.1}=2$분이므로,

$F_{111}=2\times 10^{\left(\frac{121-111}{10}\right)}=2\times 10^1=20$(분)

4) 초고온 단시간 살균

초고온 단시간(UHT, Ultra High Temperature Short Time) 살균은 135~150℃의 고온으로 2~6초로 미생물을 확실하게 사멸시킬 수 있어서 멸균유나 유음료 등의 제조 등에 이용되고 있다. 가열 방식은 직접 가열과 간접 가열이 있다.

직접 가열에는 식품에 직접 증기를 불어넣는 인젝션(injection) 방식과 증기 속에 식품을 넣는 인퓨전(infusion) 방식이 있다. 직접 가열 방식은 증기의 응축으로 인한 제품의 희석을 막기 위해 응축수와 같은 양의 수분을 제거할 수 있도록 설계되었다.

간접 가열에는 가열하기 위해 열교환기가 사용되며, 그 형상에 따라 플레이트 방식(Plate type)과 튜블러 방식(tubular type), 표면 스크래핑 방식(surface scraping type)이 있다.

표면 스크래핑 방식에는 고점도 식품 가열시 식품이 눌어붙는 것을 방지하기 위해 열

교환기가 설치되어 있다.

그림 4-12에 멸균 시유 및 연유의 공정도를 예로 들었다.

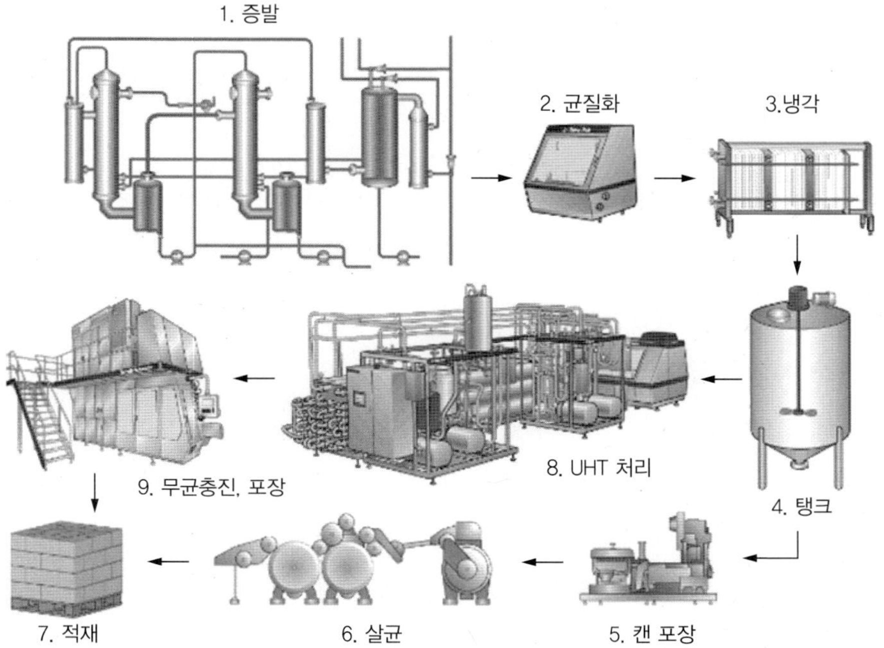

시유의 생산: 1 → 2 → 3 → 4 → 8 → 9 (무균충진 및 포장)
연유의 생산: 1 → 2 → 3 → 4 → 5 → 6 → 7

그림 4-12 살균 시유 및 연유의 제조 공정

UHT 살균의 위해 요소로는 첫째, 가열이 불충분하거나 또는 2차 오염에 의해 미생물이 잔존하는 문제, 둘째, 관내에서의 미생물 증식, 셋째, 이물질 혼입 등을 들 수 있다.

살균 유지관의 용량이 부족하거나 계기의 고장, 용량 변동에 의한 통과시간 변동 등에 의해서 가열이 불충분해져서 충분한 살균이 이루어지기 힘들다. 세척이 충분하지 못하였을 때와 플레이트 등에 파손이 일어났을 경우는 2차 오염에 의해 미생물이 잔존할 수 있다.

냉각이 부족하거나 지나치게 오래 운전을 하면 관내에서 잔존할 수 있으며, 이물 클레임의 경우 gasket이 오래되어 닳은 경우, 그리고 전열 면에 눌어붙었던 성분이 떨어져서 발생하는 경우가 많다.

이러한 위해 요소를 방지하기 위해서는 적절한 살균 온도, 유량, 압력 등의 유지가 필수이며, 운전 후 철저한 세척 관리를 해야 한다.

UHT 살균에 쓰이는 포장재는 철저한 미생물 관리가 이루어지는 라인에서 제조되며, 무균충진(aseptic filling)을 위해서는 포장재의 멸균이 필요한데 포장재의 살균 방법으로는 감마선 멸균, 자외선 살균, 과산화수소 살균, 그리고 최근 도입되기 시작한 전자 빔(electron beam) 살균 등이 있다.

감마선 멸균의 경우 가장 확실한 방법으로 완벽한 멸균 효과를 제공하는 장점이 있지만, 멸균 장치가 거대하여 식품공장에 적용하기 어렵고 별도의 감마선 처리 공장에서만 가능하고, 시간이 걸린다는 단점이 있다. 또한 다른 공장에서 감마선 조사를 하여야 하기 때문에 운송 중 외포장에 미생물 오염이 있을 수 있고, 포장재의 외포장을 제거하는 과정에서 미생물 오염의 위험이 있다는 단점이 있다.

자외선 살균은 장치가 간단하고 짧은 시간 내 처리가 가능하여 보통 충진 라인에 포장재가 공급되는 과정에서 인라인으로 행해진다. 충진 전 포장재 내면 살균에 보편적으로 사용된다. 하지만 자외선의 살균 효과는 포장재의 표면에 한정되고, 균일하지 않다는 단점이 있다.

과산화수소 살균은 스프레이 방식으로 살균에 쓰인다. 처리 후 잔존이 문제가 될 수 있으므로 적정량을 분무하여야 하고, 잔류하지 않도록 처리 후에는 충분히 건조시켜야 한다.

전자 빔 살균은 최근 도입된 장치로, 무균충진 라인에서 포장재의 살균에 자외선 살

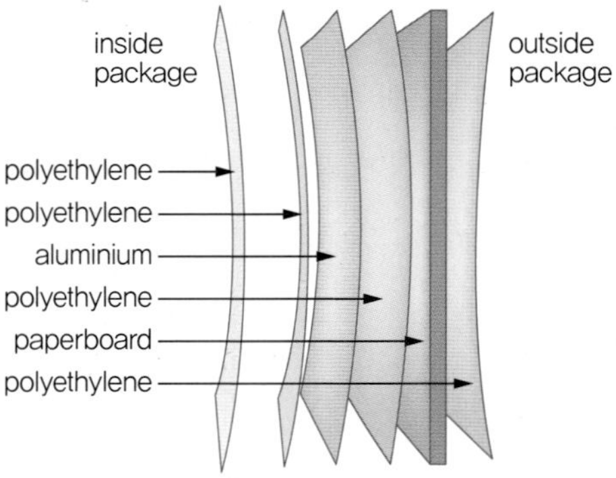

그림 4-13 UHT 멸균 포장재 사례(Tetra Pak®)

자료: https://tetrapak.com

균과 병행하여 사용된다.

UHT 살균을 한 우유(시유)는 무균충진 및 포장(aseptic filling & packaging) 공정을 거치게 되는데, 여기에 사용되는 포장에는 두 가지가 있다.

하나는 일반적인 종이팩(carton pack)으로 재질은 약 85%의 펄프와 약 15%의 폴리에틸렌으로 구성되어 있으며, 층 구성은 PE/종이/PE/PE로 총 4겹으로 되어 있다.

다른 하나는 장기 유통이 가능한 멸균 포장으로 층 구성은 PE/종이/PE/알루미늄/PE/PE로 총 6겹으로 되어 있다(그림 4-13).

5) 과열 수증기 살균

가열 살균에 있어서 건열 살균보다 포화 수증기(스팀)를 이용한 습열 살균이 매우 유용한 것으로 알려져 있다. 그러나 분체 식품을 습열 살균하게 되면 수분의 흡수가 일어나며, 재건조 등이 필요하다. 따라서 이런 경우 과열 수증기를 이용한다.

특정 압력의 포화 수증기를 보다 낮은 압력 하에서 분사하면 더 가열된 건조한 상태의 수증기가 만들어지는데, 이것을 과열 수증기라고 한다.

심하게 가열될수록 피살균체를 건조하는 능력이 커진다. 하지만 과열 수증기도 물이기 때문에 포화 수증기와 마찬가지로 저온의 피살균체에 닿으면 열을 빼앗기고 응축되어 물이 되는 성질이 있다. 따라서 과열된 수증기는 건열과 습열의 두 가지 성질이 있다고 볼 수 있다.

최근 들어 수분활성도가 낮은 분체 식품에 대해서도 미생물 수에 대한 철저한 관리가 요구되고 있다. 예전에는 이런 식품에 대해서 에틸렌옥사이드(ethylene oxide) 가스 살균이 이용되었으나 에틸렌옥사이드의 발암성 문제로 사용이 금지됨에 따라 대안으로서 과열 수증기 살균이 주목받게 되었다. 우리나라에서는 후추 등 향신료의 살균에 이 방식이 채용되고 있다.

보통 0.5~3.0 kgf/cm^2·G의 압력 하에서 살균 온도 110~260℃, 살균 시간 5~10초간 분체 식품의 알갱이를 관내에 흐르는 과열 수증기 중에 투입하는 기류식 장치와 용기 내의 알갱이에 과열 수증기를 분립체에 과열 수증기를 흘려보내는 교반식 장치가 있다.

기류식 살균기의 살균 능력을 표 4-5에 예를 들었다.

표 4-5 기류식 과열 수증기 살균 장치에 의한 살균[99]

품목	처리 전			처리 후		
	일반 생균수 (개/g)	내열성 균수 (개/g)	대장균군	일반 생균수 (개/g)	내열성 균수 (개/g)	대장균군
파프리카가루	8.8×10^5	7.6×10^3	+	20 이하	20 이하	-
고춧가루	1.3×10^5	8.0×10	+	4.0×10	20 이하	-
강황가루	1.5×10^5	3.0×10^4	+	2.6×10^2	6.0×10	-
건조톳	1.6×10^5	5.3×10^3	-	2.0×10	20 이하	-
건조파(칩)	1.2×10^5	2.3×10^3	-	8.0×10	4.0×10	-

※ 살균 조건: 1.5~2.5 kgf/cm², 140~165℃에서 4초간 살균

Q. 진공 포장하여 가열 살균을 행하는 경우 주의하여야 할 미생물은 무엇이 있나요?

A. 진공 포장하여 boil 혹은 저온 살균 처리를 하는 경우에도 혐기성 포자 형성 세균은 살아남을 수 있다. 가장 유의하여야 할 세균은 클로스트리듐(*Clostridium*)속 균들이며, 이들은 진공 상태에서 열처리를 해도 사멸되지 않는다.
따라서 냉장 유통을 고려하는 것이 좋으며, 단백질 함량이 높은 식품 등 이들 세균이 우려가 되는 경우에는 pH를 낮추어 위해요소를 없애는 것이 필요하다.

5. 마이크로파 살균

마이크로파(microwave) 살균은 마이크로파 조사에 의한 유전 가열이 원리이다. 식품 가열용으로 사용되는 마이크로파는 915±25 MHz와 2,450±50 MHz의 두 가지 주파수대의 마이크로파가 사용된다. 마이크로파는 전자파의 일종이다.

우리가 나침반으로 북쪽 방향을 알 수 있는 것은 지구상에는 자기장(magnetic field)이 존재하기 때문이다. 겨울에 스웨터를 입을 때 머리카락이 스웨터에 끌려서 흐트러지는 것은 스웨터와 머리카락이 대전되어 전장(전계: electric field)이 생겨 힘을 주고받기 때문이다.

이 자기장과 전기장의 양쪽 크기가 변화하며 진동하면서 공기 중을 약 3×10^8 m/s의 속도로 진행되는 것이 전자파이다. 크기, 방향을 가진 벡터량인 전자파에서는 진동하는 전장과 자기장의 방향과 진행하는 방향(전자파의 에너지가 전달되는 방향)은 서로 직각이다.

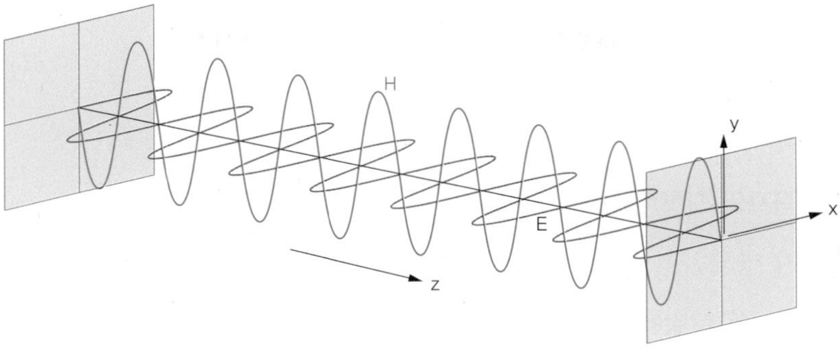

그림 4-14 마이크로파에서 전장과 자기장의 흐름

전자파의 진행하는 방향을 그림 4-14에서 z방향이라고 할 때, 일반적으로 전기장의 방향은(x, y) 면의 모든 방향을 향하고 있는 전자파가 혼재되어 있다.

전장의 방향이 특정 방향을 향하고 있는 전자파만을 꺼낼 수 있는데 이것을 치우친 전자파라고 한다. 그림 4-14에서 전장의 진동 방향이 x방향으로 치우친 전자파를 가정한다면, 이에 대응하는 자기장의 방향은 전장의 방향에도 직각이며, y방향이다.

빛도 마이크로파보다 훨씬 파장이 짧은 전자파의 하나이기 때문에 편중된 빛, 즉 편광을 끄집어내어 이용할 수 있다. 예를 들면 3D 영화를 볼 때 쓰는 안경이 바로 편광렌즈를 사용한 안경이다.

이와 같이 전장과 자기장의 크기가 변화하고 진동하면서 진행하는 전자파는 정전장, 정자장과 달리 전장만으로도 자기장만으로도 단독으로 진행하는 일은 없다. 전장이 변화하기 때문에 자기장이 생기고, 자기장이 변화하기 때문에 전장이 생긴다는 상보적인 관련을 유지하면서 전자파는 진행한다.

물질 중에 전하를 가진 자유롭게 움직일 수 있는 탄체가 있을 때 그 물질을 전장 하에 두면 전하 탄체가 움직여 물질 중의 전장을 없애는 방향으로 이동하게 된다. 이러한 물질은 전기 전도도가 큰 도체이다. 금속의 경우에는 자유롭게 움직일 수 있는 탄체는 전자이다. 용액인 경우에는 전하 탄체는 이온이며, 이온 전도를 나타낸다.

자유롭게 움직일 수 있는 전하 탄체를 가지지 않거나, 또는 불과 얼마 안 되는 물질은 절연체 또는 유전체라고 불린다. 식품은 유전체로 간주한다. 유전체를 전기장 밑에 두면 전장을 끄듯이 자유롭게 움직일 수 있는 전하가 없기 때문에 유전 분극이 생긴다.

유전 분극은 아래의 네 가지로 분류할 수 있다.

1) 유전 분극의 분류

(1) 영구 쌍극자의 지향 편극

원래가 전기 쌍극자를 가지고 있는 분자는 전장이 없을 때에는 평균적으로 모든 방향을 향하지만 전장 밑에서는 전장에 대한 전기 쌍극자의 방향에 따라 에너지가 다르므로 에너지가 낮아지는 방향으로 배향한다. 그 결과 전장이 높은 쪽에는 부전하가, 낮은 쪽에는 정전하가 유발되어 유전 분극이 생긴다.

물 분자는 극성 분자이므로 영구 쌍극자를 가진다.

수소 원자의 전자가 얼마인지 산소 원자의 측에 이끌려서 분포하고 있기 때문에 그림 4-15처럼 물 분자는 수소 원자 측이 양, 산소 원자 측이 음의 영구 이중 극자를 가진다고 간주할 수 있다.

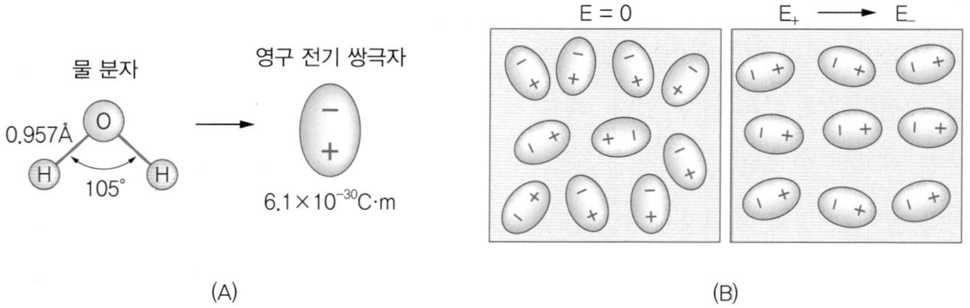

그림 4-15 a. 물 분자의 영구 쌍극자의 모형도, b. 전장 E=0일 때 쌍극자의 방향은 제각각이며, E가 걸렸을 때 온도에 따라서 배향한다.

외부 전장 하에서 물 분자는 온도에 따라 통계적으로 배향하고 유전 분극한다. 분자의 영구 쌍극자의 크기는 그 전기 쌍극자 모멘트(electric dipole moment)에서 나타난다.

표 4-6에 몇 가지 예를 나타내었다.

표 4-6 몇 가지 분자의 영구 쌍극자 모멘트($\times 10^{-30}C \cdot m$)[148]

물질	H_2O	HF	HCl	CH_4	CCl_4	NH_3	C_2H_5OH	$C_6H_5NO_4$
쌍극자 모멘트	6.1	6.4	3.6	0	0	4.9	5.7	14.0

물의 경우 쌍극자 모멘트는 6.1이다. 하지만 메탄이나 사염화탄소의 경우에는 비극성을 띠므로 영구 쌍극자가 되지 못한다.

(2) 원자가 원인이 되는 변위 분극

분자 내에 이온성 결합한 원자나 라디칼이 있는 경우, 외부 전장 하에서 이 원자나 라디칼이 변위함으로써 생기는 유전 분극이다. 예로서 Na^+, Cl^- 같은 이온 결정을 포함한 물질의 경우 이온의 극성에 의해 치환 분극이 일어난다.

관능기의 쌍극자 모멘트를 표 4-7에 나타냈다.

표 4-7 **라디칼의 쌍극자 모멘트**($\times 10^{-30}$C·m)[148]

관능기	지방족 화합물	방향족 화합물
$-CH_3$	0	1.3
$-Cl$	7.0	5.7
$-OH$	5.7	4.7
$-NH_2$	4.0	5.0
$-COOH$	5.7	5.3
$-NO_2$	12.3	14.0
$-COOCH_3$	6.0	6.0
$-OCH_3$	4.0	4.3

라디칼이 고유의 쌍극자 모멘트를 가질 때 분자 내에서 어떤 부분과 결합하고 있는지, 분자의 형상이 고체처럼 고정되어 있는지, 라디칼이 측쇄로서 자유롭게 회전할 수 있는지 등에 따라서도 유전 분극은 달라진다. 변위 분극에 의한 식품의 마이크로파의 가열 효과는 이온의 양에 좌우되는 경우는 있지만 관능기에 따른 영향은 그리 크지 않다.

(3) 전자가 원인이 되는 변위 분극

외부 전장 하에서 전자의 평균적 분포가 원자핵의 위치에 대해 상대적으로 변위함으로써 생기는 유전 분극으로, 전자 분극이라고 한다.

모든 물질은 이런 종류의 유전 분극을 발생시킨다. 비교하면, 원자 내에서의 전장은 매우 크고 외부 전장은 상대적으로 작기 때문에 외부 전장에 의한 전자 변위는 작다.

그러나 전자의 움직임은 영구 이중 극자와 이온, 라디칼 등의 움직임보다 빠르기 때문에 높은 주파수 하에서도 유전 분극을 발생시킨다.

다만, 식품의 가열에 있어서는 전자에 의한 변위 분극은 분자들 간의 마찰 에너지와 같은 열에너지로의 전환이 크지 않기 때문에 크게 고려할 요소는 되지 못한다.

(4) 여러 물질이 혼합된 식품의 계면 분극

식품은 완전하게 절연체가 아니고, 얼마간의 전기 전도도를 가진다. 전기 전도도와 유전율이 다른 물질이 혼재되어 있으면 전장 하에서 계면에 전하가 유발되어 유전 분극이 생긴다.

에멀전과 같이 기름과 물이 소립자가 되어 분산되어 있는 경우 부피의 비율에 비해 계면이 넓으므로, 이를 위한 유전 분극이 상당히 커지게 된다.

물질에 따라 다른 유전 분극의 크기를 나타내기 위해 유전율(ε, permittivity)을 이용한다. 전장이 시간적으로 변하지 않는 정전장일 때의 유전율은 모든 형태의 유전 분극에 기인한다. 하지만 진동하는 전자파인 경우에는 변화하는 전장의 변화에 유전 분극이 따라갈 수 없는 경우가 있다. 즉 유전율 ε은 주파수 의존성을 갖는다. 주파수가 클수록 분극이 일어난 분자는 전장을 따라가기 어렵게 되며, 지연 현상이 발생한다.

지연 현상이 일어날 수준의 큰 주파수에서는 외부 전장의 변화보다 조금 늦게 유전 분극이 변화한다. 이때, 외부 전기장 E가 커지면 유전체 중의 전기 변위($D = \varepsilon \cdot E$)도 커지지만, 그림 4-16과 같이 위상이 δ 만큼 늦어진다.

식품의 마이크로파 가열시 중요한 역할을 하는 물의 영구 이중 극자 배열에서 지연 현상이 커지는 주파수대는 10~100 GHz이다. 주파수 2.45 GHz에서도 물의 지연 현상

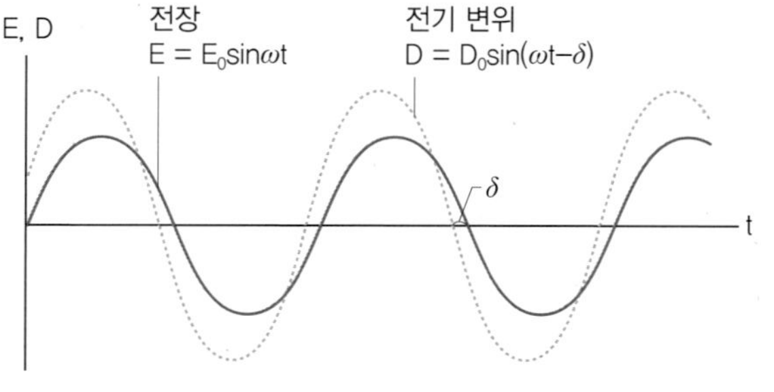

그림 4-16 진동 전장 E와 대응하는 유전체 중의 전기 변위 D[117]

은 있으며 실온에서는 $\tan\delta = 0.15$이다.

전자파는 진동 전장과 자기장으로 상호 작용하고 있지만 식품의 경우 거의 전장만이 영향을 미칠 뿐이며, 자기장의 영향은 작다. 하지만 철, 니켈, 코발트 등의 전이 금속과 그 화합물, 그 외의 자성체는 자기장으로부터 큰 힘을 받는다. 그러나 식품을 포함한 그 외의 물질은 자기장과의 상호작용이 약하다. 예를 들면 종이나 비닐 시트를 통과한 자석의 세기는 변하지 않는 것과 같이 이러한 물질들은 자기장의 영향을 받지 않는다.

전자파에서는 자기장이 전장으로 전장이 자기장으로 시시각각 변환하고 있지만 전장은 물질, 식품에 유전 분극을 통해서만 에너지를 줄 수 있다.

위와 같은 종류의 분극으로 인하여, 전파 에너지가 전기장 내에 놓인 피조사물의 극성 분자(예를 들면 물 분자 등)에 조사되면, 극성 분자는 전기장에 배향하기 위해서 분자가 진동하거나 회전하는 분자의 운동 에너지로 변환된다. 마이크로파 가열은 이와 같은 운동 에너지에 의해 생기는 분자 마찰이 열에너지로 변환되는 가열 방식이다.

2) 마이크로파 가열의 특징

마이크로파 가열과 같은 식품 성분의 분극에 의한 내부 가열 방식에서는 손실계수가 큰 분자일수록 발열량이 많고 마이크로파로 가열되기 쉽다.

예를 들어 식품 중에 함유된 물은 손실계수가 크게 가열되기 쉽지만 식품 포장에 사용되는 플라스틱류나 유리 등과 같은 손실계수가 작은 물질은 마이크로파로는 가열되기 어렵다. 이 현상은 마이크로파의 선택적 가열작용으로 불린다.

또한 두께가 두꺼우면 중심부에 마이크로파가 도달하지 않아 중심부가 가열되지 않을 수 있다. 일반적으로 식품의 중심까지 가열하기 위해서는 피가열체의 두께를 반감심도(마이크로파의 출력이 반감하는 거리)의 2배 이내로 할 필요가 있다.

25℃의 물의 반감 심도는 2.6cm이다. 또한 피가열체의 비열이 작을수록 가열되기 쉽고, 열전도도가 클수록 열이 전달되기 쉽다. 마이크로파 가열은 유전 가열이기 때문에 다른 가열 방식과는 다르게 다음과 같은 장점을 가지고 있다.

마이크로파 가열의 장점

① 마이크로파는 순간적으로 피가열체 내부에 침투하여 열 에너지로 바뀌기 때문에, 열전도에 필요한 시간은 불필요하다.
② 전파가 내부로 침입하고 가열해서 표면과 내부의 온도 차이를 줄일 수 있다.
③ 전파이기 때문에 에너지 밀도를 쉽게 높일 수 있다.
④ 유전 손실로 발열되기 때문에 유전 손실이 큰 물질에 선택적으로 흡수되고, 필요한 부분만 가열할 수 있다.
⑤ 피가열체 자체가 발열체가 되기 때문에 공기나 가열기구로 빠져나가는 열에너지의 손실이 적고 높은 에너지 효율을 얻을 수 있다.
⑥ 포장 재료가 비금속일 경우에 포장 재료를 마이크로파가 투과하므로 포장한 상태에서 열처리가 가능하다.
⑦ 전원을 끊는 순간 마이크로파가 사라지는 고속 응답 성능을 갖고 있으며, 순간적인 기동, 정지, 출력 조정의 통제가 매우 용이하다.

이러한 장점에도 불구하고 마이크로파 가열 단독으로 살균을 하는 경우에는 몇 가지 문제점들이 있다. 대표적인 것이 마이크로파 파장 길이에 따른 가열의 불균일성이다. 마이크로파의 파장은 공기 중에서는 12.24 cm이지만 식품 내에서는 이보다 작아진다. 예를 들면 수분함량이 높은 식품의 경우 유전율 ε =55~80의 범위에 있으므로 파장 λ는 1.37~1.65 cm의 범위로 작아진다.

식품의 외부에는 마이크로파가 닿는 위치에서 약 12 cm의 간격으로 가열이 되는 현상이 발생하고 식품 내에서는 1.6 cm 내외의 공진이 일어나기 쉬우며, 이에 따른 부위별 가열 차이가 발생한다. 식품이 너무 두꺼우면 마이크로파가 중간에 흡수되어 가열이 잘되지 않을 수도 있다.

마이크로파 가열 살균의 단점을 정리하면 다음과 같다.

마이크로파 가열의 단점

① 파장에 일치하는 부위만 가열되는 등 온도 차이가 생긴다.
② 식품의 형상에 따라 가열 시 온도 차이가 생긴다.
③ 방열로 식품 표면의 가열이 늦다.
④ 플라스틱 포장재 등은 손실계수가 작아 가열할 수 없다.
⑤ 동일한 용량에서도 형태에 따라 가열 효율이 변한다.
⑥ 금속제 용기를 사용할 수 없다.
⑦ 온도 제어 및 온도 측정이 어렵다.

따라서 마이크로파 가열 살균은 보통 단독으로 이루어지는 경우는 드물고 보조적인 수단으로서 다른 살균법과 병행하는 것이 일반적이다.

6. 저온 상압 플라즈마 살균

최근 저온 상압 플라즈마를 이용한 살균 방법이 관심을 끌고 있다. 플라즈마란 이온화된 가스를 의미하는데, 진공 상태인 우주에서는 고에너지 준위로 들어선 기체가 이온화되면서 플라즈마로 변환된다. 이것은 보통 매우 높은 온도에서 이루어지는데 저온 상압 플라즈마란 대기 중의 방전을 통해 저온에서 산소 분자들이 플라즈마로 변환되는 것을 이용한다.

플라즈마는 매우 반응성이 큰 기체이므로 다른 물질에 접촉하게 되면 에너지 또는 전자를 전달하여 접촉물질에 화학적인 반응을 일으킨다. 이러한 화학적 반응의 유도를 통해 미생물의 세포막 또는 세포 구성 성분에 화학적인 변이를 일으켜 살균 효과를 얻게 되는 것이다.

저온 플라즈마는 처리 대상 물체에서 심각한 온도 상승 없이 세균, 바이러스 등 미생물을 불활성화시키는 생물학적 작용을 나타내므로 위생 및 환경 분야에서 활용 가능성이 높으며, 스위치를 끄게 되면 활성 상태의 입자들이 곧바로 사라지므로 제어가 간단하고 잔류 물질을 남기지 않는 장점이 있다[43].

일반적으로 저온 플라즈마는 감압 상태에서 다양한 가스를 사용하여 생성하거나, 대기압 상태의 공기 또는 가스를 글로우 방전하여 생성한다.[105]

감압 플라즈마는 플라즈마 발생 속도를 제어하기 쉽고 균일한 플라즈마 생성이 가능한 장점이 있으나 진공에 가까운 상태까지 압력을 낮추는 설비가 필요하고 연속식 처리가 어려운 제약이 있다. 이에 반해 대기압 하에서 유전체 물질로 감싼 전극을 사용하여 방전함으로써 에너지 밀도를 낮추는 유전체 장벽 방전 플라즈마(dielectric barrier discharge plasma, DBDP) 방식은 장비가 간단하고 연속 처리가 가능하며 장치비가 크게 비싸지 않은 장점이 있다.

또한 DBDP 처리에 의한 온도 상승은 최대 20°C에 불과하여 플라즈마 처리 시 열에 의한 식품의 열화는 거의 없는 편이다.

이온화 가스 상태인 플라즈마에는 전자, 양이온, 음이온, 자유 라디칼, 자외선, 광자 등을 포함하고 과산화수소, OH 라디칼 같은 활성산소와 같이 살균력이 강한 기체상 물질이 존재하며, 이 활성종은 미생물 세포막을 통해 확산되면서 세포막의 지질과 단백질, 그리고 세포 내의 DNA와 같은 거대 분자들과 반응하여 세포를 손상시켜 미생물을 사멸시킨다. 동시에 음이온 방출로 공기 중 미세분진, 악취(chemical odor) 등을 저감시킨다.

식품 포장재에 이용되는 아크방전을 이용한 플라즈마 발생 장치와 코로나 발생 장치를 그림 4-17에 표시하였다. 플라즈마 발생 장치는 아크방전을 이용한 것이며, 사진에서 보는 것과 같이 고전압의 방전에 의해 대기 중에 있는 분자가 이온화되어서 나타나는 방전이다.

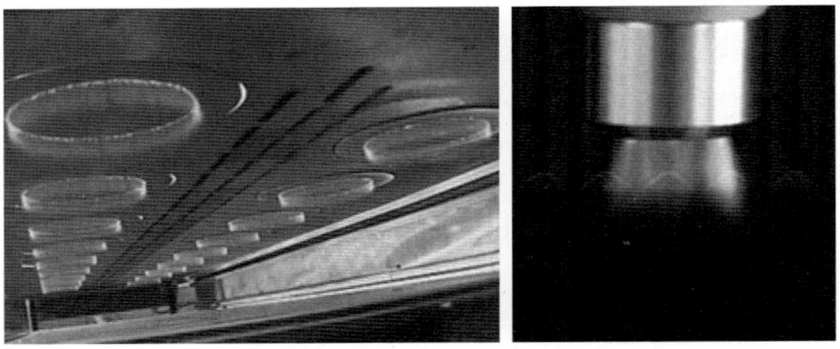

그림 4-17 식품 포장재에 이용되는 아크방전을 이용한 플라즈마 발생 장치 사례

코로나 방전은 도체에 주어지는 전압이 높아졌을 때 표면과 여기에 인접한 부분에서 발생하는 것으로 내부에서 전하가 바깥으로 하나씩 이동할 때 나타나는 방전이다.

플라즈마의 발생에는 아크방전, 코로나 방전 등이 이용될 수 있으며, 사용되는 가스에 제한은 없지만 주로 산소나 질소가 많이 이용되고, CO_2는 플라즈마로의 전환 효율이 그리 좋지 못하여 많이 사용되지 않는다.

1) 플라즈마 살균의 작용 원리

플라즈마 분자들은 냄새의 확산 현상을 일컫는 브라운 운동과 같은 운동을 하게 된다. 또한 플라즈마 내부에 하전된 입자들의 브라운 운동이 전하의 밀도에 영향을 주고,

면 거리에 있는 입자들의 운동에도 정전기적 인력을 통해 영향을 준다. 생성된 플라즈마는 적정 조건에서 다른 물질과 활발히 반응하여 대상물질의 물리, 화학적인 상태를 변화시킨다. 따라서 생성과 소멸을 거쳐 인체에 다양하게 발생되는 활성산소종(Reactive oxygen species, ROS)은 직접적으로 플라즈마가 세포에 작용하여 효과를 나타내기도 하며, 플라즈마에서 발생하는 활성종의 효과는 박테리아 살균에 있어 매우 효과적인 것으로 보고되고 있다.

플라즈마에서 방출된 활성산소종이 확산되어 자외선(UV)에 의한 가수분해를 포함한 광분해가 일어나며, 이 과정에서 오존과 H_2O_2가 생성되며, 이들이 세균 세포에 작용하여 살균 효과를 나타낸다.

$$\cdot OH + \cdot OH \longrightarrow H_2O_2$$

특히 플라즈마의 미량 NO는 저농도 H_2O_2에 의한 살균 작용을 강화시키는 것으로 알려져 있다.

H_2O_2 세포 독성의 주요 부분은 철-매개로 하는 펜톤(Fenton) 반응의 유도체($\cdot OH$)에 의해 야기된 박테리아의 DNA 손상으로 이어진다.

$$Fe^{2+} + H_2O_2 \longrightarrow Fe^{3+} + OH^{+} + OH^{-}$$

그러므로 H_2O_2의 세균에 대한 독성은 세포 내 철 이온과 수분의 이용 가능성에 달려 있다. 정상적인 조건에서 세포 내 철 농도는 철 결합 단백질에 의해 낮게 유지되나 NO가 세포 내 금속 단백질로부터 철 이온을 방출하고, 이로 인해 H_2O_2가 환원 촉매제 역할을 하는 과정에서 NO는 박테리아 내부의 전자 흐름을 유리 철(Fe^{2+})으로 전환시켜 박테리아 호흡을 막아(blocking) 사멸하게 한다.[52)]

플라즈마의 살균 효과는 직접 작용과 플라즈마에 의해 유도된 활성산소가 작용하는 두 가지 방식으로 나타난다. 그람양성균과 그람음성균에 대한 직접적인 플라즈마 효과는 플라즈마 또는 플라즈마와 결합된 화합물이 나노 크기의 agents 형태(ROS, RNS)로 세포막을 통과 세포 기질 내에 확산되면서 지질과 단백질, 그리고 세포 내의 DNA와 같은 거대분자들과 직접 반응하여 미생물 세포를 손상시키는 것으로 보고되었다.[18), 43), 58)]

플라즈마 살균 효과는 대기압 유체장벽 방전 플라즈마 처리에서 인가되는 전력과 플라즈마 상태에 노출되는 시간 및 플라즈마 방출원인 활성종의 농도와 직접적인 관계가 있으며, 공기 중의 플라즈마 활성 성분이 세균 증식 억제 효과에 중요한 역할을 한다.

그람양성균은 세포막과 그 바깥쪽이 20~80 nm 두께의 균일한 펩티도글리칸(peptidoglycan)의 두꺼운 단일층으로 이루어진 세포벽이 있으나 그람음성균의 경우는 얇은 세포막 위에 펩티도글리칸 층(2~7 mm)이 얇게 존재하며, 그 위에 외막으로 내독소(endotoxin) 유발물질인 지질 다당류(lipo-polysaccharide, LPS)층이 존재한다. 이렇게 세포벽의 두께에 차이가 있기 때문에 세균마다 플라즈마의 살균 효과가 차이가 나는 것으로 판단된다.

살균 효과는 유전체 장벽 방전 플라즈마(DBDP) 처리의 경우 전력, 노출시간이 증가될수록 그리고 노출시간과 노출거리가 짧을수록 증가하는데, 이것은 활성종인 오존(O_3), 일산화질소(NO), 이산화질소(NO_2) 등의 증가와 관련이 있다.

저온 플라즈마 방식의 활성종(Reactive species, ROS, RNS)을 이용한 공기청정 살균 방식은 인플루엔자, 세균, 곰팡이 등의 오염물을 제거하는 데 큰 효과가 있는 것으로 알려져 있다.[33), 61), 70)]

2) 플라즈마를 이용한 식품의 살균

플라즈마는 전리된 기체로서 양전기를 띤 이온과 음전기를 띤 전자가 거의 같은 밀도로 분포되어 전기적으로 중성인 하전입자 집단이며 고 에너지 전자, 다양한 여기 상태의 이온 및 넓은 파장 영역의 자외선을 포함하므로 이들의 생물학적 작용에 의해 미생물을 사멸한다.[39), 46)]

플라즈마에 의한 미생물 사멸은 생성된 자외선에 의한 DNA 변형, 자외선 광자에 의한 화학결합 파괴로 생성되는 휘발성 물질의 방출, 그리고 플라즈마로부터 생성된 반응성 화합물의 흡착 등에 기인하는 것으로 알려져 있다.[46)]

특히 감압 상태에 생성 기체량을 조절하면서 플라즈마를 발생시키면 플라즈마 밀도 조절이 용이하고 열 발생을 최소화할 수 있는 약전리 상태를 유지할 수 있으며, 이온의 발생과 소멸이 균형을 이루는 정상 상태를 이룰 수 있어 열에 민감한 식품 등 생물학적 재료의 처리에 적합한 장점이 있다.[105)]

식품 생산 및 제조 현장에서 식품원료 및 제품에 주로 사용되는 살균 방식은 스팀,

열탕, 열풍 등의 가열 살균과 훈연, 훈증 등 화학적 방법, 그리고 방사선, 전자 빔, 자외선 등 전자기 복사선을 이용하는 물리적 방법이 있다. 이 중 가장 보편적으로 사용되는 살균법은 가열 살균법이지만 에너지가 많이 소요되고 열에 의한 영양 성분 파괴뿐만 아니라 향, 맛, 색 등 관능적 품질을 저하시키는 단점 때문에 향미가 주요 품질 인자로 작용하는 식품에는 적용이 불가능하다.

화학적인 살균법은 과거에는 메틸브로마이드(methyl bromide) 또는 에틸렌옥사이드(ethylene oxide)를 훈증하여 왔었는데 약품의 유독성 잔류 화합물로 인한 화학적 위해 발생과 환경 파괴 등의 우려가 있어 사용을 기피하고 있다. 현재 양념류 등 향신제품에 적용할 수 있는 살균법은 방사선 조사가 있으나 선원의 관리와 방사선 처리의 불편성, 운반 및 처리 비용, 방사선에 대한 소비자의 거부감과 사용 대상 및 표시에 관한 법적 규제 등의 제약이 있다.

그러나 플라즈마 살균은 식품의 가공 시 열에 의한 품질 저하 없이, 그리고 화학적인 약제의 잔류 없이 식품을 살균할 수 있는 안전하고 친환경적인 살균 방법이 될 수 있다.

플라즈마는 전리된 기체로서 양전기를 띤 이온과 음전기를 띤 전자가 거의 같은 밀도로 분포되어 전기적으로 중성인 하전입자 집단이다. 플라즈마는 다양한 여기 상태의 이온들을 다량 포함하며 여러 단계의 천이 과정을 거치며 넓은 파장 영역을 갖는 자외선을 생성하며, 여기 상태의 이온, 자외선 및 고에너지 전자의 생물학적 작용에 의해 미생물을 사멸시킬 수 있다.[39), 46)]

일반적으로 플라즈마는 상압 상태의 공기를 글로우 방전시켜 생성하며, 스위치를 차단하면 활성 입자들이 바로 사라지기 때문에 제어가 간단하고 잔류 물질을 남기지 않는 장점이 있어 독성물질 제거 및 세균, 바이러스 등 미생물 살균에 이용한다.

플라즈마에 의한 미생물 사멸은 생성된 자외선에 의한 DNA 변형(UV inactivation), 자외선 광자에 의한 화학결합 파괴로 생성되는 휘발성 물질의 방출(photodesorption), 그리고 플라즈마로부터 생성된 반응성 화합물의 흡착 반응(etching) 등에 기인한다.[46)]

그러나 대기압(상압)에서 생성하는 글로우 방전 플라즈마는 생성 속도가 매우 빠르고 생성량을 제어하기가 어려우며 과도한 에너지에 의해 아크가 발생할 수 있는 단점이 있고, 투입된 에너지의 일부가 열로 변환되어 온도를 높이므로 열에 민감한 식품과 내열성이 없는 포장재료 및 생물제품 등의 처리에는 적합하지 않다.

이러한 상압 플라즈마의 단점은 감압 또는 진공 플라즈마에 의해 극복될 수 있다.

감압 상태에 플라즈마 발생 기체량을 조절하면 플라즈마 생성 속도를 조절할 수 있고 열 발생을 최소화하며, 플라즈마 고유의 화학 및 생물학적 효과를 이용할 수 있다.

감압 방전에 의해 얻어지는 플라즈마의 전자온도는 수만eV로 높지만 이온과 중성기체의 온도는 상온에 가까운 비평형(nonequilibrium) 플라즈마로서 전리도 1% 이하의 약전리 상태로 유지할 수 있으며, 이온의 발생과 소멸이 균형을 이루는 정상 상태를 유지하는 특성이 있다.

또한 감압 플라즈마는 상압 플라즈마에 비하여 열적 또는 기계적 변형이 적으며 환경오염 가능성이 낮아 보다 안전한 살균법이라 할 수 있다.

상압 플라즈마를 선택할지 감압 플라즈마를 선택할지는 살균하고자 하는 식품의 물성과 주된 오염 미생물이 무엇이냐에 따라 달라지며, 각각에 적절한 방법을 선택하는 것이 적절하다.

플라즈마 기술의 초기 연구는 미국방성 소속의 연구소(Defense Advanced Research Project Agency, DARPA)가 미 육군이 전염성 미생물을 살균하기 위해 사용하는 살균용 약품과 살균용 화학물질을 대체하기 위한 연구를 지원하면서 시작되었다.

이 플라즈마 장치는 미 육군이 멀리 떨어진 해외 지역으로 병참용 보급품을 필수적으로 공급해야 하는데 이때 방해가 되는 전염성 미생물을 살균하고, 마찬가지로 전쟁터에서 평화를 지키며 작전을 안전하게 수행하는 장비로 사용하기 위해 개발되었다.

참여했던 연구원들이 찾아낸 이 저온 플라즈마는 원인과 결과에 관계없이 살아 있는 세포에 기생하는 박테리아를 최단 시간 내(탄저균에 의한 탄저병, 대장균, 연쇄구균과 포도상 구균을 포함)에 살균하는 것으로 조사되었다.

(1) 플라즈마에 의한 *Salmonella Typhymurium*의 살균

Mok 등[104]은 달걀 껍질에 *S. Typhimurium*를 오염시킨 후 플라즈마 기체의 종류를 달리하여 감압 방전 플라즈마(low pressure discharge plasma, LPDP)의 살균 효과에 대해 실험하였다. 그 결과 그림 4-18과 같이 공기 플라즈마(air plasma)가 가장 양호한 살균력을 보였으며, 산소와 질소 플라즈마는 공기 플라즈마에 비해서는 다소 낮았지만 유사한 살균력을 나타냈다고 한다. 공기와 산소 플라즈마는 1중항 산소, 오존 등이 존재

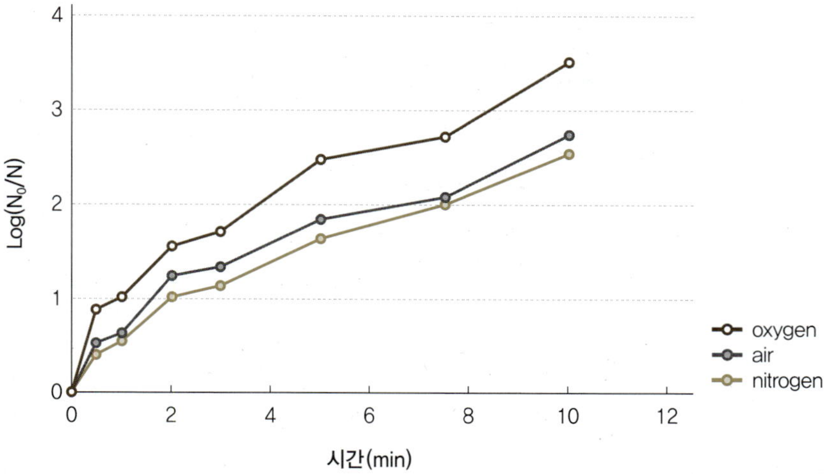

그림 4-18 Effects of plasma generating gases on LPDP inactivation of *S. Typhimurium* on egg shell[104)]

하므로 질소 플라즈마보다 높은 살균력을 보이는 것으로 추정되며, 특히 공기 플라즈마에는 플라즈마에 의해 생성된 NO, NO_2, NO_3 등 NO_x 화합물이 존재하고, 특히 NO_2의 강력한 살균 작용에 의해 산소 플라즈마보다 높은 살균력을 보이게 된다.

달걀 껍질에서의 *S. Typhimurium*의 살균 효과는 유리판의 표면에 균을 접종하고 살균한 실험에서 보다 낮아지는 것으로 나타났는데, 이는 달걀과 같이 거친 표면과 기공에 존재하는 미생물은 유리와 같이 매끈한 표면에 비해 LPDP에 노출되기 어렵기 때문에 나타난 현상으로 판단된다. 따라서 플라즈마의 살균 효과는 피살균체의 표면 상태에 따라 달라질 수 있다.

달걀과 달리 포장용 플라스틱 필름과 용기와 같이 매끄러운 표면을 갖는 포장재들의 경우에는 플라즈마 처리에 의한 살균 효과가 클 것으로 판단된다.

⑵ 플라즈마에 의한 *Staphylococcus aureus*, *E. coli*의 살균

DBD plasma를 이용한 Kim 등[30)]의 연구에서는 *S. aureus*는 집락 수 밀도에 크게 영향을 받지 않고, 플라즈마 노출 3시간에서 42~49%, 6시간에서 95~97%의 집락 수 감소 효과를 나타내었다.

*E. coli*는 3회 이상 실시한 실험에서 노출 2시간 만에 100% 감소되어, 그람양성균보다는 세포막이 상대적으로 얇은 그람음성균이 플라즈마에 민감하게 비활성화되는 것

으로 조사되었다.

그림 4-19는 실험의 대상인 황색포도상구균(*S. aureus*)과 대장균(*E. coli*)을 10^{-4}~10^{-5} CFU/mL의 농도로 희석하여 각각 0.1 mL를 TSA 배지에 도말한 후 각각 처리 시간을 달리하여 플라즈마에 노출시킨 다음 37℃에서 24시간 배양한 결과이다. *E. coli*가 *S. aureus*에 비해 보다 플라즈마 처리에 감수성이 높은 것으로 나타나고 있다.

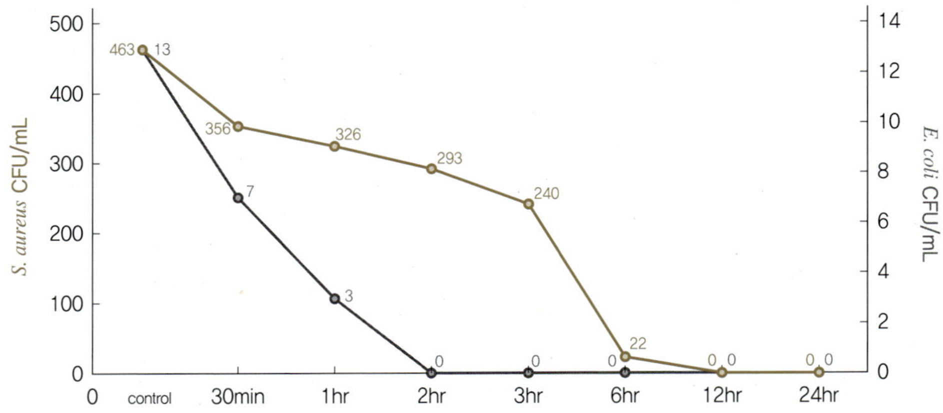

그림 4-19 플라즈마 처리 시간(30분~24시간)에 따른 배지에서의 황색포도상구균(*S. aureus*)과 대장균(*E. coli*)의 군집 변화[84]

저온 상압 플라즈마는 그람양성구균인 *S. aureus*와 그람음성간균인 *E. coli*를 살균하는 데 효율적인 것으로 알려져 있다. 따라서 부유 세균(air borne bacteria) 및 부착 세균(surface colonized bacteria)에 대한 기존의 살균 방법을 대체할 수 있는 가능성이 있다.

Mok 등[107]의 연구에서는 *Staphylococcus aureus*를 대상으로 DBDP 처리할 경우 초기 5분 동안은 살균치가 직선적인 증가를 보이다가 이후 다소 완만해지는 경향을 보였으며, 1.25 A에서 10분간 처리 시 살균치는 5.0을 상회하는 것으로 조사되었다(그림 4-20).

플라즈마는 열에 의한 살균 처리를 하지 못하는 농산물 원료에 대해 적용이 되고 있으며, 효과가 검증되고 있다. 보통은 과일창고 등에 플라즈마 발생기를 사용하는 경우가 많은데 곰팡이 발생 억제에 대해서 효과를 보고 있다고 한다.

이외에도 식품의 보존성 향상을 위해 플라즈마를 응용하려는 움직임이 계속되고 있다. 특히 일반적인 살균 방법을 적용하기 어려운 신선편이 냉장식품을 중심으로 이러한

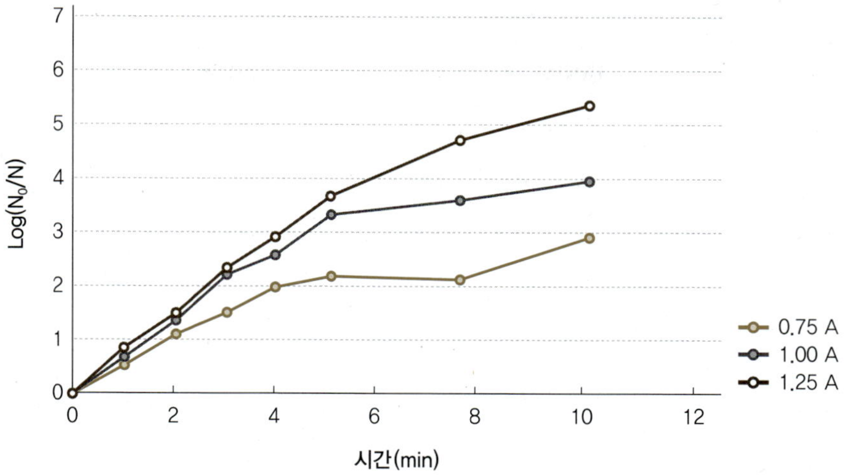

그림 4-20 플라즈마 처리 시간 및 전류 세기에 따른 *S. aureus*의 살균 효과[107)]

연구가 진행되고 있으며, 수산물의 보존에도 적용이 검토되고 있다.

양식된 물김을 건조 기계로 말리는 건조 김, 해풍에 생육으로 말리는 과메기, 건포도, 각종 과일 등에는 화학적 방부제 대신에 사용 가능한 플라즈마는 매우 안전하고 적절한 식품 보존제로서의 역할로 활용이 가능하다.

3) 식품의 플라즈마 살균 사례

(1) 엽채류의 미생물 억제

미국 질병통제예방센터(Centers for Disease Control and Prevention, CDC)는 양상추와 같은 신선식품에 의해 발병하는 식중독이 1998년부터 2008년 사이에 발생한 식중독 발생 건수 중 22%에 달한다고 보고하였다.

이는 양상추를 포함한 채소가 수확, 가공, 유통 그리고 소비 과정에서 *Escherichia coli* O-157:H-7, *Salmonella Typhimurium*, *Listeria monocytogenes*와 같은 다양한 식중독 세균에 의해 오염될 수 있기 때문이다. 양상추를 포함한 신선편이식품의 살균에는 차아염소산나트륨과 같은 염소계 소독제가 가장 널리 이용되고 있으나 염소계 소독제는 유기물질이 많을 때 활성이 저하된다고 알려져 있으며, 또한 trihalomethane와 같은 발암물질을 생성할 수 있다고 알려져 있다.

이에 대한 대안으로 다양한 비가열 살균 기술이 연구되고 있다. 그중 저온 플라즈마

(Cold plasma)는 광자나 전자, 양이온과 음이온, 자유 라디칼과 같은 활성종을 생성하여 세포의 세포막을 파괴하기 때문에 세균에 대한 살균 효과를 나타낸다고 알려져 있으며, 세균 포자, 곰팡이, 그리고 생물막(biofilm)도 효과적으로 불활성화시킨다고 알려져 있다.

양상추에 인위적으로 접종된 *E. coli* O-157:H-7, *S. Typhimurium*과 *L. monocytogenes* 에 대한 저온 플라즈마 및 UV-C 단독 처리와 플라즈마와 UV-C의 병행 처리 시 저해 효과를 비교하여 보면, 저온 플라즈마와 UV-C를 병행 처리하였을 때 양상추에 존재하는 식중독 세균을 저해하는 효과가 가장 크다. *E. coli* O-157:H-7, *S. Typhimurium*, *L. monocytogenes* 세 가지 균의 저감 양상을 보면 대체적으로 *S. Typhimurium*는 *E. coli* O-157:H-7과 *L. monocytogenes*에 비하여 저온 플라즈마 처리에 민감하며, UV-C 처리 시에는 *S. Typhimurium*, *L. monocytogenes*, *E. coli* O-157:H-7 순으로 높은 저해 효과가 있다.

이것은 저온 플라즈마와 UV-C에 대한 민감도가 식중독 세균에 따라 다르기 때문이다. 따라서 비가열 살균 기술인 저온 플라즈마와 UV-C를 병행 처리하는 것은 각각을 단독 처리하는 것보다 식중독 세균의 전반적인 저감을 위해서 보다 효과적이라 할 수 있다.

Lee[19] 등은 봄배추의 수급 안정을 위한 저장 기간 연장을 목표로 저장 현장에서 적용할 수 있는 플라스틱 필름을 이용한 pallet형 MAP 및 플라즈마 처리가 배추 '춘광'의 신선도에 미치는 효과를 연구하였다.

실험에서는 원물에 흙이 부착되어 있어 일정한 결과를 제시할 수 없어 저장고 내의 공중 미생물에 대한 플라즈마의 저감 효과를 측정하였는데, 일반 저장고의 경우 저장 초기부터 12주 동안 10^1 CFU/plate 범위를 유지한 반면, 플라즈마를 처리한 저장고의 경우에는 저장 초기의 10^1 CFU/plate에서 저장 3주부터는 10^0 CFU/plate 수준으로 유지되는 결과를 보여 주어 어느 정도 공중 미생물이 저감화되는 것으로 나타났다.

정선 손실률은 대조구의 경우 저장 기간 동안 10~19%였으며 포장 처리하지 않은 플라즈마 처리구는 대조구보다 낮은 손실률을 나타내어 플라즈마 처리가 어느 정도 효과가 있는 것으로 조사되었다.

(2) 향신료에서의 미생물 억제

고추와 같은 대부분의 향신료는 고온다습한 환경에서 재배되는 열대성 또는 아열대성 작물로서 재배 또는 수확 시 오염이 심각하고, 오염된 미생물은 최종 제품에까지 이행되어 미생물학적 안전성에 영향을 끼친다. 우리나라 고추의 미생물 오염은 토양 미생물인 *Bacillus*속이 주류를 이루는 것으로 알려져 있으며, 인도산 고추의 경우는 호기성 미생물 수가 국내산 고추에 비해 오염도가 높고 *E. coli*와 *B. cereus*가 주요 오염 미생물인 것으로 보고되고 있다. 특히 최근 들어 동남아시아 재배 지역의 기온 상승으로 이들 국가에서 수입되는 향신료의 미생물 오염 문제에 더욱 관심이 높아지고 있다.

시중에 유통되는 향신료의 경우 특별한 살균을 거치지 않는 것들이 많아 위생 상태가 매우 좋지 않은 것으로 알려져 있다. Mock 등[6]에 의하면 경기도 성남 모란시장과 중앙시장에서 구매한 9종의 고춧가루를 구입하여 오염도를 조사한 결과 세균은 7.33×10^4~1.07×10^7 CFU/g 범위의 오염도를 보였으며, 평균적으로는 2.85×10^6 CFU/g의 오염도를 나타냈다. 진균류 오염도는 3.47×10^4~3.16×10^6 CFU/g의 범위를 보였으며, *B. cereus* 오염도는 2.05×10^4~2.66×10^6 CFU/g으로서 고춧가루에 존재하는 세균 중 주종을 이루고 있었다.

후추도 오염도가 높은 향신료로서 국내에서 유통되는 후추는 흑후추와 백후추의 총균수는 각각 2.5×10^6 CFU/g, 5.0×10^2 CFU/g 수준이었으며(Lee 등[36]), 외국산의 경우 나이지리아산은 총균수가 1.8×10^4~1.1×10^8 CFU/g 수준이었다. 외국산 후추의 오염균은 *B. cereus*, *B. polymyxa*, *B. subtilis*, *B. coagulans* 등 *Bacillus*가 주류를 이룬다고 한다.[2]

향신료는 건조된 분말이라는 특징 때문에 살균이 매우 까다롭다. 열을 이용한 살균은 건조 상태에서 적용이 어려울 뿐만 아니라 향신료의 품질을 저하시키는 요인이 된다. 감마선을 이용한 살균은 효과가 뛰어나지만 비용이 비싸다. 화학적인 살균법은 methyl bromide 또는 ethylene oxide를 훈증하여 사용하는데, 약품의 유독성 잔류 화합물로 인한 화학적 위해 발생과 환경 파괴 등의 우려로 인해 사용이 줄어드는 추세이다. 이러한 이유로 플라즈마를 향신료의 살균에 적용하려는 연구가 활발히 진행되고 있다.

국내에서는 감압 방전 플라즈마(low pressure discharge plasma, LPDP)를 이용한 고춧

가루의 비가열 살균에 관한 연구가 Mok 등에 의해 시도되었다. 연구에서 고춧가루의 LPDP 살균은 플라즈마의 출력에 따라 살균 속도 상수가 증가하였으며, 입자가 가늘수록 살균 효과가 증가하는 것으로 나타났다. 미생물의 종류별로는 세균에 비하여 진균에 대한 살균 효과가 크게 나타났다. 하지만 과도한 LPDP 처리는 고춧가루의 탈색과 캡사이시노이드(capsaicinoids) 함량의 감소를 유발하였다. 또한 LPDP 처리 시간이 길어지면 맛의 유의차가 발견되었다. 향과 기호도에서는 처리구와 무처리구 간에 유의차를 보이지 않아 5분 이하로 LPDP 처리 시 관능특성을 유지하면서 약 1.5 log 정도의 미생물 저감화가 가능하다. 후춧가루의 경우에는 고춧가루에 비하여 그 효과가 낮게 나타나 고춧가루보다 살균이 어려운 것으로 조사되었으며, 향신료가 많이 포함되어 있는 즉석면 분말수프의 경우 감압 플라즈마 처리한 결과 초기 살균 효과가 크게 나타나 2분간 처리에 의해 진균은 약 1 log, 세균은 약 0.8 log 감소하였다고 한다.

Mok[8] 등의 연구에서 시판 후춧가루의 미생물 오염도는 가공제품에서는 세균, 진균 모두 10^3 CFU/g 수준이었던 반면, 재래시장에서 벌크로 판매하는 제품에서는 세균은 10^6 CFU/g, 진균은 10^7 CFU/g 수준의 오염도를 보였다. 후춧가루의 LPDP 살균 패턴은 1차 반응으로 나타났으며, 세균과 진균의 살균 속도 상수는 각각 0.0841 min^{-1}과 0.0696 min^{-1}로서 세균이 진균에 비해 LPDP에 약간 더 민감하였다. LPDP 처리는 후춧가루의 색에는 영향을 미치지 않았으나 피페린(piperine) 함량을 낮추는 것으로 확인되었다. 피페린 감소에도 불구하고 후춧가루의 관능특성은 LPDP 처리에 의해 영향을 받지 않았다. LPDP 처리는 후추의 매운맛 성분인 피페린을 감소시켰으나 후춧가루의 색과 관능특성에는 영향을 주지 않고 미생물 오염도를 낮춤으로써 후춧가루의 위생성 향상에 기여함을 알 수 있다.

(3) 육가공 제품에서의 플라즈마 응용

최근 식생활 문화의 서구화와 더불어 식육의 관능적 특성, 저장성 및 편의성 증진 등의 목적을 위해 가공된 식육 가공식품의 소비가 증가하고 있는 추세이다. 이러한 육가공식품에 필수적으로 이용되는 아질산염(nitrite)은 육가공식품의 색상 및 풍미를 좋게 하며, 지질 산패를 억제하고 또한 클로스트리듐 보툴리눔(*Clostridium botulinum*)과 같은 식중독 미생물의 억제에 효과적이기 때문에 널리 사용되고 있다. 현재 보편적으로 사용되는 아질산염은 아질산나트륨($NaNO_2$)과 아질산칼륨(KNO_2) 형태의 합성 아질산염이 사용되고 있으며, 샐러리 분말과 같이 샐러리 내에 존재하는 질산 이온을 아질산 이온으로 환원시켜 제조된 천연 아질산 첨가물도 이용되고 있다[56).

하지만 최근에는 합성 첨가물에 대한 소비자의 부정적인 인식으로 인하여 합성 아질산염의 식품 첨가제로서 사용을 줄이고자 하는 움직임이 식품업계에 확산되고 있다. 또한 천연 아질산 첨가물을 사용하는 경우에도 천연물 자체의 풍미로 인해 염지 식육가공식품의 관능적 품질 저하가 문제되고 있다고 한다.[28), 34)]

최근 육가공식품의 제조 시 아질산 첨가물을 대체하기 위한 방법으로 대기압 저온 플라즈마(atmospheric pressure cold plasma) 기술의 이용 가능성이 제시되고 있다.[29), 37)]

대기압 저온 플라즈마는 대기압 상태, 실온에서 발생되는 플라즈마를 말한다. 기존 연구에 따르면 수용액에 플라즈마 처리 시 플라즈마 내 활성 질소종(Reactive nitrogen species, RNS)들이 물 분자와 반응하여 아질산 이온이 생성됨이 보고되었다[53)].

또한 대기압 저온 플라즈마를 수용액이 아닌 식육 균질물에 처리한 결과 플라즈마 처리 시간 증가와 함께 식육 균질물 내 아질산 이온의 함량이 증가함이 확인되었으며, 플라즈마 처리된 식육 균질물로 제조된 햄의 품질이 아질산나트륨을 첨가하여 제조된 햄과 비교하여 차이가 없음이 확인되었다.[29), 37)]

하지만 플라즈마 처리를 오래 할수록 식품의 온도가 증가한다는 문제점이 제기된다. 식육가공품 제조 공정 중 식육 균질물의 온도 증가는 지질 산패 및 미생물 증식을 촉진할 수 있어 가급적 식품의 온도를 10~13℃ 이하로 관리하는 것이 중요하다. 플라즈마 처리된 식품의 온도 증가를 억제하기 위한 방법으로 플라즈마 발생을 위한 전력을 낮춰 플라즈마의 온도를 저하시키는 방법이 있지만 플라즈마 발생 전력이 낮으면 플라즈마 생성량도 감소하여 살균 효과도 떨어질 수 있다.

이러한 문제점을 개선하는 방법으로 열에 민감한 식품을 플라즈마 처리하기 위한 방법으로 플라즈마 간접 처리 방식이 제시되고 있다.

플라즈마 직접 처리 방식은 플라즈마 방전 소스(plasma discharge source)에 식품을 직접적으로 노출시키는 방식이지만, 플라즈마 간접 처리 방식은 발생된 플라즈마를 플라즈마 처리 대상 식품에 노출시켜 처리하는 방식으로 이송되는 동안 플라즈마의 온도가 감소하여 식품의 온도 상승을 억제할 수 있다.

국내에서의 연구로는 조 등[24]의 연구에서 대기압 저온 플라즈마를 식육 균질물에 간접 처리한 결과 식육 균질물에 낮은 온도 증가와 함께 효과적으로 아질산 이온이 생성되었으며, 살균에도 효과가 있었음이 보고되었다.

(4) 분말 농식품에서의 플라즈마 응용

Won[42] 등에 의하면 DBD 방식의 콜드 플라즈마 처리는 양파 분말에 접종된 *E. coli* O-157:H-7, S. Enteritidis, *L. monocytogenes*를 효과적으로 저해시켰다. 저온 플라즈마 처리(MW-CP 처리)에 의한 식중독균 억제 효과는 플라즈마 전압 증가에 따른 유의적인 차이를 보이지 않았지만 플라즈마 처리 시간에 따라 억제 효과가 유의적으로 증가하였다고 한다.

또한 양파 분말의 수분활성도가 높은 것과 입자 크기가 큰 것이 저온 플라즈마를 이용하여 미생물을 억제시키는 데 유리하다는 것을 규명하였다. 양파 분말의 이화학적 특성에 영향을 미치지 않으면서 저온 플라즈마 처리 시간, 양파 분말의 수분활성도와 크기 조절을 통해 식중독균을 효과적으로 억제시킬 수 있음을 알 수 있었고 이로써 저온 플라즈마가 양파 분말 식중독균 저감화에 사용될 수 있는 비가열 살균 기술임을 확인 할 수 있었다.

마이크로웨이브 저온 플라즈마는 전분의 수산기와 구연산의 카복실기 사이의 에스터화를 위한 반응촉매로서 작용할 수 있다.

Oh 등[71]은 마이크로파와 병합된 저온 플라즈마 처리를 통해 플라즈마 형성 가스와 전력 그리고 처리 시간에 따른 분체 식품(분유, 양파 분말)에 접종된 *C. sakazakii*와 *B. cereus* 포자 저해에 대한 영향을 연구를 수행하였다. 실험 결과 분유 분말의 *C. sakazakii*와 양파 분말의 *B. cereus*의 포자를 저해하는 데 있어 가장 효과적인 플라즈마 형성 가스는 각각 He-O_2와 He이었다.

분유 분말에 대한 저온 플라즈마 처리 시간이 길어질수록 그리고 형성 전력이 높아질수록 *C. sakazakii*의 저해율이 상승하였다.

양파 분말에 접종된 *B. cereus* 포자는 저온 플라즈마 단독 처리와 마이크로파와 병합된 콜드 플라즈마 처리에 대하여 강한 저항력을 가지고 있었으나 열처리(90℃, 1분)를 두 형태의 플라즈마 처리에 선병합시켰을 때 약 90%가 저해되었다. 병합 처리한 결과 각각의 방법을 단독으로 처리한 것보다 병합 처리시 *B.cereus* 포자의 저해율(약 1.0 log spores/g)이 높아졌다고 한다.

Kim 등[30]의 연구에서는 분말식품의 살균 처리를 위해 저온회전형 플라즈마 장치를 이용하여 대장균(*E. coli*)에 대한 살균 효과를 조사하였다. 그들의 연구에서 질소와 아르곤에 따른 차이는 보이지 않았으며, 대장균에 접종된 구연산 칼슘 분말에서는 배양 후 대장균이 번식하였으나 플라즈마 처리 후에는 대장균이 검출되지 않았다. 또 온도에 민감한 식품 분말을 대상으로 30℃ 이하에서 균일한 살균이 가능하며, 저온 회전형 플라즈마 장치는 분말형 식품의 대장균 살균에 효과가 있었다고 한다.

(5) 농식품 포장재에 플라즈마의 적용

기존에 사용되던 농식품의 유통기한을 연장시키려는 포장 분야에서의 노력은 플라즈마 처리를 통해 더욱 탄력을 받고 있다.

MAP(Modified Atmosphere Packaging)나 CAP(Controlled Atmosphere Packaging)를 통한 유통기한의 연장에 플라즈마 처리를 병행하면 시너지 효과가 있다. 플라즈마를 적용하는 방법은 플라즈마를 발생시켜 포장재 속으로 투입하는 방법, 그리고 포장재 자체에 전극을 만들어 포장재 내부에 플라즈마를 발생시키는 방법도 있다.

딸기 포장재 속으로 플라즈마를 주입하면 저장 기간을 늘릴 수 있다는 보고가 있으며(문 등[112]), 플라즈마 주입 후 포장한 딸기의 상태는 공기 환경에서 포장한 경우와 비교해서 상당히 양호한 상태로 두 경우는 뚜렷한 차이를 나타냈다고 한다.

이 경우에는 플라즈마를 포장재 밀봉 전에 주입하지만 포장재 내부에 전극을 코팅하여 밀봉 후 플라즈마를 포장 내부 공간에서 발생시켜 밀봉하는 과정에서 오염되었을 수도 있는 유해 미생물을 밀봉 상태에서 확실하게 살균할 수 있는 방법도 제안되고 있다. 그러나 비용의 문제 등 실제 적용하기 위하여서는 여전히 더 많은 노력과 연구가 요구되고 있다.

7. 식품 포장재의 살균 방법

포장재는 종이를 제외하고는 미생물이 이용할 수 있는 에너지원이 없다고 말할 수 있으나 미세한 먼지 등과 함께 미생물이 부착하여 생존할 가능성은 있다. 또한 포장 공정상 오염될 수 있는 낙하균도 무시할 수 없는 수준이기 때문에 포장재 및 포장 공정에서의 위생에도 만전을 기하여야 한다.

특히 최근의 식품산업에 있어서의 동향은 화학적인 식품 보존료의 첨가를 될 수 있으면 하지 않는 경향이 있으며, 별도의 살균 공정이 없는 즉석으로 섭취하는 신선편이식품이 증가하고 있는 추세이기 때문에 포장에 있어서의 위생 관리 중요성이 더욱 커지고 있다고 할 수 있다.

포장재의 살균은 특히 우유나 주스, 즉석밥 등 무균충진 포장하는 식품에 있어서는 필수 불가결한 요소가 되고 있다.

이러한 식품의 포장에 사용되는 포장재의 살균 방법으로는 τ선(감마선) 살균, EOG

표 4-8 포장재에 적용되는 살균 방법 비교[162)]

살균 방법	장점	단점	적용 예
자외선 살균	① 쉽게 적용이 가능 ② 가격이 싸다. ③ 상온 건조 살균이다. ④ 포장재 손상이 적다. ⑤ 연속 살균이 가능	① 표면 살균이다. ② 균종에 의해 내성이 다양하다. ③ 살균이 불안정하다. ④ 오존이 발생된다.	○ 각종 충진 포장기에 설치, 인라인 살균 - 딥드로잉 포장 : 육류제품 - 컵 포장 : 젤리류
γ선 살균	① 상온에서 건조 살균이 가능 ② 투과력이 강하여 두꺼운 포장재 살균이 가능 ③ 살균이 안정적이다.	① 패치식 살균이다 ② 조사 장치가 매우 고가이다. ③ 살균 비용이 비싸다. ④ 포장 재료에 미치는 영향이 크다(분해, 열화, 냄새 등). ⑤ 시간이 오래 걸림	○ 박스째 포장하여 살균하는 포장재 - 즉석밥용 LID 필름 ○ 의료 용구 살균
과산화수소 살균	① 연속 살균 처리가 가능 ② 처리 시간이 짧다(몇 초 정도). ③ 처리비가 저렴하다.	① 습식법이라 건조가 필요하다. ② 500℃ 이상 가열이 필요하다. ③ 약은 부식성도 있고, 취급 주의를 요한다. ④ 잔류가 문제시 될 수 있다.	○ 종이팩 무균충진 포장기에 적용 - 우유, 음료 등 ○ 일회용 성형충진 용기 포장기 등에 적용 - 커피 크림 등
EOG 살균	① 살균 신뢰성이 높다. ② 장치가 상대적으로 저렴하고 장소의 제약이 적다. ③ 건식 살균이다.	① 패치식 살균이다. ② 500℃ 이상 가열해야 한다. ③ 독성이 높고, 누설 등 취급에 충분히 유의하여야 한다. ④ 잔류가 큰 문제가 될 수 있다. ⑤ EOG가 충분히 침투할 필요가 있다. ⑥ 비교적 장시간이 필요하다(수시간).	○ 봉투 형태의 일반 포장재 - 의약품 포장 재료 ○ 의료용구 살균

(ethylene oxide gas) 살균, 자외선 살균, 과산화수소 살균, 가열 살균 등이 있다.

이들 살균 방법의 적용 시 유의사항 및 주요 특징을 표 4-8에 표시하였다.

1) 방사선 살균

미국에서는 훈증제인 브롬화메틸(methyl bromide)의 대체 등 식품에 있어서 해충 방제의 목적으로 방사선 조사가 주로 이루어지고 있으나 포장재의 살균 목적으로서도 많이 행하여지고 있다. 또한 장기 저장 및 수송하여야 하는 포장육에 대해서도 방사선 조사가 이루어지고 있는데 상한은 식육 냉장품은 4.5 kGy, 냉동품은 7 kGy이다.

유럽에서는 프랑스, 네덜란드, 벨기에 등에서 향신료, 건조채소, 건조과실, 냉동 어패류에 방사선이 조사되어 유럽 국가 내에서 유통되고 있다.

방사선 살균 시 조사량은 어떤 목적으로 방사선을 조사하느냐에 따라 달라진다. 그것이 해충 방제인지, 아니면 미생물 살균인지, 그리고 타깃이 되는 미생물이 무엇인지에 따라서도 조사선량은 달라질 수 있다.

표 4-9에 생물의 종류에 따른 방사능 민감도를 표시하였다. 식품이나 포장재에 대한 방사선 조사선량은 나라별로 조사선량 범위에 대한 규격을 명시하고 있으며, 이 범위 내에서 방사선 조사의 목적에 따라 적절한 조사선량을 결정하고 있다.

표 4-9 생물의 종류에 따른 방사능 민감도

생물의 종류	방사선 민감도	Dose to kill 90%
Parasites like trichinella	Very sensitive	0.1 kGy
Insects	Very sensitive	0.1 kGy
Bacteria	Sensitive	0.3~0.7 kGy
- *E. coli* O-157:H-7		0.3 kGy
- *Listeria monocytogenes*		0.45 kGy
- *Salmonella*		0.7 kGy
Bacterial spores	Less sensitive	2.8~4.0 kGy
Viruses	Very resistant	Greater than 10 kGy

자료: CDC, FAQ about food irradiation and CAST, 1966

(1) 방사선 살균의 원리

식품이나 포장 재료의 조사에 사용되는 방사선에는 감마선, 전자선이 있다.

감마선은 전자파의 일종으로 방사성 동위 원소의 핵붕괴로 발생한다. 가장 일반적으로 사용되는 것은 코발트 60이 니켈 60에 변화할 때에 나오는 감마선이다. 전자선은 전자에 고전압을 뿌려 가속하고 높은 에너지를 갖게 하며, 인공적으로 얻을 수 있는 방사선의 일종이다.

감마선과 전자선은 성질이 똑같으며, 미생물의 살균 원리나 살균 작용도 같다고 할 수 있다. 방사선의 생물에 대한 작용은 주로 유전자 DNA의 분자쇄 절단, 염기의 산화 분해 등이다. 따라서 DNA 함량이 높은 고등생물일수록 방사선에 대한 감수성이 높고 바이러스처럼 DNA 또는 RNA 함량이 낮으면 내성이 있게 된다.

미생물에 대한 방사선의 살균 작용은 전리 작용에 의해서도 나타날 수 있으며, 화학 반응을 일으키기 쉬운 전리기가 세포의 생성에 필요한 생체 기능에 변화를 주어 세균이 사멸하는 것으로 생각된다. 방사선은 물 분자를 분해하여 여러 라디칼을 형성하게 만들며(그림 4-21), 이렇게 형성된 이온화된 라디칼은 반응성이 매우 높기 때문에 주변에 있는 미생물 세포의 구성 성분과 반응하여 화학적인 변화를 야기한다.

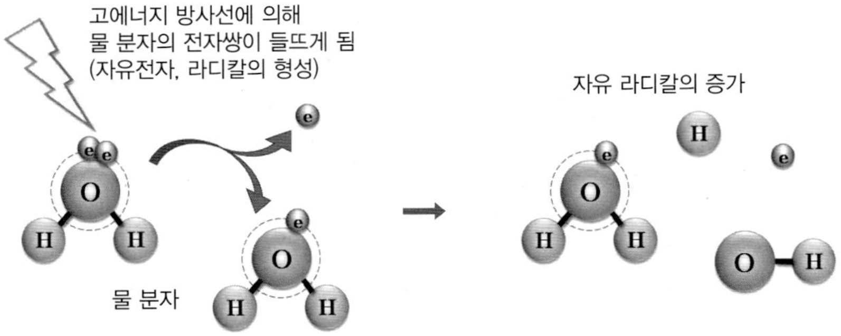

그림 4-21 감마선 조사에 의한 물 분자의 라디칼화

식품 및 포장재에 대한 조사효과 측정에는 흡수선량의 단위가 사용되며, 주로 그레이(Gy) 단위가 사용된다. 1 Gy는 1일정(J)의 에너지가 피조사 물질 1 kg 중에 흡수되는 양이다.

또한 kGy(103 Gy), MGy(106 Gy)의 단위도 자주 사용된다.

방사선의 흡수선량

광자선이나 전자선이 어떤 물질로 입사되면 물질을 구성하는 원자의 궤도전자와 상호작용이 일어나 2차 전자가 생성되고, 방사선 에너지를 흡수하게 된다. 따라서 방사선에 의해 어떤 물질에 에너지가 전달되는데 흡수선량은 그 물질의 단위 질량당 흡수된 에너지를 말한다.
조사선량의 2/3이 흡수선량이다. 1 Gy라고 함은 1 kg(단위 질량) 물질에 1 J의 에너지가 흡수되는 것을 말한다. 과거에는 rad라는 단위를 사용하였는데 1 Gy는 100 rad와 같은 양이다.

- 단위: Roentgen, Rad, Gy(gray), kGy(killo gray)
- 1000 Gy = 1 kGy = 1 J/kg = 105 rad

특징

- 물질 중에 부여된 방사선 에너지양을 측정한 값
- 단위 질량당 부여되는 에너지로 정의
- 1차 전리방사선의 종류나 에너지와는 관계없이 측정

(2) 방사선 조사 장치

방사선 조사 장치에는 코발트 60 감마선 설비와 전자선 조사 장치가 있다.

① 감마선 조사 설비

감마선은 투과력이 매우 강한 전자기파로서 다른 방사선인 α선, 전자선, X선과 비교할 때 가장 투과력이 강하다. 따라서 감마선에 의한 피해를 방지하기 위해서는 두꺼운 콘크리트로 조사 설비를 둘러싸야 한다.

코발트 60 감마선 조사 설비는 건물과 같이 크게 지어진다(그림 4-23). 작업원의 안전성을 생각하여 조사가 이루어지는 공간은 두꺼운 콘크리트 벽으로 둘러싸여 격리된다.

코발트 60은 보통 수심 5~6 m의 물탱크에 저장된다. 방사선은 잔류하지는 않으나

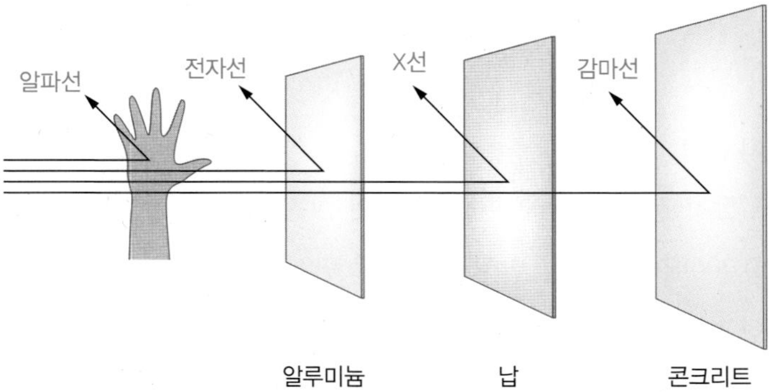

그림 4-22 다른 전자기파와 감마선의 투과 능력 비교(알루미늄, 납, 콘크리트)

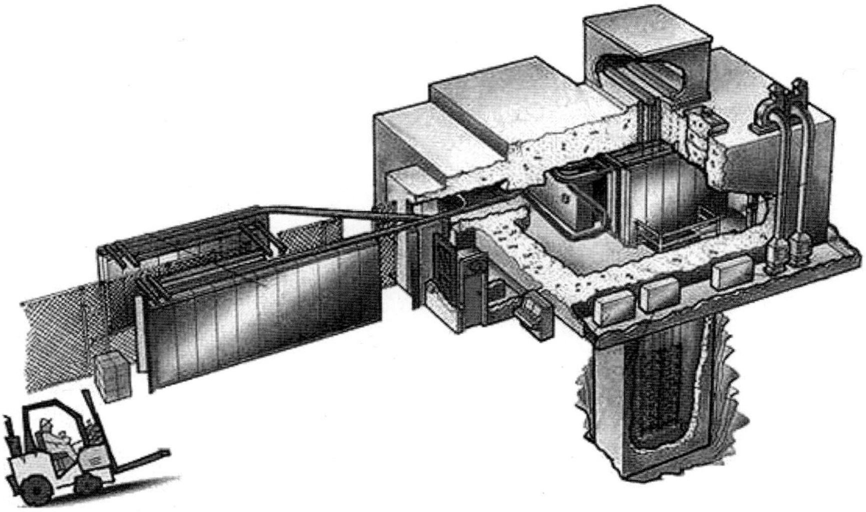

그림 4-23 두꺼운 콘크리트 외벽으로 둘러싸여 있는 자동 파레트형 감마선 조사 설비
자료 : www.greenpiatech.com

조사 시 인체에 유해하기 때문에 자동화된 팔레트형 설비로 건설되며, 내부에는 사람이 접근하지 못하게 되어 있다.

감마선 조사 설비는 약 50억~100억 원 수준의 고가이지만 다른 살균 방법에 비해 식품에 미치는 영향이 적어 식품을 포장한 채 대량으로 조사할 수 있는 이점이 있다. 처리 비용도 감자의 발아 억제에 0.06~0.15 kGy의 선량을 조사했을 경우 감자 1 kg당 20원 정도의 수준이다. 따라서 세계 각국에서는 의료용 기구, 이화학 기구, 실험용 무균 동물사료나 식품 포장재가 감마선 조사로 살균되고 있다.

식품 포장재의 경우에는 일반적으로 10~15 kGy의 감마선을 조사하여 살균된다. 주로 롤 형태의 필름 포장재와 파우치, 유리병, 용기 및 캡 등이 감마선 조사 살균되는 포장재들이다.

② 전자선 조사 장치

전자선 조사 장치는 전자 가속기와 컨베이어 장치로 구성되어 있다. 전자선은 감마선보다 1,000~10,000배나 방사선 발생량이 많고 단시간에 대량으로 처리할 수 있다는 장점이 있을 뿐만 아니라 비교적 관리가 쉬워 식품공장의 인라인 장치로 설치가 가능하다는 장점이 있다. 처리 비용도 감마선 조사 비용의 1/2~1/10 수준으로 더 저렴하기 때문에 분말식품이나 곡류처럼 포장 상태로 대량 처리하는 데 적합하며, 1대의 가속기에서 연간 50만~100만 톤의 처리가 가능하다.

포장 용기와 필름 포장재의 살균에는 대형 전자선 살균 장치가 가동되고 있다. 전자선 조사 장치는 X선 실드벽 안에 전자선 조사 장치, 반입부, 반출부와 감시 모니터, 오존 처리 장치가 내장되어 있는 형태로 구성된다. 감마선 살균 장치에 비해 소량의 포장재료 처리에도 대응할 수 있고, 처리 시간은 수초~수분으로 보다 짧으며, 전원을 끄면 전자성이 사라지기 때문에 안전하다는 이점이 있지만 감마선보다 투과성이 떨어진다는 단점이 있다.

최근에는 플라스틱의 개질(가교 결합, 경화 등), 무균 식품용 포장재의 표면 살균 등에 초소형 전자선 조사 장치가 사용되고 있다. 이 장치는 저가속 전압(25~60 kV)이며, Min-EB로 불린다.

그림 4-24에 Min-EB의 구조도를 나타내었다. 이 전자선 발생 장치는 특수 진공 유리관 내에 전자 발생부를 배열하여 고진공으로 밀봉한 구조이다. 열음극(cathode)에서 발생한 전자는 투과창 사이의 전위차(가속 전압)에 의해 가속되며 광속 가까이까지 가속된 전자는 창을 투과하여 대기 중에 방출된다.

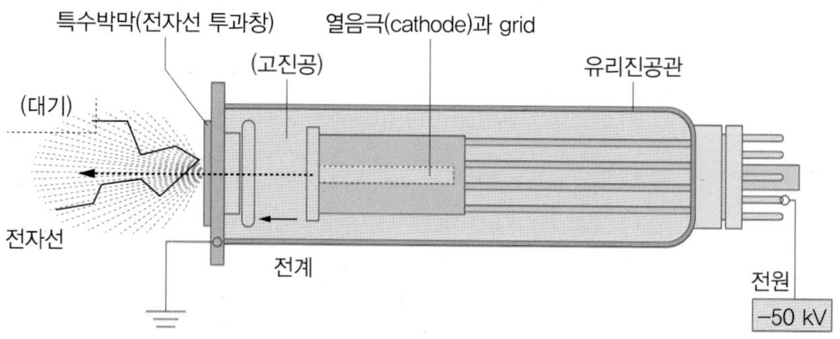

그림 4-24 초소형 전자선 조사 장치 Min-EB의 구조

(3) 방사선의 미생물에 대한 살균 효과

현재 전 세계적으로 사용되는 식품이나 포장재의 방사선 살균법에는 τ선(감마선)과 전자선이 있다. 미국에서는 식품 원료로 사용되는 농축 과즙 등의 포장재에 감마선을 조사하여 무균충진 포장하고 있으며, 우리나라의 경우 무균밥(즉석밥)의 리드 필름, 의료용 포장재 등에 γ선(감마선) 조사를 하고 있으며, 조사선량은 15 kGy 수준이다.

전자선 살균의 경우는 플라스틱 용기나 캡, 무균충진 포장 음료의 다층 포장재에 적용 사례가 있다. 감마선 조사에서는 선량을 증가시킬수록 살균 효과는 높아지지만 처리 시간과 비용, 포장 재료의 변성 등의 문제점이 있다.

방사선(감마선, 전자선)이 의료기구나 포장 재료의 살균에 사용되고 있는 이유는 방사선 조사 후에도 방사선이 잔류하지 않아 안전하며, 다른 살균 방법에 비해 많은 장점이 있기 때문이다.

식품과 포장재에 대한 방사선 조사 이점은 다음과 같다.

① 방사선 조사는 처리로 인한 열 발생이 없어 온도 상승을 수반하지 않으며, 따라서 열처리로 인한 식품의 맛과 조직감 변화 등 품질 저하 없이 그대로 유지하는 상태에서 살충 및 살균 처리가 가능하다.

② 식품을 금속 캔 등 어떠한 포장 재료로 포장하건 간에 포장 재료를 방사선이 투과하므로 포장된 상태로 살균할 수 있다.

③ 사멸 효과가 크고 확실하며 선량을 목적에 따라 조절할 수 있다.

④ 대량, 연속 처리가 가능하여 공정 관리가 간단하다는 장점이 있다.

식품에 존재하는 일반 세균은 1~7 kGy, 식중독 세균은 2~5 kGy, 포자 형성 세균은 5~50 kGy에서 살균할 수 있다. *Aspergillus oryzae*, *Penicillium islandicum* 등의 곰팡이는 1~5 kGy에서 살균이 가능하다고 알려져 있다.

향신료, 건조채소와 배합 사료의 살균에는 5~10 kGy의 방사선이 조사되고 있다.

흑후추에 대한 실험에서는 1g당 10^8의 세균 수가 10 kGy의 방사선 처리에서 10^2로 감소하였으며, 10^4의 곰팡이균은 2 kGy의 처리로 10^1으로 줄었다고 보고되고 있다. 향신료의 모든 미생물에 대한 감마선과 전자선의 비교 시험을 실시해 본 결과 5 kGy, 10 kGy 조사에서는 각종 향신료에 대한 살균 효과는 감마선이 전자선보다 조금 큰 것으로 나타났다.

전자선에 의한 포장재를 살균으로 무균 포장재를 제조하는 것이 세계 각국에서 시작되고 있다.

ICGFI(국제식품조사자문그룹)은 식품 조사에 관해서 세계 각국(46개국)의 제안을 정리하고 있는데, 미국, 영국 등에서는 살균 선량은 25 kGy가 적당하다고 제시하고 있다.

우리나라에서는 한국식품의약안전처에서 식품 조사 대상 식품에 따른 조사선량 기준을 정하고 있으며, 실제적으로는 제품의 종류와 오염 수준, 오염균의 방사선 저항성 차이 등을 고려하여 조사선량을 결정하는 것이 유효하다.

표 4-10에 대표적인 식중독 세균들의 방사선 조사에 의한 치사율 상수 값(D_{10})을 표시하였다.

표 4-10 식중독 세균의 방사선 조사에 의한 치사율 상수 값(D_{10})

구분	미생물	D_{10} 범위(Gy)
일반 세균	*Campylobacter*속 세균	100~300
	E. coli(O-157:H-7 포함)	200~500
	Micrococcus radiodurans	2,500~6,000
	Pseudomonas fluorescens	50~200
	*Salmonella*속 세균	250~2,000
	Staphylococcus aureus	200~600
포자 세균	*Bacillus subtilis*	300~3,000
	Clostridium botulinum (Type A)	3,000~6,000
	Clostridium botulinum (Type E)	1,000~1,500
	Clostridium perfrinens	1,100~2,200
	Clostridium sporogenes PA3679	~2,200

전자선 조사의 살균 효과는 감마선에 비해 약간 떨어지는 수준이지만 전자선 조사 살균에 있어서 중요시 여겨야 할 점은 전자선의 투과도가 감마선에 비해 떨어진다는 점이다. 전자성 살균은 알루미늄 포일이 적층되어 있는 포장재에 대해서는 투과를 잘 하지 못하기 때문에 이러한 포장재가 여러 겹으로 쌓여져 있을 때, 즉 여러 장의 포장재를 한꺼번에 살균하는 것에도 적당하지 않다.

134 ㎛ 두께의 ONy/Al/MDPE의 적층 필름 포장재를 여러 겹 층층이 쌓아 전자선으로 살균한 실험 결과 여러 겹으로 쌓여진 포장재는 전자선이 잘 투과하지 못하여 살균이 어려운 것으로 나타났다. 실험에서는 *Bacillus pumilus*와 *Bacillus subtilis*의 포자를 포장재 1 ㎠당 10~10^5세포 수의 농도로 도말하여 실험하였으며, ONy/Al/MDPE의

다층 필름 포장재 1~4매를 겹겹이 쌓아 300 keV 및 400keV에서 20 kGy의 전자선을 조사하였다.

결과를 살펴보면, 400 keV에서는 포장재 4장을 모두 투과하여 살균 효과를 나타냈으나 300 keV로는 2장까지 밖에는 투과하지 못하여 2장밖에 살균하지 못한 것으로 조사되었다.

비록 감마선과 전자선의 종류와 관계없이 흡수선량이 살균 능력의 지표로서 거론되기는 하지만 전자선은 투과 능력이 떨어지기 때문에 두껍거나 여러 겹으로 쌓여진 포장재를 한꺼번에 살균하는 용도로서는 사용되기 어렵다.

따라서 전자선 살균은 감마선 조사의 단점을 해결하는 수단으로서 시도가 계속되고 있으며, 빠른 속도로 연속적으로 처리하기 위한 성능이 뛰어나고 소형인 장치의 개발이 계속되고 있다.

Q. 방사선 살균을 하면 포장재 재질의 변형이 오지는 않나요?

A. 방사선 조사는 금속 캔, 알루미늄 포일 등에는 큰 영향을 미치지 않지만 플라스틱과 같은 고분자에는 영향을 미칠 수 있다. 방사선에 의한 영향은 주로 플라스틱 고분자의 분자 내 화학적 결합을 끊는 것으로 나타나는데, 각 플라스틱 재질별로 방사선 조사에 의한 영향성은 다르다. 이중결합을 가지고 있는 고분자보다는 선형결합으로 구성되어 있는 고분자들에 영향이 큰데 이 중에서 가장 방사선에 취약한 것은 폴리프로필렌(PP)이다.

폴리프로필렌은 방사선 조사에 의해 분자량이 작게 깨져 기계적인 물성이 저하되거나 혹은 갈변, 이취 등을 유발될 수 있다. 따라서 폴리프로필렌을 재질로 하는 포장재는 방사선 조사선량을 제한하는 것이 바람직하다. 통상적으로는 12 kGy 이하의 선량에서는 포장재의 품질에 큰 영향을 미치지 않지만, 이보다 높은 선량의 조사 시에는 문제가 될 수 있다.

이외의 플라스틱들은 일반적으로 식품이나 미생물의 살균에 사용되는 조사선량 범위 내에서는 문제가 되지 않는다.

2) EOG(Ethylene Oxide Gas) 살균

EOG는 산화에틸렌(ethylene oxide)을 이용한 가스 살균을 말한다. 산화에틸렌은 인화성 및 폭발성 무색 가스다. 필수 매개 변수와 작용 범위는

- 가스 농도(450~1,200 mg/L)
- 온도(37~63℃)

• 상대습도(40~80%): 물 분자는 반응성 부위에 EGO를 운반

• 노출 시간(1~6시간)

등이며, 이들은 EOG 살균의 효과에 영향을 미친다.

살균 방법은 50~60℃의 가온 하에서 패치식 살균을 행하는 것이다. 산화에틸렌은 물질과의 반응성이 높고, 미생물의 DNA에 대하여 알킬화제로서 작용하여 살균 효과를 나타낸다. 세균 포자에 대한 산화에틸렌의 살균력은 세균의 영양세포에 비하여 약하여 일반적으로 1/2~1/10이다. 산화에틸렌은 의료기구의 살균제로도 널리 쓰이고 있다. 산화에틸렌의 투과력이 우수한 것도 EOG 살균의 특징이다.

그러나 산화에틸렌은 강한 살균력을 보이는 반면, 잔류성이 있고 잔류 가스가 식품 성분 등과 반응하여 유해한 글리콜(glycol)이나 클로로하이드린(chlorohydrin)을 생성하기 때문에 식품의 살균에 사용하는 것은 금지되고 있다. 피멸균물에 가스가 충분히 침투되어야 할 필요성이 있으며, 살균 후에는 가스를 완전히 제거해야 한다.

과거에는 우유팩 종이 용기나 백인 박스(BIB) 내면에 사용되는 플라스틱 필름(주로 PE)에 에틸렌옥사이드 가스(EOG)에 의해 살균을 하는 경우가 있었다. 하지만 최근에는 잔류량 문제로 무균 포장재의 살균에는 자외선과 전자선, 플라즈마와 같은 다른 살균 방법을 이용하고 있다.

EOG는 RH 30~70%, 온도 32~66℃의 조건에서, 공기 1 L당 450 mg의 농도로 존재할 때가 가장 효과가 있다고 한다. EOG의 조건을 54.4℃, 30~50%RH로 공기 1 L당 500 mg의 농도로 패치한 경우 D값은 *B. subtilis* 포자의 경우에 6.66분, 내열성 포자균인 *Bacillus stearothermophilus*는 2.63분이며, *Streptococcus faecalis*는 3.04분이다.

최근 EOG 잔류 문제로 식품 포장재에서의 사용이 제한되고 있으며, 포장재 성형 시 열에 의한 살균이나 다른 살균 방식으로 대체되고 있다.

3) 자외선 살균

자외선 살균은 상온에서 쉽게 처리가 가능하며 장치가 비교적 저렴하기 때문에 많은 식품 회사에 설치, 사용되고 있다. 자외선 살균은 미생물의 DNA에 작용하며, 250~260 nm에서 돌연변이가 잘 일어나고 가장 살균력이 좋다.

자외선(UV)은 파장 100~300 nm의 전자파이며, 파장의 길이에 따라 UV-A(315~380

nm), UV-B(280~315 nm), UV-C(100~280 nm)으로 구분된다.

UV-C 중에서 200~280 nm 파장 영역은 살균선으로 불리며, 특히 250~260 nm에서 살균 효과가 높다. 자외선 조사에 의한 살균의 원리는 자외선이 미생물 세포 내의 핵단백질을 변성시키며, DNA사슬 구조의 변화를 야기하여 살균 작용을 나타낸다고 알려져 있다.

자외선에 의해 DNA 내의 인접한 티민염기 사이에 티민 다이머(thimine dimer)가 형성되며, 이에 의해 정상적인 단백질 합성이 이루어지지 않아 세포가 사멸하게 되는 것이다(그림 4-25).

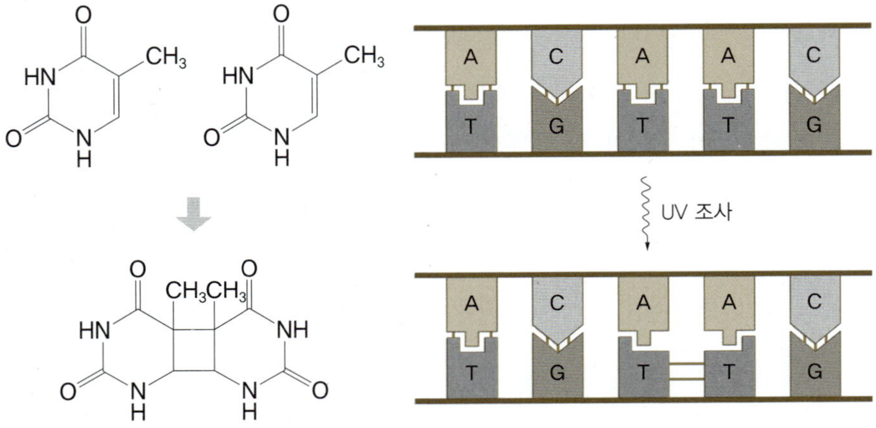

그림 4-25 자외선 조사에 의한 티민 다이머(thimine dimer)의 형성

자외선은 미생물의 핵산에 우선적으로 강하게 흡수된다. 자외선 살균력의 상대치가 높은 파장은 250~260 nm부근으로 근자외선(파장 300~400 nm)의 1,000~10,000배에 해당하는 효과가 있다고 한다.

자외선의 살균 작용에는 자외선의 파장, 조사 조도 및 조사 시간이 관련되어 있다. 세균에 자외선을 쪼였을 때의 생존 균수는 유효 조사도와 조사 시간의 곱에 대해 지수함수적으로 감소한다. 즉 총복사 에너지의 량에 따라 살균율이 정해진다.

자외선이 미생물의 DNA에 미치는 영향은 전체 에너지 흡수량에 의해 결정되며, 산화제와 빛에 민감한 물질이 존재하면 다양한 광화학적 작용에 의해 미생물의 치사율이 증가한다.

그러나 자외선은 침투력이 약해 내부 살균은 힘들고 표면 살균에 주로 사용된다. 또한 자외선이 조사되지 않는 그림자 같은 부분에는 살균할 수 없다는 점에 유의하여야 한다. 이러한 이유로 살균의 신뢰성은 다소 떨어지므로 적용할 때는 특징을 이해한 후 실시하는 것이 중요하다.

자외선 살균은 표면 살균에 유효하다는 특징 때문에 식품용 용기 및 기구의 살균에 많이 사용되고 있다. 가장 일반적인 것이 스테인리스 컵의 살균이다.

Mok[106] 등은 식품공장, 식당 등에서 사용하는 자외선 살균 소독기의 권장 자외선 조사 시간을 산출하는 방정식을 도출하여 보고하였다.

*E. coli*를 대상으로 자외선의 살균 효과를 실험한 결과를 토대로 자외선 강도에 처리 시간을 곱하여 자외선 조사량(UV dose)을 구하고, log(UV dose)와 log reduction [=log(No/N)]을 그림 4-26과 같이 도시하고 직선 모델을 적용하여 회귀방정식을 구한 결과 log(No/N)=1.7932 log(UV dose)이 얻어졌다.

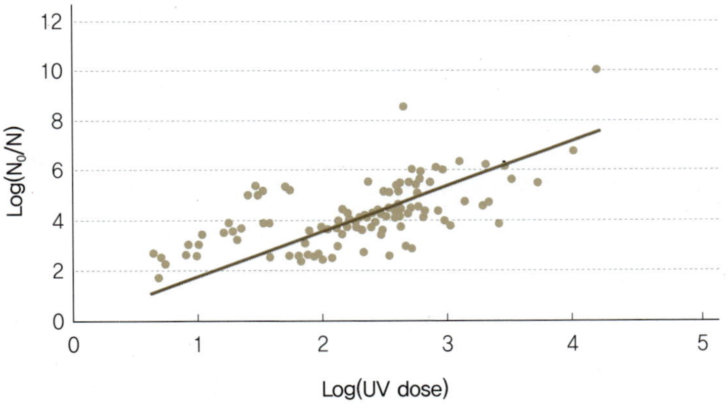

그림 4-26 스테인리스 컵에 부착된 *E.coli*의 자외선 조사량에 따른 살균 효과[106)]

직선 회귀식의 기울기는 자외선 살균에 대한 미생물의 민감성을 나타내는 지표이며, 회귀식을 사용하여 특정 목표 살균치를 얻기 위한 자외선 조사량을 식으로 표현하면 다음과 같다.[106)]

$$t = \frac{f \cdot 10^{\frac{L}{1.7932}}}{60 \cdot I} \qquad \text{(식 4-16)}$$

여기서, t = 권장 살균 시간(min)

f = 안전계수

L = 목표 살균치$(=\log\frac{N_0}{N})$

I = 자외선 강도(W/m^2)

자외선 살균 장치는 공기 살균, 표면 살균, 물의 살균에 사용되고, 출력은 보통 30 W이며, 물을 살균할 경우에는 출력이 높은 60 W가 사용된다.

우리가 흔히 볼 수 있는 식품용 용기 및 기구, 컵 등의 자외선 살균 소독기는 일반적으로 15~30 W의 것들이 많지만 포장재에 대해서는 짧은 시간에 처리하여야 하며, 엄격한 살균력이 요구되므로 출력이 높은 고성능 자외선 살균기가 많이 사용된다. 시판되는 자외선 살균 등(램프 출력 65 W, 살균선 출력 18 W)의 경우 살균력이 가장 강한 파장인 253.7 nm의 에너지양은 복사 에너지양의 약 89%를 차지한다.

무균충진 포장용 우유팩의 살균에 고성능 자외선 살균 장치가 사용된다. 이 장치는 출력 1 kW, 자외선 강도 200 mW·s/cm²이며, 무균충진 포장기에 일체화되어 사용된다.

표 4-11에 고성능 자외선 살균 장치에 의한 살균 효과의 예를 나타냈다.

표 4-11 고성능 자외선 살균 장치에 의한 살균 효과(254 nm, 0.3 W·s/cm², 2.5초 조사)[162]

종류	명칭	살균율(%)	비고
일반 세균	*E. coli*	99.999	사멸
포자형성균	*B. subtilis* *B. stearothermophilus*	99	발육 억제
곰팡이	*Penicillium chrysogenum* *Aspergillus niger*	90~99	발육

표 4-11에서 *Escherichia coli*(대장균)은 2.5초 조사 시 99.999%로 완전히 사멸하고 *Bacillus subtillis* 등 포자 형성균은 발육이 억제되는 것으로 나타났다. 곰팡이는 90~99%의 살균율을 나타내었지만 곰팡이를 모두 사멸시킬 수 없었다.

조사 시간을 2배 이상 늘려 5초를 조사하였을 경우에도 살균 효과는 *B. subtilis*와 포자 형성균인 *B. stearothermophilus*는 완전히 사멸이 가능하지만, 곰팡이의 경우는 완전 사멸이 어려운 것으로 조사되었다(약 99.99%의 살균율을 나타냄).

포장재 표면에 부착되어 있는 미생물은 곰팡이의 경우 *Aspergillus niger*, *Aspergillus flavus*의 2종이, 세균의 경우에는 *Bacillus subtilis*, *Pseudomonas aeruginosa* 등이, 그리고 효모 등이 주로 발견된다. 이들 세균에 대한 자외선 살균 장치에 의한 살균 효과에 대해 알아보기 위하여 36 cm^2의 포장재 표면에 곰팡이, 세균 포자와 효모를 각각 10^5의 농도로 도말한 뒤 출력 1 kW의 자외선 살균 장치를 이용하여 10.5 cm 거리에서 30 mW·s/cm^2로 조사한 실험을 하였다.

실험 결과, 세균 포자(*B. subtilis*, *B. stearothermophilus*)의 1초간 조사 후 콜로니 수는 10^5에서 10^1으로 급속히 감소하였다.

따라서 자외선 살균 장치는 매우 짧은 시간 안에 포장재의 표면에 부착되어 있는 일반 세균과 포자 세균의 살균이 가능하다고 할 수 있다. 대부분의 식중독 원인균의 살균이 가능한 셈이다.

식품 포장재의 살균에 자외선이 많이 사용되는 이유는 이와 같이 자외선 살균이 표면살균에 적합하고, 살균시간이 매우 짧으며, 식중독성 균에 효과적이고, 비용이 저렴하다는 장점이 있기 때문이다. 그러나 부패균인 곰팡이의 살균에는 상대적으로 효과가 떨어지는 단점이 있다.

하지만 살균을 필요로 하는 식품의 포장 내에는 대부분 산소가 없는 것들이 많고, 따라서 호기성균인 곰팡이로 인한 문제는 많이 제기되지 않는다.

표 4-12에 여러 종류의 미생물을 살균하는 데 필요한 자외선 조사선량을 표시하였다.

포장재에 대한 자외선 조사의 부정적인 영향으로는 플라스틱의 변성 등이 있다. 플라스틱 포장재가 자외선에 장시간 노출이 될 경우 그림 4-27에서와 같이 고분자 사슬이 끊겨 포장재의 변성(플라스틱의 분해 및 가교 등에 의한 열화나 악취 발생 등)이 일어나므로 사전 검토가 충분히 이루어져야 한다.

식품 회사에서 많이 쓰이는 식품용 용기 및 기구의 자외선 살균기, 식당에서 많이 쓰이고 있는 식기 자외선 살균 소독기에는 플라스틱 용기를 사용하지 말아야 한다. 반복 사용 시 플라스틱의 수명이 짧아지기 때문이다. 따라서 이러한 용도로 사용되는 용기의 경우 스테인리스 용기를 권장한다.

플라스틱 및 고무와 같은 중합체는 긴 분자 사슬로 구성되며, 다양한 화학결합을 가

표 4-12 각종 미생물을 사멸시키는 데 필요한 자외선 조사선량[144)]

구분	균종	*자외선 조사량(mW·s/cm²)
그람음성균	*Proteus vulgaris*	3.8
	Shigella dysenteriae	4.3
	Shigella paradysenteriae	4.4
	Eberthella typhosa	4.5
	Escherichia coli communis	5.4
	Vibrio comma-cholerae	6.5
	Pseudomonas aeruginosa	10.5
	S. typhimurium	15.2
그람양성균	*Streptococcus haemolyticus* (Group A-Gr.13)	7.5
	Staphylococcus albus	9.1
	Staphylococcus aureus	9.3
	Streptococcus haemolyticus (Group D.C-6-D)	10.6
	Streptococcus facalis R.	14.9
	Mycobacterium tuberculosis	10.0
	Bac. mesentericus fascus	18.0
	Bac. mesentericus fascus (spores)	28.1
효모	Baker's yeast	8.8
	Saccharomyces ellipsoideus	13.2
	Saccharomyces cerevisiae (untergar. München)	18.9
	Saccharomyces sake	19.6
	Zygosaccharomyces barkeri	21.1
	Willia amoma1a	37.8
곰팡이	*Oospora lactis*	10.2
	Mucor racemosus	35.4
	Penicillium roqueforti	26.4
	Penicillium expansum	22.2
	Penicillium digitatum	88.2
	Aspergillus glaucus	88.2
	Aspergillus flavus	120.0
	Aspergillus niger	264.0
	Rhizopus nigricans	222.0
바이러스	Poliovirus-Poliomyelitis	6.0
	Bacteriophage (*E. coli*)	6.6
	Inf1uenza virus	6.6
	Infectious hepatitis virus	8.0
	Tobacco mosaic virus	440.0

*자외선 조사량: 배지상의 균을 99.9% 죽이는 데 필요한 자외선 조사량(mW·s/㎠)

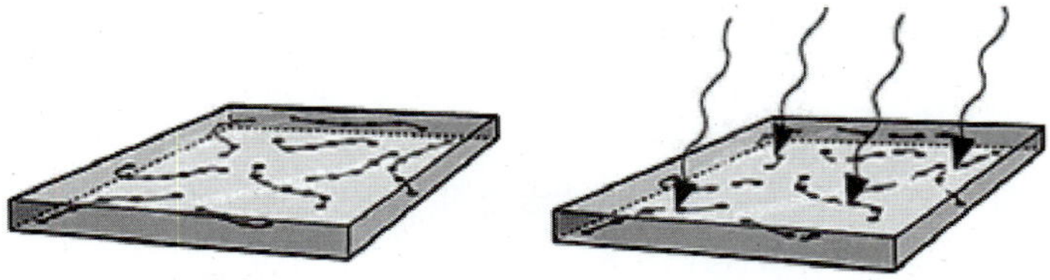

그림 4-27 자외선 조사 시간이 플라스틱 포장재에 미치는 영향

지고 있다. 예를 들어 나일론은 아미드 결합(-CONH-)을 특징으로 한다. 각각의 화학 그룹은 서로 다른 양의 에너지를 흡수하며, 대부분 자외선 스펙트럼 내에 큰 흡광도를 가지고 있다.

그림 4-28은 화학적 관능기에 따른 흡수 파장과 흡수 에너지를 나타낸다.

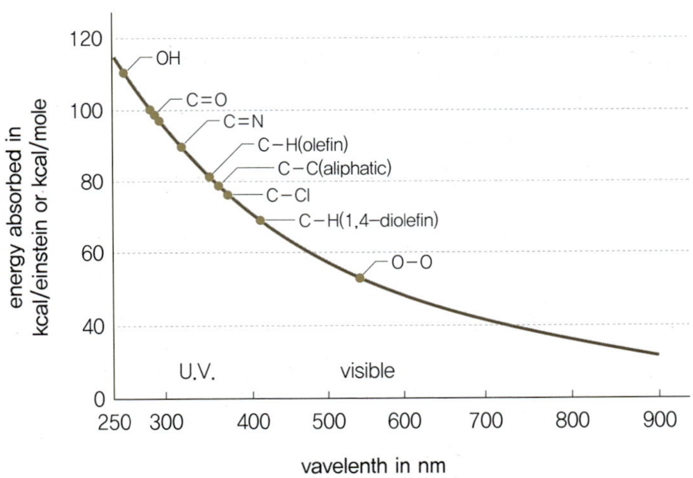

그림 4-28 관능기에 따른 흡수 파장과 흡수 에너지

자료: Materials Technology Limited

UV를 통해 플라스틱 분자에 흡수된 에너지는 상쇄되거나 다시 방출되기도 하지만 에너지가 충분히 크면 플라스틱 분자 내의 화학적 결합이 깨져 분자 사슬이 끊어진다. 이것은 플라스틱 분자량의 감소와 탄성 거동, 균열 및 기계적 성질의 감소, 그리고 변색 및 플라스틱 냄새 발생으로 이어진다. 이러한 현상은 일반적인 살균 조건에서 플라스틱 필름이나 포장재에서는 잘 일어나지 않지만 조사량이 클 경우 일어날 수 있으며, 가장 문제가 될 수 있는 플라스틱 포장 재료로서는 폴리프로필렌(Polypropylene, PP)을 들 수 있다.

이것은 포장재 살균 시 자외선램프를 소등하지 않고 라인을 잠시 멈추는 경우에 발생될 수 있는데, PP 필름에 자외선이 과량 조사되게 되면 갈색으로 변색하여 눈으로도 확인할 수 있다.

포장재에 대한 자외선 조사의 부정적인 영향으로서 또 하나는 '초킹(chalking)'을 들 수 있다. 초킹은 또 다른 분해 현상이다. 초크는 플라스틱 포장재 표면에 미세한 가루 잔여물로 나타난다. 일반적으로 흰색이지만 필러에 따라 다른 색이 나타날 수도 있다. 이것은 유기 분자의 맨 위층이 침식하면서 무기 주입구 입자 또는 색소 입자의 층이 노출되어 발생하는 현상이다.

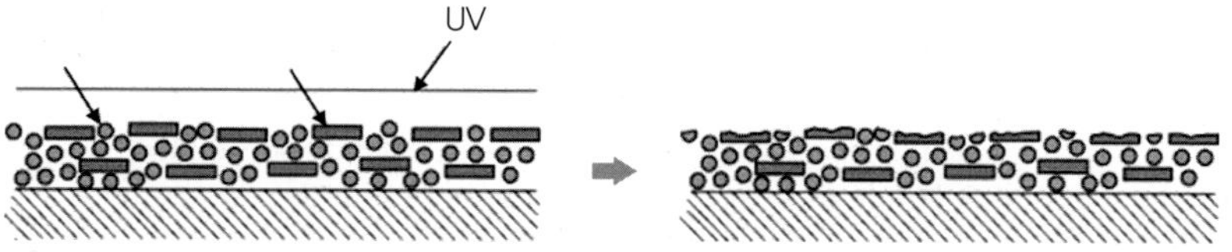

그림 4-29 초킹(chalking) 현상의 원리: 자외선은 플라스틱 포장재의 표면에 위치한 분자를 잠식하여 아래에 있는 색소와 필러 입자를 노출시킨다.

백색 등의 색상을 내기 위해 플라스틱 용기에 사용되는 컬러 마스터 배치(color master batch), 또는 인쇄가 되어 있는 포장재에서 주로 발생한다.

특히 흰색은 이산화티탄(TiO_2)을 사용하는데 이들 입자들은 평균 크기 200 nm 이하의 미세한 무기 입자들로 구성되어 있기 때문에 플라스틱 분자들의 붕괴 시 노출되어 색상 변화를 야기할 수 있다.

도자기 등은 일반적으로 자외선 손상에 덜 민감하지만 표면에 사용되는 색소와 염료에서 색상의 변화가 발생할 수도 있다. 금속은 일반적으로 자외선 노출에 영향을 받지 않지만 금속 캔의 표면에 인쇄가 적용되기 때문에 문제가 될 수 있다. 금속 캔에는 고분자 코팅이 적용되고 있으며, 이러한 코팅 또는 래커(Lacquer)는 고분자 재료와 무기안료의 혼합체이므로 자외선 노출에 의해 영향을 받을 수 있다. 하지만 자외선 조사는 비교적 경제적이고 효과적이며 안전한 살균 방법이기 때문에 다양한 포장재의 살균에 응용

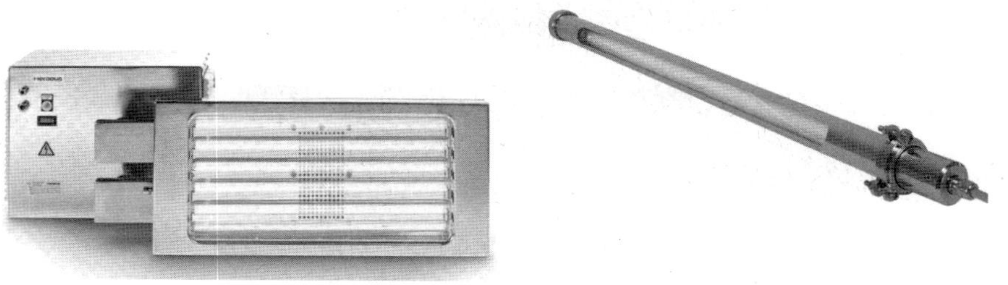

그림 4-30 식품 포장재 살균용 자외선램프 시스템

자료: https://www.heraeus.com

되고 있으며, 주로 무균 포장용 필름 포장재, 무균충진 포장용 컵과 캡의 살균 등에 고성능 자외선 살균 장치가 사용되고 있다(그림 4-30).

이들 장치의 시험에서 63 mm 깊이의 마가린 용기의 바닥에 *Bacillus subtilis* 균액을 도말한 후 600 W의 고성능 자외선 살균 장치로 조사(50~100 mW·s/㎠)한 결과 99.9% 이상이 살균되었다는 보고가 있다. 또한 23 mm 깊이의 플라스틱 캡의 바닥에 *B. subtilis* 균액을 도말한 후 30~ 50 mW·cm^2로 조사한 결과 99.9% 이상의 균이 살균되었다고 한다.

4) 과산화수소 살균

과산화수소는 식품 업계에서 액체(35% 용액) 혹은 미스트로 PET병 등의 포장 재료 등의 살균에 이용되고 있다. 또한 멸균 시유, 과즙 음료나 커피용 우유 등의 무균충진 포장기에는 과산화수소 살균 장치가 내장되어 있는 경우가 있다.

과산화수소 증기를 이용한 살균 방법의 특징은 포장재 멸균에 과산화수소를 사용한 후 백금이나 바나듐 등의 촉매에 의해 쉽게 과산화수소를 산소와 수증기로 분해할 수 있어 포장 용기에 잔류시키지 않을 수 있으며, 따라서 에틸렌옥사이드나 포르말린을 이용한 멸균과 달리 잔류가스 혹은 분해물의 독성으로 인해 환경을 오염시키지 않는다는 것이다.

과산화수소 증기(vapor phase hydrogen peroxide, VPHP)는 같은 농도의 과산화수소수보다 강한 살균력을 가진다(표 4-13).

과산화수소 증기(VPHP)에 의한 살균력은 증기의 농도에 의존한다. 그러나 과산화수

표 4-13 과산화수소 증기 멸균에서의 D값[126)]

구분	미생물명	평균 증기 농도 H_2O_2(㎎/L)	D 값(min)
세균 포자	*Bacillus subtilis*	1.69	1.22
	Bacillus stearothermophilus	1.72	3.31
	Bacillus pumilus	1.74	1.89
	Bacillus cereus	1.59	0.56
	Clostridium sporogenes	1.32	0.61
일반 세균	*Escherichia coli*	1.77	0.56 이하
	Staphylococuus aureus	1.7	0.45
	Streptococcus faecalis	1.82	0.56 이하
	Pseudomonas aeruginosa	1.67	0.72 이하
	Nocardia lactamdurans	1.74	0.61
	Serratia marcescens	1.81	0.56
	Mycobacterium smegmatis	1.74	1.09
곰팡이, 효모	*Aspergillus terreus*	1.75	0.56 이하
	Rhodotorula glutinis	1.69	0.56 이하
	Fusarium oxysporum	1.68	0.56 이하
	Penicillium chrysogenum	1.68	0.56 이하
	Candida parapsilosis	1.69	0.51
	Saccharomyces cerevisiae	1.63	0.51

초기 균수: 1.0×10^6 세포, 실험 온도: 25~32℃

소 증기는 독성이 강하기 때문에 멸균 장치 내에서 증기가 새지 않도록 할 필요가 있다.

또한 과산화수소의 증기압이 매우 작기 때문에 멸균 장치 내에 습도가 높은 상태에서는 멸균에 필요한 충분한 농도의 과산화수소 증기를 얻을 수 없다. 따라서 멸균 장치 내의 습도를 10~30%로 유지할 필요가 있다.

살균 원리는 과산화수소가 반응·분해할 때 발생하는 발생기 산소(활성산소)에 의한 것으로, 산화 활성산소와 물(H_2O)과의 반응으로 생성하는 OH 라디컬($\cdot O + H_2O \rightarrow 2\cdot OH$)에 의해서 살균 효과가 나타나는 것으로 생각된다. 이 발생기 산소에 의해 미생물의 세포막이 변성하거나 효소의 활성이 저하되어 미생물의 발육을 저지하는 것이 과산화수소 살균의 원리이다.

과산화수소는 강력한 산화제이므로 피멸균물과 멸균 장치 등의 재질이 제한된다. 여기에 사용될 수 있는 재질은 스테인리스 스틸이나 알루미늄 등의 녹슬지 않는 재질이나 유리, 폴리에틸렌 등 과산화수소 증기를 흡착하지 않도록 하는 재질을 사용하여야 한다.

과산화수소 증기는 효모나 곰팡이 등 부패성 균에도 매우 효과적이다. 따라서 병원성 미생물의 살균뿐만 아니라 식품의 장기간 저장성이 필요할 경우에 고려될 수 있으며, 특히 유리병이나 PET병과 같이 입체적인 용기에도 처리가 쉽다는 장점이 있다.

표 4-14에 포장 재료에 부착된 호기성 포자형성 세균의 과산화수소(30℃, 30%)에 의한 사멸 시간 예를 들었다. 표에서 *Bacillus polymyxa*의 세균 포자의 사멸에 필요한 최단 시간은 15분이며, *B. stearothermophilus*는 1~5분의 짧은 시간 안에 사멸하는 것을 알 수 있다.

표 4-14 포장 재료에 부착된 호기성 포자형성 세균의 과산화수소(30℃, 30%)에 의한 사멸 시간

세균 포자 종류	최단 사멸 시간(min)	최장 사멸 시간(min)
Bacillus polymyxa	15	20
Bacillus subtilis	25	-
Bacillus subtilis A	5	10
Bacillus AA 53-55	1	5
Bacillus C 52-324-4	1	5
Bacillus coagulans 56-186A	1	5
Bacillus stearothermophilus	1	5

30%의 H_2O_2 농도일 때 가열 온도에 따른 세균의 사멸 작용은 가열 온도가 높아지면 세균의 사멸은 빨라지게 되어 80~90℃에서 처리한 경우 *B. stearothermophilus* 포자도 10초 내외에서 사멸하는 것으로 보고되었다.

PET병의 살균에는 과산화수소와 과초산을 주성분으로 한 수용액이 사용되고 있다. 이 액체는 2.5~3.5%의 농도, 40~65℃의 온도 범위 내에서 사용되고 있다.

일반적으로는 35%의 과산화수소수를 이용하여 40~60℃에서 몇 초간 침지 처리로 안정적인 살균이 가능하다. 이 방법은 무균 포장기계 및 포장 재료의 살균 방법으로 사용되고 있다. 이 방법을 사용할 때는 습윤 처리 후 건조하여 완전히 과산화수소의 잔류를 없애는 것이 무엇보다 중요하다.

최근에는 이러한 단점을 해소하는 방법으로 플라스틱 용기 및 기구의 살균에 기체 상태의 H_2O_2(VHP) 사용하는 방법과, 오존 가스의 병행 처리도 시도되고 있다. 이것은 과산화수소를 기체 상태로 분무함으로써 분무 시 건조 상태를 유지하여 H_2O_2의 침투성을 높임과 동시에 오존의 살균 효과를 함께 얻고자 하는 살균하는 방법이다.

5) 과산화아세트산계 살균제를 이용한 PET병 살균

액상 식품의 무균충진 포장 시스템에서는 PET병의 살균에 과초산계 살균제가 사용된다. 이 살균제는 과초산·과산화수소·아세트산의 혼합 액제이다.

Serac 시스템에서는 이 액제(3%, 40℃)를 PET병의 안팎에 도립 상태로 스프레이하고, 스프레이 후 정립시켜 유지한 다음 멸균된 물을 이용하여 세척한다. 이 액제의 미생물에 대한 살균 효과는 3%(40℃)의 농도에서, *B. subtilis*(1.2×10^5)와 *Clostridium botulinum*이 약 30초에서 사멸하며, 효모와 곰팡이는 보다 저농도에서 사멸한다.

이 액제에 대해서 미국 식품의약국(FDA)은 충진 후 과산화수소의 잔류 농도가 0.5 ppm을 넘지 않도록 하는 것을 요구하고 있다.

6) 고온충진

고온충진(hot filling)은 살균된 내용물을 고온충진하여 포장 용기를 살균하는 방법으로 보통 80℃ 이상에서 충진하여 효과를 발휘하며, 내용물의 성분 및 점도 등에 따라 온도를 가감한다. 케첩, 소스, 주스, 음료 등에 사용된다.

사용할 수 있는 포장 용기의 재질은 PP가 가장 적합하나 충진 온도가 82℃ 이하일 경우 LDPE 튜브 보틀이나 HDPE 보틀, 내열 PET 보틀(HR bottle) 등이 사용되기도 한다.

충진되는 식품은 생산 라인에서 열에 의해 살균되어 뜨거운 상태이며, 잠열이 있기 때문에 포장 용기에 충진이 된 후에도 온도를 유지하면서 서서히 냉각된다. 보통 70~80℃ 정도의 온도에서 1~2분 이상 유지되는데, 포장재에 부착되어 있는 세균의 수는 매우 적은 수이기 때문에 이 정도의 조건에서는 병원성 세균은 대부분 살균될 수 있다. 다만, 효모나 곰팡이 포자들은 이 조건에서 생존이 가능하다. 따라서 이러한 내열성균이 문제가 되는 식품의 경우에는 별도의 미생물 대책을 마련해야 한다.

고온충진이 아닌 상온 무균충진인 경우에는 열로 포장재를 살균하고 충진을 한다. 이 방법은 금속 캔, 유리병, 내열성 플라스틱 용기 등의 살균에 효과가 있지만 OPP와 같은 플라스틱 필름처럼 가열에 의해 수축되는 제품에는 적용할 수 없다.

이 방식은 건열 공기(dry hot air)와 스팀에 의한 방법이 있다. 돌(Dole)사의 금속 캔 무균충진 방식에서는 캔의 살균은 220℃에서 45초, 캔 뚜껑(END)은 290℃, 90초에서 행해진다.

8. 확장된 허들 이론의 적용

포장된 상태로 가열 살균을 하는 레토르트 식품에서는 유통 중 식품의 부패 우려가 없지만 다른 식품에 사용되는 살균에서는 식품 안에 존재하는 미생물을 모두 멸균하는 것이 아니라 제조·유통 과정(냉장, 냉동)을 통해 미생물의 증식을 일정 수준 이하로 억제하는 방법을 이용하여 식품의 안전성을 확보하고 있다.

허들 이론이란 1970년대 후반에 Leistner에 의해서 제창된 이론으로 '식품의 유통 중 미생물이 증식하지 못하도록 할 목적으로 미생물의 증식을 억제하는 각종 미생물 제어법을 미생물 생장의 장애물(허들)로 삼아 여러 단계에 걸쳐 미생물이 넘지 못하도록 하는 방법'이라고 설명될 수 있다. 하나의 장애물이 완전하지 않더라도 여러 개의 장애물을 조합하여 미생물을 억제하면 어느 하나의 장애물에 걸려서 넘어가지 못한다는 것이다.

HACCP의 개념이 식품 회사들에 정착되면서 허들 이론은 현재 식품의 보편적인 미생물 관리의 체계로 자리 잡고 있다. 이러한 관리 방법으로 미생물을 관리하면 안전한 식품을 제조·유통할 수 있다.

여기서 식품의 제조에서 허들로 사용될 수 있는 방법의 예를 들면 다음과 같다.

① 가열 살균

② 냉각

③ 수분활성도(a_w) 제어

④ 산도 조절(pH)

⑤ 보존료 사용

⑥ 포장 후 열수 살균

허들 이론의 식품 적용 사례를 그림 4-31에 들어 보았다. 이 제품은 어묵이나 비엔나 소시지에 해당될 수 있다.

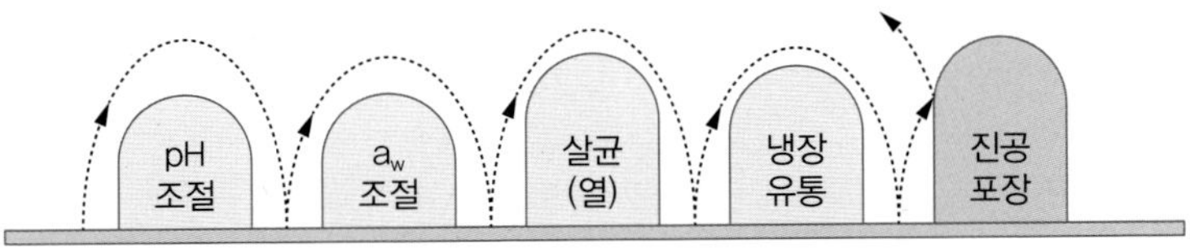

그림 4-31 허들 이론의 식품 적용 사례(어묵 등)

그림 4-31에서 이 제품에 그동안 사용되어 왔던 식품 보존료를 줄이는 대신 다른 방법으로 미생물의 제어를 하고자 하였다. 우선 유기산으로 pH를 낮추고, 무기염류를 이용하여 수분활성도(a_w)를 줄였다. 그리고 이 제품을 튀기는 공정으로 열에 의한 살균을 하였다. 하지만 냉장 유통을 하여도 곰팡이에 의한 미생물 클레임이 사라지지 않았다. 이것은 곰팡이 포자가 열에 강할 뿐만 아니라 냉장 조건에서도 생육이 가능하기 때문이다.

클레임에 대한 원인 조사 결과 곰팡이 포자에 의한 감염을 포장 공정에서도 100% 차단하기 어렵다는 결과를 얻었다. 이후 클레임의 해결을 위해 진공 포장으로 전환한 결과 호기성 미생물인 곰팡이의 억제가 가능해졌다.

기존 공정에서 허들은 충분히 구성되어 미생물을 확실히 줄일 수는 있었으나 정해진 유통기한 동안 미생물 클레임을 100% 막을 수 있는 수준은 아니었다. 따라서 마지막 허들인 '진공 포장'을 추가하여 유통 중 어묵의 미생물 증식 방지라는 목표를 달성할 수 있었던 것이다.

이와 같이 식품에 있어서의 최근 추세는 포장 기법을 활용하여 식품 보존료를 줄이고 유통 중 안전성을 확보하려는 추세에 있다. 포장재에 대한 미생물 관리가 허들에 추가가 되어 기존의 식품 미생물 관리에 사용된 허들과 조합이 된다면 더 확실한 미생물에 대한 대책이 될 수 있다.

예를 들어 즉석밥의 사례를 그림으로 표현하면 내용물인 밥의 제조에 있어서 허들은 원료쌀의 고온 가압살균, pH 조정제의 사용, 그리고 105℃ 내외의 스팀으로 40분 이상 취반하는 공정을 들 수 있다. 하지만 이것만으로는 미생물의 제어가 완전하지 못하다. 따라서 포장 공정에서 허들을 추가하여야 하는데 질소치환으로 호기성 미생물의 생존 여지를 없애고, 리크 테스터(leak tester)로 포장재의 결함이 있는지 확인하여 선별하며, 후살균 공정으로 미생물의 잔여 확률을 없앤다.

사용되는 포장재에 대해서는 미생물이 도저히 넘을 수 없는 두 가지 허들이 적용된다. 방사선 조사와 자외선 살균이다(그림 4-32).

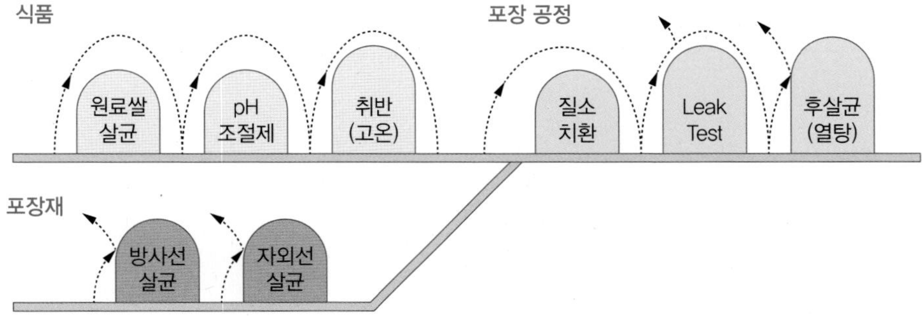

그림 4-32 즉석밥의 제조에서 적용되는 확장된 허들 이론

허들이 많으면 많을수록 좋다. 최근에는 원료의 전처리 과정에서 세균을 줄이려는 노력이 두드러지고 있는데, 여기에 더하여 포장재 살균과 포장 공정에서의 허들을 추가하여 포장을 포함하는 확장된 허들의 설계가 적용된다면 식품의 미생물 관리는 거의 완전한 관리를 하고 있다고 말할 수 있을 것이다.

Q. 포장재에서 기인하는 미생물 사고는 어느 균이 가장 많이 발생하며, 어떤 포장재 살균법을 선택하는 것이 가장 좋을까요?

A. 포장재에 존재하는 균은 대기 중에 부유하다 포장재에 부착하는 균이 대부분이다. 따라서 습한 환경에서 발견되는 세균들은 많지 않으며, 주로 진균류나 효모, 그리고 토양 미생물이 있다. 포장재의 살균에 가장 보편적으로 사용되는 자외선 살균법은 세균, 특히 그람음성균에 효과적이며, 효모나 곰팡이에는 효과가 떨어지는 편이다.
하지만 포장재에 부착되어 있는 세균 수는 매우 적은 수이기 때문에 식품의 안전 측면에서 병원성 세균을 우선적으로 살균하는 것을 목적으로 한다면 자외선 살균이 유효하다. 만약 부패균의 제거가 목적이며 별도의 가스치환 포장을 선택하지 않는다면 과산화수소 증기에 의한 살균이 유효하다.

실제 사례를 살펴보면, 식품 공정에서의 가공 온도를 견딜 수 있는 내열성을 갖는 세균은 그리 많지 않으며, 포장재로부터 기인한 미생물 발생 사례는 내산성 및 내열성 효모의 발생 사례가 가장 많고, 그다음이 토양 미생물, 곰팡이의 순이다. 사용되는 포장재가 모든 미생물로부터 완벽하게 보호되어야 한다면 방사선 살균이 가장 확실한 해결책이 될 수 있다.

CHAPTER 05

미생물 제어에 활용되는 액티브 패키징

1. 식품의 신선도 유지를 위한 액티브 패키징

액티브 패키징(active packaging)이란 '능동적 포장'의 의미로 해석될 수 있다. 기존의 포장재가 수동적인 기능만을 가지고 있었다면, 액티브 패키징은 조금 더 능동적인 형태의 기능을 발휘하는 포장으로 구별될 수 있다.

액티브 패키징이라는 용어는 1987년에 Labuza에 의해 처음 사용되었다. 이것은 그동안 포장이 수동형(passsive)의 개념이었다면 포장재가 보다 능동적(active)인 기능을 갖는다는 의미이다. 액티브 패키징이라는 용어는 이후 널리 사용되었고, 'Active Pack(2002)'이라는 회의도 개최되었다. 이 회의에서는 환경 변화를 감지하고 반응하는 포장 재료로 유통 환경에 대해 피포장물의 기본 구조를 보호할 뿐만 아니라 그 자체가 반응하고 속성이 바뀌면서 내용품의 품질 안전성과 유통 기간 등을 개선하는 것이라고 정의되었다.

식품을 보존하는 기법으로는 진공 포장, 가스치환 포장, 건조식품 포장, 무균충진 포장, 고온충진 포장, 레토르트 식품 포장 등 여러 가지 방법이 있다. 이 식품 보존 기법들에 사용되는 용기에는 다양한 기능·특성이 요구되는데 그중에서도 가스 차단성은 특히 중요하다.

포장 용기 내에 산소가 침입하면 식품의 산화로 인한 열화나 변색·퇴색의 원인이 되며, 호기성균의 증식과 곰팡이 발생을 촉진시킬 뿐만 아니라 살균이 된 식품이라 하더라도 산소에 의한 산패, 변색 등 품질 변화가 문제가 된다.

이러한 식품 포장재의 소재로서 플라스틱이 가장 많이 쓰이는데 플라스틱은 종류도 많고 여러 가지 성형 가공이 가능하며, 여러 형태의 용기를 제조할 수 있기 때문에 현재 식품 포장 용기 재료로 많이 사용되고 있다.

플라스틱 포장 재료를 식품 용기로 사용할 경우 가스 차단성의 부여가 매우 중요하다. 현재 일반적으로 행해지고 있는 플라스틱 포장 재료의 가스 차단성 방법으로는 알루미늄박 등의 가스를 투과하지 않는 재료와 다층화하는 방법, 모두를 플라스틱으로 구성할 경우에는 에틸렌비닐알코올(EVOH)로 대표되는 가스 차단성 수지를 이용하여 다층화하는 방법이 있다. 그러나 알루미늄박과 같은 가스를 투과하지 않는 재료를 사용하더라도 밀봉된 포장 용기 내에 산소가 잔존하고 있으면 내용품에 영향을 미친다.

또한 가스 차단성 소재를 사용하였다고 하더라도 보존 중에 외부에서 산소가 내부로 투과하여 내용품에 영향을 미친다.

포장 내부의 산소를 제거하기 위한 포장 기법으로 탈산소제를 봉입하는 방법이 있다. 현재 일반적으로 사용되고 있는 탈산소제는 환원철 등 산화되기 쉬운 물질을 가루로 만들어 통기성이 있는 봉지에 충진한 것이다. 최근에는 시트 모양(카드형)도 개발되어 내용품 밑에 까는 방법도 있다.

탈산소 봉입 포장에서 포장계를 저산소 분위기로 유지하기 위해서는 포장재 내부에 필요한 산소 흡수 용량을 가진 탈산소제를 사용하여 적절한 가스 배리어성 포장재를 선택하는 것이 가장 중요하다. 탈산소제 봉입 포장은 탈산소제와 가스 배리어성 포장재를 조합한 포장 기법인데, 이 기술을 넘어서는 새로운 포장 기법으로서 포장 용기 자체에 산소 흡수 능력을 갖게 하여 외부에서 침입하는 산소를 흡수 및 제거하고, 충진 시에 포장재 내에 산소가 봉입되었을 경우에는 그 산소를 흡수, 제거하도록 설계된 산소 흡수 포장기법이 개발되어 실용화되어 있다.

최근 여성의 사회 진출, 싱글족의 증가, 고령화 등의 사회 변화를 배경으로 포장된 조리식품의 시장이 늘어나면서 플라스틱 포장 재료에 다양한 기능이 요구되게 되었다. 플라스틱 포장재의 고기능화에 액티브 패키징은 매우 효과적인 수단이다.

미생물 제어에 쓰이는 액티브 패키징에는 다음과 같은 종류가 있으며, 이들은 식품의 상태를 미생물이 번식하기 어려운 환경으로 만들어 미생물의 억제에 이용되고 있다.

- 포장 내 산소 농도를 조절하는 포장
- 포장 내 수분과 습도를 조절하는 포장(드립 시트 등)
- 건조 포장(습기 제거 포장)
- 탄산가스 농도를 제어하는 탄산가스 흡수 포장, 탄산가스 방출 포장
- 항균 포장
- 온도 제어 포장(자기 가열, 자기 냉각)
- 신선도 유지 포장(MA포장, Modified Atmosphere Packaging)

표 5-1에 식품의 미생물 억제에 활용되는 포장 기법과 요구 특성, 그리고 적용되는 포장 형태를 구분하여 정리하였다.

표 5-1 식품의 미생물 억제에 쓰이는 포장 기법과 요구 특성, 포장 형태

포장 기법	요구 특성	포장 형태
진공 포장	가스 차단성, 방습성, 내핀홀 강도	파우치
가스치환 포장	가스 차단성, 방습성, 저온 heat seal성	파우치, 트레이
탈산소제 봉입 포장	가스 차단성, 방습성	파우치, 트레이, 컵
산소 흡수성 포장	산소 흡수성, trigger기능	파우치, 트레이, 컵, 병
선도 유지 포장	선택적 가스 투과성, 가스 흡착성, 방습성, 방담성	파우치, 트레이, 기능성 골판지 포장
Aseptic(무균) 포장	가스 차단성, 살균처리 적성	파우치, 진공 성형 용기, 코팅 종이팩, 컵, 병 등
냉동식품 포장	저온 내충격성, 내핀홀성	파우치, 트레이
건조식품 포장	방습성, 가스 차단성	파우치
레토르트 식품 포장	가스 차단성, 내열성	파우치, 트레이, 컵
항균 포장	미생물 억제 기능, 안전성	파우치, 트레이

Q. 액티브 패키징(active packaging)의 적용은 기능성 소재를 식품의 포장 내에 별도의 sachet 형태로 삽입하는 경우가 많은데 이 경우 『식품용 기구 및 용기·포장 공전』은 어떻게 적용되나요?

A. 가장 중요하게 생각해야 할 부분은 액티브 패키징의 소재가 식품과 직접 접촉하는지 아닌지에 대한 것이다. 만약 직접 접촉을 한다면 직접 접촉하는 sachet의 재질이 무엇인지에 따라 『식품용 기구 및 용기·포장 공전』의 적용을 받게 된다.
또한 sachet 안에 들어 있는 기능성 소재가 식품으로 전이될 가능성이 있는 경우에는 마찬가지로 『식품용 기구 및 용기·포장 공전』에 명시된 용출 규격을 만족시켜야 한다. 식품과 접촉하더라도 sachet 안에 들어 있는 기능성 소재가 식품으로 전이될 가능성이 없는 경우에는 sachet를 구성하는 포장재만이 적용 대상이 된다.

2. 액티브 패키징에 요구되는 기능

1) 기체 차단성

기체 차단성(gas barrier property)에는 산소 차단성, 이산화탄소 차단성, 방향족 탄화수소 차단성(aromatic barrier), 수증기 차단성 등이 있으며, 이 외에도 광차단성, 단열성이 있다.

산소 차단성은 표 5-1에 나타낸 바와 같이 플라스틱 포장재를 이용한 식품 포장에서 가장 중요한 기능이다. 산소 차단성 포장 재료로는 폴리비닐리덴클로라이드(PVDC), 에틸렌비닐알코올(EVOH), MXD6나일론 등이 많이 이용되어 왔으며, 더 차단성이 높은 재료로 투명증착(AlO_x, SiO_x) 필름이나 나노컴포지트 코팅 필름 등이 사용되고 있다.

이산화탄소 차단성은 탄산음료의 용기나 가스치환 포장에 필요한 특성이다. 이산화탄소 차단성의 특성은 산소 차단성과 유사한 특성이기 때문에 산소 차단성 포장 재료와 같은 재료가 적용되고 있다. 방향성 탄화수소 차단성은 향기 성분의 보호 및 향의 유지에 사용된다. 보통은 산소 차단성이 좋은 포장재는 방향성 탄화수소 차단성도 우수하다.

수증기 차단성은 육포나 국수, 과자 등의 건조식품의 포장재에 필수적인 기능이다. 또한 의약품 포장재에는 불가결한 특성이며, 공업 포장의 방청에도 중요하다. 수증기 차단성은 산소 차단성과는 다른 경향을 보인다.

산소 차단성이 좋은 포장재의 수증기 차단성이 반드시 좋다고는 할 수 없다. 예를 들면 PE나 PP 등 비극성 폴리머들의 산소 차단성은 좋지 않지만 수증기 차단성은 양호하다고 볼 수 있다. PVDC나 투명 증착 필름은 산소와 수증기 모두 우수한 차단성을 나타낸다. 반면 EVOH나 나일론은 산소 차단성은 좋으나 수증기 차단성은 좋지 못하다.

이것은 각 폴리머 분자들의 극성기 유무와 관련이 있다. 수증기는 극성을 띠기 때문에 극성을 띠고 있는 EVOH의 분자들 간의 수소결합을 깨고, 기질(matix) 내에 수증기가 통과할 수 있는 자유 공간(free volume)을 증가시키기 때문이다.

광차단성은 광선(특히 자외선)에 의해 변질되는 식품, 의약품, 화장품 등의 포장재에 요구되는 특징이다. 알루미늄 포일이나 알루미늄 증착 필름이 사용되기도 하나 투명성이 요구될 경우에는 자외선 방지제를 적용하고 있다. 갈색 등으로 착색을 하는 경우도 이에 속한다.

단열성은 컵라면, 커피 등 단열 컵에 요구되는 특징이다. 또한 보랭 용기에도 필요하다. 재료로는 발포수지나 알루미늄 증착 필름 등이 이용된다.

2) 비흡착성

식품이나 음료에 포함된 성분이 포장 재료에 흡착되어 식품의 향이 변화할 수 있다. 대표적인 예로는 내면이 PE인 포장재에 오렌지주스를 충진했을 경우 오렌지주스의 향 성분인 limonene이 PE에 흡착되어 향이 변화하는 것을 들 수 있다. 이러한 경우에는 지용성 향 성분의 흡착이 적고 친수성이 있는 PET, EVOH, PAN 등의 플라스틱이 사용된다.

3) 투과성, 선택적 투과성

채소나 과실 등의 신선도 유지 포장의 경우 포장재에는 가스 차단성이 아니라 포장 내의 가스 농도를 컨트롤하기 위한 적당한 가스 투과성 또는 산소와 이산화탄소의 선택적 투과성이 필요하다. 필름 포장재로는 블렌딩된 조성의 폴리올레핀, PS, PLA, 천공된 폴리올레핀계 필름 등이 사용된다. 휘발성 물질의 투과성은 훈제용 합성 케이싱, 축산·수산 제품의 훈제용 포장재에 필요하다.

4) 방담성

과일이나 채소의 선도 유지 포장의 경우 호흡과 수분 증산 작용에 의하여 생기는 수분이 포장재(필름) 표면에 부착되어 물방울을 형성하게 되면서 외관이 뿌옇게 김이 서린 듯한 상태로 되며, 이들이 미생물의 생육·번식의 원인이 되어 부패로 쉽게 이어진다.

이러한 물방울의 부착을 방지하는 특성이 방담성이다. 방담성을 부여하는 방법은 플라스틱 포장재에 계면활성제를 첨가하는 방법이 일반적이다. 방담제는 두 가지 방법으로 사용되는데, 첫째는 내열성이 있는 방담제를 압출 코팅 또는 필름 압출 시 소재필름과 혼련하여 사용하는 방법이 있으며, 둘째로는 스프레이 코팅이나 수용성 코팅을 하는 방법이 있다. 방담제는 FDA 승인이 나 있는 grade가 사용된다.

5) 휘발성 물질 흡착성·분해성

과일이나 채소의 신선도 유지 포장에서 내용물이 발생하는 에틸렌가스(ethylene gas)나 알데하이드(aldehyde)에 의해 신선도가 저하되는 경우가 있다. 이러한 유해물질을 흡착하는 포장재나 포장 부자재가 신선도 유지 포장으로 적용되고 있다.

흡착제로는 활성탄, 제올라이트, 실리카겔, 활성알루미나(activated alumina) 등이, 분해제로서는 과망간산칼륨($KMnO_4$)이나 브롬화 활성탄 등이 사용된다.

6) 항균성

은 제올라이트(silver-zeolite)에는 항균성이 인정되어 있으며, 의료용 기자재, 가정 잡화, 화장실용 제품이나 일부 식품의 포장재에 응용되고 있다. 에탄올 증기, 히노키티올

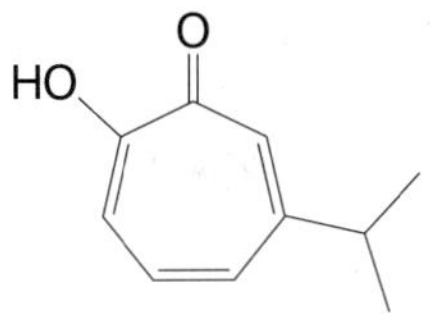

물질명: Hinokitiol
화학식: $C_{10}H_{12}O_2$
CAS No. 499-44-5

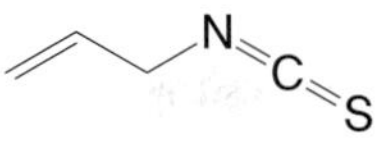

물질명: Allyl isothiocyanate
화학식: C_4H_5NS
CAS No. 57-06-7

그림 5-1 히노키티올과 알릴이소티오시아네이트의 분자 구조

(hinokitiol), 겨자의 매운맛 성분인 알릴이소티오시아네이트(allyl isothiocyanate) 등의 증기를 방출하는 제제와 포장재도 있다.

7) 흡수성(액체 흡수)

고분자 흡수제(흡수 폴리머)를 이용한 흡수성 포장재는 고기, 회 등의 드립 흡수용 트레이 속 시트, 프라이드치킨, 피자 등의 가열된 테이크아웃 식품의 결로 방지, 청과일, 자른 꽃의 시들음 방지 등에 적용되고 있다.

8) 흡습성(습기 흡수)

건조식품 포장에서는 실리카겔이나 염화칼슘 등의 건조제가 부자재로서 일반적으로 이용되고 있다. 건조제를 배합한 플라스틱 필름과 용기도 개발되어 적용된 사례가 있다.

9) 내열성

레토르트 식품은 120~135℃의 열수나 증기로 살균하기 때문에 포장재에는 내열성이 요구된다. 전자레인지나 오븐에 가열되는 조리식품의 포장재나 용기에도 내열성이 필요하다.

내열성은 기본적으로는 플라스틱의 종류에 따라 열적 물성이 다르지만 동일한 플라스틱 용기의 내열성을 증가시키기 위하여 첨가제가 사용되거나, 혹은 연신 기술이 이용되기도 한다.

3. 액티브 패키징의 종류와 식품으로의 적용

1) 산소 흡수성 소재(탈산소제)

산소 흡수성 소재는 사쉐(sachet), 패드(pad), 바(bar), 스티커 등 다양한 형태들이 있으며, 주로 사쉐 형태의 탈산소제가 많이 사용되고 있다. 탈산소제는 유기계와 무기계(환원철계)로 나뉘는데, 보통 국내에서는 사쉐 형태의 환원철계 탈산소제가 주로 사용되고 있다.

산소 흡수의 원리는 철이 산화되면서 포장 내부의 공기에 포함되어 있는(약 20.8%) 산소를 흡수하는 것이 원리이다. 철이 산화되기 위해서는 수분이 필요하기 때문에 포장 내 습도가 어느 정도 높은 환경, 즉 수분함량이 높은 식품에 적용이 될 수 있다.

하지만 식품에는 건조식품도 많기 때문에 이러한 조건에서도 반응을 일으키기 위해 건조식품용 탈산소제는 수분을 담고 있는 담체(주로 다공성 물질)가 철가루와 혼합되어 사용된다. 탈산소제의 활용은 기본적으로는 포장 내부에 있는 산소를 제거함으로써 식품이 산소와 접촉할 수 없도록 하여 유통기한 동안 식품의 산패를 막는 것이 주 역할이기는 하지만, 실제로는 유통기한 중 미생물 증식의 방지와 벌레의 살충에 쓰이고 있다.

미생물 중에서는 가장 흔한 식품의 부패균인 곰팡이를 막는 용도로 가장 많이 사용되고 있다. 곰팡이는 호기성 미생물이라 0.1% 이하의 산소 조건에서는 증식하지 못하는데, 탈산소제는 충분한 양을 사용하였을 때 적절한 온도와 습도 조건 하에서 불과 48시간 이내에 포장 내부의 산소를 0.1% 이하로 떨어뜨릴 수 있다.

식품의 해충 방지용으로는 주로 쌀과 잡곡 등에 많이 사용되며, 탈산소제 사용으로 2주안에 모든 성충과 알까지 사멸시킬 수 있다. 탈산소제를 사용할 경우 쌀바구미의 성충은 4일, 알은 12일 내로 사멸한다(그림 5-2).

탈산소제는 성분에 따라 철계와 유기계로 나뉘며, 철계는 수분함량이 높은 식품에 사용되는 수분 의존형과 수분함량이 낮은 식품에 사용되는 자체 반응형이 있다. 유기계는 주로 비타민 C(ascorbic acid)를 주성분으로 하며, 저수분 식품에서 고수분 식품까지 폭넓게 사용된다.

반응 속도는 철계가 유기계에 비해 빠른 특징이 있으며, 수분 의존형은 식품의 수분함량에 따라 반응 속도가 달라지므로 사용 시 주의가 요망된다.

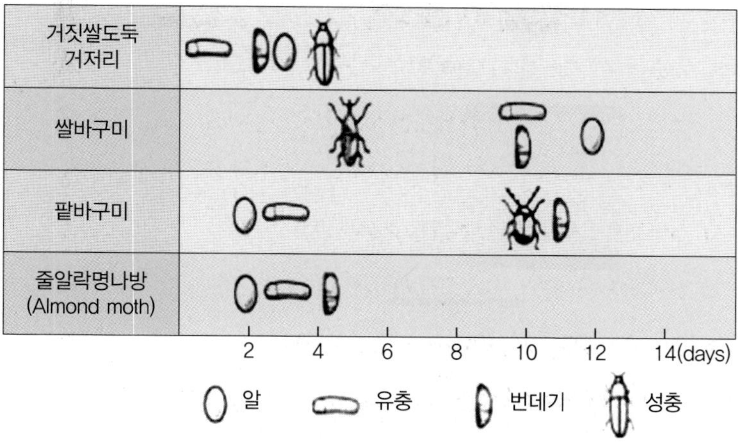

그림 5-2 탈산소제의 살충 효과

자료: Mitsubishi gas chemical[45]

용도에 따라 산소와 이산화탄소를 동시에 흡수하는 복합 가스형, 산소와 수분을 동시에 흡수하는 복합 탈산 방습제, 전자레인지에 사용할 수 있는 타입도 있다.

탈산소제의 종류와 주요 용도에 대하여 표 5-2와 표 5-3에 나타내었다.

탈산소제는 호기성 미생물에 의한 품질 손실을 방지하기 위해서 사용되는 경우가 많으며, 따라서 포장 내부의 산소 농도를 신속하게 0.1% 이하로 떨어뜨리는 것이 중요하다. 탈산소제가 포장 내에 어디에 위치하느냐에 따라 탈산소제의 산소 제거 속도는 달라질 수 있는데, 특히 포장재와 맞닿는 밑 부분에 위치할 경우 탈산소제의 산소 제거 속도는 매우 느려지게 된다. 곰팡이는 0.1% 이하에서만 생육이 완전히 억제되며, 탈산소제

표 5-2 Sachet형 탈산소제의 종류

구분	타입	특징	사용 범위(aw)
철계 수분 의존형	일반형	중~고 수분용 범용 타입	0.8 이상
	복합가스형	산소와 CO_2를 동시에 흡수	0.8~0.95
	전자레인지용	전자레인지 사용 가능	0.8 이상
철계 자체 반응형	일반형	속효성, 저수분함량 식품에도 사용	0.65~0.95
	저온형	속효성, 냉장식품에도 사용가능	
	복합 탈산방습제	산소와 수분을 동시에 흡수	0.65~0.8
유기계	일반형	금속 탐지기, 전자레인지 사용 가능 산소 흡수시 CO_2 발생 효과	0.65~0.95

표 5-3 국내 유통 중인 Sachet형 탈산소제의 종류와 용도 사례

구분(타입)	형태	용도
수분 의존형(일반)	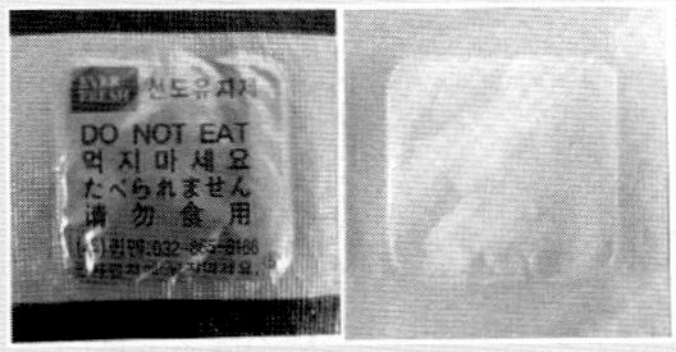	떡, 면, 어묵, 빵, 소시지 등 비교적 수분함량이 높은 식품
자체 반응형	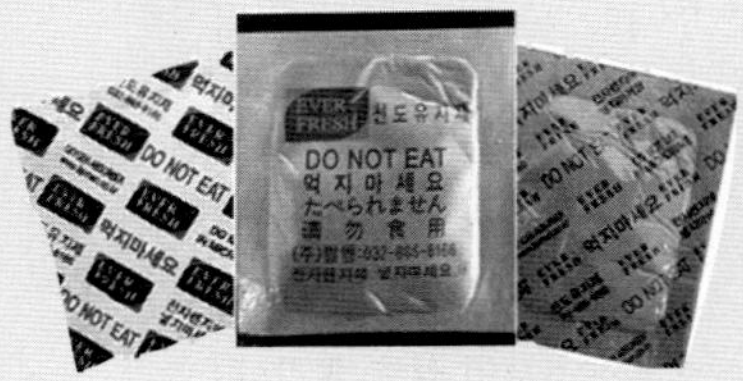	육포, 곡류(쌀, 잡곡), 건어물, 견과류, 분말, 냉장 제품 등 모든 종류의 제품
전자레인지용	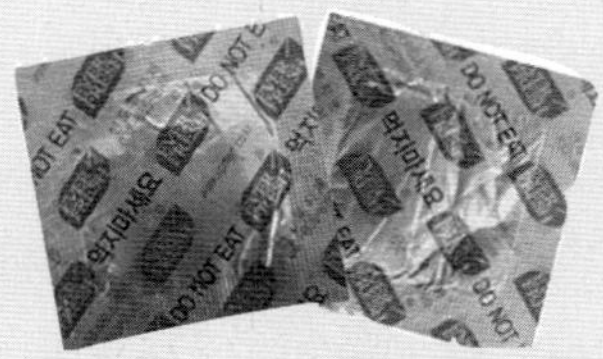	즉석밥, 레토르트, 비엔나소시지, 어묵 등 즉석조리식품
복합형	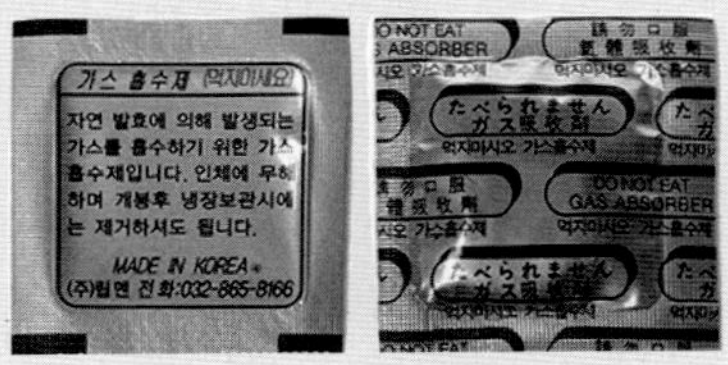	된장, 고추장, 깐 밤 등
복합 탈산 방습제	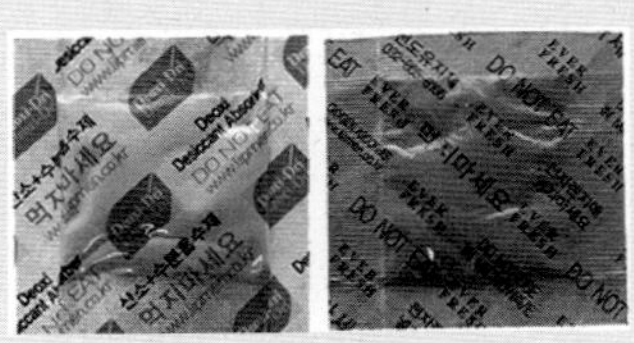	김, 과자, 약품 등
유기계 산소 흡수제	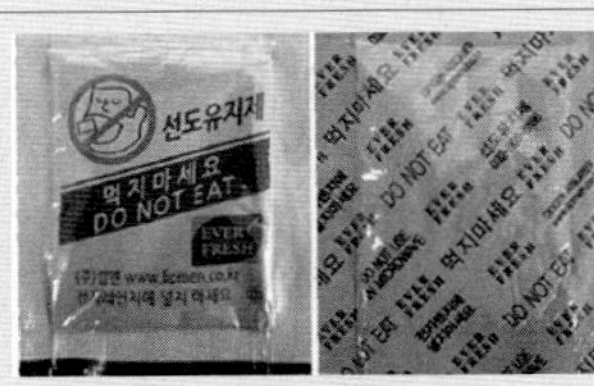	빵, 면, 잡곡, 곡류, 어묵, 육류, 고구마말랭이 등 모든 제품

자료: ㈜립멘(http://www.lipmen.co.kr)

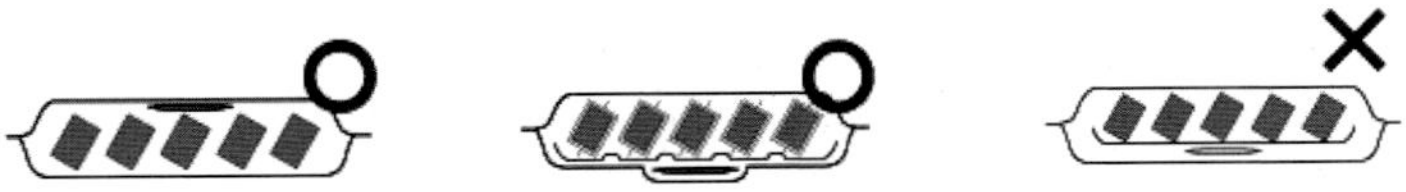

그림 5-3 탈산소제의 포장 내 적절한 삽입 위치(○: 좋음, ×: 나쁨)

의 포장 내 삽입 위치에 따라 부적절한 경우 곰팡이 발생 클레임들이 발생할 수 있다.

탈산소제의 식품으로의 사용 목적은 사실은 식품의 산화 방지보다 곰팡이와 같은 호기성균의 생육 억제에 있다. 하지만 이것은 곰팡이를 비롯한 호기성 미생물에는 억제 효과가 있지만 편성 혐기성균, 미호기성균, 통성 혐기성균, 효모에 대한 생육 억제 효과는 없다.

식품에는 혐기적인 조건에서도 생육이 가능한 토양 미생물 등이 많기 때문에 이에 대한 억제 역시 불가능하다. 따라서 식품의 종류에 따라 지표가 될 수 있는 혹은 원료로부터 혹은 공정으로부터 감염될 수 있는 것으로 예상되는 미생물에 대해 조사하고, 실제 포장, 유통 조건에서 충분히 시험하여 사용 여부를 결정하여야 한다.

또한 포장 조건에 따라서는 생육을 완전히 저지할 수 없는 곰팡이가 드물게 있다. 복합형 탈산소제중에는 호기성 미생물 뿐만 아니라 혐기성 미생물에 대해서도 억제 효과가 있는 탈산소제도 있다. 이들은 탈산소 기능과 CO_2 발생이 동시에 이루어지는 타입과 탈산소제 기능에 에탄올, 히노키티올, 알릴이소티오시아네이트 등을 휘산하는 기능을 추가한 것들로서 보다 광범위한 미생물의 억제 효과가 있다.

Q. 탈산소제 sachet는 주로 어떤 소재를 사용하나요?

A. 탈산소제 sachet는 산소가 잘 투과하여야 하기 때문에 기체의 투과성이 좋은 소재를 사용한다. 천공 필름이나 부직포 등이 기체 투과성이 좋으므로 많이 사용되는 소재이다. 또한 식품과 직접 접촉이 되기 때문에 식품 포장재로서 식품과 접촉하여도 되는 PE나 PET와 같은 재질을 사용한다.

2) 탈산소 기능 포장재

포장 내에 sachet 형태의 탈산소제 삽입이 어렵거나 단순히 포장재의 산소 차단성을 보완하고자 하는 목적이라면 탈산소제가 혼합되어 있는 일체형 플라스틱 용기를 사용하는데, 이러한 포장재를 탈산소 기능 포장재라고 한다.

포장재와 일체형으로 탈산소 기능을 갖는 포장재는 크게 두 가지로 구별되는데, 하나는 무기계 탈산소 원료 사용 제품이며, 다른 하나는 유기계 탈산소 원료 사용 제품이다.

무기계의 경우 철계가 주종으로 철 미립자와 반응 촉진제를 기재 플라스틱에 분산,

혼련하여 용융 압출한 형태이며, 필름과 시트(열성형용)의 두 가지로 구분된다. 철이 주성분이라 고온 고습 조건인 레토르트 등 후살균 공정에서 탈산소 반응이 개시된다.

유기계의 경우 맥주나 음료, 액상 식품에 다른 기체 차단성 수지와 함께 액티브 배리어(active barrier) 방식으로 구성되거나, 다른 수지와 혼련하여 사용된다(polymer base 탈산소제의 경우).

표 5-4에 상용화된 탈산소 기능 포장재의 종류와 탈산소 방식을 요약, 정리하였다.

표 5-4 상용화된 탈산소 기능 포장재의 종류와 탈산소 방식

구분	산소 흡착 물질	반응촉진제	제품명(제조사)	적용 형태
무기계	환원철	할로겐화금속(NaCl)	Oxyguard(東洋製罐), AGELESS OMAC(MGC) Shelfplus(Albis)	파우치(식품, 과자) 레토르트(죽, 탕) 트레이(무균밥), 컵(커피, 스프)
			Fresh Pax, SLF film (MultisorbTech.)	파우치(각종 식품)
	아황산염	-	Liner(NCC)	캡라이너(맥주)
유기계	아스코르빈산	염기성 물질, 전이금속촉매	Pureseal(Zapata) Liner(DarexContainers)	캡라이너(맥주, 식품)
	MXD6나일론	전이금속촉매 (코발트염)	OXBAR(CMB), X-312(CPT), Bind-Ox(S.L.)	PET bottle(맥주)
	2중결합계폴리머 /MXD6나일론		Oxy-block(東洋製罐)	PET bottle (bottle 음료)
	2중결합계폴리머		OS100(Sealed Air)	뚜껑(파스타, 가공육)
			Pro-act(Kuraray)	-
	폴리에틸렌 /스티렌계수지		멀티블록(東洋製罐)	마요네즈병
	시클로헥센기를 가진 폴리머		OSP(Chevro)	뚜껑(생파스타)
	산화형 Polyester	변성 Polyester	OxyClear®(Invista)	음료, 케첩병

(1) 철계 산소 흡수 포장

환원철계의 산소 흡수제는 오래전부터 sachet 형태로 사용되어 왔으며, 환원철 미분과 산화 촉매를 기재 수지(base resin)에 블렌딩(blending)하여 만든 필름이나 플라스틱 소재가 포장에 적용되고 있다. 이것은 물이 반응의 방아쇠(trigger) 역할을 하게 되는데,

레토르트 조건과 같은 고온 다습의 환경이 효과적인 방아쇠 역할을 할 수 있기 때문에 보통은 레토르트 포장 용도로 많이 적용이 되고 있다.

실용화된 것으로는 일본 토요 세이칸(東洋製罐)의 'oxyguard'와 미쓰비시가스화학(MGC)의 'ageless OMAC'(그림 4-4)가 있다. 이 제품은 필름으로 두께는 100~130 ㎛, 산소흡수량은 0.1~0.5 mL/㎠, 활성화를 위한 a_w는 0.85 이상이다.

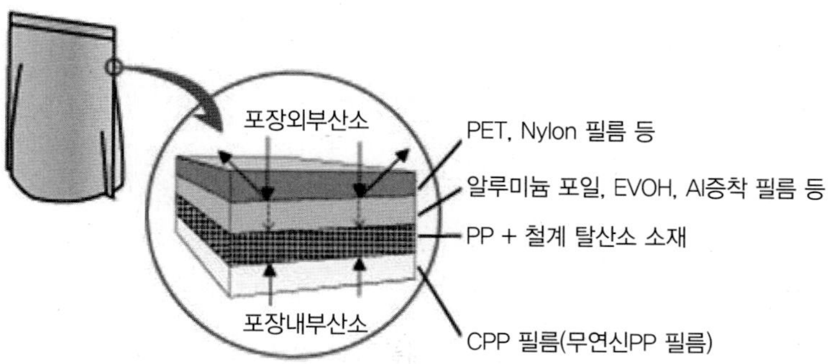

그림 5-4 MGC사의 ageless OMAC 포장재 적용 방법

이러한 소재가 채용된 제품으로는 PP계 다층시트에서 열성형된 무균밥용 트레이, 수액병용 외장 파우치, 레토르트용 스탠딩 파우치 등이 있다.

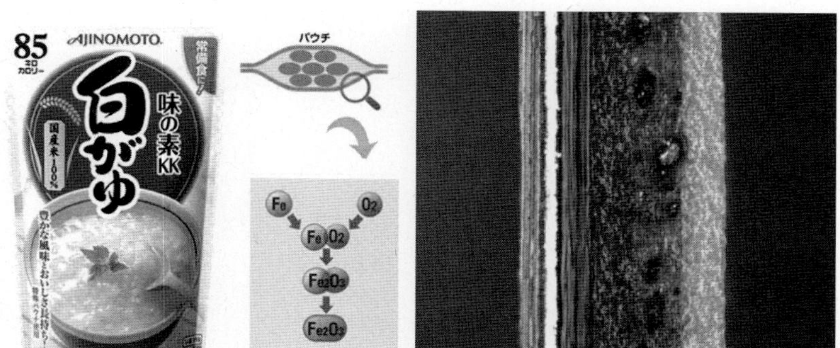

그림 5-5 아지노모토(Ajinomoto)사의 흰 쌀죽 레토르트 스탠딩 파우치에 적용된 산소 흡수 필름

'Ageless OMAC'의 경우 레로트르 파우치에 오래전부터 적용되어 왔다. 이들의 적용이 필요했던 식품으로는 흰죽을 들 수 있는데, 흰죽의 경우 죽 자체의 맛이나 향이 거의 없기 때문에 레토르트 살균 후 산패된 지방산의 냄새가 소비자들의 클레임으로 제기되는 등 문제가 있어 왔다. 예전에도 sachet 형태의 탈산소제는 많았지만 레토르트 식품의 경우 파우치 안에 탈산소제를 봉입할 수 있는 방법은 없었다. 일본 아지노모토사의 경우 이러한 문제점을 극복하고자 산소 흡수 필름을 사용하여 현재까지 적용하고 있다(그림 5-5).

우리나라의 경우에는 죽의 레토르트 취를 개선하기 위해 김가루 등을 뿌려 먹거나, 조미료를 사용하여 산패취를 마스킹(masking)하는 방법이 적용되어 왔다. 하지만 최근 레토르트 죽 시장이 급성장하면서 흰 쌀죽의 수요도 늘어나고 있고, 이러한 소비자들의 요구에 의해 산소 흡수 필름의 적용이 예상되고 있다.

철계 탈산소제 함유 필름의 경우 철의 입자는 최대 30 ㎛를 넘지 않도록 미세한 분말 상태를 유지하여야 하며, 입자들은 필름 내에 고르게 분산이 되어야 한다. 반응이 수분에 의해 일어나기 때문에 후살균을 하는 제품에 유리하다.

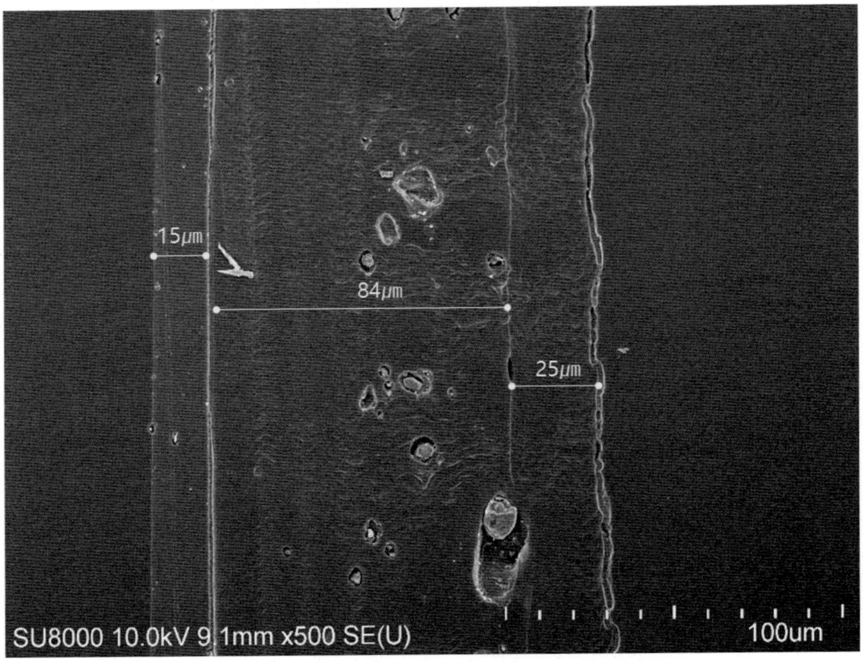

그림 5-6 철계 탈산소제 사용 일체형 다층 포장 필름의 단면 SEM 사진
(ONylon15/D.L/LLDPE/LLDPE+탈산제/LDPE25, MD Cross section)

미국에서 개발된 환원철계 탈산소제 일체형 포장으로는 멀티소브테크놀로지스사(Multisorb Technologies Inc.)의 'FreshPax'가 있다. 이것은 산소 흡수 라벨 형태로 많이 사용되며, 산소 흡수제를 코팅한 타입의 산소 흡수 필름으로는 'SLF 필름'이 있다.

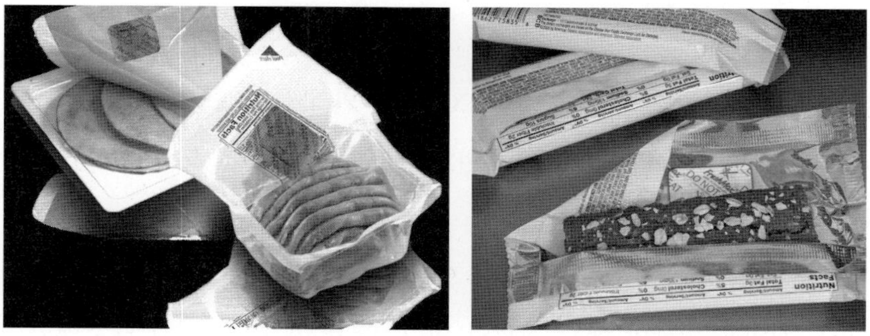

그림 5-7 멀티소브테크놀로지스사의 FreshPax를 식품 포장에 채용한 사례

미국의 BP아모코(BP-Amoco)사가 개발한 'Amosorb 2000'은 알비스(Albis)사로 인수되어 'Shelfplus'라는 상표로 판매가 되고 있다. 제품은 PE 타입과 PP 타입이 있다.

(2) 유기계(ascorbic acid) 산소 흡수 포장

비타민 C(ascorbic acid)를 플라스틱 수지에 첨가한 것도 산소 흡수제로 사용되고 있다. 이 타입은 아스코브산의 산화를 이용한 것으로 한계가 있다면 환원철계에 비해 반응성 및 산소 흡수량이 떨어지고, 열에 약하여 플라스틱 압출 가공에 약점이 있다는 것이다.

따라서 플라스틱에 블렌딩하여 사용하는 경우는 드물고, 별도의 삽입 방법이 고안되어 있거나 용제를 사용하여 폴리머에 혼합하여 사용한다. 유리병 마개의 라이너(liner) 재료, 또는 주둥이가 넓은 자(Jar)형 유리병의 러그캡(lug cap) 라이너 재료로 사용되고 있다.

(3) MXD6 나일론·코발트염계 산소 흡수 포장

나프텐산 코발트 등의 코발트염을 산화 촉매로 MXD6 나일론으로 블렌딩하여 MXD6 나일론을 산화시켜 산소를 흡수하는 타입이다. 산화에 의해 MXD6 나일론 분자는 절단된다.

프랑스 CMB 회사는 1990년에 이 계열인 'OXBAR' 시스템을 개발하였다. 이 시스템은 PET, MXD6 나일론(4%), 나프텐산 코발트(cobalt naphthenate, 200 ppm)의 블렌드계이다. 음료용 PET 보틀로서 검토되었지만 블랜드계이기 때문에 투명성이 나쁜 것이 단점으로, 나프텐산 코발트가 음료와 직접 접촉할 수 있는 것 등의 이유로 실용화에는 이르지 못하였다.

그러나 OXBAR의 기술은 이후 미국 CCS사에 권리가 양도되어 PET/OXBAR/PET의 3층 구성의 액티브 PET병이 개발되어 현재 버드와이저(Budweiseer)의 병 등에 적용되고 있다.

이 3층으로 구성된 PET병에 적용되어 있는 OXBAR는 MXD6 나일론과 코발트염 촉매의 블렌드계이다. 미국의 맥주 회사인 밀러(Miller)사는 CPT사의 5층 액티브 배리어 PET병을 채용하였는데, 이 병의 산소 흡수 기술은 OXBAR의 것과 거의 같으며 MXD6 나일론에 코발트염 산화 촉매를 혼합한 'X-312'라는 산소 흡수제를 이용한 타입이다.

(4) 폴리에틸렌·스틸렌계 수지·촉매계 산소 흡수제

일본의 토요 세이칸사는 폴리올레핀병용 산소 흡수제를 개발하여 'multiblock'이라고 하는 active barrier bottle을 판매하고 있다. 여기서 채용한 산소 흡수제는 폴리에틸렌·스틸렌계 수지·촉매의 블렌드물로 산화 반응은 수지의 자동산화를 이용한 것이다.

스틸렌계 수지를 첨가함으로써 매트릭스인 폴리에틸렌이 산소 흡수성을 발현한다. 이 'multiblock' soft tube bottle은 마요네즈용 병으로 적용되었다.

한국에서도 약 10년 전에 국내 식품 회사에서 마요네즈와 드레싱 포장재에 이 기술을 적용하려고 시도한 적이 있다. 하지만 비용상의 문제로 적용이 되지는 못하였다.

(5) Polyester-based 산소 흡수제

OxyClear® oxygen barrier resin은 Invista사(2019년 IVL로 지적재산권 이전)의 active barrier resin으로서, 그동안 맥주 포장에 사용되면서 오랜 시간 검증된 barrier resin인 Polyshield® resin에 산화 가능한 co-polyester인 OxyClear® resin을 최대 3%까지 블렌드할 수 있는 2원 작용 polymer base 산소 흡수제이다.

Monolayer bottle로도 다층 barrier PET bottle의 산소 차단성 성능 이상을 구현할 수 있으며, 외관상 PET와 구별이 되지 않을 정도로 뛰어난 투명성을 가지고 있다. 산화

재인 co-polyester는 반응재와 같이 혼합, 용융되면서 압출기에서 반응을 개시한다. 따라서 장시간 preform의 보관은 적절하지 않지만, 1 stage ISBM으로 PET bottle을 생산하고자 할 때에는 매우 적합한 솔루션이 될 수 있다. OxyClear® oxygen barrier resin은 monolayer로서 적용되기 때문에 다층 bottle보다 재활용에 있어서 유리하다. 다만 산화가 진행될수록 약간의 노란색으로 변하는 문제점이 있으며, 식품과 직접 접촉 시 유해성에 대해서 충분히 밝혀지지 않았다.

그림 5-8에 Invista사의 OxyClear® resin과 PolyClear®, PolytShield® resin의 적용 사례의 예를 들었다.

그림 5-8 OxyClear® resin과 PolyClear®, PolytShield® resin의 적용 사례

OxyClear® resin을 PET resin과 배합하여 만든 PET bottle은 산소 차단 능력이 일반 PET에 비해 월등한 것을 알 수 있다(그림 5-9).

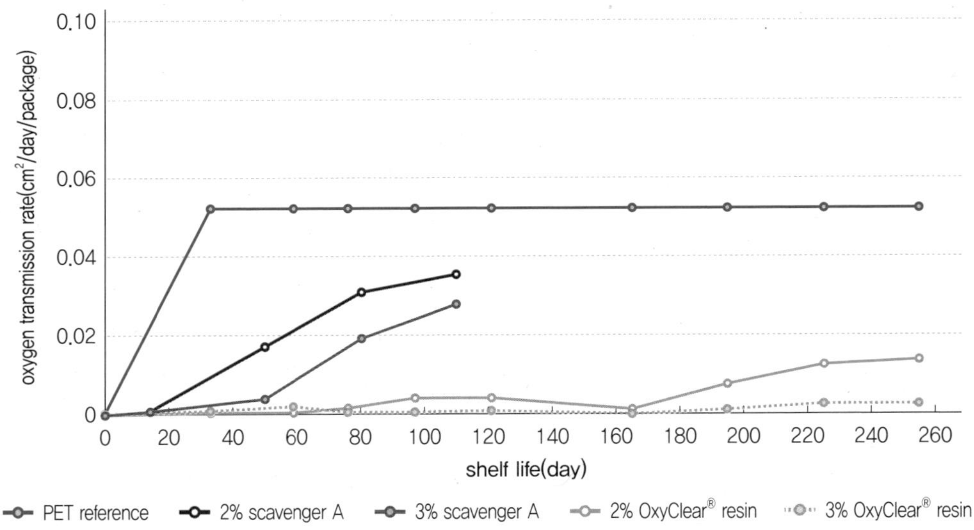

그림 5-9 OxyClear® resin 첨가 PET bottle과 일반 PET bottle의 산소투과도 비교

3) 산소 흡수제 적용 포장 식품의 현황

(1) 즉석밥 포장으로의 적용

즉석밥에는 PP 트레이와 탈산소제를 조합한 포장이 채용되고 있다. 우리나라에서는 즉석밥(무균 포장밥)의 리드 필름에 sachet 형태의 탈산소제를 부착시키는 형태로 적용이 되고 있으나 일본에서는 과거에 탈산소제 봉입 포장하던 것을 환원철계 액티브 배리어(active barrier) 용기로 많이 전환이 된 상황이다.

탈산소제를 필름 등에 부착시키는 것은 공정에서 불량이 발생할 수 있을 뿐만 아니라 클레임의 원인이 되고, 일부 소비자들의 탈산소제에 대한 부정적인 인식이 탈산소 기능 용기로의 전환의 이유이다.

대표적인 탈산소 기능 용기는 일본의 토요 세이칸사의 '옥시가드(Oxyguard)'를 들 수 있다. 'Oxyguard' 시스템은 sachet 형태 탈산소제의 오용 및 클레임으로부터 자유로울 수 있고, 전자레인지 적성이 향상된다는 이점이 있다.

즉석밥의 무균 포장에서는 트레이 용기 내의 산소 농도를 내용품의 충진 직후부터 낮은 수준의 농도로 만들기 위하여, 무균 취반 공정에서 쌀밥 내에 포함된 용존산소를 배제하고, 포장 공정에서는 고순도의 질소를 이용한 무산소 충진 시스템으로 트레이(tray) 내 헤드스페이스(headspace)의 산소를 배제한다. 여기에 산소 흡수성이 있는 탈산소제나 'Oxyguard' 용기를 사용하여 외부로부터 침입하는 산소를 차단하고, 용기 내의 잔존 산소를 흡수하는 3가지 공정적 특징을 가지고 있다.

우리나라에서 판매되는 즉석밥은 5개 식품 회사(CJ, 오뚜기, 동원F&B, 한국바이오플랜트, 하림)에서 생산하고 있으며, 이 중 탈산소제를 사용하는 제품은 동원F&B에서 생산하고 있는 '쎈쿡'이라는 브랜드 제품으로 일본 에치코 제과의 초고압 살균 취반 설비를 사용하여 제조하며, 포장에는 리드 필름을 이중으로 하여 그 사이에 탈산소제를 부착시키는 형태의 포장을 하고 있다(그림 5-10).

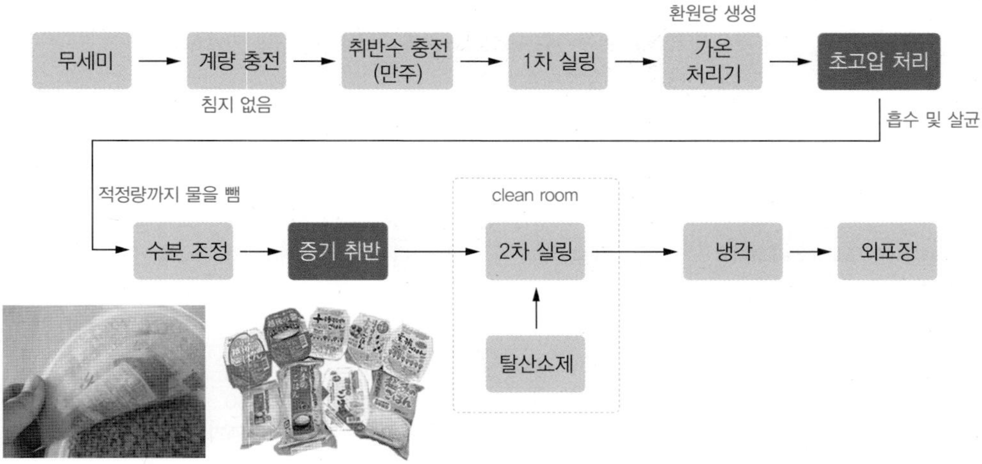

그림 5-10 일본 에치코 제과 방식 취반 라인 공정도(초고압 살균 취반 방식)

일본에서 가장 점유율이 높은 '사토 고향(サトウ ご飯)'의 경우, 그림 5-11과 같은 개별 취반 공정을 하고 있다. 이 공정의 특징은 우리나라와 달리 용기째 취반을 하지 않고 취반 후, 클린룸에서 탈산소 기능이 있는 성형 트레이에 밥을 담아 포장을 하는 것이다.

용기 내에 포함된 환원철계 탈산소제는 포화 수증기압을 갖는 포장 내부의 수분에 의해 활성화되어 반응이 개시된다.

그림 5-12에서는 이 무균밥 포장 시스템에 채용되고 있는 산소 흡수 용기 'Oxyguard tray'의 재료 구성과 시간 경과에 따른 산소 흡수 능력을 나타낸다.

이 트레이에서는 산소 흡수층 바깥쪽에 EVOH층이 설치되어 있으며, 외부로부터 투과에 의해 산소 흡수층에 도달하는 산소의 양을 줄임으로서 산소 흡수층이 리드 필름

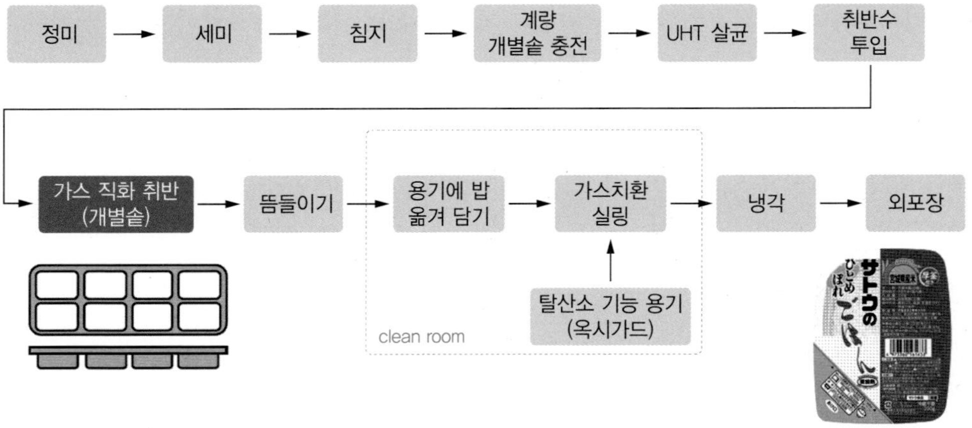

그림 5-11 탈산소 기능 용기를 채용하는 '사토 고항(サトウ ご飯)'의 공정도

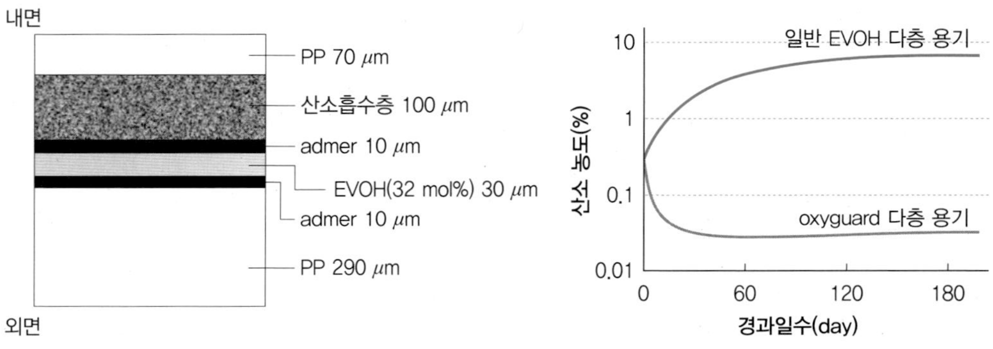

그림 5-12 'Oxyguard' 용기의 층 구성과 시간 경과에 따른 헤드스페이스 산소 농도 변화

에서 투과해 온 내부의 산소를 충분히 포착하여 흡수할 수 있도록 설계되었다.

'Oxyguard tray'를 사용함으로써 용기 내는 장기간에 걸쳐 호기성 미생물의 증식이 불가능한 수준의 산소 농도 레벨로 유지된다.

그러나 보통의 가스 배리어성 플라스틱 용기를 사용할 경우 용기 내의 산소 농도가 상승하여 미생물 증식의 위험성이 있다는 것을 알 수 있듯이 고순도 질소에 의한 충진 시의 질소치환과 'Oxyguard tray' 용기의 적용을 조합함으로써

- 부착 미생물(호기성)의 증식 억제
- 2차 오염의 감소
- 전체적인 원가 절감 효과

• sachet 형태의 탈산소제 사용에서의 클레임 및 오용 방지
• 전자레인지 적성의 향상

이라는 특징을 즉석밥 무균 포장에 부여할 수 있게 되었다.

(2) 열탕 살균 및 레토르트 식품 포장으로의 적용

아직 국내에서는 시작 단계로서 고구마 말랭이 제품만에 적용이 시도된 사례가 있지만 일본에서는 85℃, 5분의 열탕에서 살균되는 과일 젤리나 토핑용 과일 시럽 용기에 적용이 된 사례가 있으며, 레토르트 식품의 경우에는 레토르트 조건이 철계 탈산소제의 매우 훌륭한 활성화 조건이 되기 때문에 용기나 파우치 모두 적용이 되고 있다.

레토르트용 스탠딩 파우치의 경우에는 앞서 서술한 아지노모토사의 흰 쌀죽 등이 있으며, 용기 형태의 레토르트 식품은 일반적으로 캔의 대체 또는 전자레인지 조리 가능 용도로 많이 쓰인다. 유럽이나 미국에서는 레토르트 포장에 대한 개념이 '캔'에서와 같이 포장 내 진공을 만드는 데에 관심을 가지고 있으며, 이러한 이유로 플라스틱 용기나 레토르트 파우치 형태의 레토르트 제품에도 탈산소제가 적용된 경우가 많다.

우리나라에도 수입되는 햄 제품은 캔이 아닌 플라스틱 용기를 사용하고 있는 제품이 있는데, 이 용기에 탈산소제 성분이 배합되어 있다.

그림 5-13 탈산소제 성분이 배합된 레토르트 햄 플라스틱 용기

(3) 맥주용 피처병의 산소 흡수성 캡

산소 흡수성 캡을 적용하려는 시도는 오래전부터 이루어져 왔으며, 이러한 시도는 맥주용 가스 차단성 PET bottle에 가장 많이 행하여졌다. 현재 우리나라에서는 맥주용 플라스틱 병에 사용되는 캡에 병용하는 예가 많으며, 유럽에서는 폴리에틸렌나프탈레이트(PEN) 리터너블 맥주병 캡에도 적용 사례가 있다.

여기에 사용되는 산소 흡수제로는 아스코브산와 아황산소다(Na_2SO_3)가 사용되고 있다. 광구용 제품으로는 철계 산소 흡수 캡도 있다.

(4) 액티브 배리어 PET병

현재까지 개발된 액티브 배리어 PET병에 대해서는 표 5-5에 표시하였다.

미국의 Miller사는 CPT사의 5층 PET계 산소 흡수성 병에 충진한 맥주를 20년 전에 출시하였다. 이 병의 산소 흡수 기술은 프랑스의 CMB사가 개발한 'OXBAR'의 것과 거의 동일하며, MXD6 나일론에 코발트염 산화 촉매를 혼합한 'X-312' 산소 흡수제를 사용하는 것이다.

이후 적용된 맥주의 종류는 Miller Lite, Miller Genuine Draft, Icehouse 브랜드의 3종이다. 병의 성형은 Continental PET Technologies(CPT)가 하고 있다.

'X-312'를 사용한 액티브 PET병은 하이네켄(Heineken) 맥주에도 사용된다. 폴리에스터(polyester)계 용기에 적용할 수 있는 것으로 개발된 산소 흡수제로 BP Amoco사의 'Amosorb 3000'이 있는데, 이 'Amosorb 3000'을 중간층에 사용한 PET/Amosorb 3000/PET 구성의 3층 병이 안호이저 부쉬(Anheuser-Busch)사의 버드와이저 맥주(Bud Light)에 적용된 적이 있다.

표 5-5 Active barrier multilayer PET병의 상용화 사례

Maker	재질 구성	Active barrier	상용화 현황
Conster, Kortec	PET/Oxber/PET	MXD6+코발트염	Anheuser-Busch(Budweiser, BudLight)
Continental PET Technologies	PET/X312/PET/X312/PET	MXD6+코발트염	Miller, Heineken, Coors, Anheuser-Busch
BP Amoco Twinpak	PET/Amosorb3000/PET	polyester & polybutadiene co-polymer	Anheuser-Busch(test sale) Budweiser, Bud Light
Schumalbach-Lubeca	PET/Bind-OX/PET	MXD6+산소 흡수제	Stella Artois, Carlsberg
Invista	OxyClear® + PET PET/Polyshield®/PET	변성 Polyester	pago(beverage), kalyani(beer), tuborg(beer)

Q. 산소 흡수 소재 중 가장 뛰어난 흡수제는 무엇인가?

A. 반응 속도, 경제성을 고려하면 철계 산소 흡수제가 가장 좋다. 하지만 금속 검출기에서 문제가 될 수 있기 때문에 유기계 탈산소제로 전환되고 있는 경향이 있다. 다만 유기계는 플라스틱 압출 공정에 사용에 제한이 있어 용기와의 일체화가 어렵다는 단점이 있다.
폴리머(polymer)계 산소 흡수 소재는 용기와 일체화하기 좋은 소재이지만 가격이 비싸 적용이 확대되는 데는 한계가 있다.

4) 수분 흡수 포장 기술

수분 흡수제와 수분 흡수 기능 포장재는 탈산소제와 마찬가지로 sachet형이 많다. 가장 많이 사용되는 원료는 실리카겔과 천연 다공질 무기입자들이다.

표 5-6에 국내외에 유통 중인 sachet형 습기 건조제의 종류와 조성 성분을 예로 들었다. 보통은 실리카겔이 시장의 상당수를 차지하나, 필름이나 용기 형태로 제작되는

표 5-6 **수분 흡수제의 종류와 성분**[156)]

구분	물리적 건조제					화학적 건조제	
흡습 기작	합성 다공질		천연 다공질			수산화물 생성	조해성
건조제 종류	실리카겔	Molecular Sieve	Montmorillonite	Allophane	Zeolite	생석회	염화칼슘
흡습 능력(%) 20% RH 50% RH 90% RH	 11 27 36	 20 20 20	 13 20 32	 7 11 30	 5 8 12	 30 30 30	 0~30 20~50 40~100
pH	4.8	9.7~10.5	8.8	6.3	6.8	11.5	6.8
부식성	-	-	-	-	-	있음	있음
화학 조성(%) SiO_2 Al_2O_2 Fe_2O_2 MgO CaO Na_2O $CaCl_2$	 99.5 0.16 0.02 0.01 0.04 0.21 -	 36 46 - - - 18 -	 62.7 19.7 1.7 5.3 2.8 - -	 50.0 43.2 3.6 - 1.1 - -	 69.4 11.0 0.9 0.6 1.3 3.3 -	 1.0 1.0 0.1 1.0 95.6 1.0 -	$CaCl_2$ 보유 담체의 종류에 따라 다름 5~50
형태	구상/입상	구상/입상	입상	입상	입상/분상	입상	시트상/입상
비중(g/mL)	0.51~0.74		0.85	0.78	0.95	1.0	

경우에는 압출 성형의 문제가 있어서 천연 다공질 입자들이 많이 사용된다.

수분 흡수 기능을 가진 포장재를 최초로 개발한 것은 미국의 CST Technologies사이다. 이것은 'Humidipak'라는 상품명으로 실리카겔 등의 건조제를 열가소성 수지 위에 블렌딩한 재료를 이용한 공압출 필름이나 사출 성형 용기였다. 응용 사례로는 시가, 의약품, 육포, 악기 케이스, 수출용 청과물 등이 있다.

일본에서는 그림 5-14과 같은 구성의 수분 흡수 파우치인 'Moistureguard'(토요 세이칸사)가 판매되고 있다. 포장재 내에 잔존하고 있는 습기는 내면 측으로부터 건조제 층에 흡수되며, 외면 측으로부터 침투해 오는 습기는 알루미늄박 층으로 차단한다.

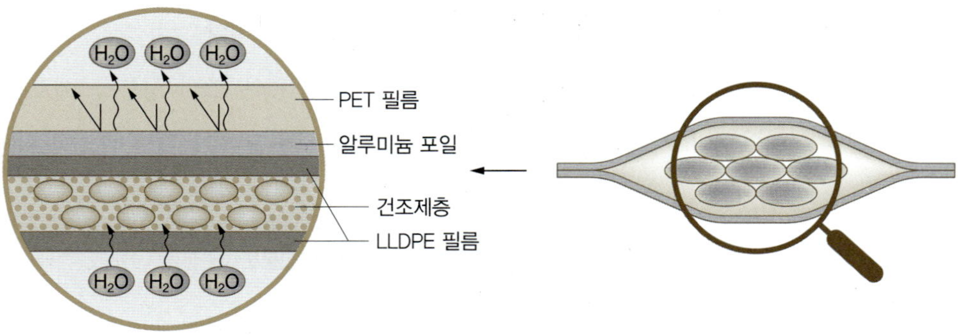

그림 5-14 수분 흡수 파우치의 층 구성 사례

'Moistureguard'의 흡습 능력은 표 5-7에 나타난 바와 같이, H타입은 임상 검사약의 포장재로, 또 L타입은 분말녹차의 포장재로 적용 사례가 있다.

표 5-7 수분 흡수 포장재 '모이스처가드(Moistureguard)'의 흡습 능력

Type	건조제 층의 두께	흡습량(필름 1㎡당)
H type	90 ㎛	10 g
M type	50 ㎛	3 g
L type	20 ㎛	1 g

일본의 후지모리공업에서는 그림 5-15와 같은 건조제를 혼합한 폴리에틸렌의 사출 성형 용기인 CSP 방습 용기를 판매하고 있다. 용도로는 혈당치 센서칩, 검사지, 약, 과자 등

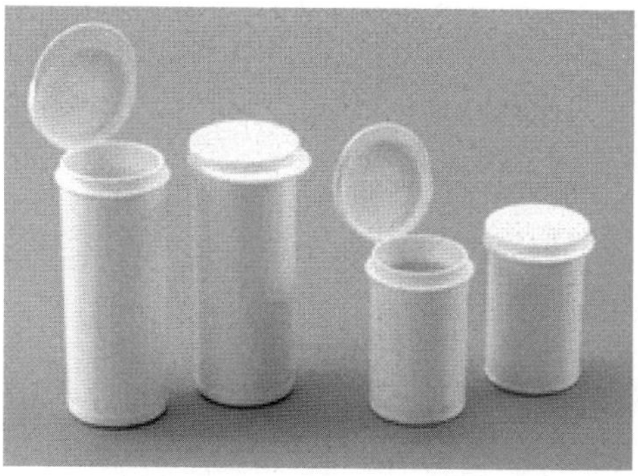

그림 5-15 일본 후지모리공업사의 습기 흡수 밀폐 용기 CSP

이 있으며, 단시간 내에 포장 내부의 습도를 10%으로 떨어뜨리는 기능을 가지고 있다.

5) 아황산가스 발생 시트

포도 등 과일의 수출이 늘어나면서 최근 아황산가스를 발생시키는 패드를 포장 상자에 넣어 수출하는 사례도 있다. 아황산가스는 곰팡이 억제에 효과가 있어 운송 중 곰팡이에 의한 피해를 최소화할 수 있다.

호주나 칠레, 남아프리카공화국 등 포도의 생산이 많은 국가들에서는 아황산가스를 발생시키는 패드를 오래전부터 수출 포장에 적용해 왔다. 그중 대표적인 사례는 1997년부터 수출용 포도에 적용해 온 남아프리카공화국의 테사라사(Tessara Ltd.)에서 상품화한 'uvasys'이다.

'uvasys'는 네 가지 기능성 포장재로 구성되며, 수분에 의해 활성화되어 아황산가스를 발생시킨다. 빠른 속도로 아황산가스를 발생시켜 포도의 부패와 관련된 곰팡이(*Botrytis Cinerea*) 포자를 불활성시키는 패드와 천천히 아황산가스를 발생시켜 저장 중 곰팡이 발생을 억제하는 패드, 그리고 포장 상자 내 습도를 조절하는 종이 패드와 통기성 필름으로 조합되어 사용된다.

칠레에서는 'Matesa'라는 회사의 'Grape guard'라는 제품이 판매되고 있는데, 작동원리와 구성 형태는 'uvasys'와 동일하다.

우리나라에서는 일명 '유황패드'로 불리는 이 패드는 최근 포도와 블루베리, 감등의 저장과 수출에 적용이 시작되고 있으며, 형태는 해외에서 사용되고 있는 아황산가스 발생 패드와 거의 동일하다. 이 '유황패드'는 패드 안에 메타중아황산나트륨(sodium disulfite, $Na_2S_2O_5$)이라는 흰색의 결정성 가루가 들어 있는 것으로 대기 중의 수분과 반응하여 이산화황(SO_2)가스를 발생시킨다.

아황산염 및 무수아황산은 오래전부터 포도주에 방부제로서 사용되어 온 방부제이다. 하지만 이산화황가스는 3 ppm 이상의 농도에서 사람이 감지할 수 있으며, 농도의 증가에 따라 피부 및 점막에 자극을 주고, 400 ppm 이상에서는 생명에 영향을 줄 수 있을 정도로 치명적일 수 있다. 허용 농도는 2 ppm 이하이다. 따라서 밀폐된 공간에서 사용 시 작업자에게 해를 끼칠 수 있으므로 주의하여야 한다. 또한 식품에 잔류하여서도 안 되는데 FAO/WHO 전문 위원회의 1일 허용 섭취량(ADI)은 0.7 mg/kg 이하이다.

남아프리카공화국의 'uvasys(Tessara Ltd.)'

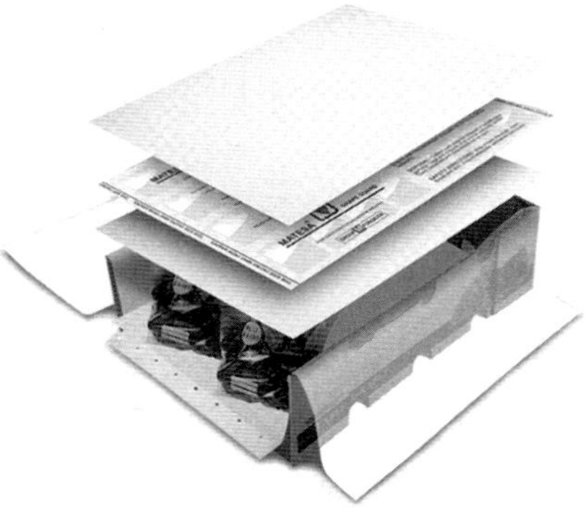

칠레의 'Grape guard(Matesa)'

그림 5-16 해외의 아황산가스 발생 포장

자료: http://www.matesa.cl

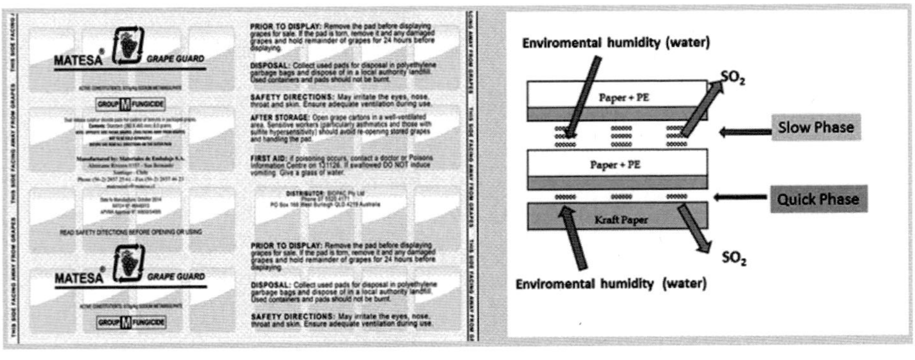

그림 5-17 아황산가스 발생 패드 구성: 'Grape guard(Matesa)'

자료: http://www.matesa.cl

농산물에는 잔류량이 기준치 이하이거나 세척을 하는 것을 전제로 사용되고 있는데, 농산물의 종류에 따라서는 탈색이 일어날 수 있으므로 유의하여야 한다.

우리나라에서는 샤인 머스캣 등의 저장 및 수출 포장에 적용이 되고 있는데 예랭, 선별, 저온 저장, 저온 수송 등 체계화된 콜드체인 기술과 유황패드 등 선도 유지 기술 적용으로 포도의 유통 기간을 2배 정도 연장할 수 있어 해당 기술을 적용하여 30일이었던 저장 기간을 60일 이상 늘릴 수 있었다고 한다(그림 5-18).

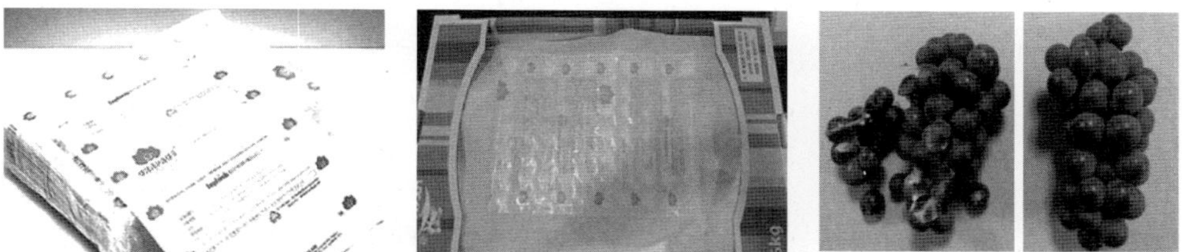

무처리 무처리

유황패드 처리 방법 유황패드 처리 효과

그림 5-18 아황산가스 발생 시트의 수출용 포도 적용 사례

자료: https://www.rda.go.kr

Q. 아황산가스가 발생하는 패드에 의한 안전 관련 위해성은 없나요?

A. 아황산가스는 인체에 흡입 독성이 있으므로 주의하여야 한다. 보통은 사용자보다는 작업자에게 위해가 될 가능성이 크며, 따라서 밀폐된 공간에서 고농도의 노출을 피하여야 한다. 국내에서는 창고 등의 밀폐된 공간에서 사용하는 사례가 많은데, 고농도의 아황산가스에 작업자가 노출될 경우 치명적인 위해가 될 수 있으므로 주의해야 한다.
식품에 잔류는 그리 많지 않아 섭취상의 큰 문제는 없는 것으로 알려져 있다.

6) 신선도 유지 종이 포장재

과일이나 절화의 산지에서 소비지로의 운송 포장으로는 골판지 상자가 일반적으로 사용되고 있다. 보통 예랭 출하되는 것도 많다. 이 골판지에 신선도 유지 기능과 보랭 기능을 갖게 한 신선도 유지 골판지 상자가 개발되고 있다.

그 유형을 살펴보면 다음과 같다.

- 이면지나 표면지 사이에 선도 보존 필름을 삽입한 유형
- 이면지에 선도 보존 필름이나 알루미늄 증착 필름을 라미네이트한 타입

• 이면지에 특수 코팅을 입힌 타입
• 골심지와 발포 수지를 조합한 타입
• 에틸렌가스 흡착제를 적용한 타입
• 항균제를 함침시킨 타입 및 이들을 조합한 타입

신선도 유지 골판지의 목적 기능은 보랭, 환경가스 제어, 조습, 에틸렌가스 흡착 등이다.

일본의 골판지 업체 '렌고(レンゴー)'는 신선도 유지 및 보랭 효과가 있는 기능성 골판지 박스를 생산, 판매하고 있다(그림 5-19).

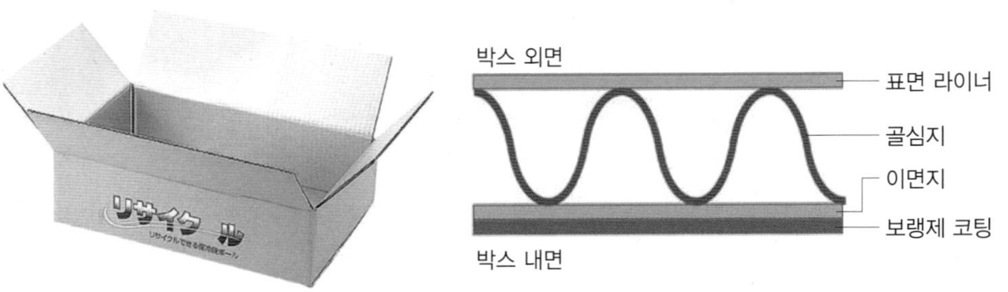

그림 5-19 일본 렌고(レンゴー)의 신선도 유지 및 보랭 효과가 있는 기능성 골판지

그림에서 구조를 살펴보면 내면 라이너에 보랭 도공제가 코팅되어 있다.

또한 에틸렌가스 제어 신선도 유지 골판지로는 일본에서 판매되고 있는 'TCA 골판지'가 있다.

이것은 폴리올레핀(polyolefin)계 가스 제어 필름을 적용한 타입으로 골판지에 폴리올레핀계 수지를 라미네이트하여 다양한 기능을 부가한 재생성이 뛰어난 기능성 골판지이다. 청과물의 품질 유지 골판지로 'T-CA', 수산물·냉동품·청과물 등의 내수성 골판지로 'T-WP'가 있다.

7) 항균·항곰팡이 필름

직접 항균이나 항곰팡이 효과를 발휘하는 필름에는 주로 에탄올이나 겨자, 와사비 등의 성분을 이용한 항균성 필름이 적용이 되고 있다.

겨자나 와사비 성분을 이용한 방법은 주로 매운 성분인 isothiocyanate에 의해 발현되는 것으로 가장 함량이 많은 allyl-isothiocyanate는 특히 효모, 곰팡이 등의 진균류 등 그람양성(gram positive)균에 매우 높은 효과를 나타낸다.

이 항균의 효과는 용액 상태보다 증기 상태가 더 높은 것으로 알려져 있다. 일본의 미쓰비시화학 푸즈는 allyl-isothiocyanate를 주성분으로 하는 와사비 추출물인 '와사베루(ワサヴェール)'를 이용한 항균 필름·시트·라벨 등의 항균 제품을 출시하고 있다. 렌고사도 와사비와 겨자 추출 성분을 이용한 항균·항곰팡이제를 이용한 식품의 항균·선도 유지 제제를 판매하고 있다.

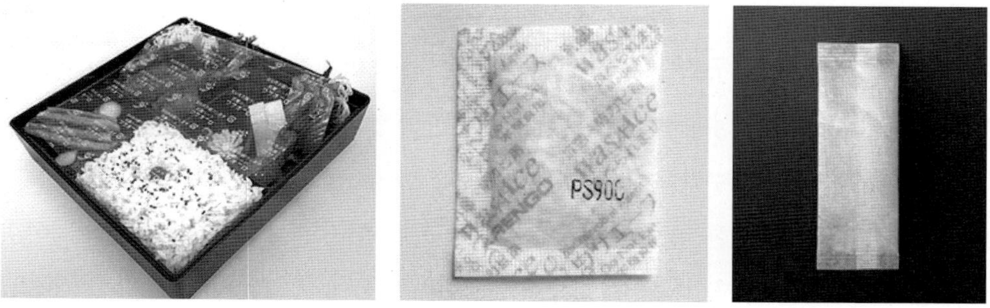

그림 5-20 렌고의 allyl-isothiocyanate 항균제 사례(필름 형태, 비즈 형태, 수지 분포 형태)

식품의 적용 사례로서는 그림 5-20에서와 같이 PET/allyl-isothiocyanate 함유층/PE 구성의 필름을 도시락 용기의 리드 필름으로 하여 PE층이 내면인 식품 쪽이 되도록 씌워 사용하고 있다. 항균 성분의 증기는 PE층을 통해 식품 쪽에 도달해 항균 효과가 발휘된다.

채소나 과일 포장에 적용 사례로는 컷 채소나 컷 과일 등에 채용이 되고 있다.

Q. 항균제를 적용한 active packaing의 문제점은 무엇인가요?

A. 식품에 사용되는 항균 포장은 항균 성분이 직접 식품으로 전이될 가능성이 있기 때문에 인체에의 유해성 여부가 중요시 된다. 따라서 식품첨가물로 허가가 난 항균제 성분이 아니면 적용이 어렵다. 또한 항균 작용의 유효성, 그리고 식품의 품질 변화 여부도 선택에 있어 중요한 요소이다.

인체에 유해하지 않은 식물유래 성분인 고추냉이의 성분이 포장에 적용이 된 사례가 있었으나, 효과는 있지만 일부 식품에서는 특유의 냄새로 인해 문제가 되었던 적이 있었다.

4. 지능형 포장

우리나라와 일본에서는 포장의 기본적인 기능 이외에 뛰어난 특성을 가진 포장에 기능성 포장이라는 용어가 사용되어 왔다. 기능성 포장 재료는 'functional packaging'이라 표현될 수 있지만, 해외에서는 'functional packaging'이라는 용어는 별로 이용하지 않고 있다.

그 대신 뛰어난 기능을 가진 포장 재료에 대하여는 Labuza(1987)를 통해 액티브 패키징(active packaging)이라는 용어가 처음 사용된 이후 'Active Pack(2002)'라는 회의도 개최되었다. 이 회의에서는 환경 변화를 감지하고 반응하는 포장 재료로 유통 환경에 대해 피포장물의 기본 구조를 보호할 뿐만 아니라 그 자체가 반응하고 속성이 바뀌면서 내용품의 품질 안전성과 유통기간 등을 개선하는 것이라고 정의되었다.

이 정의는 산소를 흡수하는 타입의 포장(active barreir package)을 염두에 둔 정의인데, 현재는 앞에서 설명한 바와 같이 산소 흡수 포장, 습도 제어 포장, 탄산가스 제어(흡수·방출) 포장, 항균 포장, 향 제어 포장(흡수·방출), 온도 제어 포장(자기 가열, 자기 냉각), MA포장(선도 유지 포장) 등이 들어가 있다.

지능형 포장(intelligent packaging)은 액티브 패키징과는 달리 소비자에게 현재의 식품 상태 또는 그 식품의 유통 이력 등의 정보를 전하거나 커뮤니케이션을 도모하기 위한 기능을 가지고 있으며, 구체적으로는 온도 이력, 시간, 가스 농도, 충격 등을 계측·표시할 수 있는 인디케이터나 세균의 번식을 표시하는 생물지표(biological indicator)가 탑재된 포장이다.

스마트 패키징(smart packaging)은 정보 발신 기능을 갖춘 스마트한 포장을 가리키는 용어로 1990년대 후반에 해외에서 제창된 포장이다. 구체적으로는 IC 태그(RFID)나 IC 태그와 센서를 탑재한 포장, IC 태그 이외의 자동 인식 매체를 탑재한 포장 등이다. 용도는 물류에서는 물류 관리이며, 소비자 포장에서는 유통 정보 수집, 위조 방지 등을 들 수 있다.

지능형 포장에서도 유통 정보의 수집 등이 중요하기 때문에 인텔리전스 패키징과는 그 경계가 모호한 점도 있다.

지능형 포장재는 "포장된 식품의 상태 또는 식품 주변 환경을 모니터링하는 재료 및 물품"으로 설명될 수 있다. 넓은 의미에서 지능형 포장은 포장 시스템의 통신 기능을 사용하여 내부 및 외부 환경의 변화를 모니터링하고 포장 식품의 상태를 전달함으로써 의사 결정을 용이하게 하는 과학 및 기술로 정의된다.

액티브 패키징 시스템과 달리 지능형 패키징은 식품의 유통기한을 연장하는 데 직접적으로 작용하지 않는다. 오히려 지능형 포장은 식품의 품질(예: 제조업체, 소매업체 및 소비자)과 관련된 식품 공급망의 이해 관계자들에게 정보를 전달하는 것을 목표로 한다.

예를 들어 지능형 포장 시스템은 식품이 신선할 때 또는 유통기한이 만료되었는지 여부를 보여줄 수 있다. 열 변색 잉크 또는 마이크로파 완성도 표시기(microwave doneness Indicators, MDI)를 사용하여 식품의 온도를 표시하거나 시간온도표시기(time-temperature indicators, TTI)를 사용하여 식품의 온도 이력을 표시할 수 있다.

또한 지능형 패키징을 사용하여 액티브 패키징 시스템의 효율성을 확인할 수 있다. 즉 액티브 패키징은 어떤 조치를 취하는 구성 요소이고, 지능형 패키징은 정보를 감지하고 공유하는 구성 요소가 되는 것이다.

1) 지능형 포장의 구분 및 현황

지능형 포장은 다음의 세 가지 기술적인 특징으로 구분할 수 있다.

- 인디케이터(indicators): 소비자들에게 식품 품질에 대한 더 많은 정보를 전달하거나 편의를 제공
- 데이터 케리어(data carriers): 저장 및 유통 과정에서의 추적을 목적으로 특별히 설계된 바코드 및 무선 주파수 식별, 태그(RFID) 등
- 센서(sensor): 식품 내 특정 물질의 신속하고 확실한 정량화 및 표시를 가능하게 함.

(1) 인디케이터

인디케이터(indicators)는 물질의 존재 또는 부재, 두 개 이상의 물질 간의 반응 정도 또는 특정 물질의 농도, 물질 등급과 관련된 정보를 소비자에게 전달한다. 대부분의 경우 이러한 정보는 즉각적인 시각적 변화, 예컨데 색상 강도 또는 염료의 확산에 의해 표시된다.

① **온도 인디케이터**(Temperature indicators)

온도 인디케이터에는 단순한 온도 인디케이터와 시간-온도 인디케이터(TTI)의 두 가지 유형이 있다. 온도 인디케이터는 제품이 기준(임계) 온도 이상으로 가열되었는지 또는 이하로 냉각되었는지 여부를 보여주는데, 예를 들어 동결 또는 해동 과정에서 미생물 및 단백질 변성의 잠재적 생존에 대해 소비자에게 경고하는 역할을 한다. TTI는 식품의 유통망을 따라서 시간 경과에 따른 온도 변화(예: 기준 임계값 위 또는 아래)를 모니터링하기 위한 지표이다.

기본 작동 원리는 기계적, 화학적, 전기 화학적, 효소적 또는 미생물학적 변화를 기반

표 5-8 Time-temperature indicator(해외 사례)

형태	상품명과 제조사
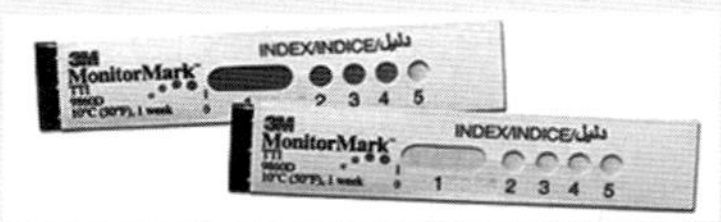	Monitor Mark™ by 3M(USA) (http://3m.com)
	Fresh-Check® by Lifelines Technologies Inc.(USA) (http://fresh-check.com)
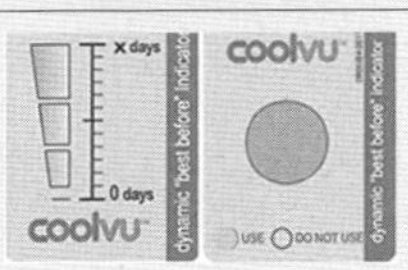	CoolVu™ by Freshpoint (Switzerland) (http://www.freshpoint-tti.com/product/coolvu.aspx)
	Checkpoint® by Vitsab International AB(Sweden) (http://vitsab.com/index.php/tti-label)
	OnVu™ by Freshpoint (Switzerland) (http://www.freshpoint-tti.com/links/default.aspx)
	Timestrip® by Timestrip Plc(UK) (http://timestrip.com)
	Tempix® by Tempix AB(Sweden) (http://tempix.com/the-indicator)

으로 하며 일반적으로 기계적 변형, 발색 또는 색상 이동의 형태로 가시적인 반응으로 표현된다. 물리적 및 화학적 열화의 역학에 영향을 미치는 시간과 온도의 중추적인 역할로 인해 TTI는 시간이 지남에 따라 포장된 식품의 온도 이력에 대한 정보를 수집하여 모든 종류의 남용 또는 오용을 방지하는 역할로 주목을 받고 있다.

TTI는 사용자 친화적이고 쉽게 사용할 수 있는 장치(예컨대 라벨 등)로 사용되며, 그 정보는 소비자가 쉽게 알아볼 수 있도록 한다.

표 5-8에서 가장 아래에 있는 Tempix®는 정육온도 관리용 센서 부착 라벨로서 시장에 적용되고 있다.

이 라벨은 스웨덴의 Tempix사의 제품으로 일반적인 감압 라벨과 라벨러를 사용해 정육의 서플라이 체인(supply-chain) 전체의 온도 관리를 보증하는 시스템을 시작하여 실용화가 된 사례이다. 이 새로운 온도·시간 경과 지시 라벨은 기존에 사용하던 감압 라벨에 라벨 부착 직전 온도에 민감한 특수 약품을 도포하는 간단한 방법으로 구현된다.

기존의 라벨러에 약제용 탱크와 도포 장치를 추가하면 온도 상승에 의해 약제가 융해되어 액상이 되고, 이것이 감압지에 침투함에 따라 바코드 인자를 소멸시키는 구조이다.

② **신선도 인디케이터**(Freshness indicators)

신선도 인디케이터는 저장 및 운송 전반에 걸쳐 식품의 품질을 모니터링할 수 있는 스마트 장치로서 설계된다. 신선도가 저하되는 원인은 유해한 조건에 노출되고 유통기한의 한계를 넘어섰기 때문이며, 따라서 신선도 인디케이터는 미생물 성장 또는 화학적 변화와 관련된 제품의 품질에 대한 직접적인 정보를 제공하는 것을 목적으로 한다.

예를 들어 해산물을 위한 신선도 인디케이터는 총휘발성 염기성 질소함량(TVB-N), 즉 휘발성 아민을 기반으로 하며, 식품이 부패되었을 때 전도도의 변화 및 pH 변화 등을 이용해 감지한다.

황화수소(hydrogen sulfide) 인디케이터는 육류 제품의 품질을 결정하는 데 사용할 수 있다. 숙성 과정에서 육류에서 방출되는 황화수소는 육류 제품의 품질 속성으로 간주되는 미오글로빈의 색과 관련이 있다. 이 원리를 이용하여 숙성된 가금육에 대한 신선도 인디케이터가 개발되었다. 다른 종류의 신선도 인디케이터는 에탄올(ethanol), 다이아세틸(diacetyl), 이산화탄소(carbon dioxide)와 같은 다른 미생물 대사산물에 대한 민감도를 기반으로 하는 것들이 있다.

신선도 인디케이터의 상업적 적용 사례로는 *Pseudomonas* sp.의 증식을 모니터링하기 위한 Toxinguard®(by Toxinguard Alert Inc.)와 신선육 및 가금류 제품의 변질을 감지하는 FQSI Inc.의 SensorQ™가 있다.

과일의 경우에는 숙성도 표시기 'RipeSense™'와 같이 과일에서 방출되는 성숙 호르몬인 에틸렌 가스와 향을 감지하여 과일의 숙성 정도를 나타내 주는 사례도 있다.

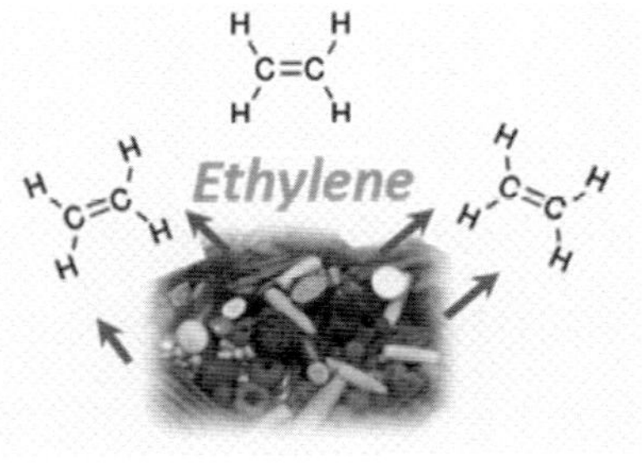

과일이 익는 동안 에틸렌이
방출되는 것을 나타내는 도식도

포장 상단에 부착한 숙성도 표시 센서

그림 5-21 RipeSense®(RipeSense, Aucland, 뉴질랜드)의 사례

성숙도에 따라 색상이 빨간색에서 노란색으로 변한다. 색의 변화는 숙성 가스의 반응에서 비롯된다.
자료: Fatima Mustafa 등, MDPI, 2018

③ 가스 인디케이터(Gas indicators)

라벨 형태의 가스 인디케이터는 포장재 전반에 걸친 투과 현상, 미생물 대사 및 식품 매트릭스에 대한 효소 또는 화학 반응으로 인한 내부 대기의 변화를 모니터링하기 위해 포장 내부에 배치된다. 가스 인디케이터는 또한 활성 포장(active packaging)의 구성 요소(예: O_2 또는 CO_2 제거제)의 효능을 평가하거나 누출 발생을 감지하는 데 사용된다.

가스 인디케이터는 포장 내부에 삽입되기 때문에 식품과 접촉 가능성이 있으며, 비수용성 및 무독성(식품 접촉 승인을 받아야 함)과 같은 요구사항을 충족해야만 한다.

가장 많이 사용되는 가스 농도 인디케이터는 산소 및 이산화탄소 농도를 표시하는 인디케이터로서, 식품 포장 내부의 가스 조성이 바람직한 상태로 유지되는지를 눈으로 볼 수 있게 한다. 대부분의 가스 인디케이터는 산화-환원 염료(예로서, methylene blue, 2,6-dichloroindophenol, or N,N,N′,N′-tetramethyl-p-phenylenediamine), 환원 화합물(예: 환원당) 및 알칼리 성분(예: 수산화나트륨)을 기반으로 한다.

그러나 이러한 지표는 포장재 내 헤드스페이스의 수분과 접촉 시 염료가 침출되는 문제로 클레임이 발생할 수 있다. 이러한 문제점을 극복하기 위한 기술 개발의 노력도 이루어지고 있다.

Mitsubishi Gas Chemical Co.의 Ageless Eye™는 별도의 인디케이터 포장을 채용하거나 정제화하였다. 캡슐화 또는 코팅 기술을 이용하여 염료 침출이 매우 제한적인 UV-activated colorimetric oxygen indicator를 개발하고자 하는 것도 이러한 노력 중 하나이다.

상용화된 제품들의 예를 들면, Mitsubishi Gas Chemical Co.의 Ageless Eye™, UPM의 Shelf Life Guard, Toagosei Chemical Inc.의 Vitalon®, Sealed Air Ltd.의 Tufflex GS, Toppan Printing Co.의 Freshilizer 등이 있다.

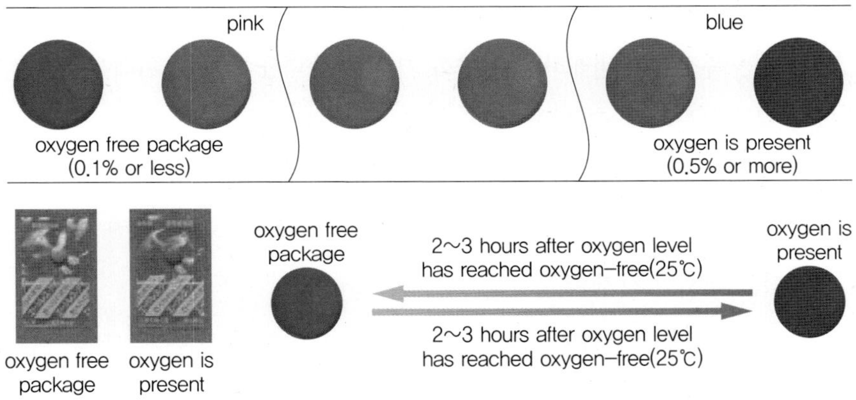

그림 5-22 Mitsubishi Gas Chemical Co.의 Ageless Eye™ 사례

자료: https://www.mgc.co.jp

(2) 데이터 케리어

데이터 케리어(data carriers)는 자동식별 장치로서, 식품 공급망 내의 정보 흐름을 보다 효율적으로 만들어 식품의 품질과 안전을 보장하는 목적으로 사용된다. 식품의 품질 상태에 대한 정보를 제공하는 것이 아니라 오히려 자동화, 추적성, 도난 방지 또는 위조 방지의 목적이 더 크다.

데이터 케리어는 외부 포장(예: 멀티박스 컨테이너, 배송 상자, 팔레트, 대형 판지 패키지)에 많이 사용되며, 주로 바코드 라벨과 RFID 태그의 형태로 사용된다.

대표적인 사례로는 미국 최대의 소매업인 월마트(Walmart)의 RFID 태그 응용을 통한 바나나 출하 관리를 들 수 있다. 월마트는 매사추세츠 공과대학이 개발한 25센트의 탄산가스 센서가 있는 RFID 태그를 이용하여 바나나가 방출하는 탄산가스 농도를 계측해 숙성에 따라 출하를 조정하는 방법으로 연간 폐기 손실을 10% 삭감했다고 한다. 예전에는 무포장으로 팔리던 바나나가 요즘엔 일제히 비닐봉투에 넣어 팔리고 있다. 로스 삭감에 대한 좋은 사례이다.

(3) 센서

센서(sensor)는 제어 및 처리 장치, 상호 연결 네트워크 및 소프트웨어가 있는 장치 또는 시스템을 의미한다. 센서는 장치가 반응하는 물리적 또는 화학적 특성의 감지 또는 측정을 위한 신호를 제공함으로써 에너지 또는 물질을 감지하여 위치를 파악하거나 정량화하는 데 사용된다.

실제로 센서는 측정값에 비례하는 정량화 가능한 출력을 만들기 위해서 화학적 또는 물리적 양에 응답하는 구조로 되어 있다.

대부분의 센서는 네 가지 주요 구성 요소로 구성되는데, 이들은 다음과 같다.

- 수용체: 표면에 화학적 반응이 발생하는 샘플링 영역(일반적으로 화학 선택적 코팅)으로 표시되는 센서의 감지 부분
- 변환 요소: 센서의 측정 부분으로, 에너지 변화를 변환하고 물리적 또는 화학적 정보를 유용한 분석 신호(예: 전기, 광학, 열 또는 화학)로 변환
- 신호 처리 전자 장치
- 신호 표시 장치

① 바이오센서(biosensor)

식품의 부패에는 반드시 분해 생성물인 휘발성 가스의 발생을 수반한다. 이 분해 가스의 대부분은 암모니아, 황화수소, 포름알데하이드 등으로 악취를 동반한다. 화학 센서를 사용하는 방법도 있지만, 최근에는 바이오센서의 개발이 활발하다.

화학 센서와 바이오센서의 주요 차이점은 인식 장식에 있다. 화학 센서에서 수용체는 화학물질이지만 바이오센서의 인식층은 효소, 항체, 항원, 파지 및 핵산과 같은 생물학적 물질로 구성된다. 포장에 통합된 바이오센서 시스템의 사용은 현재 몇 가지 예로 제

한된다.

미국의 SIRA Technologies는 제품이 불리한 조건에 노출되어 안전에 영향을 미칠 때 소비자와 소매업체에 경고할 수 있는 포장 바코드 기술인 Food Sentinel System을 개발하였다.

이 기술은 바코드에 부착된 막의 형태로 특정 병원체의 항체를 운반하는 바이오센서를 기반으로 한다. 오염된 박테리아가 있는 경우 바이오센서에 통합된 잉크는 빨간색으로 변하고, 계산대에서 바코드를 스캔할 때 데이터를 전송할 수 없게 된다.

Toxin Guard™(Toxin Alert Inc., USA)는 식품을 오염시킬 수 있는 병원체 또는 기타 선택된 미생물(*Campylobacter* spp., *Escherichia coli* O-157, *Listeria* spp. 및 *Salmonella* spp. 등)을 감지하는 데 사용되는 시각적 진단 도구이다. Toxin Guard™의 면역 분석은 포장 필름에 대한 항체-항원 반응을 기반으로 작동한다.

병원성 박테리아가 존재하는 경우 박테리아 독소가 항체에 결합되고 유연한 폴리머 필름(예: 폴리에틸렌, PE)의 얇은 층에 고정되며, 스마트 기기의 색이 뚜렷하게 변하게 된다. 최근에는 특별히 대장균을 결합하는 형광 DNAzyme probe가 개발되어 cyclo-olefin polymer 투명 포장 필름에 인쇄, 적용되었다.

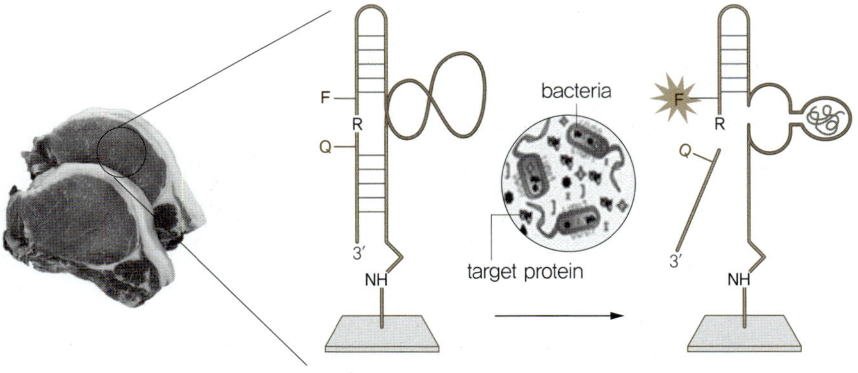

그림 5-23 형광 DNAzyme probe를 이용한 대장균 검출 센서

자료: American Chemical Society, 2018

② **가스 센서**(gas sensor)

가스에 정량적, 가역적으로 반응할 수 있는 센서 시스템에는 금속 산화물을 이용한 반도체 전계 효과 트랜지스터(MOSFET: metal oxide semiconductor field-effect transistors), 압전 크리스탈 센서, 전류 측정 산소 센서, 유기 전도성 폴리머 및 전위차 이산화탄소 센서 등이 있다.

그러나 이러한 시스템은 많은 한계가 있으며, 비파괴 검사에 적합하지 않은 경우도 많다. 따라서 최근에는 새로운 O_2 및 CO_2 센서의 개발에 관심이 높아지고 있다.

많은 연구들이 진행되고 있지만, 식품 포장에 적용되기 위해서는 비용적인 측면의 개선이 요구되고 있다.

Q. 바이오센서 등 액티브 패키징 소재는 가열에 따른 영향은 없나요?

A. 바이오센서 중 효소를 기반으로 하는 소재들은 단백질이 주성분이기 때문에 열에 취약하다. 따라서 센서가 부착된 채로 수축 터널 등 열에 노출되는 것은 피해야 한다. 기타 열 감지 잉크나 온도 감지 잉크 등은 그 소재가 유기계인 경우 열에 다소 약하며, 무기계인 경우에는 비교적 열 안전성이 있다. 따라서 각각의 용도에 따라 적절한 소재 원료를 사용하여 채용하여야 한다.

2) 지능형 포장의 현재와 미래

(1) 지능형 포장의 주요 산업적 과제

지능형 포장은 유통 중 비용 절감과 안전성의 추구라는 이유 이외에도 관리의 효율성과 소비자와의 의사소통이라는 분야에서 요구되는 가치가 상승하고 있다. 산업적인 측면에서 보면 다음과 같은 요구가 있다.

- 전체 가치 사슬에 대한 모니터링 증가
- 투명성 향상 및 각 제품 개별 추적
- 식품 안전 문제의 위험을 줄이기 위한 품질 관리 개선
- 새로운 방식으로 소비자와 보다 효과적으로 연결
- 폐기물 감소 및 진정한 순환성 달성

이러한 경향과 요구는 포장의 진화 및 지속적인 디지털화에 반영된다. 여기에는 세 가지 기본 단계가 있다.

① 코드화된 패키지

패키지에 간단한 바코드나 텍스트를 인쇄하는 데 사용되는 기술은 여러 해 동안 식음료 산업 전반에 널리 사용되어 왔다. 고급 인쇄 기능을 통해 전체 가치 사슬에서 패키지를 식별할 수 있도록 패키지를 고유하게 만들 수 있다.

② 연결된 패키지

고유한 패키지와 전체에서 캡처된 데이터의 분석을 결합하여 새롭고 가치 있는 솔루션을 만들 수 있다. 개별 패키지의 고유하고 스캔 가능한 코드는 브랜드 소유자, 제조업체, 소매업체 및 소비자가 실시간으로 서로 연결하는 방식을 변화시키고 있다.

스캐닝 장치나 스마트폰을 사용하여 고유한 코드와 상호작용할 때, 이러한 코드는 사용자를 방대한 양의 정보와 연결할 수 있으며, 이것은 광범위한 분야로의 응용 가능성을 제공한다. 연결된 패키지는 완전히 새로운 디지털 생태계에 대한 액세스를 개방하는 도구가 될 것으로 전망된다.

③ 지능형 패키지

미래에는 포장이 사물 인터넷에서 핵심적인 역할을 할 것이다. 기기와 패키지는 서로 대화할 수 있게 되어 제조업체, 브랜드 소유자 및 소비자에게 새로운 수준의 서비스와 통찰력을 제공할 것이다.

식품 및 소비재들은 점점 더 '디지털화'되고 있다. 미래에는 지능형 패키징이 연결된 가치 사슬의 중심축이 될 것이다. 저녁에 무엇을 요리할지 결정하려고 노력하는 것과

그림 5-24 The journey from codified to intelligent packaging(TETRA PAK®)

자료: https:/www.tetrapak.com

같은 일상적인 생활을 예로 들면, 지능형 포장은 냉장고와 같은 가정 내 스마트 가전제품과 통신하게 될 것이다. 집에 있는 제품의 양뿐만 아니라 각 재료의 유통기한이 동적으로 얼마나 업데이트되었는지에 대한 즉각적이고 정확한 정보를 얻게 될 것이다.

즉 사용 기간, 온도 및 제품 개봉 시기를 고려하여 만료 날짜가 조정되며, 냉장고 안에 무엇이 들어있는지, 소비자의 과거 행동 패턴, 음식 선호도, 그리고 좋아하는 요리법을 바탕으로 무엇을 요리할지에 대한 제안을 받게 될 것이다.

만약 재료가 없어지면 시스템은 소비자에게 경고를 보내서 집으로 오는 길에 사오거나 전자 소매점에서 자동으로 주문하여 정확한 시간에 배달될 수 있도록 한다. 이러한 시나리오는 지능형 식품 포장의 미래이며, 조만간 생활에 적용될 것으로 전망된다. 궁극적으로는 이러한 시스템은 식품의 신선도 유지 및 폐기 손실의 최소화에 기여하게 될 것이다.

5. 액티브 패키징과 안전

1) 해외의 안전 규제 동향

각국의 규제 관점에서 보면, 2004년까지는 EU에서는 기능형 포장 시스템에 대한 적절한 규제 체계가 부족하여 미국, 호주 및 특히 일본과 달리 새로운 패키징 솔루션을 시장에 적용하는 데 어려움이 있었다. 명확한 규제 체계의 부재로 인해 식품 포장 제조업체는 식품 접촉 물질에 관한 법률에서 완전히 다루지 않는 새로운 개념을 채택하는 것을 꺼려하였으며, 이것이 유럽에서 기능형 포장이 늦게 시작이 된 이유이기도 하다.

능동적(active)이고 지능적인(intelligence) 물질에 대한 주제를 다루기 위한 최초의 EU 입법 시도는 Framework Regulation EC 1935/2004 (European Commission, 2004)에서 비롯되었다.

EC 1935/2004는 모든 식품과 접촉하는 물질에 대한 일반 요구사항을 설명한다. 특히 제3조는 지능형 구성 요소를 포함하는 포장재에 대한 규정을 다룬다. 여기서 핵심은 "포장재는 인간의 건강을 해칠 수 있는 양의 구성 성분을 식품으로 이행하여서는 안 되고, 식품의 구성에 허용할 수 없는 변화를 초래하거나 감각적 특성의 저하를 시켜서도 안 된다."는 것이다.

제4조는 특히 몇 가지 문제에 있어서 지능형 구성 요소를 언급한다.

"지능형 재료는 소비자를 오도할 수 있는 식품의 상태에 대한 정보를 제공해서는 안 되며, 라벨링은 비식품용 요소를 식별할 수 있도록 적절하여야 한다."

제15조는 "소비자와 식품 포장 회사는 활성적이고 지능적인 재료와 물품을 안전하고 적절하게 사용하는 방법에 대해 알려야 한다."고 명확하게 명시한다.

GMP(Good Manufacturing Practice)는 식품과 접촉하기 위한 재료 및 품목에 대한 입법적 절차를 나타내고 있으며(규정 EC 2023/2006), 이는 이러한 물질이 허용할 수 없는 양으로 식품으로 전이되지 않도록 하는 것을 목표로 하고 있다(European Commission, 2006).

식품 포장용으로 설계된 기능성 재료에 대표성을 띨 수 있는 규정은 식품과 접촉하기 위한 활성 및 지능형 재료 및 물품의 사용 및 승인에 대한 특정 요구 사항을 규정하는 Commission Regulation (EC) No.450/2009 이다. 이 규정은 Positive List에 대한 개념으로서, 기능형 포장 재료를 제조하는 데 사용할 수 있는 EU 전역의 물질 목록을 설정하는 것을 목적으로 한다.

따라서 기능성 포장에 적용될 수 있는 물질은 유럽 식품안전당국(EFSA)에서 안전성을 평가한 후에만 목록에 추가될 수 있다. 또한 이 규정은 식품에 접촉할 수 있는 활성 및 지능형 기능형 포장에 사용되는 물질에 대한 승인 체계를 도입한다. 규정 제11조는 소비자가 먹을 수 없는 부분을 식별하기 위해, 식용으로 인식될 때마다 활성 및 지능적인 재료와 물품 또는 그 부분에 "먹지 마세요(Do not eat)"와 같은 경고 문구나 기술적으로 가능한 경우 항상 특정 기호를 사용할 것을 규정하고 있다.

잠재적인 전이(migration)와 관련된 문제는 주로 액티브 패키징 시스템에 관한 것이지만, 특정 물질/재료의 의도하지 않은 방출/접촉과 관련된 위험에는 특히 1차 포장 내부에 위치할 경우에는 지능형 포장 재료도 포함된다. 지능형 포장 재료에 대한 소비자의 거부감은 종종 지능형 포장재료에서 활성 구성 요소(예: 센서 잉크)가 누출되거나 sachet를 삼키는 등의 잠재적 위험과 관련이 있다. 수분함량이 높은 식품과 직접 접촉할 때 침출되기 쉬운 수용성 성분을 포함한 지능형 포장도 해당될 수 있다.

적어도 EU에서는 포장에 통합/부착된 구조(예: 라벨)에 비해 개별 비식용 개체(예: 봉지 및 삽입물)에 대한 소비자의 위험 인식이 더 높은 것으로 조사되고 있다. 따라서 식품의 유통기한 동안 패키지 내부의 지능형 구성 요소의 무결성을 보존하는 것은 잠재적인 안전 문제를 최소화하는 동시에 이 기술에 대한 소비자의 신뢰를 높이는 역할을 하게 된다.

Active and Intelligent Materials과 관련된 EU의 정의 (Regulation (EC) 450/2009)

Regulation (EC) 450/2009 under the scheme of Framework Regulation 1935/2004 regulates the use of active and intelligent materials and articles sold within the European market.
Active materials are designed to deliberately incorporate components in food packaging in order to release or absorb substances in the food packaging, for the purpose of extending the shelf-life of packaged food or maintain or improve the condition of packaged food.

For example, different kinds of active and intelligent materials have the following functions:
- Absorb: O_2, CO_2, H_2O, ethylene
- Release: Ethanol, CO_2
- Remove: cholesterol, Lactose
- Temperature control

Examples
- Sachets
- Strips/labels
- Antimicrobial packaging

포장 식품의 안전성에 대한 소비자의 신뢰를 높이려면 지능형 장치에 적절한 라벨을 부착해야 한다. 포장 제조업체는 또한 인체 건강에 대한 잠재적인 영향, 식품의 구성 및 감각 프로파일의 변화, 오염물질의 이동 가능성과 같은 규제 측면, 특히 포장 내부에 봉입할 재료에 대해 고려해야 한다.

또 다른 측면은 지능형 시스템의 지속 가능성에 관한 것이다. 이 방향의 첫 번째 과제는 현재의 일회용, 비가역 및 일회용 품목 대신 재사용 가능하고 가역적이며 오래가는 장치를 생각하는 것이 필요하다.

2) Positive List 제도와 액티브 패키징

Positive List 제도를 간단히 설명하면 식품용 기구, 용기·포장에 있어서는 허용된 원재료와 첨가제만을 사용하는 제도를 의미한다.

이러한 개념 자체는 우리나라에서도 이미 관리에 도입이 되고는 있지만 형식적으로는 우리나라는 아직까지는 관리 제도가 Negative List 제도라고 할 수 있다.

하지만 해외의 많은 국가들이 이미 Positive List를 도입하고 있으며, 우리나라도 국제화 등에 대응하여 식품의 안전을 확보하기 위해 식품용 기구, 용기·포장 등의 위생 규제를 Positive List 제도로 정비하고자 하는 움직임이 있다.

식품의약품안전처(KFDA)에서는 2021년 현재 이 제도의 국제 규제 상황에 맞추어 고시 물질 파악을 진행하고 있으며, 약 2,500가지가 넘는 물질이 대상이 될 것으로 추정하고 있다.

기존 물질 중에는 이미 식품용 기구 및 용기·포장에 사용되고 있는 물질들이 있는데, 지금까지 식품용 기구 및 용기·포장으로서 긴 사용 실적이 있는 물질을 사용할 수 없게 되면 식품 등의 제조, 판매, 나아가서는 식품의 안정 공급에 지장을 초래할 것으로 예상되기 때문에 우선은 식품용 기구 및 용기·포장에 이미 사용되고 있는 물질 전체를 특정하여 고시 물질로서 규정한 후 순차적으로 위해성 평가를 추진하여 나아갈 것으로 판단한다.

각국의 식품용 기구, 용기·포장에 대한 Positive List 제도 적용 현황은 다음과 같다.

(1) 미국

합성수지 및 종이, 고무와 관련하여 1958년부터 연방규칙집에 게재된 화학물질만이 사용할 수 있는 Positive List 제도를 운용한다. 합성수지는 폴리머의 종류별로 사용 가능한 모노머, 첨가제나 그 함유량이 규정되어 있다.

2000년부터는 승인의 신속성을 도모하기 위하여 개별 제품마다 신청자에 한하여 사용 가능하게 하는 제도[식품 접촉 물질상 시장 신고 제도(FCN)]가 신설되었다. 원재료 사업자를 포함해 적정 제조규범(GMP) 하에서 제조되는 것이 요구되고 있지만 사업자 간 정보 전달에 관한 특별한 규정은 없으며, 자주 관리·자기 선언에 맡기고 있다.

(2) EU

합성수지에 대해서 2010년부터 Positive List 제도를 운용하고 있다. 모노머, 첨가제별로 용출량이나 사용 조건 등이 규정되어 있으며, 제품 및 재료를 구성하는 성분의 총 용출량에 관해서도 규정되어 있다. 원재료 사업자를 포함해 적정제조규범(GMP)에 따른 제조를 의무화하고, 사업자 간 정보 전달을 위해 적합선언서 사용이 의무화되어 있다.

표 5-9 기능형 포장 재료의 분류와 규제 범위(EU)

형태의 분류		규제의 범위		예
흡착형	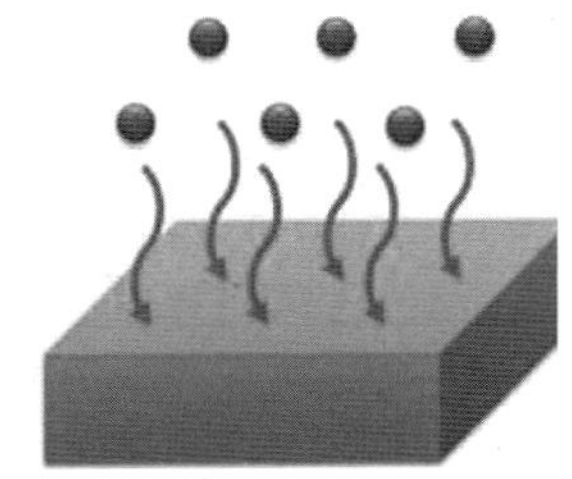	기구 및 용기·포장의 PL 대상 물질로 관리		산소 흡수 포장재 드립 흡수재
방출형	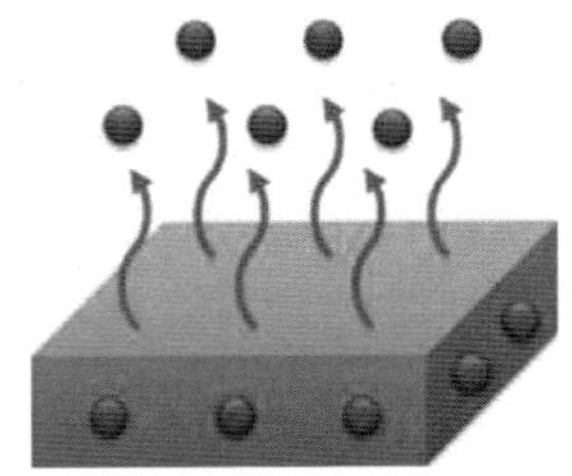	●	기구 및 용기·포장의 PL 대상 물질, 또한 식품첨가물로서 관리(방출 전에는 기구 및 용기·포장 재질의 원재료이며, 방출 후에는 식품에 작용하기 때문임)	겨자 추출물(식품첨가물)을 방출하는 선도 유지제
		■	기구 및 용기·포장의 PL 대상 물질로서 관리	
고정형		● ■	기구 및 용기·포장의 PL 대상 물질로서 관리	Ag Zeolite를 분산한 항균 제품 등
인텔리전스 재료		기구 및 용기·포장의 PL 대상 물질로서 관리(지정 첨가물 이외의 화학합성 착색료는 용출 또는 침출하여 식품에 혼화하지 않도록 가공해야 하는 방침에 따라 포지티브 리스트에 포괄적으로 기재)		온도 인디케이터 습도 인디케이터

(3) 일본

Positive List 제도를 2020년부터 합성수지에 우선적으로 도입하였다. 식품용 기구 및 용기·포장 제조 사업자에게는 적정 제조 규범에 따른 제조 관리 및 판매 상대편에 대한 정보 전달이 의무화되어 있다. 또한 식품용 기구 및 용기·포장 원재료 사업자에게는 요구에 따라 정보를 제공하도록 노력하는 것이 의무화되어 있다.

EU에서는 특정의 화학물질을 방출 또는 흡수하는 것 등에 의해 식품의 저장 기간의 연장이나 상태를 개선하는 것을 '액티브 재료', 포장이 끝난 식품이나 식품 주변 환경 상태를 감시하는 것을 '인텔리전트 재료'라고 정의하여 식품 접촉 재료의 규제가 제도화되고 있다.

식품용 기구 및 용기·포장에 포함되는 화학물질은 식품 작용 여부에 관계없이 기구 및 용기·포장의 원재료로서 Positive List(PL) 대상 물질로 관리된다.

식품에 작용하는 것을 목적으로 식품용 기구 및 용기·포장에서 방출된 화학물질은 이행량에 관계없이 식품첨가물로도 규제 대상이 된다(포장재 기재 내에 도입된 상태에서는 기구 및 용기·포장의 원재료가 된다).

식품첨가물을 식품에 작용할 목적으로 기구 및 용기·포장의 원재료로 사용하는 경우에는 기구 및 용기·포장에서 방출되는 물질을 사용할 경우 식품첨가물의 규격 기준을 충족하는 물질로서 Positive List에 등재되어야 한다. 그때의 첨가량은 규정하지 않지만 식품에 작용할 때는 식품첨가물로서의 제한에 따르는 것으로 한다.

기구 및 용기·포장의 Positive List에 등재되어 있는 물질이 식품첨가물과 동일한 명칭이라도 식품첨가물의 규격기준을 충족한 물질로서 PL에 등재되어 있지 않을 경우에는 식품에 작용하는 것을 목적으로 기구 및 용기·포장에서 방출시켜 사용하는 것은 불가하다.

이러한 추세는 전 세계적으로 확대되고 있기 때문에 액티브 패키징 분야에서는 사용되는 원료가 식품과 접촉할 가능성이 있는 경우에 식품첨가물로 허가가 나와 있는 원료를 사용하려는 움직임이 있다. 특히 항균성과 관련하여서는 인체에도 유해한 화합물(이산화황, 이산화염소 발생 패드 등)이 사용되는 경우가 있기 때문에 앞으로의 규제에 대응하는 것이 필요하다.

Q. 포장에 Positive List를 적용하고 있는 국가들은 어느 국가들이 있나요?

A. Positive List의 주요 도입국으로는 2021년 현재 미국, EU, 이스라엘, 인도, 중국, 인도네시아, 베트남, 호주, 뉴질랜드, 사우디아라비아, 브라질, 일본 등이 있다. 우리나라도 현재 적용을 검토하고 있다.

CHAPTER 06

가스 제어를 통한 미생물 억제 포장

식품 포장 내의 기체 농도를 조정하여 식품을 보존하는 방법에는 제5장에서 다루었던 탈산소제를 사용하는 방법과 진공 포장, 가스치환 포장의 세 가지로 나눌 수 있다. 이 세 가지 포장 방법의 특징을 비교하면 표 6-1과 같다.

표 6-1 **가스 제어 포장 방법과 특징 비교**

포장 방법	탈산소제 포장	진공 포장	가스치환 포장
산소 제거 방법	화학 반응	물리적 제거	물리적 장치
초기 산소 제거율	99.9% 이상 제거(약 24시간 이후)	완전 제거는 어려움(진공도에 따라 다름)	완전 제거는 어려움(1~10% 산소 잔류)
저장 시 산소 농도 변화	저장 기간 내내 혐기적 조건 유지	시간이 지남에 따라 포장 내 산소 농도 증가(포장재를 투과해 유입되는 산소의 제거가 불가능)	시간이 지남에 따라 포장 내부의 산소 농도 증가(포장재를 투과해 유입되는 산소의 제거가 불가능)
문제점	식품의 함수율에 의존성이 있음	진공에 의해 식품이 포장재에 눌리게 된다.	완전한 가스치환은 어렵다.

탈산소제 포장은 화학적인 반응으로 산소를 제거하는 데 비하여 진공 포장과 가스치환 포장은 물리적인 방법으로 산소를 제거한다. 따라서 산소 제거 원리의 차이에 따라 산소의 제거율과 저장 시의 산소 농도 추이에 차이가 있다.

또한 포장 후 진공 포장과 가스치환 포장은 포장재를 통해 투과하는 기체들의 영향으로 포장 내부의 기체 조성이 달라지게 된다. 반면에 탈산소제 포장은 초기 산소 제거율이 높고 포장재를 투과하여 유입되는 산소를 계속적으로 흡수하기 때문에 장기간 저산소 농도를 유지할 수 있다.

다만, 탈산소제의 경우 일정 농도의 수분이 존재하여야 반응하므로 탈산소제의 타입에 따라 차이는 있지만 0.65 이하의 수분활성도(a_w)를 갖는 건조식품을 포장하는 경우에는 반응이 느려질 수 있다.

1. 진공 포장

포장 내의 공기를 탈기하여 진공 상태로 만들어 밀봉 포장한 것을 진공 포장이라고 한다. 진공 포장은 식품의 화학적 변질 혹은 미생물에 의한 변패에 영향을 주는 산소를 제거함으로써 식품의 유통기한을 늘리는 것을 목적으로 하고 있다. 진공 포장된 식품 종류로는 육가공 제품들이 많은데 햄, 소시지, 육포, 치즈 등을 들 수 있다.

진공 포장은 피부처럼 식품에 포장재가 밀착되므로 포장 내에 공기가 있는 제품보다 식품으로의 열전달이 용이하며, 따라서 후살균 제품에 유리하다.

진공 포장 후 80℃ 정도의 열탕 살균을 하는 제품의 예로는 어묵, 햄, 소시지 등이 있다. 진공 포장에 사용되는 포장재는 포장재를 통해 외부로부터의 공기의 침입을 방지하기 위해 기체 차단성이 있는 포장재를 사용하여야 한다. 또한 진공 포장은 식품과 직접 포장재가 밀착되므로 뾰족하고 단단한 식품에 사용될 경우 포장재의 손상이 문제가 된다. 따라서 뾰족한 것에 찔려 발생할 수 있는 핀홀(pin-hole)을 예방하기 위하여 강인한 필름을 사용한다.

여기에 가장 적합한 소재가 바로 이축연신 나일론(ONylon) 필름이다. 이축연신 나일론 필름은 기체 차단성도 적당히 있으며, 핀홀 강도도 매우 우수하다. 따라서 진공 포장에 사용되는 포장재는 ONylon/LLDPE의 구성이 많이 사용된다. 하지만 실제적으로는 한 달 이상의 유통기한 동안 포장재를 투과하는 기체를 차단하기에는 기체 차단성

표 6-2 포장용 필름별 산소 투과도와 수증기 투과도

필름 종류	두께(㎛)	산소 투과도(cc/㎡·day·atm)	수증기 투과도(g/㎡·day)
Nano composite coated PET 필름	12	0.4~10	1~5
SiOx 증착 PET 필름	12	0.5~5	0.9~2
AlOx 증착 PET 필름	12	0.5~5	0.8~2
PVDC(saran) 필름	25	1.2	1
EVOH(ehtylene 32mol%)	25	0.8	30
MXD6	25	4	23
ONylon(이축연신 나일론) 필름	25	30	90
CNylon(무연신 나일론) 필름	25	40	300
PET(이축연신 PET) 필름	25	80	22
OPP(이축연신 PP) 필름	25	2,500	4
HDPE 필름	25	2,900	6
CPP 필름	25	3,800	7
LDPE 필름	25	7,900	12

산소 투과도 측정 조건: 25℃, 65% RH
수증기 투과도 측정 조건: 40℃, 90% RH

이 다소 부족하다. 이보다는 산소 차단성이 있는 포장재를 사용하는 것이 적절하다.

표 6-2에 각 포장용 필름별 산소와 수증기의 투과도를 나타내었다.

표 6-2에서 나타냈듯이 엄밀하게 말하면 이축연신 나일론 필름은 가스 차단성 필름은 아니다. 하지만 우리나라에서 진공 포장이나 탈산소제 봉입 포장에 사용되는 포장재는 ONylon/LLDPE의 재질 구성을 하고 있는 경우가 많다.

포장재를 투과하는 기체의 투과 속도는 온도에 의해 지수적으로 증가하기 때문에 한 달 이상 상온 유통을 하는 식품에는 기체 차단성이 있는 포장재를 사용하여야 한다. 특히 진공 포장은 탈산소제 봉입 포장과 달리 유입되는 산소를 제거할 수 없으므로 포장재 자체의 기체 차단성이 더 요구된다. 따라서 장기간 상온 유통되는 식품의 경우에는 ONylon/LLDPE의 사양보다는 ONylon/aluminum foil/LLDPE의 구성 또는 ONylon/EVOH/LLDPE, 투명증착 PET/ONylon/LLDPE 등 기체 차단성이 있는 재질 구성의 포장재를 사용하는 것이 좋다.

포장 형태로는 파우치, 열 성형 진공 포장, 스킨 포장(vacuum skin packaging, VSP) 등이 적용된다.

그림 6-1 스킨 포장(VSP) 사례

자료: http://www.lottefoods.co.kr

진공 포장에 사용되는 파우치는 일반 파우치와 크게 다르지는 않지만 산소 차단성이 있는 재질로 구성되어 있다. 열 성형 포장과 스킨 포장은 슬라이스 햄, 베이컨, 소시지와 같은 식육 가공품 포장 등에 사용된다.

진공 포장기는 노즐식과 챔버식으로 구분된다.

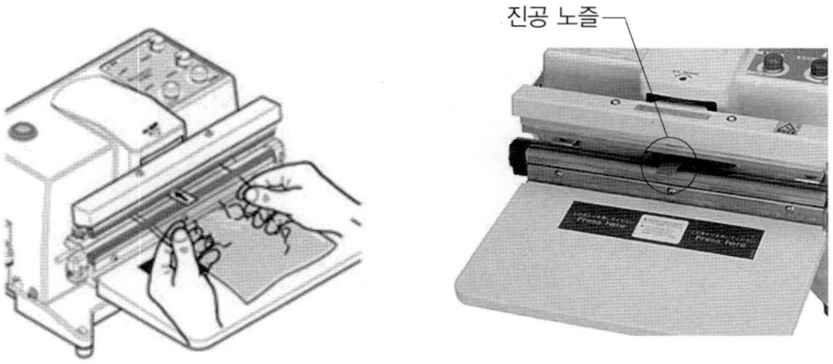

그림 6-2 노즐식 진공 포장기

노즐(nozzle)식 진공 포장기에서는 내용품을 충진한 파우치에 진공 노즐을 꽂고 파우치의 입구부를 스펀지와 같은 탄성이 있는 것으로 끼워 기밀성을 유지한 상태에서 진공펌프로 탈기를 한 후 노즐을 빼는 것과 동시에 열접착을 하는 원리이다. 진공 시에 노즐에 필름이 밀착되어 버리면 탈기가 잘 안될 수도 있으며, 원리상 높은 진공도를 구현하기는 어렵다.

하지만 장치가 간단하고 작으며 가격이 저렴하여 가정용, 식당 및 소량 작업용 등으로 많이 쓰이고 있다. 또한 챔버식 진공 실링기에 들어가기에 너무 큰 제품(쌀 20 kg 등)에도 사용되고 있다(그림 6-2).

노즐식은 대형 포장의 경우에 이용되지만 소형 식품 포장에서는 챔버식이 사용된다. 챔버식은 밀폐되어 진공으로 만들 수 있는 챔버 안에 식품 등을 넣은 봉투를 세팅하고 뚜껑을 닫아 챔버 내부를 진공으로 한 상태에서 열접착을 하는 방식이다. 챔버 내 전체를 진공으로 할 수 있기 때문에 고진공을 얻을 수 있으며, 액상 식품에도 적용이 가능하다.

하지만 장치가 크며 노즐식에 비해 시간이 길다는 점, 가격이 비싸다는 점이 단점이다.

그림 6-3에 챔버식 진공 포장기의 예를 들었다. 챔버식은 챔버 내부를 진공으로 하기 위해 시간이 걸리기 때문에 작업 속도가 느려진다. 이러한 단점을 개선하기 위해 개발된 것이 셔틀형이다. 셔틀형은 챔버의 뚜껑이 좌우로 이동하는 구조로 되어 있으며, 한쪽에서 작업을 준비하는 동안 다른 한쪽에서 진공 포장을 하기 때문에 작업대기 시간을 줄일 수 있다.

더 빠른 생산 속도를 필요로 하는 경우에는 로터리 챔버식 진공 포장기가 사용된다. 이것은 여러 개의 챔버로 구성되어 연속 공정을 진행하도록 설계되어 있다(그림 6-4).

셔틀형

고정형

그림 6-3 챔버식 진공 포장기

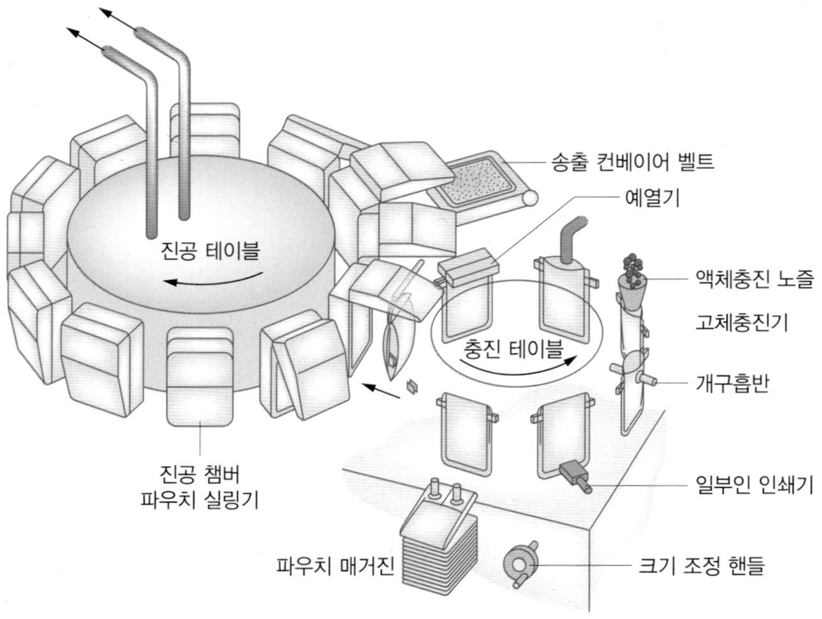

그림 6-4 로터리 챔버식 진공 포장기

스킨 포장은 포장 용기의 성형과 충진 및 진공 포장이 동시에 이루어진다. 그림 6-5에 공정의 개략적인 모습을 예로 들었다.

포장 재료로서는 성형이 잘되면서 잘 늘어나고, 기체 차단성과 핀홀 저항성이 있는 다층 필름이 주로 사용이 된다.

호기성균이나 곰팡이는 산소가 없는 진공 포장에서는 증식이 억제된다. 하지만 혐기성 미생물에 대해서는 발육에 좋은 조건이 된다. 진공 포장은 식품 내에 존재하는 용존

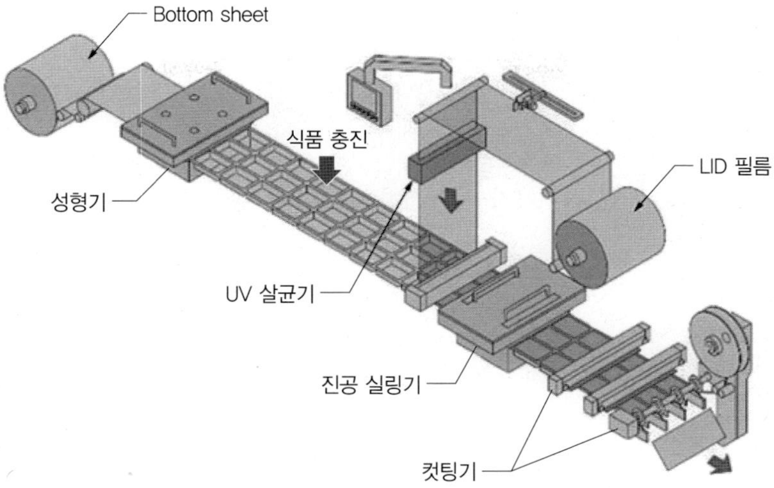

그림 6-5 스킨 포장 설비의 개략도

가스에 의해 포장 후 진공이 풀리는 경우가 있으며, 시간이 경과함에 따라 포장재를 투과하여 들어오는 기체에 의해 서서히 진공이 풀릴 수가 있다. 따라서 포장 재료의 선택에 주의를 기울여야 하며, 기체 차단성이 있는 포장재를 사용하거나 기체의 투과를 줄이기 위해 저온 유통을 하여야 한다.

포장재를 기체 차단성이 있는 포장재를 사용하였음에도 불구하고 진공이 풀리는 경우는 용존 가스보다는 미생물에 의한 경우가 많다. 농산물을 전처리 가공하여 진공 포장한 경우에는 농산물에 묻어 있던 토양 미생물에 의해 혐기적 대사가 일어나고, 그 결과 발생하는 이산화탄소에 의해 진공이 풀리는 일이 자주 발생한다. 따라서 전처리 농산물 등을 진공 포장한 경우에는 1~2일 내로 유통하거나 포장 후 바로 냉동하여야 한다.

열처리를 하여도 되는 식품의 경우에는 진공 포장 후 후살균(열탕 처리 또는 레토르트)을 권장한다. 후살균을 하지 않는 베이컨이나 육류에서는 포장 단계에서의 생균수를 줄이는 관리가 이루어져야 하며, 포장 후에는 저온 유통이 기본이다. 치즈 등에서도 저온 유통이 기본이 된다.

반면에 수분활성도가 낮은 육포나 살라미 소시지의 경우에는 저온 유통을 하지 않더라도 미생물의 증식이 억제된다.

2. 가스치환 포장

가스치환 포장은 포장 시 포장 내의 공기를 제거하고 다른 가스를 충진하는 포장 기법이다.

치환되는 가스로는 질소가 가장 일반적이며, 질소와 탄산가스의 혼합가스도 많이 사용된다. 포장 내부의 공기를 특정 가스로 바꾸는 것은 미생물의 제어와 산화 방지가 주 목적이다.

표 6-3에 가스치환 포장의 종류와 목적, 사례를 예로 들었다.

표 6-3 가스치환 포장의 종류와 목적

종류	목적	제품 사례
질소치환	기름의 산패 예방 산화에 의한 갈변 예방, 미생물 억제	포테이토칩, 유탕 처리 스낵, 견과류, 즉석밥, 분유, 녹차, 생면
질소+이산화탄소	산화 방지, 미생물 억제	육가공 제품, 치즈, 카스텔라, 과자류
산소+이산화탄소	변색 방지, 미생물 억제	적색육(쇠고기 등)

포테이토칩, 유탕 처리 스낵은 압력에 의해 부서지기 쉽기 때문에 진공 포장을 할 수 없고 가스치환 포장을 많이 하는데, 이들 식품은 지방함량도 높아 산화 방지 효과를 위해 질소치환 포장을 많이 하고 있다. 햄, 소시지와 같은 식육 가공품의 유통기한은 세균에 의한 부패, 변패에 의해 결정되며, 다양한 미생물에 대해 취약한 식품인데 이산화탄소는 세균의 증식을 억제하는 작용이 있기 때문에 식육 가공품 등의 가스치환 포장에는 이산화탄소가 많이 이용된다.

하지만 실제로는 이산화탄소만으로는 포장재를 투과해 포장재 밖으로 나가거나 식품 내에 용해되어 감압이 일어나기 때문에 질소가스와의 혼합 기체가 사용된다.

이산화탄소는 액체 등 식품에 용해되기 쉬운 기체로서 식품에 녹아 탄산을 형성하기 때문에 식품의 pH를 떨어뜨리는 효과도 있다. 과자나 빵, 치즈 등에는 이산화탄소에 의한 호기성 미생물 방지 효과가 있어 많이 적용되고 있다.

식품은 그 안에 함유된 당이나 아미노산의 반응에 의한 갈변, 혹은 색소의 산화로 인한 퇴색 등으로 인해 상품 가치가 저하될 수 있다. 이러한 변색이나 퇴색도 가스치환 포장을 하면 상당히 효과를 볼 수 있다.

표 6-4 가스치환 포장 사례 및 목적

식품류	가스 종류	주요 역할
감자칩, 유탕 처리 식품	N_2	산화 방지
견과류	N_2	산화 방지
분유	N_2	산화 방지
녹차	N_2	변색 방지, 향기 유지, 비타민류의 보호
식육 가공품	N_2 or $N_2 + CO_2$	미생물 제어, 변색 방지
치즈	$N2 + CO_2$	미생물 제어, 산화 방지
카스텔라, 양과자류	$N_2 + CO_2$	산화 방지, 미생물 제어
적색육	$O_2 + CO_2$	육색 유지

가스치환 포장기는 진공 탈기 가스치환 방식과 가스 플래시 방식이 있다.

진공 탈기 가스치환 방식에는 노즐식, 챔버식, 노즐 챔버식이 있으며 기본적으로는 진공 포장기와 비슷한 구조이다.

가스치환 포장기에는 탈기용 노즐에 치환 가스를 도입하기 위한 밸브가 설치되어 있으며, 탈기 후 밸브의 전환으로 치환하고자 하는 가스가 도입된다.

가스 플래시 방식(gas flush type)은 식품을 포장하기 전에 포장 내부에 치환하고자

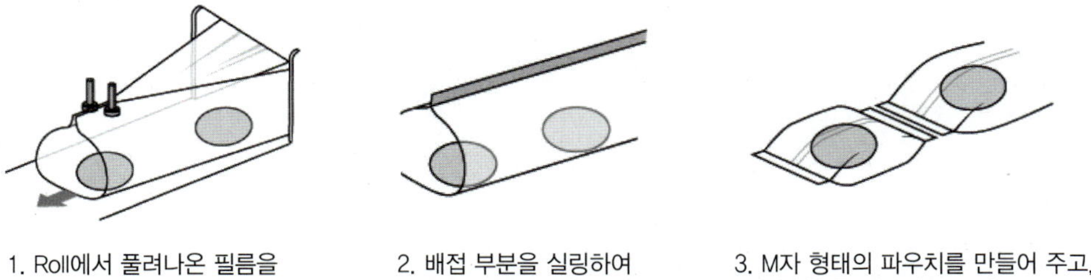

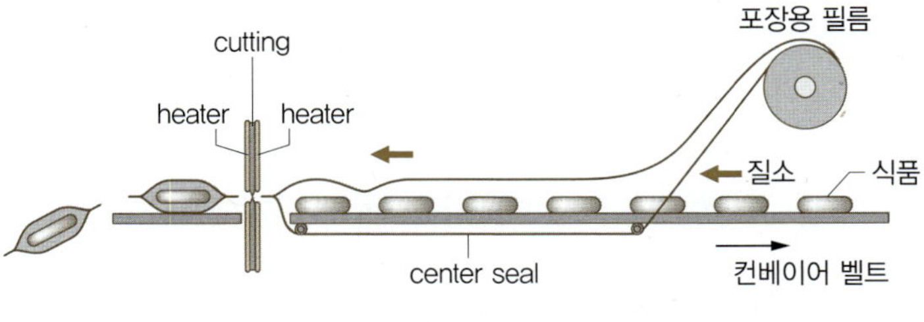

그림 6-6 가스 플래시 방식 필로우(pillow) 포장기

하는 가스를 분사하여 포장 내부에 치환 가스를 채우고, 재빨리 열접착하여 치환 가스를 도입하는 방식이다. 가스치환율이 떨어지는 것이 단점이나 속도가 빠르고 연속 공정이 가능하여 대량 생산 시 많이 선택되는 방식이다. 가스 플래시 방식 포장기는 즉석밥의 포장 공정과 생면과 과자의 필로우 포장, 그리고 포테이토칩 포장 등 식품 회사에서의 적용 사례가 많다(그림 6-6).

3. 포장 내 가스 조정을 통한 미생물 억제

세균은 산소의 존재 하에서 발육할 수 있는 편성 호기성 세균(strict aerobe), 일정한 산소 분압 하에서 발육하는 미호기성 세균(microaerophilic bacteria), 산소의 유무에 관계없이 발육할 수 있는 통성 혐기성 세균(facultative anaerobe), 산소가 있으면 발육할 수 없는 편성 혐기성 세균(strict anaerobe) 등 크게 4가지로 나눌 수 있다.

슈도모나스(*Pseudomonas*)속 세균과 곰팡이 등은 식품에 부패 등의 문제를 일으키는 대표적인 호기성균이다.

통성 혐기성 세균으로는 대장균(*E. coli*), 살모넬라(*Salmonella*), 비브리오(*Vibrio*) 등 장에서 번식하는 세균과 유산균, 포도상구균, 많은 효모 등이 포함돼 있다. 대부분의 장관 감염형 식중독 세균은 통성 혐기성 세균이라고 보면 된다.

식품과 밀접하게 관계되는 혐기성균으로는 통조림 살균의 지표 미생물로서 잘 알려져 있는 보툴리눔균(*Clostridium botulinum*) 등 클로스트리듐(*Clostridium*)속을 들 수 있다.

가스 조절 포장은 크게 진공 포장과 가스치환 포장, 그리고 포장 내 대기조성 변화 및 기능성 소재를 활용한 액티브 패키징(active packaing)이 있다.

1) 호기성 미생물의 억제

호기성 세균은 모두 산소가 존재하지 않으면 증식할 수 없는 균으로, 주로 식품의 부패에 관여하는 미생물이 많다. 식품이 부패하는 초기 단계에서는 미생물 주위에 산소가 풍부한 환경이다. 산소가 풍부한 환경 하에서 호기성균이 번식하여 포장 내에 산소가 고갈될 때까지 이들의 번식이 왕성히 일어나며, 이것이 곧 식품의 부패이다. 이 단계

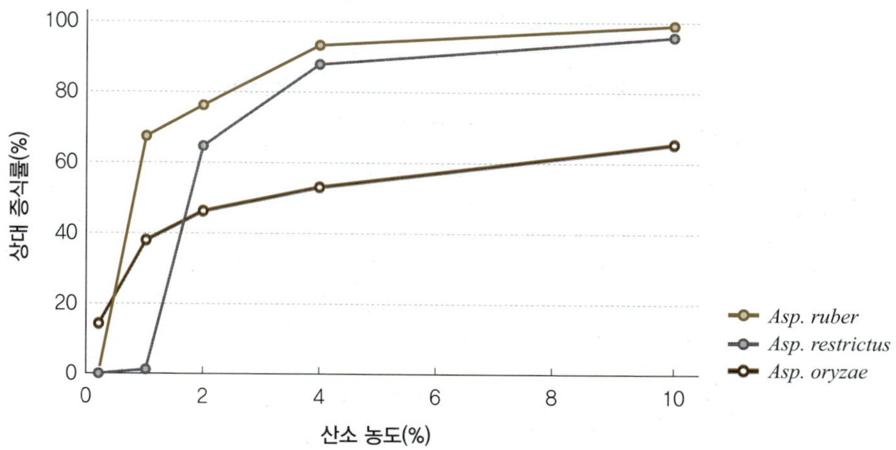

그림 6-7 각기 다른 산소 농도에서 *Aspergallus*속 세균들의 생육[122)]

가 지나가고 산소가 고갈되면 다음으로는 통성 혐기성균이 번식한다.

산소를 제거한 포장에서는 대부분의 호기성 세균의 증식을 정지시킬 수 있다. 대표적인 호기성균인 아스퍼질러스(*Aspergillus*)속의 균들은 0.5%의 산소 농도에서는 대부분 증식이 억제되지만 일부 *Aspergillus*속의 균, *Penicillium*, *Paecilomyces*, *Cladosporium*은 0.5%라는 저산소 농도에서도 완전히 저지할 수 없다. 하지만 이들 균들도 0.01%의 산소 농도 수준에서는 완벽하게 증식을 막을 수 있다. 사실, 이 수준은 진공 포장이나 가스치환 방식으로는 구현되기가 어려운 수준이다. 따라서 이 수준의 유지가 필요하다면 탈산소제의 사용이 권장된다.

표 6-5는 초기 산소 농도에 따른 곰팡이와 효모의 증식을 YM 한천배지로 실험한 결과이다. 0.1% 수준의 산소 농도에서도 곰팡이와 효모의 증식을 막을 수는 없지만 탈산소제를 사용하여 0.01% 이하의 수준으로 유지한 경우에는 곰팡이의 증식을 100% 억제할 수 있었으며, 일부 효모의 증식도 억제할 수 있었다.

현재 대표적인 호기성균인 곰팡이를 방지하기 위해서 많은 식품들이 포장 내에 탈산소제를 봉입한 포장을 채용하고 있으며, 완벽하게 곰팡이의 증식을 막을 수 있다. 그러나 세균의 경우 약간의 증식이라도 식품 품질에 큰 영향을 미칠 수 있으며, 또한 곰팡이와 달리 관능적으로 혹은 눈으로 증식의 유무를 확인할 수 없다는 것이 곰팡이의 경우와 다르다.

표 6-5 초기 산소 농도와 진균류의 생육[125)]

시험 균주명	배양일수	미생물의 생육 정도(콜로니 지름/㎜)					
		N_2 치환 시 초기 산소 농도(%)					탈산소제 사용
		0.1	0.5	1.0	5.0	20.9	
Aspergillus flavus	3	<1	13.5	15.1	18.3	22.3	-
	7	12.1	14.8	16.0	20.5	60.0	-
Penicillium chrysogenum	3	-	3.2	5.6	6.9	7.1	-
	7	4.8	10.1	11.5	13.3	18.8	-
Rhodororula glutinis	6	-	-	-	1.0	1.2	-
Candida utilis	3	1.0	1.2	1.4	1.8	3.1	-
	7	2.3	2.9	3.0	4.1	6.1	-
Saccharomyces cerevisiae	2	0.9	1.4	1.6	2.0	2.2	0.2
	6	7.0	6.7	6.9	7.3	9.9	1.3

*Temp. 28℃, YM 한천배지 사용

세균의 경우 곰팡이보다 증식에 있어서 산소를 덜 소모하며, 따라서 식품의 가공, 보관 시에 주의해야 할 것은 호기성 세균이라 하더라도 미량의 산소가 존재하면 증식이 일어날 수 있다고 생각하고 대처해야 하는 것이다.

그림 6-8에 닭고기를 필름으로 각기 다른 가스 조성으로 포장하였을 때의 일반 생균수와 호기성균인 슈도모나스(*Pseudomonas*)의 균수 변화를 나타내었다.

여기서 진공 포장은 일반적인 진공 포장기를 사용하여 진공 포장을 하였으며, 어느 정도 산소가 남아 있는 상태이다. 미량의 산소가 존재하면 증식이 일어날 수 있다는 점이다.

4℃에서 일주일간 저장 기간 중 진공 포장 하에서의 슈도모나스의 증식은 함기 포장과 비교하였을 때 큰 차이가 없이 증식하고 있다. 이처럼 일반적으로 호기성 세균은 불과 0.1%의 산소가 존재하더라도 완만하게 증식을 할 수 있다. 따라서 진공 포장 식품이라도 저장 초기에는 호기성 세균이 약간 남아 있는 산소를 다 쓸 때까지는 증식할 수 있다고 봐야 한다.

진공 포장에서의 세균 억제 효과를 나타내는 사례로서는 식품의 저장 시 호기성 미생물의 증식을 억제한다는 연구 결과들이 많이 있다. 하지만 그렇다고 호기성 세균을 전혀 증식하지 못하게 하는 것은 아니다.

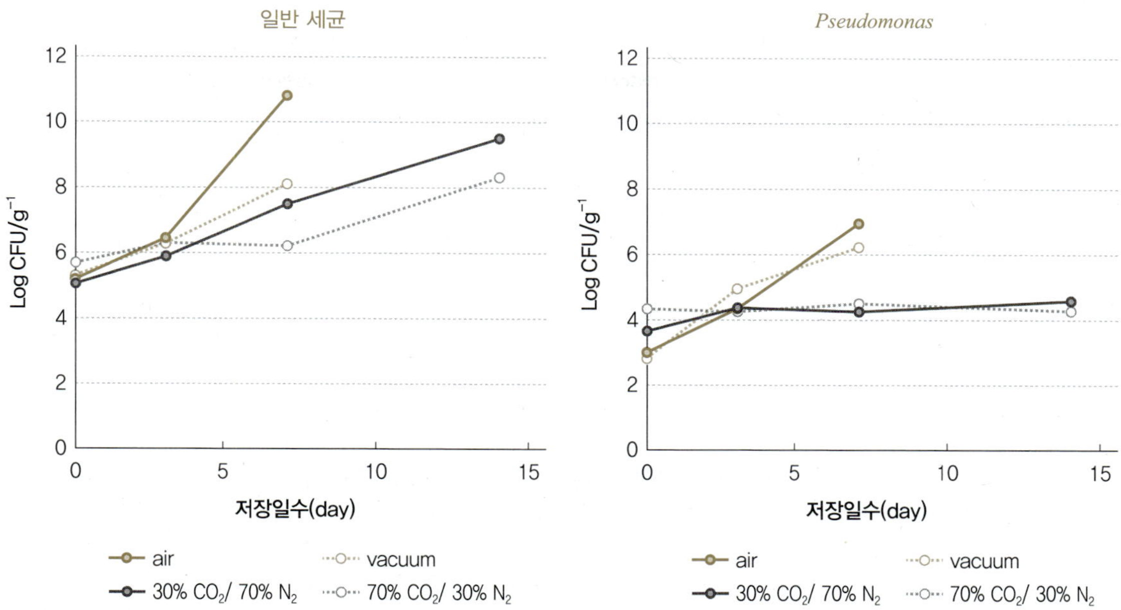

그림 6-8 닭고기를 다른 조성으로 가스치환 포장하였을 때 미생물 번식에 미치는 효과[23)]

Zhang 등[73)]의 연구에서 잉어 필렛의 냉장(4℃) 보관 시 진공 포장(VP)이 함기 포장(AP)에서 보다 호기성균인 *Pseudomonas*의 증식을 억제하는 것으로 보고되었으나 증식을 완전히 억제하지는 못하였다(그림 6-9).

함기 포장과 진공 포장을 한 생선 필렛의 냉장 보관 중 미생물 군집(log CFU/g)의 변화를 그림 6-9에 나타내었다. 생선 필렛에 있는 *Pseudomonas*의 초기 군집 수는 2.96 log CFU/g였다. 4일까지는 비슷한 수를 유지하였으나 4일 이후부터 차이를 보이기 시작하여 진공 포장의 경우는 10일째 6.9 log CFU/g였으나, 함기 포장의 경우에는 5일이 경과한 시점에서 민물고기의 허용 가능한 상위 레벨인 7 log CFU/g을 초과하였다.

따라서 유통기한을 약 5일 정도 늘릴 수 있는 것으로 조사되었지만 *Pseudomonas*의 증식을 느리게 하였을 뿐 완전히 억제하지는 못하였다. 유사한 연구 결과가 많은 연구자들에 의해 보고되었으며, 생선의 냉장 보관에 진공 포장은 전반적으로 균의 증식을 지연시키는 효과가 있는 것으로 나타났지만 호기성균의 증식을 완전히 막지는 못하였다.

실제 식품에서의 호기성 세균 증식은 진공 포장 시의 잔존 산소 수준, 원래 식품에 포함된 산소량, 또는 식품 자신의 산화 및 공존 미생물에 의한 산소 소비 속도 등 복합

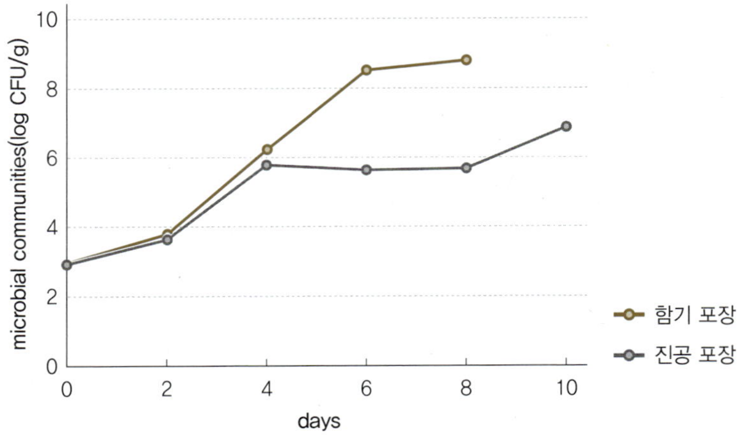

그림 6-9 함기 포장 및 진공 포장으로 포장된 어육의 냉장 보관 중 *Pseudomonas*의 군집(log CFU/g)의 변화[73]

적인 요인에 의하여 결정된다. 호기성균은 주로 식품의 부패에 관여하지만, 사람의 장관에서 감염형 식중독을 일으키는 일은 없다. 왜냐하면, 산소가 적은 사람의 장내에 침입하여 장내 세균과의 생존 경쟁을 이기고 증식을 하려면 산소에 의존하는 형태로는 생육이 불가능하기 때문이다.

시중에 유통되는 진공 포장기로는 사실상 식품에 녹아 있는 용존산소를 완벽하게 제거하기 어려우며, 진공도 또한 기기별로 차이가 나기 때문에 진공 포장을 하였다 하더라도 어느 정도의 산소가 남아 있다고 생각하여야 한다. 포장 내의 산소를 좀 더 효과적으로 제거하는 방법으로서 사용되는 탈산소제는 진공 포장보다 더 낮은 농도로 산소를 유지할 수 있고, 포장의 과도한 수축으로 포장재가 식품에 밀착되는 것을 방지할 수 있다는 점에서 많이 사용되고 있다. 비엔나소시지나 어묵, 과자, 즉석밥 등에 방부제를 대신하여 많이 적용되고 있다.

탈산소제의 식품에 사용 목적은 사실은 산화 방지보다는 호기성균의 생육 억제에 있다. 하지만 이것은 곰팡이를 비롯한 호기성 미생물에는 억제 효과가 있지만 편성 혐기성균, 미호기성균, 통성 혐기성균, 효모에 대한 생육 억제 효과는 없다.

식품에는 혐기적인 조건에서도 생육이 가능한 토양 미생물 등이 많은데 이런 토양 미생물에 대한 억제 역시 불가능하다. 따라서 식품의 종류에 따라 지표가 될 수 있는 혹은 원료로부터 혹은 공정으로부터 감염될 수 있는 것으로 예상되는 미생물에 대해 조사하고, 실제 포장과 유통 조건에서 충분히 시험하여 사용 여부를 결정하여야 한다.

또한 포장 조건에 따라서는 생육을 완전히 저지할 수 없는 곰팡이가 드물게 있다. 상업적으로는 포장 내의 산소 농도가 적어도 0.1% 미만일 경우에만 호기성 미생물에 대한 증식 효과가 있는 것으로 알려져 있다.

표 6-6과 그림 6-10에 탈산소제의 곰팡이 억제 효과에 대해 시험한 결과를 예로 들었다.

표 6-6 Sachet형 탈산소제의 곰팡이 억제 효과 실험 결과(식빵)

시험 조건	산소 농도(%)	보존 기간(day)						균 확인 시 산소 농도(%)
		3	5	7	9	12	15	
탈산소제 사용	< 0.1	–	–	–	–	–	–	–
99.9% 질소치환	< 0.1	–	–	–	–	–	+	0.25
97.5% 질소치환	0.5	–	–	–	+	+	++	0.42~0.49
95% 질소치환	1.0	–	–	+	++	++	++	0.99~1.10
85% 질소치환	3.0	–	+	++	++	++	++	2.94~2.98
치환×(대조군)	20.8	–	+	++	++	++	++	20.8

곰팡이 콜로니의 발생 상황: – (확인되지 않음), + (확인됨), ++ (많이 확인됨)

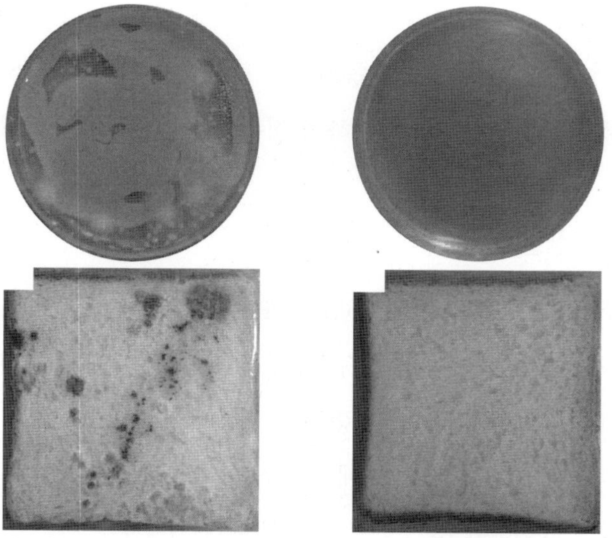

경과 후 대조군　　탈산소제 사용

그림 6-10 9일 경과 후 대조군 및 탈산소제 사용 배지와 식빵 비교

2) 탈산소제의 곰팡이 억제 효과

(1) 시험 방법

PDA 배지와 식빵에 푸른곰팡이(*Penicillium notatum*)를 접종하여 탈산소제를 넣은 포장과 각기 다른 치환율로 질소가스를 넣은 포장으로 밀봉하고, 시간이 흐르면서 푸른곰팡이의 생육 억제 효과를 비교하였다(포장재질: ONylon15/LLDPE70).

(2) 결과

실험 결과 탈산소제는 포장구 내의 산소 농도를 48시간 만에 0.1% 이하로 떨어뜨리는 효과가 있었으며, 곰팡이 억제에 탁월한 효과가 있었다(표 6-6).

하지만 질소치환을 한 경우에는 시간이 경과함에 따라 포장 내부의 산소 농도가 상승하였으며, 곰팡이가 발생하였다. 99.9% 질소치환을 한 경우에도 15일이 경과한 시점에는 곰팡이의 콜로니가 형성되기 시작하였는데, 이때의 산소 농도는 0.25%로서 곰팡이를 억제할 수 있는 산소 농도 0.1% 이하보다 높았다. 포장재를 통해 투과되어 들어오는 산소의 영향으로 판단한다.

실험 결과에서 알 수 있는 것은 탈산소제의 성능이 호기성균 억제 효과에 미치는 영향은 탈산소제의 산소 흡수 속도와 능력, 그리고 포장 재질에 의해 좌우될 수 있음을 알 수 있다. 따라서 호기성 세균 방지 목적으로 탈산소제를 사용 시에는 적절한 사용 방법에 대해 확인하고, 충분한 실험을 통하여 적용하는 것이 바람직하다.

3) 통성 혐기성 미생물의 억제

통성 혐기성 세균으로는 대장균(*E. coli*), 살모넬라(*Salmonella*), 비브리오(*Vibrio*) 등 장에서 번식하는 세균과 유산균, 포도상구균, 많은 효모 등이 포함돼 있다.

이들에는 장내에 침입하여 감염형 식중독을 일으키는 균들이 다수 포함되어 있다. 장내에는 산소가 부족한 환경이므로 장에서 증식하기 위해서는 산소가 거의 없는 환경에서 증식할 수 있는 균이어야 하기 때문이다. 통성 혐기성균은 산소의 존재 유무에 관계없이 같은 정도의 증식을 한다고 생각하기 쉽지만 실제적으로는 산소가 없으면 증식은 크게 저하된다. 아무리 혐기적인 조건에서 생육이 가능하다고 하더라도 에너지의 이용 효율 측면에서 보면 혐기적인 대사에서보다 호기적인 대사에서 더 좋기 때문이다.

통성 혐기성균의 증식은 O_2의 농도의 감소보다 CO_2의 존재에 의해 더 억제되는 경우가 많다. 호흡의 경우 포도당을 이산화탄소까지 분해하는 과정에서 산소를 필요로 하는 TCA 회로라 불리는 복잡한 대사경로를 거치는데, CO_2는 TCA 회로의 순환을 억제한다.

혐기적인 대사로는 호흡에 비해 매우 적은 에너지밖에는 얻을 수 없다. 호흡은 생물이 에너지원이 되는 포도당을 분해하는 과정에서 화학 에너지를 얻는 것으로, 산소가 없는 상태에서는 당을 젖산이나 알코올, 초산으로 분해하여 에너지를 얻는데, 이것을 발효라고 한다. 하지만 발효를 통해 미생물이 얻을 수 있는 에너지는 작기 때문에 증식에 필요한 에너지를 호기성 호흡에서와 같이 충분히 얻기는 어렵다.

호흡의 경우 TCA 회로를 통한 대사 과정에서 발효에 비해 열배나 많은 에너지를 얻을 수 있다. 산소를 이용하여 호흡을 할 수 있는 ***Pseudomonas aeruginosa***의 경우는 혐기적인 조건에서보다 호기적인 조건에서 증식 속도가 10배 이상 빠르며, 통성 혐기성균인 ***NAG vibrio*, *Salmonella typhyimurium*, *E. coli*** 등은 혐기적인 조건에서보다 호기적인 조건에서 4~7배 정도 증식 속도가 빠르다. 그리고 혐기적인 조건이라 하더라도 CO_2의 농도에 따라 이들의 성장 속도는 차이를 보인다(그림 6-11).

그림 6-11는 다양한 종의 세균을 각기 CO_2/N_2 농도를 달리하여 치환 포장한 뒤, 30℃에서 24시간 한천배지에서 배양하여 세균의 상대적인 성장(relative bacterial growth)을

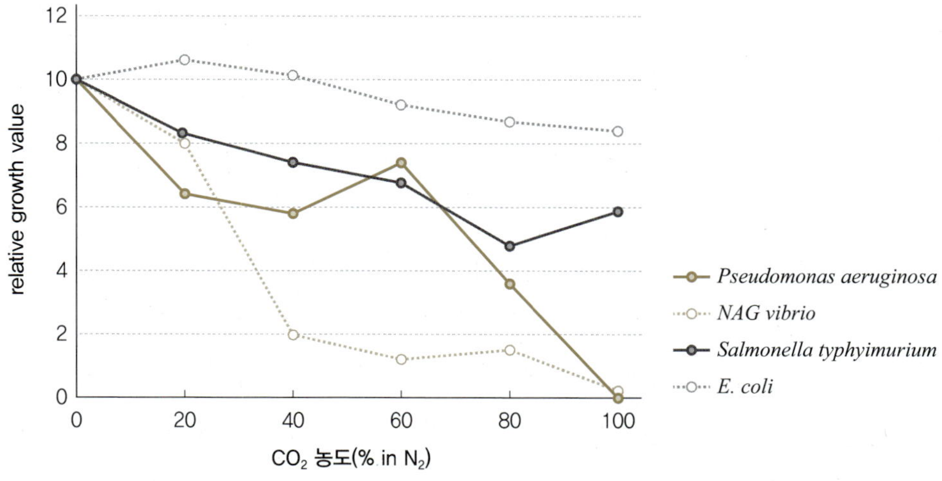

그림 6-11 세균의 성장에 미치는 다양한 CO_2 농도의 영향[31)]

*30℃에서 24시간 경과 후 상대적인 세균 증식률

표시한 그래프이다. 상대 성장값(relative growth value)은 대조군($CO_2$0%/$N_2$100%)의 광학 밀도(optical density)를 측정하여 상대적인 값을 구하여 표시하였다.

호기성균인 *Pseudomonas*와 통성 혐기성균인 *Vibrio*는 CO_2에 매우 민감하여, CO_2 농도가 증가할수록 증식이 억제되어 100%일 때는 거의 증식을 하지 못하였다. 반면 *Vibrio*와 같은 통성 혐기성균이라 하더라도 *Salmonella*와 *E. coli*는 CO_2 농도에 덜 민감한 것을 알 수 있다.

우리는 산소를 제거한 포장만으로도 *Salmonella*나 병원성 대장균과 같은 통성 혐기성 식중독균의 증식을 어느 정도 감소시킬 수 있다고 생각할 수 있다. 그러나 실제 식품 포장에서는 반드시 그것이 옳다고 말할 수는 없다.

그림 6-12은 밀봉 포장을 한 황색포도상구균(*Staphylococcus aureus*)의 증식을 통기 포장을 하였을 때와 비교한 그래프이다.

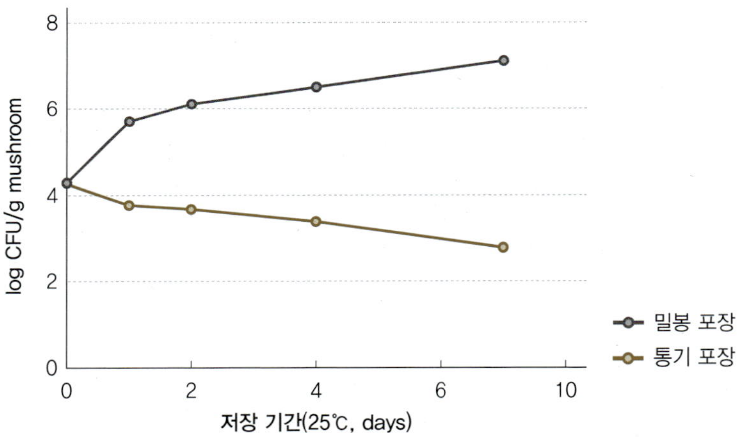

그림 6-12 포장 방식에 따른 *Staphylococcus aureus*의 증식[63)]

버섯을 PVC랩으로 랩핑하여 놓아두면 버섯의 호흡에 의해 포장 내부의 산소는 수일 이내에 2% 이하로 감소한다. PVC로 랩핑하여 밀봉한 버섯과 포장 필름에 구멍을 내어 통기시킨 포장을 비교하였을 때, 필름에 구멍을 내서 천천히 통기를 시킨 버섯에서는 황색포도상구균은 거의 증식하지 않고 오히려 천천히 균수가 감소하고 있다. 반면에 랩핑 밀봉 포장에서는 현저한 증식을 보이며 독소를 생산하고 있다. 생태학적으로 설명하면, 미생물이 식품에서 증식을 할 때는 혼자서 증식하는 것이 아니라 다른 미생물과의 생존 경합이 이루어진다는 것을 생각해야 한다.

황색포도상구균은 본래 증식 속도가 다른 부패균보다 느리고 영양 흡수 등을 둘러싼 경쟁에서 이기기 어렵다. 그래서 식품 내에서 우점종 증식을 하기 어려운 종이다. 하지만 산소가 거의 없는 조건에서는 호기성균과 충분히 맞설 수 있게 된다. 이와 같이 통성 혐기성균에게 산소의 제거는 균의 입장에서는 생리적 영향이라는 관점에서 대사 속도가 늦어지는 단점이 있지만, 다른 균과의 생존 경쟁에서는 생태학적으로 유리한 환경이 되기 때문이다.

식품에서 미생물이 번식하는 현상은 따라서 하나의 미생물만을 생각할 것이 아니라 여러 종류의 미생물이 존재하는 상태에서의 생태학적 관점으로 바라볼 필요성이 있다.

식품 미생물의 분야에서는 식중독균의 증식을 pH, 수분활성, 온도 조건 등의 변수를 조사하여 예측하려는 시도가 있다. 이런 접근법을 예측 미생물학적 접근이라고 한다. 이러한 접근 방식은 식품 내 식중독 균의 증식을 개별적으로 측정하지 않아도 식품의 정보와 환경 조건을 입력함으로써 간단히 예측할 수 있다는 장점이 있다.

하지만 한 가지 문제점이 있다면 이러한 접근 방법은 미생물의 순수 배양 증식 결과를 기초로 하여 만들어지기 때문에 여러 미생물 간의 생존 경쟁에 대한 변수는 결여되어 있다는 점이다. 따라서 식품에서의 미생물 안전성을 확보하기 위해서는 항상 실험을 통한 관리가 필요하다고 할 수 있다. 식품에는 한 가지 미생물만 존재하는 것이 아니기 때문이다.

엄밀하게 말하자면 통성 혐기성균이라 하더라도 산소를 제거함으로써 세균의 에너지 대사를 혐기적인 대사로만 억제할 수 있기 때문에 증식을 어느 정도는 억제할 수 있다고 할 수 있다. 그러나 통성 혐기성균의 증식을 완전히 억제하기는 어렵기 때문에 보통 식품 회사에서는 식품의 pH를 낮게 조정하여 이러한 균의 억제를 한다.

혐기 포장을 하면서 통성 혐기성균의 제어도 필요한 식품(즉석밥, 어묵, 비엔나소시지 등)에는 산미가 약해 식품 본연의 맛을 해치지 않으면서 pH를 떨어뜨릴 수 있는 글루콘산(gluconic acid) 등 유기산이 사용되고 있다.

4) 편성 혐기성 미생물의 억제

편성 혐기성균은 산소를 이용하지 못하고 발효에 의해 증식하거나 황산호흡이나 질산

호흡에 의해 증식한다. 호기적 호흡의 경우 TCA 회로를 이용한 당 대사 시에 발생하는 수소와 그 수용체로서의 산소의 결합에 의해 물을 생성하는 데 반해, 이러한 타입의 호흡에서는 질소가스나 황산이 산소 대신 이용된다.

더러워진 하수구의 바닥 진흙으로부터 이러한 기체가 발생하고 있는 것은 이러한 혐

Q. 식품의 가스치환 포장에 사용 가능한 가스의 종류와 이들의 용도는 무엇인가요?

A. 식품의 가스치환 포장에 사용되는 가스는 질소(N_2), 이산화탄소(CO_2), 산소(O_2)가 있으며, 이들 가스의 농도를 달리하여 혼합된 형태로도 많이 사용된다. 질소는 주로 지방 성분이 많은 식품의 지방산 산패를 억제하기 위해 사용되며, 대표적인 사례로는 포테이토칩이 있다.
이산화탄소는 미생물의 억제 또는 pH를 낮추기 위한 용도로서 사용되며, 산소는 쇠고기 등 적색육의 발색을 위한 용도로서 사용된다.

Q. 포장재 내의 가스 조성을 확인하는 방법은 주로 어떠한 방법을 활용하나요?

A. 포장재 내의 가스 조성을 확인하는 방법으로는 소량의 기체를 주사기 바늘로 샘플링하여 이산화탄소(CO_2)와 산소(O_2)의 농도를 잴 수 있는 헤드스페이스(head space) 기체 분석기가 사용된다. 이 측정기기에는 zirconia, dual wave infrared, electrochemical sensor 등이 활용되며 약 5~6cc의 샘플 기체를 사용하여 10초 내로 분석이 가능하다.
측정 기기의 정밀도는 기기마다 차이가 있지만, 보통 0.001~0.1% 농도 수준으로 감지가 가능하다. 다음은 Dansensor사의 기체 분석기 제품이다. (사진 저작권 확인)

Q. 질소치환 포장보다 그냥 진공 포장으로 하는 게 더 좋지 않나요?

A. 진공 포장의 경우 포장재가 구겨져서 상품 가치를 저하시키거나, 식품이 눌리는 문제가 발생할 수 있다. 따라서 부피가 크고 내용물이 부드러운 식품일 경우에는 진공 포장이 적합하지 않다. 하지만 질소치환 포장은 가스치환율이 완벽하지 않으므로 완전한 탈기가 필요한 경우에는 진공 포장이 유리하다.

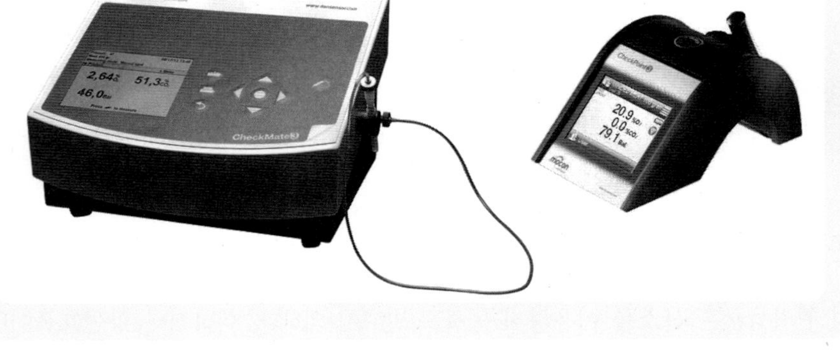

기성균이 혐기 호흡을 하여 통성 혐기성균의 발효에 의해 생긴 유기산 등을 대사를 통해 무기화하고 있기 때문이다. 혐기성균은 활성산소와 과산화수소 등 유독 분자의 제거 효소가 없어 산소의 존재 하에서는 생존할 수 없다. 식중독을 일으키는 클로스트리듐 등은 한천 평판배지에서의 순수 배양으로는 산소를 제거한 혐기 배양이 아니면 증식할 수 없다.

어느 정도 산소가 존재할 경우 대부분의 *Clostridium*속 세균은 증식하지 않지만 산소가 없는 혐기적인 조건이 되면 활발히 증식을 시작한다. 편성 혐기성 식중독균으로 가장 위험한 것은 *Clostridium Botulinum*이다. 이 균은 포장 식품에서 어느 정도 산소를 탈기하고 있는 경우에 가장 큰 위해균이 된다.

많은 사람들이 진공 포장 등 혐기적인 조건을 통해 가공육 등 많은 식품을 미생물로부터 안전하게 장기간 보관할 수 있다고 믿고 있다. 이러한 습관적 믿음 때문에 많은 식품들이 진공 포장되고 있다. 하지만 식중독의 원인이 되는 *Clostridium perfringens*, *Clostridium Botulinum* 등 *Clostridium*속 세균들에는 혐기적인 조건이 오히려 생장하기 좋은 환경을 제공한다. 이들 미생물은 또한 내열성이 강해 열에 의한 살균도 소용이 없다. 따라서 진공 포장을 선택할 경우에는 pH를 낮추고, 냉장 유통을 철저히 관리하는 등 혐기성 미생물에 대한 대책이 필요하다.

4. CO_2에 의한 식품 중의 미생물 억제

1) 호기성 미생물의 억제

대기 중에는 CO_2가 0.03% 포함되어 있다. 최근에는 화석연료의 사용이 늘어나 0.035%까지 CO_2 농도가 상승하였다고 하지만 대기 중에 포함되어 있는 CO_2 농도는 아직은 미미한 수준이다.

CO_2 농도를 인위적으로 높게 조정하면 생물들에는 큰 영향을 미치게 된다. 사람의 경우에도 높은 CO_2 농도는 호흡에 장애를 일으킨다. 식물이나 미생물의 경우에도 CO_2 농도가 높으면 대사의 장애나 저하가 일어난다.

CO_2 가스를 이용한 가스치환 포장은 1922년에 과일의 변패 곰팡이의 증식에 미치는 CO_2의 영향을 연구한 것에서 시작되었다. 1970년대에 닭고기의 CO_2 가스치환 포장이

미국에서 도입되어 유통기한의 연장에 기여하였다. 많은 종류의 곰팡이는 50% 농도의 CO_2에서 증식이 저지된다.

그러나 *Paecilomyces*와 *Penicillium pubeaulum* 등은 50% 농도의 CO_2에서도 증식이 완전히 억제되지 않는다(그림 6-13).

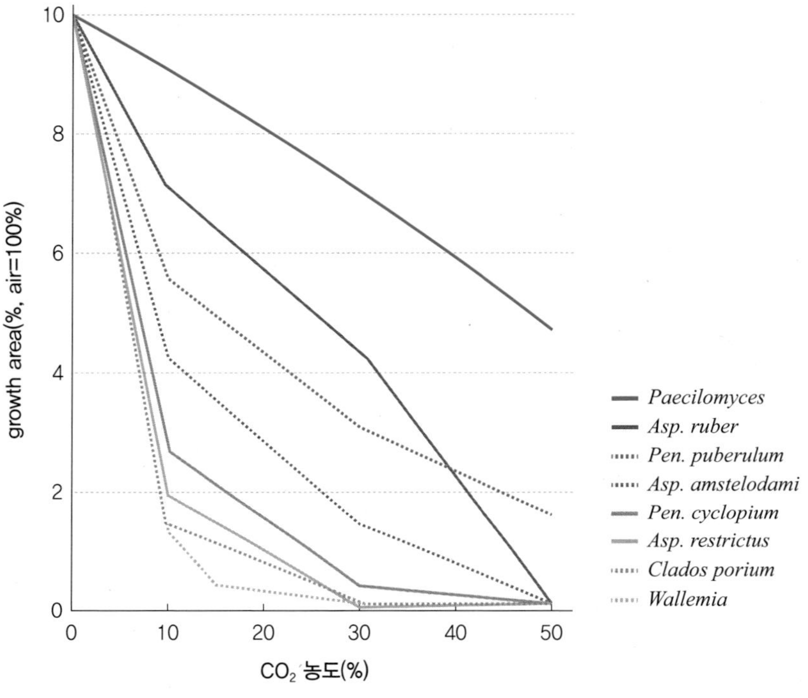

그림 6-13 20%의 산소와 다양한 농도의 이산화탄소를 포함하는 대기 중에서 종에 따른 곰팡이의 증식 비교[125]

2) 통성 혐기성 미생물의 억제

통성 혐기성 세균은 탄산가스에 의해 세 가지 그룹으로 분류될 수 있는데, ① 증식이 촉진되는 세균, ② 영향을 받지 않는 세균, ③ 고농도의 CO_2(60% 이상)에서는 증식이 저해되는 세균 등으로 나눌 수 있다.

CO_2는 편성 혐기성 세균의 증식에는 촉진적으로 작용하거나 균류의 포자 형성이나 형태 형성에 불가결한 역할을 한다. 신선 어패류, 축육, 혹은 채소, 농산물 등 많은 식품의 유통기한을 CO_2를 혼합한 가스치환 포장에 의해서 연장시킬 수 있다. 생선 및 식육의 대표적 호기성 부패균인 슈도모나스속 세균(*Pseudomonas*)은 CO_2 20% 이상의 농도

에서 증식이 억제된다. 또한 식중독 세균의 대부분을 차지하는 통성 혐기성 세균에 관해서도 살모넬라, 황색포도상구균, 바실루스 세레우스균, 장염비브리오 등 거의 모든 식중독균은 CO_2로 증식이 억제된다. 일반적으로 CO_2 농도가 높을수록 세균의 증식 억제에 효과적이고, 또한 저온일수록 CO_2에 의한 미생물 증식 억제율은 높아진다.

대장균(*E. coli*)의 경우 15℃에서는 CO_2에 의한 증식 억제 효과가 잘 나타났으나, 30°C에서는 증식 억제 효과가 15℃에 비해 떨어지는 것으로 나타났다(그림 6-14).

어육이나 축육의 보존성 향상에 관한 연구에서도 CO_2 가스에 의한 미생물 증식 억제 효과가 명확하게 되는 것은 10℃ 이하의 저온이며, 20℃ 이상에서는 CO_2의 세균의

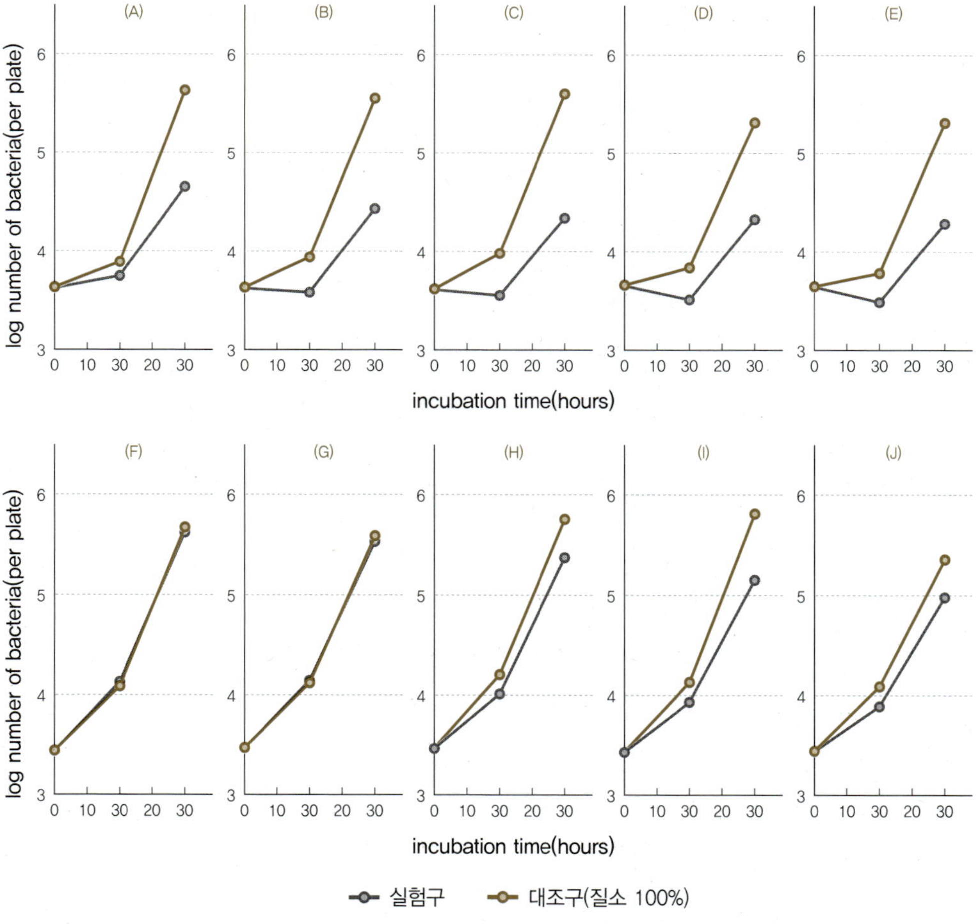

그림 6-14 이산화탄소 농도가 대장균(*E.coli*)의 평판배지상의 증식(a-e, 15℃; f-j, 30℃)에 미치는 영향[32]

이산화탄소의 평판배지 용해에 의한 pH의 저하를 고려하여 TSA buffered (pH 8.0) 배지를 사용

(a)(f) 20%CO_2, (b)(g) 40%CO_2, (c)(h) 60%CO_2, (d)(I) 80%CO_2, (e)(j) 100%CO_2

증식에 대한 억제는 명확히 나타나지 않았다. CO_2에 의한 세균 증식 억제 효과의 저온 의존성은 저온이 될수록 미생물의 CO_2 감수성이 높아진다고 생각하는 것보다 CO_2의 용해도가 저온이 될수록 높아지고 그 결과 식품에 녹는 CO_2가 늘어나 pH를 떨어뜨리며, 미생물로 침투하는 CO_2의 양 또한 증가하기 때문인 것으로 추측된다.

실제적으로는 CO_2 가스치환 포장에 의한 미생물의 증식 억제 효과는 20℃ 이상의 온도에서는 거의 기대할 수 없고, 10℃ 이하의 냉장 유통과 병용하는 것이 전제 조건이 된다.

CO_2 치환 포장 기법은 생선의 보존성 향상을 목적으로 오래전부터 사용되어 왔다. 그림 6-15는 함기 포장, 질소치환 포장, 그리고 여러 가지 비율로 CO_2와 N_2의 혼합 가스($CO_2$20%/$N_2$80%, $CO_2$40%/$N_2$60%, $CO_2$60%/$N_2$40%) 치환 포장한 전갱이 필렛을 각각 5℃에서 4일간 저장했을 경우의 생균수를 나타낸 그래프이다.

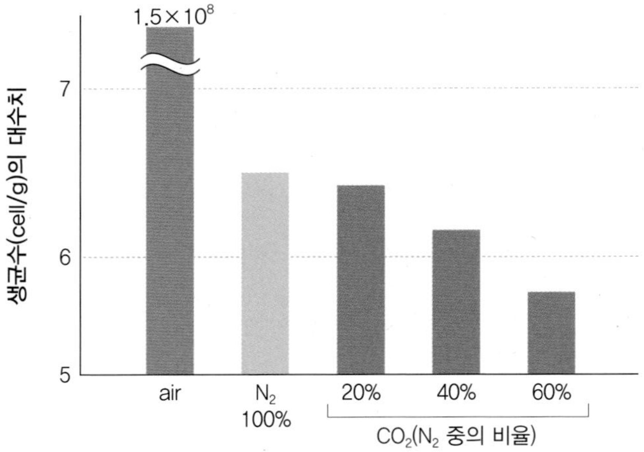

그림 6-15 전갱이 필렛을 다양한 가스치환 포장으로 저장(5℃, 4일)한 후의 생균수[109)]

질소치환 포장과 CO_2 가스 혼합 포장을 비교하면 CO_2 농도가 높아질수록 미생물에 대한 억제 효과가 있다. 특히 CO_2 40% 이상의 농도에서 효과적이다. 지금까지의 여러 연구 결과를 종합해 보면 생선의 종류나 온도는 달라도 8℃ 이하의 온도에서 CO_2 20% 이상으로 치환하여 포장하면 충분한 세균의 증식 억제 효과가 있다. 저장 온도를 10℃ 이상으로 상승시키면 효과가 떨어지는데 이것은 세균의 증식 온도와도 관련이 있지만 고온에서는 CO_2의 용해도가 떨어진다는 것에 기인한다.

생선이나 식육의 대표적인 호기성 부패 세균인 *Pseudomonas*는 CO_2 20% 정도 이상에서 증식이 억제된다. 최근 가공식품에 사용되는 화학 첨가물의 사용을 줄이는 추세인데, 가스치환 포장은 기존의 식품 보존제의 대체 역할을 할 것으로 기대되고 있다.

전갱이는 5℃ 이하의 저장에서 함기(air) 포장으로는 6일간이었던 유통기한을 CO_2 치환 포장에 의해 20일까지 유통기한의 연장이 가능한 것으로 조사되었다. 다른 생선들에도 유사한 효과가 있으며, 반건 생선에도 효과가 있다. 구운 어묵에서도 함기 포장 시 2~3일간 이었던 신선도 유지 기간이 CO_2 치환 포장에 의해서 6일까지 증가시킨 사례가 있었다고 한다.

다만, 생선이나 축산물의 CO_2 치환 포장 적용 시 주의하여야 할 점은 편성 혐기성균이 고농도의 CO_2 존재 하에서 증식이 촉진된다는 점이다. 특히 식중독을 유발하는 클로스트리듐 퍼프린젠스(*Clostridium perfringens*)와 클로스트리듐 보툴리눔(*Clostridinium botulinum*)에 대해서는 CO_2가 증식을 촉진한다는 연구 결과가 있으므로 주의하여야 한다.

Pseudomonas 등의 호기성 부패 세균에 대한 CO_2의 증식 억제 효과 및 유통기한 연장에 대해서는 이미 많이 알려져 있지만 통성 혐기성 및 편성 혐기성 식중독 세균의 증식에 미치는 CO_2의 영향은 이와는 다른 양상을 보인다.

식중독 세균의 대부분을 차지하는 통성 혐기성 세균에 관해서는 *Salmonella*속, *Staphyloccus aureus*, *Bacillus cereus*, *Vibrio parahaemolyticus* 등 거의 모든 식중독균에 관해 대체로 CO_2에 의해 증식이 억제된다.

예를 들어 *Salmonella*를 쇠고기에 접종하여 10℃에서 저장한 실험에서는 함기 포장에서는 10일 만에 3 log 대수의 증가가 있었던 반면에 MA포장(60%CO_2/25%O_2/15%N_2)에서는 0.5 log 대수의 개체만이 증가하였으며, 쇠고기를 10℃에서 9일간 저장하면 함기 포장에서는 3 log 대수의 개체만이 증가하였으나 MA포장(60%CO_2/40%O_2)에서는 *Salmonella*의 증식이 완전히 억제되었다고 한다.

*Staphyloccus aureus*를 로스트비프에 접종하여 12.8℃로 저장한 실험에서는 함기 포장에서는 저장 5일 만에 2 log 대수의 증가를 나타낸 반면, $CO_2$75%/$N_2$25%의 포장에서는 저장 30일에 걸쳐 증식이 거의 확인되지 않았다는 보고도 있다.

이러한 결과들에 있어 산소나 질소는 영향이 없었으며, CO_2에 의한 미생물 억제 효과였던 것으로 나타난다. 함기 포장과 MA포장의 현저한 증식의 차이가 CO_2에 의한 것인지 혹은 O_2 제거에 의한 것인지를 명확히 하기 위해 $CO_2$75%에 O_2를 2~25%의 여러 농도로 혼합한 실험을 해 보았지만, O_2의 혼합 비율에 관계없이 균의 증식은 발견되지 않았다.

미생물에 대한 억제 효과가 CO_2의 농도만이 독립적으로 관여하는 현상이기 때문에 미생물에 대한 CO_2의 억제 효과는 온도와도 연관성이 크다. CO_2의 미생물 억제 효과는 20℃ 이상의 중온에서는 거의 기대할 수 없으며, 10℃ 이하의 냉장 유통과 병용되는 것이 필수이다. 게다가 식중독균의 대부분이 최저 증식 온도 7~8℃ 이상이기 때문에 미생물 억제를 위해 CO_2 치환 포장을 할 경우에는 온도 관리가 매우 중요하다.

*E. coli, S.aureus, C. perfringens*에서는 5℃ 부근에서는 증식하지 않지만 이 온도에서 산소가 존재하지 않을 경우 사멸 속도도 완만해진다. 예컨대 O_2의 제거로 *Campylobacter*의 생존성이 현저히 높아진다는 것은 많은 실험에서 확인되고 있다.

하지만 이것은 온도에 의한 영향이 크며, 유통 온도가 20℃라고 하더라도 약간의 CO_2에 의한 효과는 있다. 따라서 온도 관리도 중요하지만 적어도 식품이 5℃ 이상에서 유통된다면 CO_2 치환 포장과 함께 초기 균수 관리를 한다면 어느 정도는 효과가 있을 것으로 판단된다.

*Campylobacter*의 경우에는 37℃에서는 10% 정도의 CO_2 농도에서 최적 증식을 나타내지만 $CO_2$20%/$N_2$80%의 MA포장 조건에서의 증식은 $CO_2$10%에 비해 억제된다.

최근 즉석식품(ready-to-eat food) 시장의 증가는 CO_2 치환 포장의 적용이 보다 안전성을 제공해 줄 수 있는 방법으로 검토되어야 할 필요성을 제공한다. 많은 제품이 진공포장이나 질소치환 포장을 선택하고 있으나 이보다는 CO_2 치환 포장이 보다 안전성을 확보하는 데 도움이 될 수 있기 때문이다.

장기 저온 저장 하에서 증식하는 저온성 식중독균으로서 분류되는 *Listeria monocytogenes, Aeromons hydrophila* 등은 CO_2 치환 포장으로 증식을 억제할 수 있다.

물론 이러한 세균들은 pH를 낮춤으로써 증식을 억제할 수 있다. 이러한 식중독균은 저온에서는 pH 5.5 이하에서는 증식하지 않기 때문이다. 하지만 식품 중에는 고유의 맛과 풍미 때문에 pH를 낮추지 못하는 식품도 있다. 이러한 경우에 CO_2 치환 포장은 대안이 될 수 있다.

5. 편성 혐기성(*Clostridium*속) 세균에 대한 CO_2의 영향

신선 어패류의 가스치환 포장에서 가장 중요하게 다루어야 할 것은 생선에 오염 가능성이 높은 저온 증식성 균인 *C. Botulinum* E형 균이다.

미국에서 진공 포장이나 가스치환 포장과 같은 공기를 제거한 형태의 포장으로 신선 어패류의 유통이 잘 보급되지 않은 이유는 이 균의 증식이 염려되기 때문이다.

생선의 가스치환 포장에서 *C. Botulinum*균에 의한 독소의 생성 사례는 몇 차례 보고된 바 있으나 대부분에서는 독소가 검출되는 시점에서 이미 소비를 할 수 없을 만큼 부패가 현저한 상태였다고 한다.

*C. Botulinum*균의 증식과 독소의 생성에 미치는 가스치환 포장의 영향에 대해서는 생선의 종류에 따라 차이가 있으며, 결과적으로 CO_2와 N_2의 조성 농도가 크게 관여하지 않는 것으로 조사되었다.

CO_2가 *C. Botulinum*균의 증식을 촉진하기 위해서는 충분히 낮은 온도가 요구된다. 호시노(星野) 등[124)]은 CO_2 발생형 탈산소제와 철계 탈탄소제를 이용하여 *C. Botulinum* E형 균의 증식을 검토한 결과 10℃에서는 CO_2의 증식 촉진 효과는 그다지 현저하지 않았지만, 5℃에서는 CO_2가 균의 증식에 필수적이었다고 보고하고 있다.

대기 조성에 따른 독소의 생성에 대해서는 연구 결과들이 명확히 일치하지 않는다. 즉 편성 혐기성균에 의한 독소의 생성은 기체의 조성과는 큰 관련성이 없다고 말할 수 있다.

그 이유를 생각해 보면, CO_2 농도, 저장 온도, 헤드스페이스의 용량, 함께 식품에 공존하는 부패 세균의 거동 등이 영향을 미쳤을 수 있다고 판단되며, 여기에 CO_2에 의해 *Clostridium*속 세균 포자의 발아가 촉진됨과 동시에 반대로 영양세포의 증식은 억제될 가능성이 있다는 점, 그리고 O_2에 의한 생장 억제가 변수로 작용했을 가능성이 있다.

1) CO_2가 편성 혐기성 미생물 포자의 발아에 미치는 영향

Enfors 등[12)]은 호기성 포자 형성균 *Bacillus cerus* 포자 발아는 CO_2에 의해 억제되는 반면, 혐기성 포자 형성균 *Clostridium sporogens* 및 *Clostridium perfringens* 포자의 발아는 반대로 촉진되는 사실을 보고하였다.

*C. sporogenes*의 포자는 1 atm 분압의 CO_2 농도에서 발아 촉진되지만 4 atm에서는 발아가 억제되었고 10 atm에서는 완전히 발아가 저해되었으며, *C. perfringens*에서는 4 atm CO_2 분압에서는 약간의 발아 촉진이 발견되었지만 10 atm에서는 촉진도 억제도 없고, 25 atm에서는 발아가 완전히 억제되는 것이 발견되었다.

Foegeding 등[13]의 연구 결과에서는 액체 배양 중 *C. botnlinum*의 포자 발아가 90~100% CO_2(나머지는 N_2)에 의해 현저하게 촉진된다는 것이 보고되었다.

결과를 종합하면, 모든 편성 혐기성 미생물 포자의 발아가 CO_2에 의해 촉진되는 것은 아니지만 거의 대부분의 편성 혐기성균은 CO_2에 의해 포자의 발아가 촉진될 수 있음을 말해주고 있다.

2) CO_2의 농도가 *Clostridium*속 균의 영양세포 증식에 미치는 영향

CO_2는 *Clostridium*속 세균의 증식에 필요한지, 아니면 억제로서 작용하는지, 또는 무관한지에 대해서는 환경 조건에 의해 크게 좌우되기 때문에 현재까지의 연구 결과를 살펴보면 일관성 있는 결과를 말하기가 어렵다.

기무라(木村) 등[111]의 실험에서는 생선에 *C. perfringens*를 접종한 실험에서 15℃에서 3일 경과 후에는 CO_2, N_2, air로 포장한 경우 모두 증식은 확인되지 않았지만 30℃에서 6시간 저장한 경우에는 CO_2 치환 포장에서의 증식이 가장 양호하였다.

반면에 Doyle 등[44]의 실험에서는 *C. botnlinum*의 영양세포의 증식과 함께 이루어지는 독소 생성에 대해서 1 atm N_2에서와 1 atm CO_2에서를 비교하면 CO_2 포장에서의 독소 생성이 늦어졌으며, CO_2 분압을 더욱 높이면 독소 생성은 더욱 늦어지는 것을 보고되고 있다.

이와 같은 결과들을 종합해 보면, *Clostridium*속 세균의 영양세포의 증식에는 CO_2가 혐기적 대사의 방아쇠 역할을 하지만 독소의 생성에는 관여를 하지 않는 것으로 생각하는 것이 맞을 것 같다. 즉 CO_2는 *Clostridium*속 세균의 영양세포에 있어서 TCA 회로를 닫고 혐기적인 대사를 촉진하는 역할을 하는 것으로 추정된다.

많은 편성 혐기성 세균의 증식에 농도와 상관없이 CO_2의 존재가 필수인 것처럼 여겨지지만 *C. botnlinum*의 경우에는 CO_2가 증식에 꼭 필요한지 단정 짓기는 어렵다.

여기에 참고할 만한 연구로서, Dixon[50] 등은 *C. botnlinum*과 생물학적으로 매우 유사한 *Clostridiun*속 세균인 *C. sporogenes*의 증식 생리를 상세하게 밝혀내는 것을 목적으로 20종류의 아미노산 및 비타민 혼액으로 이루어진 완전 합성 배지를 개발하였다.

그들은 *Clostridium*속 균의 혐기균 배양에 최적의 CO_2 농도를 검토하는 실험 과정에서 어떤 배지에서는 CO_2의 분압을 줄여나가도 거의 균의 증식에 영향이 없고, CO_2가 전혀 존재하지 않아도 균은 양호한 증식을 하는 사실이었다. 원인을 찾고자 상세하게 조사해 본 결과, CO_2가 *C. sporogenes*의 증식에 있어서 필요한지 아니면 억제에 관여하는지 여부는 *C. sporogenes*의 배양배지 조성에 의해 크게 영향을 받는다는 것을 찾아냈다.

그들은 발린(valine), 이소류신(isoleucine), 프롤린(proline) 등의 아미노산 결손 배지에서 *C. sporogenes*를 배양하는 실험을 수행하였는데 증식에 CO_2가 꼭 필요하다는 것을 알아냈다.

그들이 행한 연구 결과를 정리하면 다음과 같다.

*C. sporogenes*의 아미노산 합성 과정에는 일부 아미노산이 결핍되어 있을 경우 이산화탄소 고정이 필요하다. 모든 아미노산이 존재할 경우에는 CO_2는 증식에 필수적이지 않다. CO_2의 분압이 0.6 atm인 경우에는 증식이 억제되는 것도 발견되었다.

즉 CO_2가 *C. sporogenes*의 증식에 촉진적으로 작용하는가 억제적으로 작용하는가는 단순히 CO_2 농도 조건으로만 판단할 수 있는 것이 아니라 배지와 배양 조건 등 여러 가지 인자가 함께 관여하는 것으로 판단하는 것이 옳을 것 같다.

6. CO_2에 의한 미생물의 증식 억제 원리

CO_2에 의한 미생물 증식 억제의 원리는

① CO_2가 세균의 여러 종류의 효소 반응이나 TCA 회로 관련 반응을 저해한다.

② CO_2가 미생물 세포의 주위의 환경 수에 용해되고, 탄산이온이 되어 pH를 저하시킨다.

③ CO_2가 세균의 세포막에 영향을 주어 세포막에서 일어나는 화학반응을 저해한다.

④ 세포 내로의 CO_2의 침입과 해리

⑤ CO_2는 세포 내의 탈탄산 반응의 피드백 저해 또는 효소 단백의 입체 구조에 영향을 미쳐 효소 활성을 저하시키는 것

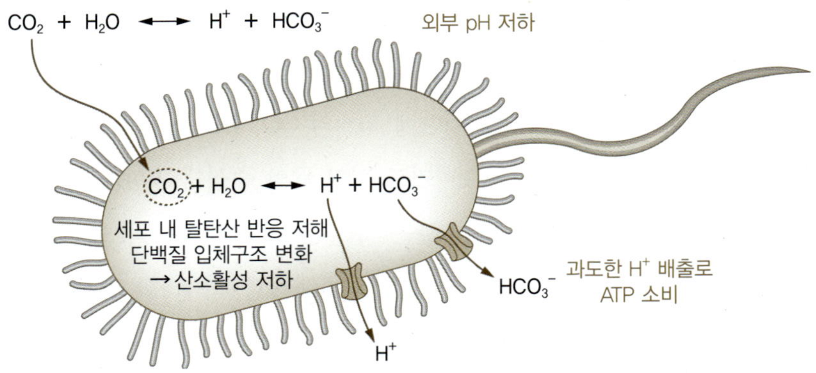

그림 6-16 **미생물의 세포 생리에 미치는 CO_2의 영향**

등이 원인이라고 추측되고 있다.

1) TCA 회로 관련 반응의 저해

환경으로부터 미생물로 확산된 CO_2는 TCA 회로에서 경쟁적 억제 작용을 하게 되는데, 여기에는 특히 IDH(NADP-linked isocitrate dehydrogenase)의 효소 반응을 억제하게 되는 것으로 알려져 있다(그림 6-17).

2) 생육 환경에서의 pH 저하

CO_2는 미생물 증식 환경에 용해됨으로써 pH의 저하를 일으켜 미생물의 증식 저하를 가져올 수 있다. 이 pH 저하는 Henderson-Hasselbalch의 식에 의해 표현된다.

$$pH = pK_a + \log[HCO_3^-]/[H_2CO_3] \text{ (Henderson-Hasselbalch식)}$$

육류나 생선 등 실제 식품에서는 한천배지에 비해서는 완충 작용이 있기 때문에 CO_2에 의한 현저한 pH 저하는 일어나지 않는다. CO_2의 pK_a값은 약 6.1이므로 완충 능력이 비교적 약한 식품이나 한천배지 등에서도 CO_2의 용해에 따른 pH 저하는 최종적으로는 5.8~6.0 전후에서 평형을 이루게 되기 때문에 이 이하로 떨어지는 경우는 거의 없다.

일반적으로 pH 6.0 전후에서는 미생물의 증식이 현저하게 억제되지는 않지만, 세균의 저온 한계에서의 증식 능력은 pH에 의해 크게 작용한다. 예를 들면 살모넬라

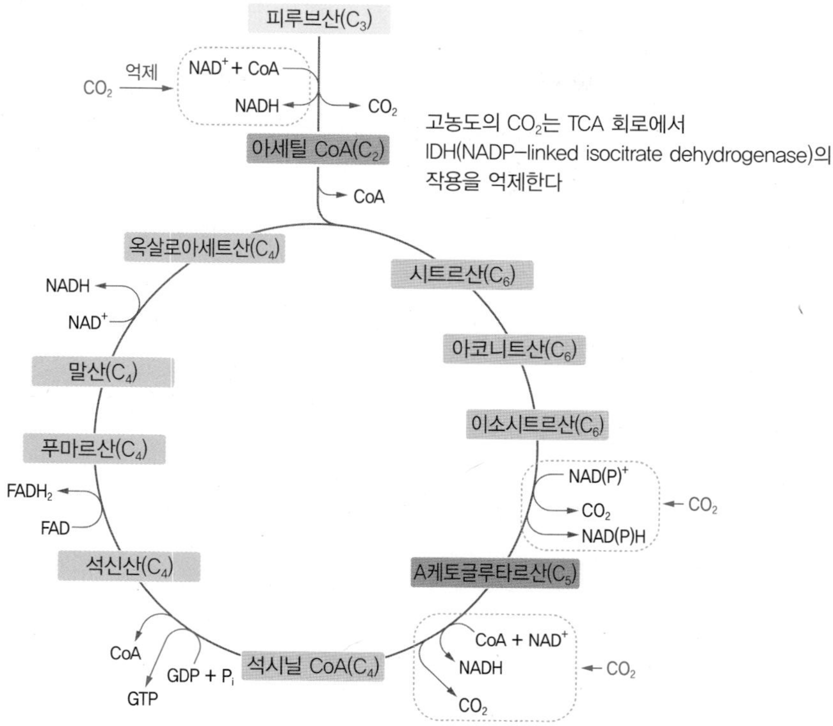

그림 6-17 TCA 회로와 CO_2의 억제 기작

(*Salmonella Typhimurium*)는 pH 6~8에서는 증식 최저 온도가 약 5~6℃ 이지만, pH 5.0에서는 9℃ 이상이 되지 않으면 증식하지 않는다. 또한 pH뿐만 아니라 NaCl 등 무기염류에 의해서도 증식 억제 효과는 더 커질 수 있다.

따라서 CO_2에 의한 주변 환경의 pH 저하는 비록 크지 않다 하더라도 특히 저온이나 염분 등 그 밖의 환경 스트레스와의 상승 작용을 고려하면 무시할 수 없다. 시료 상태나 부위 등에서 pH 완충 능력이 각각 다르며, pH 5.4~7.0의 범위에서 크게 pH가 변동하는 어육이나 축육에서의 CO_2 치환 포장은 저온 하에서는 충분한 영향을 발휘할 수 있는 것이다.

3) 세포 내로의 CO_2 확산과 해리

CO_2의 미생물 증식 억제 효과의 또 다른 메커니즘으로서 다음과 같은 가능성이 있다. 미생물 주변 환경의 pH 저하가 식품 중에서의 완충 작용에 의해 억제되었다고 하더

라도 그림 6-16에서와 같이 용해된 CO_2는 미생물의 세포막을 자유롭게 통과해 세포 내에서 HCO_3^-와 H^+로 해리된다.

그 결과 미생물은 세포 내에 축적되는 과잉의 HCO_3^-와 H^+를 세포 밖으로 배출하려고 한다. 미생물 세포는 과잉 세포 내 이온의 균형을 잡기 위해 ATP 소비를 수반하는 H^+ 배출 기구를 작동시켜야 하며, 불필요한 에너지 소비에 의한 증식 속도 저하로 이어질 수 있다.

세균에서는 이온 구배에 의해 구동되는 능동 수송의 대부분은 H^+의 세포 내외의 농도 구배에 의존하고 있다. 세포 내의 여분의 H^+가 세포 외로 배출되면서 동시에 K^+의 세포 내로의 유입을 촉진하고, 과도한 K^+가 세포 내에서의 효소 활성에 영향을 줄 가능성도 있다. 또한 세포 내로 유입된 CO_2는 직접 세포막에 작용하여 유동성에 영향을 주거나 과잉인 H^+ 이온 농도에 의해 세포 내로의 영양 성분 흡입 효율을 저하시킨다.

4) 탈탄산 반응의 피드백 저해

또 다른 CO_2에 의한 미생물 증식 억제 메커니즘은 CO_2에 의한 세포 내 탈탄산 반응의 피드백 저해를 생각할 수 있다. 세균 세포 내에서는 복수의 탈탄산 반응을 가지는 TCA 회로의 대사가 있는데, 이것이 CO_2에 의해 저해가 일어나게 된다.

Enterobacter spp. 등의 통성 혐기성 세균을 이용한 실험에서는 호기적 배양기에 CO_2를 주입시키면 현저한 저해가 일어나지만 혐기적 증식 하에서는 호기 하에 비해 그 증식 저해율은 낮다는 실험 결과도 보고되고 있다.

식품에 대한 CO_2 가스치환 포장에는 호기적인 조건에서 CO_2를 혼입하는 경우와 혐기적 조건, 즉 N_2가스에 CO_2를 혼입하는 경우의 두 가지가 있지만, 두 경우 모두 CO_2에 의한 미생물의 생육 억제 효과가 있는 것으로 알려져 있다.

CO_2는 또한 대사 과정 및 물질 수송에 관여하는 효소 단백의 입체 구조에 영향을 미쳐 효소 활성의 저하를 초래할 수 있다. CO_2는 특히 아민과의 높은 반응성이 알려져 있으며, 카밤산(carbamic acid, R-NHCOOH)을 형성하기 때문에 단백질 중의 아미노산과 반응하여 전하(electric charge)에 변화를 주고, 결과적으로 단백질의 구조 변화를 야기한다.

단백질 정제 시에 CO_2를 이용하면 단백질의 가용화가 쉬워지는 것으로 알려져 있는

데 이것도 이런 메커니즘과 관련되어 있다.

효소 단백질 구조 내의 전하(electric charge) 변화에 의한 단백질 구조의 변화는 미생물 대사에 관여하는 여러 효소 활성에 직접적으로 영향을 미칠 것으로 추측된다.

고농도의 CO_2 하에서 생장이 억제된 세균은 포장 내의 CO_2가 사라졌을 때 비교적 신속하게 증식을 개시하기 때문에 CO_2의 세균에 대한 작용은 치사적인 작용이 아니고, 일시적인 증식 억제를 유발하는 작용이라고 볼 수 있다.

높은 농도의 CO_2가 포장 내에 치환되어 존재하면 이와 같은 기작으로 미생물의 생장이 저해를 받는 것으로 추측된다. 고농도의 CO_2로 치환한 포장은 축육 제품이나 해산물의 포장에 많이 활용되고 있다. 단, 쇠고기 등의 적색육에서는 지나친 산소의 결핍은 갈변을 유발할 수 있으므로 O_2와 CO_2를 조합하여 포장하는 것이 일반적이다.

EU와 미국의 식육, 육류 제품에서는 O_2-80%/CO_2-20%로 포장된 고산소 MAP (modified atmosphere packaging)와 CO-0.4%/CO_2-30%/N_2-69.6%로 포장된 일산화탄

표 6-7 육가공 제품 및 해산물에 적용되는 가스치환 포장 사례와 유통기간 연장 효과

Product	가스 조성	gas volume / product volume	유통기한		저장 온도
			air	MAP	
Raw red meat	60~80% O_2/20~40% CO_2	100~200 mL / 100 g meat	2~4일	5~8일	2~3℃
Raw light poultry	40~100% O_2/0~60% N_2	100~200 mL / 100 g meat	4~7일	16~21일	2~3℃
Raw dark poultry	70% O_2/30% CO_2	100~200 mL / 100 g meat	3~5일	7~14일	2~3℃
Sausage	20~30% CO_2/70~80% N_2	50~200 mL / 100 g	2~4일	14~35일	4~6℃
Sliced cooked meat	60~80% O_2/20~40% CO_2	100~200 mL / 100 g meat	2~4일	5~8일	2~3℃
Raw fish	40~90% CO_2/10% O_2/5% N_2	200~300 mL / 100 g fish	3~5일	5~14일	0~2℃
Smoked fish	40~60% CO_2/40~60% N_2	50~100 mL / 100g fish	15일	30일	0~3℃
Cooked fish	30% CO_2/70% N_2	50~100 mL / 100 g fish	7일	30일	0~3℃
Prawns(Peeled cooked)	40% CO_2/60% N_2	50~100 mL / 100 g	7일	21일	4~6℃

소 MAP 등이 사용된다. EU 각국과 미국에서는 식품의 표시 사항에 MAP 인지를 표시해야 하지만 봉입 가스 조성에 대한 표시 의무는 없다. 따라서 매장에서 확인되는 제품에 있어서 각 기체의 농도는 제품의 종류와 유통 방법, 그리고 각국에 따라 조금씩 다른 조성을 사용한다.

육류에 있어서의 MAP는 어느 경우에서든 미생물의 생장 억제를 기본 목적으로 하고 있다. 우리나라의 경우 육류의 포장에 진공 포장을 사용하는 경우가 많다. 진공 포장된 육류는 냉동 또는 냉장으로 유통되며, 이것이 육류 포장의 기본으로 잘못 알려져 있는 것 같다.

냉장 유통의 경우에는 진공 포장이 꼭 유리하다고만 할 수는 없다.

가스치환 포장을 포함한 여러 포장 방법에 따른 돼지고기의 저장 기간 중 생균수 증가 추이에 대한 실험 예를 그림 6-18에 들었다. 그림에서 볼 수 있듯이 미생물의 억제 효과는 CO_2 포장이 가장 억제 효과가 높고, 그 다음이 탈산소제, 진공 포장의 순이었다.

각 포장 방법에서의 균총의 추이는 수축필름 포장에서는 *Pseudomonas*속이, O_2나 N_2 치환 포장에서는 *Pseudomonas*속과 *Brochothrix*속이, 진공 포장과 CO_2 치환 포장에서는 *Lactobacillus*속이, 탈산소제 봉입 포장에서는 *Serratia*속과 *Lactobacillus*속 세균이 주요한 균으로서 발견되었다.

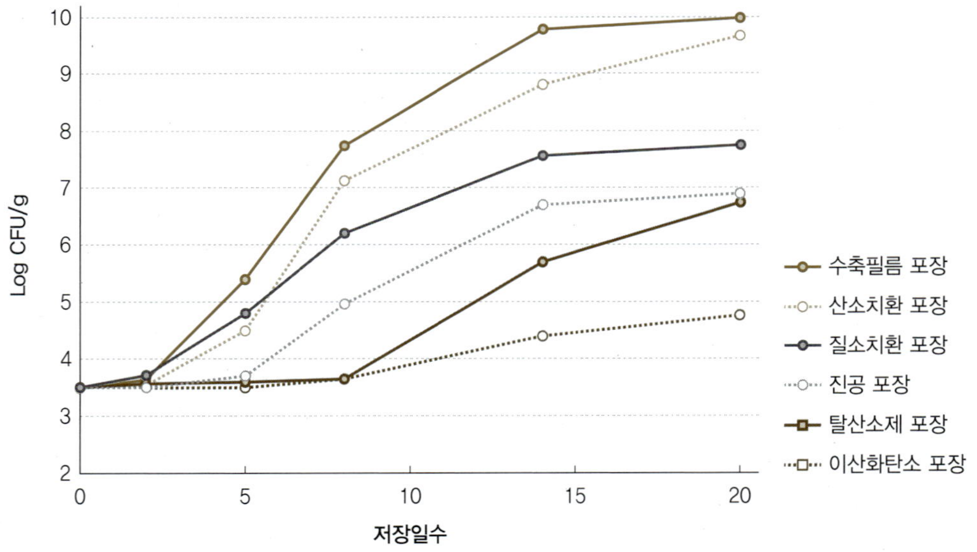

그림 6-18 포장 방법에 따른 저온(5℃) 저장 시 돼지고기의 생균수 추이[138]

수축필름 포장, O_2나 N_2 치환 포장으로부터 검출된 부패 세균인 *Pseudomonas*속 균이나 *Brochothrix*속 균은 CO_2 치환 포장에서는 검출되지 않음에 따라 CO_2 치환 포장은 돼지고기의 보존성 연장에 가장 유효하다고 할 수 있다.

가스의 조성(CO_2 또는 O_2의 농도)이 각종 세균의 발육에 미치는 영향을 살펴보면 편성 호기성 세균인 *Pseudomonas*는 CO_2에 대한 감수성이 강하여 CO_2 40% 이상에서는 발육이 억제되었으나, CO_2 비율이 감소함에 따라 억제 효과는 약화되어, 100% O_2에서는 일반적인 대기 조성(78%N_2/21.8%O_2/0.03%CO_2)보다 증식이 양호하였다.

통성 혐기성 균인 *Escherichia coli*에서는 CO_2 억제 효과는 편성 호기성균보다 약하고 CO_2 농도의 저하와 함께 억제 효과도 함께 저하되었다. 반면, 포장 식품의 부패세균인 *Lactobacillus viridescens*는 CO_2 및 O_2의 영향을 별로 받지 않았다.

편성 혐기성균인 *Clostridium peringens*는 O_2 존재 하에서 증식은 발견되지 않았다.

CO_2 농도에 따른 미생물의 증식을 살펴보면, CO_2의 농도가 높을수록 균수의 증식을 억제하는 경향을 나타내며, 100%O_2와 10%CO_2/90%O_2에서는 *Pseudomonas*속이 우세하게 증식하였으며, 20~40%CO_2/80~60%O_2에서는 *Brochothrix*속이, 50~100%CO_2/50~0%CO_2의 가스 조성하에서는 *Lactobacillus*속이 우세해지는 것으로 조사되었다.

돼지고기에서는 쇠고기에 비해 붉은색에 영향을 주는 미오글로빈이 적기 때문에 O_2에 의한 육색 유지는 중요한 요인이 되지 않는다. 따라서 돼지고기 보존에 있어서 부패의 진행을 억제하기 위해서는 CO_2 농도가 높은 조성(O_2 : CO_2 = 50 : 50 v/v)이 보존성 연장에 유효하다.

쇠고기 포장의 가스 조성에 대해서는 붉은 육색(옥시미오글로빈에 의한 발색)의 유지가 품질에 중요한 요인이 되므로 부패를 억제하는 CO_2보다는 발색을 유지하는 역할을 하는 O_2의 농도 비율이 높은 O_2 : CO_2(60~80% : 40~20%)가 최적이라고 판단된다.

신선식품의 유통기한은 2~3일 내외로 짧은 것들이 많다. 짧은 유통기한을 늘리기 위해서는 식품의 품질 유지를 위해 어떠한 가스 조성으로 할지가 미리 고려되어야 한다. 가스치환 포장은 신선식품의 유통기한을 연장시켜 유통기한 경과 상품의 폐기 손실을 줄이고 미생물로 인한 위험을 줄이는 수단으로서 경제적인 이득은 물론 유통 중 식품의 안전성을 향상시킬 수 있다.

그렇지만, 가스치환 포장만으로 식품의 안전성이 확보되기는 어렵다. 식품의 안전성을 확보하기 위해서는 품질이 좋은 원료, 적절한 포장재와 가스 조성, 또한 유통에 있어서의 온도 관리와 종합적인 위생 관리를 확실히 실행하는 것이 중요하다.

Q. 가공육 제품의 경우 산소 또는 이산화탄소 등에 가스치환 포장으로 인한 색상의 변화는 없나요?

A. 열처리가 가해진 가공육 제품의 경우 단백질의 열변성이 일어나 산소가 공급되어도 적색을 띠기가 어렵다. 하지만 쇠고기 등 적색육을 소재로 한 열처리가 가해지지 않은 단순 가공육의 경우에는 산소를 공급하여 디옥시미오글로빈(deoxymyoglobin)을 옥시미오글로빈(oxymyoglobin)으로 산화시킴으로써 선홍색을 띠게 할 수는 있다.
일반적으로 가공육은 열처리 등 가공 공정과 전분 등 다른 원료의 혼용으로 선홍색 색상 구현이 어려우며, 보통 아질산나트륨 등의 식품첨가물을 사용하여 발색을 한다.

CHAPTER

07

식품에 적용되는 무균 포장

우유, 과즙 음료, 두부, 슬라이스 치즈 및 햄, 즉석밥 등에는 무균충진 포장 시스템이 확립되어 종이용기, 유리병, PET병, 플라스틱 용기 등을 사용한 무균충진 포장이 적용되고 있다. 또한 점도가 높은 액체 식품 등에도 무균충진 포장 시스템이 도입되고 있다.

식품을 위생적으로 가공하여 무균 포장을 하는 방법은 식품의 안전성뿐만 아니라 유통기한의 연장, 살균 제품과 비교했을 때 맛의 측면에서 매우 중요하며, 포장재의 두께 등을 줄일 수 있는 방법으로 포장 원가 측면에서도 유리하다.

Q. 무균 포장과 멸균의 차이는 무엇인가요?

A. 멸균이란 세균을 모두 사멸시키는 것으로 실제적으로는 일정 대수치 이하의 수준으로 미생물을 사멸시키는 상업적 살균이 많이 행해지고 있으며, 상업적 멸균은 12D 수준의 살균으로 행해지는 경우가 많다. 멸균은 식품의 생산 라인에서도 가능하고 레토르트 제품과 같이 포장된 식품의 상태로도 가능하다. 과거에는 생산 라인에서 멸균을 행하더라도 충진 및 포장 라인에서 미생물의 오염이 있을 수 있기 때문에 주로 캔(통조림)이나 레토르트 파우치에 식품을 충진한 후 멸균을 하여 왔다.

하지만 포장된 식품을 멸균하는 방식은 충분한 내열성을 갖는 포장재를 사용하여야 하기 때문에 포장 재료의 선택이 자유롭지 못하고 비용이 많이 들 뿐만 아니라, 필요 수준 이상의 열처리가 가해지기 때문에 식품의 맛이 다소 저하된다는 단점을 가지고 있었다.

이러한 문제점을 해결하기 위해 개발된 방법이 무균 포장이다. 무균 포장은 식품을 생산 라인에서 살균한 후 미생물이 철저히 관리되는 클린룸(clean room) 또는 무균화 충진 라인에서 충진 및 포장을 하는 방법이다. 포장 라인에서 미생물이 배제되기 때문에 별도의 후살균 공정은 필요가 없다.

무균 포장의 장점은 다음과 같다.

- 식품의 맛과 풍미의 유지에 유리하다.
- 영양 손실을 최소화할 수 있다.
- 포장재의 소재와 형태를 자유롭게 선택할 수 있다.
- 생산 라인에서 에너지 손실이 적으며, 포장 원가를 절감할 수 있다.

1. 종이팩에 적용되는 무균충진 포장 시스템

우유, 주스 등을 종이팩에 담는 무균충진 포장기에는 롤 상태의 PE 코팅 종이를 사용하는 것과 종이 카톤을 사용하는 것이 있다. 종이 카톤을 사용하는 방식은 아무래도 미생물에 대한 오염 우려가 크기 때문에 대부분의 무균충진 포장 시스템에서는 롤 상태의 PE 코팅 종이를 사용하는 시스템을 사용하고 있다.

표 7-1 무균충진 시스템에 사용되는 종이팩의 포장 재질

명칭	살균팩	멸균팩
	Gable Top-Carton Pasteurized Pak	Aseptic-Caton
구성	PE(인쇄면)/종이/PE(내면)	PE(인쇄면)/종이/PE/Al/PE/PE(내면)
재질(%)	천연펄프(87%), PE(13%)	천연펄프(75%), PE(20%), Al(5%)
용도	냉장유통 우유, 음료	상온 또는 냉장 유통 우유, 주스

*사용되는 펄프는 Bleached Kraft Pulp(BKP)

포장 재질은 내용물과 살균 방식에 따라 살균팩과 멸균팩으로 나뉜다(표 7-1).

롤 상태의 종이를 사용하는 설비는 종이롤을 35% 농도의 H_2O_2 용액에 침지한 후 열풍으로 건조하고 용기를 성형하는 방식으로, 설비는 외부로부터 차단된 클린룸 상태로 유지된다. 이 클린룸 안에서 성형된 용기에 살균된 우유, 과즙 음료를 무균충진 포장하는 방식이다.

우유의 무균충진 포장 시스템의 기본적인 개략도를 그림 7-1에 표시하였다.

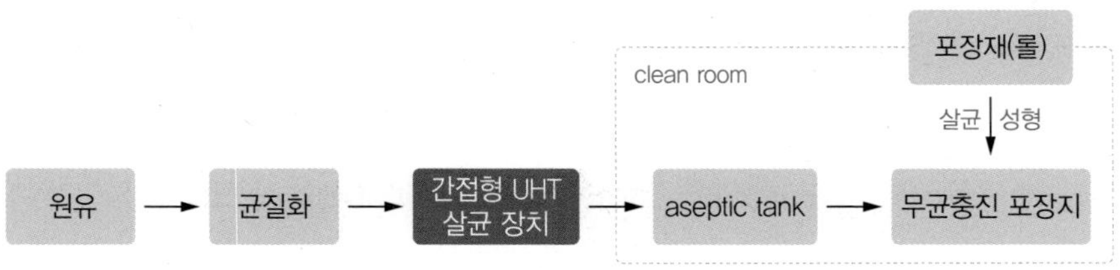

그림 7-1 장기 보관용 멸균 우유의 무균충진 포장 시스템 개략도

UHT 방식으로 살균하기 전 원유는 *Bacillus*, *Clostridium*, *Sporolactobacillus*, *Desulfotomaculum* 같은 포자균이 있을 수 있다. 발견되는 *Bacillus*속 세균 중에서는 *B. licheniformis*, *B. cereus*가 약 80% 정도를 차지하며 내열성이 있는 *B. stearothermopillus*는 잘 발견되지 않는다.

원유의 지방은 작은 분자가 아닌 큰 덩어리 상태로 존재하기 때문에 시간이 지남에 따라 상층으로 떠서 분리된다. 따라서 살균 전에 우유의 균질화(homogenization)를 한 후 UHT 살균 공정으로 진행된다. 균질화된 원유는 간접형 UHT 살균 장치로 135~145℃, 2~6초 동안 살균되어 무균충진 포장기에서 종이 용기에 무균충진 포장된다.

클린룸에서는 멸균 탱크(aseptic tank)에 들어 있는 살균된 우유를 무균충진 포장기를 통해 충진 포장하게 되는데 이 공정에 투입되기 직전 포장재의 살균을 하고, 이후 포장 팩으로서의 성형과 충진이 동시에 이루어진다.

우유팩을 만드는 데 사용되는 종이에서는 1 ㎠당 0.02~0.05 colony 정도의 검출이 되기 때문에, 1 L의 종이팩 당 약 40 colony 수준이다.

검출되는 균 중에서는 곰팡이가 약 20% 내외로 *Oidium*, *Aspergillus*, *Mucor*속 세균 등이 검출되었으며, 효모는 10% 정도이다. 나머지는 세균으로 다양한 종이 검출된다.

하지만 이들 세균은 PE의 압출 라미네이션 공정에서 높은 온도에 의해 거의 대부분 사멸되며, 포장재의 보관이나 운반 중 약간의 균만 부착된 상태이다. 따라서 우유팩을 무균충진 라인에 투입하기 전에는 포장재의 부착 균을 타깃으로 멸균이 행해지는데 방사선 멸균을 하거나 살균제를 이용한 살균을 행하고, 충진 직전에는 UV를 이용하여 포장재 표면의 부착균을 멸균한다.

최근에는 H_2O_2 대신 자외선과 EB-gun, Plasma 등을 조합한 살균 방식이 시도되고 있다.

우유의 경우 포장재 내면은 PE/PE의 구성이지만, 주스 사양에서는 내면이 고속 작업과 불량률을 줄이기 위해 PE/EMAA(에틸렌-메타크릴산 공중합체)로 되어 있는 경우도 있다.

일반 냉장 유통되는 우유 이외에 ESL(extended shelf life) 우유도 판매되고 있다. ESL 우유는 상온 유통도 가능하지만, 냉장 유통을 함으로써 신선도 유지기간을 오래 가져가고 있다.

미국 등에서는 그림 7-2와 같은 TetraRex ESL 무균충진 포장기가 가동되고 있다.

이 충진 포장기는 ESL 식품용 종이팩 내면을 균일하게 세척하고 소독하기 위하여 뜨거운 증기 상태의 3.0% 과산화수소(H_2O_2)가 적용된다. 노즐이 종이팩 내부 깊숙이 닿은 상태에서 균일하게 도포를 하게 된다. 그리고 3개의 UV 라이트 스테이션을 통해 종이팩 내부를 살균하면서 도포된 H_2O_2의 작용을 활성화하게 된다. 마지막으로, 뜨거운 공기에 의하여 잔류될 수 있는 H_2O_2를 잔류 허용치 이하의 수준으로 제거하게 된다.

주스나 과즙 음료에 생육하는 미생물은 세균에서는 *Acetobacter xylinum*, *A. molanogenus* 등의 초산균이나 *Lactobacillus plantlarum*, *Leuconostoc*, *Bacillus*, *Microbacterium* 등이, 효모에서는 *Candida*, *Rhodotorula*, *Saccharomyces* 등이,

그림 7-2 Tetra Pak® TR/28 XH 무균충진 포장기

자료: https://www.tetrapak.com

그림 7-3 Tetra Prisma® Aseptic 포장

자료: https://www.tetrapak.com

곰팡이 중에서는 *Penicilium expansum*, *Aspergillus nidulans* 등이 있다.

주스의 무균충진 포장 시스템은 장기 보존 우유와 같은 시스템이 사용되고 있으며, 모양에 따라 직육면제형의 Tetra Brik Aseptic 또는 다면체형의 Tetra Prisma Aseptic 등의 멸균충진 포장 시스템이 사용되고 있다.

이 용기는 메탈릭한 느낌을 주기 위해 인쇄면에 알루미늄 진공 증착 필름을 사용할 수도 있다.

과즙 음료의 무균충진 포장에는 과즙의 pH가 4.0 이하이기 때문에 살균 처리 대상은 효모, 곰팡이와 유산균 등이다. 따라서 살균 최고 온도는 100℃ 이하로 하는 것이 보통이다.

일반적으로는 주스는 90~100℃에서 5~20초 동안 살균한 다음 약 20℃로 급랭하고, 종이 용기에 무균충진 포장된다.

주스에 사용되는 무균충진 포장기는 우유와 마찬가지로 포장재 멸균 공정이 필요한데 그동안은 과산화수소로 종이팩의 미생물을 살균하는 방식이 많이 사용되어져 왔으나, 최근에는 eBeam을 사용하는 설비가 사용되고 있다.

그림 7-4는 Tetra Pak® E3 series에 적용되는 eBeam 램프에 의한 포장재 살균 시스템으로 포장재가 투입되기 전 eBeam를 사용하여 제조 공정 중 포장재의 내부 및 외부를 살균하는 시스템이다. 전자 방출에 의한 eBeam 램프 시스템은 과산화수소 시스템과 동등한 멸균 성능을 나타낸다고 한다.

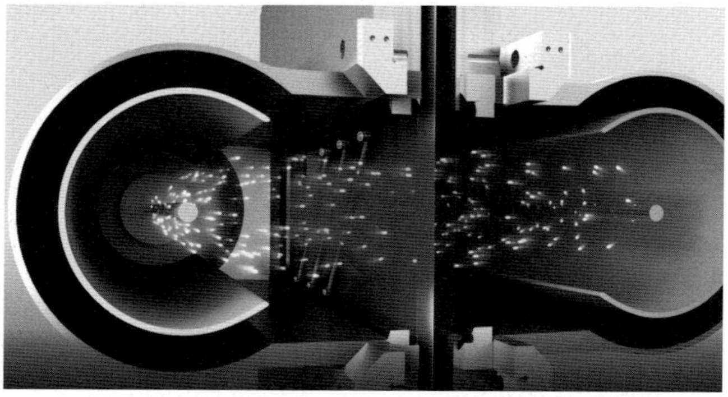

그림 7-4 E3/Speed eBeam 포장재 살균 시스템

자료: https://www.tetrapak.com

이 살균 시스템의 적용으로 생산속도를 빠르게 할 수 있으며, 과산화수소 대신 eBeam을 사용하기 때문에 화학물질을 저장하고 처리해야 하는 화학물질이 줄어들어 물과 에너지 소비가 줄어든다는 장점이 있다.

또한 eBeam의 지속적인 작동은 과산화수소 살균 공정을 위한 설정 중에 발생하는 포장 및 제품 폐기물을 감소시켜 환경 성능을 향상시킬 수 있다고 한다.

2. 유리병 무균충진 포장

유리병에 대한 무균충진 포장기는 미국의 Avoset사에서 1942년에 개발되어 무균 상태의 유크림을 살균된 유리병에 충진하는 방식이 실용화되었다.

유리병은 PET병에 비해 내열성이 좋기 때문에 살균제 대신 고온의 증기를 이용한 살균이 보편화되어 있다. 유럽에서는 영국에서 가장 먼저 시도되었는데 영국 국립유업연구소에서 개발된 충진 시스템은 유리병에 135℃의 증기를 1.5초간 가하여 살균한 후 멸균 우유를 충진하고 스크루 캡을 캡핑하는 방식을 채용하고 있다. 와인 등의 무균충진 포장은 소량의 액상 SO_2로 충진 전 유리병을 살균하는 고속 타입의 살균 장치가 개발되어 사용되고 있다.

이 장치는 1시간에 7,500병 이상의 와인용 유리병을 살균, 세척할 수 있으며, 무균충진 포장기와 연결되어 있다.

점도가 높은 식품을 유리병에 무균충진 포장하는 시스템은 Hama USA사에 의해 개발되었다. 이 시스템은 2.5 L의 대형 유리병을 열탕기 중에서 예열한 후 스팀 살균하고, 샐러드드레싱, 케첩 등을 1분에 15개의 속도로 무균충진 포장할 수 있다.

최근 우리나라에서도 유리병 무균충진 포장기의 적용이 늘어나고 있는데, 이들 시스템은 정렬된 유리병이 병 살균 장치로 운반되는 단계, 유리병 내외를 살균제로 살균하는 단계, 살균제를 무균수로 세척하는 단계, 그리고 무균 상태에서 살균된 식품을 충진하고 밀봉하는 단계로 구성된다.

3. 금속 캔 무균충진 포장

1917년 미국의 Dole사에 의해서 세계 최초로 무균 캔을 사용한 무균 통조림 제조 방법을 개발하였으나 당시에 실용화되지는 않았다. 그 후 Dole사에서는 그림 7-2와 같은 음료 캔의 무균충진 포장 시스템을 개발하고 실용화하였다.

이 시스템에서는 캔 몸통(body)부의 살균은 220℃, 45초, 캔 뚜껑(end)은 290℃, 90초로 살균한다.

일반적으로 많이 행해지는 캔의 무균 포장 시스템에서는 캔의 몸통은 과열 수증기로 220~240℃, 캔 뚜껑은 230~290℃의 온도에서 살균되어 충진 포장되며, 모든 공정은 헤파 필터를 이용한 바이오 클린룸 내에서 이루어진다. 향기가 중요한 밀크커피 등은

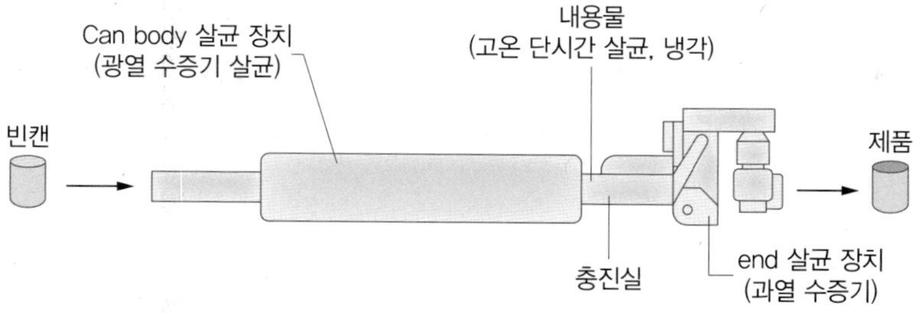

그림 7-5 Dole사의 음료 통조림 무균충진 포장 시스템

내용물을 100~150℃에서 30초 동안 살균하고 30~40℃에 냉각, 무균충진 포장한다.

4. PET병 무균충진 포장

PET병을 사용한 무균충진 포장은 차류 제품과 당을 적게 함유한 음료 제품에 적용이 되고 있다.

PET병은 처음에는 성형한 PET병이 식품공장에 납품되어 사용되었으나 최근에는 PET병의 성형 라인도 함께 식품공장에 도입되어 인라인화하는 경향이 두드러지고 있다.

이 시스템은 프리폼(Pre-form)을 투입하여 용기를 성형, 무균충진 및 포장하는 시스템이다. 음료, 유음료, 식용유, 소스 등의 제품에 적용할 수 있다.

보통 1L 페트병 1개에는 0.4 colony 수준의 세균이 부착하고 있다고 보고되고 있으며, 따라서 무균충진 전에 포장재의 살균이 행해진다. PET병과 캡의 살균에는 일반적으로 Oxonia Active 혼합약제(H_2O_2 28%, 과산화아세트산 4%, 초산 10%, 안정제 0.6%)가 사용되고 있다. 살균된 PET병의 내외면은 무균 수로 세척되어 청정도 클래스 100 수준의 클린룸에서 UHT 살균된 음료가 PET병에 무균충진 포장된다.

일본의 경우에는 이탈리아 Procomac사의 시스템을 기반으로 하여 야마토 제관에서 만든 PET병 음료 무균충진 포장 시스템이 있다. 이 시스템은 ASIS(aseptic integrated system)라고 불리며, PET병의 성형부터 음료의 무균충진 포장까지 일관되게 생산하는 시스템이다.

이 시스템은 ① 무균 환경에서 PET병을 성형하는 단계, ② 무균 성형기에서 무균 음료 충진 장치까지 병을 옮기는 단계, ③ 음료를 충진하고 캡핑하는 단계의 세 가지 단계로 구성되어 있다.

PET병 성형기에서는 PET 수지를 280℃의 온도에서 용해하여 프리폼(Pre-form)을 성형하고, 블로우 성형 중 강력한 UV 등을 병 입구부에 조사하여 살균한다. 캡은 고온의 Oxonia Active 혼합약제를 분무하고 무균 수로 세척하며, H_2O_2 분무와 뜨거운 무균에어로 살균된다.

5. 플라스틱 필름 포장재 무균충진 포장

플라스틱 포장 재료에는 다층 구성의 연포장 필름과 컵 등이 있으며, 이들을 사용한 무균충진 포장기와 포장 시스템이 개발되어 실용화되고 있다.

롤 상태의 연포장재에 사용되는 살균 방식은 주로 H_2O_2 살균, 에탄올 살균, UV 살균 등이 행해지고 있으며, 3방 파우치 또는 스탠딩 파우치와 같이 파우치의 내면에 대해 적용이 어려운 경우에는 감마선 살균이 행해진다. 또한 롤 상태라도 완벽한 멸균을 위해서는 감마선 살균을 행한다.

플라스틱 진공성형 용기에서는 Form-fill-seal 형태의 경우 용기 성형 전 sheet의 살균에 UV 살균, H_2O_2 살균, 에탄올 살균 등이 조합되어 사용되며, 성형된 컵의 경우에는 H_2O_2 살균, 에탄올 살균 등이 사용된다. Form-fill-seal 포장기에서 커피용 밀크, 푸딩 등은 플라스틱 시트를 H_2O_2(35%, 60℃)로 살균하여 건조시키고, 성형된 용기에 무균충진 포장된다.

Roll 상태의 sheet를 H_2O_2(35%, 60℃)로 살균한 뒤 무균실 내에서 충진과 실링, 컷팅, 배출까지 전 공정이 모두 자동화로 이루어진다.

유럽에서는 플라스틱 시트에 직접 H_2O_2를 분사하는 대신 UV, 알코올, 가압 포화 수증기를 사용한 형태의 설비가 채용되고 있다.

6. 업무용 액상 식품의 무균충진 포장

외식업체에 납품되는 백 인 박스(bag in box) 형태의 포장에는 간장, 농축 과즙이나 땅콩 페이스트, 토마토 페이스트 등이 있으며, 이들에 무균포장 시스템이 사용되고 있다.

백 인 박스 안쪽의 필름은 식품과 접하는 내층에 폴리에틸렌계 필름이 사용되며 외층에는 나일론 등 내핀홀성, 가스파리어성, 내충격성이 뛰어난 플라스틱 필름이 라미네이트되어 사용된다.

식품공장용 대형 용기의 무균충진 포장기는 세계적으로 Sholle, Fran Rica의 2개가 유명하다. 미국의 Fran Rica사와 Container Technologies사가 공동으로 300갤런(1,137 L)의 대형 용기의 무균충진 포장 시스템을 개발하고 실용화시켰다. 이 시스템을 사용하여 Hunt Wesson사는 식품공장에 납품하는 업무용 토마토케첩을 무균충진 포장한다.

이 토마토케첩 무균충진 포장에 쓰이는 포장 재료에는 150 ㎛의 두께의 다층 공압출 필름, 예를 들면 LDPE/PVDC/LDPE/PVDC/LDPE/EVA-LDPE 구성의 공압출 필름이나 알루미늄 증착 PET 필름을 라미네이트한 포장필름이 사용된다.

케첩 등에 적용되는 무균포장 시스템의 장점은 후살균 공정 등 열처리 과정을 최소화함으로써 색상과 맛 등 제품의 품질을 최대화할 수 있다는 데 있다.

7. 식육 가공품의 무균화 포장

미국에서는 인라인 방식에 의한 슬라이스 햄, 소시지, 베이컨 등에 무균화 포장이 이루어지고 있다. 인라인 방식에 따른 슬라이스 햄 무균화 포장은 컨슈머 팩 제품을 포장재료의 제조에서 슬라이스 햄 제조까지 일관하는 시스템이다.

이 시스템에서 포장 재료는 sheet와 film의 형태로 공급되며, sheet를 열 성형한 후 lid film을 열접착하는 모든 공정이 무균화되어 있다. 진공 포장과 스킨 팩(skin pack)에도 적용되고 있다. 이 설비는 고가의 장비이며, 유지에도 비용이 많이 드는 장치이다.

식육 제품 또는 육가공 제품의 경우 간편한 것을 원하는 소비자들의 취향에 맞추어 적당한 크기로 잘라 소포장한 제품이 늘어나고 있다. 슬라이스 햄 등이 그 대표적인 사례이다.

특히 식품첨가물에 대한 소비자들의 거부감이 확대되면서 식품첨가물 대신 무균 포장으로 해결하려는 움직임이 많다. 또한 식육 가공품이 들어간 즉석 샐러드 등 즉석식품의 시장이 커지면서 이들 신선식품을 무균화 포장 시스템으로 제조하여 냉장 상태로 유통하는 사례도 늘어나고 있다.

그림 7-6 완전 자동화된 슬라이싱 및 패키징 라인

자료: https://www.gea.com

이 무균화 포장 시스템에서는 각각의 원료에 대한 세척·살균을 위한 가열 기준을 마련하여 이 기준에 맞추어 각각의 원료를 가공하며, 저온에서 유지되는 클린룸에서 충진 및 포장을 실시하여 제품을 제조한 후 2~8℃로 유지되는 냉장 배송차로 각 점포에 배송한다. 살균과 가열, 냉각 공정이 클린룸에서 일괄적으로 수행되며, 무균화 포장이 이루어지고 있다.

슬라이스한 햄·소시지를 무균화 포장하는 시스템은 클린룸 내에 세정 살균 장치, 원료육의 가공 설비, 그리고 포장 기계가 일체화되어야 한다.

여기서 클린룸의 설치를 밀폐된 하나의 공간으로 할지, 아니면 간이형으로 할지를 식육 가공 업체에서 결정할 필요가 있다. 예컨대 슬라이스 햄과 같이 가공 후 슬라이스 처리가 들어가야 하는 제품의 경우에는 일체화된 클린룸 자동 설비의 채용이 바람직하다고 볼 수 있다.

식육 가공품 중 햄 제품에는 *Bacillus*속 세균이 가장 많고, *Staphylococcus*, *Micrococcus* 속의 세균도 많이 자라고 있다. 소금의 함량이 적은 제품에서는 더 많은 종류의 세균이 발견되기도 한다. 따라서 식육 가공품의 무균화 포장에서는 원료육에서의 미생물 점검부터 시작하여 스모킹 공정, 슬라이스 공정에서 미생물을 어떻게 사멸시키느냐가 중요하다.

무균화 포장되는 식육 가공품의 대부분은 슬라이스 햄과 슬라이스 소시지이다. 이들 제품의 가공에 있어서 원료육의 위생 상태는 말할 필요 없이 중요한 요소이다. 초기 균수 관리뿐만 아니라 특히 가공 설비나 공장의 위생 상태와 온도, 가공시간 등이 매우 중요하다.

실제 상황에서는 가공 설비와 기구의 청결 상태가 문제가 되는 경우가 많다. 따라서 차아염소산나트륨 수용액 등으로 사용되는 기구의 살균을 철저히 하여야 한다.

클린룸에서의 슬라이스 햄 포장 시에는 기구 등을 매개로 한 세균의 부착이나 낙하균이 문제가 된다. 따라서 포장 라인에서는 기구 등의 살균은 물론 낙하균의 방지를 위한 대책도 마련되어야 한다. 보통 청정 작업 구역의 낙하균 관리 기준은 낙하 세균 수(35℃에서 5분) 30개 이하, 낙하 진균 수(23℃에서 20분) 10개 이하로 관리하고 있다.

8. 즉석밥의 무균 포장

무균화 포장이 채용된 즉석밥은 일본에서 처음 개발이 되어 상용화되었다. 처음에는 '가마솥밥+무균포장+탈산소제'의 기술이 채택되었으나, 1992년경부터 다양하고 새로운 무균 포장밥 기술이 개발되어 다양한 제품이 등장하기 시작하였다. 인라인 용기 성형과 높은 가스치환율을 구현한 기술을 사용한 나카신덴 농협(中新田農協)의 즉석밥이 등장하였고, 레토르트 살균기 안에서 용기째로 취반하여 클린룸으로 보내 밀봉하는 방식의 다카노의 즉석밥, 그리고 후지모리공업에서 개발한 방식이 가고메, 마루미야의 즉석밥에 적용되었다. 이들은 용기 내에 쌀과 취반수를 넣고 취반하는 방식으로, 포장재의 위생 관리가 철저히 이루어짐에 따라 자동화가 가능해진 생산 방식이라고 할 수 있다.

이와는 다른 방식으로 취반 후 밥을 용기에 담는 방식이 1994년에 '사토 식품'에 적용되었다. 질소 충진을 하는 대신 탈산소제를 적용하였으며, 이후 sachet 형태의 탈산소제는 탈산소 기능을 하는 용기로 대체되었다.

우리나라에서는 1996년에 CJ에서 일본 신와기계의 설비를 도입하여 '햇반'이라는 브랜드로 처음 즉석밥 판매를 시작하였다. 이후 2002년 농심과 2004년 오뚜기에서 동일한 회사의 설비를 도입하여 즉석밥 시장에 참여하였고, 2007년에는 에치코제과의 설비를 도입한 동원이 시장에 참여하였으며, 2021년에는 하림에서 레토르트 솥(RIC) 방식인 히사카의 설비를 도입하여 즉석밥 시장에 참여하게 되었다.

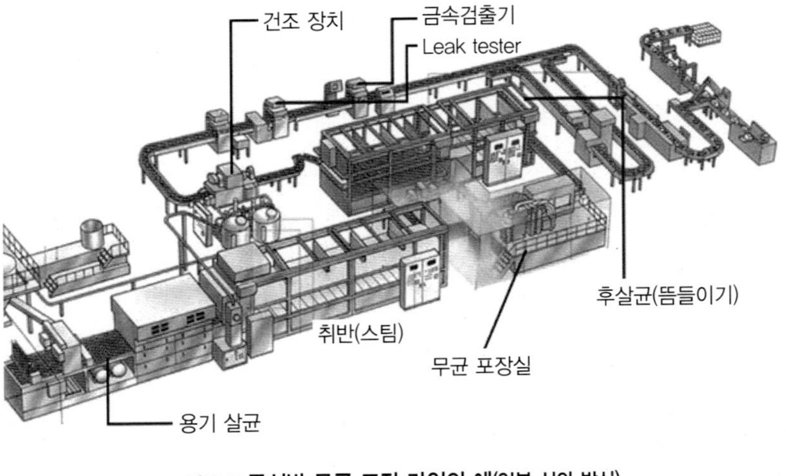

그림 7-7 즉석밥 무균 포장 라인의 예(일본 신와 방식)

자료: http://www.shinwa-kikai.co.jp

그림 7-7에 즉석밥 무균 포장 라인의 예를 들었다.

1) 즉석밥의 생산 공정

즉석밥의 생산 공정은 포장 용기 내에서 취반하는 것인지, 아니면 취반 후 용기에 밥을 담는 것인지에 따라 구별되며, 취반 및 살균 방식에 따라서도 차이가 있다.

(1) 신와 방식(CJ, 오뚜기)

국내에서 가장 보편적으로 사용되고 있는 즉석밥의 제조 방식이다. 미생물의 억제를 위해 쌀의 살균/pH 조정/취반/무균충진/가스치환 방식을 도입하여 다단계에서 미생물을 억제하는 시스템이다.

즉석밥의 무균화 포장은 용기와 필름의 상태로 투입되면서 시작한다. 용기와 쌀은 연속 펄스 가압증기에 의한 살균을 한 후 취반 중에 105℃ 내외의 스팀과 취반수에 의해 살균되며, lid film은 포장된 상태로 감마선 살균을 거쳐 납품되고, 열접착 전 생산 라인에서 자외선 살균을 한 번 더 행한다. 무균 포장실은 클린화되어 있으며, 질소치환과 동시에 열접착이 수행된다.

포장이 완료된 즉석밥은 무균 포장실을 떠나 열탕 처리되는 후살균 공정으로 들어간다. 이곳에서 즉석밥은 뜸들이기 공정을 거치며, 약 65~80℃의 온도를 유지하는 수조 내에서 후살균이 행해진다.

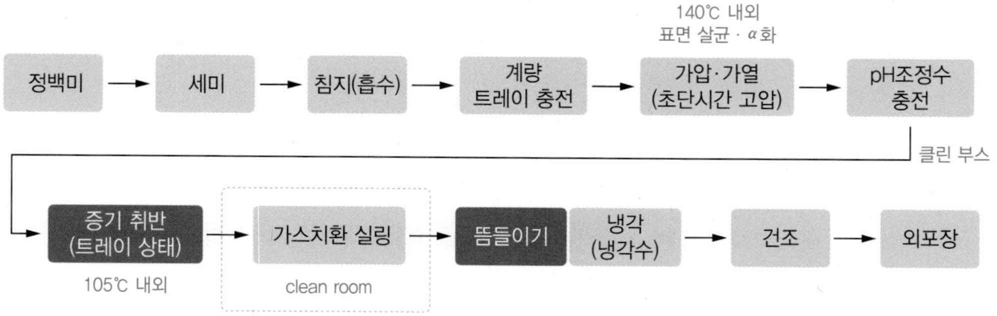

(2) 개별식 트레이 레토르트 솥(RIC)법: 히사카 제작소 방식(하림)

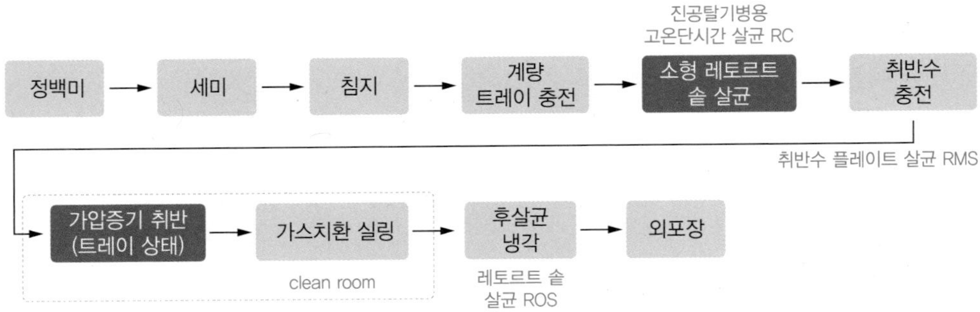

(3) 개별식 트레이 레토르트 솥 내 취반 제법: 다카노 방식(일본)

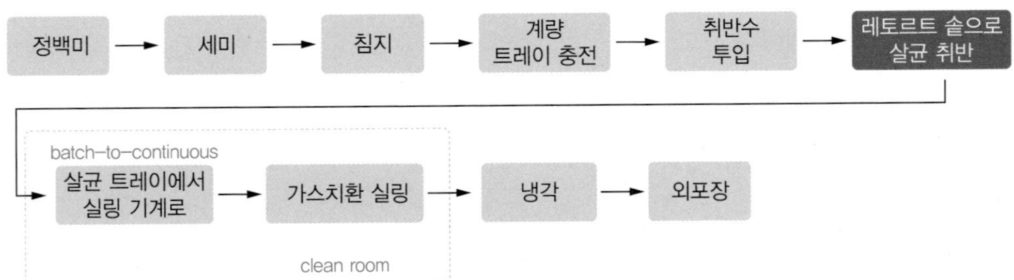

(4) 개별식 트레이 미압 취반 제법: 후지모리 공업 방식(일본 닛토 아리만)

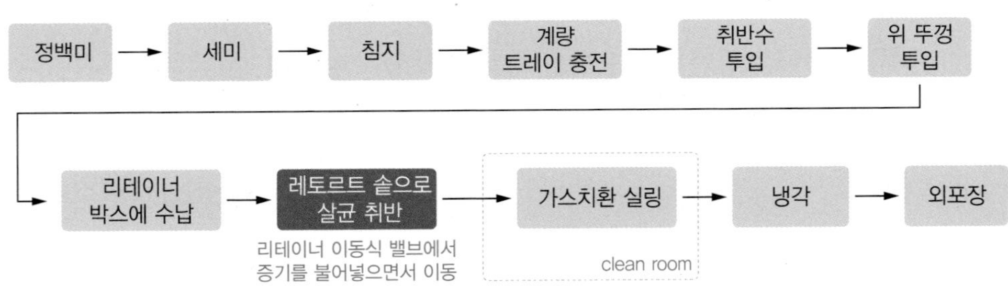

2) 즉석밥 포장재

즉석밥 포장재는 크게 용기, 리드 필름, 탈산소제로 나뉜다. 즉석밥 포장재에서 가장 중요한 것은 미생물에 대한 안전성과 가스 차단성이다. 용기와 리드 필름에는 가스의 투과를 막기 위한 산소 차단성 소재(EVOH 또는 투명증착 PET 필름)가 사용되고 있다.

용기의 재질 구성은 PP/EVOH/PP의 구성으로 되어 있으며, EVOH는 약 3~4 wt%의 두께로 적용이 되고 있다. PP는 용기째 취반하는 공정에서 견딜 수 있도록 충분한 내열성을 갖는 소재이다. 용기는 포장 회사에서 위생적으로 포장되어 제공되며 취반 공정

전에 살균을 행하고, 또한 취반 공정 중에 충분한 열이 가해지기 때문에 미생물에 대한 리스크는 없다. 하지만 리드 필름의 경우에는 별도의 열처리가 가해지지 않기 때문에 식품 회사에 입고되기 전에 감마선 살균을 하여 입고된다. 공정 중 미생물에 대한 혹시 모르는 오염에 대응하기 위하여 용기와 열접착을 하기 전에 자외선 살균도 행해진다.

리드 필름은 ONylon/EVOH/EPL(EPL, easy peelable layer)를 기본 구성으로 하며, ONylon 25 ㎛/EVOH 12 ㎛/EPL 50 ㎛ 구성의 경우 산소 투과도는 0.4~0.5 cc/m^2·day·atm (20℃, 65% RH) 수준이다(그림 7-8).

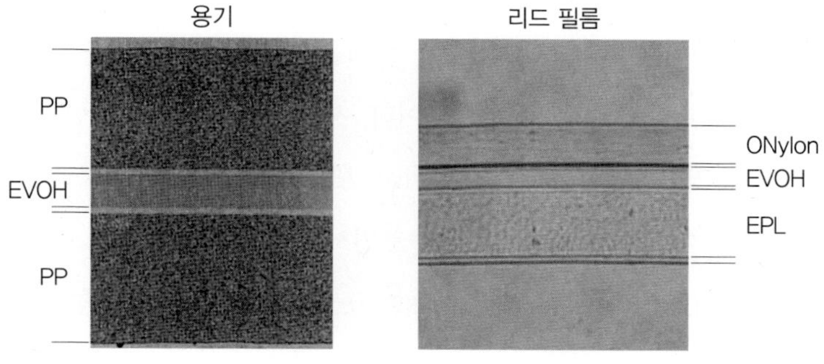

그림 7-8 즉석밥 포장재의 기본 재질 구성(단층 사진 예)
용기(PP/EVOH/PP)와 리드 필름(ONylon/EVOH/EPL)

히사카 방식과 같이 레토르트 살균이 행해지는 경우에는 EVOH 대신 투명증착PET 필름의 구성(투명증착PET/ONylon/EPL)을 채용하고 있다. ONylon 필름의 경우 레토르트 온도에서는 수분에 취약하기 때문에 최외층에 사용했을 경우 열수 수축에 의한 박리(delamination)가 일어나기 쉽다. 따라서 이런 경우에는 내열성이 있는 PET 필름을 최외층에 사용하는 것이 좋다.

EVOH나 투명증착PET 필름을 사용하는 이유는 포장 내부에 질소치환을 하고 있기 때문에 유통기한 동안 포장재를 투과하여 가스가 투과하는 것을 막아야 하기 때문이다.

일본에서도 비슷한 사양의 포장재가 적용되고 있다. 다만, 가장 점유율이 높은 '사토' 방식의 포장에는 탈산소제가 배합된 용기가 채용되고 있으며, 리드 필름에는 EVOH 대신에 투명증착 필름을 사용하는 예가 있다.

투명증착PET 필름은 산소 차단성뿐만 아니라 수증기 차단성도 있어 내용물의 품질 보존에는 더 유리하다고 볼 수 있으나, 수축이 되지 않아 고온충진 후 냉각되었을 시

외관이 매끈하지 않고 다소 쭈글쭈글하다. 탈산소제는 국내에서는 에치코제과 방식을 도입한 동원F&B에서만 채용하고 있으나, 향후 확대될 가능성은 있다. 신와와 히사카 방식의 경우 탈산소제 대신 질소치환 포장을 하고 있기는 하지만 질소치환율이 완벽하지는 않기 때문이다.

즉석밥의 리드 필름에서 중요시되는 것은 산소 차단성 이외에도 내핀홀 강도가 있다. 리드 필름은 얇고 약하기 때문에 유통 중 긁히거나 뾰족한 것에 찔려 핀홀이 생기기 쉽다. 필름은 부드럽고 매우 얇기 때문에 뾰족한 것에 찔리면 구멍이 생길 수밖에 없다. 하지만 필름의 재질별로는 핀홀에 대한 저항성이 차이가 있다.

그림 7-9는 포장용 필름별 내핀홀 강도를 dart를 자유 낙하시켜 충격 강도를 측정하는 dart impact tester에 의해 실험한 결과이다. 사용된 impact tester의 ball diameter는 0.5 inch이다. 그리고 그림 7-10은 Piercing 또는 Puncher 테스트라고 부르는 방법으로 뾰족한 막대를 이용해 일정 속도로 누르면서 필름별 최대 저항 강도를 측정한 그래프이다. 여기서 punch curvature Radius는 0.35 mm이며, Speed는 50 ㎜/min으로 수행하였다.

동일 두께의 필름이라면 이축연신 나일론(ONylon) 필름이 충격이건 정하중이건 핀홀에 저항하는 내핀홀 강도가 가장 좋다. 그리고 실런트(sealant) 필름에서는 PP보다 LLDPE가 내핀홀 강도가 좋다.

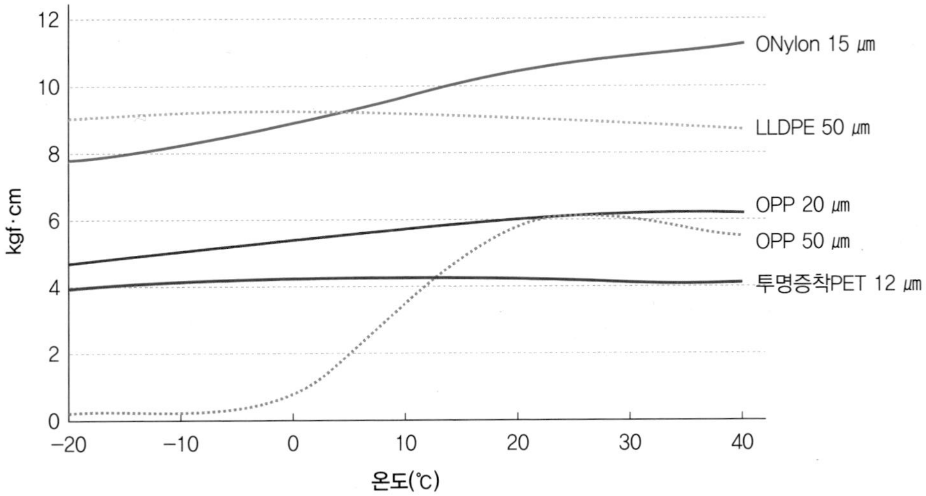

그림 7-9 필름의 종류와 온도에 따른 충격에 의한 내핀홀 강도 비교

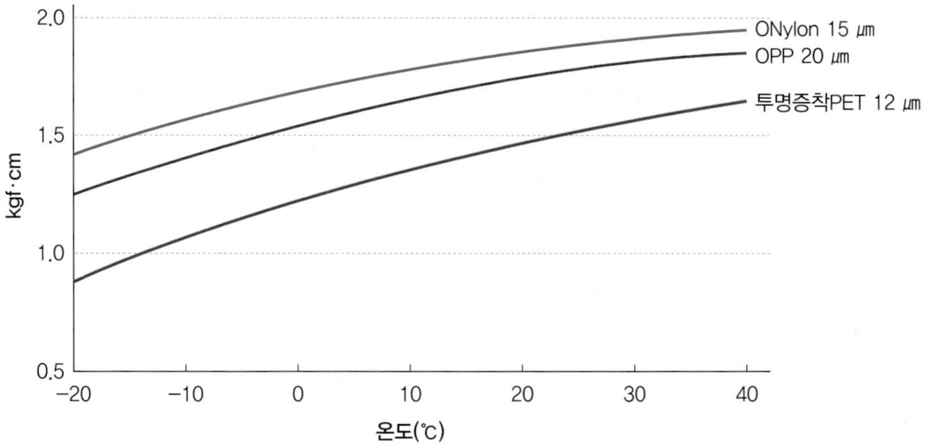

그림 7-10 필름의 종류와 온도에 따른 정하중에 의한 내핀홀 강도 비교

OPP 필름은 ONylon 필름보다 가격이 저렴하면서 수증기 차단성도 우수하다는 장점이 있다. 여기에 내핀홀 강도도 썩 나쁘지 않기 때문에 두께 40 ㎛의 OPP 필름은 두께 15 ㎛의 ONylon 필름과 동일한 수준의 내핀홀 강도를 갖는다. 하지만 OPP나 CPP 필름은 저온에서 강도가 급격히 저하되는 특성이 있기 때문에 겨울철에는 주의하여야 한다.

투명증착PET 필름은 내핀홀 강도가 그리 좋지 못하지만 ONylon 필름과 함께 쓰이면 내핀홀 강도에는 시너지 효과를 발휘한다. 즉석밥의 리드 필름 구성은 다층 구성이기 때문에 내핀홀 강도를 높이기 위해서는 ONylon 필름의 두께를 두껍게 하는 것보다는 PET 필름 또는 OPP 필름을 함께 사용하는 것이 강도도 높이고 원가의 상승을 최소화할 수 있는 방법이 될 수 있다.

그러나 필름만으로 유통 중의 핀홀을 막는 것은 한계가 있기 때문에 유통 중 포장재의 핀홀이 심각하게 문제가 된다면 리드 필름은 ONylon/EVOH/EPL의 기본 구성으로 하되, 별도로 종이 포장재를 바깥쪽에 보강하는 것이 좋다.

3) 즉석밥에 사용되는 가스 차단성 포장 소재

(1) EVOH(ethylene vinyl alcohol)

EVOH는 에틸렌(ethylene)과 비닐 알코올(vinyl alcohol)의 랜덤 코폴리머(random copolymer)로서, 다음과 같은 분자식을 갖는 결정성 고분자이다.

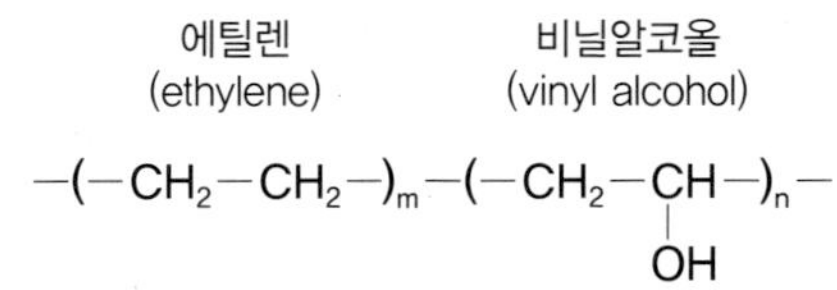

EVOH의 가스 차단성 패턴은 응집 에너지 밀도(cohesive energy density)와 자유 공간(free volume)에 의해서 구현된다. 이것은 분자 내 비닐 알코올기에 있는 −OH기가 인접한 분자에 있는 −OH기와 수소결합을 형성하여 그물망처럼 짜여진 구조를 형성함으로써 가스가 투과할 만한 공간을 줄이는 원리이다.

따라서 EVOH의 가스 투과도는 비닐 알코올이 분자 내에 얼마나 많은지에 따라 좌우되며, 고분자로서의 물성도 달라지게 된다.

시판되는 EVOH의 종류는 분자 내의 에틸렌 함량(mol%)에 따라 구별된다. 공중합된 에틸렌 함량이 높을수록 비닐 알코올의 함량을 줄어들게 되므로, 가스 투과도는 상승하게 된다.

또한 EVOH의 가스 차단성(gas barrier)은 습도에 의존적이다. EVOH의 가스 차단의 원리가 −OH기에 의해 형성된 수소결합이기 때문에 습도가 올라가면 이들 수소결합이 깨어져서 가스의 투과가 늘어나게 된다(그림 7-11).

이러한 수분에 대한 취약성 때문에 EVOH는 가스 차단성은 매우 우수하나, 수분 차단성(water barrier)은 그리 좋지 않은 단점도 있다.

표 7-2에 EVOH의 재질별(연신, 또는 ethylene 함량별), 그리고 상대습도별 특성을 표시하였다. EVOH가 연신되었을 경우에는 수분에 대한 민감성이 작아지며, 분자 내의 에틸렌(ethylene) 함량이 늘어날 경우에는 vinyl acetate의 함량이 줄어들기 때문에 수분에

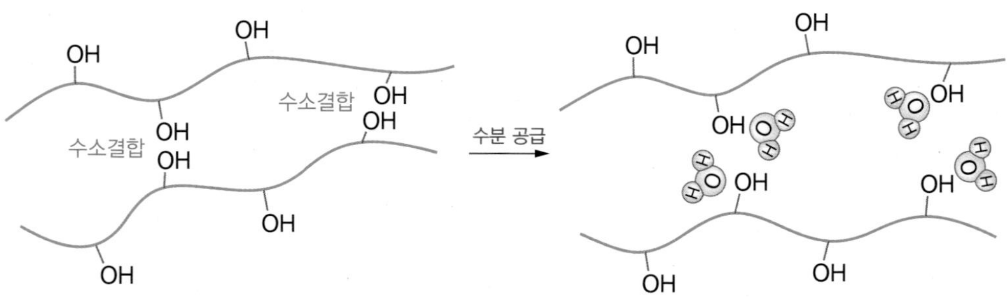

그림 7-11 습도의 증가에 따라 EVOH의 가스 차단성이 떨어지는 원리

표 7-2 EVOH 필름의 종류별 특성

항목	측정 조건	EVOH(연신) 32 mol%	EVOH(무연신) 32 mol%	EVOH(무연신) 44 mol%	PVA(PVOH)
두께(㎛)		15	15	20	14
WVTR*(g/㎡ · day)	40℃, 90% RH	40	100	35	1,100
흡수율(%)	30℃, 24hr	5.9	8.6	6.7	24
OTR**(cc/㎡ · day · atm)	35℃, 0% RH	0.4	0.5	3.2	0.3
	20℃, 65% RH	0.3	0.5	1.5	2.4
	20℃, 85% RH	1	2	3.3	14
	20℃, 100% RH	6	25	10	600
Haze(%)	20℃, 65% RH	0.5	1.5	1.7	1.5

*WVTR: water vapor transmission rate
**OTR: oxygen transmssion rate
자료: Kuraray Co., Ltd.

대한 민감성이 작아진다.

EVOH는 가스 차단성이 매우 우수한 소재이지만 습기에 약하기 때문에 내용물이 수분함량이 높거나 습도가 높은 환경에서는 가스 차단성이 떨지므로 이에 유의하여 사용해야 한다.

(2) 투명증착 필름

투명증착 필름은 산화알루미늄(AlOx) 또는 산화규소(SiOx)를 필름에 30~40 nm 두께의 수준으로 진공 증착한 필름이다. 기존의 알루미늄 증착과 달리 투명하기 때문에 투명증착 필름이라고 부른다. 산화알루미늄 또는 산화규소는 유리의 구성 성분이기도 하며, 투명하고 가스 차단성이 완벽한 물질이다. 따라서 투명증착 필름은 투명성이 매우 우수하다. 다만, 산화규소 증착 필름은 약간의 갈색을 띠기 때문에 증착원으로 산화알루미늄을 많이 사용하는 편이다.

증착을 하는 기재 필름은 열 안정성과 치수 변화가 적은 OPET(oriented polyethylene terephthalalte) 필름을 주로 사용한다. OPP 필름과 ONylon 필름에 증착한 필름도 있기는 하나, 열과 기계적인 스트레스에 대한 가스 차단성 저하가 있을 수 있다.

PET에 증착한 필름의 경우 가스 차단성은 EVOH와 비교할 때 동등 이상의 수준이다.

특히 EVOH와 달리 수증기 차단성이 매우 우수하다. EVOH가 −OH기 사이의 수소 결합에 의해 가스가 투과하는 것을 막는 반면, 투명증착 필름은 증착층 자체에 기체가 투과할 수 있는 크기의 구멍이 거의 없거나 매우 작기 때문에 기체의 종류에 관계없이 투과를 잘 시키지 않는 것이다(free volume이 매우 적다).

투명증착 필름은 금속이 증착된 것이 아니기 때문에 전자레인지에 사용이 가능하다는 장점이 있다. 또한 투명증착 필름 중 내열성을 갖는 그레이드는 레토르트 처리도 가능하기 때문에 전자레인지용 레토르트 제품의 포장에 많이 쓰이고 있다.

증착을 하는 방법에는 PVD(physical vapor deposition)와 CVD(chemical vapor deposition) 방식이 있다. PVD 방식은 저렴하기 때문에 보편적으로 많이 사용되는 방식이다. 알루미늄(aluminum)을 진공 챔버 내에서 점자 빔 등으로 녹인 후 챔버 내의 산소와 반응시켜 산화알루미늄을 형성시키고 이를 증착하는 방식이다(그림 7-12).

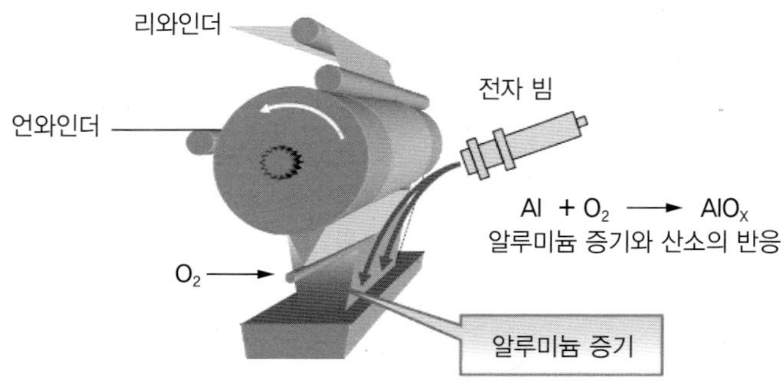

그림 7-12 PVD(physical vapor deposition) process의 개략도

이 공정에서 생산된 투명증착 필름은 높은 투명도와 생산성, 제조 시 안정성, 그리고 경제성이 장점이다. 다만 기재 필름과의 접착이 물리적으로 이루어지기 때문에 증착층의 접착 강도가 떨어지는 단점이 있다.

CVD 방식은 PVD 방식이 기재 필름과 증착층의 접착 강도가 떨어지는 단점을 개선하기 위하여 사용되는 방식이다. 이 방식은 진공 챔버 내에 플라즈마를 형성시켜 기재 필름의 표면에 극성기를 도입함과 동시에 이 극성기를 실란 화합물(silane compound)을 도입, SiO 공유 결합을 형성함으로써 필름과 증착층의 접착 강도를 획기적으로 향상시키는 방법이다(그림 7-13).

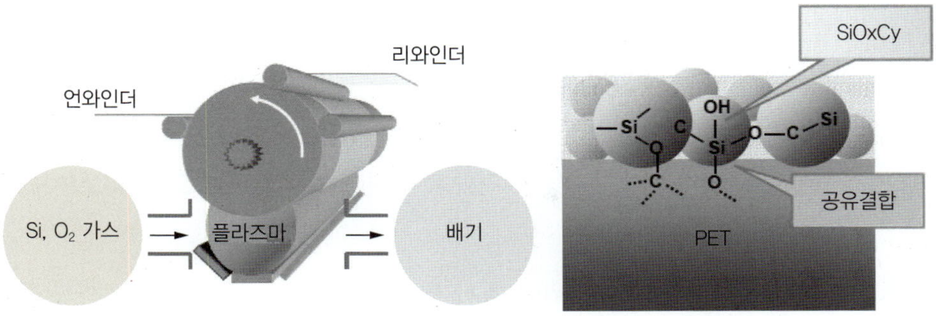

그림 7-13 CVD(chemical vapor deposition) process의 개략도

이렇게 제조된 투명증착 필름은 증착층의 유연성, 그리고 기계적 스트레스에 대한 안정성과 내열성이 PVD 방식의 증착 필름보다 향상된다. 하지만 제조 공정이 고가이기 때문에 식품 포장용 투명증착 필름에는 CVD 방식보다는 PVD 방식이 많이 채용되고 있다.

그림 7-14는 PET 필름에 다량한 증착 방법을 활용하여 산화규소를 증착하였을 때의 증착 두께와 산소 투과도를 표시한 그림이다.

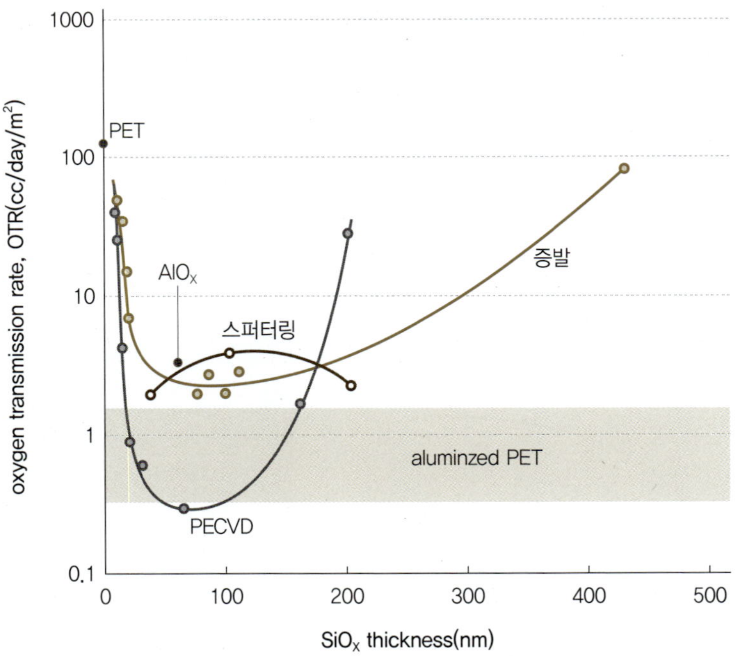

그림 7-14 PET 필름에서 다양한 증착 방법에 대한 SiOx 증착 두께와 산소 투과도[72)]

PECVD(plasma enhanced chemical vapor deposition)의 경우 PVD(evaporation, sputtering) 방식과 비교했을 때, 증착층과 기재 필름(PET 필름)의 밀착력이 강해 산소 투과도도 낮게 나오는 것을 알 수 있다. 그리고 어느 방식이건 산소 투과도는 약 40 nm에서 가장 좋고, 그 이상으로 증착 두께를 증가시킨다고 하더라도 산소 투과도가 더 낮아지지는 않는다.

이것은 증착 과정이 기재 필름 위에 초기 핵 형성이 이루어지고, 이후에는 만들어진 핵에 증착 물질이 달라붙는 방식으로 증착이 진행되기 때문이다[47].

투명증착 필름은 증착층이 매우 딱딱하기 때문에, 필름이 늘어나거나 구겨졌을 때 증착층이 유리와 같이 깨져서 금이 가는 등 구겨짐으로 인한 크랙(crack)에 민감하다. EVOH는 필름 자체가 고분자 물질인 반면, 투명증착 필름은 증착층이 무기 산화물인 산화규소, 산화알루미늄 등이기 때문에 유연성이 없고, 따라서 물리적인 스트레스에 의해 크랙이 발생하며, 이로 인한 가스 차단성이 저하되는 문제점이 있다.

그림 7-15에 변형(strain)에 의한 투명증착층의 균열을 그림으로 표시하였다.

구겨짐 등의 현상은 미세한 관점에서는 필름이 국소적으로 늘어나는 현상인데, 이러한 변형 스트레스, 즉 strain이 일어날 경우 필름은 늘어나지만 증착층은 늘어나지 못하고 갈라지면서 가스가 이동할 틈이 생기게 된다(그림 7-15).

이 필름은 PECVD 방식으로 산화규소를 증착한 PET 필름으로서 증착층과 PET 필름과의 접착력이 강하지만, 필름이 늘어나게 되면 증착층은 PET 필름에 붙어 있는 상태에서 갈라져 균열이 일어난다.

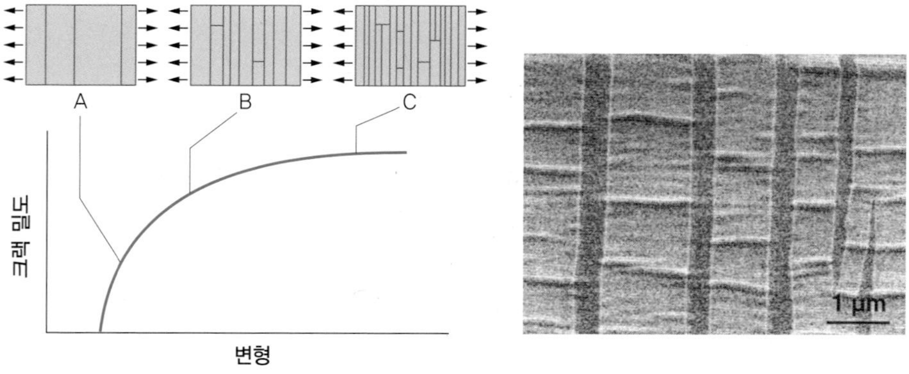

그림 7-15 PECVD 방식으로 SiOx를 증착한 PET 필름의 strain에 따른 증착층 균열 형상[72]

A: 무작위 균열, B: 중간 지점 균열 및 가로 균열 시작, C: 균열의 확대 및 박리

스트레스에 대한 투명증착층의 균열은 어쩔 수 없는 현상이기 때문에 이를 보완하기 위하여 투명증착 필름에는 증착을 행한 뒤 그 위에 폴리비닐알코올(PVOH) 등의 유기계 가스 차단층을 코팅하여 이러한 단점을 보완한다.

그림 7-16에 투명증착 필름의 층 구조를 설명하였다. 기재층(①)에 투명증착층(②)을 증착하고, 그 위에 유기계 가스 차단성 코팅(③)이 행해진다.

폴리비닐알코올(PVOH) 등의 유기계 가스 차단층은 수분에 취약한 단점이 있지만, 외층의 투명증착층이 수분의 침투를 막아주기 때문에 열탕이나 레토르트 처리에도 견딜 수 있는 구조이다.

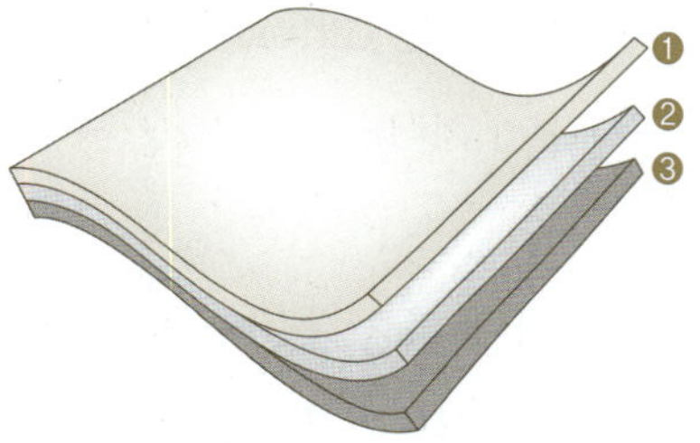

그림 7-16 일반적인 투명증착 필름의 층 구조

4) EVOH의 가스 차단성 설계

즉석밥 등에 사용되는 EVOH 다층 포장재들은 가스 차단성이 매우 우수하지만 내용물이 수분함량이 많은 식품이며, 공정 중 혹은 유통 중 EVOH층에 수분이 침투하여 가스 차단성을 떨어뜨릴 수 있다. 이 모든 것을 실제로 테스트를 하는 데는 많은 시간이 필요하기 때문에 보통은 수학적인 계산에 의해서 포장재의 산소 투과도를 계산하고, 이를 통해 EVOH의 grade와 두께, 그리고 다층 포장재의 층구성을 어떻게 할지를 설계한다.

유통기간 내내 산소를 효과적으로 차단하여야 하는 즉석밥 포장재의 설계에 있어서 이 과정은 매우 중요하며, 이 과정을 포장재의 가스 차단성 설계라고 한다.

가스 차단성 설계는 다음과 같은 관점에서 수행된다.

EVOH는 대기 중의 습기 혹은 내용물(액상 식품 등)로부터 확산되는 수분을 흡착하는 성질이 있으며, 분자적인 관점에서 이 현상은 EVOH의 가스 차단성을 부여하는 분자 간의 −OH 가교(수소결합)를 포장재에 침투한 H_2O가 깨뜨리는 데 기인한다. 따라서

EVOH층을 습기로부터 보호하는 구조의 설계가 중요시된다. 물 분자의 확산 방향은 외부 환경과 내용물 간의 농도 차에 의해 결정되므로 습도가 높은 쪽의 층에 수분 차단성을 높이는 설계가 필요하다.

가스 차단성 설계는 기체의 투과 이론에서부터 시작한다. 포장재를 통한 가스의 투과는 Steady-State의 확산을 나타낸 Fick의 제1 확산법칙(Fick's First Law of Diffusion)에 의해 다음과 같이 표시할 수 있다.

$$J = -D\frac{dC}{dx} \qquad \text{(식 7-1)}$$

여기서, J는 기체 분자의 흐름(flux)를 나타내며, D는 diffusivity 혹은 difussion co-efficent를 나타낸다. dC는 기체의 농도 구배(분압 차이), 그리고 dx는 기체가 이동하는 거리를 뜻한다.

보다 실용적인 관점에서 포장재를 통한 가스의 투과는 투과도(transmission rate)와 투과능(permeability)으로 많이 다룬다. 투과도는 일정한 면적의 포장재를 일정한 시간, 그리고 일정한 분압 차이가 유지될 때 기체가 투과하는 양을 뜻한다.

$$\text{GTR(gas transmission rate)} = \frac{Q}{A \cdot t \cdot \Delta P}\,(\text{cc/m}^2 \cdot \text{day} \cdot \text{atm}) \qquad \text{(식 7-2)}$$

Q : 기체의 양(부피 등)

A : 포장재의 단위 면적

t : 시간

ΔP : 포장재 내 외면 기체의 분압 차이

산소 투과도의 경우 Oxygen transmission rate를 줄여서 OTR이라고 하는데, 단위로는 'cc/m^2·day·atm'를 많이 사용한다.

이것은 Steady-State일 때의 개념으로 OTR이 1 cc/m^2·day·atm라는 것은 포장재의 외측은 산소의 분압이 100%(1 atm)이고 내측은 산소의 분압이 0%으로 유지될 때, 1 m^2 면적의 포장재를 하루 동안 산소가 1 cc 투과한다는 뜻이다.

투과능은 투과도에 포장재의 두께를 고려한 용어이다.

투과능은 식으로는 다음과 같이 표현된다.

$$P(\text{gas permeability}) = \frac{Q \cdot m}{A \cdot t \cdot \Delta P} (\text{cc} \cdot \mu\text{m/m}^2 \cdot \text{day} \cdot \text{atm}) \qquad \text{(식 7-3)}$$

여기서, m은 포장재의 두께에 해당한다.

따라서 어떤 기체의 투과능을 알면 포장재의 두께에 따른 그 기체의 투과도를 계산할 수 있다.

$$P \div m = \frac{Q \cdot m}{A \cdot t \cdot \Delta P} \div m = \frac{Q \cdot m}{A \cdot t \cdot \Delta P} = \text{GTR} \qquad \text{(식 7-4)}$$

즉 $\frac{P}{m} = \text{GTR}$ 이 된다.

EVOH 다층 구성 포장재의 산소 투과도를 계산하기 위해서는 먼저 다층 포장재를 구성하고 있는 EVOH의 grade와 두께, 그리고 가공 및 유통 환경에 대한 온도와 습도 정보가 필요하다.

온도의 경우에는 아뢰니우스식(Arrehenius's equation)을 적용하여 계산할 수 있다.

아뢰니우스의 기체 방정식은 다음과 같이 표시할 수 있다.

$$\text{OTR} = (\text{OTR})_0 \cdot \exp\left(\frac{-E_p}{RT}\right) \qquad \text{(식 7-5)}$$

여기서, $(\text{OTR})_0$는 pre-exponential factor이며, E_p는 포장재를 투과하는 산소 기체의 활성 에너지(activation energy)이다. 따라서 각기 다른 2~3개의 온도에서의 OTR를 알고 있다면 식 7-5를 이용한 이차 방정식을 풀 수 있다.

습도의 경우에는 EVOH의 산소 투과도를 결정하는 변수가 되며, 이것은 또한 EVOH에 포함된 vinyl acetate의 몰 함량, 즉 바꾸어 말하면 ethylene mol%에 따라서도 달라진다.

보통 ethylene mol%에 따라 EVOH의 grade가 정해져 있으므로 각 grade에 따른 실험 데이터를 사용하면 된다.

습도의 경우에는 포장재의 내·외부 상대습도와 포장재를 구성하고 있는 각 층의 재질 및 두께에 따라 중간층에 들어 있는 EVOH층의 상대습도가 달라지게 되며, 따라서 이러한 조건에서의 EVOH층의 상대습도를 수분의 확산식을 이용하여 계산해야 한다. 수분의 확산 정도는 각 층의 재질과 두께에 따라 다르므로 포장재를 구성하고 있는 각 층의 수분 투과도를 알면 중간층에 위치한 EVOH층의 상대습도(RH)를 계산할 수 있다.

예를 들어 그림 7-17에서와 같이 EVOH를 중간층으로 하는 3층 구조의 포장재로 포장된 식품의 포장 내부의 상대습도가 100%이며, 외부의 상대습도가 65%일 경우에 EVOH층의 상대습도는 다음과 같이 계산할 수 있다.

$$RH_{EVOH} = \frac{RH_1 + RH_2}{2} = \frac{RH_0\left(\frac{1}{W_{EVOH}} + \frac{2}{W_B}\right) + RH_i\left(\frac{1}{W_{EVOH}} + \frac{2}{W_A}\right)}{2\cdot\left(\frac{1}{W_A} + \frac{1}{W_{EVOH}} + \frac{1}{W_B}\right)} \quad \text{(식 7-6)}$$

RH_{EVOH} = EVOH의 상대습도 (%)

RH_o = RH of outside environment (%)

RH_i = RH of inside environment (%)

W_{EVOH} = WVTR of (EVOH) layer ($g/m^2 \cdot day$)

W_A = WVTR of A(outside) layer ($g/m^2 \cdot day$)

W_B = WVTR of B(inside) layer ($g/m^2 \cdot day$)

여기서, W는 각 층의 water vapor transmission rate를 말하며,

$W_{(transmission\ rate)} = \frac{P_{(permeability)}}{t_{(thickness)}}$ 으로 표시할 수 있으므로,

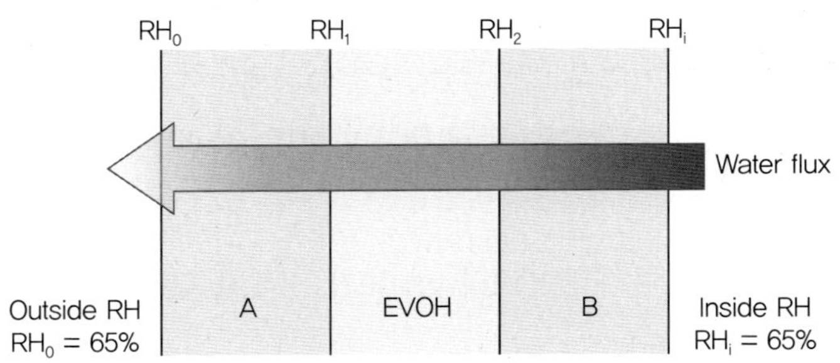

그림 7-17 포장 내부의 상대습도(RHi)가 100%, 외부의 습도(RHo)가 65%인 경우 수분의 확산

식 7-6은 다음과 같이 바꿀 수 있다.

$$RH_{EVOH} = \frac{RH_1 + RH_2}{2} = \frac{RH_0\left(\frac{t_{EVOH}}{P_{EVOH}} + \frac{2 \cdot t_B}{P_B}\right) + RH_i\left(\frac{t_{EVOH}}{P_{EVOH}} + \frac{2 \cdot t_A}{P_A}\right)}{2 \cdot \left(\frac{t_A}{P_A} + \frac{t_{EVOH}}{P_{EVOH}} + \frac{t_B}{P_B}\right)} \quad \text{(식 7-7)}$$

P_{EVOH} = Water vapor Permeability of (EVOH) layer (g · μm/m² · day)

P_A = Water vapor Permeability of A(outside) layer (g · μm/m² · day)

P_B = Water vapor Permeability of B(inside) layer (g · μm/m² · day)

t_{EVOH} = thickness of EVOH layer

t_A = thickness of A(outside) layer, t_B = thickness of B(inside) layer

식 7-7에 각 층의 두께와 재질별 water vapor permeability 값(표 7-3)을 대입하면 재질 구성에 따른 EVOH층의 상대습도(RH)를 계산할 수 있다.

표 7-3 플라스틱의 재질별 water vapor Permeability(40℃, 90% RH)

플라스틱 재질	Water vapor Permeability(g · μm/m² · day)
OPP	150
OPET	465
ONylon (Nylon6)	3,950
LDPE	445
CPP	270
PS	3,300
EVOH(ethylene 27 mol%)	3,100
EVOH(ethylene 32 mol%)	1,475
EVOH(ethylene 44 mol%)	545
MXD6 Nylon	1,250

식 7-6이나 7-7을 이용하여 EVOH층의 상대습도(RH)를 구했으면 표 7-4에 있는 산소 투과도 회귀식에 대입하여 임의의 온도에서의 산소 투과도를 계산할 수 있다.

이 식은 EVOH의 상대습도가 0~75% RH 범위일 때 적용될 수 있다.

표 7-4 SAS 분석을 이용한 EVOH 재질별, RH 범위별 OTR Semiempirical Equations[74)]

상대습도	EVOH grade	EVOH의 산소 투과도 계산식
0~75% RH	EVOH 15 ㎛ (ethylene 32 mol%)	$\ln OTR = 15.028 - 0.29231RH + 0.007804RH^2 - (4619.3 - 77.343RH + 2.1533RH^2)/T$
	이축연신 EVOH 15 ㎛ (ethylene 32 mol%)	$\ln OTR = 17.411 + 0.20181RH + 0.000543RH^2 - (5348.0 + 70.832RH)/T$
	EVOH 15 ㎛ (ethylene 44 mol%)	$\ln OTR = 19.876 + 0.19027RH + 0.000422RH^2 - (5552.9 + 65.191RH)/T$

*OTR: Oxygen transmission rate(cc/m²·day·atm), T: 절대온도, RH: 상대습도(%)

Q. ONylon15/EVOH15/LDPE50 재질의 즉석밥 리드 포장재가 있다.
EVOH는 ethylene 32 mol% grade, 내용물의 상대습도를 100% RH로 가정하면, 외부 환경의 상대습도가 65% RH일 때와 80% RH일 때 EVOH층의 상대습도는 얼마인가?
(식 7-7과 표 7-3의 데이터를 활용하여 계산하시오.)

A. ONylon15/EVOH15/LDPE50에서 바깥쪽(외부)은 ONylon이며, 안쪽(내용물과 닫는 쪽)은 LDPE 재질이다. 내부의 습도가 높기 때문에 수분의 흐름은 포장재 안쪽(LDPE)에서 바깥쪽(ONylon)으로 형성된다.

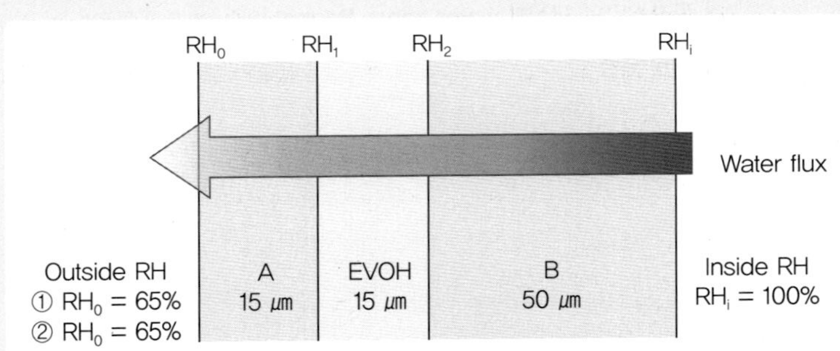

① $P_0 = 65\%$, $P_i = 100\%$, 그리고 표 7-3의 데이터를 식 7-7에 대입하면,

$$RH_{EVOH} = \frac{P_1 + P_2}{2} = \frac{0.65 \times \left(\frac{15}{1475} + \frac{2 \cdot 50}{445}\right) + 1.00\left(\frac{15}{1475} + \frac{2 \cdot 15}{3950}\right)}{2 \cdot \left(\frac{15}{3950} + \frac{15}{1475} + \frac{50}{445}\right)}$$

$\fallingdotseq 0.67 = 67\%$ RH

② $P_0 = 80\%$, $P_i = 100\%$, 그리고 표 7-3의 데이터를 식 7-7에 대입하면,

$$RH_{EVOH} = \frac{P_1 + P_2}{2} = \frac{0.8 \times \left(\frac{15}{1475} + \frac{2 \cdot 50}{445}\right) + 1.00\left(\frac{15}{1475} + \frac{2 \cdot 15}{3950}\right)}{2 \cdot \left(\frac{15}{3950} + \frac{15}{1475} + \frac{50}{445}\right)}$$

$\fallingdotseq 0.81 = 81\%$ RH

이 구해진다.

그림 7-18은 즉석밥의 리드 필름에 사용되는 이축연신 EVOH 15 ㎛ 필름을 표 7-4에 있는 회귀식을 이용하여 그린 그래프이다. 그림에서와 같이 EVOH는 온도와 습도에 따라 산소 투과도가 달라지므로 내용물과 유통환경에 맞추어 각층 구성과 두께를 설계하는 것이 필요하다.

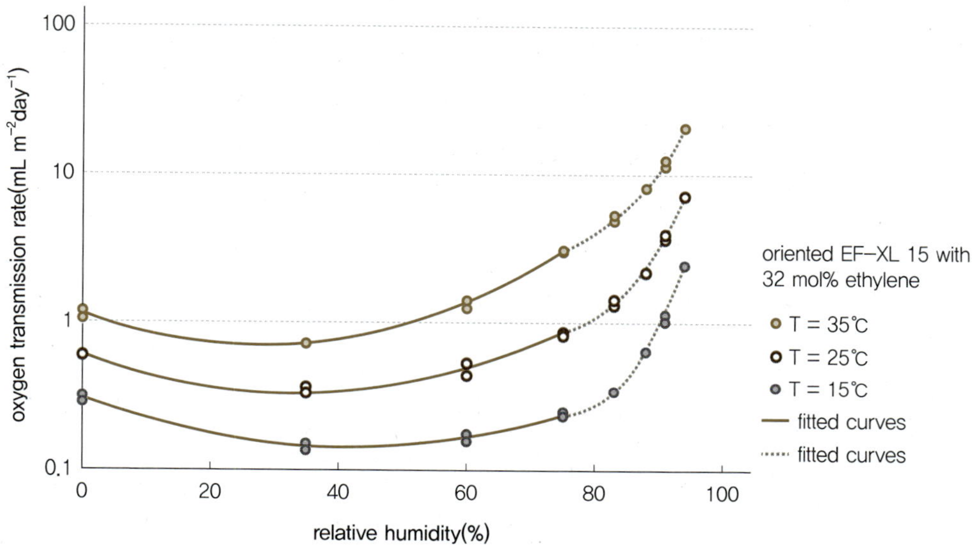

그림 7-18 Experimental and fitted values for OTR of biaxially oriented EVOH film with 32 mol% ethylene content at 1 atm oxygen[74]

표 7-5에 네 가지 각기 다른 재질 구성의 포장용 필름에 대하여 포장 내부의 상대습도는 100%, 그리고 외부 환경의 상대습도는 65% RH, 80% RH일 때 EVOH층의 상대습

표 7-5 Film의 구성에 따른 EVOH층의 상대습도와 산도 투과도(inside 100% RH)

Film 구성(㎛)	Outside 65% RH		Outside 80% RH	
	상대습도	OTR	상대습도	OTR
OPP20/EVOH15/LDPE50	84%	1.7	91%	3.8
OPP20/EVOH15/CPP50	80%	1.2	89%	3.0
PET12/EVOH15/LDPE50	72%	0.8	84%	1.8
ONylon15/EVOH15/LDPE50	67%	0.6	81%	1.3

*EVOH: Kuraray사의 32 mol% grade
상대습도: EVOH층의 상대습도
OTR: cc/m²·day·atm(20℃ 기준)

도와 산소 투과도를 표시하였다.

EVOH는 동일한 32 mol% grade 이며, 두께도 동일하지만 층 구성에 따라 산소 투과도가 달라지는 것을 알 수 있다.

여기까지 다층 포장재에서 EVOH층의 산소 투과도를 계산하는 방법을 살펴보았다.

그렇다면, 다른 층의 산소 투과도는 고려하지 않아도 괜찮은가?

보통 다른 층에 사용되는 PP, PE, ONylon film 등은 EVOH에 비해서 산소 투과도가 매우 크기 때문에 전체 다층 포장재의 산소 차단성에 미치는 영향은 미미하다. 하지만 매우 정확한 계산치를 얻고 싶다면 ideal lamination theory를 계산에 이용할 것을 추천한다.

$$OTR_{total} = (1/OTR_1 + 1/OTR_2 + \cdots\cdots + 1/OTR_n)^{-1} \quad \text{(식 7-8)}$$

여기서, OTR_{total}은 다층 포장필름 전체의 OTR이며, OTR_n은 각층별 OTR을 의미한다. 즉 전체 필름의 OTR값의 역수는 각 필름의 OTR값 역수를 구해 모두 더한 값과 같다.

포장재의 산소 투과도는 Mocon과 같은 장비를 이용하여 측정하여도 상관없지만 실측을 하는 경우에는 시간과 비용이 필요하고, 포장재가 두꺼워지면 평형 조건을 맞추기 어렵고 측정도 까다로워진다는 단점이 있다.

하지만 계산을 하면 빠르고 손쉽게 포장재를 투과하는 산소의 양을 계산할 수 있을 뿐만 아니라 다양한 상황에서의 시뮬레이션이 가능하므로, 보통 실측보다는 계산을 하는 방법으로 포장재 구성 설계를 하고 있다. 즉석밥 포장재 개발 시 이러한 수학적인 계산을 통해 여러 가지 환경과 재질 구성에 대해 시뮬레이션하고 실측치와 비교하여 본 결과 실제로 산소 투과도를 측정하는 것보다 오히려 더 정확하다는 결론을 얻었다.

경험적으로 보면, 즉석밥의 포장재는 9개월의 유통기한을 만족시키기 위하여 20℃ 기준으로 약 3 cc/m²·day·atm 이하의 산소 차단성이 필요하며, 레토르트 식품의 포장은 이보다 더 높은 수준의 차단성을 필요로 한다. 1년의 유통기한을 만족시키기 위하여 레토르트식품은 20℃ 기준으로 약 1.5 cc/m²·day·atm 이하의 산소 차단성이 필요하다고 판단된다.

Q. ONylon 15 ㎛/EVOH 15 ㎛/CPP 50 ㎛ 구성의 포장재가 있다. 각 필름의 상대습도는 모두 65% RH로 동일하다고 하면, 25℃에서의 포장 필름 전체의 OTR은 얼마인가? 단, ONylon 15 ㎛의 OTR은 30 cc/m² · day · atm, CPP 50 ㎛의 OTR은 1900 cc/m² · day · atm 이다. 그리고 EVOH는 ethylene 32%, 무연신 grade라고 한다.

A. ① EVOH층의 상대습도는 65% RH이므로 표 7-4의 식을 사용하면,

$$
\begin{aligned}
\ln OTR_{EVOH} &= 15.028 - 0.29231 \times 0.65 + 0.007804 \times (0.65)^2 \\
&\quad - (4619.3 - 77.343 \times 0.65 + 2.1533 \times (0.65)^2)/(273.15 + 25) \\
&= -0.48635 \\
OTR_{EVOH} &= e(-0.48635) \fallingdotseq 0.615 \text{ cc/m}^2 \cdot \text{day} \cdot \text{atm}
\end{aligned}
$$

② 포장 필름 전체의 OTR 계산

$$
\begin{aligned}
OTR_{total} &= (1/30 + 1/0.615 + 1/1900)^{-1} \\
&\fallingdotseq 0.602 \text{ cc/m}^2 \cdot \text{day} \cdot \text{atm}
\end{aligned}
$$

5) 즉석밥의 미생물 안전성

즉석밥은 엄밀하게 말하면 레토르트와 같은 살균 식품이 아니라 '무균 포장' 설비로 가공되는 식품이기 때문에 미생물을 완벽하게 없앨 수는 없다. 따라서 미생물을 제어하기 위한 여러 가지 방법이 적용된다.

쌀에는 정미를 많이 한다고 하더라도 토양 미생물이 묻어 있을 수 있다. 특히 현미와 같이 도정을 적게 하는 경우에는 토양 미생물에 상당히 오염이 되어 있다고 보아야 한다. 이 토양 미생물들은 내열성을 갖는 것들이 많기 때문에 쌀을 깨끗이 씻은 후에 고온 고압으로 살균한다.

취반 공정은 100℃ 이상의 스팀으로 행해지며, 취반 설비는 외부와 격리되어 관리되기 때문에 취반 공정에서의 미생물의 오염은 거의 어렵다고 볼 수 있다. 하지만 멸균을 하지 않는 이상 미생물의 오염을 완전히 막는 것은 어렵기 때문에 질소충진 포장을 하여 곰팡이 등 호기성 미생물의 생존을 어렵게 한다.

통성 혐기성균들에 대한 대책으로는 유기산을 사용한다. 처음 즉석밥을 제조하던 시기에는 '글루콘산'을 pH 조정제로서 사용을 하였다. 하지만 이후 식품첨가물에 대한 소비자의 관심이 증가하면서 천연 첨가물인 '미강 추출물'로 대체하게 되었다.

철저한 위생 관리에도 불구하고 미생물을 100% 관리하는 것은 어렵기 때문에 식품 회사들은 원료의 입고부터 제품의 출고에 이르는 공정에서 끊임없이 품질 관리에 대한

연구를 계속하고 있다. 현재의 포장에서 개선될 부분이 있다면 현재의 공정으로는 질소 치환율을 100%로 끌어올리기 어렵다는 점이다. 산소는 미생물 억제에 있어서도 중요 인자이지만 쌀눈 등에 있는 지질 산패의 원인이 되기 때문에 장기간 보관 시 밥맛을 저하시키는 원인이 된다. 따라서 산소 흡수 기능이 있는 포장재가 향후 적용될 것으로 전망된다.

표 7-6에 주요한 즉석밥 제법별 안전성 확보를 위한 방법에 대해 간략히 언급하였다.

표 7-6 즉석밥 제법별 안전성을 위한 방법

No.	제법	미생물 안전성을 위한 대책
1	개별 솥 취반 방식: 사토 식품 방식	정미, 세미, UHT 살균, 가스 취반 가열, 포장재의 자외선 살균, 탈산소 기능 포장재 사용
2	개별 트레이 미압 취반 방식: 후지모리 공업 방식	정미, 세미, 미압 증기 취반, pH 조정, 포장재의 자외선 살균
3	개별식 트레이 레토르트 솥 내 취반 제법: 다카노 방식	정미, 세미, 레토르트 솥 내 가열 취반
4	개별 트레이 취반 방식: 신와 방식(CJ, 오뚜기 등)	정미, 세미, 가압 가열 살균, 트레이 증기 살균, pH 조정, 질소치환, 후살균(뜸들이기)
5	초고압 살균 처리 병용 방식: 에치코제과 방식(동원F&B)	정미, 세미, 초고압 처리, 탈산소제
6	개별 트레이 레토르트 방식: 히사카 RIC 방식(하림)	정미, 세미, 쌀의 고온 단시간 가열 RIC, 포장 후 레토르트 가열

Q. 즉석밥의 경우 탈산소제 sachet가 들어 있거나 없는 제품도 있는데, 탈산소제가 들어 있는 제품은 제품 생산 시 살균이 덜 되었다는 의미인가요?

A. 탈산소제 sachet를 사용하지 않는 즉석밥의 경우는 탈산소제 대신 질소충진을 한다. 하지만 질소충진을 하지 않는 경우에는 탈산소제 sachet를 사용한다.
엄밀하게 말하면, 질소충진은 완벽하지 않기 때문에 탈산소제를 사용하는 것이 더 효과적이라고 볼 수 있다. 탈산소제는 포장 내 산소를 완벽하고 신속하게 제거하여 호기성균의 증식을 억제하고, 또한 쌀눈에 존재하는 지질 성분의 산패취를 막는 기능을 한다.
탈산소제를 사용하는 제품이 살균이 덜 되었다고 볼 수는 없으며, 살균은 멸균과 다르기 때문에 허들 효과에서 설명하였듯이 여러 가지 수단을 활용하여 내열성 세균에 대한 방지 대책을 만드는 것이다.

Q. 무균 포장 공정을 위한 클린룸(무균 포장실)의 조건에 대해서 설명하시오.

A. 클린룸의 유지 조건으로는 일반적으로 온도 15~20℃, 습도 40~70%, 기압은 외부 환경에 비해 약간 높은 양압(1.25~1.3 mmAg)으로 유지되어야 한다.
그리고 공기의 청정화 기준으로서 부유균수와 낙하균수의 관리가 필요한데 미국 항공우주국(NASA)의 기준에 의하면 무균 포장을 위한 청정도 기준은 Class 1000 정도가 보편적으로 적용되고 있으며, 이보다 더 엄격한 기준이 필요한 경우에는 Class 100 정도의 기준을 채택하고 있다.

미국 항공우주국(NASA)의 공기 청정도 기준

청정도 수준	부유균수		낙하균수	
	개/ft^3	개/m^3	개/ft^2, 1week	개/m^2, 1week
Class 100	< 0.1	< 3.5	< 1,200	< 12,900
Class 1,000	< 0.5	< 17.7	< 6,000	< 64,600

Q. 무균 포장을 통하여 일반적으로 저장성을 얼마나 향상시킬 수 있나요?

A. 무균 포장을 통한 미생물의 유입 방지는 매우 효과적이지만 포장된 채로 살균을 하는 레토르트보다는 아무래도 약간의 위험성은 있다고 볼 수 있다. 따라서 레토르트보다 무균 포장은 유통기한을 짧게 가져가는 경향이 있다.
무균 포장한 식품의 유통기한은 내용물의 종류와 내용물의 살균 방법에 의해 좌우가 된다. 고형물을 함유하지 않거나 영양 성분이 적은 식품의 경우는 1년 이상의 유통기한을 설정할 수 있으나, 그렇지 않은 경우에는 식품의 특성을 고려하여 6개월~1년을 유통기한으로 설정하는 것이 보통이다.

CHAPTER 08

포장재 제조 및 포장 공정에서 안전 관리

식품의 포장 공정 및 포장재의 제조·가공 공정의 안전 관리는 매뉴얼화된 품질 시스템에 의해 수행되어야 하며, 품질 안정성은 물론 작업 공정의 안전 관리가 철저히 요구된다.

식품공장에서는 보통 여과와 세척이 이용되고 있다. 여과는 공중 혹은 유체 속의 미생물을 제거하기 위해, 세척은 식품 원자재나 시설 설비 등의 제균을 위해 행해지고 있다.

포장재 제조 공정에서는 일반적으로 여과를 통한 작업장 내 부유균 관리가 일반적이며, 공통되는 장치인 여과 장치는 공중 부유 세균의 여과에 사용되는 필터와 무균 포장을 위한 바이오 클린룸이 있다.

1. 공기 중의 미생물

포장재 및 포장 공정에서 관리 대상이 되는 미생물은 토양을 통해 쉽게 오염될 수 있는 그람양성균의 일반 세균(*Bacillus*속의 고초균) 및 효모 등의 진균류(중온 또는 고온성균)이지만 이들 미생물은 대부분 먼지와 함께 공기 중에 부유하고, 먼지와 함께 부착되거나 뭉쳐서 작은 입자 상태로 낙하하여 포장재 및 포장재 원료를 오염시킨다.

포장재의 표면에 부착되는 미생물은 보통은 일반 세균이 70~80%, 곰팡이균이 10~20%, 효모가 5~10%를 차지한다. 표 8-1은 식품 포장재에 부착되어 있는 미생물에 대한 조사 결과이다.

일반적인 필름 포장재(연포장재)의 미생물 오염도는 가공 공정이 늘어날수록 이차 오염 미생물이 많아지고 초기의 오염도 늘어나지만 공기 청정도가 비교적 높은 작업장에

표 8-1 식품 포장재에 부착되어 있는 미생물 예

포장재	세균류	효모	곰팡이류
종이 포장재	*Bacillus, Achromobacter, Micrococcus, Sarcina, Pseudomonas, Aerobacter, Escherichia, Flavobacterium*	*Rhodotorula, Cryptococcus, Candida*	*Cladosporium, Chaetomium*
필름 포장재	*Bacillus subtilis, Micrococcus, Chromobacterium, Pseudomonas aeruginosa*	*Hansenula, Saccharomyces*	*Aspergillus, Penicillium, Cladosporium*

서의 코팅 또는 라미네이트 공정에서의 오염은 거의 볼 수 없다.

식품 포장재의 제조 및 가공 시 미생물 오염을 요구되는 수준에서 제어하려면 작업 환경의 공기 청정화 대책이 가장 중요하다. 공기 중의 부유 세균의 수는 먼지의 농도에 비례하므로 먼지를 제거하여 미생물의 오염을 방지하는 것이 기본적으로 요구된다.

공기 중의 먼지 또는 분진(미세 먼지) 농도와 미생물 균수와의 관계를 살펴보면, 일반 생균은 먼지 입자에 부착하여 공기 중에 부유하고 서로 뭉쳐서 떨어지는 것(낙하균)으로 알려져 있으며, 진균은 증식 특성상 단독으로 부유하고 있는 경우가 많다.

부유 세균은 공기 중에서 떠돌아다니다 먼지에 부착하여 낙하하며, 낙하균의 경우는 비교적 큰 크기의 세균만이 낙하한다. 실내 공기 중의 일반 세균의 농도에는 사람의 움직임이 큰 영향을 주지만 곰팡이는 인체에 발생 원인이 없으므로 실내의 사람 수나 움직임에 영향을 받지 않고 실내에서 증식이 일어나지 않으면 늘지 않는다.

곰팡이의 발생원으로는 실내의 벽면, 바닥 등에 쌓인 먼지, 포장 재료의 표면과 필름 롤의 단면에 부착하여 증식하면서 오염원이 될 수 있으며, 이들이 공중에 확산되고 부유하며 낙하할 수 있다. 그래서 청소와 먼지의 제거가 미생물 오염 방지에 가장 효과가 있다.

그림 8-1은 1.0~5.0 μm 크기의 먼지 농도(개/L)와 균 colony 농도(개/L)의 상관관계

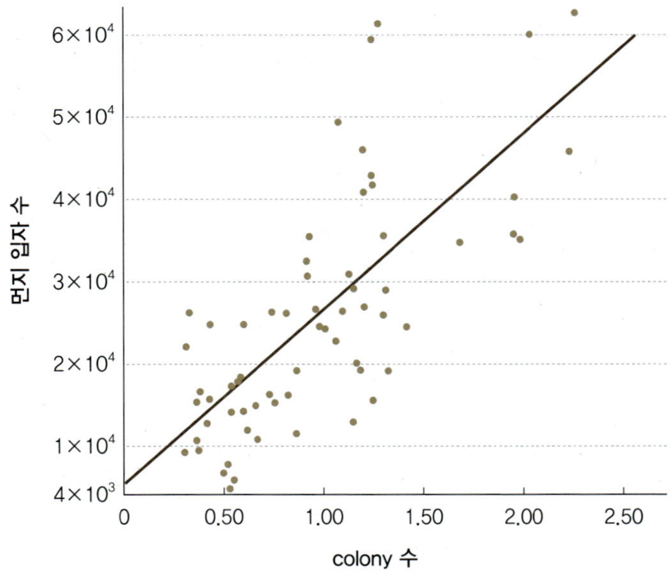

그림 8-1 먼지의 수와 균 colony 수와의 상관관계[161)]

를 보여준다. 부유 세균의 수는 실내의 1.0~5.0 μm 크기 먼지 농도와 관련이 깊으며, 이것을 작업장 내 세균 오염도의 지표로 사용하는 것이 매우 효과적임을 시사하고 있다.

공중 부유 세균으로 알려지고 있는 미생물을 표 8-2에 나타내었다. 공기 중에는 세균, 진균류(곰팡이, 효모)가 존재하며, 이 가운데는 일반 세균과 자연계에 흔한 대장균도 존재한다.

포장재나 포장 공정 중에 식품의 미생물에 의한 부패나 미생물적 위해를 방지하기 위해서는 공중에 부유하고 있는 미생물의 거동을 아는 것이 중요하다.

표 8-2 공기 중에 부유하는 미생물과 그 원인[123]

발생 원인	미생물의 종류
사람으로부터 유래하여 부유하는 미생물	*Staphylococcus epidermidis* *Staphylococcus aureus* *Pseudomonas aeruginosa* *Serratia marcescens*
환경으로부터 유래하여 부유하는 미생물	*Bacillus subtilis* *Saccharomyces cerevisiae* *Hansenula anomala* *Aspergillus terreus* *Penicillium citrinum* *Penicillium cyclopium*

공기 중의 부유 세균은 보통 단독으로 존재하지 않고 부유하고 있는 먼지에 부착하여 부유한다. 부유 먼지의 평균 입경은 보통 6.5~7 ㎛으로 꽤 큰 입자이다.

이 부유 먼지는 사람의 활동에 의해 바닥 등에 쌓여 있던 먼지 혹은 의류·기기에 부착되어 있던 먼지가 날아올라 발생하고, 공기 중의 농도는 작업장 내의 인원이 얼마나 되는지, 그리고 작업자들의 활동량에 비례하여 변화한다.

곰팡이는 포자 상태 그대로 바람 등에 의해 반입되기 쉬우며, 크기는 단일 포자에서 40~50개의 포자 덩어리로 부유할 수 있지만 대부분 2~3개의 덩어리로 부유하고 그것들의 평균 입경은 세균의 경우보다 작은 3.5 ㎛ 전후의 크기이다.

곰팡이 포자의 부유는 사람이나 의류에 부착된 균이 떨어져 나와 부유하는 것보다는 건물이나 청소도구 등에서 증식한 포자가 사람의 활동 등에 의해 공중에 비산되는 것이 주원인이다.

Q. 공기 중의 어떤 부유 미생물이 포장재에 부착하여 오염되는 경우가 많은가요?

A. 공기 중의 부유 세균은 대부분 토양에 존재하는 미생물이며, 세균, 곰팡이, 효모 등이 다양하게 존재한다. 플라스틱 포장재의 경우 건조한 계절에는 정전기가 발생하는 경우가 많고, 따라서 먼지나 미생물의 부착이 일어나기 쉽다.

포장재에 이렇게 부착되는 미생물은 일반 세균보다는 건조한 환경에서 잘 번식하는 포자형성균이나 효모, 곰팡이일 가능성이 많다. 이러한 미생물들은 자외선에 내성이 있는 포자가 차지하는 비율이 높으므로 포장재의 살균보다는 포장재에 애초에 미생물이 부착하지 못하도록 관리하는 것이 중요하다.

필름 포장재에 있어서는 PE나 PP 재질이 많이 사용되는데, 이들 재질은 극성이 없어 정전기가 잘 발생한다. 보통 포장재의 제조 공정(인쇄, 라미네이팅)에서는 미생물의 부착이 어렵고 부착하더라도 용제와 열에 의해 사멸하는 경우가 많다. 미생물의 부착은 주로 권취 공정과 보관창고에서 일어나기 쉬우므로 라미네이션 공정이 끝난 후 포장재 PE 필름 등으로 외포장하여 보관하여야 한다. 숙성(aging)실이나 보관창고에서는 장소마다 차이는 있지만 보통 실내에서는 500~1,000개체/m^2의 세균, 효모, 곰팡이가 존재하고 있다.

2. 공기 청정화

인쇄, 코팅, 라미네이팅, 절단, 봉투 가공과 같은 연포장재 가공 공정에 있어서 청정화를 위한 방진 대책은 식품 제조에서의 식품의 GMP, 즉 해썹(HACCP)의 요구에 대응하는 포장재의 청정화가 목적이다. 식품 포장재의 가공 작업 환경에서 부유하는 먼지의 제어는 공기 청정도 수준이 문제인데, 일반적으로는 미국 항공우주국(NASA) 규격 NHB 5340-2 혹은 미국 연방 규격 209b를 기준으로 레벨을 정해 관리를 하고 있다. 이 레벨은 1 m^3 또는 1 ft^3당 0.5 μm 이상의 먼지 입자의 수로 실내의 청정도(공기 청정기 수준)를 정하고 있다. 규격 기준을 표 8-3과 8-4에 나타내었다.

표 8-3 미국 항공우주국의 기준(NHB 5340-2)

청정도 수준	부유균수		낙하균수	
	개/ft^3	개/m^3	개/ft^2, 1week	개/m^2, 1week
Class 100	< 0.1	< 3.5	< 1,200	< 12,900
Class 1,000	< 0.5	< 17.7	< 6,000	< 64,600
Class 1,000,000	< 2.5	< 88.3	< 30,000	< 323,000

표 8-4 미국의 청정도 Class 규격(Fed. Std. 209b)

청정도 Class	0.5 ㎛ 이상의 입자		1.0 ㎛ 이상의 입자		5 ㎛ 이상의 입자	
	개/ft³	개/L	개/ft³	개/L	개/ft³	개/L
100	100	3.5	22	0.8	-	-
1,000	1,000	35	220	7.8	6.7	-
10,000	10,000	350	2,200	78	67	2.4
100,000	100,000	3,500	22,000	780	670	24

이 기준은 식품의 무균 포장 공정에서 더 엄격히 수행되고 있으며, 이렇게 엄격한 기준이 적용되는 공간을 특별히 바이오 클린룸(BCR, biological clean room)이라 부르고 있다.

BCR은 무균 포장 식품(즉석밥 등)의 제조나 우유 및 주스 등 액체식품의 충진 공정에 적용되고 있으며, 부유균에 의한 식품 사고 방지에 사용되고 있다. BCR은 미생물 오염에 관한 오염 컨트롤이 이루어지고 있는 공간으로 '공기 중의 부유 미생물, 그리고 공간 내에 공급되는 원부재료 등의 미생물 오염이 요구되는 청정도 이하로 유지되며, 필요에 따라 온도, 습도, 압력 등의 환경 조건에 대해서도 관리가 이루어지고 있는 공간'으로 정의할 수 있다. 일반적으로 온도는 15~20℃, 습도는 40~70%, 그리고 기압이 외부 환경에 비해 약간 높은 양압(1.25~1.3 mmAg)으로 유지될 필요가 있다.

이 기술은 하드웨어에서는 주로 초고성능 필터(HEPA, high effciency particulate air filter) 또는 초초고성능 필터(ULPA, ultra low penetration air filter)를 이용한 공기의 청정화와 공기 흐름의 제어(풍속, 풍향 등) 및 이들을 설치할 건물, 설비 등으로 구성되지만, 자동화가 되어 있다고 하더라도 총괄 관리는 사람에 의해 관리되는 공간이라고 할 수 있다. 따라서 BCR의 유지 관리에는 작업자와 관리자의 철저한 주의와 노력이 필요하다.

BCR의 청정화에 관한 원칙은 첫째, 먼지 입자(미생물)의 침입 방지, 둘째, 먼지 입자의 발생 방지, 셋째, 먼지 입자의 퇴적 방지, 넷째, 먼지 입자의 차단 등의 네 가지 원칙이 있으며, 이에 대한 관리 방법으로서 BCR 내부의 청결, 온도와 습도, 실내 기압, 필터 차압 등에 대한 모니터링이 지속적으로 필요하다. 각 원칙을 지키기 위한 조치와 모니터링 내용은 다음과 같다.

① 먼지 입자의 침입 방지: 무진복 착용, 입실 시 먼지 제거, 반입물의 먼지 제거, 실내의 기밀 유지, 실내 양압 유지

② 먼지 입자의 발생 방지: 먼지가 발생하기 어려운 재료의 사용, 작업자는 먼지 발생이 쉬운 행동을 삼갈 것

③ 먼지 입자의 퇴적 방지: 실내 공기를 청정 공기로 치환하며, 내부의 설비는 먼지가 쌓이기 어려운 구조로 설계한다. 또한 청소 시 먼지를 제거하기 쉬운 구조로 배치한다.

④ 먼지 입자의 차단: HEPA 필터의 작동 확인, 청소 철저, 기류를 층류로 하여 오염 공기를 제거, 또한 발생 먼지는 가장 가까운 곳에서 배출하고 확산시키지 않는다.

이 중에서 특히 필터의 성능에 대한 점검과 모니터링은 필터의 막힘과 물리적 파손의 조기 발견을 위해서도 중요하다. BCR는 여러 가지 식품의 제조 현장에서 이용되고 있다(표 8-5). 그러나 살균 후의 식품을 포장하는 경우에는 class 100(NASA 규격)이 필요하다.

표 8-5 바이오 클린룸에 요구되는 청정도, 온도, 습도[103)]

제품	작업 내용	청정도 class	온도(℃)	습도(% RH)
햄	슬라이스 포장	1,000~10,000	5~15	50~70
햄	가공	일반	15~22	50~70
소시지	포장	10,000~300,000	15~22	50~70
어묵	포장	1,000~10,000	10~15	50~70
카스텔라	포장	1,000~10,000	15~22	50~60
떡	가공 공정	1,000~10,000	20~22	50~60
떡	냉각	1,000~100,000	5	-
떡	포장	100~10,000	15~22	50~60
유업	충진	1,000~10,000	15~20	60~70
즉석밥	포장	100~1,000	15~20	60~70

공중 부유 세균을 살균하는 방법으로는 첫째, 자외선 조사, 약제 살포, 오존 분무 등에 의한 미생물을 살균하는 방법, 둘째, 미생물이 부착되어 있는 먼지 입자를 제거하는 방법이 있다.

그러나 확실성, 제거 효과, 경제성, 보수 관리 측면 등에서 필터에 의한 여과 방식과

살균이 병용이 널리 이루어지고 있다.

HEPA 필터는 0.3 ㎛의 입자에 대해서 99.97% 이상, ULPA 필터는 99.9995%의 포집률을 나타낸다. 보통 이들 필터에 의해서 직접 여과하면 필터에 무리가 가기 때문에 정진 필터(포집률: 80% 정도)를 공기 도입구에 설치하고 있다. 또한 맥주, 우유 등의 냉각된 제품의 충진은 결로 방지 대책으로서 필터에 보내는 공기를 증기 살균·냉각의 공정을 거치고 여과 공급하고 있는 경우도 있다.

필터의 재질은 유리 섬유나 폴리프로필렌 섬유 등으로 구성되고, 미립자는 섬유에 충돌되어 부착되거나 정전 인력 등에 의해 포집되는 구조로 되어 있다.

3. 포장재 제조공장의 청정 환경 관리

포장재의 청정도는 가공 설비, 작업실 내의 환경, 작업자, 도포제 또는 수지 중에 혼입되어 있는 이물질, 용제의 미스트 등에 의해 영향을 받는다. 또 작업복, 종이류의 재료, 부자재, 전표 등도 먼지의 원인이 될 수 있으므로 높은 수준의 방진 설비를 갖추더라도 효과에 대한 검증은 매우 중요하다.

방진 설비를 갖춘 청정도 높은 작업 환경을 만들기 위해서는 기본적으로 다음 각 항목에 대한 효과적인 수단을 강구할 필요가 있다.

① 실외에서 공기를 통한 먼지의 침입 방지: 흡기 필터, 환기, 실내 양압화

② 실외에서 매체를 통한 먼지의 유입 방지: 이중문, 에어 샤워

③ 실내에서 먼지의 발생 방지: 작업자의 출입 제한, 방진 전용 작업복 및 모자, 구두, 바닥의 방진 도장 등

④ 실내 벽면의 코너에는 먼지가 쌓이지 않게 곡선으로 처리한다.

⑤ 내벽, 바닥재 등 대전 방지, 적정 환기 횟수의 제어

공기 중의 먼지(특히 2 μm 이상, 5 μm 이하의 입자) 농도와 부유 세균 수 사이에는 높은 상관관계가 있으므로 작업 환경의 공기 청정도를 항상 측정함과 동시에 청결도의 특성값으로 낙하 세균의 수와 포장 자재 및 제품에 부착된 세균의 수준을 정기적으로 측정하여 관리하는 것이 위생적인 식품 포장재의 품질 유지를 위해 중요하다.

4. 위생 관리의 적정화

식품 포장재의 제조 공정에 있어서 인위적인 요인 및 먼지의 부착에서 오는 미생물 오염, 해충(사체)의 혼입, 모발 등의 이물질 부착의 방지를 위한 위생 관리 적정화를 위해 작업장의 구조 설비, 기계 기구, 작업 환경 및 작업자에 대한 위생 매뉴얼을 구비하고 표준화를 확립하여야 한다.

1) 구조 설비 기계 기구

위생적인 가공에 필요한 구조 설비 및 기계 및 기구를 갖추고, 이들에 대한 청소가 쉽게 이루어져야 하며, 취급·작업을 위생적으로 하는 데 지장이 없도록 하여야 한다.

작업실에 흡기는 먼지를 충분히 제거할 수 있는 고성능 필터를 설치하고 적절한 환기를 할 수 있는 공조 설비를 갖추어야 하며, 작업장 실내는 항상 양압을 유지하여야 한다. 또한 공장에 필요한 작업자의 화장실, 탈의실, 휴게실 등은 전실 또는 통로에 의해 확실하게 구획되고 항상 청결하게 관리(화장실, 건조, 도어락)해야 한다. 작업장에서는 사람의 출입구와 재료·제품의 출입구를 구별하여야 하며, 각각 적절한 에어 샤워부의 이중 구조를 설치하여야 한다.

작업장의 내장재는 청소하기 쉬운 소재로 하며, 바닥(방진 도장), 천장, 벽(벽면 전 코너에는 곡선) 등은 빈틈없이 관리하여 미생물이나 벌레가 발생하지 않도록 한다. 그리고 작업장 내의 청소에는 집중 집진 장치(센터 클리닝)를 설치하거나 고성능 필터 청소기를 이용하도록 기준을 만든다.

2) 작업 환경 위생 관리

가공 작업장의 적절한 위생 환경을 유지·관리하기 위하여 먼지 및 미생물의 종류나 균수를 확인할 필요가 있다. 일반적으로 다음과 같은 방법으로 측정을 표준화하는 것이 좋다.

① 부유 먼지 입자 수: 파티클 카운터에 의한 월 1회 검사

② 낙하 세균 수: 일반 생균과 진균의 콜로니 측정, 월 1회 검사

③ 부유 세균 수: 일반 생균과 진균의 콜로니 측정, 월 1회 검사

④ 부착균수: 로트 단위로 일반 생균과 진균의 콜로니 측정 검사

그밖에 포충 장치의 청소와 포집된 해충의 종류와 수를 기록하고, 작업장 내의 해충 침입 오염 분포를 매주 기록하여 방충 관리를 철저히 하도록 한다.

3) 작업자의 위생 규범

작업자는 정전기 방지 가공한 깨끗한 작업복과 모자를 착용하며, 작업복에 부착된 이물이나 모발은 작업 전에 점착 클리너로 제거한다(작업장 입구 에어 샤워실에서 복장 체크와 동시에 하는 것이 바람직하다).

또 정해진 구역에서는 전용 작업화를 착용하며, 에어 샤워 터널을 지날 때마다 신발 밑창을 소독하는 것이 바람직하다. 화장실 사용기준 작업장 내 사물의 반입 제한 등 작업자가 지켜야 할 위생적 규범을 표준화하는 것도 중요한 위생 관리 항목이다.

5. 부착균 관리

기존의 이물질 대상인 모발, 금속 가루 및 플라스틱 쓰레기 등의 포장재 부착에 대해서는 그동안 규격화가 이루어져 왔으나, 최근 HACCP의 시행에 따라 미생물 부착 수의 규격도 요구되고 있다.

식품 포장재에 부착하는 균수는 매우 적고, 기존의 일반적인 환경 하에서 제조된 포장재에 부착하는 일반 생균수에서도 표 8-6과 같이 약 91%가 면적 100 cm^2당 10개 이하의 수준이다. 이 수준은 「식품위생법」으로 허용되어 있는 식품 중의 일반 생균수와 비교하면 훨씬 적은 수지만 제조 공정마다 관리하는 HACCP 기법에서는 고려 대상이 되고 있다.

표 8-6 식품용 연포장재에 부착되어 있는 균수의 측정 사례

항목	포장재 부착균수(개/100 cm^2)					합계
	0	1~10	11~20	21~50	51~100	
검체 수	178	107	15	7	5	312
비율(%)	57	34	5	2	2	100

최근 즉석밥 등에 사용되는 무균 포장 공정에서는 포장재의 균수뿐만 아니라 균의 종류, 내열성의 유무 등의 관리까지 검토가 요구되고 있다. 특히 크린룸 포장용으로 제조된 포장재의 부착균 수준은 일반 연포장재에서 나타난 균수의 1/10 이하의 수준인 10개/100cm^2 이하로 관리할 수 있게 되었다.

실제 측정의 한 예를 표 8-7에 나타내었다. 여기서 용기는 취반 공정을 통해 미생물이 제거될 수 있으므로 실제로 포장재에 부착된 세균 수는 포장 공정에서는 0개의 수준이다.

표 8-7 무균 포장밥용 포장재의 부착균 측정 예

구분	검체 수	부착균수(평균치)		비고
		일반 생균수	내열균수*	
LID 필름	100	0	0	무균 포장밥 210 g 용기 지름 14 cm × 깊이 4 cm
용기	100	0.9	0	

*내열균수: 80°C, 10분간 처리 후의 생균수

이들 포장재의 제조에 관해서는 제조 환경 정비 외에 제조 공정마다 관리해야 할 포인트를 HACCP 기법에 따라 매뉴얼화하는 것이 중요하다. 하지만 경우에 따라서는 포장재의 살균도 고려해야 한다. 무균 포장되는 식품들은 보통 포장재의 살균을 하고 있다.

6. 포장재의 핀홀 검사

'핀홀(pin-hole)'이란 마치 바늘로 뚫은 듯이 작은 구멍이란 뜻이며, 필름 포장재와 같이 유연하고 얇은 포장재에 구멍이 생겨 이 작은 구멍을 통해 미생물이 침투하거나 또는 공기의 이동이 생길 수 있는 포장재의 결함을 뜻한다.

보통 포장재의 핀홀은 실제 구멍이 뚫리는 경우보다는 열접착(실링) 불량에 의해 발생되는 경우가 더 많다.

핀홀이 있는 포장재는 첫째, 미생물이 침투하여 문제가 될 수 있으며, 둘째, 질소충진이나 진공 포장의 경우 공기가 침투하여 문제가 될 수 있고, 셋째, 건조식품의 경우 수분이 침입하여 문제가 발생할 수 있으며, 넷째, 벌레를 유인하는 통로가 될 수 있다는 점에서 제품의 출고 전 확실한 검사가 필요하다.

1) 핀홀의 발생 원인

핀홀의 원인으로는 여러 가지가 있을 수 있지만 가장 빈번히 발생하는 것은 포장재의 열접착(실링, sealing) 불량이다. 열접착에는 필름의 내면 소재가 무엇인지, 그리고 이 소재에 맞는 적절한 온도와 압력, 시간으로 열접착이 되었는지, 실링 시 오염물질이 실링면에 묻어 있었는지가 기본적으로 중요하며, 실링 형태도 중요하다.

가장 많이 발생하는 열접착 불량은 필름이 겹쳐지게 되는 M방 포장(필로우 포장)의 배접 부위이다. 이 부위는 포장재에서 동일한 실바(heat seal bar)가 닿지만 포장재가 겹쳐져서 두꺼워지는 부분으로 핀홀이 빈번히 발생되는 부위이다.

그다음으로 나타나는 열접착 불량으로 인한 핀홀은 과다 실링에 의한 것이다. 열접착 시 온도와 압력이 과도하게 강할 경우 실링 경계 면의 필름은 얇게 눌러지고, 또한 경계 면에서 결정화도 차이가 심해진다. 여기에 스트레스가 가해지면 경계 면에서 단절이 발생한다. 보통 생산 현장에서는 열접착 불량을 막기 위해 과도한 조건으로 강하게 열접착을 하는 경우가 많은데, 실제적으로는 열접착 불량이 오히려 늘어나는 결과를 낳게 된다는 것을 알아야 한다.

한편, 핀홀은 식품의 생산 현장과 유통 중에도 발생할 수 있다. 포장 후 발생하는 핀홀의 원인에 대하여 정리하면 다음과 같다.

핀홀(Pin_hole)의 원인

- Scratch: 긁혀서 생기는 핀홀
- Piercing: 뾰족한 것에 뚫려서 생기는 핀홀
- Crumpling: 구겨져서 생기는 핀홀
- Strain: 잡아당겨져서 혹은 늘어나서 생기는 핀홀
- Folding: 접혀져서 생기는 핀홀

(1) 긁힘(scratch)에 의한 핀홀

포장재가 뾰족한 물건이나 모서리에 긁히게 되면 필름에 손상이 일어나면서 핀홀이

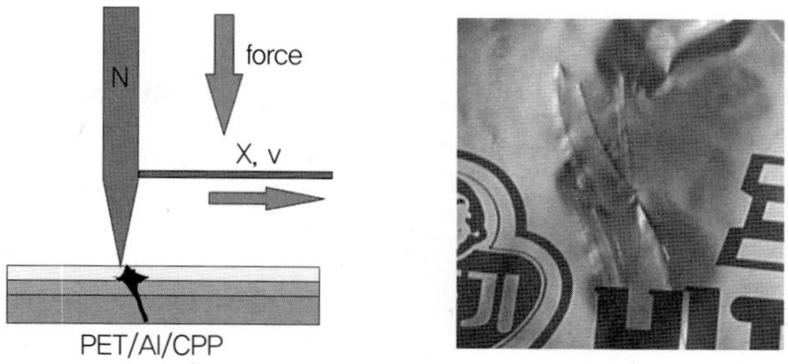

그림 8-2 **필름 포장재의 Scratch에 의한 핀홀의 형성**

발생된다. 이것은 생산 현장에서 컨베이어 벨트를 따라 움직이는 동안 가이드에 접촉하여 발생할 수도 있고, 진열시 매대에 긁혀서 발생할 수도 있다.

(2) 천공(piercing)에 의한 핀홀

뾰족한 물체에 찔려서 뚫리는(천공) 핀홀이다. 보통 생산 현장이나 유통 현장에서는 잘 발생하지 않기 때문에 블랙 컨슈머들에 의한 악의적인 행동이 원인이 될 수도 있다. 하지만 필름 포장재는 뾰족한 물체에 취약하며, 작업자의 실수 등에 의해 언제든 핀홀이 발생할 수 있다. 따라서 이러한 핀홀도 생길 수 있다는 것을 염두에 두어야 한다.

천공에 의한 핀홀은 포장재의 재질 구성에 따라 어느 정도 예방할 수 있다. 필름의 종류에 따라서도 천공에 견디는 저항성이 차이가 있기 때문에(그림 8-4), 핀홀이 자주 생기는 경우에는 재질 구성의 변경을 검토하여야 한다.

일반적으로는 종이가 가장 천공에 저항성이 강하고, 필름의 경우에는 나일론 필름이 가장 저항성이 강하다.

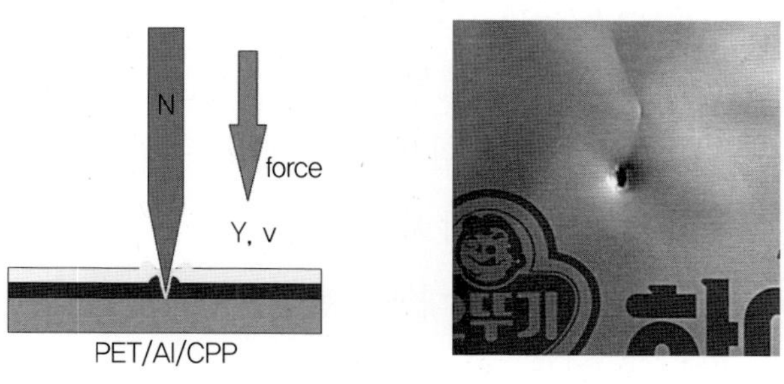

그림 8-3 **필름 포장재의 Piercing에 의한 핀홀의 형성**

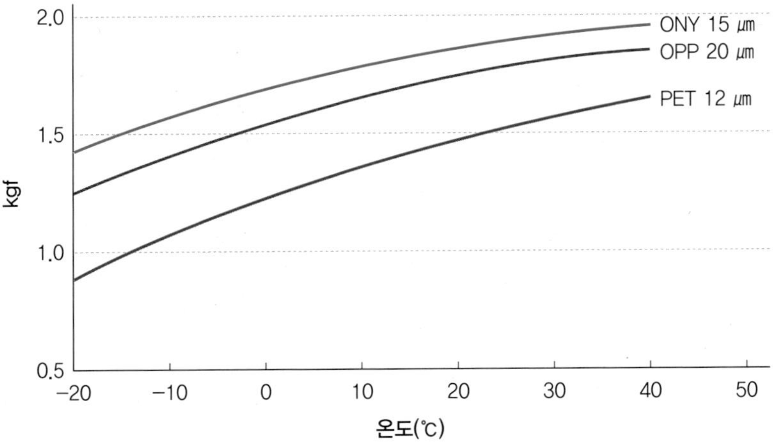

그림 8-4 필름의 종류와 온도에 따른 필름의 천공 저항성 실험 결과

*Punch curvature Radius: 0.35 mm (Speed: 50 mm/min)

(3) 구겨짐(crumpling)에 의한 핀홀

필름 포장재들은 구겨지기 쉽다. 제조 공정 중 혹은 유통 중 구겨짐에 의해 발생하는 핀홀은 그 빈도수가 가장 높다. 핀홀의 생성 유무는 포장재의 재질 구성과 깊은 관련성이 있다. 따라서 사용하는 포장재가 구겨짐에 잘 노출이 된다면 미리 다음의 테스트 방법으로 포장재의 구겨짐 저항성을 확인하여 개선하는 것이 필요하다.

포장용 필름 중에는 이축연신 나일론 필름이 가장 구겨짐에 대한 저항성이 크다. 그러므로 구겨짐에 의한 핀홀이 문제가 된다면 이축연신 나일론 필름을 구성 재질에 사용할 것을 권장한다.

그림 8-5는 필름의 구겨짐 저항성을 시험하는 장비로서 'Gelbo flex tester'라고 불린다.

이 장비의 시험법은 ASTM F392에 정의되어 있으며, 필름을 440° 회전하는 원판 사이에 두고 45 cycle/min의 속도로 반복 운동을 수행한다.

구겨짐에 의한 핀홀 저항성은 다층 필름에서는 다층 필름을 구성하고 있는 필름들 중에서 가장 구겨짐에 의한 스트레스에 대한 저항성이 강한 필름에 의존하는 경향이 있다. 예컨대 ONylon 필름은 구겨짐에 대한 저항성이 매우 강한 필름이다.

필름이 구겨짐에 저항성을 갖는 것은 필름의 유연성(flexibility) 및 탄성(elasticity)과 관련이 깊다. 그림 8-6에 각 필름별 구겨짐 핀홀 강도를 비교한 결과를 표시하였다.

그림에서와 같이 구겨짐에 의한 핀홀은 필름의 재질에 따라서도 다르고, 두께에 따라

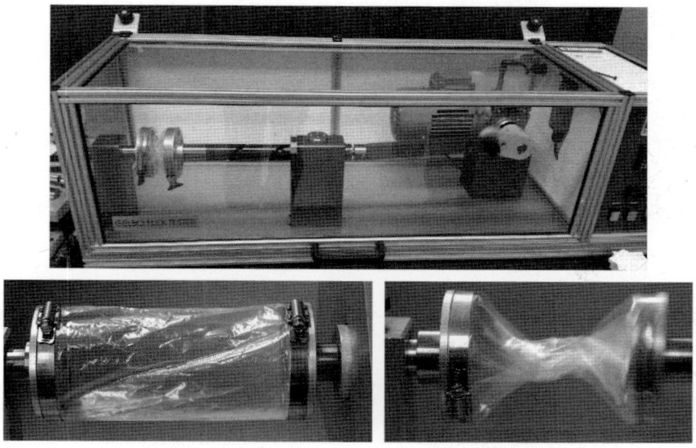

그림 8-5 Gelbo-flex tester

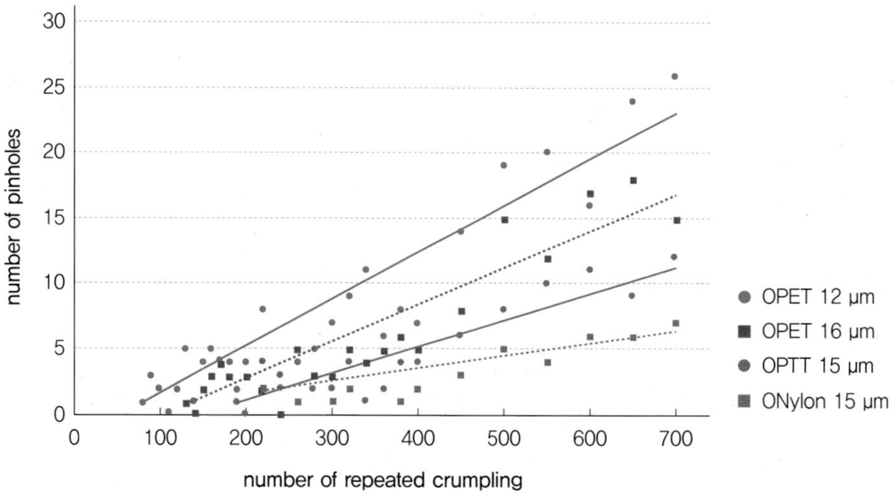

그림 8-6 **각기 다른 필름에 대한 Ggelbo-flex tester에 의한 구김 횟수 대비 핀홀 횟수**[27)]

서도 차이가 있다. 유연성과 탄성이 있는 필름이 구겨짐에 의한 내핀홀 강도가 크고, 두께가 두꺼울수록 핀홀에 대한 저항성이 증가한다.

(4) 변형(strain)에 의한 핀홀

단순히 포장재가 잡아당겨지거나 혹은 늘어나서 발생하는 것이 아니라 포장재의 일부분이 어떠한 뭉뚝한 물체 등에 의해 힘을 받아 국소적으로 늘어나게 되는 현상으로 인해 발생하는 핀홀을 말한다. 수축필름 혹은 단일 재질로 구성되어 있는 포장용 필름에서 발생한다.

(5) 접힘(folding)에 의해 발생하는 핀홀

접혀져서 생기는 핀홀로 M방 포장재 혹은 스탠딩 파우치에서 자주 발생한다. 스탠딩 파우치의 경우 바닥(bottom) 부위는 자주 접혀지기 때문에 핀홀에 취약하다. 따라서 스탠딩 파우치의 재질에는 구겨짐에 강한 이축연신 나일론 필름의 사용이 필수이다.

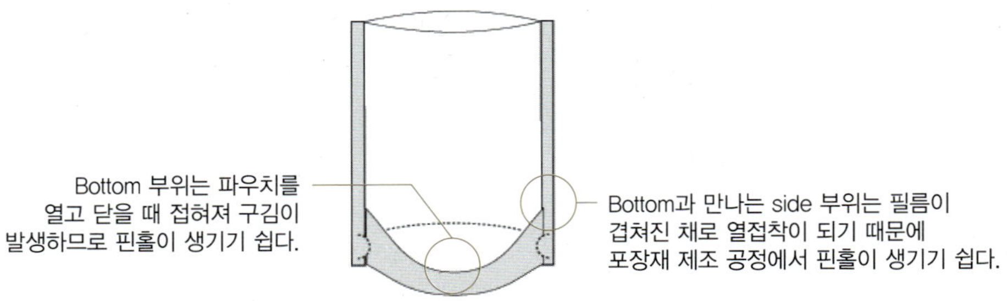

그림 8-7 스탠딩 파우치에서 핀홀이 생기기 쉬운 부분

2) 유사 핀홀

유사 핀홀(similarity pinhole)이란 포장재에 핀홀이 발생하는 것이 아니라 3층 이상의 다층 필름 포장재에서 한 개 혹은 두 개의 층만 핀홀이 발생하여 마치 핀홀이 생긴 것처럼 보이는 부분적인 핀홀을 말한다(그림 8-8). 보통 구겨짐에 의해 많이 발생한다.

유사 핀홀은 다층포장재의 모든 층이 뚫려 있는 것이 아니기 때문에 엄밀하게 말하면 구멍(hole)은 아니다. 따라서 미생물이나 액체 등은 침투할 수 없다. 하지만 기체의

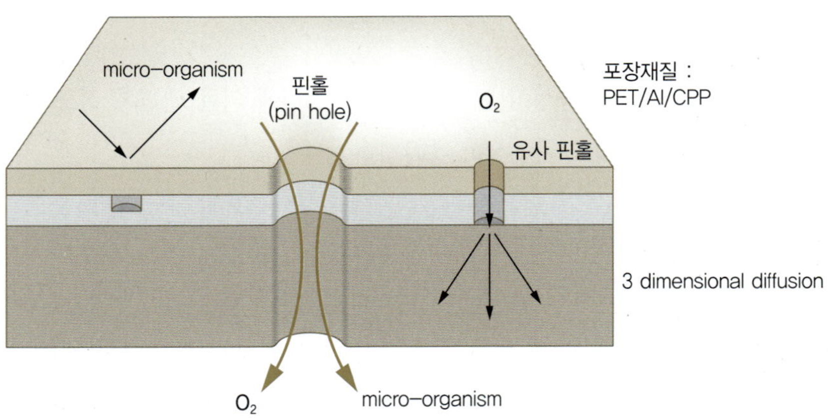

그림 8-8 핀홀(pin-hole)과 유사 핀홀(similarity pinhole)의 비교

투과는 증가할 수 있으며, 구멍이 난 층이 알루미늄 포일(aluminum foil)일 경우에는 마치 핀홀이 생긴 것처럼 보일 뿐 아니라 유사 핀홀의 숫자에 따라 기체의 투과도도 증가할 수 있다.

그림 8-9는 3층 구조(PET/Al/CPP)의 레토르트 파우치를 구겨 유사 핀홀을 만든 후 각 필름층이 얼마나 손상이 되었는지를 주사전자현미경(SEM)으로 살펴본 그림이다.

사진은 PET/Al/CPP의 층 중에서 알루미늄 포일(Al)과 CPP 필름을 박리시켜 각 필름이 접하였던 부분을 촬영한 것이며, 비교적 유연한 CPP 필름은 손상이 없는 반면 알루미늄 포일 층은 구겨짐에 의해 핀홀이 생긴 것을 알 수 있다.

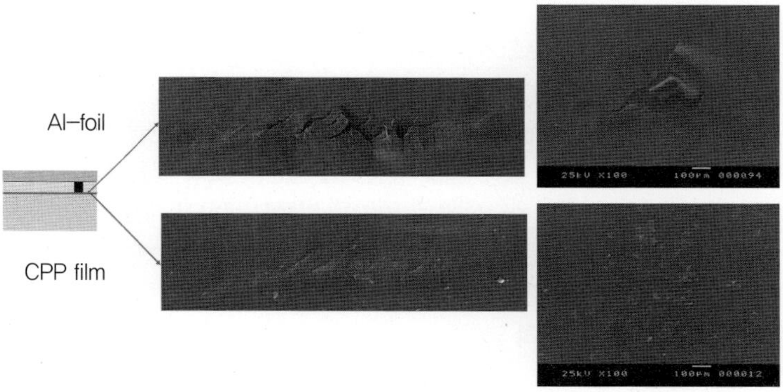

그림 8-9 3층 구조(PET/Al/CPP)의 레토르트 파우치에 생긴 유사 핀홀의 내부 형상

포장재에 발생한 유사 핀홀이 식품의 품질에 큰 영향을 미치는 것은 아니지만 다수의 유사 핀홀이 발생하고 있다면, 핀홀로 이어질 만큼 제품의 포장재가 생산 혹은 유통 과정에서 스트레스를 받는다는 것을 의미한다.

따라서 이런 경우에는 잠재적인 위협으로 판단하여 공정 중 구겨짐을 줄일 수 있는 방법을 찾아야 하며, 포장재의 재질에도 핀홀 저항성이 있는 필름(이축연신 나이론 등)을 사용하는 것을 고려하여야 한다.

Q. 4겹(PET/Al/ONylon/CPP)으로 구성되어 있는 레토르트 스탠딩 파우치 제품을 살균하였는데 측면 열접착 경계 면에 심하게 구겨진 부분이 발견되었어요. 여기에 조그만 구멍이 보여서 침투액으로 검사를 해보니 새는 것 같지는 않은데, 구멍이 생겼다가 막힌 걸까요? 또 이 경우 미생물의 문제는 없을까요?

외면

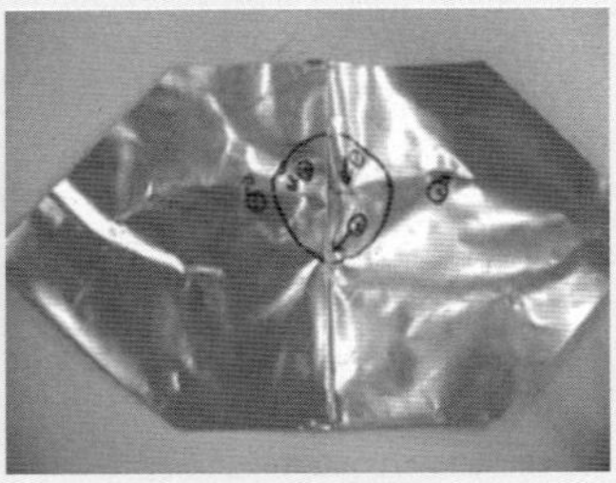

내면

A. 침투액 테스트나 bubble emission test로 검사하여 핀홀이 발생되지 않았다면 유사 핀홀(similarity pinhole)이라고 판단할 수 있다.
유사 핀홀의 경우 알루미늄 층만이 구멍이 생긴 것이기 때문에 미생물의 침투 문제는 발생하지 않으며, 유통하여도 상관이 없다. 알루미늄 포일 층은 산소와 빛을 차단하는 역할을 하지만 이렇게 작은 유사 핀홀로는 차단성에 큰 영향을 미치지 못하기 때문이다.
문제가 된 부위의 산소 투과도를 측정하여 0.1 cc/m^2·day·atm(20°C, inside 65% RH/ outside 100% RH 조건) 이하의 수준인 것으로 조사되었다.
이 수준의 값은 유통기한에 전혀 영향을 미치지 않는 수준의 산소 투과도이며, 포장재에는 문제가 없다는 것을 알 수 있다.

3) 핀홀의 검사 방법

(1) 침투액을 사용한 핀홀 검사

현장에서 쉽게 포장재의 핀홀을 육안으로 검사하는 방법으로는 침투액을 사용하는 방법이 있다. 침투액은 높은 비등점의 에스터와 탄화수소, 식물성 기름, 아조 오일 수용성 염료 등으로 구성된 액체로서 필름의 틈 사이에 잘 침투하기 때문에 손쉽게 포장재

그림 8-10 침투액을 이용한 필름 포장재의 핀홀 검사 방법

의 핀홀 유무를 알 수 있다.

(2) Bubble emission test

Bobble emission test는 ASTM D3078(Determination of Leaks in Flexible Packaging by Bubble Emission)에도 규정되어 있는 방법으로 공기가 들어 있는 밀봉된 포장재를 수조에 담아 핀홀을 통해 유출되는 기포를 확인하는 방법이다.

또한 포장재 내부에 공기압을 걸어 기포의 발생을 촉진하는 방법(ASTM F2096)도 사용된다. 그림 8-11은 ASTM F2096를 수행하기 위한 실험 장비이다.

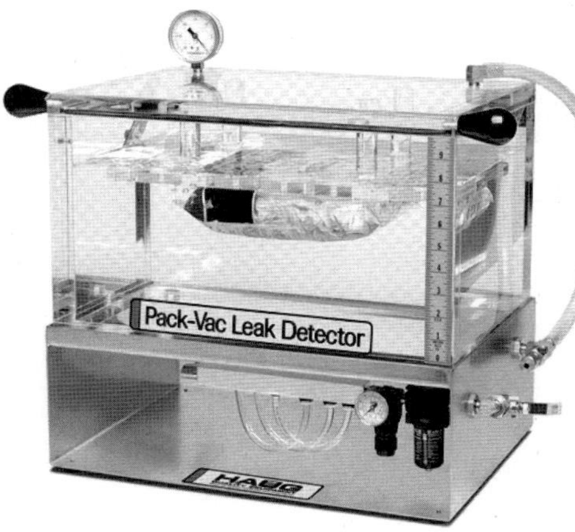

그림 8-11 Detecting Gross Leaks in Packaging by Internal Pressurization (Bubble Test)
자료: www.haugquality.com

하지만 침투액이나 기포(bobble)를 이용한 테스트는 핀홀의 크기가 매우 작은 경우에는 검사에 한계가 있으며, 특히 이 두 가지 방법은 생산 라인에는 적용할 수 없다.

따라서 식품 회사에는 생산 라인에 적용할 수 있는 속도가 빠르고 정밀한 비파괴식 핀홀 검사기가 적용이 되고 있다.

4) 생산 라인에서 사용되는 핀홀 검사 장치의 종류와 원리

식품의 포장 라인에서 포장된 식품의 핀홀을 검출할 수 있는 검출 설비(leak tester)는 여러 가지 종류가 있다. 하지만 포장재가 플라스틱만으로 이루어진 절연 재료이냐 또는 알루미늄박(알루미늄 증착)과 같은 도전성 재료이냐에 따라 사용할 수 있는 검출기가 차이가 있다.

검출 정밀도는 이론적으로는 1 μm 이하까지 검출 가능하다. 그러나 검사에 필요한 시간이 정밀도에 크게 관여를 하고 있기 때문에 실용적으로는 5초 이상의 검사를 필요로 한다. 이러한 이유로 포장기의 생산 속도에 맞추기 위해서는 다수의 검사 장비를 배치해야 한다.

(1) 고전압 인가식 핀홀 검사 장치

피검체가 되는 포장체를 일종의 전기 회로와 같이 생각하고, 전기의 저항 특성이 핀홀의 유무에 따라 다르다는 것을 이용한 방식이다. 포장재에 핀홀이 존재하면 그 면의 포장재가 단절되기 때문에 전류와 저항이 변하게 되는 원리를 이용한 것이며, 고전압을 사용해서 그 작은 차이를 전류 값으로 읽어 검출한다. 100 cm^2 정도 크기의 네모난 포장 식품을 분당 100개 정도 검사가 가능하며, 가격 면에서도 상대적으로 저렴하다.

그림 8-12에 고전압 인가식 핀홀 검사 장치의 원리를 설명하였다.

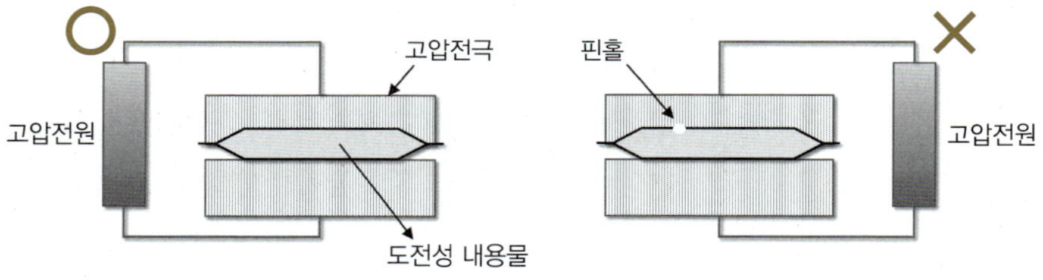

그림 8-12 고전압 인가식 핀홀 검사 장치의 원리[161)]

(2) 진공 챔버식 핀홀 검사 장치

진공 챔버식 핀홀 검사 장치는 진공 챔버 내에 포장된 식품을 넣고 미세한 압력 변화를 감지하는 방법으로, 압력의 변화를 이용하는 방법에도 몇 가지 변형이 있다.

가장 정확하게 검출할 수 있는 것은 챔버 내에 포장된 식품을 넣고 내부를 일정한 진공 상태로 만든 후 진공 펌프를 정지한 상태에서 내부의 기압 변화를 감지하는 방법이다. 포장된 식품 내부에 있는 공기가 핀홀 부위에서 누출되기 시작하면 챔버 내의 기압에 변화가 생기며, 설정한 값 이상의 변화가 있을 경우 핀홀이 있다고 판단한다. 따라서 챔버의 기밀성과 높은 진공압의 수준 유지가 중요하다. 또한 핀홀에 의해 유출되는 공

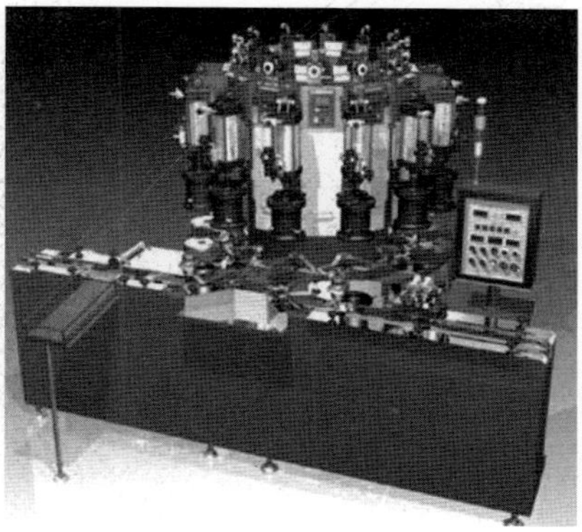

그림 8-13 로터리 진공 챔버식 핀홀 검사 장치

기의 양은 매우 작으므로 챔버 내부의 부피가 작아야 하는 것도 중요한 요소이다.

배치식 검사기의 경우 보통 지름 1 μm 크기의 핀홀도 검사할 수 있지만 핀홀을 통한 공기의 유출에는 시간이 걸리기 때문에 자동식 설비의 경우에는 시간을 절약하기 위해 지름 0.1 mm 내외의 핀홀을 검출하는 것이 일반적이다.

지름 0.3 mm 크기의 핀홀은 보통 1~2초에 검사가 가능하다. 그러나 이러한 수준이라면 핀홀보다는 실링 불량인 경우가 많기 때문에 주로 실링 불량 여부를 체크하는 데 사용된다.

⑶ 압축 공기식 핀홀 검사 장치

원리는 진공의 경우와 비슷하며, 진공 대신에 공기의 압력을 가하여 핀홀을 체크하는 것이 차이이다. 장비의 이송, 위치 선정을 쉽게 할 수 있는 장점이 있다. 압축 공기를 걸어도 용기가 찌그러지지 않는 등 외관이 훼손하지 않는 경우에 사용할 수 있다. PET병 등에 이 검사 방식이 실용화되고 있다.

Q. 식품의 모양이 변하지 않는다면 진공 포장이 가장 좋은 방법인가요?

A. 진공 포장의 단점은 부드러운 식품의 경우 눌려서 모양이 변형되는 것이지만 내용물이 눌려서 모양이 변하지 않을 만큼 딱딱한 경우에는 상관이 없다. 그러나 식품에 뼈와 같이 뾰족한 부분이 있거나 각이 있는 경우 핀홀이 생길 위험성이 있다. 진공에 의해 쭈글쭈글해지는 외관은 상품 가치가 나빠 보일 수 있으며, 포장기에 따라 진공도가 완전하지 않을 수도 있다. 따라서 이러한 것들을 잘 고려하여 진공 포장을 선택하는 것이 좋다.

7. 포장재의 열접착

1) 열접착의 원리

식품 포장재의 열접착(heat seal)이란 연포장재(필름 포장재) 또는 포장 용기에 내용물을 충진하고 개구부를 열 융착하여 밀봉하는 것을 말한다. 열접착에 사용되는 필름은 폴리에틸렌(polyethylene, PE)이나 폴리프로필렌(polypropylene, PP) 등의 열가소성 수지를 사용하며, 무연신 필름을 주로 사용한다.

경우에 따라서는 가공 설비의 스피드를 향상시킬 목적으로 acid co-polymer계 저온 열접착 수지(EAA, EMAA, m-LLDPE)를 사용하기도 하며, 불순물이 실링 면에 오염되기 쉬운 경우에는 협잡물 실성(실링 면에 분말 등의 이물이 묻어 있어도 열접착이 잘 되는 성질)이 우수한 Ionomer 등을 사용하기도 한다.

열접착의 원리는 그림 8-14과 같이 설명할 수 있다.

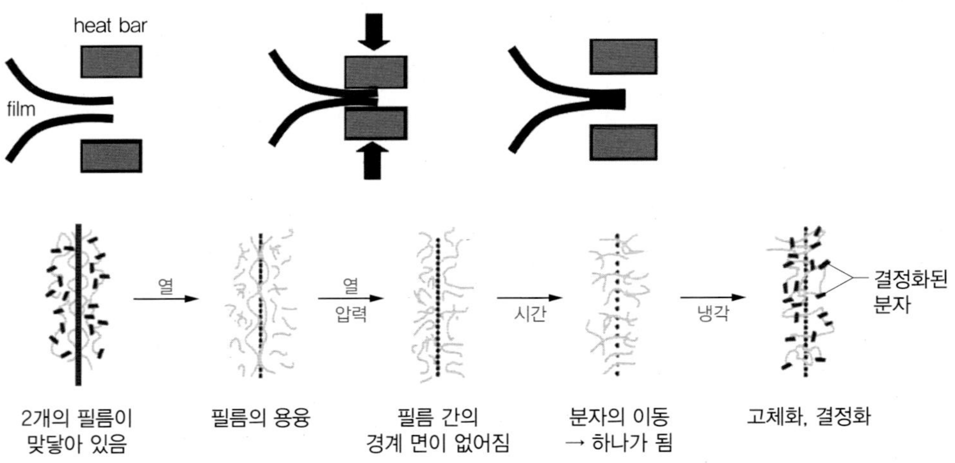

그림 8-14 열접착의 원리

열접착에는 열, 압력, 가열시간, 냉각의 네 가지 요소가 있으며, 이 네 가지 요소가 적절하게 조합되었을 때 비로소 적절한 열접착을 달성할 수 있다.

열접착의 방법으로는 가열된 열접착바(heat seal bar)를 이용하는 방법, 초음파 가열, 고주파 유도 가열 등의 방법이 있다.

자동 충진 포장기에서는 가열바(heater bar)와 냉각바(cooling bar)를 갖춘 슬라이딩형

열접착의 구성 요소

- 열(heat): 융점보다 낮은 열이 가해지면 접착이 충분히 되지 않는다.
- 압력(pressure): 압력이 약하면 두 필름의 계면이 하나로 합쳐지기 어렵다.
- 가열 시간(time): 시간이 충분하지 않으면 분자가 이동하여 하나의 필름으로 되기 어렵다.
- 냉각 속도(cooling time): 냉각 속도가 느리면 결정화가 일어나기 쉽다.

실러가 많고 대부분이 가열 압착식이다. 열접착 후 냉각바로 냉각을 하는 이유는 플라스틱의 결정화를 막아 본연의 충격 강도를 유지시키는 데 있다.

포장재의 seal 성능은 완벽하게 포장된 식품을 밀봉함으로써 미생물이나 이물, 해충으로부터 내용물을 보호하는 가장 기본적인 포장의 기능을 제공하며, 실링이 적절하게 되어 있는지는 포장 안전 관리의 관점에서 매우 중요한 항목이다.

열접착이란 두 장의 다른 필름을 일체화하는 것이다. 열접착을 위해서는 두 장의 필름이 서로 닿는 부분을 가열하여 용융시켜야 한다. 이때, 온도가 너무 높아도 안 되고 낮아도 안 된다(용융 온도보다 살짝 높은 것이 바람직함).

가열 방식은 외부 가열과 내부 가열 방식이 있으며, 각 필름 구성에 적합한 방법을 선택한다.

외부 가열 방식으로 구별되는 일반 열접착에는 보통 전기 저항에 의해 순간적으로 실바를 가열하는 임펄스 열접착기(impulse sealer)를 사용하며, 실바(seal bar)의 구조에 따라 회전롤실, 벨트실, 용단실 등이 있다.

그림 8-15에 임펄스 열접착기의 구조를 예로 들었다. 가열의 원리는 전기 저항에 의

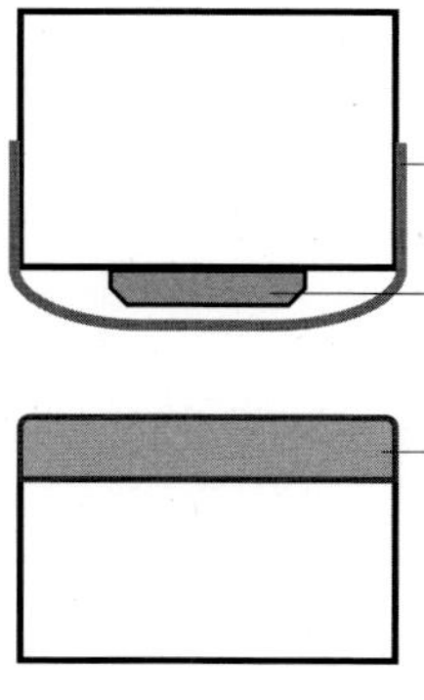

그림 8-15 임펄스 열접착기(impulse sealer)의 구조

한 것으로 순간적으로 전류를 흘려 니크롬 리본(nichrome ribon)을 가열하고, 이 열로써 열접착을 하는 방법이다.

열접착 부위는 리본이 냉각된 후 풀려나기 때문에 열 변형이 큰 필름이나 단체 필름, 또한 PVDC, 잉크 등에 의한 외면 코팅 필름에도 사용할 수 있다. 이 방법은 열용량이 작기 때문에 두꺼운 다층 필름 등의 열접착에는 적합하지 않지만 일반적으로 많이 사용되는 3 kg 이하의 필름 포장재들에는 널리 적용되고 있다.

내부 가열 방식은 초음파 실링과 고주파 실링이 있는데 초음파 실링은 초음파 진동에 의해 맞닿는 두 장의 필름이 진동하여 마찰열을 일으키는 방식이다. 주로 연질튜브의 열접착에 사용된다.

고주파 실링은 유전체에 고주파 전계를 가하면 유전 손실로 인해 발열하는 원리를 이용하는 방식으로, 고주파에 의한 알루미늄 포일 층의 유도 가열에 의해 발생되는 열을 열접착에 이용한다. 이 방식에서는 알루미늄 포일 층이 발열되고 열전도로 폴리에틸렌 등의 실란트가 가열 용융되어 열접착이 이루어진다. 일반 가열 방식에 비하여 실란트 층의 온도 상승이 빠르게 일어나 단시간 밀봉이 가능하다.

주로 플라스틱 병의 주입구 실링에 사용되는데, 캡에 라이너를 넣고 밀봉한 상태에서 고주파 터널을 통과시켜 자동 접착이 일어나도록 하는 방식이다.

용단실은 필름을 절단과 동시에 용융 열접착하는 방식이다. 히터 대신 용융 히터를 설치하고 용융과 동시에 분리가 이루어지면서 밀봉이 된다. 주로 단일 재질(PE나 PP)로 구성된 봉투 가공에 사용되며, 용융 열접착 부위는 매우 얇고 접착 강도가 약하므로 무거운 내용물을 포장할 경우에는 사용되지 않는다. 그림 8-16에는 일반적인 OPP 봉투의 용단실에 의한 제조 방법을 예로 들었다.

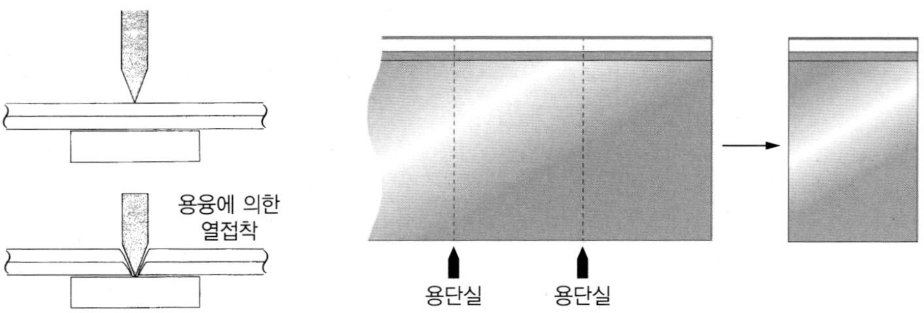

그림 8-16 OPP 봉투의 용단실에 의한 제조 방법

Q. 바람직한 열접착을 위한 포장 필름의 재질 구성은 무엇인가요?

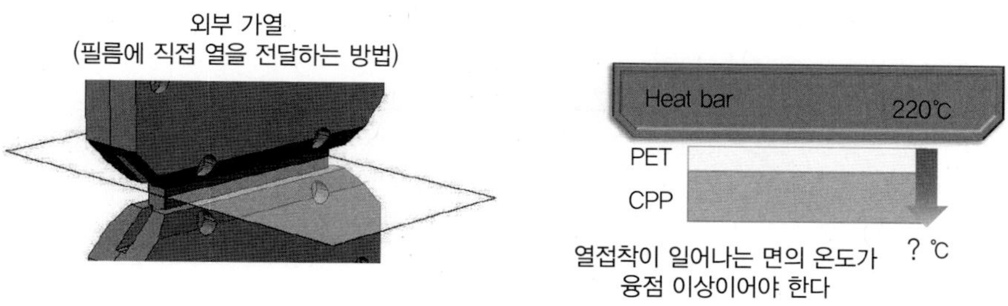

A. 히트실바(heat seal bar)와 닫는 외면의 융점이 높은 필름, 열접착이 이루어지는 내면의 필름은 무연신이면서 외면의 필름보다 30~40℃ 이상 열 변형 온도가 낮은 필름으로 구성한다. 외면의 필름으로부터 열이 전달되기 때문에 충분한 열접착 온도까지 내면의 필름이 도달하기 위해서는 외면 필름의 온도는 더 높아져야 하기 때문이다.

2) 플라스틱 필름의 열접착 불량 예방

연포장재의 가열 밀봉 성능은 실링에 사용되는 수지의 연화점, 녹는점, 혹은 용융점도 등에 의존한 접착 특성에 의해 결정된다.

실제 포장 적성에서 요구되는 가열 밀봉 특성으로서는 포장재로서 필요한 밀봉 강도는 물론, 저온 실성, 핫택(hot tack성: 열간 박리 강도) 및 협잡물 실성 등이 있다.

고속으로 생산되는 포장 라인에서는 열접착에 필요한 시간이 짧기 때문에 열접착 시 필름에 전달되는 열이 충분하지 못하여 열접착되는 필름층이 충분히 가열되기 어렵다. 따라서 고속으로 포장 라인을 운전하기 위해서는 저온에서 열접착이 가능한 재료를 사용하여야 한다.

저온에서 열접착이 가능한 필름으로는 m-LLDPE, EVA와 acid co-polymer로 불리는 EAA, EMAA, Ionomer 등이 있는데, 이 중에서 저온 열접착성이 가장 우수한 acid co-polymer들의 열접착 온도에 따른 열접착 강도 변화를 그림 8-17에 표시하였다.

열접착 강도는 내용물이 액상인지 아닌지와 내용물의 중량에 따라 요구되는 강도가 다르다. 내용물이 액상일 경우 고체식품보다 더 강한 열접착 강도가 필요하다. 이는 제품이 낙하되어 충격을 받을 때 액상인 제품은 충격이 고스란히 열접착 면에 전달되기 때문이다.

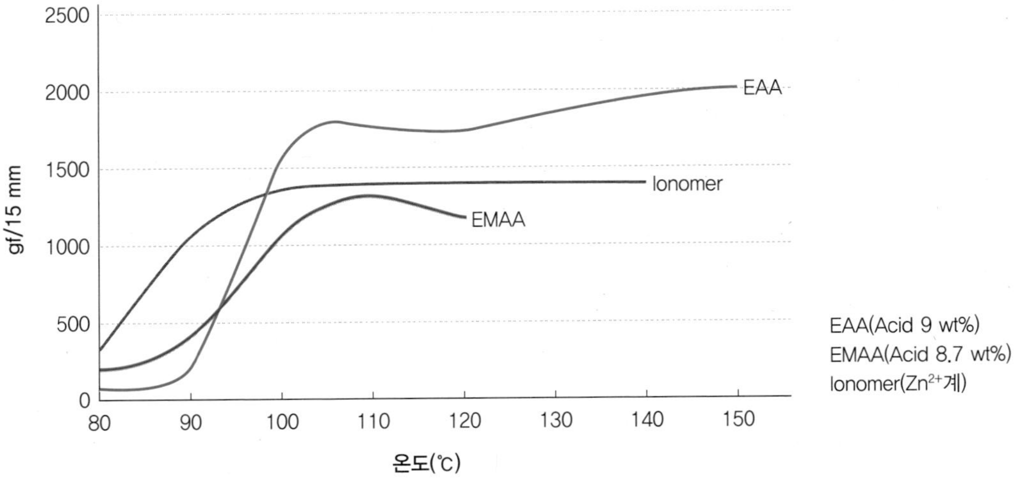

그림 8-17 Acid co-polymers의 열접착 온도 비교

열접착 강도는 열접착 면의 15 mm당 힘(kgf/15 mm 혹은 N/15 mm)으로 표시되는데, 200 g 정도의 액체 내용물 중량을 갖는 경우 필요한 열접착 강도는 약 2.8 kgf/15 mm 이상이다.

하지만 열접착 강도가 강하다고 무조건 좋은 것은 아니다. 열접착 강도는 어느 정도 수준만 달성되면 되며, 열접착이 강할 경우 오히려 과도한 열접착이 이루어졌을 수가 있으므로 열접착 면의 충격 강도가 약해질 수 있다.

열접착 필름 중에서 CPP 필름은 저온에서의 충격 강도가 약하기 때문에 중량이 600 g 이상인 액상식품에 사용 시에는 주의가 요망된다. 낙하 충격에 의해 겨울철 유통 시에는 파대가 일어날 수 있기 때문이다.

열접착 필름은 내용물인 식품의 성분 조성에 따라 열접착 강도가 약해지는 경우가 있다.

예컨대 기름(oil) 성분이나 유화제(또는 세제 등: detergent) 성분이 있는 내용물일 경우에는 열접착 강도가 시간이 지남에 따라 약해지는 경향이 있다. 따라서 이런 내용물을 포장할 경우에는 포장 후 경시 변화 테스트를 실시하여 열접착 강도뿐만 아니라 압력에 의한 파우치의 파대 강도, 악하 충격에 의한 충격 강도를 충분히 테스트하여야 한다.

고속으로 작동하는 포장 라인에서는 핫택성도 중요한 요소가 된다. 빠른 속도로 작업하다 보면 충분히 열접착 부위가 냉각되지 않은 상태에서 열접착 부위의 박리 생겨

Q. 열간 박리 강도(hot tack strength)란 무엇인가요?

A. 필름은 열접착 직후 미처 냉각되기 전까지 점성을 가지며, heat seal bar의 정전기적인 인력에 의해 박리될 수 있다. 'Hot tack strength'란 필름이 열접착된 후 냉각되기 전까지의 정전기적 인력에 의한 박리에 저항하는 강도를 말한다. 즉 열접착 직후 냉각되어 최대 실링 강도에 도달하기 전의 열접착 강도이다.

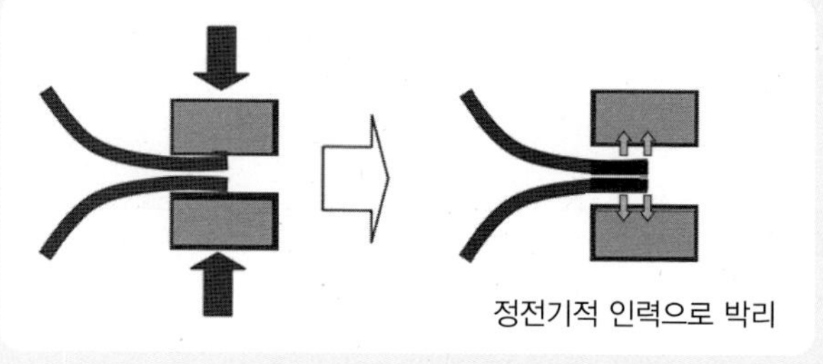

열간 박리 강도의 테스트 방법

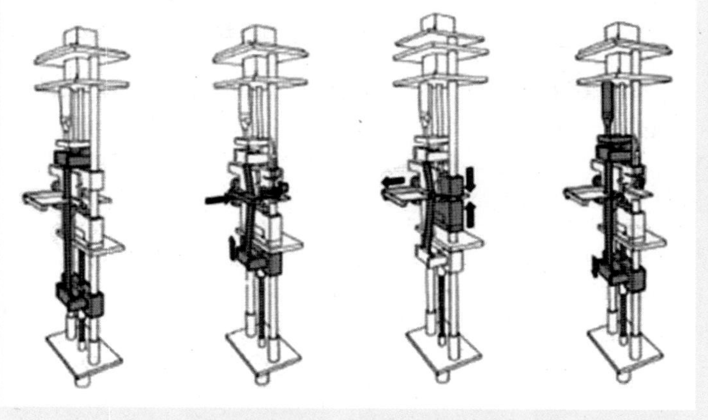

열접착 불량으로 이어질 수 있기 때문이다.

핫택성 부족이 문제가 된다면 열접착 필름을 acid co-polymer계로 바꾸어 주어 불량을 해결할 수 있다. Acid co-polymer 중에서 핫택성이 좋은 순서대로 나열하면 Ionomer가 가장 좋고 그다음은 EAA와 EMAA의 순이다(그림 8-18).

불순물 실성은 EAA, EMAA, Ionomer 모두 우수하나 EAA는 기름과 액상 내용물에 의한 오염에 강하고, Ionomer는 주로 분말상의 불순물에 의한 오염에 강한 편이다.

m-LLDPE는 일반 butene계 LLDPE에 비해서는 좋으나 EAA, EMAA, Ionomer보다는 불순물 실성이 떨어지는 편이다.

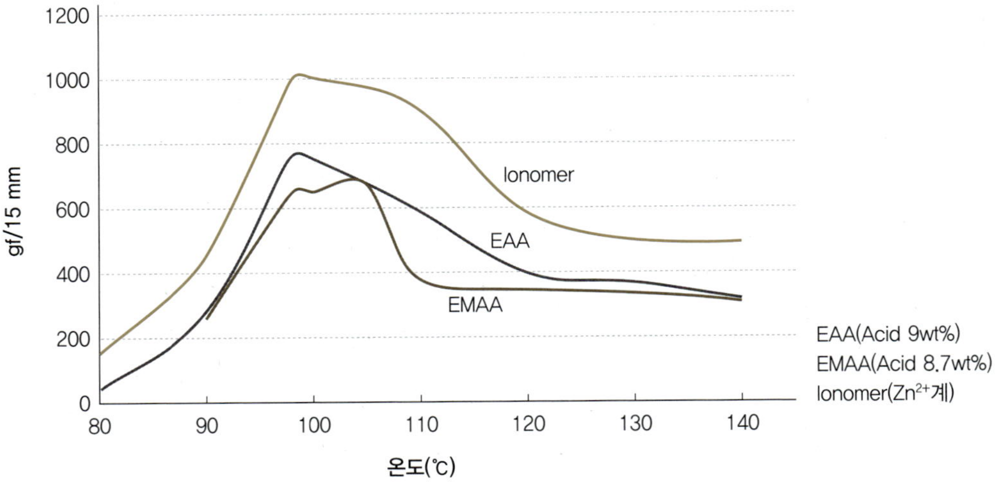

그림 8-18 acid co-polymers의 핫택성 비교

Q. 박스 포장에서 제품을 빼서 진열하는 과정에서 핀홀이 생길 가능성이 있나요?

A. 핀홀은 작업자의 부주의로 박스에서 제품을 빼는 과정에서도 발생할 수 있지만 주로 제품을 매대에 진열할 때 진열대의 뾰족한 모서리에 긁히거나 찔려서, 혹은 실수로 떨어뜨려서 발생하는 경우가 많다. 박스 포장과 관련된 핀홀은 개봉 시보다는 오히려 박스째로 운송 중에 실수로 박스가 낙하하여 많이 발생한다.

Q. 열접착 강도를 측정하기 위해 180°로 열접착 부위를 당기는 실험에서 다음과 같은 현상이 있었는데 각각의 현상은 왜 발생하나요?

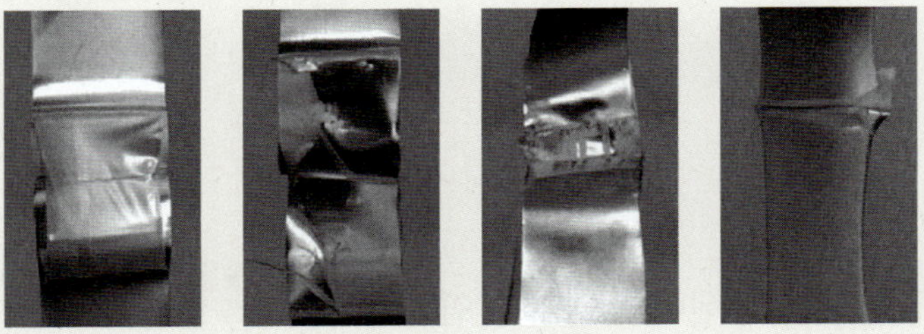

①　②　③　④

A. 각각의 현상은 다음과 같이 해석된다.

① 라미네이션 불량으로 일어나는 현상이다. 충분한 층간 접착력이 없어 필름이 박리된 상태이며, 라미네이션 접착제 및 라미네이션 조건에 대한 개선이 필요하다.

② 열접착층(sealant)의 두께가 너무 얇고 열접착 시 온도와 압력이 과다하였으며, 열접착 후 냉각도 충분치 않아 경계 면의 결정화가 많이 일어났다. 열접착층의 두께를 조금 더 두껍게 하거나 열접착 조건을 조금 완화시키는 것이 필요하다.

③ 열접착 조건이 다소 강하였다. 열접착 시 온도와 압력을 줄이는 것이 필요하다.

④ 비교적 양호하게 열접착이 되었다.

불순물 실성이 요구되는 식품은 과자 등 부스러기가 많은 식품, 그리고 일회용 자동 충진기에서 생산되는 점도가 높은 소스류 제품들이다. 이러한 식품들은 열접착 면이 식품의 부스러기 등에 의해 오염될 수 있기 때문에 열접착 불량이 발생되기 쉽다. 이 경우에도 acid co-polymers가 해결 수단으로서 활용될 수 있다.

8. 위변조 방지 포장

미생물이나 해충, 그리고 사람이나 유통 중 스트레스에 의한 오염으로부터 포장된 식품의 안전성을 확보하기 위한 노력으로서 위변조 방지 포장이 사용되고 있다. 이들은 간단한 라벨에서부터 복잡한 구조의 캡에 이르기까지 적극적인 수단은 물론 제품의 포장이 유통 중 안전하게 유지되었는지를 증명할 수 있는 수단으로 활용된다.

1) 위변조 방지 포장의 기원

위변조 방지 포장은 'Tamper proof' 또는 'Tamper evidence' 포장이라고 한다. 위변조 방지 포장은 유통 중 악의를 갖는 사람에 의해 상품을 변조하는 것을 막기 위해 출발했으며, 미국에서는 타이레놀 사건 이후 관심이 고조되었다. 1982년 시카고에서 발생한 이 사건은 누군가 타이레놀이 들어 있는 약병 안에 독극물이 든 캡슐을 넣어 5명의 사망자를 냈던 사건으로, 이후 식품 및 의약품 업계에서는 위변조를 방지할 수 있는 포장이 속속 등장하기 시작하였다. 하지만 악의를 갖는 사람에 의해 행해지는 이 같은 범죄 행위를 100% 막을 수는 없다는 관점에서 위변조 방지 포장 이외에도 관련 법규 및 규제들이 함께 이루어지고 있다.

위변조 방지 포장은 특히 이유식이나 어린이들이 즐겨 먹는 식품에 그 중요성이 크다. 유아나 어린이들은 음식의 맛에 대한 경험이 성인에 비해 부족하기 때문에 내용물에 맛의 이상이 감지되어도 그냥 섭취할 가능성이 높으며, 성인에 비해 위험성이 크게 부각될 수 있기 때문이다.

2) FDA 사례

미국 FDA는 'Tamper proof'의 표현은 완전한 방지의 보증이 아님에도 불구하고 마치 할 수 있는 인상을 주는 것으로 비쳐질 수 있기 때문에 소비자에게 과도의 안심이라는 오해를 일으킬 소지가 있어 이를 과용하는 것은 과잉 표현으로 간주되어 표시 위반으로 처벌받을 수 있다고 규정하고 있다.

또한 FDA는 포장재 회사나 포장재를 사용하는 입장의 식품 회사 등이 위변조 방지 포장을 설계할 때 관절염 환자 또는 손가락이 불편한 사람이 열지 못할 정도로 개봉이 어려워서는 안 된다는 점을 고려해야 한다고 규정하고 있다.

3) 위변조 방지 포장 사례

위변조 방지 기능이 있는 대표적인 포장 몇 가지를 예를 들면 다음과 같다.

(1) 필름 포장

필름으로 제품 또는 제품의 용기 주위를 단단히 둘러싸서 용기를 열고 제품을 꺼내려면 필름을 찢지 않으면 안 되게끔 하는 형태의 포장이다.

그림 8-19 위변조 방지 필름 포장 사례

(2) 블리스터 포장

투명한 플라스틱 시트 등으로 성형하여 밀봉하는 포장을 말한다. 제품을 꺼내려면 포장재를 가위 등으로 잘라야 한다.

(3) Bubble 포장

제품을 진공 성형된 플라스틱 용기에 넣고 카드 보드와 결합하여 제품을 꺼내려면 가위 등을 사용해야 한다.

(4) Heat shrink band

특별히 디자인된 수축 밴드(수축필름)가 캡의 결합부와 용기를 밀봉하기 위해서 열 수축된다. 제품을 꺼내려면 밀봉부를 뜯어내야 한다.

여기에 사용되는 수축필름은 OPS, PET 수축필름이 많이 사용된다.

(5) Tamper evidence closure

캡을 개봉하면 캡의 하단에 위치한 밀봉 결합 부위가 파손되는 마개이다. 플라스틱이나 금속제 마개가 있다.

(6) Decorative tamper evidence label

캡을 찢어지기 쉬운 소재의 라벨로 강하게 접착하여 개봉 시 라벨이 찢어지게 함으로써 유통 중 위변조 여부를 알 수 있게 하는 포장이다. 비교적 간단하게, 적은 비용으로 적용할 수 있으며, 소재는 종이, 알루미늄 포일 등에 인쇄를 하여 라벨 형태로 적용한다.

주류, 잼 등 유리병 제품에 많이 사용된다.

(7) Temper evidence liner

용기의 입구 부분을 liner(LID)로 열접착하여 밀봉한 후 캡을 부착한다. 여기에 사용하는 liner는 열접착 혹은 고주파 실(heat induction seal)로 적용할 수 있다.

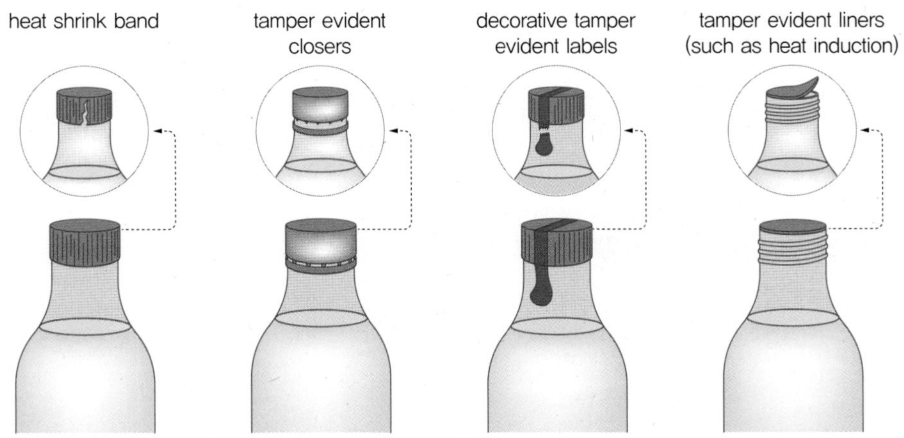

그림 8-20 Tamper evidence 포장 사례

CHAPTER 09

식품용 용기 및 기구의 살균·소독제

1. 서론

식품용 살균·소독제는 식품의 제조 과정 중 제조 환경에서 유해 미생물을 제거하기 위하여 사용하고 있으나 종종 식품 중의 잔류로 인하여 오히려 식품의 안전성에 대한 우려로 연결되고 있다.

2018년 독일에서는 아이스크림 중 소독제의 잔류가 문제되었다. 독일 베를린 브란덴부르크 주립검사소 검사 결과 독일 아이스크림 시료 2개 중 1개에서 기구 등 살균·소독제인 4급 암모늄 성분이 검출되었으며, 그중 1/3에서는 법적 기준치를 초과하였다고 발표하였다. 원인으로는 아이스크림 제조 시 사용하는 기구 및 주변 도구의 세척에 사용된 살균·소독제가 충분히 헹구어지지 않고 잔류되어 식품 중으로 이행된 것으로 검출된 시료 중에는 허용 기준치의 50배 이상인 5 mg/kg이 검출된 시료도 있었다.

국내에서도 OO유업의 컵 커피에서 살균·소독제 성분인 과산화수소가 검출되는 사건이 있었다. 컵 커피에서 미량의 과산화수소가 검출되어 시중에 유통 중인 관련 제품을 회수 조치하는 사건이 발생하였다. 컵을 소독하는 과정에서 사용된 살균·소독제 성분인 과산화수소는 사용 후 열풍건조로 제거하는데 이 과정에서 불충분한 처리로 사고가 발생하였으며, 검출된 수준은 인체에 무해한 수준이라고 하지만 안전에 대한 우려가 제기되었다.

살균·소독제는 휘발성이 강하여 유통 중 자연 감소되거나 조리 과정 등을 통하여 제거되므로 잔류 수준이 소비자 건강에 바로 직접적인 위해를 끼치기에는 미미한 수준이나 식품의 건전성을 고려하였을 때 살균·소독제 사용에 대한 철저한 관리가 필요하며, 특히 사용 용도의 구분과 사용 기준, 사용량 준수와 함께 사용 후 제거하는 과정에 대한 주의가 필요하다.

1) 살균의 정의

혼동하여 사용하기 쉬운 살균, 멸균, 소독은 다음과 같이 구별할 수 있다.

① 살균

모든 형태의 미생물을 제거하여 무균 상태로 만드는 것이지만 되도록 유익한 균은 남기고 유해한 것을 선택적으로 제거하는 것이다.

② 멸균

아포를 포함한 모든 미생물을 살균 또는 제거하여 무균 상태를 만드는 것으로 유익한 세균과 유해한 세균을 모두 제거하는 것이다.

③ 소독

물체 표면 또는 내부 병원균을 죽여 전파력 또는 감염력을 제거하는 것으로 포자는 제거되지 않고 비병원성 미생물은 남아 있어도 무방하다. 즉 소독만으로 균이 완전히 제거되지 않는다.

2) 살균의 목적

식품의 생산에서 식품의 부패와 변패를 방지하고 저장성을 향상하는 것은 중요한 과제 중 하나이다. 제조 현장에서 미생물 제어의 관점에서 가열 살균과 저온 저장 등 온도와 시간을 관리하고, 작업자 및 설비, 기구 등을 위생적으로 관리하여 제조 환경에서 2차 오염을 방지하는 것이 중요한 목적이 되고 있다.

제조 현장의 위생 관리, 특히 세척·살균 작업의 목적은 제조 환경에서 먼지와 유해 미생물을 제거하는 것이며, 결과적으로 위생적인 제조 환경을 유지할 수 있도록 하여 식품 안전성 확보에 크게 기여한다.

3) 세척과 살균의 상호작용

세척과 살균의 목적은 먼지와 유해 미생물의 제거이지만 세척만으로는 유해 미생물의 완전 제거는 불가능하며, 일반적으로 세척 작업에 이어 살균 작업을 실시한다.

먼저 세척에 의해 대부분의 미생물의 오염을 제거하고 세제로 제거할 수 없는 미생물에 대해서는 살균 수단을 이용하는 것이 일반적이다. 세척과 살균을 동시에 관리하는 것이 중요하며, 따라서 세척 없이 효과적이고 경제적인 살균은 있을 수 없다고 할 수 있다.

청소와 세척은 살균의 전처리로서 미생물학적 의의가 있는 반면, 세척 불량은 살균제의 효과에 크게 영향을 준다.

2. 식품용 용기 및 기구 살균·소독제의 관리

1) 살균·소독제 개요

살균·소독제는 세균 등 미생물이나 병원균의 사멸 효과를 가지는 유효 성분을 포함하는 제제로 식중독 예방 등 안전한 식품의 확보에 매우 중요한 역할을 하고 있다. 최근 식품 안전에 대한 소비자 관심의 증대와 함께 식품 제조 시 사용하게 되는 기구 용기를 소독하는 식품용 기구 및 살균·소독제의 중요성도 점점 강조되고 있다. 식품용 기구 및 살균·소독제는 식품 표면 또는 식품과 접촉하는 기구 용기 등의 표면에 사용하는 화학 물질로 제조되며 식품 제조·가공업소, 집단급식소, 휴게 음식점 등 식품산업 현장에서 광범위하게 사용되고 있어 식품으로 이행 등의 안전성 문제가 사회적 또는 정책적 이슈로 대두되고 있는 실정이므로 안전한 사용에 대한 관리도 요구되고 있다.

2) 살균·소독제 시장 동향

식품산업 현장에서 미생물로 인한 위해 감소를 위하여 살균·소독을 목적으로 다양한 종류의 화학제품들이 개발되고 있으며 그 사용도 점차 늘어나고 있는 추세이다. 국내에서도 이러한 목적으로 사용되는 성분 또는 제품들이 식품과 식품용 기구 용기에 사용이 확대되면서 제품의 종류가 매우 다양화되었고 사용량도 증가하고 있다. 우리나라의 살균·소독제 시장 규모도 업체별 사용금액을 기준으로 3820억 원에 달하며 150종 이상의 제품이 유통되고 있는 것으로 나타나고 있다. 식품의약품안전처 '식품 및 식품첨가물 생산실적'에 따르면 국내 기구 등의 살균·소독제 생산량은 2013년 28,332톤에서 2017년 36,398톤으로, 생산액은 2013년 12,228,866천 원에서 2017년 15,539,229천 원으로 꾸준히 증가하는 추세이다. 국내 판매량과 국내 판매액 또한 증가하는 추세로 식중독 발생을 유발하는 미생물을 제거하기 위한 기구 등의 살균·소독제의 사용이 증가하고 있다.

3) 살균·소독제의 정의

식품용 살균제는 『식품첨가물공전』 'Ⅰ. 총칙 2. 용어의 정의 (11) 살균제'에서 "식품 표면의 미생물을 단시간 내에 사멸시키는 작용을 하는 식품첨가물을 말한다"고 정의하고 있으며, 기구 및 용기·포장(이하 "기구 등"이라 한다)에 사용하는 살균·소독제는 『식품첨가물공전』 'Ⅲ. 기구 등의 살균·소독제'에는 명확한 정의는 없지만 기구 등의 표면의 미생물을 멸균, 살균하는 등 미생물의 제어에 사용되는 제제로 통칭된다.

4) 살균·소독제의 관리

국내에서는 식중독을 예방하기 위하여 식품 등에 사용하는 살균·소독을 목적으로 사용되는 성분과 제품들을 식품첨가물의 범주에서 식품용 살균제와 기구 등의 살균·소독제로 관리하고 있다. 또한 식품과 접촉하는 기구 등에 사용되는 살균·소독제에 대한 관리의 중요성이 부각되면서 국내에서는 기구 등의 살균·소독제에 대한 관리를 위해 2002년 8월 26일 「식품위생법」을 개정하여 기구 등의 살균·소독제가 식품첨가물 범주에서 관리되도록 법적 기틀을 마련하였다.

이를 근거로 시행령, 시행규칙과 세부지침들이 개정 또는 고시되었고, 국내에서 제조·수입되는 기구 등의 살균·소독제는 2017년 5월 8일에 개정된 식품의약품안전처 고시 제2017-36호 「식품 등의 한시적 기준 및 규격 인정 기준」에 따라 인정을 받고 있다. 안전성과 관련된 자료의 제출 범위는 기구 등의 살균·소독제 제출 자료의 범위 및 작성 요령에 따라 요구되고 있으며, 용도에 따른 살균·소독제 성분의 사용 농도를 초과하여 제조할 경우와 그 용도로 사용하여서는 안 되는 성분을 사용하고자 하는 경우에 안전성 시험 결과 또는 독성 시험 자료를 제출하고 있다.

5) 살균·소독제 종류

(1) 식품용 살균제

식품용 살균제로는 과산화수소, 오존수, 이산화염소(수), 차아염소산나트륨, 차아염소산수, 차아염소산칼슘이 있으며, 최근 식품의약품안전처 공고(제2018-251호, 2018.6.15.)로 과산화초산이 추가되었다. 『식품첨가물공전』 'II. 식품첨가물 및 혼합제제류 4. 품목별 성분규격 가. 식품첨가물과 5. 품목별 사용기준'에는 이들 살균제 품목에 대한 성분규격과 사용기준이 정해져 있다.

⑵ 기구 등의 살균·소독제

기구 등의 살균·소독제는 『식품첨가물공전』 'Ⅲ. 기구 등의 살균·소독제 1. 제조기준 1) 제조성분 일반'에 사용할 수 있는 성분을 94개 정하고 있으며, 과산화수소제제 등 13개 품목의 성분규격을 『식품첨가물공전』 'Ⅲ. 기구 등의 살균·소독제 4. 품목별 성분규격'에서 정하고 있다. 또한 『식품첨가물공전』 'Ⅲ. 기구 등의 살균·소독제 2. 일반사용기준'에는 기구 등의 살균·소독제는 기구 등에 살균·소독 목적으로 개별 품목에서 정해진 사용기준에 적합하게 사용하여야 하고, 사용한 살균·소독제 용액은 식품과 접촉하기 전에 자연건조, 열풍건조 등의 방법으로 제거하도록 하고 있다. 집단급식소, 유가공업소 및 식품제조·가공업소에서 사용 가능한 농도를 『식품첨가물공전』 'Ⅲ. 기구 등의 살균·소독제 5. 품목별 사용기준'에 각 제제별로 정하고 있다.

⑶ 식품용 기구 등의 정의

여기에서 식품용 기구의 정의는 「식품위생법」 제2조제4호에 의하면, "기구"란 다음의 어느 하나에 해당하는 것으로서 식품 또는 식품첨가물에 직접 닿는 기계·기구나 그 밖의 물건(농업과 수산업에서 식품을 채취하는 데에 쓰는 기계·기구나 그 밖의 물건은 제외한다)을 말한다. 식품용 기구의 범위는 다음과 같다.

① 음식을 먹을 때 사용하거나 담는 것

② 식품 또는 식품첨가물을 채취·제조·가공·조리·저장·소분[(小分): 완제품을 나누어 유통을 목적으로 재포장하는 것을 말한다. 이하 같다]·운반·진열할 때 사용하는 것

3. 식품용 용기 및 기구 살균·소독제의 사용기준

식품용 용기 및 기구 살균·소독제의 제조, 사용기준 등은 「식품위생법」에 근거하여 작성 보급되는 『식품첨가물공전』에 명시되어 관리되고 있다.

1) 제조기준, 종류 및 용도

⑴ 제조성분 일반

식품용 살균·소독제와 기구 등의 살균·소독제에 사용 가능한 물질과 사용농도, 사

용할 수 있는 성분은 다음 표와 같다. 다만, 우리나라에서 허용된 식품첨가물(최종제품 완성 전에 중화 또는 제거하여야 하는 것은 제외)이거나 식품원료로 인정된 경우에는 기구 등의 살균·소독제의 보조성분으로 사용할 수 있다.

① 식품용 살균·소독제의 종류 및 용도

물질명	CAS.No	주용도
과산화수소	7722-84-1	살균제/제조용제
오존수	-	살균제
이산화염소(수)	10049-04-4	살균제/밀가루개량제
차아염소산나트륨	7681-52-9	살균제
차아염소산수	-	살균제
차아염소산칼슘	7778-54-3	살균제
과산화초산	79-21-0	살균제

② 식품용 기구 등의 살균·소독제 종류 및 용도

물질명	CAS.No	주용도
과산화수소	7722-84-1	살균제/제조용제
과산화옥탄산	33734-57-5	
과산화초산	79-21-0	살균제
구연산	77-92-9	산도조절제
D-글루콘산나트륨	527-07-1	산도조절제/유화제/영양강화제
네오데칸산	26896-20-8	
노나논산	112-05-0	
데칸산	334-48-5	
도데실벤젠설폰산	27176-87-0	
도데실벤젠설폰산나트륨	25155-30-0	
디메틸벤젠설폰산나트륨	1300-72-7	
N,N-디메틸-1-옥탄아민	7378-99-6	
4-(1,1-디메틸프로필)페놀	80-46-6	
디옥틸설포석신산나트륨	577-11-7	
메틸렌블루	61-73-4	
2-메틸-2,4-펜탄디올	107-41-5	
모노도데실에스테르황산나트륨	151-21-3	
2-부톡시-에탄올	111-76-2	

(계속)

물질명	CAS.No	주용도
붕산나트륨	7775-19-1	
브롬화칼륨	7758-02-3	
산화마그네슘	1309-48-4	
삼염화이소시아뉼산	87-90-1	
삼염화이소시아뉼산나트륨	29680-41-9	
삼염화이소시아뉼산칼륨	-	
설포-1,4-디옥틸부탄산나트륨	1639-66-3	
9-설포옥타데센산(9Z)	68988-76-1	
9-설포옥타데센산(9Z)나트륨	68443-05-0	
설포지방산나트륨	68309-27-3	
2-설피노-1-옥탄설폰산	113652-56-5	
2-[시클로헥실(1-옥소헥사데실)아미노]-에탄설폰산나트륨	132-43-4	
아염소산염	14998-27-7	
α-알킬(C_6 이상)-ω-하이드록시폴리(옥시프로필렌) 및/또는 폴리(옥시에틸렌)공중합체	-	
α-알킬(C_{12}-C_{15})-ω-하이드록시폴리(옥시에틸렌)황산나트륨(폴리옥시에틸렌이평균1몰)	-	
에탄올	64-17-5	
2-(2-에톡시에톡시)에탄올	111-90-0	
에틸렌디아민테트라아세트산, 사나트륨	64-02-8	
에틸렌디아민테트라아세트산, 이나트륨	139-33-3	
염소산염	14866-68-3	
염화-N-데실-N,N-디메틸-1-데칸아미늄	7173-51-5	
염화디-n-알킬(C_8-C_{10})디메틸암모늄 (평균분자량 332~361)	-	
염화멜라민	7673-09-8	
염화-n-알킬(C_{12}-C_{14})디메틸에틸벤질암모늄 (평균분자량 377~384)	-	
염화-n-알킬(C_{12}-C_{14})디메틸에틸벤질암모늄 (평균분자량 384)	-	
염화알킬(C_{12}-C_{18})벤질디메틸암모늄(평균분자량 384)	-	
염화암모늄	12125-02-9	
옥시란과 메틸옥시란의 공중합체(최소분자량 1,900)	9003-11-6	
옥시란과 메틸옥시란의 블록공중합체(평균분자량 1,900)	106392-12-5	

(계속)

물질명	CAS.No	주용도
옥시란과 메틸옥시란의 블록공중합체 (최소평균분자량 2,000)	-	
옥시란과 메틸옥시란의 블록공중합체 (메틸옥시란이 27~31몰, 평균분자량 2,000)	-	
옥시클로로 물질	-	
옥타데칸산칼슘	1592-23-0	
1,2-옥탄디설폰산	113669-58-2	
옥탄산	124-07-2	
1-옥탄설폰산	3944-72-7	
1-옥탄설폰산나트륨	5324-84-5	
옥테닐부탄디오익산	28805-58-5	
요오드	7553-56-2	
요오드나트륨	7681-82-5	
요오드칼륨	7681-11-0	
요오드화수소산	10034-85-2	
이산화염소	10049-04-4	살균제/밀가루개량제
이염화이소시아뉼산	2782-57-2	
이염화이소시아뉼산나트륨	2893-78-9	
이염화이소시아뉼산나트륨이수화물	51580-86-0	
이염화이소시아뉼산칼륨	2244-21-5	
인산	7664-38-2	산도조절제/영양강화제
인산나트륨	7558-80-7	
인산삼나트륨	7601-54-9	
일염화요오드	7790-99-0	
전해반응에 의해 생성된 은이온 [구연산으로 안정화시킨 구연산이수소은의 형태, 단, 금속성은(metallicsilver)은 제외]	14701-21-4	
젖산	50-21-5	산도조절제
질산	7697-37-2	
차아염소산	7790-92-3	살균제
차아염소산나트륨	7681-52-9	살균제
차아염소산리튬	13840-33-0	
차아염소산칼륨	7778-66-7	
차아염소산칼슘	7778-54-3	살균제

(계속)

물질명	CAS.No	주용도
초산	64-19-7	산도조절제
n-카르복실산(C_6-C_{12}) [56% 이상 옥탄산 및 40% 이상 데칸산의 혼합물로 구성]	-	
코코지방산칼륨	61789-30-8	
클로로아세트산나트륨 4,5-디하이드로-2-언데실-1H-이미다졸-1-에탄올과수산화나트륨의반응물	68608-66-2	
4-클로로-2-(페닐메틸)-페놀	120-32-1	
α,α,4-트리메틸-3-시클로헥센-1-메탄올	98-55-5	
페닐페놀	90-43-7	
폴리알킬렌(에틸렌-프로필렌 포함)글리콜부톡시모노에테르(최소분자량 2,400)	-	
폴리알킬렌(에틸렌-프로필렌 포함)글리콜부톡시모노에테르(평균분자량 3,300)	-	
폴리(옥시-1,2-에탄디일), α-[(1,1,3,3-테트라메틸부틸) 페닐]-ω-하이드록시, 페놀 1몰과 에틸렌옥사이드 4~14몰의 생성물	-	
폴리옥시에틸렌폴리옥시 프로필렌블록공중합체 (분자량 2,800)	-	
폴리(헥사메틸렌비구아니드)하이드로클로라이드	32289-58-0	
2-프로판올(이소프로판올)	67-63-0	
프로피온산	79-09-4	보존료/향료
2,6-피리딘디카르복실산	499-83-2	
(1-하이드록시에틸리덴)비스포스포닉산	2809-21-4	
황산	7664-93-9	제조용제

(2) 식품용 기구 등의 살균·소독제 일반제조 기준

① 기구 등의 살균·소독제는 유해 미생물에 대해 살균·소독 작용을 하는 유효성분을 함유하여야 한다.

② 제조된 기구 등의 살균·소독제는 개별 품목별 성분규격에 적합하여야 한다.

③ 기구 등의 살균·소독제의 제조에 사용하는 물은 「먹는물관리법」의 먹는물 수질기준에 적합한 것이어야 한다.

④ 기구 등의 살균·소독제 품목으로 등재되지 아니한 품목이거나 등재된 품목을 혼

합하여 제조하고자 하는 경우에는 「식품 등의 한시적 기준 및 규격 인정 기준」(식약처고시)에 따라 한시적 기준 및 규격을 인정받아야 한다.

2) 일반 사용기준

① 기구 등의 살균·소독제는 기구 등의 살균·소독 목적으로 개별품목에서 정해진 사용기준에 적합하게 사용하여야 하고, 사용한 살균·소독제 용액은 식품과 접촉하기 전에 자연건조, 열풍건조 등의 방법으로 제거하여야 한다.

② 기구 등의 살균·소독제는 기구 등의 표면을 침지하거나 표면에 직접 뿌리는 방법으로 사용하여야 하며, 공간 등에 분무하여서는 아니 된다.

③ 기구 등의 살균·소독제는 세척제나 다른 살균·소독제 등과 혼합하여 사용하여서는 아니 된다.

④ 기구 등의 살균·소독제는 그 자체로 직접 섭취하거나 흡입하는 목적으로 사용하여서는 아니 된다.

3) 보존 및 유통기준

① 제품의 보관 및 판매 장소는 청결하고 통풍이 잘 되는 곳에 위치하여야 한다.

② 제품은 변질되지 않도록 직사광선 및 열을 피한 서늘하고 건조한 곳에서 밀봉하여 보관하여야 한다.

③ 제품은 식품, 식품첨가물 등을 오염시키지 않도록 분리 보관하여야 한다.

④ 제품은 화공약품, 농약, 독극물 등 다른 제품과 함께 보관하지 말아야 한다.

⑤ 제품의 운반 및 포장 과정에서 용기·포장이 파손되지 않도록 하여야 하며, 가능한 한 심한 충격을 주지 않도록 주의하여야 한다.

⑥ 보관 과정 중 부주의로 인하여 변질 또는 파손된 제품은 판매하지 말아야 한다.

4) 살균·소독제 유효성분별 특성

살균제는 대부분은 물에 일정 농도로 희석하여 사용하지만, 현장에서 오존처럼 제조장치를 이용하여 가스로 사용하는 것도 있다. 식품의 제조 현장에서는 과산화수소 제제, 알코올계, 염소계, 제4암모늄염계, Biguanide($C_2H_7N_5$)계, 양성계면활성제계 등의 살균제가 사용되고 있다.

알코올계 살균제는 살균·소독제로 지정 관리되고 있는 물질은 아니지만 신속한 효과성과 일반적으로 안전하다는 인식하에 많이 사용되고 있다. 주성분은 에탄올이며, 주정의 형태로 식품의 반죽에 직접 첨가하거나 식품표면에 분무하는 형태로 사용되고 있으나 기계기구의 표면살균에도 이용되고 있다. 알코올계 사용은 세균 포자에는 효과가 없지만 영양형 세포에 대한 작용이 신속할 뿐만 아니라, 내성균이 출현하지 않고 건조속도가 빠르며 일반 살균·소독제에 비해 안전성이 높고, 부식성이 낮은 장점이 있기 때문이다.

염소계는 차아염소산나트륨을 주성분으로 하는 것이 일반적이며, 그 특징은 낮은 농도에서 살균 효과가 높고, 표백 효과도 있다는 점이다. 하지만 특유의 냄새가 있으며, 산성이 되면 유독한 염소가스를 발생한다는 점, 그리고 유기물 존재 하에서 활성이 저하하기 쉬운 점 등의 단점도 있다.

제4암모늄염계, Biguanide계 및 양성 계면활성제계는 일반적으로 비이온 계면활성제를 세정 성분으로 배합한 세척 제균 형태로 제제화되어 있는 경우가 많다.

5) 살균·소독제 유효성분별 사용기준

(1) 과산화수소 제제(Hydrogen Peroxide Preparations)

① 정의

이 품목은 유효성분으로 과산화수소를 함유하는 것으로 희석 또는 품질안정 등을 위하여 희석제, 안정제 및 용제 등을 첨가할 수 있다.

② 성상

이 품목은 무색투명한 액체로서 약간의 냄새를 가지고 있다.

③ 사용기준

다음의 식품용 기구 등의 이외에 사용하여서는 아니 된다

가. 식품용 기구 등의 살균·소독 목적으로 사용한 경우

가) 식품 조리·판매용 기구 등: 91 mg/L 이하(과산화수소로서)

다) 유가공용 기구 등: 465 ㎎/L 이하(과산화수소로서)

다) 식품 등 제조·가공·소분용 기구 등: 1,100 ㎎/L 이하(과산화수소로서)

나. 식품용 용기·포장의 멸균 목적으로 사용한 경우

가) 멸균수로 헹구거나 열풍건조시켜 제거하여야 한다.

나) 잔류량 실험을 실시하여 용기·포장 중의 과산화수소 잔류량은 0.5 ㎎/L 이하이어야 한다.

[잔류량 시험]

- 시험용액의 조제: 식품용 용기·포장을 멸균 처리한 후에는 멸균수로 헹구거나 열풍 건조시킨 다음 최종식품을 넣기 전의 용기·포장에 물을 채운 액을 시험용액으로 한다.
- 시험조작: 시험용액 20 mL를 정확히 취하여 1N 황산 50 mL를 넣고 페로인 시액 3~5방울을 가하여 때때로 흔들어 섞으면서 0.001N 황산제이세륨용액으로 엷은 홍색이 없어질 때까지 적정한다. 따로 같은 방법으로 공시험을 한다.

$$0.001\text{N 황산제이세륨용액 } 1\text{ mL} = 17\ \mu\text{g } H_2O_2$$

[시액]

- 페로인시액: 황산제일철(7수화물) 0.7 g 및 O-페난트롤린염산염(1수화물) 1.76 g을 물에 녹여 100 mL로 한다.

(2) 과산화초산 제제(Peroxyacetic Acid Preparations)

① 정의

이 품목은 유효성분으로 과산화초산, 과산화옥탄산, 과산화수소, 카프릴산 및 초산을 함유하는 것을 말한다. 과산화수소 및 초산을 반응하여 얻어지는 것은 유효성분으로 과산화초산, 과산화수소 및 초산을 함유하는 것 또는 과산화수소, 초산 및 카프릴산(이명: 옥탄산)을 반응하여 얻어지는 것으로 다만, 희석 또는 품질안정 등을 위하여 1-하이드록시에틸리덴-1,1-디포스포닌산, 인산 또는 1-옥탄설폰산나트륨을 첨가할 수 있다.

② 성상

무색투명한 액체로서 특이한 자극적인 냄새를 가지고 있다.

③ **사용기준**

다음의 식품용 기구 등 이외에 사용하여서는 아니 된다.

가. 식품용 기구 등의 살균·소독 목적으로서의 사용한 경우

가) 식품 조리·판매용 기구 등

	물질명	사용기준
1	과산화초산	58 mg/L 이하
2	과산화수소	91 mg/L 이하
3	과산화옥탁산	52 mg/L 이하
4	옥탄산	52 mg/L 이하
5	(1-하이드록시에틸리덴)비스포스포닉산	14 mg/L 이하
6	1-옥탄설폰산나트륨	46 mg/L 이하

나) 유가공용 기구 등

	물질명	사용기준
1	과산화초산	315 mg/L 이하
2	과산화수소	465 mg/L 이하
3	과산화옥탁산	122 mg/L 이하
4	옥탄산	176 mg/L 이하
5	(1-하이드록시에틸리덴)비스포스포닉산	34 mg/L 이하
6	1-옥탄설폰산나트륨	297 mg/L 이하

다) 식품 등 제조·가공·소분용 기구 등

	물질명	사용기준
1	과산화초산	315 mg/L 이하
2	과산화수소	1,100 mg/L 이하
3	과산화옥탁산	122 mg/L 이하
4	옥탄산	234 mg/L 이하
5	(1-하이드록시에틸리덴)비스포스포닉산	34 mg/L 이하
6	1-옥탄설폰산나트륨	312 mg/L 이하

나. 과산화수소 및 초산을 반응하여 얻어지는 것을 식품용 용기·포장의 멸균 목적으로 사용한 경우

가) 멸균수로 헹구거나 열풍 건조시켜 제거하여야 한다.

나) 잔류량 실험을 실시하여 용기 포장 중의 과산화수소 잔류량은 0.5 ㎎/L 이하이어야 한다.

[잔류량 시험]

「과산화수소」의 '과산화수소의 사용기준' 중 잔류량 시험법에 따라 시험한다.

(3) 구연산 제제(Citric Acid Preparations)

① 정의

이 품목은 유효성분으로 구연산을 함유하는 제제를 말한다. 다만, 희석 또는 품질안정 등을 위하여 희석제, 안정제 및 용제 등을 첨가할 수 있다.

② 성상

투명한 액체로서 특이한 냄새를 가지는 액체이다.

③ 사용기준

다음의 식품용 기구 등 살균·소독 목적 이외에 사용하여서는 아니 되며, 사용기준은 별도로 관리하고 있지 않다.

가) 식품 조리·판매용 기구 등

나) 유가공용 기구 등

다) 식품 등 제조·가공·소분용 기구 등

(4) 에탄올 제제(Ethanol Preparations)

① 정의

이 품목은 유효성분으로 에탄올을 함유하는 제제를 말한다. 다만, 희석 또는 품질안정 등을 위하여 희석제, 안정제 및 용제 등을 첨가할 수 있다.

② 성상

엷은 황색 액체로서 특이한 냄새를 가지고 있다.

③ 사용기준

다음의 식품용 기구 등 살균·소독 목적 이외에 사용하여서는 아니 되며, 사용기준은 별도로 관리하고 있지 않다.

가) 식품 조리·판매용 기구 등

나) 유가공용 기구 등

다) 식품 등 제조·가공·소분용 기구 등

(5) 염화-N-데실-N,N-디메틸-1-데칸아미늄 제제 (N-Decyl-N,N-dimethyl-1-decanaminium chloride Preparations)

① 정의

이 품목은 유효성분으로 염화-N-데실-N,N-디메틸-1-데칸아미늄을 함유하고 있으며 희석 또는 품질안정 등을 위하여 희석제, 안정제 및 용제 등을 첨가할 수 있다.

② 성상

특이한 냄새를 가지는 액체이다.

③ 사용기준

식품의 제조·가공용 기구 등의 살균·소독 목적에만 사용할 수 있으며, 사용량은 200 ㎎/L 이하(4급암모늄으로서)이어야 한다.

(6) 염화알킬(C_{12}-C_{18})벤질디메틸암모늄 제제 n-Alkyl(C_{12}-C_{18})benzyldimethylammonium chloride Preparations

① 정의

이 품목은 유효성분으로 염화알킬(C_{12}-C_{18})벤질디메틸암모늄 또는 염화알킬(C_{12}-C_{18})벤질디메틸암모늄에 염화-n-알킬(C_{12}-C_{14})디메틸에틸벤질암모늄(평균분자량 377~384), 염화-n-알킬(C_{12}-C_{18})디메틸에틸벤질암모늄(평균분자량 384), 염화디-n-알킬(C_{8}-C_{10})디메틸암모늄(평균분자량 332~361), 폴리(헥사메틸렌비구아니드)하이드로클로라이드를 1종 이상 함유하는 것을 말한다. 다만, 희석 또는 품질 안정 등을 위하여 희석제, 안정제, 용제 등을 첨가할 수 있다.

② 성상

특이한 냄새를 가지는 액체이다.

③ 사용기준

다음의 식품용 기구 등 살균·소독 목적 이외에 사용하여서는 아니 된다.

가) 식품 조리·판매용 기구 등

	물질명	사용기준	비고
1	염화알킬(C_{12}-C_{18})벤질디메틸암모늄	200 mg/L 이하	4급암모늄으로서, 다만 다른 4급암모늄과 병용 시 4급암모늄 합으로 200 mg/L 이하
2	염화-n-알킬(C_{12}-C_{14})디메틸에틸벤질암모늄(평균분자량 377~384)		
3	염화-n-알킬(C_{12}-C_{18})디메틸에틸벤질암모늄(평균분자량 384)		
4	염화디-n-알킬(C_8-C_{10})디메틸암모늄(평균분자량 332~361)	150 mg/L 이하	
5	폴리(헥사메틸렌비구아니드)하이드로클로라이드	550 mg/L 이하	

나) 유가공용 기구 등

	물질명	사용기준	비고
1	염화알킬(C_{12}-C_{18})벤질디메틸암모늄	200 mg/L 이하	4급암모늄으로서, 다만 다른 4급암모늄과 병용 시 4급암모늄 합으로 200 mg/L 이하
2	염화-n-알킬(C_{12}-C_{14})디메틸에틸벤질암모늄(평균분자량 377~384)		
3	염화-n-알킬(C_{12}-C_{18})디메틸에틸벤질암모늄(평균분자량 384)		
4	염화디-n-알킬(C_8-C_{10})디메틸암모늄(평균분자량 332~361)	150 mg/L 이하	
5	폴리(헥사메틸렌비구아니드)하이드로클로라이드	550 mg/L 이하	

다) 식품 등 제조·가공·소분용 기구 등

	물질명	사용기준	비고
1	염화알킬(C_{12}-C_{18})벤질디메틸암모늄	200 mg/L 이하	4급암모늄으로서, 다만 다른 4급암모늄과 병용 시 4급암모늄 합으로 400 mg/L 이하
2	염화-n-알킬(C_{12}-C_{14})디메틸에틸벤질암모늄(평균분자량 377~384)		
3	염화-n-알킬(C_{12}-C_{18})디메틸에틸벤질암모늄(평균분자량 384)		
4	염화디-n-알킬(C_8-C_{10})디메틸암모늄(평균분자량 332~361)	240 mg/L 이하	
5	폴리(헥사메틸렌비구아니드)하이드로클로라이드	550 mg/L 이하	

(7) 요오드 제제(Iodine Preparations)

① 정의

이 품목은 유효성분으로 요오드를 함유하는 것을 말한다. 다만, 희석 또는 품질안정 등을 위하여 요오드칼륨 등을 첨가할 수 있다.

② 성상

적갈색의 액체로서 특이한 냄새를 가지고 있다.

③ **사용기준**

다음의 식품용 기구 등의 살균·소독 목적 이외에 사용하여서는 아니 된다.

가) 식품 조리·판매용 기구 등

	물질명	사용기준	비고
1	요오드	25 mg/L 이하	적정 요오드로서, 다만 다른 요오드화물과 병용 시 적정 요오드의 합으로서 25 mg/L 이하
2	요오드칼륨	25 mg/L 이하	

나) 유가공용 기구 등

	물질명	사용기준	비고
1	요오드	25 mg/L 이하	적정 요오드로서, 다만 다른 요오드화물과 병용 시 적정 요오드의 합으로서 25 mg/L 이하
2	요오드칼륨	25 mg/L 이하	

다) 식품 등 제조·가공·소분용 기구 등

	물질명	사용기준	비고
1	요오드	25 mg/L 이하	적정 요오드로서, 다만 다른 요오드화물과 병용 시 적정 요오드의 합으로서 25 mg/L 이하
2	요오드칼륨	25 mg/L 이하	

(8) 이산화염소 제제(Chlorine Dioxide Preparations)

① **정의**

이 품목은 유효성분으로 이산화염소를 함유하는 것을 말한다. 다만, 희석 또는 품질 안정 등을 위하여 희석제, 안정제 및 용제 등을 첨가할 수 있다.

② **성상**

연황색의 자극성 냄새를 가지는 액체이다.

③ **사용기준**

다음의 식품용 기구 등의 살균·소독 목적 이외에 사용하여서는 아니 된다.

가) 식품 조리·판매용 기구 등: 200 mg/L 이하

나) 유가공용 기구 등: 200 mg/L 이하

다) 식품 조리·판매용 기구 등: 200 mg/L 이하

(9) 이염화이소시아뉼산나트륨 제제(Sodium Dichloroisocyanurate Preparations)

① 정의

이 품목은 유효성분으로 이염화이소시아뉼산나트륨을 함유하는 것을 말하며, 이염화이소시아뉼산나트륨이수화물을 함유하는 것도 포함한다. 다만, 희석 또는 품질 안정 등을 위하여 희석제, 안정제 및 용제 등을 첨가할 수 있다.

② 성상

백색의 결정, 과립상 분말 또는 정제로서 염소의 냄새를 가지고 있다.

③ 사용기준

다음의 식품용 기구 등의 살균·소독 목적 이외에 사용하여서는 아니 된다.

가) 식품 조리·판매용 기구 등: 100 mg/L 이하(유효염소로서)

나) 유가공용 기구 등: 100 mg/L 이하(유효염소로서)

다) 식품 등 제조·가공·소분용 기구 등: 100 mg/L 이하(유효염소로서)

(10) 젖산 제제(Lactic Acid Preparations)

① 정의

이 품목은 유효성분으로 젖산을 함유하는 것을 말한다. 다만, 희석 또는 품질안정 등을 위하여 희석제, 안정제 및 용제 등을 첨가할 수 있다.

② 성상

무취 또는 특이한 냄새를 가지고 있다.

③ 사용기준

식품 조리·판매용 기구 등, 유가공용 기구 등, 식품 등 제조·가공·소분용 기구 등에서 살균·소독의 목적으로 사용할 수 있으며, 사용기준은 별도로 관리하고 있지 않다.

(11) 차아염소산나트륨 제제(Sodium Hypochlorite Preparations)

① 정의

이 품목은 유효성분으로 차아염소산나트륨을 함유하는 것을 말하며, 식염수를 전기분해 의 방법으로 얻어지는 것도 포함한다. 다만, 희석 또는 품질안정 등을 위하여 희석제 및 안정제 등을 첨가할 수 있다.

② 성상

무~엷은 녹황색 액체 또는 분말로서 염소의 냄새를 가지고 있다.

③ 사용기준

다음의 식품용 기구 등의 살균·소독 목적 이외에 사용하여서는 아니 된다.

가) 식품 조리·판매용 기구 등: 200 ㎎/L 이하(유효염소로서)

나) 유가공용 기구 등: 200 ㎎/L 이하(유효염소로서)

다) 식품 등 제조·가공·소분용 기구 등: 200 ㎎/L 이하(유효염소로서)

(12) 차아염소산수(Hypochlorous Acid Water)

① 정의

이 품목은 염산 또는 식염수를 전기분해의 방법으로 얻어지는 것으로 유효성분으로 차아염소산을 함유하는 수용액을 말한다. 이 품목에는 강산성차아염소산수(0.2% 이하의 염화나트륨수용액을 격막으로 분리된 양극과 음극에 의해 구성된 유격막 전해조 내에서 전해해서 양극 측으로부터 얻어지는 수용액), 약산성 차아염소산수(적절한 농도의 염화나트륨 수용액을 격막으로 분리된 양극 및 음극에 의해 구성된 유격막 전해조 내에서 전해해서 양극 측으로부터 얻어지는 수용액 또는 양극에서 얻어지는 수용액에 음극에서 얻어지는 수용액을 가한 것) 및 미산성차아염소산수(염산 또는 염산에 염화나트륨 수용액을 첨가하여 적절한 농도로 조정한 수용액을 무격막 전해조 내에서 전해해서 얻어지는 수용액)가 있다.

② 성상

무색의 액체로, 무취 또는 옅은 염소의 냄새가 있다.

③ 사용기준

다음의 식품용 기구 등의 살균·소독 목적 이외에 사용하여서는 아니 된다.

가) 식품 조리·판매용 기구 등: 200 ㎎/L 이하(유효염소로서)

나) 유가공용 기구 등: 200 ㎎/L 이하(유효염소로서)

다) 식품 등 제조·가공·소분용 기구 등: 200 ㎎/L 이하(유효염소로서)

(13) 폴리(헥사메틸렌비구아니드)하이드로클로라이드 제제
[Poly(hexamethylenebiguanide)hydrochloride Preparations]

① 정의

이 품목은 유효성분으로 폴리(헥사메틸렌비구아니드)하이드로클로라이드, 또는 폴리(헥사메틸렌비구아니드)하이드로클로라이드에 염화디-n-알킬(C_8-C_{10})디메틸 암모늄(평균분자량 332~361)을 함유하는 것을 말한다. 다만, 희석 또는 품질 안정 등을 위하여 희석제, 안정제 및 용제 등을 첨가할 수 있다.

② 성상

특이한 냄새를 가지는 액체이다.

③ 사용기준

아래의 식품용 기구 등의 살균·소독 목적 이외에 사용하여서는 아니 된다.

가) 식품 조리·판매용 기구 등

	물질명	사용기준	비고
1	폴리(헥사메틸렌비구아니드)하이드로클로라이드	550 mg/L 이하	
2	염화디-n-알킬(C_8-C_{10})디메틸암모늄(평균분자량 332~361)	150 mg/L 이하(4급암모늄으로서)	

나) 유가공용 기구 등

	물질명	사용기준	비고
1	폴리(헥사메틸렌비구아니드)하이드로클로라이드	550 mg/L 이하	
2	염화디-n-알킬(C_8-C_{10})디메틸암모늄(평균분자량 332~361)	150 mg/L 이하(4급암모늄으로서)	

다) 식품 등 제조·가공·소분용 기구 등

	물질명	사용기준	비고
1	폴리(헥사메틸렌비구아니드)하이드로클로라이드	550 mg/L 이하	
2	염화디-n-알킬(C_8-C_{10})디메틸암모늄(평균분자량 332~361)	240 mg/L 이하(4급암모늄으로서)	

4. 식품용 용기 및 기구 살균·소독제의 올바른 사용

1) 살균·소독제 사용 특성 확인

(1) 농도 및 온도, 시간의 영향

살균·소독제는 유효 성분의 종류에 따라 살균 대상과 살균력이 달라지므로 현장에서 사용하는 기구의 재질, 사용 대상 식품의 종류, 사용 온도 등을 고려하여 최적의 효과를 발휘할 수 있는 사용 조건을 결정하여야 한다.

살균·소독제의 살균력은 일반적으로 농도가 높아짐에 따라 무작용에서 정균작용, 살균작용으로 진행되나 제품에 표시된 사용 농도를 확인하는 것이 필요하다. 작용 온도도 살균 능력에 영향을 미친다. 온도의 상승에 따라 적절한 온도 수준에서 살균 효과는 높아지지만 대부분 살균·소독제가 가지는 강한 휘발성 등을 고려하여 상온에서 사용한다.

또한 살균·소독제는 개별 품목별 사용 기준에 적합하게 사용해야 하며 용도와 농도 기준을 반드시 준수해야 한다. 예를 들어 차아염소산나트륨제제를 사용할 때는 식품 조리·판매용 기구 등, 유가공용 기구 등, 식품 등 제조·가공·소분용 기구 등은 반드시 200 mg/L 이하로 사용하여야 한다.

(2) 살균·소독제 특성 비교

유효 성분의 종류에 따라 다음과 같은 특성을 가지므로 사용 대상 기구의 특성 및 사용 환경을 확인하여 적절한 유효 성분 계열을 선택하여 사용하는 것이 중요하다.

구분	염소계열	요오드계열	4급 암모늄계열	과초산계열	알코올계열
살균력	• 광범위한 살균력 • 지속성 약함	• 광범위한 살균력 • 지속성 있음	• 광범위한 살균력 • 지속성 우수	• 광범위한 살균력 • 지속성 보통	• 바이러스에 효과 없음
희석액 안전성	• 급속 분해	• 서서히 분해	• 안정적으로 분해	• 서서히 분해	• 급속 증발(원액)
PH 영향	• 약산성–중성효과적 • 알칼리성 효과 감소	• 산성 효과적 • 알칼리성 효과 없음	• 전 pH 범위에서 양호	• 산성 효과적 • 알칼리성 약해짐	• 중성에서 작용
온도 영향	• 온도 영향 약함 • 이산화염소 저온에서 약화	• 저온(5℃)에서 다소 약화 • 40℃ 이상에서 분해 시작	• 저온에서 다소 약화, 고온에서 효과 증진	• 온도 영향 미약	• 고온에서 휘발

(계속)

구분	염소계열	요오드계열	4급 암모늄계열	과초산계열	알코올계열
유기물 영향	• 영향 큼	• 영향 약함	• 영향 약함	• 부분적으로 영향	• 영향 큼
경도 영향	• 영향 거의 없음	• 조성에 따라 차이 있으나 대체로 경도 영향 약함	• 제품에 따라 다름 • 지하수 사용 시 주의	• 영향 거의 없음	-
독성	• 냄새, 부식, 피부 자극 있음 • 잔류 독성 의심	• 냄새, 부식 미약하고 피부 자극 없음 • 잔류 독성 거의 없음	• 무색, 무취, 비부식성 • 피부 자극 없음 • 잔류 독성 미약	• 희석액 독성은 없으나 원액은 독성 있고 자극성 강함	• 물과 결합 시 잔류 가능 • 인화성 주의

2) 살균·소독제 올바른 사용 방법

식품의 제조 설비 및 식품용 기구의 세척 및 살균은 매우 중요한 위생 관리의 한 부분으로 살균·소독제의 효과를 높이기 위하여 우선 세정제 등을 이용하여 오염된 부분의 오물을 제거하고 살균·소독제를 적용하는 것이 필요하다. 특히 식품 제조 현장에서 표준화된 사용 방법을 제공하여 종사자들에게 인지시키고 준수 여부를 지속적으로 확인하는 것이 필요하다.

살균·소독제를 희석하여 사용할 때는 보호 도구 및 장비를 꼭 착용해야 하며 먼저 제품의 사용농도를 확인하고 마스크와 장갑 등 보호 도구를 착용한 후 계량 도구를 사용하여 제조하고, 물로만 희석하여야 한다. 온수 또는 열수로 희석해서는 안 된다. 기구 등의 살균·소독제 사용 시에는 기구 등을 먼저 흐르는 물에 세척 후 깨끗이 헹군 다음 제품에 표시된 사용 방법을 준수해 살균·소독제로 소독한 다음 완전히 건조해야 한다.

Q. 살균·소독제 효과에 영향을 주는 요인은 어떠한 것이 있나요?

A. 살균·소독제의 종류에 따라 살균 효과나 살균 범위에는 차이가 있기 때문에, 사용 방법과 대상에 따라 적절한 살균·소독제를 선택하는 것이 중요하다.
일반적으로 온도가 높으면 살균 효과는 증가한다. 하지만 요오드나 알코올 계열의 경우 40℃ 이상에서는 분해되거나 휘발되는 경향이 있다. 살균·소독제는 pH가 높은 알칼리성에서는 효과가 약해진다. 따라서 pH를 약산성으로 유지하는 것이 좋다.
살균·소독하고자 하는 대상이 유기물 등에 많이 오염되어 있을 경우에도 효과는 약해진다. 따라서 유기물에 의해 오염이 되어 있는 상태라면 먼저 세척을 한 후 살균·소독제를 사용하는 것이 좋다. 살균·소독제의 종류에 따라 작용 시간과 유효 농도에는 차이가 있으므로 지정된 사용법을 준수하여 사용하는 것이 좋으며, 무조건 농도가 높다고 살균 효과가 좋은 것은 아니므로 지정된 농도로서 사용하여야 한다.

Q. 살균·소독제를 사용한 후에 물로 헹구어 주어야 하나요?

A. 휘발성이 강하거나 대기 중에서 금방 분해되는 살균·소독제는 사용 후 물로 헹굴 필요는 없다. 살균·소독제의 사용 후 물로 세척하는 것은 살균·소독제가 용기나 기구, 포장 등에 잔류하는 것을 방지하기 위함이며, 잔류가 의심되는 경우에는 살균·소독 후 세척이 필요하다.
일반적으로 염소계와 4급 암모늄계의 살균·소독제는 사용 후 세척이 필요하다. 살균·소독제는 보통 용기나 기구, 포장재와 일정 시간 접촉하여야 효과가 있으므로 소독 즉시 물로 세척하지 말고, 일정 시간 후(약 10분 이상) 세척을 하는 것이 좋다.
알코올계는 충분히 건조시키면 잔류하지 않지만, 물과 섞이는 경우에는 잔류 가능성이 있으므로 물로 세척하기보다는 충분히 건조시키는 것이 좋다.

5. 식품 제조 공정에서의 세정 장치

1) CIP & SIP system

식품 공정에서 파이프라인 등의 설비 세정은 설비의 분해 세척하고, 다시 조립하는 방법으로 행하였으나 조립 시 재오염 가능성이 있다. 그래서 고안된 것이 CIP(Clean-In-Place) 장치이다.

CIP(Clean-In-Place)는 설비를 분해할 필요 없이 자동 세척 및 살균제 처리가 가능하기 때문에 재오염의 우려가 없다. 그래서 CIP 장치는 우유, 주스, 맥주 등의 음료 제조 설비 등의 세정에 널리 이용되고 있다.

SIP는 'Sterilization-In-Place' 또는 'Steam-In-Place'로 불리는 시스템이다.

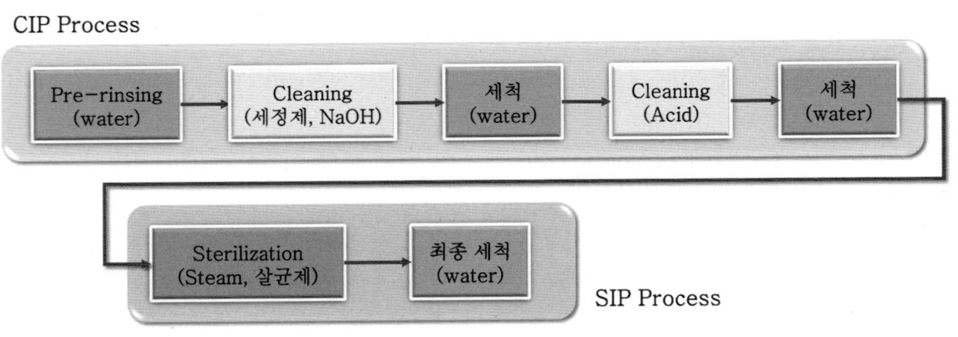

그림 9-1 CIP process와 SIP process의 개략도

SIP는 CIP process의 연장으로서 생산 라인의 세척(CIP) 후 스팀을 이용하여 멸균을 하는 시스템이다. 열수 또는 고온의 포화 수증기(121℃ 이상)로 미생물을 멸균한다.

CIP 장치에는 세제를 한번만 사용하는 single use 방식과 세정제를 회수하고 재이용하며 세척하는 multiple use 방식의 2종류가 있으며, 집중형과 분산형이 있다.

어떤 종류의 CIP 장치를 선택할지는 처리 설비의 규모, 세척하여야 하는 라인의 기기 구성, 오염 상태 등에 따른다. 장치로는 탱크, 송액 펌프, 제어 장치 등으로 구성된다.

(1) Single-use CIP 장치

Single tank로 구성된 single use CIP 장치는 일반적으로 교차오염의 위험을 최소화하거나, 살균 세정 용액 농도를 최적화하거나, 작은 공간에서도 적용이 가능하게 하거나 혹은 이동식으로 공간 활용을 최적화할 목적으로 설계된다. 세제는 일회용으로 사용되며, 보통 소규모 설비에 사용된다.

Single-use CIP 장치의 특징은 다음과 같다.

① 세제는 세척 시마다 일회용으로 사용되기 때문에 설비의 오염 상태에 따라 세제 농도를 자유롭게 바꿀 수 있는 장점이 있다.

② 적은 양의 세척수 사용이 가능하기는 하지만 세제를 1칸 단위로 사용하여야 하기 때문에 1칸의 세제 분량에 해당하는 세척수를 사용하여야 하고, 따라서 배수 설비에 부담이 간다.

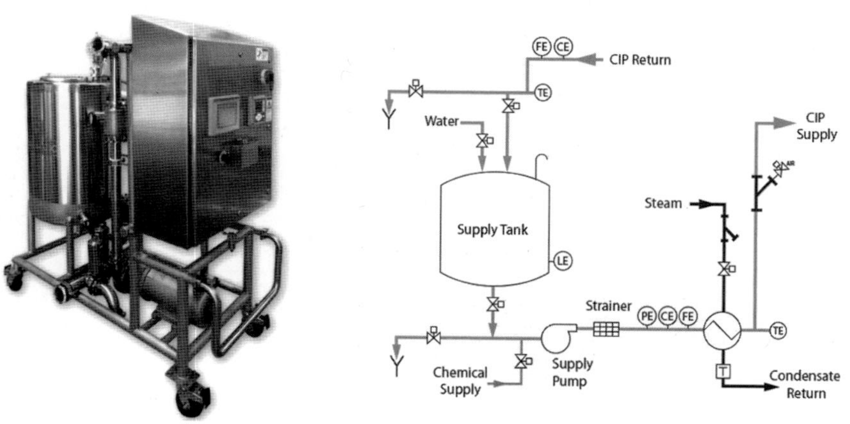

그림 9-2 Single use CIP Systems

자료: Sani-Matic, Inc. https://sanimatic.com

③ 세제를 일회용으로 사용하기 때문에 세제 비용은 증대하지만 세제의 농도 조절 등으로 라인의 세척 시간을 짧게 할 수 있다.

(2) 집중형 multi-use CIP 장치

일반적으로 널리 이용되고 있는 CIP 장치로 설비비용이 비교적 저렴하고 세제를 재사용하기 위해 러닝 비용도 싸고 경제적이다. 중소 규모의 공장에서 이용된다.

집중형 multi-use CIP 장치의 특징은 다음과 같다.

① CIP 장치에서 피세정 라인까지의 거리가 길고, 세척까지의 시간 낭비가 있다.

② 라인별로 CIP 세척을 수행하므로 세척 시간이 길다.

③ 증기, 물, 전기 등 에너지 소비량이 비교적 많고, 세척을 거듭하면 세제의 농도가 낮아지므로 탱크에서 정기적인 농도 체크가 필요하다.

(3) 분산형 multi-use CIP 장치

대규모 공장용 CIP 장치로 산·알칼리 세제 마더탱크를 설비 중앙에 설치하고 각 공정마다 세정액을 타이밍을 맞춰 송액한다.

정해진 범위 내에서 CIP 순환 세척을 하여 세척 시작 시 더러운 세제는 폐기되고, 더러움이 적은 세정액은 마더탱크로 회수되는 방법이 취해진다.

각 공정의 입구에 CIP 세척 분류 설비(CIP substation)를 설치하여 작업시간 단축과 운전비용 절감을 도모하고 있다.

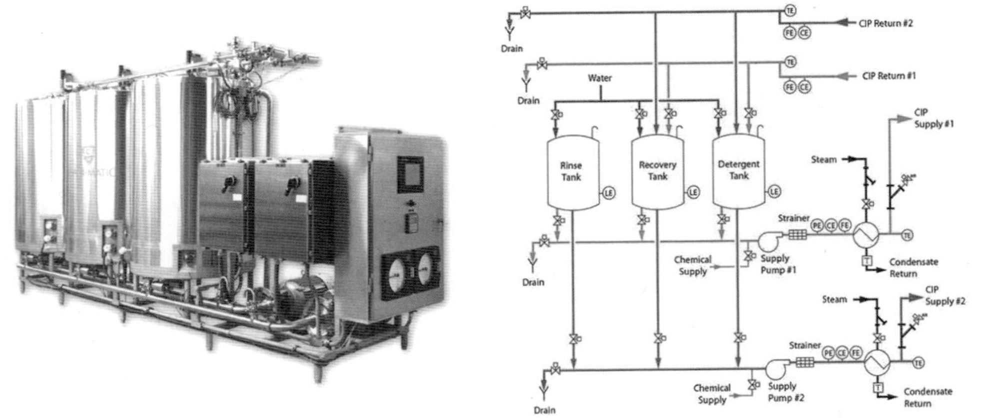

그림 9-3 Multi-Circuit CIP System

자료: Sani-Matic, Inc. https://sanimatic.com

분산형 multi-use CIP 장치의 특징은

① CIP substation이 각 세정 라인 근처에 설치되므로 세정까지의 시간 낭비가 없어진다,

② 대형 공장에서는 집중형 CIP 장치를 여러 개 설치하기보다 분산형 CIP 장치를 하나 설치하는 것이 비용이나 증기, 물, 전기 등의 에너지 소비량이 적어 유리하다.

⑷ CIP 장치의 세척 조건

CIP 장치는 세제를 라인을 따라 흘려보내고 다시 회수하는 구조로 되어 있기 때문에 파이프라인에서 막힘이 발생하거나 라인에서 세제와의 접촉이 어려운 부분이 있으면 세정이 불완전해지고 그 부분에서 미생물의 증식이 일어나 식품 사고의 원인이 된다.

또한 비교적 높은 농도로 고온의 알칼리 또는 산 세제를 라인에 흘려보내기 때문에 설비 기기가 부식할 가능성이 있다. 따라서 사용되는 설비 구성품의 재질, 구조는 규격에 맞는 것을 사용하여야 한다. CIP 장치에 의한 세척을 제한하는 요인으로는 세정 유량, 세제의 농도, 세제의 온도 등을 들 수 있다. 세정은 물리적 작용과 화학적 작용에 의해 영향을 받지만 CIP의 경우 물리적 작용은 거의 없으며, 세제가 라인을 흐를 때의 유량(유속)이 유일한 물리적 작용이 된다.

농도와 온도에 대해서는 제조 라인을 흐르는 성분 등에 의해 결정할 필요가 있다.

⑸ SIP 장치의 운용

SIP process는 CIP process를 마치고, 연속적으로 수행되는 작업이다.

SIP process는 병원성 미생물을 사멸시키기 위하여 수행되며, 공정 소독, 표적 미생물의 열에 의한 불활성화 또는 고온 고압 증기 살균을 포함하여 다양한 목적을 위해 수행될 수 있다.

SIP 장치의 운용 시 주요 사항은 다음과 같다.

① SIP 작업 전 CIP 작업 수행: 적절한 CIP 작업으로 SIP의 살균 효과 더 증가시킬 수 있으며, SIP 작업 전 CIP 작업이 불충분하다면, 살균 효과도 떨어지게 된다.

② 포화 증기 공급 확인: 포화 증기 공급을 원활하게 하기 위해 증기 공급 헤더 압력과 온도를 확인해야 한다. 과열된 증기 또는 증기 공급이 부족하면 살균이 적절하게 이루어지지 않는다.

③ 포화 수증기압의 유지: 포화 수증기의 공급이 원활하게 이루어지려면 높은 수준의 포화수증기압이 일정하게 유지되어야 한다.

④ 저점 트랩 차단 밸브 및 온도 센서 설치: 각 공정 저점에 스팀 트랩 차단 밸브와 스팀 트랩을 설치하고 밸브와 스팀 트랩 사이의 온도 모니터링 장치를 포함하여 각 공정 저점에서 온도를 모니터링해야 한다.

⑤ 지연 시간의 고려: 공기가 완전히 제거되고 포화 증기로 충진된 시스템이 지정된 온도에 도달하기 위해서는 추가 시간이 필요하다. 보통 충분한 멸균 조건을 달성하기 위해서 설정 온도의 약 1.5℃를 추가하는 것이 좋다.

2) 거품 세척 장치

식품 공정에서 가장 높은 위생도가 요구되는 곳은 충진 포장기이지만 보통 구조가 복잡하기 때문에 스프레이 세척 등으로는 세제가 복잡한 기기 전체에 닿지 않는 등 충분한 세정이 어렵다.

이러한 경우 거품 세척이 권장된다. 거품 세정은 기본적으로는 희석된 세제에 압축공기(3~5 kg/㎠)를 불어넣어 발포시킨 후 제조기기에 이 거품을 불어넣어 세정하는 방식이다. 거품에 의한 세정은 일반적인 세척 방법으로는 닫기 어려운 틈새 부위 등에도 세정 성분을 공급할 수 있다는 장점이 있다.

또한 거품이기 때문에 피세척체의 표면에 오래 체류하고, 오염물과의 접촉 시간이 길어지기 때문에 계면활성제가 잘 침투한다.

3) 차아염소산수 발생 장치

차아염소산수 발생 장치에는 강산성 차아염소산수 제조 장치와 미산성 차아염소산수 제조 장치의 2종류가 있다.

(1) 강산성 차아염소산수 제조 장치

강산성 차아염소산수 제조 장치는 양극과 음극이 이온 교환 막으로 나누어진 수조 중에 저 농도(0.05~0.1%)의 식염수를 넣고 10~20 V 전압의 직류 전류를 걸어 반응을 하는 장치이다.

식염이 전기 분해되면 양극에서는 물에서 산소와 수소이온이 생성되고, 물에 존재하던 염소이온은 전자를 잃고 염소 가스로 바뀌게 된다. 그리고 이 염소 가스는 물과 반응하여 차아염소산과 염산이 생성된다. 그 결과 양극에서는 pH가 저하하고, 용존 산소와 유효 염소 농도가 상승하여 살균력이 강한 강산성수가 형성된다(그림 9-4).

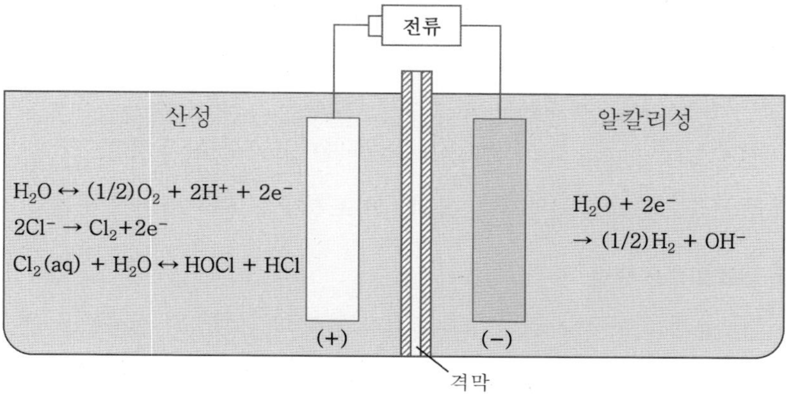

그림 9-4 식염수(NaCl 수용액)의 전기분해에 의한 강산성 차아염소산수 생성

반면에 음극에서는 물에서 수소와 수산이온(OH^-)이 생성하여 pH의 상승과 용존 산소의 저하가 일어나 강알칼리성 용액으로 변하게 된다.

이 강알칼리성 용액은 살균력이 크지는 않지만, 단백질의 용해력이나 기름 성분의 세정력이 강하고 항산화 작용이 강해 금속의 부식을 일으키지 않으므로 세척에 이용할 수 있다.

또한 강산성 차아염소산수의 배수 처리 시 중화제로도 이용할 수 있다. 강산성 차아염소산수는 보통 20~40 ppm의 유효 염소량을 나타낸다. 강산성 차아염소산수는 차아염소산나트륨 용액을 염산으로, pH를 조정하여 얻을 수도 있는데 살균력에는 큰 차이가 없다(용존 산소 농도가 낮은 점을 제외하면 다른 성상은 동등).

(2) 미산성 차아염소산수 제조 장치

미산성 차아염소산수는 pH 5~6.5, 유효염소농도 10~30 ppm로 강력한 살균력을 나타내며, 염소의 발생이 거의 없는 것이 특징이다. 식염이나 염산을 원료로 하거나 미량의 Cl 이온이 있는 수돗물을 원료로 하는 것들이 있다.

① 식염을 원료로 하는 방법

식염을 차아염소산의 원료로 하는 방법은 원리는 강산성 차아염소산수 제조와 같지만, 격막이 없는 것이 특징이다. 따라서 양극에서 생성된 차아염소산(HOCl)과 음극에서 생성된 수산화나트륨(NaOH)이 반응하여, 차아염소산나트륨이 생성됨과 동시에 양극에서 생성한 염소 가스의 일부가 날라간다. 그러므로 단순히 식염을 전기 분해하면 전체 반응 결과로서 전해수의 pH가 알칼리성으로 기울어져 HOCl보다 OCl^-의 존재 비율이 높은 차아염소산나트륨수가 생긴다.

따라서 pH를 약산성(pH 5~6, 유효염소량 50~80 ppm)으로 유지함으로써 대부분이 HOCl로서 존재하도록 식염수에 염산 등의 pH 조정제를 가하여 전기 분해를 실시한다.

② 염산을 원료로 하는 방법

희석된 염산 용액을 무격막 전해조에서 전기 분해하여 생성된 전해물을 원수로 희석하여 미산성수를 제조하는 방법이다. 전기 분해 수조에 직류 전류를 흘리면 양극에서는 염소 이온이 산화되어 염소(Cl_2)가 발생되고, 생성된 염소는 다시 물에 용해되어 차아염소산(HOCl)과 염소 이온 및 수소 이온이 만들어지게 된다. 생성된 염소 이온은 다시 양극에서 산화되어 같은 반응이 반복된다. 따라서 전해조 내 체류 시간에 의해 염소 이온의 변환율을 제어할 수 있는 구조로 되어 있다.

음극에서는 수소 이온의 환원에 의해 수소(H_2)가 생성되어 날아간다. 따라서 수소 이온 농도도 전해조의 체류 시간에 따라 제어할 수 있다.

미산성 차아염소산수의 성질을 결정하는 요인은 유효 염소량과 pH이다. 유효 염소량은 전해 전류와 염소 이온의 농도에 따라 결정될 수 있지만 보통은 전해 전류에 의해 제어된다. 전해 전압(2~2.5V)은 일정하게 고정하고, 전류치가 일정 범위를 유지하도록 염산 공급량을 조절하는 방법을 사용한다.

전류치를 올리면 그만큼 염산의 공급량이 증가하지만 그에 상응하는 양의 희석수 공급량을 감소시키면 전해조 내에서의 체류 시간이 길어지며, 염소 이온의 변환율이 올라가고 수소 이온이 감소하므로 pH를 일정하게 유지할 수 있다.

pH 제어는 희석수의 증감으로도 가능하다. 희석수를 늘리면 전류를 유지하기 위해서 염산의 공급량도 증가하고 전해조에서의 체류시간이 짧아지기 때문에 pH가 낮아지며, 반대로 희석수를 줄이면 pH가 올라간다.

이와 같이 희석수의 증감으로 제어하는 방식은 전류치, 염소 이온 농도도 변화하지 않도록 제어할 수 있으므로, 유효 염소량(10~30 ppm)을 일정하게 유지할 수 있다.

미산성 차아염소산수는 식염을 함유하지 않기 때문에 분무해도 잔류물이 잘 축적되지 않는다. 따라서 무균충진실 내의 청정화 및 살균 얼음 등으로도 이용할 수 있다.

③ 차아염소산나트륨을 원료로 하는 방법

차아염소산나트륨을 염산으로 pH 조정하는 방법이다. 조정 pH 범위는 4.5~7.5로 차아염소산 농도는 고정식이지만 보통 50~200 ppm 범위 내에서 조절이 가능하다. 생성물은 염산을 전기 분해하여 얻어지는 미산성 차아염소산수와 마찬가지로 똑같이 사용할 수 있다.

4) 오존 발생 장치

오존 발생 장치에는 오존 가스 발생 장치와 오존수 발생 장치가 있다.

(1) 오존 가스 발생 장치

① 자외선 램프식

파장 184.9 nm의 자외선을 이용하여 공기 중의 산소를 오존으로 전환시키는 방법이다. 자외선 램프식에서는 고농도 오존은 얻기 어렵다(253.7 nm의 빛은 오존을 분해한다).

② 방전식

무성방전식 발생 장치로 유전체로서 세라믹, 유리관, 석영 이중관 등이 사용되며, 산소 가스를 원료로 사용한다. 산소를 사용하게 되면 오존 생성률이 향상됨과 동시에 공기를 원료로 했을 때 발생하는 질산 등의 발생도 억제할 수 있다.

③ 전기식

물을 전기분해하여 오존 가스를 얻는 방법으로 양극에서의 산소의 생성과 함께 오존이 생성되는 구조이다. 이 방법에서는 음극에서 생성되는 수소 가스의 처리가 문제가 된다.

(2) 오존수 발생 장치

오존수 발생 장치에는 직접 오존 가스를 물에 접촉시켜 만드는 기액 직접 접촉 방식과 막 방식이 있다. 기액 직접 접촉 방식에는 이젝터(ejector) 방식과 충진탑 방식이 있다. 이젝터 방식은 이젝터 내에 감압을 발생시켜 오존 가스를 미세한 방울로 만들어 물에 불어넣어 접촉시키는 방법으로 용해 능력은 방울의 직경에서 결정되는 오존 가스/초순수물의 접촉 면적과 기액이 분리되기까지 배관이나 용기 중의 접촉 체류 시간으로 결정된다. 충진탑 방식은 충진탑 내의 충진물 표면을 액막으로 하여 흘러내리는 물과 충진물 간격을 흐르는 오존 가스가 접촉해서 오존수를 생성하는 방식으로 용해 능력은 충진물의 표면적과 기액 혼합비에 크게 의존한다.

막 방식에는 중공사막 방식과 평막 방식이 있다. 두 방식 모두 오존 내성이 우수한 불소수지 막을 사용한다. 막의 한쪽에서 공급되는 오존 가스가 막 내부로 농도 확산되는 가운데 다른 쪽에서 공급되는 물에 용해되어 오존수가 제조된다. 용해 능력은 막 면적과 막 내의 가스 확산 속도로 결정된다.

중공사막 방식은 튜브 형상의 하우징 내에 고밀도 중공사를 충진한 구조이다. 중공사 내에 물을 공급하고 중공사 밖에는 오존 가스를 공급한다. 평막 방식은 끝이 막힌 튜브 형태의 불소 수지막을 원통형 튜브 내에 말아서 설치한 구조를 가지고 있다.

이외에도 오존 가스를 물에 직접 접촉시키며 용해시켜 만드는 용해막식, 수돗물 등을 전기 분해하여 오존수를 제조하는 직접 전해식 등이 있다.

6. 식품과 포장에서의 신종 코로나 바이러스의 예방

신종코로나 바이러스에 대한 위기감이 고조되면서 식품이나 식품 포장재를 통한 바이러스의 감염에 대해 우려하는 목소리가 있다. 실제로 2020년에는 중국으로 수입된 연어, 남미산 냉동새우, 수입육과 이들을 포장하는 포장재 등에서 신종 코로나 바이러스가 검출되었다는 뉴스도 있었다.

그러나 현재까지 이들이 식품을 매개로 전파된다는 구체적인 증거는 아직 없다. 왜냐하면 신종 코로나 바이러스는 인간을 숙주로 전파가 되는 바이러스이며, 바이러스의 특성상 식품에서는 증식을 하지 못하기 때문이다. 하지만 일각에서는 식품이나 식품 포장재에 고농도로 바이러스가 묻어 있다면 그들이 불활성화되기 전에는 손등에 묻어 감염될 여지가 있지 않나 우려하는 목소리도 있다.

이에 대하여 독일 위험평가연구소(BfR, http://www.bfr.bund.de)에서는 다음과 같이 밝히고 있다. 독일에서는 도살장과 육류 절단·가공 시설의 직원이 신종 코로나 바이러스(SARS-CoV-2)에 감염 사례가 있다. 이론적으로는 육류 및 육류 제품은 도살 및 육류 절단·가공 공정에서 바이러스에 감염된 작업자의 비말 등으로 인해 식품이 바이러스에 오염될 가능성은 있다. 그러나 오염된 육류 제품과의 접촉을 통해 다시 사람이 SARS-CoV-2에 감염된 사례는 발견되지 않았다.

현재까지의 연구 결과에 따르면, 돼지나 닭 등의 가축이 신종 코로나 바이러스에 감염된 사례는 없기 때문에 살아 있는 가축을 통해 바이러스가 사람에게 전파될 가능성은 없으며, 식품에 표면에 부착될 가능성만 존재한다. 이에 대한 근거로서 다음과 같은 의견이 제시하였다.

① 코로나 바이러스가 증식하기 위해서는 살아 있는 동물 또는 인간을 숙주로 필요로 하고, 식품의 내부와 표면에서 증식할 수 없다.

② 감염된 작업자의 비말 또는 작업자의 오염된 손과 접촉한 식품 오염의 경우 오염된 식품을 소비자가 만진 손 등에서 코, 눈, 입 등의 점막으로 바이러스가 옮겨진 경우에만 가능하다고 볼 수 있는데, 이 경우 바이러스의 생존 기간을 고려하면, 비교적 단시간에만 바이러스에 의한 전염이 가능하다고 볼 수 있다.

신종 코로나 바이러스는 사람에만 감염되고 있으며, 치명적인 바이러스이기 때문에 아직 비말감염과 접촉 감염외의 감염 사례에 대한 충분한 검증은 이루어지지 않았다. 신종 코로나 바이러스의 환경 조건에서의 생존 가능성은 특정 조건(상온/냉장/냉동)에서 수일에서 수주까지 생존이 가능하다고 보고되고 있으며, 식품이나 포장재 매개의 감염 가능성은 매우 희박한 편이라고 말할 수 있다.

다만, 작업자의 안전까지 고려한 위생 관리를 위하여 다음과 같은 예방 대책을 마련할 수 있다.

① 식품에 부착된 바이러스로부터 유래한 감염으로부터 자신을 보호하기 위해서는 육류 및 가금류 등 식재료를 취식 전 반드시 충분히 균일하게 가열 조리해야 한다.

② 가공 시 위생 규칙과 감염 예방 대책에 따라 병원체 오염 위험을 최소화한다.

③ 유통 시 비말과 접촉에 의한 감염을 방지하는 대책이 필요하다.

④ 조리 시 작업자는 정기적으로 손소독 등 일반적인 위생 규범을 지키는 것이 중요하다.

소비자 입장에서는 80℃ 이상에서 후살균 처리한 식품(레토르트, 포장 두부, 육가공 제품 등) 또는 고온에서 가열 조리한 후 위생적으로 포장되는 식품이 보다 안전한 식품이라고 할 수 있을 것이다.

신종 코로나 바이러스는 식품을 숙주로 할 수 없다. 그리고 식품이나 포장재, 식품용 용기 및 기구 등에 부착 시에는 증식이 없고, 시간이 지날수록 개체 수는 감소한다.

따라서 식품의 가공/포장/유통/조리 시 바이러스로부터 안전성을 확보하기 위해서는 무엇보다 작업자의 철저한 위생 관리가 무엇보다 중요하다고 할 수 있겠다.

1) 개인 위생 관리

신종 코로나 바이러스의 예방을 위한 작업자의 개인위생 관리의 기본은 다음과 같이 요약할 수 있다.

비말 감염 예방

- 작업장에서 항시 마스크 착용
- 작업 시 대화를 최대한 줄이고 기침 예절 준수
- 밀폐된 휴식 공간을 피하고 휴식 공간에서도 마스크 착용

접촉 감염 예방

- 일정한 시간 간격으로 손 세척 실시
- 식품이나 식품 원료를 만질 때는 가급적 일회용 장갑 착용
- 용기, 기구의 소독, 살균 철저

(1) 손 세척의 중요성

많은 사람들이 알코올과 같은 소독제가 손 씻기에 비해 더 효과적이라고 생각한다. 하지만 바이러스의 제거에는 손 씻기만큼 효과적이고 안전한 것이 없다.

보통 손에 묻어 있는 바이러스의 수는 흐르는 물에 15초만 씻어도 1/100로 줄일 수 있으

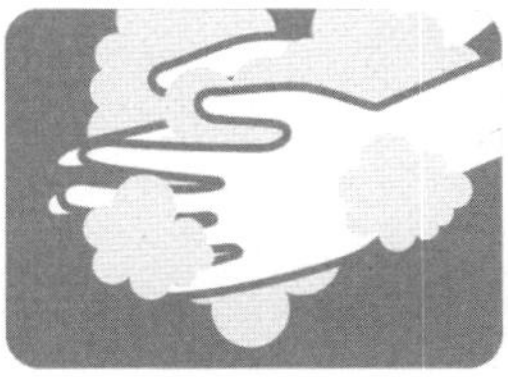

손 세척 방법		잔존 바이러스
손 씻기 전		약 100만 개
비누로 10초 문질러 씻은 후 흐르는 물에 약 15초 헹군다.	1회	약 0.01%(수백 개)
	2회	약 0.0001%(수 개)

며, 비누 또는 액체 비누로 10초간 손을 문지른 뒤 흐르는 물에 15초간 헹구면 1/1,000,000로 줄일 수 있다. 손 씻기만 잘한다면 굳이 손 소독제를 사용할 필요가 없다.

(2) 에탄올의 사용

손 소독제는 에탄올과 물, 그리고 피부 보호를 위한 글리세린 등의 원료로 만들어진다. 이 중 바이러스를 죽이는 효과가 있는 것은 에탄올로서 보통 70~95% 농도의 에탄올이 권장된다.

만약 손 소독제가 없다면 에탄올을 사용하여도 무방하기는 하나 피부에 자극을 주므로 유의해야 한다. 따라서 에탄올계 손 소독제의 사용은 비누로 손 세척을 할 수 없는 상황에서 사용하는 것이 권장된다. 알코올은 바이러스의 '막'을 파괴하여 무독화하는 원리이며, 70% 이상의 에탄올을 구하기 힘든 경우에는 60%대 에탄올도 상관없다.

주의 사항

- 알코올에 의한 피부 손상이 있을 수 있다.
- 인화성이 있으므로 공간 살포는 절대 금지한다.

2) 살균·소독제

아직까지 신종 코로나 바이러스의 식품을 통한 전염 사례는 밝혀져 있지 않지만 수입 식품에서 신종 코로나 바이러스가 검출되었다는 사례가 중국에서 보고된 바 있으므로 신종 코로나 바이러스의 예방에 효과적이라고 알려진 기구용 살균·소독제에 대해 간단히 언급하기로 한다. 다만, 이들(기구 등의 살균·소독제)은 식품을 제조·가공·조리 또는 보존하는 과정에서 식품이나 식품용 기구·용기·포장에 사용되는 물질이며, 방역용이나 인체 소독용으로 허용된 제품은 아니라는 것을 주지하고, 인체 소독용이나 밀폐된

표 9-1 바이러스 제거에 사용될 수 있는 소독 방법 및 소독제

방법	기구 등	손	비고
물과 비누에 의한 세척	○	○	-
열수	○	×	80℃ 10분 이상
알코올 소독액	○	○	70~90% 에탄올 수용액
차아염소산나트륨 수용액(염소계 표백제)	○	×	0.05~0.5%
과산화수소	○	×	0.5% 수용액
손 세척용 이외의 계면활성제(세제)	○	-	세제의 종류마다 농도가 다름
차아염소산수(일정 조건을 만족하는 것)	○	-	코로나 바이러스에 효과 검증 ×

공간에서의 분무 등을 하지 말아야 한다.

(1) 에탄올(농도 70% 이상 95% 이하의 에탄올)

에탄올은 손 소독뿐만 아니라 기구의 살균·소독에도 사용된다. 바이러스의 '막'을 파괴하여 무독화하는 원리이며, 70% 이상의 에탄올을 구하기 힘든 경우에는 60%대 에탄올도 상관없다.

주의 사항으로는 알코올에 의한 피부 손상이 있을 수 있으며, 인화성이 있어 공간 살포는 절대 금지하여야 한다.

(2) 열수(뜨거운 물)

식기나 수저, 칼 등은 열수로 바이러스를 사멸시킬 수 있다. 보통 80℃의 열수에 10분간 노출할 경우 외피가 단백질인 바이러스는 모두 사멸하는 것으로 알려져 있다(32℃ 이상, 고습도 환경에서는 바이러스는 보통 수일 내에 사멸한다). 주의 사항으로는 화상에 유의하여야 한다는 점이다.

(3) 염소계 표백제(차아염소산나트륨)

기구나 용기 등은 시판되는 염소계 표백제의 주성분인 '차아염소산나트륨'이 바이러스의 예방에도 유효하다. '차아염소산'의 산화 작용 등에 의해 신종 코로나 바이러스를 파괴하고 무독화하는 원리이다.

차아염소산으로 해리되는 pH 8~9에서 가장 살균 효과가 크다.

사용 방법은 시판되는 가정용 표백제(일명 '락스')를 차아염소산나트륨의 농도가 0.05%가 되도록 희석하여 닦아내고, 물청소를 한다.

주의 사항으로 염소에 과민한 사람은 사용을 삼가야 하며, 눈에 들어가거나 피부에 닿지 않도록 하고, 삼키거나 흡입 않도록 주의하여야 한다. 산성 물질과 혼합하면 염소가스가 발생하므로 특히 취급에 주의하여야 하며, 금속 물체에 차아염소산나트륨을 사용하면 부식될 수 있으므로 주의하여야 한다.

Q. 바이러스를 예방하기 위해 차아염소산나트륨 수용액을 스프레이 또는 휘산시키는 것이 효과가 있나요?

A. 차아염소산나트륨은 호흡기 독성을 가지고 있기 때문에 절대 분무하거나 휘산시키는 용도로 사용해서는 안 된다. 차아염소산나트륨 수용액을 분무하거나 눈과 피부에 접촉 또는 흡입하지 않도록 해야 하며, 특히 밀폐된 공간에 분무하는 것을 금지하여야 한다. '공간 살포용 살균제'로 승인을 얻은 차아염소산나트륨 수용액은 아직 없으며, 효과에 대한 검증도 아직 없다.

(4) 과산화수소(hydrogen peroxide)

보통 과산화수소(H_2O_2) 0.5% 수용액을 사용한다. 대장균, 포도상구균, 장염비브리오균 살균 작용이 있다. 과산화수소는 사용 후 '산소+물'로 분해, 소실된다.

하지만 식품에 잔류는 허용되지 않으며, 최종 식품의 완성 전 완전 분해, 제거하여야 한다. 다음의 식품용 기구 등 이외에 사용하여서는 아니 된다.

식품용 용기·포장의 멸균 목적으로 사용한 경우에는 멸균수로 헹구거나 열풍 건조시켜 제거하여야 한다. 『기구 및 용기포장 공전』에 규정된 잔류량 실험을 실시하여야 하며, 용기·포장 중의 과산화수소 잔류량은 0.5 ㎎/L 이하이어야 한다.

(5) 세제(계면활성제)

식품용 기구나 테이블, 문손잡이 등은 시판의 가정용 세제의 주성분인 계면활성제도 일부 사용할 수 있다. 계면활성제는 바이러스의 '막'을 파괴하여 무독화하는 원리이다.

사용 방법으로는 유효한 계면활성제가 포함된 가정용 세제를 선택하여 기재된 사용 방법에 따라 그대로 사용한다. 주방용 세제의 경우에는 희석하여 사용한다.

현재 9종류의 계면활성제가 신종 코로나 바이러스에 유효하다는 것이 확인되고 있다(일본 NITE의 검증). 이 9종류의 계면활성제는 노로바이러스 등 다른 병원균에 대한 효과는 검증되지 않았다.

신종 코로나 바이러스에도 유효하다고 검증된 계면활성제(9종)

- Sodium linear alkylbenzene sulfonate (0.1% 이상)
- Alkyl glycoside (0.1% 이상)
- Alkylamine oxide (0.05% 이상)
- Benzalkonium chloride (0.05% 이상)
- Benzetonium chloride (0.05% 이상)
- Dialkyl dimethylammonium chloride (0.01% 이상)
- Polyoxyethylene alkyl ether (0.2% 이상)
- 순비누분(potassium fatty acid) (0.24% 이상)
- 순비누분(sodium fatty acid) (0.22% 이상)

3) 생산 및 유통 현장에서의 대책

(1) 작업장 환기

신종 코로나 바이러스 등의 미립자를 실외로 배출하기 위해서는 자주 환기를 실시하여 실내 공기를 바꾸어 주는 것이 필요하다. 또한 염소계 살균·소독제 사용 후에도 작업자의 흡입 안전성을 확보하기 위해 반드시 환기를 하여야 한다.

작업장 등 실내 온도에 크게 영향을 주지 않는 범위 내에서 정기적인 환기를 실시한다. 창문을 통한 환기를 할 경우 바람이 흐를 수 있도록 양방향 창문을 1시간에 2회 이상 또는 몇 분 정도 실시한다.

Q. 염계 살균·소독제의 사용 시 유의할 점은 무엇인가요?

A. 염소계 살균·소독제 등은 환경 살균·소독제로서 많이 사용되고 있다. 저농도에서도 강력한 살균 효과를 얻을 수 있지만, 흡입 독성 등이 있어 밀폐된 공간에서 사용 시에는 작업자에 해를 끼칠 수 있으니 유의하여야 한다.

* 환경 소독제를 사람이 직접 사용하거나 또는 공간 분무하여 사용하는 것은 위험하다.
눈, 피부에 부착이나 흡입에 의한 독성이 있을 수 있다.
(현재 공산 살포 소독제로 효과가 검증되어 허가가 난 제품은 없다)

* 소독제를 마스크에 살포하여 사용하는 것은 적절치 않다.
흡입에 의해 인체에 독성을 나타낼 수 있으므로 절대 금해야 한다.

해충이나 미생물 유입이 우려되는 식품 가공공장 등에서는 환기를 실시하지 않으며, 작업복, 출입문 등에 적용되는 HACCP 위생 기준에 따른다.

해충이나 미생물 유입이 우려되는 식품 가공공장 등에서는 환기를 실시하지 않으며, 작업복, 출입문 등에 적용되는 HACCP 위생 기준에 따른다.

(2) 유통 현장에서의 위생 관리

- 일회용 장갑 착용을 권장
- 희석한 염소계 표백제를 사용하여 소독(선반/매대/장바구니 등에 사용하는 행주를 분리해서 사용)

  ※권장 농도: 0.05~0.1% 수돗물 500 mL에 표백제 5~10 mL(5 mL 페트병 뚜껑 1잔 정도)
- 현금 전달 후에는 매번 흰색 수건으로 장갑을 낀 채 닦는다(살균 전 손이 눈이나 입에 닿지 않게 한다).
- 여유 시간에는 바구니를 닦는다.

4) 기타 소독 방법

신종 코로나 바이러스의 소독에 효과가 있다고 알려진 또 다른 방법으로는 공간 살균과 포장재의 표면 살균에 이용되는 방법으로서, 자외선과 오존이 있다.

(1) 자외선(UV-C)

선행 연구 결과에 의하면 UV는 신종 코로나 바이러스(SARS-CoV-2)와 같은 코로나 바이러스에 효과가 있다고 한다. 특히 UV-C는 67 J/m^2의 값으로 코로나 바이러스를 1~30분 동안 노출 시 신종 코로나 바이러스를 비활성화할 수 있다고 한다.

UV의 파장 내에서 가장 효과적인 파장은 250~280 nm(UV-C 범위)로서, 공기 중의 미생물은 액체 중에 있는 미생물에 비해 자외선 손상에 훨씬 더 취약하다. 따라서 UV 램프 등으로 공간 소독을 하거나 포장재 표면에 부착된 미생물을 살균하는 데 보다 효과적이다.

미생물의 종류에 따라 UV-C의 효능은 차이가 있다. UV-C는 인체에 해가 되므로 작업자가 장시간 노출되는 것을 피해야 한다(UV-C 노출은 2.5 J/m^2 수준에서 10~15분 미만이

어야 함).

농식품에 사용 시에는 표면의 살균에만 효과가 있으며, 수분함량이 많은 식품일수록 효과가 떨어지므로 주로 건조식품에 유효하다. 또한 포장재의 살균 시에는 과다한 UV에 노출되면 포장재의 변성을 유발할 수 있다(특히 PP재질).

서울 반도체에 의하면 UV LED 제품을 사용하여 신종 코로나 바이러스의 99.9%가 30초 만에 불활성화되었다고 한다. 이것은 식품 창고 내 자외선램프 등으로 사용될 수 있지만 역시 과다 노출 시 피부 등에 해를 끼칠 수 있으므로 창고 개방 시 자동 소등되도록 하여야 하며, 작업자가 없는 시간대에 사용할 것을 권장한다.

표 9-2 코로나 계열 바이러스에 대한 자외선(UV)의 살균 효과(선행 연구)

Viruses	UV dose	Time(min)	Medium	Log_{10} reduction	Reference
SARS CoV Urbanus	241 J/㎡	1	air	3	Kowalski et al., 2020
Coronavirus	7 J/㎡	1	air	3	Walker and Ko, 2007
SARS CoV	40.16 J/㎡	6	air	3	Darnell et al., 2004
Canine coronavirus	29 J/㎡	1	air	3	Kowalski et al., 2020
SARS CoV	1.7 J/s ㎡	20	plasma	> 3.4	Eickmann et al., 2020
Murine Coronavirus	29 J/㎡	1	air	3	Kowalski et al., 2020
SARS CoV Hanoi	134 J/㎡	1	air	3	Kowalski et al., 2020
SARS CoVP9	1 J/s ㎡	30			Duan et al., 2003
MS2 virus	9 J/s ㎡	0.0107	air 55% RH	3	Tseng and Li, 2005
PhiX174 virus	10.3 J/s ㎡	0.017	air 55% RH	3	Tseng and Li, 2005
Avian influenza virus aiv H1N1	15 J/㎡	15	air	2	McDevitt et al., 2012
Avian influenza virus aiv H7N1	0.9 J/㎡UVB	158	air	1	Sutton et al., 2013
Avian influenza virus aiv H5N1	0.9 J/㎡UVB	167	air	1	Sutton et al., 2013
Influenza viruses	23 J/㎡	20	air	3	Sutton et al., 2013

(2) 오존(O_3)

선행 연구 결과에 의하면 오존(O_3)은 10분에서 15분 동안 10~20 ppm의 농도에서 코로나 바이러스의 농도를 1/1000 이하의 수로 감소시키는 것으로 조사되었다.

오존은 염소의 약 7배나 강한 산화력을 갖고 있으며, 살균, 탈취, 표백의 효과를 발휘한다. 세균에 대한 살균력은 0.57 ppm 농도에서 40초면 대장균이 완전 사멸하며, 특히 곰팡이 등의 사멸에 효과가 있어 창고 등의 공간 살균에 사용된다.

악취 성분과 신속히 반응하여 냄새를 제거하며, 반응성은 강하지만 반응 후 쉽게 안정적인 형태인 산소로 전환하므로 다른 소독제에 비해 안전하다고 할 수 있다. 하지만 오존은 피부와 점막에 자극성이 있으며, 장시간 노출은 인체에 독성을 나타낼 수 있다. 오존수에 대한 바이러스 억제 효과는 아직 알려지지 않았다.

오존은 대기압에서 저온 플라즈마 발생 장치에 의해서도 발생될 수 있다. 따라서 대기압 저온 플라즈마 발생 장치를 이용하면 바이러스의 공간 살균 및 포장재 표면의 살균에 더 효과적일 수 있다.

표 9-3 각종 바이러스에 대한 오존(O_3)의 살균 효과(선행 연구)

Viruses	Ozone (ppm or mg/L)	Time(min)	Medium	Log_{10} reduction	Reference
Murine Coronavirus	10	10	Air (90%)	> 3	Hudson et al., 2009
Murine norovirus MNV-1	6.25	5	green onion	1.61	Hirneisen et al., 2011
Coronavirus(Covid-19)	15~20	10~15	air	3	Wang et al., 2020
Murine norovirus	6.25	5	lettuce	2.91	Hirneisen et al., 2011
Murine norovirus	6.25	5	water	4.69	Hirneisen et al., 2011
Influenza virus	10	10	glass	4	Hudson et al., 2009
Influenza virus	10	20	stainless steel	4	Hudson et al., 2009
Rotavirus	10	10	plastic	4	Hudson et al , 2009
Rotavirus	10	15	glass	4	Hudson et al., 2009
Rotavirus	10	20	stainless steel	4	Hudson et al., 2009
Poliovirus type 3	0.3	0.3	water	1.63	Finch et al., 1991
Murine norovirus	3	1	Raspberries	> 3.3	Brie et al., 2018
hepatitis A (HAV)	5	3	Raspberries	0.6	Brie et al., 2018
Adenovirus	6	30	wastewater	5	(Wang et al., 2018)
Norovirus	7	15	wastewater	5	(Wang et al., 2018)

Q. 포장 용기에 살균·소독제 처리 후 잔류에 대하여 걱정이 되는데 잔류되는 소독제를 없애기 위한 처리가 별도로 있나요?

A. 잔류 문제로 인하여 식품의약품안전처에서는 포장 용기에 사용되는 살균·소독제의 종류와 사용량, 그리고 잔류 허용량을 규정하고 있다.
따라서 살균·소독 후에는 물로 세척 또는 충분한 건조로서 살균·소독제가 잔류하지 않도록 하여야 한다. 살균·소독 후 세척이나 건조를 충분히 하였다면 살균·소독제는 시간이 지나면 분해되거나 휘발되어 잔류하지 않는다.

Q. 살균·소독제가 신종 코로나 바이러스에 효과가 있나요?

A. 현재 미생물 살균에 사용되는 세척제 및 살균·소독제 중 많은 것들이 신종 코로나 바이러스에도 효과가 있다고 알려져 있다. 에탄올, 염소계 표백제, 계면활성제 등이 대표적이다.

CHAPTER 10

포장재로부터 기인하는 위해요소

포장재로부터 기인하는 위해요소의 안전 관리는 포장재를 제조할 때 사용되는 주원료, 가공 보조제 등의 원료성 물질과 제조 공정 중 생성·혼입되는 불순물, 오염물질 등으로서 이들이 ① 식품의 제조 단계, ② 식품의 저장 및 유통 단계, ③ 식품의 소비 단계에서 식품으로 이행이 되어 식품을 섭취하는 사람에게 해를 끼치는지 여부를 관리하는 것이다.

식품의 제조 단계에서는 포장 후 후살균을 하는 식품이 주요 대상이 된다. 저장 및 유통 단계에서는 포장재에서 기인하는 물질의 식품으로의 전이뿐만 아니라, 외부 환경으로부터 포장재를 투과하여 식품으로 전이되는 물질 또한 고려의 대상이 될 수 있다.

저장 및 유통 중 냄새 등을 유발하는 휘발성 물질에 의한 오염이 좋은 예가 될 수 있다.

소비 단계에서는 소비자가 포장재를 사용할 때 발생할 수 있는 위험성 또는 잘못된 사용 방법에 의해 야기될 수 있는 위험성이 주요 고려 대상이 된다. 여기에는 포장재로부터 기인하여 식품으로 전이될 수 있는 물질뿐만이 아니라 사용 시 상해나 화상 등 물리적인 위해요소도 포함이 된다.

『식품용 기구 및 용기·포장 공전』에서는 포장재에서 기인하는 물질의 식품의 전이에 대해 시험하는 방법으로서 식품을 모사한 용매를 사용하여 위해물질의 용출량을 시험하도록 하고 있으며, 각각의 용도와 재질에 대해 위해물질의 용출 허용치를 규정하고 있다.

1. 포장재에서 기인한 위해 우려 물질

식품 포장재에서 기인한 「식품위생법」의 규제 물질과 포장 재료에 포함되어 있는 물질 중 해외 등에서 규제 대상이 되고 있는 물질(기타 규제)을 표 10-1에 나타내었다.

「식품위생법」의 규제 대상 물질 이외에 인체에 위해성 및 환경 영향 등으로 국내외에서 안전기준이 규정되어 있는 물질들은 착색료, 합성수지(잔류 모노머 포함), 첨가제, 중금속, 인쇄용 잉크, 접착제 등이 있다. 다음에서 이들 물질에 대하여 플라스틱 포장재를 중심으로 알아보고자 한다.

1) 안료

플라스틱 포장재는 보통 안료를 사용하여 착색시켜 사용하는 것이 많다. 이 경우 안

표 10-1 식품 포장재에서 기인한 규제 대상 위해물질

재질 구분	식품위생법의 규제	기타 규제
합성수지제	• 카드뮴, 납 • 중금속 • 과망간산칼륨 소비량 • 증발 잔류물 • 모노머	• 수지, 모노머 • 첨가제 • 안료(착색제) • 접착제 • 잉크
고무제	• 카드뮴, 납 • 중금속, 아연 • 증발 잔류물	• 고무 • 첨가제
종이제	• 형광물질 • PCB	
금속제	• 카드뮴, 납, 비소 • 증발 잔류물	• 잉크
유리제, 도자기제, 법랑 및 옹기류	• 카드뮴, 납	• 중금속 • 보조제 등

료가 포함된 마스터 배치를 플라스틱 펠릿과 용융 혼합하여 포장재를 만든다. 여기에 사용할 수 있는 착색료는 「식품위생법」에 규정되어 있다. 이들 물질은 식용 적색, 식용 황색, 이산화티탄, 삼이산화철과 같은 식품첨가물로서도 허용이 되는 물질이기 때문에 인체에의 영향은 큰 문제가 없다.

또한 알루미늄 포일 등 다른 소재와 라미네이트하여 착색료가 식품에 용출이 되지 않는 경우에는 식품첨가물 이외의 물질도 사용될 수 있다.

2) 합성수지 및 합성수지 유래 물질

(1) 고분자

보통 고분자(polymer) 물질은 분자량이 크기 때문에 체내에 흡수가 되지 않는다. 따라서 국제적으로 인체의 위해성을 따지는 물질은 고분자의 성분 중 분자량이 약 1,000 이하인 저분자량 물질이다. 이 이하의 크기이어야만 용출되어 경구로의 섭취가 가능하기 때문이다.

EU는 합성수지의 PL(positive list, 허용물질목록)을 작성할 때 '분자량 1,000 이상의 고분자 화합물은 인체에 섭취되어도 위장기관계에서 흡수되지 않기 때문에 인체에 미치

는 영향은 없다'는 생각을 도입하여 기존의 폴리에틸렌(PE)이나 폴리스티렌(PS) 등의 수지별 규제를 폐지하고 에틸렌이나 스티렌 등의 '모노머'를 PL 대상으로 하고 있다. 이러한 개념은 국제적으로도 통용되고 있다.

즉 신규 화학물질을 새로 제조 및 판매할 때에는 반드시 독성시험이나 환경영향평가시험을 거쳐야 하지만, 고분자 화합물의 경우는 분자량 분포를 측정하여 분자량 1,000 이하의 저분자량 물질이 존재하지 않는다는 것만 증명하면 변이원성시험이나 만성독성시험 등은 면제가 된다.

Q. 비닐 포장재나 랩 조각을 잘못해서 먹은 것 같은데 괜찮을까요?

A. 비닐 포장재 및 랩의 재질은 폴리에틸렌(PE), 폴리프로필렌(PP), 폴리염화비닐(PVC) 등이다. 이들은 다른 일반 플라스틱과 마찬가지로 화학적으로 안정하여 장내에서 소화가 되지 않는다. 만약 실수로 플라스틱 조각을 먹는다 하더라도 체내에서 화학적인 변화도 발생하지 않고, 또 소화도 되지 않고 그대로 체외로 배출된다. 플라스틱 재료의 독성에 대해서는 동물 실험에서 플라스틱을 먹이에 혼합하여 90일~2년간 계속해서 투여한 결과 아무런 이상도 나타나지 않은 것으로 확인되었다.

(2) 모노머

합성수지의 원료 물질로서 사용되는 모노머(mmonomer, 단량체) 중에는 인체에 위해를 끼칠 수 있는 물질이 있어 규제 대상이 되고 있다.

폴리염화비닐(PVC)의 원료인 염화비닐 모노머, 폴리스티렌(PS)의 원료인 스티렌, 폴리카보네이트(PC)의 원료인 비스페놀 A, 페놀수지의 원료인 포름알데히드가 대표적인 예이다. 이들 물질은 원료수지 및 포장재에서 모두 그 잔존량이 규제되고 있다.

(3) 증발 잔류물

합성수지, 금속 캔, 고무에는 증발 잔류물의 시험 규격이 있다. 각 재료 모두 『식품용 기구 및 용기·포장 공전』에 명시된 방법으로 식품 성분을 모사한 식품 모사 용매를 사용하여 정해진 온도와 시간에서 용출시험을 실시하고, 용출량이 규격치 이하인지를 평가하는 시험이다.

식품 포장 재료에서는 실제 사용에 가장 가까운 시험이며, 국제적으로도 인체에 미치는 건강 영향을 생각하는 데 있어서 가장 기초가 되는 시험이다.

포장재로부터 식품으로 용출된다는 것은 사람이 경구로 섭취할 수 있다는 것이기 때문이다.

합성수지 포장재로부터 용출될 수 있는 물질의 예를 들면,

① 저분자량의 플라스틱 유래 물질(분자량이 작을수록 용출되기 쉬운 경향이 있음)

② 산화 열화 생성물(플라스틱은 성형 가공 시 산화되어 열화되기 쉬운 성질을 가진다)

③ 증기 살균 및 고온 처리에 의한 용출물(고온에 의한 열화 및 분해물)

등이 있다.

플라스틱 포장재에서 용출이 가장 우려되는 것은 유지 식품이다. 플라스틱의 대부분은 석유계 원료를 사용하기 때문에 극성이 거의 없으며, 물보다는 기름의 침투가 활발히 일어난다. 또한 고온이 되면 용출량이 증가하는 경향이 보이는 경우가 많다.

현재의 규격은 플라스틱으로부터 기인한 저분자 물질 등의 용출을 개별 물질로서 관리한다기보다는 용출되는 물질의 총량으로 규제하고 있다. 플라스틱 포장재로부터 용출되는 용출물은 플라스틱 고분자나 첨가제 유래의 많은 물질의 혼합물로, 그 구조를 특정하는 것은 사실상 어려우므로 해외에서도 모두 총용출량 규제를 하고 있다.

용출시험 조건에 대해 유럽과 미국은 우리나라와 달리 식품의 종류에 따른 시험온도와 시간, 식품 분류 및 식품 모사 용매를 세부적으로 규정하고 있다.

여러 가지 시험조건 중에서 실제적인 사용 방법의 관점에서 볼 때 가장 가혹한 조건을 기준으로 평가하는 개념이다.

(4) 첨가제

합성수지 포장재에서는 성형 시 혹은 사용 시의 안정성 유지와 용기·포장으로서의 기능을 위하여 첨가제를 사용하고 있다. 이들 첨가제의 종류로는 안정제, 계면활성제, 활제, 블로킹 방지제, 대전방지제, 충진제 등이 있다.

이들 첨가제를 첨가하는 방법은 보통 용융 전 플라스틱 수지에 분산하거나 표면에 도포하는 방법, 표면살포 등이 있다.

안정제로서는 고온 성형 시 수지의 최대 문제점인 산소에 의한 열화 촉진을 막기 위

해 스스로 산소를 흡수하는 구조의 산화방지제가 널리 사용되고 있으며, 페놀계나 인계 화합물이 많이 사용된다. 또한 사용 중 자외선에 의한 열화를 막기 위한 자외선 흡수제도 있다.

계면활성제는 포장재 표면의 정전기에 의한 먼지 부착 및 김 서림을 방지하기 위해 글리세린지방산에스테르와 같은 주로 비누와 유사한 물질이 사용된다. 활제는 식품의 자동충진 포장기에서 필름이 잘 미끄러지게 하거나 용기의 성형 시 금형으로부터의 성형품의 이형성 향상을 위해 주로 고급지방산 아마이드와 같은 지방산 유도체가 사용된다. 첨가제는 해외에서 적용되고 있는 PL 중에서도 가장 많은 수를 차지하며, 화학적인 구조나 순도도 다양하므로 첨가제는 PL의 측면에서 가장 중요한 포장재 유래 화학물질이라고 할 수 있다.

3) 중금속

중금속은 식품 포장재뿐만 아니라 의약품 포장이나 전자제품 등의 모든 분야에 있어 규제 대상이 되고 있다. 경구나 주사제에 의한 인체 섭취 우려는 물론 폐기 후 환경오염도 문제가 되기 때문이다.

중금속은 독성이 강해 소량으로도 인체에 악영향을 미칠 수 있다. 이 중에서 가장 중요하게 다루는 중금속은 납과 카드뮴으로 착색된 숟가락, 도마, 포크, 컵 등 식품용 기구(주로 노란색과 붉은색)들에서 납과 카드뮴이 검출되는 경우가 많은데, 이는 착색제로 사용되는 무기 화합물 중 불순물에서 유래된 것으로 추정된다.

6가 크롬은 포장재 인쇄공장에서 동판 실린더의 표면 도금제 등으로 지금도 널리 사용되고 있다. 금속도금의 경우 6가 크롬은 도금 후에 인체에 미치는 영향이 적은 금속 크롬으로 환원되므로 큰 문제는 없지만 도금액으로 사용되는 유해한 6가 크롬 용액이 공장 밖으로 배출되었을 경우에는 큰 환경오염 문제가 될 수 있다. 과거에도 도금이나 인쇄공장 터의 토양오염 문제가 제기 된 적이 있으므로 주의할 필요가 있다.

4) 잉크

현행 「식품위생법」에서는 인쇄 잉크에 대한 규제나 규격은 없지만 국제적으로는 관련

업계에서 통용되는 금지물질목록(negative list, NL)이 있다.

인쇄 잉크는 안료, 수지, 유분, 왱커제, 코팅제, 희석용제, 바인더 등의 혼합물이며, 국제적으로 현재 약 540개의 물질이 NL에 등록되어 있는데, 그중 약 80%는 벤젠, 사염화탄소 등의 화학물질 규제 대상 물질이며 발암성 물질도 많다. 인쇄 잉크에 관해서는 현재 EU가 규제를 심의 중이며, 미국과 일본에서는 특별한 규제는 없다. EU의 규제가 공표되면 우리나라를 비롯한 전 세계에 영향을 미칠 것으로 예상된다.

5) 접착제

접착제는 식품 포장이나 의약품 포장에서 종이, 알루미늄, 각종 합성수지 필름 등을 라미네이션하기 위해 널리 사용되고 있다.

접착제는 여러 가지가 있지만 주로 사용되는 접착제는 폴리우레탄계 2액 반응형이며, 이 경우 경화제로서 이소시아네이트 화합물이 사용되고 있다(표 10-2).

폴리우레탄계 접착제에 사용되는 이소시아네이트 중에는 방향족 이소시아네이트(MDI, TDI 등)가 많이 사용되어 왔는데, 이들의 특징은 건조가 빠르고 반응성이 좋아 광범위하게 쓰이지만 발암물질의 생성 가능성이 있다고 알려지면서 북미 등에서는 레토르트 파우치에 방향족 이소시아네이트를 원료로 한 접착제를 사용하지 못하게 하고 있다.

이에 대한 대안으로서 지방족 이소시아네이트(HDI, IPDI)를 원료로 한 접착제가 사용되고 있는데, 이 접착제의 특징으로는 발암물질 생성이 없고, 내화학성이 우수하지만 건조 및 경화 속도가 늦어 경화숙성(aging)에 필요한 시간이 더 오래 걸린다는 단점이 있다.

레토르트 파우치용 라미네이션의 해외 규정으로는 'FDA regulation CFR177.1390-Laminate structures for use at temperatures of 250°F and above'가 있으며, 여기에 접착제와 관련된 규정도 포함되어 있다.

접착제에는 화학 반응성을 가진 화합물을 사용되므로 인체에 미치는 영향에 대한 고려가 필요하다. 또한 접착제에 사용되는 용제로는 주로 에틸아세테이트(EA)나 톨루엔과 유사한 구조의 용제가 사용되므로 포장재 잔류량에 대해 확인이 필요하다.

표 10-2 **폴리우레탄계 접착제의 이소시아네이트 원료**

물질명	구조식	분자량	CAS No.
Toluene Di-isocyanate(TDI)	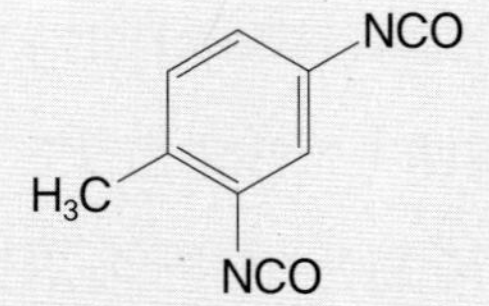	174	584-84-9
Methylene Diphenyl-diisocyanate(MDI)	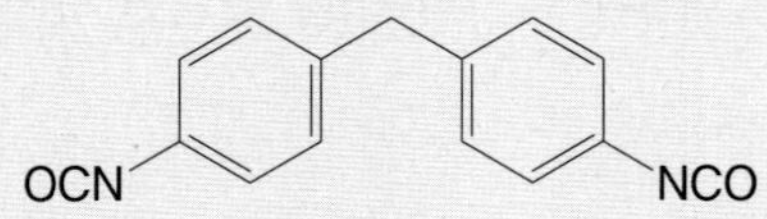	250	101-68-8
Xylene diisocyanate(XDI)	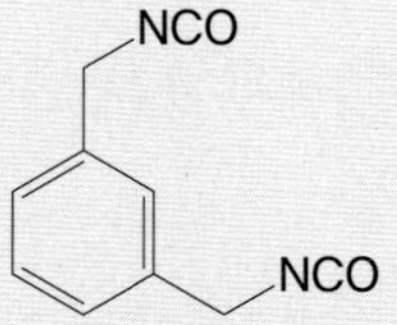	188	3634-83-1
Hexamethylene diisocyanate(HDI)	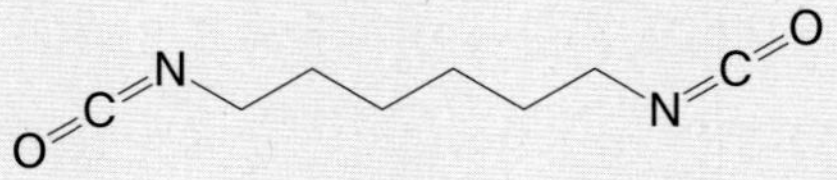	168	822-06-0
H12MDI	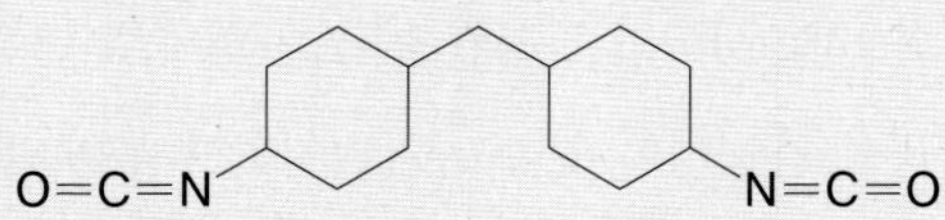	262	5124-30-1
Isophorone diisocyanate(IPDI)	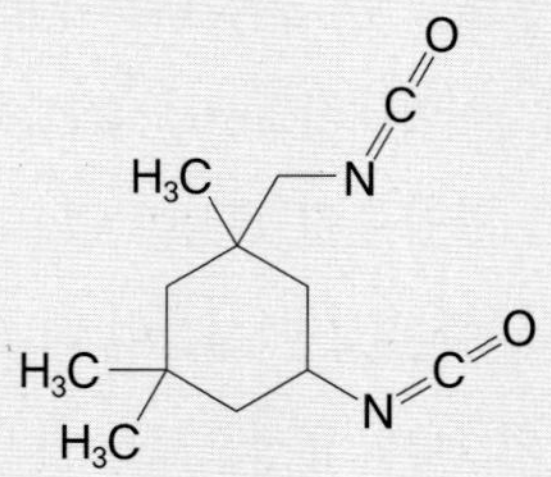	222	4098-71-9

2. 플라스틱 첨가제

1) 가소제

가소제(plasticizer)는 딱딱한 플라스틱 고분자에 첨가함으로써 플라스틱에 유연성을 부여하고 성형 가공을 용이하게 하거나 탄성 및 접착성 등의 특성을 부가하는 것이다. 용제를 첨가해도 비슷한 효과는 얻을 수 있으나 용제가 휘발함에 따라 효과가 없어지기 때문에 일반적인 가소제로는 분자량이 크고 수지 중에 머무를 수 있는 것이 사용된다.

가소제로 사용되는 것들은 대부분이 폴리비닐클로라이드(PVC) 또는 폴리염화비닐리덴(PVDC)용으로 사용된다. 첨가량은 연질 PVC에서 20~55%, 경질 PVC에서 10% 이하, PVDC에서 5~15%로 알려져 있다.

식품 포장용으로는 아디핀산(adipic acid)계, 세파신산(sebacic acid)계 및 구연산에스테르(citric acid ester)계가 사용되며, 이외에도 프탈산(phthalate)계가 사용된다.

(1) 프탈산에스테르

프탈산에스테르(phthalate ester)는 PVC에 폭 넓은 유연성과 가공성을 부여하여 연질 제품으로써 랩 등 식품 포장재 분야에 있어 독특한 용도 확대를 가져온 첨가제이다. 하지만 프탈산에스테르가 발암성 물질로써 간과 신장의 조직 기능 장해 및 생식 기형을 유발하는 물질로 보고되면서 미국, 영국을 비롯한 선진국에서 인체 유해성에 관한 문제가 제기되기 시작하였다.

이 중에서 대표적인 물질인 DEHP[di(2-ethylhexyl) phthalate]는 가소제 중에서도 가장 많이 사용되어 왔으며, 현재는 식품 포장용으로 사용이 규제되고 있는 물질이다.

일본에서는 1999년에 도시락 1식당 DEHP가 평균 1,768 ㎍ 검출되어 그 원인을 조사해 보니 박스에 사용되는 PVC 장갑에서 유래된 것으로 조사된 사례가 있으며, 이후 유지, 지방성 식품을 함유하는 식품의 기구·용기 포장 및 영유아가 입에 접촉하는 장난감에 대해 사용 금지가 되었다.

프탈산에스테르류는 소수성이 강하기 때문에 쌀이나 빵보다 마가린 등의 기름에 쉽게 용출된다. 그러나 급성 독성은 낮아 일상적인 사용에 있어서 우려해야 할 수준은 아닌 것으로 알려져 있다.

2) 산화방지제

PVC 이외의 폴리에틸렌(PE), 폴리프로필렌(PP) 및 폴리스티렌(PS) 등의 플라스틱에 사용되는 산화방지제(antioxidant)는 페놀계 화합물과 아민계 화합물 등이 있다.

페놀계에서는 크레졸에 3급 부틸(tert-butyl)기를 부여한 디부틸히드록시톨루엔(BHT) 및 그 관련 화합물이 많이 사용되고 있다. 디부틸히드록시톨루엔(BHT)은 식품첨가물로서 식품 또는 화장품에 쓰이기도 하는 산화방지제이지만 피부 점막을 자극해 피부 염증, 알레르기를 유발할 가능성이 있으며, 호흡기 독성물질로도 의심되고 있다.

JECFA(Joint FAO/WHO Expert Comittee on Food Additives)에 의하면 BHT의 1일 섭취 허용량(ADI, mg/kg·bw/day)은 0.3이다.

3) UV 안정제

플라스틱은 자외선에 노출 시 분해와 산화 반응이 일어나며, 이로 인해 플라스틱의 물성이 떨어진다. 따라서 플라스틱의 기능과 수명을 늘리기 위하여 UV 안정제(UV stabilizer)를 사용한다.

자외선 파장영역(290~400 nm)의 광에너지는 71~100 Kcal/mol로, 수지를 구성하는 각 원소 간의 결합을 해리시키는 데 충분한 크기이다. 이러한 자외선에 의한 열화는 산소 존재 하에서 일어나는 산화 반응으로 개시 단계에서 자외선광자(UV photon)에 의해 자유 라디칼이 생성되는 것 이외의 반응 메커니즘은 열산화 반응과 동일하다. 광산화방지제는 햇빛 속에 있는 자외선의 침투를 차단함으로써 플라스틱 제품이 자외선의 화학 작용 및 표백 작용 등에 의해 산화되는 것을 일정기간 지연시켜 제품의 기능과 수명을 연장해 주는 역할을 한다.

자외선에 의한 플라스틱의 열화를 방지하기 위해 사용되는 UV 안정제의 종류는 다음과 같다.

(1) 자외선 흡수제

자외선 흡수제(UV absorber)는 흡수한 에너지를 폴리머에 무해한 열에너지로 변환시켜 방출한다. 대부분의 자외선 흡수제는 벤조페논계, 벤조트리아졸계 및 실리실신계 등의 화합물이며 이들 분자구조의 공통적 특징은 페놀기의 OH기를 가지고 있으며, 주변에 O, N과 같은 전기음성도가 큰 원자를 가지고 있어서 상호 간의 수소결합을 형성하여 흡수한 광에너지를 안정하게 열에너지로 방출한다.

각각의 화합물은 수지에 의해 구분되어 있으며 산화방지제와의 병용에 의해 더욱 큰 효과가 나올 수 있다. 벤조트리아졸계 화합물 중에서도 분자량이 비교적 작은 Tinuvin P는 염화 비닐 시트와 일부 PET병에도 검출이 된 사례가 있다.

(2) Quencher

플라스틱에 자외선이 조사되면 폴리머 내부의 이중결합, 촉매 찌꺼기(금속), 케톤기 및 과산화물 등이 chromophore으로 작용하여 자외선 에너지를 흡수한 후 여기 상태(excitation state)가 된다.

Quencher는 chromophore의 에너지를 흡수하여 열에너지로 방출시키는 역할을 한다.

(3) Hals계 UV 안정제

Hals계 UV 안정제는 라디칼 종결제로서의 역할을 한다. 자외선 흡수 작용은 없지만 광산화 반응 도중에 발생하는 자유 라디칼을 제거함으로써 산화 반응을 방지한다.

(4) 카본블랙

검은색 잉크의 원료로도 사용되는 카본블랙(carbon black)은 플라스틱 내에 잘 분산되어 있다면 자외선뿐만 아니라 모든 빛을 차단하여 과산화물의 분해 및 라디칼 종결제 역할을 수행할 수 있다. 화학적으로 안정하고 이동성이 없으므로 가장 강한 광산화 반응 방지제이다. 일반적으로 투명성이나 백색이 요구되지 않는 폴리머에 마스터 배치로 사용된다.

4) 난연제

플라스틱용 난연제(flame retardant)는 그 사용 방법에 따라 첨가형과 반응형으로 나뉜다. 첨가형은 문자 그대로 혼합되어 있을 뿐이나 반응형의 경우에는 플라스틱 제조 시 반응물 중 하나로 작용되므로 제조가 어려워 반응형 사용이 늘어나고 있다.

첨가형의 대표적인 것은 인계 난연제인 TCP(tricresyl phosphate) 등 인산에스테르와 산화안티몬이며, 반응형은 테트라브로모 비스페놀 A(tetrabromobisphenol, TBBA)가 가장 많이 사용되고 있다. 테트라브로모 비스페놀 A는 유럽연합(EU)에서는 잠재적 독성 물질로 규정하고 있으며, 환경 호르몬으로 분해 가능한 것으로 알려지면서 업계에서는 규제 대상 물질로 관리하고 있다.

5) 대전 방지제

플라스틱은 대전에 의해 정전기가 발생하여 오염물 및 먼지를 흡착하기 쉬우므로 대전 방지제가 사용되고 있다. 특히 폴리에틸렌(PE)이나 폴리프로필렌(PP) 재질의 필름은 극성이 없어 필름의 인쇄 및 라미네이션 공정에서 정전기가 발생하기 쉬우며, 이것은 불량의 원인이 되기도 한다.

따라서 이들 플라스틱 필름에는 대전 방지제를 사용하고 있는데, 가장 많이 사용되는 대전 방지제로는 계면활성제가 있다.

대전 방지제로 사용되는 계면활성제는 종류가 매우 많으며, 지방산에스테르, 술폰산에스테르(ABS 등 이상 음이온성 계면활성제) 및 제4급 암모늄염(양이온성 계면활성제) 등이 대표적이다.

음이온성 계면활성제 중 알킬에테르설페이트(AES)는 합성 시에 1,4-다이옥산을 생성하는 것으로 알려져 있으며, 가정용 샴푸나 주방용 세제에도 포함된 것으로 밝혀져 있다. 다만, 제조사의 노력에 의해 그 양은 최근 많이 줄어들었다.

6) 기타(미반응체 및 중합촉매 등)

PVC의 원료인 염화비닐모노머(VCM) 및 PVDC의 원료인 염화비닐리덴모노머(VDCM)는 미반응체가 플라스틱 재질 중에 잔존할 수 있다. 모두 흡입에 의한 자극성이 높고 급성 독성을 갖는 물질로 중추 신경계를 억제하는 것으로 알려져 있으며, 염화비닐모노머(VCM)에서는 발암성 우려가 있다.

공전상 재질 시험에 의해 VCM의 잔류규격은 1 mg/kg(대상 재질: PVC), 용출규격은 0.05 mg/L 이하(대상 재질: 금속제-식품과 직접 접촉하는 면이 합성수지제 또는 고무제로 도장되어 있는 경우)이다.

폴리스티렌(PS)에는 원료 모노머로서 중합 미반응 스티렌 혹은 스티렌 다이머(styrene dimer), 원료 중 불순물인 톨루엔, 에틸벤젠 iso- 및 n-프로필 벤젠이 포함되어 있는데, 이것들이 과량 포함되어 있으면 재질 표면에서 휘산하고 식품으로 이행하여 이상한 냄새가 나기 때문에 5,000 μg/mL 이하로 규제되고 있다.

스티렌모노머의 급성 독성은 증기 흡입에 의한 점막 자극과 중추 신경에 대한 작용으로, IARC(International Agency for Researchon Cancer, 국제암 연구기관)는 그룹 2B(사람에게 발암성을 보일 수 있는 물질)로 분류하고 있다. 폐플라스틱 고체연료(RPF)화 시설의 배기가스(처리 전)에서도 알데히드류나 스티렌이 검출되고 있다.

플라스틱 중합 촉매로는 폴리에틸렌테레프탈레이트(PET) 제조 시 이용되는 금속촉매가 있다. 투명도가 높은 폴리에틸렌테레프탈레이트를 중합하기 위한 촉매로서 안티몬(Sb)이나 게르마늄(Ge)이 사용되지만 최종 제품에 미량 잔류한다고 알려져 있다.

실제로 사용이 끝난 PET병을 분석한 결과 안티몬 혹은 게르마늄 중 하나가 포함되어 있었다고 하며, 안티몬보다는 게르마늄이 저농도였다고 한다.

안티몬의 독성은 심한 구토와 점막 괴사 등이나, 게르마늄의 독성은 이보다는 낮은 편으로 식욕부진, 설사 등이 있다. 「식품위생법」에서는 PET 제품에서의 안티몬 용출 규격을 0.04 mg/L 이하, 게르마늄의 용출규격을 0.1 mg/L 이하로 규제하고 있다.

이외에, 폴리에틸렌테레프탈레이트 재질의 용기 제조 시 플라스틱의 분해 산물인 아세트알데히드가 용출될 수 있으며, 용출규격을 6 mg/L로 이하로 정하고 있다.

3. 내분비계 장애 물질

우리나라에서는 환경 호르몬이라는 용어로 알려진 이 물질의 정식 명칭은 내분비계 장애 물질(endocrine disrupters, EDs)이다.

'환경 호르몬'이라는 명칭은 일본의 학자들이 TV 방송에 출연하여 소위 '환경 중에 배출된 화학물질이 체내에 들어가 마치 호르몬처럼 작용'하는 물질이라고 하여 붙여진 이름으로 일본에서도 공식적인 국가기관마다 명명법이 달라서 환경청의 경우 '외인성 내분비 교란 화학물질', 후생성의 경우 '내분비 교란 화학물질' 등으로 다양하게 불리고 있다.

우리나라의 경우 1998년에 '환경 호르몬'이라는 용어로 소개되면서 사회적인 이슈가 된 이후 환경 호르몬, 내분비 교란 물질, 내분비계 장애 물질, 내분비계 교란 화학물질 등으로 다양하게 불렸으나 현재 공식적으로는 내분비계 장애 물질로 용어를 통일하여 사용하고 있다.

내분비계 장애 물질은 동물의 체내에서 정상적인 호르몬 작용에 영향을 주는 외인성 물질(호르몬 유사한 작용을 하는 화학물질)로서 주로 수컷의 암컷화나 암컷의 수컷화, 생식능력(번식 능력)의 저하, 면역 기능 저하 등의 사례가 있다. 또 매우 적은 양으로도 작용하며, 영향이 차세대 이후까지 미칠 가능성이 있고 환경 및 체내에 축적되어 먹이 사슬에 영향을 미치는 등의 특징이 있다.

구체적인 예로서는 일본 연안에서 발견된 이보니시(고둥의 일종)의 암컷에서 수컷의 생식기를 갖는 개체가 다수 발생한 사례가 있었는데, 선박 도료에 쓰이는 유기 주석 화합물이 원인으로 밝혀졌으며, 일본 다마가와(多摩川)에 고환에 이상이 있는 잉어가 많이 발생하였는데, 세제에 쓰이는 노닐페놀(nonylphenol)이 원인인 것으로 조사되었다.

플라스틱 포장재에서 기인하는 대표적인 내분비계 장애 물질로는 비스페놀 A (bisphenol A), 프탈레이트(phthalates), Polychlorinated biphenyl(PCB) 등 염소계 화합물 등이 있다.

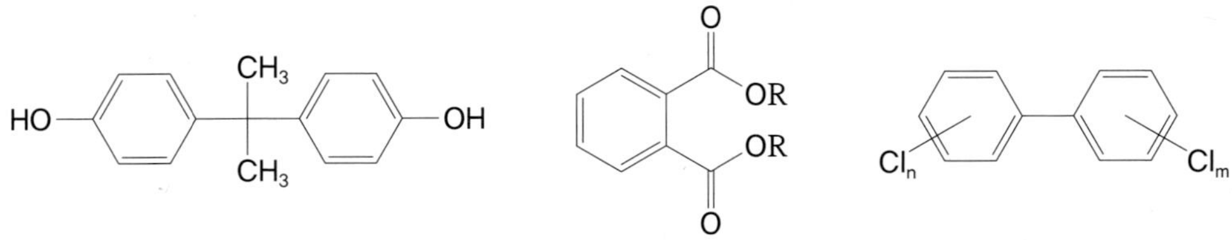

그림 10-1 대표적인 내분비계 장애 물질

여기서는 식품 포장재와 관련 있는 대표적인 내분비계 장애 물질 위주로 설명을 하겠다.

1) 비스페놀 A

비스페놀 A(bisphenol A)는 플라스틱 병과 용기, 치과 재료, 금속 캔의 내부에서 발견된다. 주로 폴리카보네이트(PC)나 금속 캔의 도료로 사용되는 에폭시수지의 원료 모노머로서 사용된다. 그 외 페놀수지, 가소성 폴리에스테르, 폴리아릴설폰(polyarylsulfone, PASF), 폴리아릴레이트(polyarylate, PAR)의 원료, 염화비닐의 안정제, 산화방지제 등에도 사용된다.

(1) 폴리카보네이트

폴리카보네이트(polycarbonate, PC)는 비스페놀 A와 염화카보닐(포스겐, phosgene)의 중축합을 통해 제조되는 열가소성 수지로 투명하고 광택을 띠며, 내열성, 내냉성이 뛰어나고 강인하며 충격에도 강하다. 이 때문에 대형 생수통, 우유병, 유아용 식기, 급식용 식기, 머그컵, 커피 드리퍼, 전자레인지용 기구, 샐러드볼, 계량컵, 물병 등의 용기에 다양하게 사용되었다.

하지만 2000년대 들어 비스페놀 A가 문제가 되면서 현재는 대형 생수통 등 상온에서 생수를 담는 용도를 제외하고는 식품 용기로서 잘 사용하지 않는다.

그림 10-2에 폴리카보네이트(PC)의 중합 과정을 표시하였다. 모노머 자체가 비스페놀 A이기 때문에 미반응하거나 고분자에서 떨어져 나온 비스페놀 A가 직접 문제가 될 수 있다.

폴리카보네이트는 그 최종 제품 중에 미중합된 비스페놀 A가 잔존하는 것 외에도 산화에 의해 폴리머 사슬의 끝부분에서 하나씩 분해하여 비스페놀 A를 생성할 수 있다는 특성이 있으며, 이렇게 생성된 비스페놀 A도 제품 중에 잔존한다.

산화 분해는 열, 수분, 알칼리, 산화 금속 등의 공존 하에서 촉진되므로 산화 금속을 포함한 제품의 가열 성형 공정, 식기 등의 알칼리 세정과 가열 건조에 의해 함유량이 증가할 수 있다. 이 때문에 백색 착색료인 이산화티타늄(TiO_2)이 첨가된 식기가 투명한 식기보다 비스페놀 A의 함유량이 높다. 또한 표면의 광택이 없어지거나 변형된 급식용 식기에서 약간 더 높은 용출을 볼 수 있는데, 이것은 알칼리 세척이나 가열 건조에 의해 폴리카보네이트의 분해가 촉진되었기 때문이다. 이외에 젓가락의 강도를 높이기 위해 사용되는 유리 섬유나 식품 용기에 사용되는 무기계 항균제 등도 폴리카보네이트 내의 비스페놀 A 함량을 증가시킬 수 있다.

「식품위생법」에서는 폴리카보네이트 재질의 기구 및 용기·포장에 대해서 용출 규격을 비스페놀 A(페놀, 비스페놀 A 및 p-터셔리부틸페놀의 합)는 2.5 mg/L 이하(다만, 비스페놀 A는 0.6 mg/L 이하)로 규정하고 있다.

일반적으로 폴리카보네이트로부터 용출되는 비스페놀 A는 5 mg/L 이하로서 내우 낮

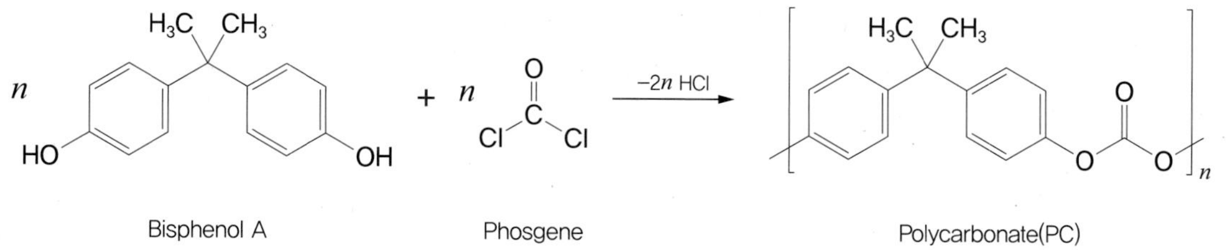

그림 10-2 폴리카보네이트(PC)의 중합

은 편이다.

우리나라에서 문제가 되었던 것은 유아용 젖병과 식기였는데 이들 제품은 끓는 물에서 살균 소독을 하며, 지방이 함유된 분유 등을 따뜻한 상태로 담아서 사용하기 때문이었다.

하지만 폴리카보네이트의 투과성은 매우 낮은 편이기 때문에 유통되는 제품들의 용출시험 결과에서도 매우 낮은 농도의 용출만이 발견되었다. 그럼에도 불구하고 유아용 제품이라는 특성상 소비자들에게 민감한 제품이었기 때문에 2000년대 들어서 사회적 이슈가 된 이후에는 시장에서 폴리카보네이트 젖병은 자취를 감추게 되었다.

(2) 에폭시수지

에폭시수지(epoxy resin)는 캔 등 금속 포장재와 유리병의 마개로 쓰이는 러그캡(lug cap)의 내면 코팅제 등으로 많이 사용된다. 에폭시수지는 비스페놀 A와 에피클로로히드린(epichlorohydrin)을 monomer로 하여 중합한다.

에폭시수지에도 반응하지 않은 비스페놀 A가 잔존하나 에폭시수지가 견고하고 투과성이 낮기 때문에 일반적으로는 용출하기 어렵다. 그러나 에폭시수지의 유리 전이점인 104℃를 넘으면 폴리머 사슬이 느슨해져 잔존물이 쉽게 용출될 수 있다. 그 때문에 식품을 충진한 후 가압 가열을 하는 통조림이나 레토르트 식품에서는 살균 후 비스페놀 A의 이행이 나타난다.

금속 캔에서의 비스페놀 A의 검출은 도장용 도료로 사용되는 에폭시수지의 원료 물질로써 제조 과정에서 반응되지 않은 비스페놀 A가 미량 잔류하여 캔 내용물로 용출될 수 있다.

일본에서는 금속 캔에서의 비스페놀 A의 검출이 PET 필름을 도료 대신 사용한 라미네이트 캔(laminate can)으로 전환되는 계기가 되었다.

에폭시수지의 용출 규격은 비스페놀 A(페놀, 비스페놀 A 및 *p*-터셔리부틸페놀의 합)의 경우 2.5mg/L 이하(다만, 비스페놀 A는 0.6 이하), 비스페놀 A 디글리시딜에테르(비스페놀 A 디글리시딜에테르 이염화물과 비스페놀 A 디글리시딜에테르 이수화물 포함)의 경우 1 mg/L 이하, 비스페놀 F 디글리시딜에테르(비스페놀 F 디글리시딜에테르 이염화물과 비스페놀 F 디글리시딜에테르 이수화물 포함)의 경우 1 mg/L 이하이다.

2) 노닐페놀

노닐페놀(nonylphenol)은 페놀에 탄소 수가 9개인 분자 사슬이 붙은 화합물로 노닐기의 분지가 다른 다수의 이성체 혼합물이다.

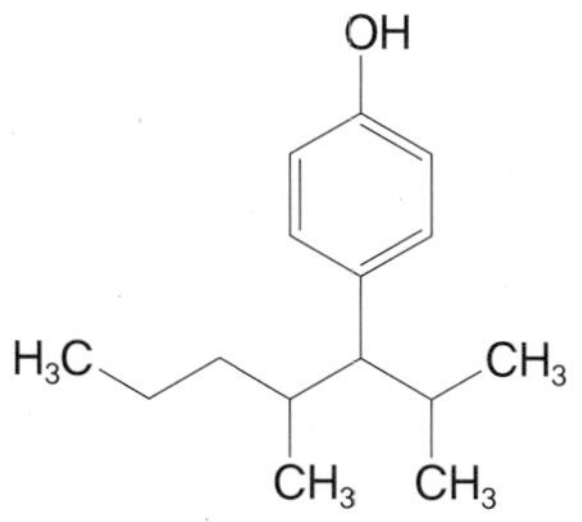

무색 또는 옅은 황색의 끈적끈적한 액체이다.

세정제로 사용되는 비이온계면활성제 노닐페놀 에톡실레이트 분해물로 하천 등의 오염, 어류의 암컷화가 문제가 되었으나 플라스틱 제품에도 잔존이 나타났다.

식품용 기구 및 용기·포장에서의 노닐페놀의 검출은 폴리염화비닐(PVC) 제품 중에서 검출되었으며, 폴리스티렌(PS), 폴리카보네이트(PS) 재질에서도 검출되었다.

노닐페놀이 함유량이 높은 제품은 폴리염화비닐제 랩 필름이나 장갑 등이며, 그 다음으로는 폴리스티렌(PS) 재질의 일회용 컵이나 폴리카보네이트(PS) 컵에서도 잔존이 확인되었다. 여기서 검출된 노닐페놀은 산화방지제로 첨가된 트리스(노닐페닐) 포스파이트[tris(nonylphenyl) phosphite]의 분해물에서 기인한 것이다.

노닐페놀은 극성이 높기 때문에 지방이 함유되지 않는 채소나 과일, 그리고 저온에서도 쉽게 식품으로 이행된다. 노닐페놀을 함유하는 랩 필름과 밀착해서 냉장고에 24시간 보관하면 채소나 과실은 수%, 참치 살점이나 돼지고기에서는 약 30%가 식품으로 이행된다.

과거 시판되는 생선, 고기, 채소, 과실 등 많은 식품에서 노닐페놀이 검출되었는데, 이것들은 당시 거의 모든 슈퍼마켓이나 소매점에서 랩 필름으로 사용되던 폴리염화비닐에서 유래한 것으로 판단된다.

노닐페놀은 여성호르몬인 에스트로겐과 유사한 작용을 해 남성호르몬인 테스토스테론을 감소시켜 남성에게 발기부전을 일으키거나 무정자증을 유발해 불임의 원인이 되고, 여성에게는 기형아, 성조숙증 등을 일으킬 수도 있다고 알려져 있다. 상온에서 증기압력이 낮기 때문에 들이마시게 되더라도 큰 위험은 없지만 가열된 증기 형태로 들이마실 경우 일시적으로 점막과 호흡기에 자극이 나타날 수 있으며, 섭취하거나 피부에 노출될 경우 화상을 입을 수도 있다고 알려져 있다.

우리나라의 경우 가정용 랩 필름에는 폴리염화비닐계 원료를 사용하지 않는 것으로 모두 바뀌었으나, 업무용으로 사용되는 랩 필름에는 아직 폴리염화비닐계 원료가 사용되고 있다.

3) 프탈레이트

프탈레이트류(phthalates)는 유연성을 부여하기 위해 합성수지에 첨가되는 가소제이다. 그중에서도 폴리염화비닐과 상용성이 매우 양호하며, 목적에 따라 프탈산에스테르류를 1% 이하에서 60%까지 첨가하여 다양한 유연성을 가진 제품을 만들 수 있다.

대표적인 프탈레이트에는 가소제인 DEHP[di(2-ethylhexyl) phthalate], DBP(dibutyl phthalate), BBP(benzyl butyl phthalate), DINP(diisononyl phthalate), DIDP(diisodecyl phthalate) 및 DNOP(di-n-octylphthalate) 등이 있으며, 일반 용도에서는 DIDP와 DNOP 등이 사용되고 있다.

프탈레이트는 일본에서는 1990년대 후반에 편의점 도시락에서 346~11,800 ng/g, 병원음식에서 10~4,400 ng/g 수준의 고농도 DEHP가 검출되어 문제가 된 적이 있다. 오염 원인을 조사한 결과 조리 시 사용한 폴리염화비닐제 일회용 장갑에서 이행된 것으로 판명되었다.

이에 대한 조치로서 일본의 후생성은 2000년에 PVC 재질의 DEHP 함유 장갑을 식품과 접촉해서 사용하지 않도록 통지하였다. 또한 폴리염화비닐(PVC)제 파이프, 튜브, 병뚜껑의 실링재 등에도 DEHP가 사용되고 있었기 때문에 2002년부터는 유지 및 지방성 식품을 함유한 식품의 포장에 DEHP 함유 폴리염화비닐을 사용하는 것을 금지하였다.

프탈레이트 중 DEHP는 에스트로겐 수용소와의 결합성은 약하지만 동물 실험에서 마우스의 흉선 위축, 고환 중량의 감소, 성주기의 연장, 배란 장애 등과 함께 모체에 투여했을 때의 임신율 등에 영향을 미치는 것으로 보고되고 있다. DBP는 DEHP와 동일한 고환독성, 생식발생독성 등이 나타났으며, BBP는 고용량에서 고환독성, 생식발생독성 등이 보고되었다.

현행 「기구 및 용기·포장의 기준 및 규격」에서는 폴리염화비닐에 대하여 재질 규격을 설정하여 관리하고 있다.

4) 스티렌 다이머, 스티렌 트라이머

식품용 폴리스티렌(PS) 포장재에는 폴리스티렌의 원료인 스티렌이 결합한 다이머(dimer)로서 2,4-di-phenyl-1-butene, 1,2-diphenylcyclobutane 등이 발견되었으며, 트라이머(trimer)로서 2,4,6-triphenyl-1-butene, 1-phenylcylcylbutane 등이 발견되었다.

이들 화합물은 폴리스티렌의 제조 공정, 주로 열중합 공정 중 생성된다. 이러한 화합물은 60℃의 물에서 30분으로는 용출되지 않지만 용출 용매의 지용성이 증가하면 용출량도 증가한다. 예컨대 발포 PS(PSP) 용기를 사용하는 컵라면 용기에 뜨거운 물을 이용하여 용출 실험을 실시하면 용출되는 올리고머(oligomer)들의 양은 적지만 식용유를 사용하면 용출량이 늘어난다.

스티렌 다이머(styrene dimer)와 스티렌 트라이머(styrene trimer)는 정자 수 감소, 호르몬 이상 등 내분비계를 교란시키는 작용을 하는 것으로 의심받는 물질이지만, 일각에서는 확실한 영향에 대한 근거가 없다고 주장하고 있다.

하지만 사회적인 관심과 재활용 문제 때문에 최근에는 컵라면에 사용되는 PSP 용기가 이중 종이컵 용기로 거의 대체되고 있는 상황이다.

폴리스티렌에서의 용출 규격은 없지만 잔류 규격에서 휘발성 물질의 총량 내에 스티렌을 포함시켜서 관리한다. 휘발성 물질(스티렌, 톨루엔, 에틸벤젠, 이소프로필벤젠 및 n-프로필벤젠의 합)은 5,000 mg/kg 이하(다만, 열탕을 사용하는 발포 폴리스티렌의 경우 휘발성 물질의 총량은 2,000 mg/kg 이하이어야 하며, 그중 스티렌 및 에틸벤젠은 각각 1,000 mg/kg 이하)이다.

5) 벤조페논

벤조페논(bensophenone)은 에스트로겐 수용체(estrogen receptor)와의 결합성은 거의 없으나 수산화되면 결합성이 강해져 유방암 세포 MCF-7을 증식시켜 미성숙 쥐(rat)의 자궁 비대를 일으킨다.

벤조페논 수산화체는 체내에서 벤조페논으로부터의 대사에 의해 생성되는 것 외에 자외선 흡수제로 플라스틱 포장재 이외에 화장품, 자외선 차단제로도 사용된다. 플라스틱에서는 자외선에 의한 제품 자체의 열화를 방지하거나 포장된 식품의 자외선에 의한 열화를 방지할 목적으로 첨가된다. 식품 접촉 용도의 플라스틱에 사용되는 벤조페논류 중 2-히드록시-4-메톡시벤조페논과 2,2'-디히드록시-4-메톡시벤조페논에는 에스트로겐 수용체와의 결합성이 나타난다. 또한 벤조페논 수산화체의 에스트로겐 활성은 수산화체의 치환 위치에 따라 구조 활성 상관관계를 보이며, 2,4-디히드록시벤조페논이 가장 강한 활성을 보인다.

벤조페논과 그 유도체는 자외선 경화 잉크에도 사용된다. 이러한 잉크가 식품 접촉 용도의 종이 제품에 사용되는 경우는 없지만 그 이외의 종이에 사용되기 때문에 폐지를 사용한 판지 등에서도 검출된다.

식품과 직접 접촉하지 않는 면에 인쇄된 포장재의 경우 식품과 직접 접촉하는 내면에 모사 용매를 접촉시켜 용출시험을 수행하며, 잔류하는 벤조페논의 용출량은 0.6 mg/L 이하이어야 한다고 규정되어 있다.

Q. 다음의 포장재 중에서 환경 호르몬의 용출이 문제가 되는 포장재 무엇인가요?

① PP 용기, PP 뚜껑 ② PET병, PP 캡 ③ PC 용기 ④ PC병, 연질 PVC 뚜껑

A. 정답: ④

PP, PET는 원료에 환경 호르몬이 들어가지 않는다.

PC는 원료에 비스페놀 A가 들어가지만 상온에서 물에 용출될 가능성은 적다.

(뜨거운 지방성 식품, 뜨거운 우유 등에서는 용출될 수 있음).

연질 PVC에 가소제로 들어가는 프탈레이트는 환경 호르몬 물질이다.

4. 용출시험

1) 식품 모사용매

식품과 접촉하여 사용되는 기구 및 용기·포장은 물로 잘 씻은 후 식품에 접촉하는 면에 대하여 각각의 식품을 모사할 수 있는 용매를 표 10-3에서 선택하여 침출 용액으로 삼아 각 재질별로 시험해야 한다.

포장재의 용출시험은 ① 일반 식품, ② 알코올성 식품, ③ 지방성 식품, ④ 산성 식품의 총 4가지 모사용매를 사용하여 시험을 해야 하나 특정 용도로만 사용하는 기구에 대해서는 사용 대상 식품에 해당되는 침출 용액만을 사용할 수 있다.

표 10-3 각 식품별 모사용매

식품의 구분		모사용매
유지 및 지방성 식품		n-헵탄
주류	알코올 함량이 20% 이하인 주류	20% 에탄올
	알코올 함량을 20% 초과하는 주류	50% 에탄올
유지 및 지방성 식품과 주류 이외의 식품	pH 5 이하인 식품	4% 초산
	pH 5를 초과하는 식품	물

자료: 식품의약품안전처, 식품용 기구 및 용기·포장 공전, 2021

다른 국가의 규정과 비교해 보면, 식품 모사용매(food simulant)에 대한 규정은 거의 비슷하다. 하지만 EU와의 규정은 약간 차이가 있는데, 산성 식품의 모사용매를 우리나라에서는 4% 초산을 사용하는 반면, EU의 경우 3% 초산을 모사용매로 사용한다. 또한 우리나라에서는 지방성 식품의 모사용매를 n-헵탄을 사용하는 반면, EU에서는 식물성 식용유를 사용한다.

우유와 같이 지방 성분이 물에 분산되어 있는 식품의 경우에는 50% 에탄올 수용액을 모사용매로서 사용한다.

표 10-4 EU에서 사용하는 식품 모사용매

Food simulant	Abbreviation
Ethanol 10% (v/v)	Food simulant A
Acetic acid 3% (w/v)	Food simulant B
Ethanol 20% (v/v)	Food simulant C
Ethanol 50% (v/v)	Food simulant D1
Vegetable oil(*)	Food simulant D2
Poly(2,6-diphenyl-p-phenylene oxide), particle size 60-80 mesh, pore size 200 nm	Food simulant E

*식품 모사용매 D1과 D2는 친유성을 가지고 있으며, 지방성 물질이 용출될 수 있는 식품에 할당된다. 식품 모사용매 D1은 알코올 함량이 20% 이상인 알코올 식품 및 수중 유적형 에멀션 식품에 사용된다. 표면에 자유 지방을 함유한 식품에는 식품 모사용매 D2를 사용해야 한다.

*Food simulant E는 건조식품을 대상으로 특정 성분 이행 시험에 이용

자료: COMMISSION REGULATION (EU) No.10, 2011

표 10-5 총용출량 한계의 준수를 입증하기 위한 EU의 식품 모사용매 적용 기준

식품의 종류	적용되는 식품 모사용매
모든 종류의 식품	1. food simulant A 2. food simulant B 3. food simulant D2
산성 식품을 제외한 모든 종류의 식품	1. food simulant A 2. food simulant D2
수성 및 알코올 식품 및 유제품	food simulant D1
수성, 산성 및 알코올 식품 및 유제품	1. food simulant D1 2. food simulant B
알코올 함량 20% 이하의 수성 식품 및 알코올 식품	food simulant C
수성 및 산성 식품, 그리고 20% 이하의 알코올 식품	1. food simulant C 2. food simulant B

자료: COMMISSION REGULATION (EU) 2017/752, EU regulation

2) 용출시험 규격

용출시험(migration test)은 모사용매를 담을 수 있는(액체를 넣을 수 있는) 시료와 모사용매를 담을 수 없는 시료로 구분하여 실험한다. 액체를 넣을 수 있는 포장 용기와 같은 시료의 경우 모사용매를 직접 담아 실험을 한다.

각 조건에 맞추어 가온한 모사용매를 포장 용기에 가득 채워 시계접시로 덮고 표

10-4에 표시한 조건대로 용출시험을 실시하여 이를 시험 용액으로 한다.

시험 방법은 포장 용기의 사용 온도에 따라 표 10-6과 같이 구분된다.

표 10-6 **기구 및 용기·포장 공전에 명시된 모사용매별 용출시험 조건**

사용 온도	모사용매	용출 조건
70℃ 미만인 경우	n-헵탄	25℃, 1시간
	20% 에탄올	70℃, 30분
	50% 에탄올	
	4% 초산	
	물	
70℃ 이상인 경우	n-헵탄	25℃, 1시간
	4% 초산	100℃, 30분
	물	

모사용매를 담을 수 없는 시료의 경우에는 용출 셀(migration cell)을 이용하여 실험을 한다(그림 10-3). 시료 중 외면과 내면이 동일한 단일 재질의 시료(표리가 동일한 시료)의 경우에는 시료의 표면적(외면과 내면의 표면적을 합하여 계산) 2 mL/1 cm^2 비율로 모사용매를 사용한다.

시험 조건은 표 10-6에 의거 시험한다.

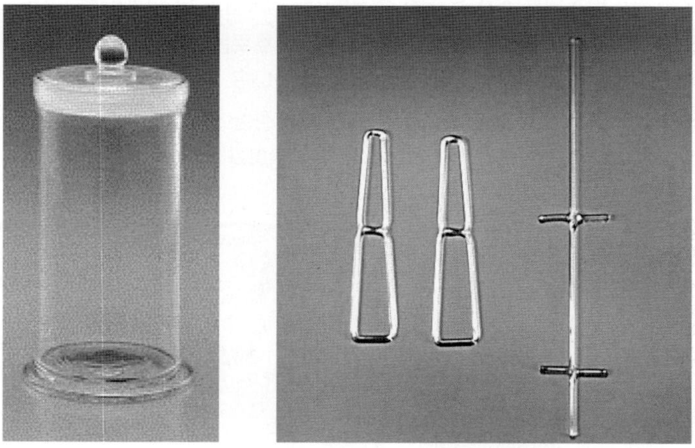

그림 10-3 **유리제 용출 셀(4.5×20 cm)과 시편 지지대의 예**

다층 필름 포장재와 같이 외면과 내면이 동일하지 않은(표리가 동일치 않은 시료) 경우에는 식품과 접촉하는 면(내면)에 대하여 시료의 표면적(내면의 표면적) 1 cm^2당 2 mL(2 mL/1 cm^2)의 비율로 모사용매를 포장재에 접촉시켜 시험한다.

한쪽 면만 모사용매에 접촉시킬 수 있는 스테인리스제 또는 유리제 용출 셀을 시험에 사용한다(그림 10-4).

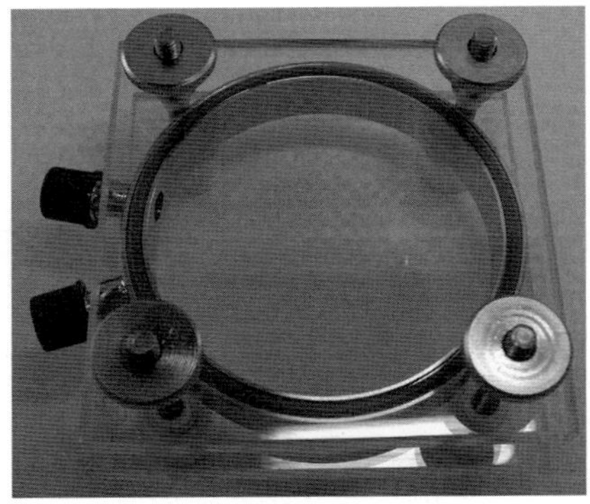

그림 10-4 유리제 편면 용출 셀의 예

Q. 환경 호르몬이 나오지 않는 플라스틱은 무엇인가요?

A. 많은 사람들이 플라스틱에서 환경 호르몬, 즉 내분비계 장애 물질(endocrine disruptor)이 나온다고 잘못 알고 있다. 특히 즉석밥과 같은 전자레인지에서 조리하는 식품의 포장 용기에서 환경 호르몬이 나온다고 의심하고 있다. 하지만 이는 사실이 아니다.

전자레인지용 식품 포장재에 많이 쓰이고 있는 재질인 폴리프로필렌(PP)은 구성 성분 중에 환경 호르몬으로 의심되는 물질은 사용되지 않는다. 즉 구성 성분에 환경 호르몬 의심 물질이 없기 때문에 나올 수가 없는 것이다.

실제로 폴리프로필렌은 가장 안전한 플라스틱으로 인정받고 있다. 폴리에틸렌(PE)이나 폴리에틸렌테레프탈레이트(PET)에서도 환경 호르몬 의심 물질은 원료에 사용되지 않는다. 이것 역시 환경 호르몬이 나오지 않는 플라스틱이다.

반면, 캔이나 유리병의 뚜껑(러그캡)에서는 환경 호르몬이 나올 수 있다. 캔과 러그캡의 내면 코팅 도료에서는 비스페놀 A가 용출될 수 있으며, 러그캡의 라이너에서는 프탈레이트가 용출될 수 있다. 비스페놀 A와 프탈레이트는 둘 다 환경 호르몬으로 작용하는 물질이다.

플라스틱이 아닌 포장재에서 오히려 환경 호르몬이 나올 수 있다는 것이다. 세계적으로 유명한 '거버(Gerber)' 이유식은 과거 사용하던 유리병 포장을 플라스틱(PP) 용기로 바꾸었다. 캔이나 러그캡 뚜껑에서 환경 호르몬이 문제가 되기 때문이다.

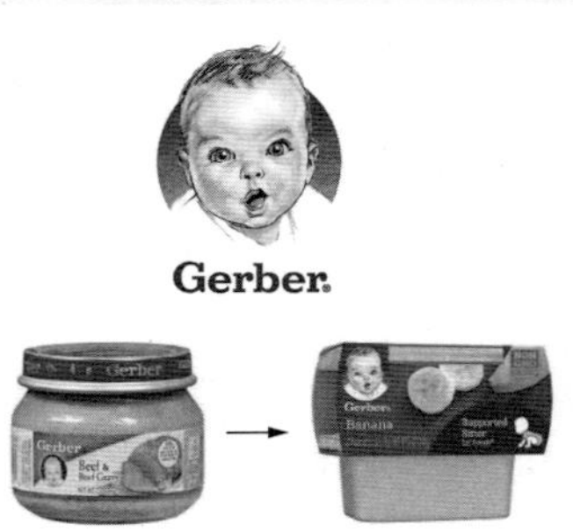

용출시험을 마친 시험액은 『식품용 기구 및 용기·포장 공전』의 시험법에 따라 정량분석을 하게 된다. 무기물의 경우 ICP-AES 또는 ICP-MS, 유기물의 경우 LC나 GC-MS를 이용하여 정량분석을 행한다.

5. 해외에서의 규제 및 규정

1) 유럽연합(EU)

유럽연합(EU)의 식품 안전과 관련된 법은 2002년에 채택된 '식품법의 일반적인 원칙과 요건 및 식품 안전에 관한 제반 절차를 정함과 동시에 유럽 식품안전기관을 설치하는 규칙(EC) No.178/2002'(이하 '일반 식품법 규칙')에 근거한다.

일반 식품법 규칙에 근거해 광범위하게 식품과 관계되는 위험을 평가하는 독립기관으로서 '유럽식품안전청(European Food Safety Authority, EFSA)'이 설립되어 있다. EFSA는 과학적인 위험 요소의 평가를 확보하기 위해 회원국의 독성학, 분석 등의 전문가로 구성된 독립적인 기관이다. EFSA가 심의 결과를 유럽위원회에 답신하고, 유럽위원회는 이에 따라 EC 지령이나 EU 규칙을 발령하는 구조이다.

(1) 플라스틱의 규제 (PIM: Reg. No.10/2011에서의 3가지 규제 내용)

① 일반적 제한: 금속(Al, Ba, Co, Cu, Fe, Li, Mn, Zn) 이행량 및 방향족 아민

② 총이행량 규제(overall migration limit, OML): 재료 및 제품에서 식품으로의 이행물 총량(일본의 증발 잔류물에 상당)

③ 허용물질목록(positive list, PL): 사용이 인가된 물질의 리스트. 2020년 기준 약 1,100물질을 수록

(2) 총이행량 제한치

우리나라 『식품용 기구 및 용기·포장 공전』의 용출시험에서 증발 잔류물과 동일하며, 용출시험에서 비휘발성 용출물의 총량이다. 시험은 인쇄나 적층을 실시한 포장재의 최종 제품을 사용하여 정해진 온도와 시간 하에서 실시한다.

용출시험에 사용되는 모사용매의 양에 대한 EU의 규격치는 10 mg/dm^2이며, 접촉면적당 기준이 적용된다.

(3) 용출시험 온도와 시간(OML)

표 10-7과 같이 온도와 식품 분류에 따라 9가지의 구분이 있으며, 이들 중 가장 엄격한 조건을 하나 선택하는 방식이다(worst scenario로 불린다).

표 10-7 OML 시험 조건(표준 조건)

No.	접촉 온도와 시간	식품 접촉 조건
OM1	20℃, 10일	냉동 및 냉장 조건의 모든 식품
OM2	40℃, 10일	실온 또는 실온 이하 장기간 보존 시 고온충진 포장 혹은 70℃≦T≦100℃ 조건에서 최장 시간 t까지 가열 식품
OM3	70℃, 2시간	고온충진 또는 70℃≦T≦ 100℃ 조건에서 최장 시간 t까지의 가열 식품 가열 처리 후 실온 또는 냉동 조건에서 장기간 보존이 없는 모든 식품
OM4	100℃, 1시간	100℃ 이하 온도에서 처리하는 모든 식품
OM5	100℃, 2시간 또는 121℃, 1시간	121℃ 이하의 고온 살균 식품
OM6	100℃, 4시간	Simulant A, B, C 및 D1와 40℃ 이상의 온도에서 접촉하는 모든 식품
OM7	175℃, 2시간	OM5의 조건보다 고온에서 처리되는 지방성 식품
OM8	Simulant D2 100℃, 2시간 Simulant E 175℃, 2시간	Simulant D2에서 OM7이 기술적으로 불가능한 경우의 대체법. 고온 용도만
OM9	Simulant D2 40℃, 10일간 Simulant E 175℃, 2시간	Simulant D2에서 OM7이 기술적으로 불가능한 경우의 대체법. 고온 용도로 실온에서의 장기 보존을 포함한다.

OM7은 전자레인지 등에서 데워서 먹는 지방성 식품을 대상으로 설정한 규격으로, 시험 온도는 175℃이다. 우리나라의 경우 이와 같은 다양한 이행시험 조건이 없기 때문에 EU 소속 국가에 식품을 수출할 때는 이 규격을 참고하는 것이 필요하다.

(4) 플라스틱 물질의 허용 목록

2020년을 기준으로 약 1,100 물질이 수록되어 EU의 홈페이지에서 공개되고 있다.

① 모노머 및 기타 출발 원료(약 360 물질)

② 첨가제(약 730 물질)

EU 허용물질목록의 최대 특징은 PL 대상을 미국과 같은 '수지별의 규제'가 아닌 '모노머 및 그 외의 출발 원료에 의한 규제'로 규정한 점이다.

즉 평균 분자량 1,000 이상의 고분자 화합물은 인체에 섭취되어도 위장기관계에서 흡수되지 않기 때문에 인체에 미치는 영향은 없다는 견해를 도입하였다. 이것은 미국에서도 마찬가지다.

또한 EU의 PL에 있어서 수록 물질에 사용 제한을 붙이는 경우에는 특정 이행량 제한치(SML)라고 불리는 개개의 물질마다의 제한이 설정되어 있다(SML: Specific Migration Limit in food or food simulant, 예를 들면 SML=0.05mg/kg).

이 EU의 제한 방법은 미국의 수지에 대한 첨가량 제한(예를 들면 0.01wt.)과 차이점을 보인다.

PL에 SML이 있는 경우 그 물질의 용출량을 개별적으로 시험할 필요가 있으며, 그렇게 될 경우에는 첨가제 등의 사용 성분명과 분석 방법의 공개가 필요하다. 이것은 기업비밀의 측면에서 매우 까다로운 조항이다. 이런 경우에는 각국의 분석기관이 중립적인 입장에서 각 회사와 비밀 보호유지 계약을 맺고 시험을 하여 증명을 하는 방법밖에는 없다.

또한 EU는 SML에 대한 적합성 증명을 위해 이론적 추산치의 채택도 인정하고 있다. 이는 식품과 특정 상호 관계가 없는 경우 및 단층재료에 있어서의 이행은 플라스틱 재료에서 식품으로의 물질 이동이며, 대부분의 경우 Fick의 확산 법칙에 따른다는 점에서 이론적인 이행 예측의 적용을 가능하게 한 것이다. 이 확산 모델에 의한 이행량의 추산은 꽤 편리한 방식으로 EU 수출을 생각하는 기업에서는 참고하는 것이 좋다.

2) 미국

미국의 식품에 관한 법은 「연방 식품·의약품·화장품법(Federal Food Drug and Cosmetic Act, FFDCA)」에 근거한다.

식품과 의약품 관련의 행정은 식품의약품국(Food and Drug Administration, FDA)이 관장하고 있다. FDA는 이름 그대로 의약품과 식품을 주체로 소비자 보호를 위한 행정을 담당하는 부서이며, 식품에 관해서는 FDA 내의 식품 안전 및 응용영양센터(Center for Food Safety and Applied Nutrition, CFSAN)가 업무를 담당한다.

미국에는 전 산업 분야의 규칙을 망라한 『연방규칙집(Code of Federal Regulation, CFR)』이 있으며, 이 CFR의 제21권이 "식품 및 의약품"이다.

CFR 제21권의 Part 110에는 '사람이 이용하는 식품의 제조, 포장, 보관의 적정 제조 규범(Good Manufacturing Practice, GMP)'이 있으며, 식품 제조의 건물·시설, 위생적 조작, 위생시설과 관리, 기계 장치, 제조 공정 관리, 창고 보관 및 유통 등에 관한 규정이 있다.

Part 170~173에는 '식품첨가물', Part 174~178과 186에는 '간접 식품첨가물'이 있다.

간접 식품첨가물에는 용기 포장이 이에 해당한다.

(1) 플라스틱의 규제

미국의 경우 라미네이트 규격과 접착제 규격이 있다는 것이 특징이다. FDA에는 라미네이트 제품에 관한 조항이 있으며, 아래와 같이 사용 온도별로 2개의 파트로 구분한 규격으로 되어 있다. 여기에는 우리나라에는 없는 레토르트 관련 포장재 규격인 사용할 수 있는 수지, 접착제, 시험법 등과 규격이 있다.

① Part 177.1390: 250°F 이상의 온도에서 사용하는 라미네이트 제품

② Part 177.1395: 120~250°F의 온도에서 사용하는 라미네이트 제품

세계의 식품 포장 규제에서 접착제에 관해 가장 상세하게 규정하고 있는 나라는 미국이며, 접착제 규격은 Part 175.105에 명시되어 있다.

(2) 용출시험 조건

미국 FDA에서도 EU와 마찬가지로 다양한 용출시험 조건을 규정하고 있다.

표 10-8에 표시한 미국의 용출시험 조건을 살펴보면 표준시험에서의 시간은 EU와는 달리 한 가지(2시간) 조건이지만, 온도는 A부터 H까지의 8구분이 있어 EU와 마찬가지로 가장 가혹한 조건을 하나 선택하는 방식을 채택하고 있다.

이 중에서 H는 전자레인지에 의한 재가열 조리에 대한 기준으로 미국의 독자적인 규정이다.

(3) 플라스틱 허용물질목록

미국의 규제에서는 사용할 수 있는 물질은 각 조항에 기재되어 있으므로 구체적인 재료와 사용 조건 등을 감안해 해당 조항에 대한 적합성을 증명하게 된다.

표 10-8 미국 FDA서 규정하고 있는 식품에 따른 포장재의 용출시험 조건

사용 조건	표준 이행 시험 조건	연장 조건
A. 고온 살균 또는 레토르트	10% 에탄올 121°C, 2시간 50% 에탄올 71°C, 2시간 식용유(콘오일 등) 121°C, 2시간 50 또는 95% 에탄올 121°C, 2시간	40°C, 10days
B. 열수(boiling water) 살균	10% 에탄올 100°C, 2시간 50% 에탄올 71°C, 2시간 식용유(콘오일 등) 100°C, 2시간 50 또는 95% 에탄올 100°C, 2시간	40°C, 10days
C. 66°C 이상의 고온충진 또는 저온 살균	100°C에서 용매를 가하고 30분 방치 후 40°C까지 냉각, 이후 40°C, 10일간 유지. 충진 온도가 100°C 이하인 경우 그 온도도 가능	
D. 66°C 이하의 고온충진 또는 저온 살균	66°C에서 용매를 가하고 30분 방치 후 40°C까지 냉각, 이후 40°C, 10일간 유지	
E. 실온에서 충진 및 보관	40°C, 10days 40°C, 10days	
F. 냉장 보관(용기 내 열처리 없음)		20°C, 10days
G. 냉동 보관(용기 내 열처리 없음)	20°C, 5days 20°C, 5days	
H. 냉장 또는 냉동 보관(데워 먹는 식품)	10% 에탄올 100°C, 2시간 식용유(콘오일 등) 100°C, 2시간 50 또는 95% 에탄올 100°C, 2시간	121°C를 초과할 경우 FDA와 협의 (전자레인지 등)
I. Irradiation(ionizing radiation)	-	
J. 121°C 초과 온도에서 조리 (예: baking or browning)	최대 온도에서 최장 조리 시간	

미국에서는 PL이라고 하는 용어는 사용하지 않지만 식품첨가물 신청제도(Food Additive Petition, FAP)를 운영하여 PL 제도를 구체화한다. CFR에 등재된 물질은 누구나 사용 가능하다.

2000년 이후에는 미국에서는 2개의 positive list가 병존하고 있다. 2000년에 새로 도입된 것은 사전시장 신고제도(Premarket Notification for Food Contact Substances, FCN)라 불리며, 현재는 이것이 주류를 이루고 있다.

이 제도는 기존의 FAP 제도에서는 심사에 수년이 걸리는 경우가 많다는 점, 심사관 간의 견해가 다르다는 점 등의 문제를 개선하고 심사의 신속화·합리화를 도모하기 위해 도입되었다.

FCN 제도의 특징은 다음과 같은 두 가지이다.

① FDA는 신청 접수 후 120일 이내에 판단한다.

② 화합물로서의 인가가 아니라, 신청된 개별 제품마다 신청자와 제조자를 특정하여 인가한다.

제도의 시작 후 현재까지 약 20년간 약 2,000개 제품이 등록되어 완전히 FAP을 대신하여 주류를 이루고 있다.

미국에서는 당사자가 자사 제품의 안전성에 책임을 진다는 생각이 일반적이며, 당국은 적합증명 방법 등에 관해서는 특별히 관여하고 있지 않다. 따라서 당사자 간에 필요한 증명서 등을 문서로 교환하며 비즈니스를 진행하게 된다.

포장재의 생산업체 입장에서는 포장재의 재료 및 제품의 종류에 근거해 해당 조항을 파악해 식품 회사로부터 사용 조건(식품의 종류, 사용 온도와 시간 등)을 듣고 이에 맞추어 필요한 시험을 실시하며, 그 결과를 토대로 스스로 적합 증명을 식품 회사에 제시하게 된다.

CHAPTER 11

포장재 재질별 기준 및 규격

1. 합성수지제

1) 폴리염화비닐(polyvinyl chloride, PVC)

구조	사용 용도 및 특징
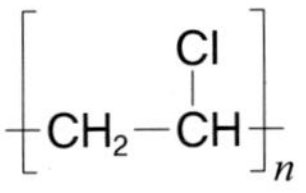 (CAS No: 9002-86-2)	폴리염화비닐은 투명성, 차단성 등이 좋고 가격이 저렴한 장점이 있어 식품용 랩, 비닐 백 등에 주로 사용되고 있으나, 최근에는 소각 시 유해물질 생성으로 사용이 줄어들고 있다.

(1) 정의

폴리염화비닐이란 기본 중합체(base polymer) 중 염화비닐의 함유율이 50% 이상인 합성수지제를 말한다.

(2) 잔류 규격(mg/kg)

① 염화비닐: 1 이하

② 디부틸주석화합물: 50 이하(이염화디부틸주석으로서)

③ 크레졸인산에스테르: 1,000 이하

(3) 용출 규격(mg/L)

① 납: 1 이하

② 과망간산칼륨소비량: 10 이하

③ 총용출량: 30 이하(다만, 침출용액이 n-헵탄인 경우 150 이하)

④ 디부틸프탈레이트: 0.3 이하

⑤ 벤질부틸프탈레이트: 30 이하

⑥ 디에틸헥실프탈레이트: 1.5 이하

⑦ 디-n-옥틸프탈레이트: 5 이하

⑧ 디이소노닐프탈레이트 및 디이소데실프탈레이트: 9 이하(합계로서)

⑨ 디에틸헥실아디페이트: 18 이하

Q. 폴리염화비닐은 주로 어떤 기구·용기·포장에 사용되나요?

A. 폴리염화비닐은 주로 식품 포장용 랩에 사용되고 있다. 폴리염화비닐은 투명성, 차단성, 접착성 그리고 뛰어난 가격 경쟁력 때문에 식품용 랩, 비닐 백 등에 주로 사용되어 왔으나 열에 약한 특성이 있고 쓰레기 소각 시 발생하는 유해물질에 대한 우려로 인해 전 세계적으로 사용을 자제하고 있다. 국내에서도 랩을 제외하고는 식품용으로 거의 사용되고 있지 않다.

Q. PVC 랩으로 뜨거운 음식을 포장하면 안전성에 문제는 없나요?

A. 일반적인 PVC 랩에 뜨거운 음식을 포장하는 경우 100℃를 넘지 않는다면 안전성에 우려는 없다. 다만, 100℃를 넘는 뜨거운 음식을 포장하는 경우 랩이 녹거나 유해물질이 용출될 수 있으므로 주의가 필요하며, 「식품 등의 표시기준」에 '소비자 안전을 위한 주의 사항'으로 랩을 식품포장용으로 사용할 때에는 100℃를 초과하지 않은 상태에서만 사용하도록 표시하도록 규정하고 있다.
식품포장용 랩은 지방 성분이 많은 식품이나 알코올 성분이 있는 주류에는 직접 접촉되지 않게 사용하도록 표시하여야 한다.

2) 폴리에틸렌(polyethylene, PE), 폴리프로필렌(polypropylene, PP)

구조	사용 용도 및 특징
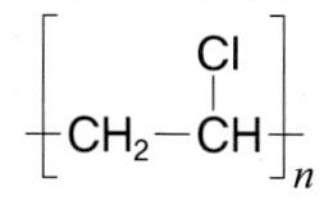 (CAS No: 9002-88-4)	밀도에 따라 분류된다. HDPE: 내충격성이 좋아 대형 용기에 사용 LLDPE: 필름에 주로 사용 LDPE: 연질 튜브 등 부드러운 용기, 필름
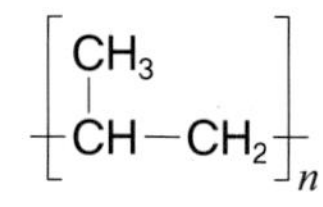 (CAS No: 9003-07-0)	용기 및 필름 포장재에 광범위하게 사용 내열성이 PE보다 우수하여 주로 뜨거운 식품을 담는 데 사용된다.

(1) 정의

폴리에틸렌이란 기본 중합체 중 에틸렌의 함유율이 50% 이상인 합성수지제를 말하며, 폴리프로필렌이란 기본 중합체 중 프로필렌의 함유율이 50% 이상인 합성수지제를 말한다.

(2) 용출 규격(mg/L)

건조식품의 방습유지 등을 위하여 수용성 물질(식품 또는 식품첨가물로 허용되어 있는 물질에 한한다)이 사용된 경우에는 총용출량 및 과망간산칼륨소비량의 규격을 적용하지 아니할 수 있다.

① 납: 1 이하

② 과망간산칼륨소비량: 10 이하

③ 총용출량: 30 이하(다만, 사용 온도가 100℃ 이하로 침출용액이 n-헵탄인 경우 150 이하)

④ 1-헥센: 3 이하(폴리에틸렌에 한한다)

⑤ 1-옥텐: 15 이하(폴리에틸렌에 한한다)

Q. 폴리에틸렌은 주로 어떤 기구·용기·포장에 사용되나요?

A. 폴리에틸렌은 밀도에 따라 저밀도폴리에틸렌(LDPE)과 고밀도폴리에틸렌(HDPE) 등으로 구분되며, 밀도가 높을수록 강도가 증가한다. 저밀도폴리에틸렌은 내한성이 좋아 냉동식품 포장에 많이 사용되며, 투명하고 유연성이 좋아 일회용 장갑이나 마요네즈 및 케첩류의 용기 등에 사용된다. 고밀도폴리에틸렌은 불투명하고 유연성이 부족하여 우유나 과일주스 용기로 사용되며, 내열온도가 높아 레토르트 식품 포장재에 사용된다.

Q. 폴리프로필렌은 주로 어떤 기구·용기·포장에 사용되나요?

A. 폴리프로필렌은 내열성이 우수한(내열온도: 121~165℃) 특성이 있으며 밀폐 용기나 전자레인지 용기로 사용된다. 또한 광택이 있고 투명도가 좋아 가공식품의 낱개 포장이나 빵 등의 포장에도 사용된다.

3) 폴리스티렌(polystyrene, PS)

구조	사용 용도 및 특징
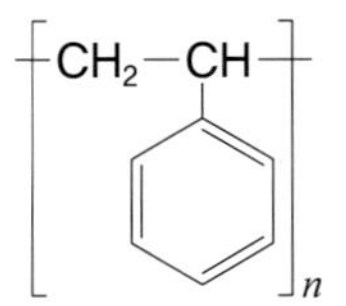 (CAS No: 9003-53-6)	성형성이 우수하여 다양한 용도로 사용되며, 일반 폴리스티렌, 내충격성 폴리스티렌, 발포 폴리스티렌으로 구분된다. 일반 폴리스티렌은 무색투명하고 가벼워 일회용 컵이나 일회용 숟가락 등에 주로 사용된다. 내충격성 폴리스티렌은 반투명 유백색이며, 요구르트 등의 용기에 사용된다. 발포 폴리스티렌은 단열성이 우수하여 컵라면 등의 식품 용기에 주로 사용된다.

(1) 정의

폴리스티렌이란 기본 중합체 중 스티렌 또는 α-메틸스티렌의 함유율이 50% 이상인 합성수지제를 말하며, 발포 폴리스티렌을 포함한다.

(2) 잔류 규격(mg/kg)

휘발성 물질(스티렌, 톨루엔, 에틸벤젠, 이소프로필벤젠 및 n-프로필벤젠의 합): 5,000 이하 (다만, 열탕을 사용하는 발포 폴리스티렌의 경우 휘발성 물질의 총량은 2,000 이하이어야 하며, 그중 스티렌 및 에틸벤젠은 각각 1,000 이하)

(3) 용출 규격(mg/L)

① 납: 1 이하

② 과망간산칼륨소비량: 10 이하

③ 총용출량: 30 이하(다만, 침출용액이 n-헵탄인 경우 240 이하)

Q. 폴리스티렌은 주로 어떤 기구·용기·포장에 사용되나요?

A. 성형성이 우수하여 다양한 용도로 사용되며 일반용 폴리스티렌, 내충격성 폴리스티렌, 발포 폴리스티렌으로 구분된다. 일반용 폴리스티렌은 무색투명하고 가벼워 일회용 컵이나 일회용 숟가락 등에 주로 사용된다. 내충격성 폴리스티렌은 고무 탄성체가 첨가되어 뿌연 유백색을 나타내며 요구르트, 요거트 등의 용기에 사용된다. 발포 폴리스티렌은 충격에는 약하지만 보온성과 단열성이 우수하여 컵라면 등의 식품 용기에 주로 사용된다.

Q. 전자레인지 조리용으로 나온 컵라면 경우에 폴리스티렌 재질의 컵라면도 전자레인지로 조리가 가능한지요?

A. 전자레인지에 사용할 수 있는 재질은 일반적으로 종이, 유리, 도자기, 폴리프로필렌(PP) 등이며, 제품 구매 시 표시 사항을 통해 '전자레인지용'인지 여부를 꼭 확인해야 한다. 내열온도가 낮은 일반 폴리스티렌 재질의 컵라면 등의 경우 전자레인지에 조리 시 용기가 녹거나 외형이 변형될 수 있어 전자레인지 사용에 적합하지 않다.

4) 폴리염화비닐리덴(poly vinylidene chloride, PVDC)

구조	사용 용도 및 특징
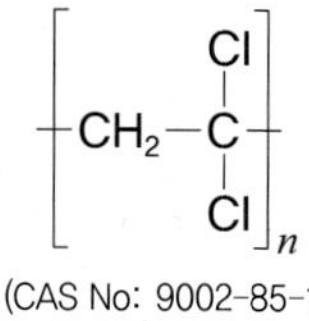 (CAS No: 9002-85-1)	PVDC는 내열성과 기체 및 수분 차단성이 우수하며, 내약품성, 내유성이 좋아 육가공 제품(소시지 등) 등에 많이 쓰인다. 그러나 소각 시 아이옥신, 염소가스의 생성 문제로 사용이 전 세계적으로 줄어들고 있는 추세이다.

(1) 정의

폴리염화비닐리덴이란 기본 중합체 중 염화비닐리덴의 함유율이 50% 이상인 합성수지제를 말한다.

(2) 잔류 규격(mg/kg)

염화비닐리덴: 6 이하

(3) 용출 규격(mg/L)

① 납: 1 이하

② 바륨: 1 이하

③ 과망간산칼륨소비량: 10 이하

④ 총용출량: 30 이하

Q. 폴리염화비닐리덴(PVDC)은 주로 어떤 기구·용기·포장에 사용되나요?

A. 폴리염화비닐리덴은 내열성, 풍미보호성이 우수하고 내약품성, 내유성이 좋으며, 빛 차단선이 좋아 육제품의 진공 포장재로 쓰인다. 또한 가스 차단성이 매우 우수하여 복합플라스틱 필름의 재료로서 햄, 가열소시지의 케이싱 필름으로 주로 사용된다.

Q. PVDC 재질의 랩은 전자레인지 등에 사용이 가능한가요?

A. 일반적으로 PVDC 재질의 랩은 PVC 재질의 랩보다 내열성과 내유성이 좋아 전자레인지용으로도 사용된다. 다만, 해당 제품에 전자레인지용 표시가 있는지 꼭 확인 후 사용해야 한다. 또한 PVDC 재질은 내열성이 우수하여 120℃에서 고온 살균을 할 수 있어 레토르트 파우치에도 사용된다.

5) 폴리에틸렌테레프탈레이트(poly ethyleneterephthalate, PET)

구조	사용 용도 및 특징
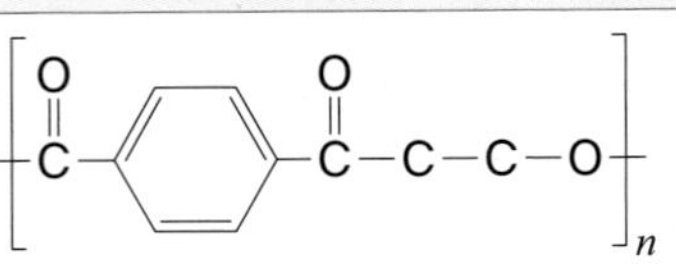 (CAS No: 25038-59-9)	생수나 음료병에 광범위하게 사용되며, 그밖에 투명한 트레이, 뚜껑 등에도 많이 사용되지만 내열성이 부족한 것이 문제점이다. 필름으로는 내열성이 있으며, 복합 필름의 표면층 필름으로도 사용된다.

(1) 정의

폴리에틸렌테레프탈레이트란 기본 중합체 중 테레프탈산 또는 테레프탈산메틸에스테르와 에틸렌글리콜의 중합물질의 함유율이 50% 이상인 합성수지제를 말한다.

(2) 용출 규격(mg/L)

① 납: 1 이하

② 과망간산칼륨소비량: 10 이하

③ 총용출량: 30 이하

④ 안티몬: 0.04 이하

* 안티몬은 수지 제조 시 사용되는 중합 촉매로서 주로 투명도가 높은 제품에 사용되며, 최종 제품 중에 미량으로 잔류할 수 있다.

⑤ 게르마늄: 0.1 이하

* 게르마늄은 PET 수지 제조 시 사용되는 중합 촉매로서 주로 투명도가 높은 제품에 사용되며, 최종 제품 중에 미량으로 잔류할 수 있다.

⑥ 테레프탈산: 7.5 이하

⑦ 이소프탈산: 5 이하

⑧ 아세트알데히드: 6 이하

* 아세트알데히드는 수지 중합 시 또는 성형 시 열분해에 의해 발생되며, 미량 잔류하여 식품으로 이행 가능성이 있다.

Q. 폴리에틸렌테레프탈레이트(PET)는 주로 어떤 기구·용기·포장에 사용되나요?

A. 폴리에틸렌테레프탈레이트는 투명성이 우수하여 내용물이 눈에 잘 띄게 하고 가벼우며 기체나 수분 투과 차단성이 우수하여 생수 및 탄산음료 등의 병에 많이 사용된다.
PET 재질은 「기구 및 용기·포장의 기준 및 규격」 고시 II. 1. 다. 1) "기구 및 용기·포장 제조 가공 시 재활용 합성수지제를 사용하고자 하는 경우 폴리에틸렌테레프탈레이트(PET) 및 폴리에틸렌나프탈레이트(PEN)를 가열, 화학반응 등에 의해 원료물질 층으로 분해하고 정제한 후 이를 다시 중합한 것이어야 한다."의 규정에 적합한 경우에 한하여 재활용이 가능하다.

6) 페놀수지(phenol-formaldehyde resin, PF)

구조	사용 용도 및 특징
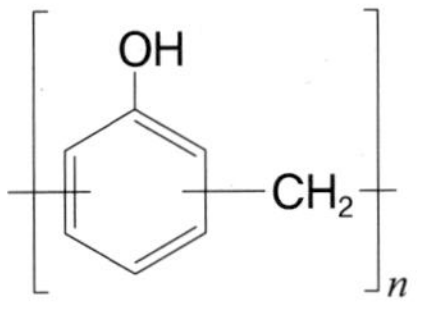 (CAS No: 9003-35-4)	금속 캔의 내면 코팅제로 이용이 되며, 밥그릇, 국그릇 등 각종 식기류에도 많이 사용된다. 내열성은 있지만 전자레인지 조리 시에는 포름알데히드가 용출될 수 있으므로 전자레인지에서 사용하지 말아야 한다.

(1) 정의

페놀수지란 기본 중합체 중 페놀과 포름알데히드의 중합물질의 함유율이 50% 이상인 합성수지제를 말한다.

(2) 용출 규격(mg/L)

① 납: 1 이하

② 총용출량: 30 이하

③ 페놀: 5 이하

④ 포름알데히드: 4 이하

Q. 페놀수지는 주로 어떤 기구·용기·포장에 사용되나요?

A. 페놀수지는 금속 캔 내명의 코팅제로 사용되며 밥그릇, 국그릇, 국그릇 등 각종 식기류에 많이 사용된다.

Q. 페놀수지 기구·용기·포장을 전자레인지 조리에 사용해도 되나요?

A. 페놀수지는 일반적으로 내열성이 우수한 재질이지만 전자레인지에 조리 시 원료물질인 포름알데히드가 일부 녹아 나올 수 있으므로 전자레인지 용도로 사용해서는 안 된다.

7) 멜라민수지(melamine-formaldehyde resin, MF)

구조	사용 용도 및 특징
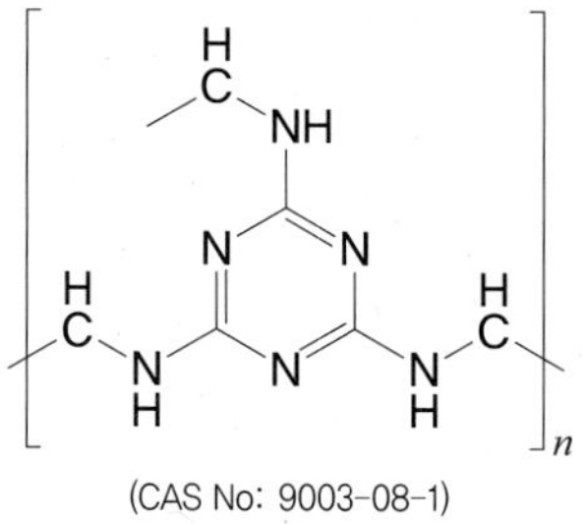 (CAS No: 9003-08-1)	착색이 용이하고 내수성, 내열성 및 내구성이 우수하며 식판이나 식기, 접시 등에 많이 사용된다. 내열성은 있지만 전자레인지 조리 시에는 포름알데히드가 용출될 수 있으므로 전자레인지에서 사용하지 말아야 한다.

(1) 정의

멜라민수지란 기본 중합체 중 멜라민과 포름알데히드의 중합물질의 함유율이 50% 이상인 합성수지제를 말한다.

(2) 용출 규격(mg/L)

① 납: 1 이하

② 총용출량: 30 이하

③ 페놀: 5 이하

④ 포름알데히드: 4 이하

⑤ 멜라민: 2.5 이하

Q. 멜라민수지는 주로 어떤 기구·용기·포장에 사용되나요?

A. 멜라민수지는 착색이 용이하고 내수성, 내열성이 우수하며 높은 표면 강도를 갖고 있어 식당, 학교 등의 급식용 식기 등에 많이 사용됩니다. 특히 튼튼하고 미관이 아름다워 식기류에 많이 사용되고 있다.

Q. 멜라민수지 기구·용기·포장을 전자레인지 조리에 사용해도 되나요?

A. 멜라민수지는 일반적으로 내열성이 우수한 재질이지만 전자레인지에 조리 시 원료물질인 포름알데히드가 일부 용출되어 나올 수 있으므로 전자레인지 용도로 사용해서는 안 된다.

8) 요소수지(urea-formaldehyde resin, UF)

구조	사용 용도 및 특징
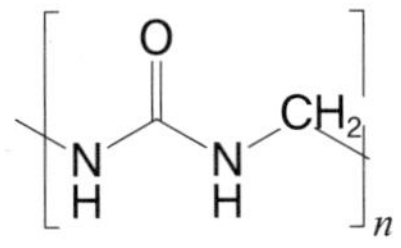 (CAS No: 9001-05-6)	무색투명하여 착색이 용이하고, 광택이 좋아 식기류 등에 사용되고 있다. 내열성은 있지만 전자레인지 조리 시에는 포름알데히드가 용출될 수 있으므로 전자레인지에서 사용하지 말아야 한다.

(1) 정의

요소수지란 기본 중합체 중 우레아와 포름알데히드의 중합물질의 함유율이 50% 이상인 합성수지제를 말한다.

(2) 용출 규격(mg/L)

① 납: 1 이하

② 총용출량: 30 이하

③ 페놀: 5 이하

④ 포름알데히드: 4 이하

Q. 요소수지는 주로 어떤 기구·용기·포장에 사용되나요?

A. 요소수지는 무색투명하여 착색이 용이하고 광택이 좋은 특성을 가지고 있어 식기류 등에 많이 사용된다.

Q. 요소수지의 기구·용기·포장을 전자레인지 조리에 사용해도 되나요?

A. 요소수지는 일반적으로 내열성이 우수한 재질이지만 전자레인지에 조리 시 원료물질인 포름알데히드가 일부 녹아 나올 수 있으므로 전자레인지 용도로 사용해서는 안 된다.

9) 폴리아세탈(polyacetal, polyoxymethylene, POM)

구조	사용 용도 및 특징
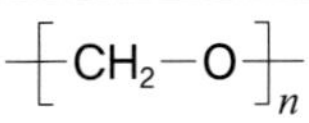 (CAS No: 9002-81-7)	굴곡 저항성, 마모 저항성 등 물리적 강도가 좋고, 화학약품 저항성이 우수하여 식품용 기구나 설비 부품 등에 주로 사용된다.

(1) 정의

폴리아세탈이란 기본 중합체 중 포름알데히드와 트리옥시메틸렌의 중합물질의 함유율이 50% 이상인 합성수지제를 말한다.

(2) 용출 규격(mg/L)

① 납: 1 이하

② 과망간산칼륨소비량: 10 이하

③ 총용출량: 30 이하

④ 포름알데히드: 4 이하

Q. 폴리아세탈은 주로 어떤 기구·용기·포장에 사용되나요?

A. 폴리아세탈은 휘어짐 저항성, 화학적 저항성이 우수하여 식품 설비 부품 등에 많이 사용되며 음료수 등의 포장재로도 사용된다.

Q. 폴리아세탈과 POM은 같은 재질인가요?

A. 폴리아세탈을 일반적으로 POM이라 부르며, POM은 폴리옥시메틸렌(polyoxymethylene)의 약어이다. 따라서 폴리아세탈과 POM은 같은 재질을 의미한다.

10) 아크릴수지(acrylic resin)

구조		사용 용도 및 특징
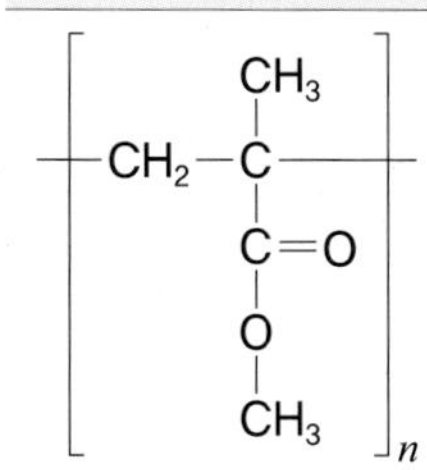 (CAS No: 9011-14-7)	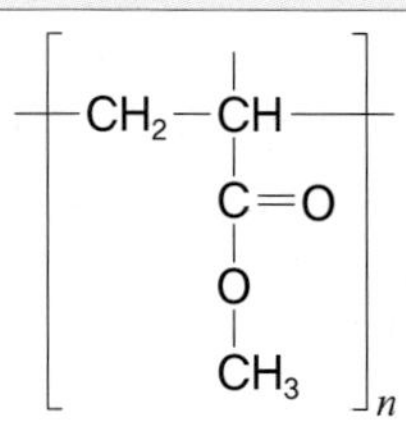 (CAS No: 9003-21-8)	습도와 온도에 민감하지 않고 강도가 우수하다. 투명성과 내충격성이 우수하여 후추와 같은 향신료 용기나 쟁반 등에 사용된다.

(1) 정의

아크릴수지란 기본 중합체 중 아크릴산, 메타크릴산, 아크릴레이트 또는 메타크릴레이트 등의 함유율이 50% 이상인 합성수지제를 말한다.

(2) 용출 규격(mg/L)

① 납: 1 이하

② 과망간산칼륨소비량: 10 이하

③ 총용출량 : 30 이하

④ 메틸메타크릴레이트: 6 이하(다만, 기본 중합체 중 메틸메타크릴레이트의 함유율이 50% 이상인 합성수지제에 한한다)

Q. 아크릴수지는 주로 어떤 기구·용기·포장에 사용되나요?

A. 아크릴수지는 태양광, 온도, 습도, 비 등에 견디는 성질이 우수하며, 특히 투명성이 우수한 수지이다. 표면 광택과 내충격성이 우수하여 간장, 후추와 같은 조미료 용기나 쟁반 등에 사용된다.

Q. 아크릴수지 종류에는 어떤 것들이 있나요?

A. 아크릴수지는 아크릴산(acrylic acid), 메타크릴산(methacrylic acid) 등의 에스터인 아크릴레이트나 메타크릴레이트(메타크릴산메틸에스터) 등의 중합체를 말한다.
아크릴수지의 종류로는 PMMA(polymethyl methacrylate) 수지가 대표적이며, PMA(polymethyl acrylate) 수지 등이 있다.

11) 폴리아미드(polyamide, PA)

구조	사용 용도 및 특징
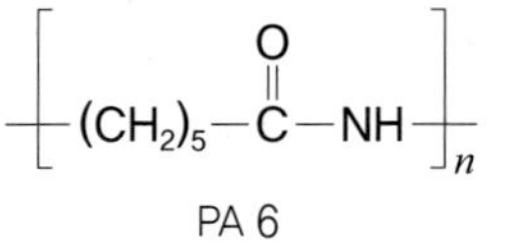 PA 6 (CAS No: 25038-54-4)	일반적으로 나일론이라는 명칭으로 불리고 있다. 내충격 강도와 내핀홀성이 매우 우수하며, 가스 차단성이 좋아서 이축연신한 필름은 진공 포장이나 냉동식품에 많이 사용된다.

(1) 정의

폴리아미드란 기본 중합체 중 락탐, 아미노카르복실레이트 또는 이염기산과 디아민의 중합물질의 함유율이 50% 이상인 합성수지제를 말한다.

(2) 용출 규격(mg/L)

① 납: 1 이하

② 과망간산칼륨소비량: 10 이하

③ 총용출량: 30 이하

④ 카프로락탐: 15 이하

⑤ 일차방향족아민(아닐린, 4,4′-메틸렌디아닐린, 2,4-톨루엔디아민의 합): 0.01 이하

⑥ 에틸렌디아민: 12 이하

⑦ 헥사메틸렌디아민: 2.4 이하

⑧ 라우로락탐: 5 이하

Q. 폴리아미드는 주로 어떤 기구·용기·포장에 사용되나요?

A. 폴리아미드는 성형 후 잘 깨지지 않는 특성을 갖고 있으며, 수분흡수율이 낮고 가스 차단성이 좋아 필름 형태로 제조되어 육가공품의 진공 포장이나 냉동식품 및 고온 살균용 포장에 주로 사용된다.

Q. 나일론(nylon)과 폴리아미드(polyamide)는 동일한 재질인가요?

A. 나일론은 폴리아미드의 상용 제품 명칭으로 폴리아미드 재질에 해당된다.

12) 폴리메틸펜텐(polymethylpentene, PMP)

구조	사용 용도 및 특징
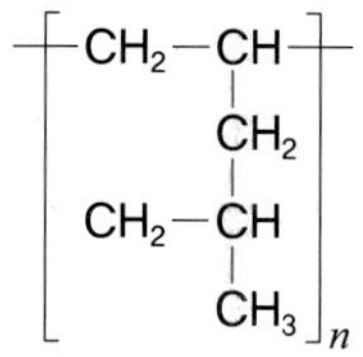 (CAS No: 25068-26-2)	투명성, 내열성, 내수성, 내약품성, 가스 투과성, 내유성이 좋아 쿠킹 필름, 통기성 포장재, 식기 등에 사용된다.

(1) 정의

폴리메틸펜텐이란 기본 중합체 중 메틸펜텐의 함유율이 50% 이상인 합성수지제를 말한다.

(2) 용출 규격(mg/L)

① 납: 1 이하

② 과망간산칼륨소비량: 10 이하

③ 총용출량: 30 이하(다만, 침출용액이 n-헵탄인 경우 120 이하)

④ 4-메틸-1-펜텐: 0.05 이하

Q. 폴리메틸펜텐은 주로 어떤 기구·용기·포장에 사용되나요?

A. 폴리메틸펜텐은 투명성, 내열성, 내약품성, 가스 투과성, 내유성이 좋으며 쿠킹 필름, 통기성 포장재 및 식기 등에 사용된다.

Q. TPX 수지와 폴리메틸펜텐이 같은 재질인가요?

A. TPX는 폴리메틸펜텐의 상용 제품 명칭이나 폴리메틸펜텐의 약어로도 사용되고 있으며 TPX는 transparent polymer X로부터 유래되었다.

13) 폴리카보네이트(polycarbonate, PC)

구조	사용 용도 및 특징
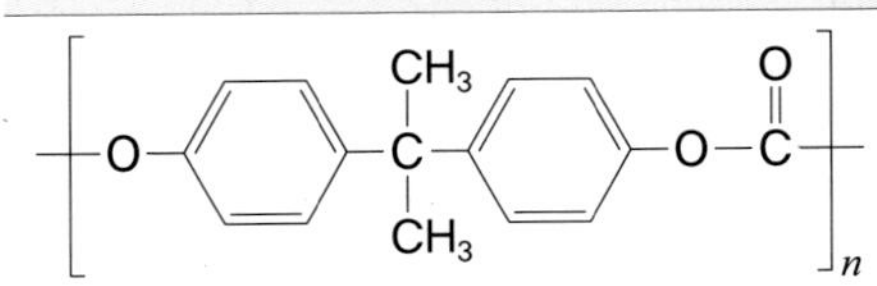 (CAS No: 25037-45-0)	내충격성, 내열성, 투명성뿐만 아니라 기계적 강도도 우수하여, 대형 생수통, 식품 보관 용기, 향신료 통, 커피 추출기 등에 사용된다. 비스페놀 A의 용출 문제로 현재는 열탕가열을 하는 젖병 등에는 사용되지 않고 있다.

(1) 정의

폴리카보네이트란 기본 중합체(base polymer) 중 비스페놀 A와 디페닐카보네이트 또는 카보닐클로라이드의 중합물질의 함유율이 50% 이상인 합성수지제를 말한다.

(2) 잔류 규격

아민류(트리에틸아민과 트리부틸아민의 합): 1 이하

(3) 용출 규격(mg/L)

① 납: 1 이하

② 과망간산칼륨소비량: 10 이하

③ 총용출량: 30 이하

④ 비스페놀 A(페놀, 비스페놀 A 및 p-터셔리부틸페놀의 합): 2.5 이하(다만, 비스페놀 A는 0.6 이하)

⑤ 디페닐카보네이트: 0.05 이하

Q. 폴리카보네이트는 주로 어떤 기구·용기·포장에 사용되나요?

A. 폴리카보네이트는 내충격성, 내열성, 투명성 등이 우수하여 식품 보관 용기, 급식용 식기, 전자레인지용 용기, 커피 추출기 등에 사용된다.
과거에는 유아용 젖병 등에 사용되었으나 현재는 「기구 및 용기·포장의 기준 및 규격」 고시 II. 공통기준 및 규격에 따라 영유아용 기구·용기 포장에 비스페놀 A의 사용을 금지하고 있어 비스페놀 A를 원료로 제조한 폴리카보네이트의 경우에는 유아용 젖병에 사용이 불가하다.

Q. 폴리카보네이트 제품에서 환경 호르몬이 나온다고 하는데 안전한가요?

A. 폴리카보네이트는 내분비계 장애물질(일명 환경 호르몬)로 추정되고 있는 비스페놀 A를 원료로 사용하고는 있으나 비스페놀 A에 대해 용출 규격을 설정하여 안전하게 관리하고 있어 기준·규격에 적합한 경우 안전성에 대해 우려하지 않아도 된다.

14) 폴리비닐알코올[poly(vinyl alcohol), PVA]

구조	사용 용도 및 특징
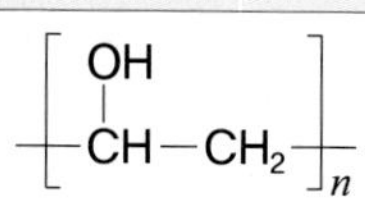 (CAS No: 9002-89-5)	산소 등 기체 차단성이 우수하기 때문에, 주로 필름이나 코팅 형태로 식품 포장재의 중층에 사용된다. 랩 등에도 사용되는 경우가 있다.

(1) 정의

폴리비닐알코올이란 기본 중합체(base polymer) 중 비닐알코올의 함유율이 50% 이상인 합성수지제를 말한다.

(2) 용출 규격(mg/L)

① 납: 1 이하

② 과망간산칼륨소비량: 10 이하

③ 총용출량: 30 이하

④ 비닐아세테이트: 12 이하

Q. 폴리비닐알코올은 주로 어떤 기구·용기·포장에 사용되나요?

A. 폴리비닐알코올은 생분해성 재질에 해당, 식품용 포장재를 포함하여 환경 보호 목적으로 다양한 분야에 사용되고 있으며, 산소 차단성이 우수하여 식품 포장용 랩으로 사용 시 음식물의 장기간 신선도 유지가 가능하다.

Q. EVOH 재질이 PVA 재질과 같은 건가요?

A. EVOH는 에틸렌비닐알코올 공중합체를 의미하며, 기본 중합체 중 비닐알코올의 함유율이 50% 이상인 경우라면 PVA로 분류가 가능하다.

Q. 식품용으로 사용할 수 있는 생분해성 수지에는 어떤 것들이 있나요?

A. 식품용으로 사용할 수 있는 생분해성 수지에는 폴리비닐알코올(PVA)을 포함하여 폴리락타이드(PLA), 부틸렌숙시네이트 공중합체(PBS), 부틸렌숙시네이트-아디페이트 공중합체(PBSA), 히드록시부틸폴리에스테르(HBP) 등이 있다.

15) 폴리우레탄(polyurethane, PU)

구조	사용 용도 및 특징
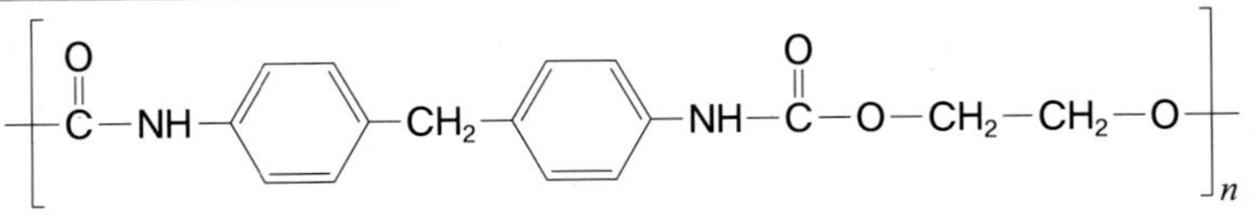	탄성이 뛰어나 완충재나 혹은 식품의 다층필름에 접착제로 사용된다.

(1) 정의

폴리우레탄이란 기본 중합체(base polymer) 중 이소시아네이트와 폴리올의 중합물질의 함유율이 50% 이상인 합성수지제를 말한다.

(2) 용출 규격(mg/L)

① 납: 1 이하

② 과망간산칼륨소비량: 10 이하

③ 총용출량: 30 이하

④ 이소시아네이트: 0.1 이하

⑤ 4,4′-메틸렌디아닐린: 0.01 이하

Q. 폴리우레탄은 주로 어떤 기구·용기·포장에 사용되나요?

A. 폴리우레탄은 거품 구조를 가지기 때문에 탄성이 있고 견고하며 가벼운 특성을 가지고 있어 식품용 포장재 등 다양한 용도로 사용된다. 다층 포장필름 제조 시 필름끼리의 접합에 사용되는 접착제로도 사용된다.

Q. 열가소성폴리우레탄(TPU)도 폴리우레탄(PU)과 같은 재질인가요?

A. 폴리우레탄은 분자 중에 우레탄 결합(-NH-COO-)을 가지고 있는 고분자 화합물을 총칭하며, 제조 방법에 따라 다양한 물성을 가진 폴리우레탄이 만들어진다.
따라서 열가소성폴리우레탄은 폴리우레탄의 일종이며 폴리우레탄으로 분류할 수 있다.

16) 폴리부텐(polybutene-1, PB-1)

구조	사용 용도 및 특징
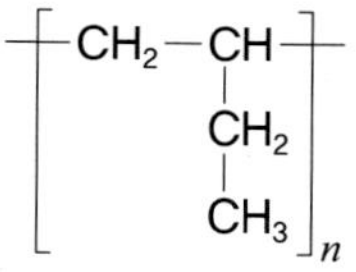 (CAS No: 9003-28-5)	빛이나 열에 의해 쉽게 산화되지 않고 무색, 무취가 특징임. 접착제, 코킹 및 실링 컴파운드, 가소제로 사용됨.

(1) 정의

폴리부텐이란 기본 중합체 중 부텐-1의 함유율이 50% 이상인 합성수지제를 말한다.

(2) 용출 규격(mg/L)

① 납: 1 이하

② 과망간산칼륨소비량: 10 이하

③ 총용출량: 30 이하(다만, 사용 온도가 100℃ 이하로 침출용액이 n-헵탄인 경우 150 이하, 사용 온도가 100℃를 초과하고 침출용액이 n-헵탄인 경우 120 이하)

Q. 폴리부텐(PB-1)은 주로 어떤 기구·용기·포장에 사용되나요?

A. 폴리부텐은 PE, PP와 유사한 성질을 가지고 있으며, 필름 형태로 제조되어 식육 포장에 사용된다. 높은 온도에서는 녹는 성질이 있어 접착제로도 사용된다.

17) 아크릴로니트릴-부타디엔-스티렌 공중합체(acrylonitrile-butadiene-styrene copolymer, ABS) 및 아크릴로니트릴-스티렌 공중합체(acrylonitrile-styrene copolymer, AS)

구조	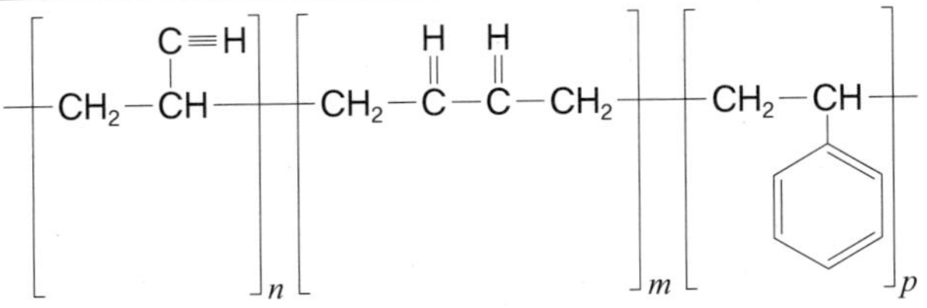 ABS (CAS No: 9003-56-9)
구조	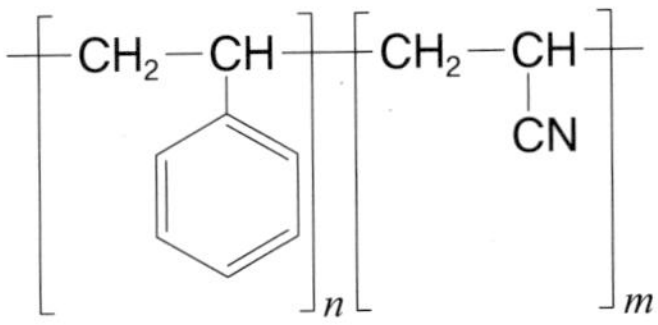 AS (9003-54-7)
사용 용도 및 특징	ABS와 AS는 기계적 강도가 우수하여 사출성형으로 많이 사용되며, ABS는 식품용 가위나 과도 등의 손잡이 부분과 식기류 등에, AS는 접시나 물컵 등에 주로 사용된다.

(1) 정의

아크릴로니트릴-부타디엔-스티렌 공중합체란 기본 중합체 중 스티렌(α-메틸스티렌 포함)과 아크릴로니트릴의 공중합체에 부타디엔계 고무가 분산된 물질의 함유율이 60% 이상인 합성수지제를 말하며, 아크릴로니트릴-스티렌 공중합체란 기본 중합체 중 스티렌이 50% 이상 함유된 중합체에 아크릴로니트릴이 포함된 합성수지제를 말한다.

(2) 잔류 규격(mg/kg)

① 휘발성 물질(스티렌, 톨루엔, 에틸벤젠, 이소프로필벤젠 및 n-프로필벤젠의 합): 5,000 이하

② 1,3-부타디엔: 1 이하(아크릴로니트릴-부타디엔-스티렌 공중합체에 한한다.)

(3) 용출 규격(mg/L)

① 납: 1 이하

② 과망간산칼륨소비량: 10 이하

③ 총용출량: 30 이하(다만, 침출용액이 n-헵탄인 경우 240 이하)

④ 아크릴로니트릴: 0.02 이하

Q. ABS와 AS는 주로 어떤 기구·용기·포장에 사용되나요?

A. ABS와 AS는 물성이 우수하여 다양한 식품 용기 등에 사용된다. ABS는 식품용 가위나 과도 등의 손잡이 부분과 식기류 등에 사용되며, AS는 접시나 물컵 등에 주로 사용된다.

18) 폴리메타크릴스티렌(polymethacrylstyrene, MS)

구조	사용 용도 및 특징
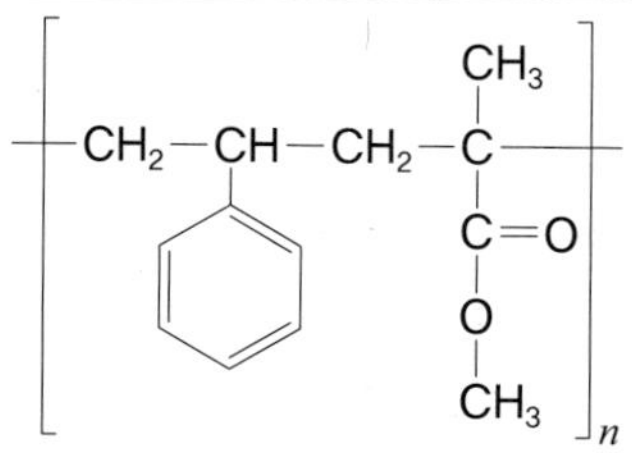 (CAS No: 25034-86-0)	투명성이 우수하고 기계적인 강도가 우수한 아크릴계 수지로서, 지방성 식품, 산성 식품, 알코올성 식품 등을 담는 용기나 컵 등에 주로 사용된다.

(1) 정의

폴리메타크릴스티렌이란 기본 중합체 중 메타크릴산메틸 및 스티렌(α-메틸스티렌 포함)의 함유율이 각각 20% 이상이고 양자의 합이 60% 이상인 합성수지제를 말한다.

(2) 잔류 규격(mg/kg)

휘발성 물질(스티렌, 톨루엔, 에틸벤젠, 이소프로필벤젠 및 n-프로필벤젠의 합): 5,000 이하

(3) 용출 규격(mg/L)

① 납: 1 이하

② 과망간산칼륨소비량: 10 이하

③ 총용출량: 30 이하(다만, 침출용액이 n-헵탄인 경우 240 이하)

④ 메틸메타크릴레이트: 6 이하(다만, 기본 중합체 중 메틸메타크릴레이트의 함유율이 50% 이상인 합성수지제에 한한다.)

Q. 폴리메타크릴스티렌(MS)은 주로 어떤 기구·용기·포장에 사용되나요?

A. 폴리메타크릴스티렌은 아크릴계 고투명 기능성 수지로 조리가공이 끝난 지방성 식품, 산성 식품, 알코올성 식품 등을 담는 용기나 컵 등에 주로 사용된다.

19) 폴리부틸렌테레프탈레이트(poly butyleneterephthalate, PBT)

구조	사용 용도 및 특징
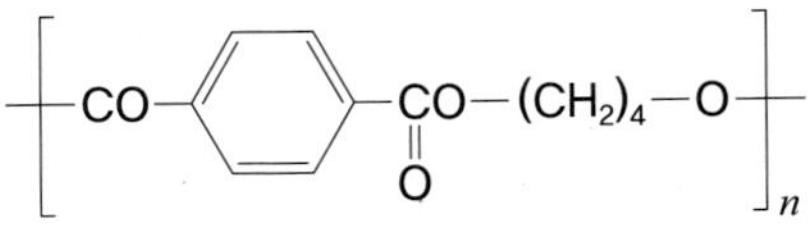 (CAS No: 24968-12-5)	PET와 유사한 외관을 지니며, PET보다 가공성이 우수하다. 그러나 가격 등의 이유로 식품 포장에의 사용은 제한되어 있으며, 수축필름 등에 사용된다.

(1) 정의

폴리부틸렌테레프탈레이트란 기본 중합체 중 테레프탈산 또는 테레프탈산의 디메틸 에스테르와 부틸렌글리콜의 중합물질의 함유율이 50% 이상인 합성수지제를 말한다.

(2) 용출 규격(mg/L)

① 납: 1 이하

② 과망간산칼륨소비량: 10 이하

③ 총용출량: 30 이하

④ 테레프탈산: 7.5 이하

⑤ 이소프탈산: 5 이하

⑥ 1,4-부탄디올: 5 이하

Q. 폴리부틸렌테레프탈레이트(PBT)는 주로 어떤 기구·용기·포장에 사용되나요?

A. 폴리부틸렌테레프탈레이트는 내열성, 내마모성, 가스차단성 등이 우수하여 다양한 식품 및 음료의 포장재로 쓰이고 있다.

Q. PBT 재질에서 환경 호르몬이 발생할 수 있나요?

A. PBT 재질에는 일반적으로 내분비계 장애 물질(일명 환경 호르몬)로 추정되는 비스페놀 A나 프탈레니트류가 원료로 사용되고 있지 않으므로 환경 호르몬의 발생에 대해서는 우려하지 않아도 된다. PET의 원료인 테레프탈산의 명칭이 DEHP(디에틸헥실프탈레이트) 등 프탈레이트류와 유사하여 환경 호르몬이 발생할 것으로 생각할 수 있으나 테레프탈산은 프탈레이트류와 화학구조나 성질이 전혀 다른 물질이다.

20) 폴리아릴설폰(polyarylsulfone, PASF)

구조	사용 용도 및 특징
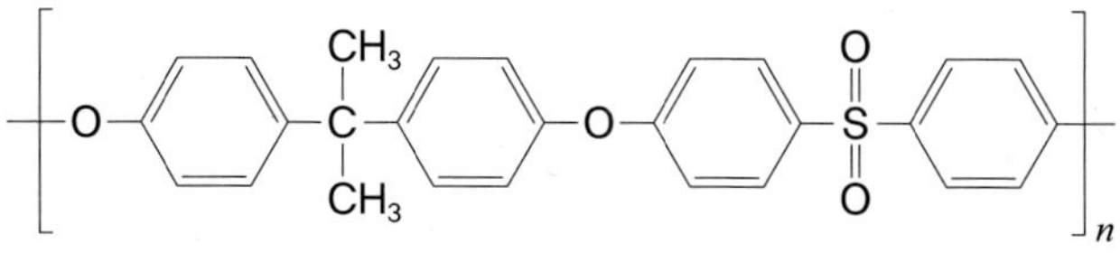 (CAS No: 25135-51-7)	내열성과 충격강도가 좋아 고온과 저온에서 안정성이 뛰어나며 젖병, 커피메이커, 음료 컵 등에 사용된다.

(1) 정의

폴리아릴설폰이란 기본 중합체 중 4,4′-디클로로디페닐설폰과 비스페놀 A의 중합물질의 함유율이 50% 이상인 합성수지제를 말한다.

(2) 용출 규격(mg/L)

① 납: 1 이하

② 과망간산칼륨소비량: 10 이하

③ 총용출량: 30 이하

④ 비스페놀 A(페놀, 비스페놀 A 및 p-터셔리부틸페놀의 합): 2.5 이하(다만, 비스페놀 A는 0.6 이하)

⑤ 4,4′-디클로로디페닐설폰: 0.05 이하

Q. 폴리아릴설폰(PASF)은 주로 어떤 기구·용기·포장에 사용되나요?

A. 폴리아릴설폰은 고온과 저온에서 안정성이 뛰어나 커피메이커, 음료 컵, 식판 등에 사용된다.

21) 폴리아릴레이트(polyarylate, PAR)

구조	사용 용도 및 특징
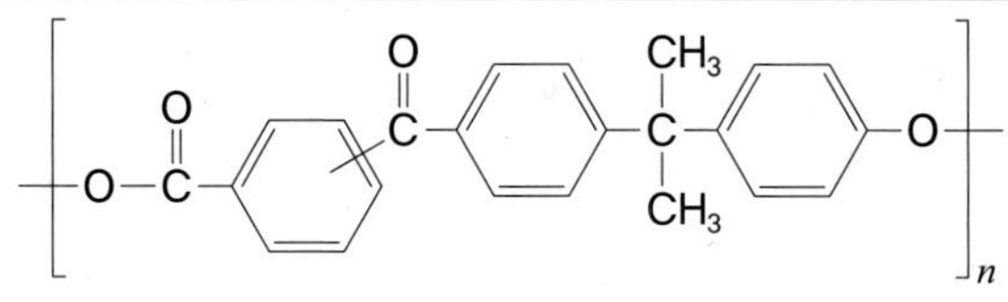 (CAS No: 26590-50-1)	내열성, 투명성, 난연성, 가스차단성 등이 우수하여 보온병과 와인 컵 등에 사용되고 있다.

(1) 정의

폴리아릴레이트란 기본 중합체 중 테레프탈산 또는 이소프탈산과 비스페놀 A의 중합 물질의 함유율이 50% 이상인 합성수지제를 말한다.

(2) 용출 규격(mg/L)

① 납: 1 이하

② 망간산칼륨소비량: 10 이하

③ 총용출량: 30 이하

④ 테레프탈산: 7.5 이하

⑤ 이소프탈산: 5 이하

⑥ 비스페놀 A(페놀, 비스페놀 A 및 p-터셔리부틸페놀의 합): 2.5 이하(다만, 비스페놀 A는 0.6 이하)

Q. 폴리아릴레이트(PAR)는 주로 어떤 기구·용기·포장에 사용되나요?

A. 폴리아릴레이트는 내열성, 투명성, 난연성, 가스차단성 등이 우수하여 보온병, 와인 컵 등에 사용되고 있다.

Q. 영유아 제품에 폴리아릴레이트를 사용하면 비스페놀 A가 나올 수 있다는데 사용해도 안전한가요?

A. 「기구 및 용기·포장의 기준 및 규격」 고시 II. 3. 나.에 따라 영유아용 기구 및 용기·포장에는 비스페놀 A를 사용할 수 없도록 규정하고 있다. 따라서 비스페놀 A가 원료로 사용된 폴리아릴레이트의 경우에는 영유아 제품에 사용할 수 없으므로 안심해도 된다.

22) 히드록시부틸폴리에스테르(hydroxybutyl polyester, HBP)

구조	사용 용도 및 특징
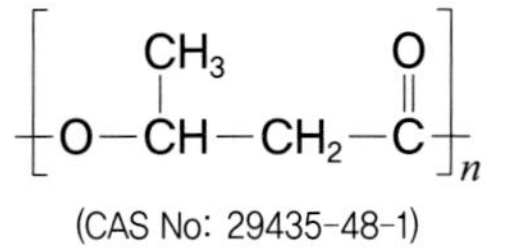 (CAS No: 29435-48-1)	미생물에 의해 생산되는 생분해성 생물 고분자이다. 기계적인 물성 보완을 위해 다른 수지와 혼용해서 사용되며, 식품 포장재에도 사용될 수 있다.

(1) 정의

히드록시부틸폴리에스테르란 기본 중합체 중 3-히드록시부티르산의 함유율이 50% 이상인 합성수지제를 말한다.

(2) 용출 규격(mg/L)

① 납: 1 이하

② 과망간산칼륨소비량: 10 이하

③ 총용출량: 30 이하

Q. 히드록시부틸폴리에스테르(HBP)는 주로 어떤 기구·용기·포장에 사용되나요?

A. 히드록시부틸폴리에스테르는 식품 포장재로 사용 가능하며, 생분해성을 활용한 식품 용기로도 사용이 가능하다.

Q. HPB가 미생물에 의해 만들어 지는 것이 맞나요?

A. HBP는 Ralstonia eutrophus 또는 Bacillus megaterium과 같은 미생물에 의해 만들어진다. 이들 미생물은 당류, 유기산, 알코올, 이산화탄소 등의 탄소원으로부터 히드록시부틸폴리에스테르계 고분자를 생합성한다.

Q. HPB가 생분해성 재질이라고 알려져 있는데 어떤 특성이 있나요?

A. HBP는 미생물 발효에 의해 생분해되는 생분해성 재질에 해당되며, 다른 생분해성 고분자와는 다르게 물에 녹지 않고 가수분해에 대한 저항성이 뛰어난 특성을 갖고 있다.

23) 폴리아크릴로니트릴(polyacrylonitrile, PAN)

구조	사용 용도 및 특징
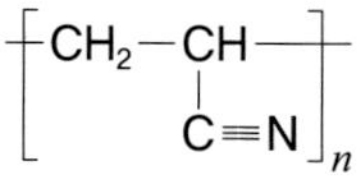 (CAS No: 25014-41-9)	가스 차단성, 강도 등이 우수하나, 보통 다른 성분과 공중합하여 많이 쓰인다. 포장 용기에 사용된다.

(1) 정의

폴리아크릴로니트릴이란 기본 중합체 중 아크릴로니트릴의 함유율이 50% 이상인 합성수지제를 말한다.

(2) 용출 규격(mg/L)

① 납: 1 이하

② 과망간산칼륨소비량: 10 이하

③ 총용출량: 30 이하

④ 아크릴로니트릴: 0.02 이하

Q. 폴리아크릴로니트릴(PAN)은 주로 어떤 기구·용기·포장에 사용되나요?

A. 폴리아크릴로니트릴은 그 자체로 사용되는 경우도 있으나 다른 합성수지와 공중합하여 식품 포장재를 제조하는 데 사용된다.

24) 불소수지(fluorocarbon resin, FR)

구조	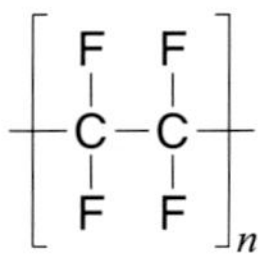 PTFE (CAS No: 9002-84-0)	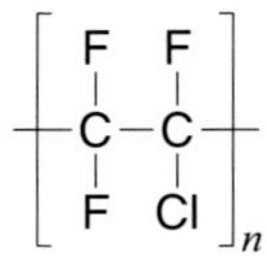 PCTFE (CAS No: 9002-83-9)	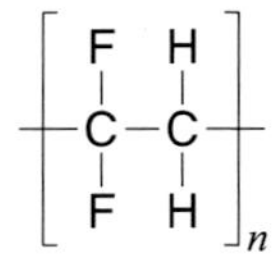 PVDF (CAS No: 24937-79-9)
사용 용도 및 특징	내열성과 스크래치 강도가 우수하여 주방기구의 코팅용으로 많이 사용된다. 식품용 튀김냄비나 프라이팬, 에어프라이어 등의 표면에 음식이 달라붙지 않도록 코팅제로 많이 사용된다.		

(1) 정의

불소수지란 기본 중합체 중 불소를 함유하는 단량체의 함유율이 50% 이상인 합성수지제를 말한다.

(2) 용출 규격(mg/L)

① 납: 1 이하

② 과망간산칼륨소비량: 10 이하

③ 총용출량: 30 이하

Q. 불소수지는 주로 어떤 기구·용기·포장에 사용되나요?

A. 불소수지는 주방기구의 내부 코팅용으로 많이 사용된다. 특히 식품용 튀김냄비나 프라이팬, 에어프라이어 등의 표면에 음식이 달라붙지 않도록 코팅제로 많이 사용된다.

Q. 불소수지의 종류에는 어떤 것들이 있나요?

A. 불소수지란 분자 중에 불소를 함유한 플라스틱의 총칭이다. 불소수지의 종류로는 폴리사불화에틸렌(polytetrafluoroethylene, PTFE), 폴리클로로삼불화에틸렌(polychlorotrifluoroethylene, PCTFE), 불화비닐리덴(polyvinylidene fluoride, PVDF) 등이 있으며 테플론(Teflon)이란 상품명으로 알려져 있는 PTFE가 대표적이다.

Q. 불소수지의코팅 프라이팬이 과불화화합물이 나올 수 있어 인체에 유해하다고 하는데 사실인가요?

A. 불소수지와 과불화화합물(PFOA, PFOS 등)은 전혀 다른 물질이다. 특히 PFOA의 경우 과거에 불소수지 제조 시 가공보조제로 사용되어 왔으나 최근에는 PFOA를 사용하지 않는 제조기술이 개발되어 사용되고 있다. 또한 불소수지 제품의 안전성과 관련하여 국내에서 판매되는 불소수지 코팅 기구·용기·포장에 대한 과불화화합물 모니터링 검사 결과 안전성에 우려가 없었다. 참고로 「기구 및 용기·포장의 기준 및 규격」 II. 1. 가. 5)에 "기구 및 용기·포장 제조 시 「잔류성 오염물질 관리법」(환경부) 등 관련 법령에서 사용을 금지하고 있는 물질을 사용하여서는 아니 된다."라고 규정하고 있다.

25) 폴리페닐렌에테르(polyphenylene ether, PPE)

구조	사용 용도 및 특징
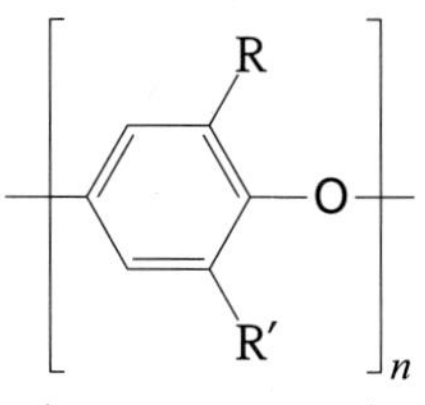 (CAS No: 25134-01-4)	유리전이온도(Tg)가 200℃ 이상으로 높아 내열성과 내마모성이 우수하며, 내화학성 또한 뛰어나다. 다만, 가격이 비싸고 가공성이 좋지 않은 단점이 있다. 전자레인지나 전기 포트 등에 사용된다.

(1) 정의

폴리페닐렌에테르란 기본 중합체 중 2,6-디메틸페놀의 함유율이 50% 이상인 합성수지제를 말한다.

(2) 잔류 규격

휘발성 물질(스티렌, 톨루엔, 에틸벤젠, 이소프로필벤젠 및 n-프로필벤젠의합): 5,000 이하

(3) 용출 규격(mg/L)

1) 납: 1 이하

2) 과망간산칼륨소비량: 10 이하

3) 총용출량: 30 이하

Q. 폴리페닐렌에테르는 주로 어떤 기구·용기·포장에 사용되나요?

A. 폴리페닐렌에테르는 넓은 온도 범위에 걸쳐 내마모성이 우수하며, 내열성 등 제반 물성이 우수하고 산과 알칼리에 대한 내성이 큰 특성이 있어 전자레인지나 전기 포트 등에 사용된다. 폴리페닐렌에테르는 유리전이온도(Tg)가 200℃ 이상으로 높아 유동성이나 가공성이 나쁘고 가격이 비싼 단점이 있다.

Q. 폴리에틸렌옥사이드(Polyphenylene oxide, PPO)는 어떤 재질에 해당되나요?

A. 폴리페닐렌옥사이드는 폴리페닐렌에테르의 이명에 해당되므로 폴리페닐렌에테르(PPE)로 분류할 수 있다.

26) 이오노머수지(ionomeric resin)

구조	사용 용도 및 특징
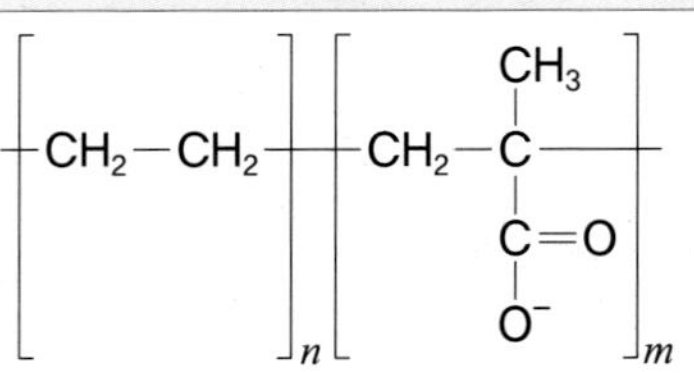 + Na^+ 또는 Zn^{2+} (CAS No 25608-26-8)	Na^+계열은 내마모성과 내핀홀성이 좋아 축산물 포장에 사용되며, Zn^{2+}계열은 저온 열접착이 잘 되고, 불순물 실(seal)성이 좋아 과자 등 분체 식품에 많이 사용된다.

(1) 정의

이오노머수지란 에틸렌과 메틸아크릴산의 공중합체로 카르복실기 그룹에 아연, 나트륨, 칼륨, 칼슘 및 암모늄 등의 이온이 가교된 중합체를 말한다.

(2) 용출 규격(mg/L)

① 납: 1 이하

② 과망간산칼륨소비량: 10 이하

③ 총용출량: 30 이하

Q. 이오노머수지는 주로 어떤 기구·용기·포장에 사용되나요?

A. 이오노머수지는 재질이 투명하며 다른 투명 재질에 비해 화학물질이나 기름에 대한 내구성이 뛰어난 특성이 가지고 있다. 저온 열접착성, 핫택성, 불순물 실(seal)성 등 밀봉성이 뛰어나서 가루가 많은 과자류에 적합하며, 핀홀 강도가 우수하여 가공육류, 냉동식품류의 포장에 많이 사용된다.

27) 에틸렌-초산비닐 공중합체(ethylene-vinylacetate copolymer, EVA)

구조	사용 용도 및 특징
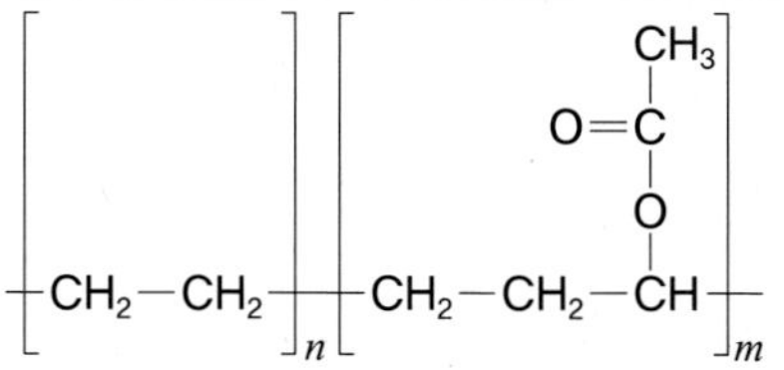 (CAS No 24937-78-8)	유연성이 있으며, 자가 접착력이 강한 특성으로, 열접착 용도나 튜브, 연질 용기, 필름, 발포제품 등에 널리 사용되고 있다.

(1) 정의

에틸렌-초산비닐 공중합체란 에틸렌과 비닐아세테이트와의 공중합으로 얻은 중합체를 말한다.

(2) 용출 규격(mg/L)

① 납: 1 이하

② 과망간산칼륨소비량: 10 이하

③ 총용출량: 30 이하

④ 비닐아세테이트: 12 이하

> **Q. 에틸렌-초산비닐 공중합체는 주로 어떤 기구·용기·포장에 사용되나요?**
>
> A. 에틸렌-초산비닐 공중합체는 초산비닐의 함량에 따라 다양한 물성 조절이 가능하다. 초산비닐의 함량이 낮은 에틸렌-초산비닐 공중합체의 경우 개스킷, 튜브, 각종 용기, 필름, 라미네이트, 발포제품 등에 사용된다.

28) 메틸메타크릴레이트-아크릴로니트릴-부타디엔-스티렌 공중합체

(methylmethacrylate-acrylonitrile-butadiene-styrene copolymer, MABS)

구조	사용 용도 및 특징
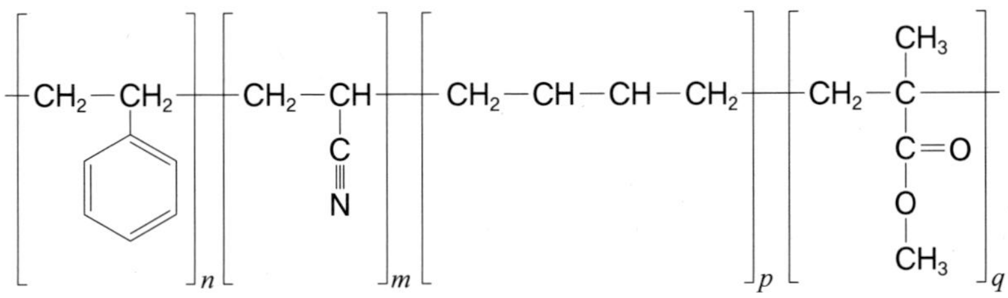 (CAS No 107592-06-3)	투명하고 기계적 강도 및 내열성, 내화학성이 우수하며, 가공성도 좋다. 하지만 식품 용도로는 제한적이어서, 음식용 시트 정도로만 사용된다.

(1) 정의

메틸메타크릴레이트-아크릴로니트릴-부타디엔-스티렌 공중합체란 기본 중합체 중 메타크릴산, 아크릴로니트릴, 부타디엔, 스티렌(α-메틸스티렌 포함)의 공중합물질의 함유율이 60% 이상인 합성수지제를 말한다.

(2) 잔류 규격

① 휘발성 물질(스티렌, 톨루엔, 에틸벤젠, 이소프로필벤젠 및 n-프로필벤젠의 합): 5,000 이하

② 1,3-부타디엔: 1 이하

(3) 용출 규격(mg/L)

① 납: 1 이하

② 과망간산칼륨소비량: 10 이하

③ 총용출량: 30 이하

④ 메틸메타크릴레이트: 6 이하(다만, 기본 중합체 중 메틸메타크릴레이트의 함유율이 50% 이상인 합성수지제에 한한다.)

⑤ 아크릴로니트릴: 0.02 이하

Q. MABS는 주로 어떤 기구·용기·포장에 사용되나요?

A. MABS는 재질이 투명하고 강도와 내화학성, 내열성 등이 우수하여 식품 포장지 시트 등으로 사용되고 있다.

29) 폴리에틸렌나프탈레이트(polyethylenenaphthalate, PEN)

구조	사용 용도 및 특징
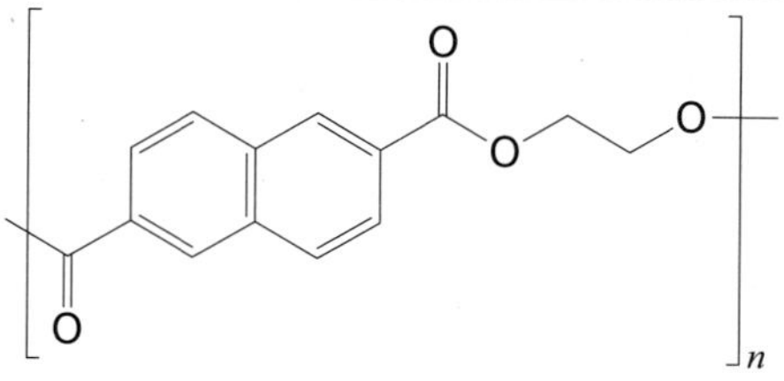 (CAS No 25853-85-4)	PET와 성질이 유사하면서 내열성과 강도 등의 물성이 PET보다 우수하여 사출 용기로 많이 쓰인다. 다만, PET보다 가격이 비싼 것이 단점이다.

(1) 정의

폴리에틸렌나프탈레이트란 기본 중합체 중 2,6-디메틸나프탈렌디카르복실레이트와 에틸렌글리콜의 중합물질의 함유율이 50% 이상인 합성수지제를 말한다.

(2) 용출 규격(mg/L)

① 납: 1 이하

② 과망간산칼륨소비량: 10 이하

③ 총용출량: 30 이하

④ 2,6-디메틸나프탈렌디카르복실레이트: 0.05 이하

Q. PEN은 주로 어떤 기구·용기·포장에 사용되나요?

A. PEN은 인장강도와 충격강도가 우수하고 높은 내열성을 가지고 있어 고온충진이나 고온 살균용 용기에 사용되며 전라레인지용 식품 용기에도 사용된다.

Q. PEN은 식품용으로 재활용이 가능한 것으로 알고 있는데 맞나요?

A. PEN 재질은 「기구 및 용기·포장의 기준 및 규격」 고시 II. 1. 다. 1) "기구 및 용기·포장 제조·가공 시 재활용 합성수지제를 사용하고자 하는 경우 폴리에틸렌테레프탈레이트(PET) 및 폴리에틸렌나프탈레이트(PEN)를 가열, 화학반응 등에 의해 원료물질 등으로 분해하고 정제한 후 이를 다시 중합한 것이어야 한다."의 규정에 적합한 경우에 한하여 재활용이 가능하다.

30) 에폭시수지(epoxy resin)

구조	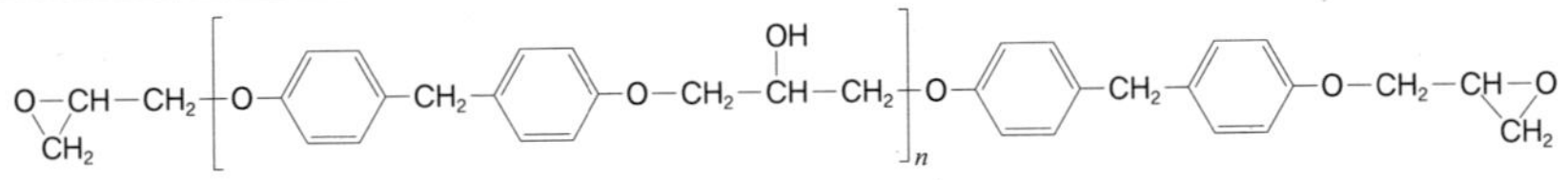 (CAS No 25068-38-6)
사용 용도 및 특징	비스페놀 A와 에피클로로히드린 등이 주성분인 중합체로서 음료용 캔이나 통조림 캔 등의 내부 코팅제로 쓰이고 있으며, 성분 중 비스페놀 A는 내분비 교란물질로서 용출 규격이 있다.

(1) 정의

에폭시수지란 비스페놀 A와 에피클로로히드린 등이 주성분인 중합체를 말한다.

(2) 잔류 규격

아민류(트리에틸아민과 트리부틸아민의 합): 1 이하

(3) 용출 규격(mg/L)

① 납: 1 이하

② 과망간산칼륨소비량: 10 이하

③ 총용출량: 30 이하

④ 비스페놀 A(페놀, 비스페놀 A 및 p-터셔리부틸페놀의 합): 2.5 이하(다만, 비스페놀 A는 0.6 이하)

⑤ 비스페놀 A 디글리시딜에테르(비스페놀 A 디글리시딜에테르 이염화물과 비스페놀 A 디글리시딜에테르 이수화물 포함): 1 이하

⑥ 비스페놀 F 디글리시딜에테르(비스페놀 F 디글리시딜에테르 이염화물과 비스페놀 F 디글리시딜에테르 이수화물 포함): 1 이하

⑦ 에피클로로히드린: 0.5 이하

⑧ 4,4′-메틸렌디아닐린: 0.01 이하

Q. 에폭시수지는 주로 어떤 기구·용기·포장에 사용되나요?

A. 에폭시수지는 열적, 기계적, 화학적 성질이 우수하며, 음료용 캔이나 통조림 캔 등의 부식 방지를 위한 내부 코팅제로 사용되고 있다.

Q. 에폭시수지의 원료에 비스페놀 A가 있는데 영유아용 제품에 사용할 수 있나요?

A. 「기구 및 용기·포장의 기준 및 규격」 고시 Ⅱ. 3. 나.에 따라 영유아용 기구 및 용기·포장에는 비스페놀 A를 사용할 수 없도록 규정하고 있으므로 비스페놀 A를 원료로 하여 제조한 에폭시수지는 영유아 제품에 사용할 수 없다.

Q. 에폭시수지 제품에서 환경호르몬이 나온다고 하는데 안전한가요?

A. 에폭시수지는 내분비계 장애물질(일명 환경 호르몬)로 추정되고 있는 비스페놀 A를 원료로 사용하고는 있으나 비스페놀 A에 대해 용출 규격을 설정하여 안전하게 관리하고 있어 기준 규격에 적합한 경우 안전성에 대해 우려하지 않아도 된다.

31) 폴리페닐렌설파이드[poly(phenylenesulfide), PPS]

구조	사용 용도 및 특징
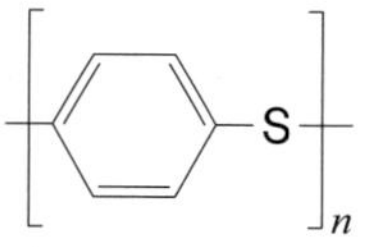 (CPS No 9016-75-5)	고내열성, 내약품성, 난연성 등이 있어 코팅 분야 및 주방 용기 등에 사용된다.

(1) 정의

폴리페닐렌설파이드란 기본 중합체 중 1,4-디클로로벤젠과 황화나트륨의 중합물질의 함유율이 50% 이상인 합성수지제를 말한다.

(2) 용출 규격(mg/L)

① 납: 1 이하

② 과망간산칼륨소비량: 10 이하

③ 총용출량: 30 이하

④ 1,4-디클로로벤젠: 12 이하

Q. 폴리페닐렌설파이드는 주로 어떤 기구·용기·포장에 사용되나요?

A. PPS는 경량성, 우수한 가공성, 저렴한 가격 등의 장점이 있으며 강도와 내열성 등이 우수하여 식품 용기에 사용된다.

32) 폴리에테르설폰(polyethersulfone, PES)

구조	사용 용도 및 특징
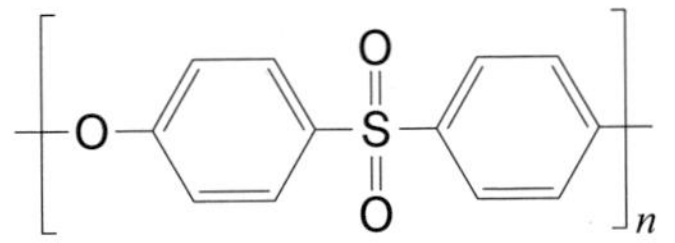 (CAS No 25608-63-3)	내열성, 열 안정성, 산화 안정성이 우수하고 기계적인 강도가 강하다. 식품, 의약공업에서 외과용 컨테이너(container), 식품공업용 파이프, 혈액검사 장치부품, 그리고 젖병 등에 사용된다.

(1) 정의

폴리에테르설폰이란 기본 중합체(base polymer) 중 4,4′-디히드록시디페닐설폰 또는 4,4′-디히드록시비페닐과 4,4′-디클로로디페닐설폰의 중합물질의 함유율이 50% 이상으로, 비스페놀 A의 중합물질이 사용되지 않은 합성수지제를 말한다.

(2) 용출 규격(mg/L)

① 납: 1 이하

② 과망간산칼륨소비량: 10 이하

③ 총용출량: 30 이하

④ 4,4′-디클로로디페닐설폰: 0.05 이하

⑤ 4,4′-디히드록시디페닐설폰: 0.05 이하

Q. 폴리에테르설폰은 주로 어떤 기구·용기·포장에 사용되나요?

A. PES는 투명성, 내스팀성, 내후성, 내크립성 등이 우수하여 식품공업용 파이프, 온수기 부품 등에 사용되고 있습니다. 특히 비스페놀 A의 중합물질이 사용되지 않아 젖병 제조 등에도 사용되고 있다.

*내후성: 실외의 광, 비바람, 기온, 건습, 한난 등의 자연적 작용에 견디는 성질
*내크립성: 열이나 중량에 의해 변형되지 않는 성질

Q. PESU나 PPSU도 PES와 같은 재질인가요?

A. 폴리에테르설폰(polyethersulfone)을 약어로 PES 또는 PESU라고 부르며, PESU는 PES와 동일한 재질로 분류 가능하다. 또한 PPSU는 폴리페닐설폰(polyphenylsulfone)의 약어이며, PPSU는 PES의 일종으로 동일한 재질로 분류 가능하다.

33) 폴리시클로헥산-1,4-디메틸렌테레프탈레이트
(polycyclohexane-1,4-dimethylene terephthalate, PCT)

구조	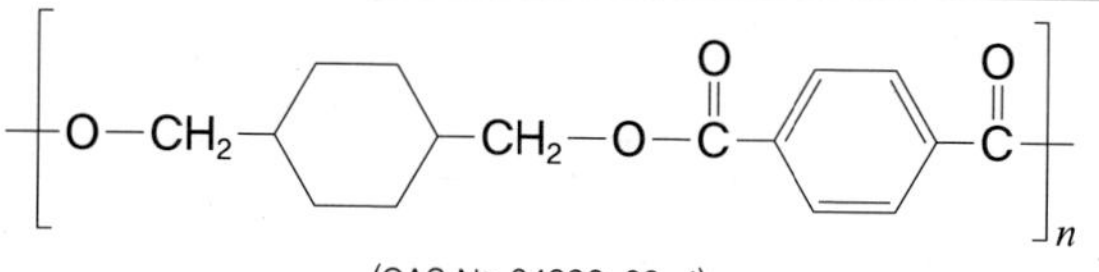 (CAS No 24936-69-4)
사용 용도 및 특징	내열성, 치수 안정성 우수하며, 내약품성, 투명성, 내충격성 등이 우수하여, 화장품병, 식기용품과 유아용 젖병 등에 사용된다.

(1) 정의

폴리시클로헥산-1,4-디메틸렌테레프탈레이트란 기본 중합체 중 테레프탈산 또는 테레프탈산디메틸에스테르와 1,4-시클로헥산디메탄올의 중합물질의 함유율이 50% 이상인 합성수지제를 말한다.

(2) 용출 규격(mg/L)

① 납: 1 이하

② 과망간산칼륨 소비량: 10 이하

③ 총용출량: 30 이하

④ 안티몬: 0.04 이하

⑤ 테레프탈산: 7.5 이하

⑥ 이소프탈산: 5 이하

Q. PCT는 주로 어떤 기구·용기·포장에 사용되나요?

A. PCT는 내열성 및 내구성이 우수하여 다양한 식기류에 사용되고 유아용 젖병 등에도 사용되고 있다.

Q. 트라이탄(tritan) 재질이 PCT와 같은 건가요?

A. 트라이탄은 PCT의 상용 제품 명칭으로 PCT 재질로 분류할 수 있다.

34) 폴리이미드(polyimide, PI)

구조	사용 용도 및 특징
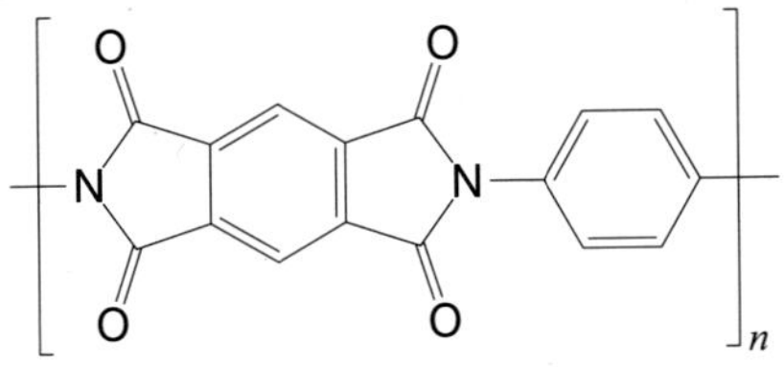 (CAS No 25036-53-7)	내열성, 내화학성, 내마모성, 내후성, 난연성이 우수하나 성형성이 부족하여, 주로 제빵기계 등 식품용 기계부품 등에 사용된다.

(1) 정의

폴리이미드란 기본 중합체 중 방향족 또는 지방족 이무수물(aromatic or aliphatic dianhydride)과 방향족 또는 지방족 디아민(aromatic or aliphatic diamine)의 중합물질의 함유율이 50% 이상인 합성수지제를 말한다.

(2) 용출 규격(mg/L)

① 납: 1 이하

② 과망간산칼륨소비량: 10 이하

③ 총용출량: 30 이하

Q. 폴리이미드는 주로 어떤 기구·용기·포장에 사용되나요?

A. PI는 내열성과 기계적 강도를 요구하는 분야에서 많이 응용되고 있으며, 식품용으로는 주로 제빵 기계 등 식품용 기계 부품 등에 사용된다.

35) 폴리에테르에테르케톤(polyetheretherketone, PEEK)

구조	사용 용도 및 특징
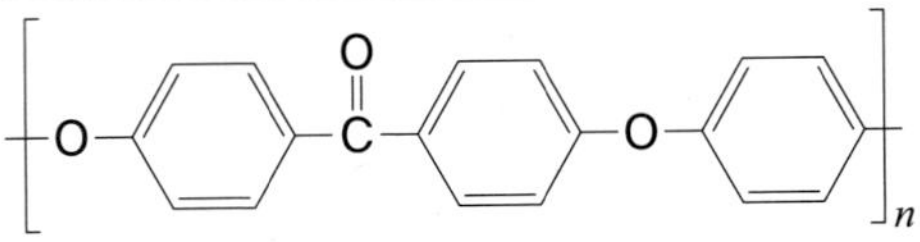 (CAS No 31694-16-3)	내마모성, 내열성, 내화학성 등이 우수하며, 식품 포장재에는 도료화 및 분말화하여 응용되고 있다.

(1) 정의

폴리에테르에테르케톤이란 기본 중합체(base polymer) 중 4,4′-디할로겐화디페닐케톤과 히드로퀴논의 중합물질의 함유율이 50% 이상인 합성수지제를 말한다.

(2) 용출 규격(mg/L)

① 납: 1 이하

② 과망간산칼륨소비량: 10 이하

③ 총용출량: 30 이하

④ 히드로퀴논: 0.6 이하

Q. 폴리에테르에테르케톤은 주로 어떤 기구·용기·포장에 사용되나요?

A. PEEK는 내마모성, 스크래치 저항성, 내열성, 내화학성 등이 우수하여 다양한 식품용 포장재 등에 사용된다.

36) 폴리락타이드(polylactide, polylactic acid, PLA)

구조	사용 용도 및 특징
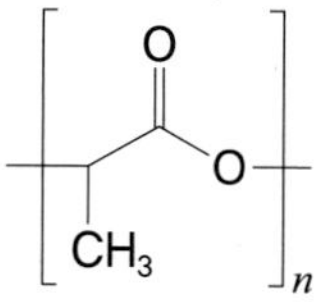 (CAS No 26100-51-6)	생분해성 수지로서, 외관은 PS와 유사하다. 일회용 용기나 식기, 필름 등에 사용되고 있으나, 강도와 내열성이 약한 것이 단점이다.

(1) 정의

폴리락타이드란 기본 중합체(base polymer) 중 락트산의 함유율이 50% 이상인 합성수지제를 말한다.

(2) 용출 규격(mg/L)

전분을 함유하지 않은 경우

① 납: 1 이하

② 과망간산칼륨소비량: 10 이하

③ 총용출량: 30 이하

전분을 함유한 경우

① 비소: 0.1 이하(As_2O_3로서)

② 납: 1 이하

③ 과망간산칼륨소비량: 10 이하(다만, 비내수성 용기는 제외한다)

④ 포름알데히드: 4 이하

⑤ 형광증백제: 불검출

Q. 폴리락타이드는 주로 어떤 기구·용기·포장에 사용되나요?

A. 생분해성 고분자인 PLA는 생분해성 고분자로서 생분해성 일회용 용기나 육류, 치즈 용기 및 식품 포장의 뚜껑 등에 사용되고 있다.

Q. 폴리락타이드로 만든 티백에서 미세플라스틱이 검출되었다고 하는데 안전에 문제가 없는 건가요?

A. 폴리락타이드 등 합성수지제 재질의 티백에서 미세플라스틱이 검출되었다는 일부 연구 결과가 있으나 전 세계적으로 미세플라스틱의 위해성에 대해 결론을 내린 바가 없으며, 현재 관련 연구가 진행 중에 있다. 또한 식품용 용기·포장 등에서 식품으로 이행될 수 있는 위해 우려 물질에 대하여 재질별로 기준·규격을 정하여 관리하고 있으므로 기준·규격에 적합한 경우 안전성에 대해 우려하지 않아도 된다. 참고로 WHO(세계보건기구)에서는 음용수 중 미세플라스틱 섭취로 인한 인체 위해 가능성은 낮다는 발표를 한 바 있다.

37) 부틸렌숙시네이트-아디페이트 공중합체(butylenesuccinate-adipate copolymer, PBSA) 및 부틸렌숙시네이트 공중합체(butylenesuccinate copolymer, PBS)

구조	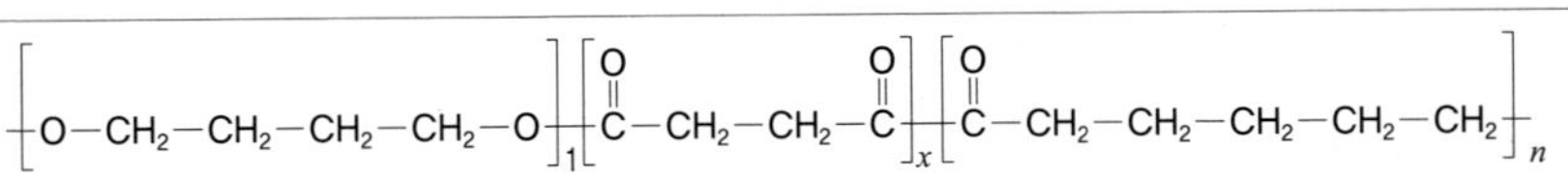 PBSA (CAS No 67423-06-7) 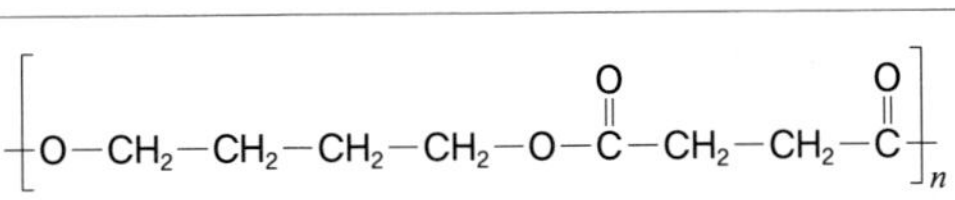 PBS (CAS No 25777-14-4)
사용 용도 및 특징	상온에서 미생물에 의하여 빠르게 생분해되는 수지로서 유연하고 필름 성형성이 우수하다. 과자나 케이크의 포장필름이나 식품 용기에 사용된다.

(1) 정의

부틸렌숙시네이트-아디페이트 공중합체란 기본 중합체 중 호박산, 아디핀산 및 1,4-부탄디올의 공중합물질의 함유율이 60% 이상인 합성수지제를 말하며, 부틸렌숙시네이트 공중합체란 기본 중합체 중 호박산 및 1,4-부탄디올의 공중합물질의 함유율이 60% 이상인 합성수지제를 말한다.

(2) 용출 규격(mg/L)

전분을 함유하지 않은 경우

① 납: 1 이하

② 과망간산칼륨소비량: 10 이하

③ 총용출량: 30 이하

④ 1,4-부탄디올: 5 이하

전분을 함유한 경우

① 비소: 0.1 이하(As_2O_3로서)

② 납: 1 이하

③ 과망간산칼륨소비량: 10 이하(다만, 비내수성 용기는 제외한다)

④ 포름알데히드: 4 이하

⑤ 형광증백제: 불검출

⑥ 1,4-부탄디올: 5 이하

Q. PBSA와 PBS는 주로 어떤 기구·용기·포장에 사용되나요?

A. PBSA와 PBS는 생분해성 포장재에 이용되며 PLA와 혼합·제조되어 과자나 케이크의 포장 필름 등에 사용되고 있다.

Q. PBSA와 PBS는 모두 생분해성 플라스틱인가요?

A. PBSA와 PBS는 모두 생분해성 수지(플라스틱)에 해당이 됩니다. 특히, PBSA는 상온에서 미생물에 의해 분해가 빠르게 일어나는 특성이 있다.

38) 경화폴리에스터수지(cross-linked polyester resin)

구조	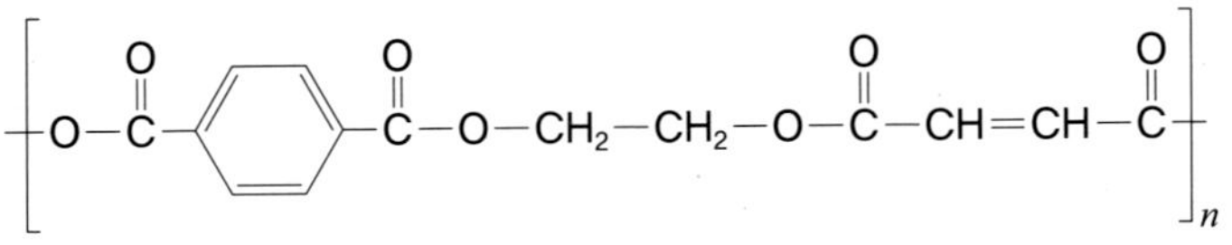 (CAS No 113669-95-7)
사용 용도 및 특징	내약품성, 내열성 등이 우수하며, 가스 및 수분 차단성이 뛰어나 스낵용 등 식품 포장재 등에 사용되고 있다.

(1) 정의

경화폴리에스터수지란 기본 중합체 중 폴리올 또는 에폭사이드와 불포화 이염기산의 중합물질의 함유율이 50% 이상인 합성수지제를 말한다.

(2) 용출 규격(mg/L)

① 납: 1 이하

② 과망간산칼륨소비량: 10 이하

③ 총용출량: 30 이하

④ 테레프탈산: 7.5 이하

⑤ 이소프탈산: 5 이하

Q. 경화폴리에스터수지는 주로 어떤 기구·용기·포장에 사용되나요?

A. 경화폴리에스터수지는 내수성, 내약품성, 내열성 등이 우수하며 가스 및 수분 차단성이 뛰어나 스낵용, 레토르트용 식품 포장재 등 다양한 용도로 사용된다.

39) 히드록시안식향산폴리에스테르(hydroxybenzoic acid polyester)

구조	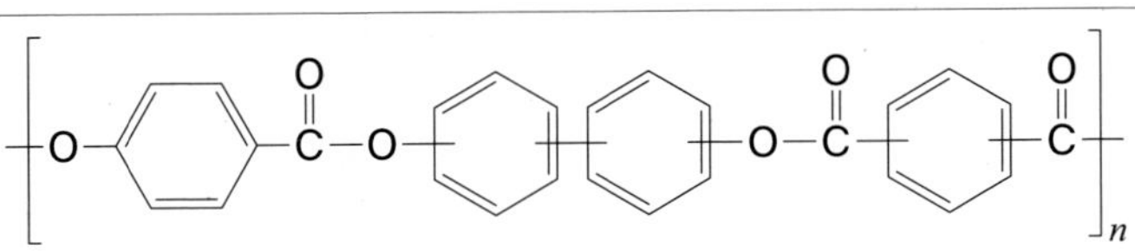 (CAS No 52724-09-1)
사용 용도 및 특징	내열성이 좋고, 성형이 비교적 용이하여 전자레인지나 오븐 용기 등에 사용된다.

(1) 정의

히드록시안식향산폴리에스테르란 기본 중합체 중 히드록시안식향산, 방향족디카보네이트, 방향족디올의 공중합물질 함유율이 50% 이상인 합성수지제를 말한다.

(2) 용출 규격(mg/L)

① 납: 1 이하

② 과망간산칼륨소비량: 10 이하

③ 총용출량: 30 이하

Q. 히드록시안식향산폴리에스테르는 주로 어떤 기구·용기·포장에 사용되나요?

A. 히드록시안식향산폴리에스테르는 내열성이 좋고 점도가 낮고 성형 시 유동성이 좋은 특성이 있어 전자레인지나 오븐 용기 등에 사용된다.

Q. 열가소성 수지와 열경화성 수지의 차이점은 무엇인가요?

A. 열가소성 수지와 열경화성 수지는 두 가지 유형의 폴리머 재료이다. 열가소성 수지와 열경화성 수지의 주요 차이점은 열가소성 수지를 어떤 모양으로든 녹여 재사용할 수 있는 반면, 열경화성 수지는 한번 용융되어 굳어진 후에는 다시 열에 의한 가소성을 갖지 못하고 영구적인 모양으로 굳어지며, 따라서 새로운 형태의 플라스틱으로 재활용할 수 없다.
열가소성 수지는 성형이 가능하지만 열경화성 수지는 부서지기 쉽다. 강도를 비교할 때 열경화성 수지가 열가소성 수지보다 강하며 때로는 약 10배 더 강하다.

2. 가공셀룰로스제

(1) 정의

가공셀룰로스제(regenerated cellulose)란 펄프를 비스코스화한 다음 응고시켜 가공한 것으로 필름(셀로판, cellophane), 섬유(레이온, rayon) 형태 등을 말하며, 이에는 기술적 목적을 달성하기 위하여 적절한 물질을 원재료에 첨가하거나 또는 코팅 등으로 표면처리한 것도 포함된다.

(2) 용출 규격(mg/L)

① 비소: 0.1 이하(As_2O_3로서)

② 납: 1 이하

③ 총용출량: 30 이하

Q. 가공셀룰로스제는 주로 어떤 기구·용기·포장에 사용되나요?

A. 가공셀룰로스제 중 셀로판은 투명하고 뛰어난 광택을 가지고 있으며 광선 투과율이 좋고 가스 차단성이 우수하여 초콜릿이나 캔디류의 트위스트 포장, 베이커리 포장 등 식품 포장재로 사용되고 있다. 또한 가공셀룰로오스제 중 레이온은 면의 대체품으로 사용되고 있다.

Q. 가공셀룰로스제의 정의 중 '비스코스화'의 의미가 무엇인가요?

A. 비스코스 레이온(viscose rayon, 인견)을 줄여서 비스코스나 레이온이라고 부르며, 비스코스화란 펄프(셀룰로스)를 알칼리와 이황화탄소로 처리하여 비스코스(인견) 용액을 얻는 과정을 의미합니다. 비스코스 용액을 황산수용액 속에 응고시켜 가공셀룰로스를 만들게 되며, 가는 구멍의 노즐을 사용하면 비스코스 레이온이 만들어지고 슬릿을 사용하면 셀로판 필름이 만들어진다.

Q. 니트로셀룰로스도 가공셀룰로스제에 해당이 되나요?

A. 니트로셀룰로스는 셀룰로스를 가공한 것은 맞으나 현행 「기구 및 용기·포장의 기준 및 규격」에 수재된 가공셀룰로스제에는 해당되지 않는다.

3. 고무제

(1) 정의

고무제란 기본 중합체(base polymer) 중 천연고무, 합성고무(실리콘고무와 부타디엔고무 포함), 이들의 라텍스 또는 열가소성 엘라스토머(thermoplastic elastomer, TPE)의 함유율이 50% 이상인 것을 말한다.

(2) 잔류 규격

① 납

- 고무젖꼭지 이외의 고무제: 100 이하
- 고무젖꼭지: 10 이하

② 카드뮴

- 고무젖꼭지 이외의 고무제: 100 이하

• 고무젖꼭지: 10 이하

③ 2-머캅토이미다졸린(염소를 함유한 고무제에 한한다): 불검출

④ 1,3-부타디엔: 1 이하(다만, 기본 중합체 중 1,3-부타디엔의 함유율이 50% 이상인 고무제에 한한다.)

(3) 용출 규격(mg/L)

① 납: 1 mg/L 이하

② 총용출량

• 고무젖꼭지 이외의 고무제: 60 mg/L 이하

• 고무젖꼭지: 40 mg/L 이하

③ 페놀: 5 mg/L 이하

④ 포름알데히드: 4 mg/L 이하

⑤ 아연

• 고무젖꼭지 이외의 고무제: 15 mg/L 이하

• 고무젖꼭지: 1 mg/L 이하

⑥ 니트로사민류(N-니트로소디메틸아민, N-니트로소디에틸아민, N-니트로소디-n-프로필아민, N-니트로소디-n-부틸아민, N-니트로소피페리딘, N-니트로소피롤리딘, N-니트로소몰폴린의 합): 0.01 mg/kg 이하(고무젖꼭지에 한한다)

⑦ 니트로사민류 생성 가능 물질(N-니트로소디메틸아민, N-니트로소디에틸아민, N-니트로소디-n -프로필아민, N-니트로소디-n-부틸아민, N-니트로소피페리딘, N-니트로소피롤리딘, N-니트로소몰폴린의 합): 0.1 mg/kg 이하(고무젖꼭지에 한한다)

Q&A

Q. 고무제는 주로 어떤 기구·용기·포장에 사용되나요?

A. 고무제는 탄성이 좋고 열에 대한 저항성이 우수하여 고무장갑, 고무젖꼭지, 조리기구 등 다양한 식품용 기구·용기 포장에 사용된다.

Q. TPE도 고무제에 해당되나요?

A. 고무제의 정의에 "고무제란 기본 중합체 중 천연고무, 합성고무(실리콘고무와 부타디엔고무 포함), 이들의 라텍스 또는 열가소성 엘라스토머(thermoplastic elastomer, TPE)의 함유율이 50% 이상인 것"으로 규정되어 있다.
따라서 열가소성 엘라스토머(TPE)도 고무제로 분류된다.

4. 종이제

(1) 정의

종이제란 펄프를 주원료로 하여 제조한 것 또는 이에 식품용 왁스, 합성수지제 또는 고무제 등으로 도장 가공한 것을 말한다.

(2) 잔류 규격(mg/kg)

식품과 직접 접촉하는 면에 식품용 왁스가 사용된 경우에는 다음의 규격을 적용하지 아니할 수 있으며, 합성수지제 또는 고무제 등이 사용된 경우에는 해당 재질의 잔류 규격을 적용한다. PCBs: 5 이하

(3) 용출 규격(mg/L)

식품과 직접 접촉하는 면에 합성수지제 또는 고무제 등이 사용된 경우에는 해당 재질의 용출 규격을 적용한다.

① 비소: 0.1 이하(As_2O_3로서)

② 납: 1 이하

③ 포름알데히드: 4 이하

④ 형광증백제: 불검출

Q. 종이제는 주로 어떤 기구·용기·포장에 사용되나요?

A. 환경에 대한 관심이 높아짐에 따라 종이제의 사용이 늘어나고 있으며, 제조 방법 등에 따라 다양한 용도로 사용된다. 종이제는 식품과 직접 접촉하는 면이나 접촉하지 않는 면에 사용 가능하며, 단독으로 쓰이거나 합성수지제 등과 함께 복합재질로서 사용 가능할 수 있다.

Q. 종이제에 PE가 코팅된 경우 재질 규격 적용은 어떻게 하나요?

A. 종이제의 식품과 직접 접촉하여 사용되는 면이 합성수지제인 PE로 코팅된 경우라면 폴리에틸렌(PE) 재질의 기준·규격에 적합하여야 한다.

5. 금속제

(1) 정의

금속제란 금속으로 구성되어 있는 것 또는 이에 합성수지제, 고무제 또는 도자기제 등으로 도장한 것을 말한다.

(2) 잔류 규격(mg/kg)

식품과 직접 접촉하는 면에 합성수지제, 고무제 또는 도자기제 등이 사용된 경우에는 해당 재질의 잔류 규격을 적용한다. PCBs: 5 이하

(3) 용출 규격(mg/L)

금속제 중 건조한 식품(유지 및 지방성 식품은 제외)을 내용물로 하는 것과 금속제와 화학적으로 반응성이 낮은 식품첨가물로 지정된 기체(질소, 산소, 수소, 이산화탄소, 아산화질소 등)에만 접촉하여 사용되는 기구는 다음 규격을 적용하지 아니할 수 있다. 또한 식품과 직접 접촉하는 면에 합성수지제, 고무제 또는 도자기제 등이 사용된 경우에는 해당 재질의 용출 규격을 적용한다.

① 납: 0.4 이하

② 카드뮴: 0.1 이하

③ 니켈: 0.1 이하

④ 크롬: 0.1 이하

⑤ 비소: 0.2 이하(As_2O_3로서)

Q. 금속제는 주로 어떤 기구·용기·포장에 사용되나요?

A. 금속제는 식품용 기구·용기·포장에서 여러 형태로 사용되고 있으며, 순수한 금속 자체뿐만 아니라 다른 금속 등과의 합금이나 도금, 합성수지 등이 코팅된 여러 가지 형태로 사용되고 있다. 스테인리스는 철에 니켈과 크롬을 합금하여 잘 녹슬지 않고 강도 및 열전도가 좋아 냄비, 주전자, 식기류 등에 사용된다. 알루미늄은 철의 약 1/3 정도로 가벼운 금속으로 공기나 물에서 잘 녹슬지 않으며, 열전도도가 좋아 프라이팬, 냄비, 포일 등으로 많이 사용된다. 청동은 구리에 주석, 아연을 합금한 것으로 유기그릇에 사용되고 있다.

Q. 금속제를 사용할 때 특별히 주의할 사항이 있나요?

A. 철, 구리 등을 사용하여 제조한 금속제 주방기구는 대부분 녹이 생성될 가능성이 있으며 녹이 발생한 경우에는 깨끗이 씻어 녹을 제거한 다음 사용하거나 제거가 어려운 경우에는 새 제품을 구입하여 사용해야 한다. 또한 산화피막이나 코팅이 된 조리기구의 경우 코팅이 버려지거나 흠집이 생긴 경우에는 새 제품으로 교체하여 사용하는 것이 바람직하다.
또한 제품의 표시 사항에 따른 주의 사항 등을 숙지하는 것이 금속제 기구·용기·포장을 안전하고 오랫동안 사용하는 방법이다.

Q. 금속제에 PE가 코팅된 경우 재질규격 적용은 어떻게 하나요?

A. 금속제의 식품과 직접 접촉하여 사용되는 면이 합성수지제인 PE로 코팅된 경우라면 폴리에틸렌(PE) 재질의 기준·규격에 적합하여야 한다.

Q. 스테인리스란 무엇인가요?

A. 스테인리스는 스테인리스강(stainless steel)을 일반적으로 부르는 말로, 'stain(녹) + less(적은) + steel(철)'의 합성어로 '녹이 잘 슬지 않는 철'을 의미한다. 스테인리스강은 약 10.5% 이상의 크롬(Cr) 성분을 함유하는 합금으로 표면이 미려하고 내식성이 우수하여 도장, 도색 등의 표면 처리를 하지 않고도 용도에 사용할 수 있는 금속이다.

6. 목재류

(1) 정의

목재류란 나무나 대나무로 구성된 것 또는 이에 옻나무(*Rhus verniciflua*)에서 얻은 유액 등을 도포하거나 합성수지제 또는 고무제 등으로 도장 또는 접착 가공한 것을 말한다.

(2) 잔류 규격(mg/kg)

식품과 직접 접촉하는 면에 합성수지제 또는 고무제 등이 사용된 경우에는 해당 재질의 잔류 규격을 적용한다.

(3) 용출 규격(mg/L)

식품과 직접 접촉하는 면에 합성수지제 또는 고무제 등이 사용된 경우에는 해당 재질의 용출 규격을 적용한다.

① 비소: 0.1 이하(As_2O_3로서)

② 납: 1 이하

③ 이산화황: 12.8 이하

④ 오쏘페닐페놀: 7.3 이하

⑤ 티아벤다졸: 1.8 이하

⑥ 비페닐: 0.9 이하

⑦ 이마잘릴: 0.6 이하

Q. 목재류는 주로 어떤 기구·용기·포장에 사용되나요?

A. 목재류는 어느 정도 비를 맞거나 물에 젖어도 크게 문제가 안 되는 식품의 포장에 사용되며, 일반적으로 양파, 감자 등의 채소류를 포장하는 데 많이 사용된다.

Q. 목재류에 왁스나 미네랄 오일이 코팅된 경우 재질 규격 적용은 어떻게 하나요?

A. 목재류에 왁스나 미네랄 오일이 코팅된 경우에는 목재류의 기준·규격에 적합하여야 한다.

7. 유리제, 도자기제, 법랑 및 옹기류

(1) 유리제

구분			납	카드뮴
액체를 채웠을 때 깊이가 2.5 cm 이상인 경우	가열조리용		0.5 mg/L 이하	0.05 mg/L 이하
	가열조리용 이외	용량 600 mL 미만	1.5 mg/L 이하	0.5 mg/L 이하
		용량 600 mL 이상 3 L 미만	0.75 mg/L 이하	0.25 mg/L 이하
		용량 3 L 이상	0.5 mg/L 이하	0.25 mg/L 이하
액체를 채울 수 없거나 액체를 채웠을 때 깊이가 2.5 cm 미만인 경우			8 ㎍/㎠ 이하	0.7 ㎍/㎠ 이하

(2) 도자기제·옹기류

구분			납	카드뮴	비소
액체를 채웠을 때 깊이가 2.5 cm 이상인 경우	가열조리용		0.5 mg/L 이하	0.05 mg/L 이하	0.05 mg/L 이하 (As_2O_3로서) (옹기류에 한한다)
	가열조리용 이외	용량 1.1 L 미만	2 mg/L 이하	0.5 mg/L 이하	
		용량 1.1 L 이상 3 L 미만	1 mg/L 이하	0.25 mg/L 이하	
		용량 3 L 이상	0.5 mg/L 이하	0.25 mg/L 이하	
액체를 채울 수 없거나 액체를 채웠을 때 깊이가 2.5 cm 미만인 경우			8 ㎍/㎠ 이하	0.7 ㎍/㎠ 이하	-

(3) 법랑

구분			납	카드뮴	안티몬
액체를 채웠을 때 깊이가 2.5 cm 이상인 경우	가열조리용	용량3 L 미만	0.4 mg/L 이하	0.07 mg/L 이하	0.1 mg/L 이하
		용량3 L 이상	1 ㎍/㎠ 이하	0.5 ㎍/㎠ 이하	1 ㎍/㎠ 이하
	가열조리용 이외	용량3 L 미만	0.8 mg/L 이하	0.07 mg/L 이하	0.1 mg/L 이하
		용량3 L 이상	1 ㎍/㎠ 이하	0.5 ㎍/㎠ 이하	1 ㎍/㎠ 이하
액체를 채울 수 없거나 액체를 채웠을 때 깊이가 2.5 cm 미만인 경우	가열조리용		1 ㎍/㎠ 이하	0.5 ㎍/㎠ 이하	1 ㎍/㎠ 이하
	가열조리용 이외		8 ㎍/㎠ 이하	0.7 ㎍/㎠ 이하	1 ㎍/㎠ 이하

Q. 유리제는 주로 어떤 기구·용기·포장에 사용되나요?

A. 유리제는 컵, 유리잔, 접시 등과 같은 식기류, 유리냄비 등의 조리기구로 이용되며, 주류, 조미료, 잼 등의 용기로도 사용되고 있다.

Q. 유리제는 모두 가열조리용으로 사용 가능한가요?

A. 모든 유리제가 가열조리용으로 사용 가능한 것은 아니다. 가열조리에 사용하는 경우 제품 표시 사항에 "가열조리용"으로 표시된 제품만 사용하여야 한다. 참고로 「식품 등의 표시기준」에 따라 유리제 가열조리용 기구에는 "표시된 사용 용도 외에는 사용하지 마십시오" 등을 표시하고 가열조리용이 아닌 유리제 기구에는 "가열조리용으로 사용하지 마십시오" 등의 문구를 표시하여야 한다.

Q. 도자기제는 주로 어떤 기구·용기·포장에 사용되나요?

A. 도자기제는 내열성 및 기계적 강도가 높기 때문에 찻잔, 컵, 대접, 뚝배기 등 식기용으로 사용되고 있다.

Q. 법랑은 주로 어떤 기구·용기·포장에 사용되나요?

A. 법랑은 금속의 표면에 유리질의 유약(에나멜)을 얇게 입혀 구워낸 것으로 금속의 견고성과 유리의 미려한 특성을 함께 갖춘 재질이며, 내열성, 내약품성 등이 우수하여 법랑 주전자 등에 사용되고 있다.

Q. 옹기류는 주로 어떤 기구·용기·포장에 사용되나요?

A. 옹기류는 질그릇과 오지그릇의 통칭이며, 보통 가정에서 사용하는 옹기류로는 독, 항아리, 뚝배기 등이 있다.

8. 전분제

(1) 정의

전분제란 전분(starch) 70% 이상을 원료로 하여 적절하게 처리한 것을 말한다.

(2) 용출 규격(mg/L)

① 비소: 0.1 이하(As_2O_3로서)

② 납: 1 이하

③ 과망간산칼륨소비량: 10 이하(다만, 비내수성 용기는 제외한다)

④ 포름알데히드: 4 이하

⑤ 형광증백제: 불검출

Q. 전분제는 주로 어떤 기구·용기·포장에 사용되나요?

A. 전분제는 내수성과 내유성이 우수하여 수분 및 기름 흡수에 따른 편형이 없으며 내열성이 우수하여 밥, 국물 등 뜨거운 내용물에 의한 변형이 없고 전자레인지용으로도 사용이 되는 재질이다. 또한 전분제는 생분해성을 가져 도시락 용기, 컵라면 용기, 테이크아웃 용기, 일회용 용기 등에 많이 사용된다.

Reference

1. Abid Aslam Maan, et al., Acrylamide Formation and Different Mitigation Strategies during Food Processing–A Review, *Food Reviews International*, pp. 1–18, 2020.
2. Antai SP, Study of the Bacilllus flora of Nigerian spices, *Int. J. of Food Microbiol.*, 6, pp. 259–261, 1988.
3. B. Kimura, T. Yoshiyama, and T. Fujii, Carbon Dioxide Inhibition of Escherichia coli and Staphylococcus aureus on a pH–adjusted Surface in a Model System, *JOURNAL OF FOOD SCIENCE*, Vol. 64, No. 2, 1999.
4. Bhadriraju Subramanyam, David w. Hagstrum, *ALTERNATIVES TO PESTICIDES IN STORED-PRODUCT IPM*, Kluwer Academic Publishers, New York in 2000.
5. CDC(Centers for Disease Control and Prevention): Available from: http://wwwn.cdc.gov/foodborneoutbreaks/Default.aspx., 2013.
6. Chulkyoon Mok and Hyungjoo Jeon, Reduction of Microorganisms in Red Pepper Powder by Low Pressure Discharge Plasma, *Food Engineering Progress* Vol. 16, No. 2. pp. 107–112, 2012.
7. Chulkyoon Mok and Taehoon Lee, Operational Properties and Microbial Inactivation Performance of Dielectric Barrier Discharge Plasma Treatment System, *Food Engineering Progress* Vol. 15, No. 4. pp. 398–403, 2011.
8. Chulkyoon Mok, Low Pressure Discharge Plasma Inactivation of Microorganisms in Black Pepper Powder, *Food Engineering Progress*, Vol. 17, No. 1. pp. 43–47, 2013.
9. DA SILVA AQUINO, Kátia Aparecida. Sterilization by gamma irradiation. *Gamma radiation*, 9, pp. 172–202, 2012.
10. Donald R. Wheeler and Hiroyuki Osaki, Intrinsic Bond Strength of Metal Films on Polymer Substrates–A New Method of Measurement, *ACS Symposium Series* 440, p. 500, 1990.
11. Ebadollahi, A., M. H. Safaralizadeh, S. A. Hoseini, S. Ashouri and I. Sharifian, Insecticidal activity of essential oil of Agastache foeniculum against Ephestia kuehniella and Plodia interpunctella (Lepidoptera: Pyralidae). *Mun. Ent.Zool.*, pp. 785–791, 2010.
12. Enfors, S., Molin, G., The influence of high concentrations of carbon dioxide on the germination of bacterial spores. *Journal of Applied Bacteriology*, 45, pp. 279–285, 1978.
13. Foegeding, P. M., Busta, F. F., Effect of carbon dioxide, nitrogen and hydrogen gases on germination of Clostridium botulinum spores. *Journal of food protection*, 46, pp. 987–989, 1983.
14. GILL, C. O.; REICHEL, M. P. Growth of the cold–tolerant pathogens Yersinia enterocolitica, Aeromonas hydrophila and Listeria monocytogenes on high–pH beef packaged under vacuum or carbon dioxide. *Food Microbiology*, 6, pp. 223–230, 1989.

15. Hans Blom, et al. Addition of 2.5% lactate and 0.25% acetate controls growth of Listeria monocytogenes in vacuum-packed, sensory-acceptable servelat sausage and cooked ham stored at 4 C. *International Journal of Food Microbiology*, pp. 71-76, 1997.

16. Hao Jiang, Zhigang Liu, and Shaojin Wang, Microwave processing: Effects and impacts on food components, *CRITICAL REVIEWS IN FOOD SCIENCE AND NUTRITION*, 58, pp. 2476-2489, 2018.

17. Hee-Kwon Lee and Hoi-Seon Lee, Insecticidal Activities of 10 Plant Essential Oils against Plodia interpunctella and Tribolium castaneum, *Korean J. Pestic. Sci.*,Vol. 20, No. 4, pp. 355-360, 2016.

18. Heinlin J, Morfill G, Landthaler M, Stolz W, Isbary G, Zimmermann J L, et al., Plasma medicine: possible applications in dermatology., *J Dtsch Dermatol Ges*, 8, pp. 968-976, 2010.

19. Hye-Ok Lee, Young-Joo Lee, Ji-Young Kim, and Byeong-Sam Kim, Effect of Combined Pallet Unit MAP and Plasma Treatment for Extending the Freshness of Spring Kimchi Cabbage, *HORTICULTURAL SCIENCE and TECHNOLOGY* 36(2), pp.224-236, 2018.

20. Hyun-Joo Kim, Koan Sik Woo, Hae In Yong, Cheorun Jo, Seuk Ki Lee,Byong Won Lee, Yu-Young Lee, Sea-Kwan Oh, and Byoungkyu Lee, Quality properties of samkwang and palbangmi treated with atmospheric-pressure plasma by storage, *KOREAN J. FOOD SCI. TECHNOL*. Vol. 50, No. 2, pp. 165-171, 2018.

21. In-Hah Kim, Ah Young Song, Jaejoon Han, Ki Hwan Park, and Sea C., MinIndian Meal Moth (Plodia interpunctella)-Resistant Food Packaging Film Development Using Microencapsulated Cinnamon Oil, *Journal of Food Science*, Vol. 79, Nr. 10, 2014.

22. J. Riudavets, I. Salas, M.J. Pons, Damage characteristics produced by insect pests in packaging film, *Journal of Stored Products Research* 43, pp. 564-570, 2007.

23. Jiménez, S. M., et al., Spoilage microflora in fresh chicken breast stored at 4°C: influence of packaging methods, *Journal of Applied Microbiology*, pp. 613-618., 1997.

24. Jo K, Lee J, Lim Y, Hwang J, Samooel Jung, Curing of meat batter by indirect treatment of atmospheric pressure cold plasma. *Korean Journal of Agricultural Science*, 2018.

25. Juan Antonio Aguilar-Garib, Microwaves: Normal Use and Safety, *JOURNAL OF MICROWAVE POWER AND ELECTROMAGNETIC ENERGY*, 50, pp. 1-2, 2016.

26. Jung Min Kim, et al., Influence of Food with High Moisture Content on Oxygen Barrier Property of Polyvinyl Alcohol (PVA)/Vermiculite Nanocomposite Coated Multilayer Packaging Film, *Journal of food science*, 83, pp. 349-357, 2018.

27. Jung Min Kim, et al., Applicability of biaxially oriented poly(trimethylene terephthalate) films using bio-based 1,3-propanediol in retort pouches, *Journal of Applied Polymer Science*, 135, 2018.

28. Jung S , Kim HJ, Park S , Yong HI, Choe JH, Jeon HJ, Choe W, Jo C., The use of atmospheric pressure plasma-treated water as a source of nitrite for emulsion-type

sausage. *Meat Science* 108, pp.132-137, 2015.

29. Jung S, Lee J, Lim Y, Choe W, Yong HI, Jo C., Direct infusion of nitrite into meat batter by atmospheric pressureplasma treatment. *Innovative Food Science & Emerging Technologies* 39, pp.113-118, 2017.

30. Keyyoung Kim, Namwon Paik, Yonghee Kim, Kwanho Yoo, Bactericidal Efficacy of Non-thermal DBD Plasma on Staphylococcus aureus and Escherichia coli, *Journal of Korean Society of Occupational and Environmental Hygiene*, 28(1), pp. 61-79, 2018.

31. Kimura, Bon, Masatada Murakami, and Tateo Fujii, Growth of selected food spoilage and pathogenic bacteria under modified atmosphere, *Fisheries science*, 1997.

32. Kimura, B.; Yoshiyama, T.; Fujii, T., Carbon Dioxide Inhibition of Escherichia coli and Staphylococcus aureus on a pH-adjusted Surface in a Model System. *Journal of food science*, pp. 367-370, 1999.

33. Kitano K, Aoki H, Hamaguchi S. Radio-frequency-driven atmospheric- pressure plasmas in contact with liquid water. *Japanese J Appl Phys.*, 45 (10B), pp. 8294-8297, 2006.

34. Krause BL, Sebranek JG, Rust RE, Mendonca A., Incubation of curing brines for the production of ready-to-eat,uncured, no-nitrite-or-nitrate-added, ground, cooked and sliced ham. *Meat Science* 89, pp. 507-513., 2011.

35. Krishnamoorthy Pitchai, et al., Assessment of Heating Rate and Non-uniform Heating in Domestic Microwave Ovens, *Journal of Microwave Power and Electromagnetic Energy*, 46, pp. 229-240, 2012.

36. Lee BW, Cheon SH., Change in microorganism of pepper(Piper nigrum L.) treated with ozonated water, *Korean J., Postharvest Sci. Tech. Agr. Prod.* 3, pp. 145-148, 1996.

37. Lee J, Jo K, Lim Y, Jeon HJ, Choe JH, Jo C, Jung S., The use of atmospheric pressure plasma as a curing process for canned ground ham. *Food Chemistry* 240, pp. 430-436, 2018.

38. Lee KH, Kim HJ, Woo KS, Jo C, Kim JK, Kim SH, Park HY, Oh SK, Kim WH. Evaluation of cold plasma treatments for improved microbial and physicochemical qualities of brown rice, *LWTFood Sci. Technol.* 73, pp. 442-447, 2016.

39. Lerouge S, Wertheimer MR, Yahia L., Plasma sterilization: areview of parameters, mechanisms, and limitations, *Plasmas Polym.*, 6, pp. 175-188, 2001.

40. Luo Y, Han Z, Chin SM, Linn S., Three chemically distinct types of oxidants formed by iron-mediated fenton reactions in the presence of DNA., *Proc Natl Acad Sci* USA, 91(26):12438-12442, 1994.

41. M. Valero, P.SFernández, M.C Salmerón, Influence of pH and temperature on growth of Bacillus cereus in vegetable substrates, *International Journal of Food Microbiology*, Volume 82, Issue 1, pp. 71-79, 2003.

42. Mee Yeon Won, Ha Young Choi, Kwang Sik Lee, and Sea Cheol Min, Helium dielectric

barrier discharge-cold plasma treatment for microbiological safety and preservation of onion powder, *KOREAN J. FOOD SCI. TECHNOL.* Vol. 48, No. 5, pp. 486-491, 2016.

43. Mendis D A, Rosenberg M, Azam F., A note on the possible electrostatic disruption of bacteria., *Plasma Sci*, 28(4):1304-1306, 2000.

44. Michael P. Doyle, Effect of carbon dioxide on toxin production by Clostridium botulinum. *European journal of applied microbiology and biotechnology*, 17, pp. 53-56, 1983.

45. Mitsubishi Gas Chemical Company, "The effect of the AGELESS pack of polished rice.", *Technical report*

46. Moisan M, Barbeau J, Crevier MC, Pelletier J, Philip N, Saoudi B., Plasma sterilization: methods and mechanisms, *Pure Appl. Chem.* 74, pp. 349-358, 2002.

47. M. Yanaka, et al., How cracks in SiO-coated polyester films affect gas permeation, *Thin Solid Films*, 397, pp. 176-185, 2001.

48. Nancy G. Faith, Nelly Parniere, Trina Larson, Timothy D.Lorang, John B.Luchansky, Viability of Escherichia coli O157:H7 in pepperoni during the manufacture of sticks and the subsequent storage of slices at 21, 4 and -20°C under air, vacuum and CO_2, *International Journal of Food Microbiology*, Volume 37, Issue 1, 17, pp. 47-54, 1997

49. N. M. Dixon, et al., Effects of pCO_2 on the growth and metabolism of Clostridium sporogenes NCIB 8053 in defined media, *Journal of applied bacteriology*, 63, pp. 171-182, 1987.

50. N. M. Dixon, et al., Growth energetics of Clostridium sporogenes NCIB 8053: modulation by CO_2, *Journal of applied bacteriology*, 65, pp. 119-133, 1988.

51. N. Nguyen Van Long, Catherine Joly, Philippe Dantigny, Active packaging with antifungal activities, *International Journal of Food Microbiology*, 220, pp. 73-90, 2016.

52. Nosenko T, Shimizu T, Morfill GE., Designing plasmas for chronic wound disinfection., *New Journal of Physics*, 11(11):19, 2009.

53. Oehmigen K, Hähnel M, Brandenburg R, Wilke C, Weltmann KD, Von Woedtke T., The role of acidification for antimicrobial activity of atmospheric pressure plasma in liquids. *Plasma Processes and Polymers* 71, pp. 250-257, 2010.

54. Robert F. Schiffmann, Microwave Ovens and Food Safety: Preparation of Not-Ready-to-Eat Products in Standard and Smart Ovens, *Journal of Microwave Power and Electromagnetic Energy*, 47, pp. 46-62, 2013.

55. R. SCHIFFMANN, *Packaging for microwave foods*. In The Microwave Processing of Foods, Woodhead Publishing, pp. 273-299, 2017.

56. Sebranek JG, Bacus JN., Cured meat products without direct addition of nitrate or nitrite: What are the issues? *M eat Science* 77, pp. 136-147, 2007.

57. Shaaya, E., M. Kostjukovski, J. Eilberg and C. Sukprakam, Plant oils as fumigant and contact insecticides for thecontrol of stored-product insects, *J. Stored Prod. Res.* 33, pp.

7-15, 1997.

58. Shimizu T, Zimmermann JL, Morfill GE., The bactericidal effect of surface micro-discharge plasma under different ambient conditions, *New J Phys*, 13(2), pp. 1-7, 2010.

59. Shintani, H., and Akikazu Sakud. *Sterilization and Disinfection by Plasma : Sterilization Mechanisms, Biological, and Medical Applications*. Nova Science Publishers, Inc, 2011.

60. Shlomo Navarro, Dov Zehavi, Sam Ange, and Simcha Finkelman, *Natural nontoxic insect repellent packaging materials*, CRC Press, Taylor & Francis Group, 2007.

61. Singh MK, Ogino A, Nagatsu M. Inactivation factors of spore-forming bacteria using low-pressure microwave plasmas in an N_2 and O_2 gas mixture. *New J Phys.*, 11, 2009.

62. SPURLOCK, ALEXANDRA T., and E. A. Zottola. The survival of *Listeria monocytogenes* in aerosols. *Journal of food protection*, pp. 910-912, 1991.

63. STEFAN T. MARTIN and ROBERT B. BEELMAN, Growth and enterotoxin production of Staphylococcus aureus in fresh packaged mushrooms (Agaricus bisporus), *Journal of food protection*, pp. 819-826, 1996

64. STEPHEN D. WEAGANT, JAMES L. BRYANT and DON H. BAR, Survival of Escherichia coli 0157:H7 in Mayonnaise and Mayonnaise-Based Sauces at Room and Refrigerated Temperatures, *Journal of Food Protection*, Vol. 57, No.7, pp. 629-631, 1994.

65. T. Funebo & T. Ohlson, Dielectric Properties of Fruits and Vegetables as a Function of Temperature and Moisture Content, *Journal of Microwave Power and Electromagnetic Energy*, 34, pp. 42-54, 1999.

66. Trematerra, P., Savoldelli, S., Ability to penetrate through pasta packaging of the maize weevil, 11th International Working Conference on Stored Product Protection, 2014.

67. Vaclav Smil, Stockholm International Water Institute (SIWI), *Saving Water: From Field to Fork*, 2008.

68. Wen, Xuesong, and James S. Dickson, Survival of Campylobacter jejuni and Salmonella enterica Typhimurium in vacuum-packed, moisture-enhanced pork, *Journal of food protection*, pp. 576-579, 2012.

69. Woo KS, Yong HI, Jo C, Lee SK, Lee BW, Lee B, Lee YY, Oh SK,Kim HJ. Changes in microbial and chemical properties of rough, rice treated with cold plasma by storage temperatures and periods, *Korean J. Food Preserv*. 24, pp. 908-914, 2017.

70. Yasuda H, Miura T, Kurita H, Takashima K, Mizuno A., Biological evaluation of DNA damage in bacteriophage inactivated by atmospheric pressure cold plasma, *Plasma Process Polym*. 7, pp. 301-308, 2010.

71. Yeong Ji Oh, Hanna Lee, Jung Eun Kim, Seok Hoon Lee, Hyung Yong Cho, and Sea Cheol Min, Cold Plasma Treatment Application to Improve Microbiological Safety of Infant Milk Powder and Onion Powder, *KOREAN J. FOOD SCI. TECHNOL*. Vol. 47, No. 4, pp. 486~491, 2015.

72. Yves Leterrier, Durability of nanosized oxygen-barrier coatings on polymers, *Progress*

in Materials Science, 48, pp. 1-55, 2003.

73. Zhang, Yuemei, et al., Changes in the microbial communities of air-packaged and vacuum-packaged common carp (Cyprinus carpio) stored at 4°C, *Food microbiology* 52, pp. 197-204, 2015.

74. ZHONGBIN ZHANG, IAN J. BRITT, MARVIN A. TUNG, Permeation of Oxygen and Water Vapor Through EVOH Films as Influenced by Relative Humidity, *Journal of Applied Polymer Science*, 82, pp. 1866-1872, 2001.

75. 葛良忠彦, 機能性包装の基礎と実践, 日刊工業新聞社, 2011.

76. 강성은, 김미주, 김태운, 김치 발효에 관여하는 효모의 다양성 및 역할, 한국식생활문화학회지, 34, pp. 201-207, 2019.

77. 久田 孝, 包装食品の腐敗・変敗, 日本食品微生物学会雑誌, Vol. 32(1), 2015.

78. 久田 孝, 矢野俊博, 複合微生物による変敗食品変敗防止ハンドブック (食品腐敗変敗防止研究会編), サイエンスフォーラム, 2006

79. 국가핵융합연구소 플라즈마기술연구센터 Homepage(https://www.plasma.re.kr/)

80. 금동혁, 김훈, 벼, 현미, 백미 및 왕겨의 흡습평형함수율, 한국농업기계학회지 제26권 제1호, pp. 57-66, 2001.

81. 金子令子, 容器包装・おもちゃの安全性, 日本調理科学会誌, 45, pp.153-159,2012.

82. 금준석, 현미의 건조 및 저장방법이 쌀의 품질에 미치는 영향에 관한 연구, 한국식품개발연구원 최종보고서, 1998.

83. 김규진, 미곡저장해충의 분류동정 및 생태조사연구. 한국과학재단 최종보고서, 1986.

84. 김기영, 백남원, 김용희, 유관호, 비열 유전체장벽방전 플라즈마의 포도상구균 및 대장균 살균효과, 한국산업보건학회지, 제28권 제1호, pp. 61-79, 2018.

85. 김동호, 장한섭, 최규일, 김현정, 김호진, 김효린, 조현정, 이찬, 한국산 곡류에서의 곰팡이 독소 오염현황 및 동시분석, 한국식품과학회지, Vol. 45(1), pp. 111-119, 2013.

86. 김명찬등, 회전형 저온 플라즈마 시스템을 이용한 분말식품의 균일한 살균 연구, *Korean J. Food Nutr.* Vol. 31. No. 2, pp. 301-307, 2018.

87. 김성곤, 조은자. 백미의 저장온도에 따른 이화학적 성질의 변화. *J. Korean Agric. Chem. Soc.* Vol. 36(3), pp. 146-153, 1993.

88. 김성봉, 한국수확후관리협회지 23권 1호 통권 48, pp. 52-55, 2015.

89. 金世煥, 食商品の安全性を確保するための食品表示の役割, いわき明星大学大学院人文学研究科紀要, 13, pp. 20-33, 2016.

90. 김영배, 유문일. 쌀 저장중의 곰팡이와 저곡해충 제1보 Tribolium castaneum Herbst와 Aspergillus species의 저장미에서의 생육. *J. Korean Agric. Chem. Soc.* Vol. 25, No. 4, pp. 252-256, 1982.

91. 김영배, 유문일. 쌀 저장중의 곰팡이와 저곡해충 제2보 쌀바구미(Sitophilus oryzae L.)와 Aspergillus species의 저장미에서의 생육. *J. Korean Agric. Chem. Soc.* Vol. 25, No. 4, pp. 257-260, 1982.

92. 김영배, 한원남, 유태종. 쌀 바구미와 곰팡이가 저장미의 품질에 미치는 영향. *Korean J. Food Sci. Technol.* Vol. 17, No. 5, pp. 399-402, 1985.

93. 김영배, Asp. repens와 쌀바구미가 저장미의 품질에 미치는 영향, 한국과학재단 최종보고서, 1983.

94. 김영성, 경규항, 팽창된 시판 간장에 존재하는 효모의 분리 및 동정, 한국식품영양학회지, 10, pp. 97-101, 1997.

95. 김영성, 경규항, 김연순, Allyl Isothiocyanate와 고추냉이분말 첨가에 의한 간장 산막효모의 생육저해 효과, 한국식품영양학회지, 13, pp. 263-268, 2000.

96. 김의웅, 김동철, Safe Storage Period of Paddy under Different Temperature and Moisture Content Conditions, *Korean Journal of Food Preservation* Vol. 11. No. 2, pp. 257-262, 2004.

97. 内藤茂三, カビによる食品の変敗と防止技術. 醤油の研究と技術, 33, pp. 411-421, 2007.

98. 内藤茂三, 乳酸菌による変敗, 食品変敗防止ハンドブック, 2006.

99. 大森豊明, 存害微生物管理技術 第1巻, 6-8 赤外線, フジテクノシステム, 2001.

100. 稲田有美子, 高橋英史, 電子レンジ加熱中のレトルトパウチ損傷の調査, 東洋食品工業短期大学・東洋食品研究所, 研究報告書, 27, pp. 41-46, 2009.

101. 登田美桜, 畝山智香子,「食品安全情報 (化学物質)」から最近のトピックスについて, *Bulletin of National Institute of Health sci.*, 31, 2017.

102. 류문일, 조기종. 白米에서의 쌀바구미 개체군의 생활사 및 내적자연 증가율. *The Korean J. of Entomology*, Vol. 16, No. 1, pp. 1-5, 1986.

103. 栗田守敏, 食品工場におけるバイオロジカルクリーンルームの必要性洗浄殺茜, 包装食品の安全戦略, p.68, 日報, 2002.

104. 목철균, 송동명, 감압 방전 플라즈마를 이용한 *Salmonella Typhimurium* 살균과 계란의 위생성 향상, *Food Eng. Progress*, Vol. 17, No. 3. pp. 245-250, 2013.

105. 목철균, 송동명, 감압 플라즈마를 이용한 *Escherichia coli* 살균, *Food Engineering Progress*, Vol. 14, No. 3. pp. 202-207, 2010.

106. 목철균, 이남훈, 스테인리스스틸 컵 내 *Escherichia coli*의 자외선 살균, *Food Engineering Progress*, Vol. 13, No. 2. pp. 122-129, 2009.

107. 목철균, 이태훈, 유전체장벽방전 플라즈마 장치의 조작특성과 살균력, *Food Engineering Progress*, Vol. 15, No. 4. pp. 398-403, 2011.

108. 木村 凡, ガス置換包装による腐敗・食中毒の防止, 日本水産学会誌, 61, pp. 91-92, 1995

109. 木村 凡, 藤井建夫, CO2ガスと微生物の増殖. 日本食品微生物学会雑誌, 13, pp. 1-8, 1996.

110. 木村 凡, 包裝微生物の科學, 日本包裝學會, 2005.

111. 木村 凡, 水産食品を中心とした危害微生物とその制御に関する研究, 日本食品微生物学会雑誌, 37, pp. 1-9, 2020.

112. 문세연, 농작물 저장성 향상 공정 요소 기술 연구, 2014년도 연차실적계획서, 국가핵융합

연구소, 2014.

113. 문순식, 쌀의 고품질 저장기술, 한국과학기술정보원 보고서, 2005.

114. 尾崎麻子, 食品用の紙・板紙製容器包装, 生活衛生, 49, pp. 135-143, 2005.

115. 尾崎麻子, et al., 電子レンジ加熱による弁当容器から食品への酸化防止剤等の移行, 生活衛生, 49, pp. 357-364, 2005.

116. 福内友子, et al., 湯煎および電子レンジ加熱調理による食品中のプリン体含量の変動, 痛風と核酸代謝, 42, pp. 165-172, 2018.

117. 肥後温子, 電子レンジの加熱特性, 調理科学, 21, pp. 35-42, 1988.

118. 山下かおり, et al. 抗菌・防カビフィルム, 表面技術, 68, pp. 143-146, 2017.

119. 杉山久仁, 加熱調理と熱物性, 日本調理科学会誌, 46, pp. 299-303, 2013.

120. 三井英三, 包装技術便覧, 日本包装技術協会, p. 1421, 1983.

121. 三浦和行, et al., ガス置換包装された食肉の保存性, 日本食品微生物学会雑誌, 36, pp. 53-57, 2019.

122. 石谷 孝祐, プラスチツク包装食品の品質変化とその防止, 日本食品工業学会誌, 28, 1981.

123. 石関 忠一, コンタミネーションコントロール便覧, 臼本空気清浄協会編, p. 365, 日本空気清浄協会, 1996.

124. 星野 純, 上野一恵, 脱酸素剤嫌気下での微生物の挙動に関する研究 第4報, 低温下での *Clostridiumm botulinum* Type Eの増殖, 食品と微生物, 9, pp. 151-157, 1992.

125. 星野 純, 包装による微生物制御, 日本食品微生物学会雑誌, 12, pp. 97-104, 1995.

126. 小久保護, 過酸化水素蒸気滅菌 防菌防黴, *Journal of antibacterial and antifungal agents*, 28.2, pp. 95-97, 2000.

127. 小野一晃, et al. 食鳥肉処理施設における鶏肉のカンピロバクター汚染とその対策. 日本食品微生物学会雑誌, 24.4, pp. 194-197, 2007.

128. 송보현. 현미와 백미의 저장중 초기흡습 속도의 비교. *J. Korean Agric. Chem. Soc*. Vol.32(2), pp. 79-84, 1989.

129. 矢内美幸, カビが原因となった食品中の異物事例, 日本食品微生物学会雑誌, 34, pp. 115-117, 2017.

130. 野間誠司, 二酸化炭素を用いた食品の微生物制御に関する研究, 日本食品科学工学会誌, 67, pp. 85-91, 2020.

131. 宇田川俊一, カビによる食品の変敗と危害対策, HACCP 7.2, 2001

132. 유석재, et al., 플라즈마-농식품 융합선도기술개발 사업계획 수립에 관한 연구용역 최종보고서, 전라북도, 2013.

133. 유석재, 플라즈마 기술의 농식품 분야 활용, *Vacuum Magazine*, 2015.

134. 윤태성, 홍기정, 거짓쌀도둑거저리(*Tribolium castaneum*) 성충에서 저장곡물에 발생하는 곰팡이 분리, 한국응용곤충학회 임시총회 및 추계학술 대회, p. 119, 2016

135. 윤태중, 저장곰팡이 오염 현미에 대한 쌀바구미의 선호성. *Korean J. Appl. Entomol*. Vol.

42(4). pp. 329-334. 2003.

136. 이데레사, 이수형, 이정화, 윤종철, 오경석, 국내산 미곡에 발생하는 곰팡이와 곰팡이독소, Res. Plant Dis. 18(4) : pp. 261–267, 2012.

137. 이세은, 유통쌀의 품질유지를 위한 유통방법 및 포장기술개발, 농림부 최종보고서, 2001.

138. 荻原博和, 食肉および食肉製品の非加熱技術による微生物制御に関する研究, 日本食品保蔵科学会誌 VOL. 36, pp. 29-37, 2010.

139. 田口信夫. 食品への異物混入. 日本調理科学会誌, 43, pp. 314-318, 2010.

140. 전용호, 플라즈마 처리 후 농식물 생리 시스템 변화 연구, 2014 년도 연차실적계획서, 국가핵융합연구소, 2014.

141. 田村正人, ノシメマダラメイガ(Plodia interpunctella HUBNER)の生態に関する実験的研究, 東京農業大学, p. 122, 1978.

142. 정남용, 최성숙, 최순남. 숯 포장재가 백미, 현미, 흑미 저장중 물리화학적 변화에 미치는 영향. *Korean J. Soc. Food cookery Sci*. Vol. 20, No. 6, December, 2004.

143. 정덕열, et al. ,발효식품의 품질을 저해하는 부패 효모의 발생 원인과 검출 및 제어방법, *Korean Society for Biotechnology and Bioengineering Journal*, 35, pp. 23-33, 2020."

144. 町田三一, 物理的手法による非加熱殺菌技術, 第 4 節紫外線による殺菌技術 食品の非加熱殺菌応用 ハンドブック, pp. 74-87, 2001.

145. 堤 陽太郎, 山口 尹通, レトルト食品, 光琳, 1994.

146. 佐藤邦裕, 異物混入を防ぐ! ひと目でわかる!すぐに役立つ!! ,日本食品衛生協會, 2016.

147. 中北宏他, 家屋害虫, 17, p. 79, 1995.

148. 中沢文子, 電子レンジによる食品加熱の話, 調理科学, 1987.

149. 中村恵子, 電子レンジ加熱における試料の温度及び吸収エネルギーに及ぼす塩化ナトリウム添加の影響, 日本家政学会誌, 54, pp. 351-356, 2003.

150. 芝崎 勲, 加熱殺菌, 新・食品殺菌工学, 光琳, 1998.

151. 清水 潮, 加熱による微生物の殺菌, 食品微生物の科学, pp. 154-160, 2001.

152. 清水 潮, 加熱による微生物の殺菌, 食品微生物の科学, 幸書房, 東京, 2012.

153. 村尾沢夫, 藤井ミチ子, 荒井基夫, "くらしと微生物", 培風館, 1993.

154. 최윤희, 온도와 포장재에 따른 백미의 저장 가능기간, *Korean J. Food Preserv*. Vol. 12, No. 4, pp. 310-316, 2005.

155. 坂本広美, et al., 食品衛生法の規制と試験法からみたプラスチック中の化学物質, 廃棄物学会誌, 18, pp. 330-337, 2007.

156. 平田孝, 包装の事典, 日本包装学会編, 朝倉書庖, 2001.

157. 하영래, 米穀貯藏中 Fungus 侵害 判定에 關한 硏究. *Korean J. Appl. Microbiol. Bioeng*. Vol. 7, No. 1, pp. 15-21, 1979.

158. 현재선, 쌀바구미(*Sitophilus oryzae* Linne)의 현미함수량에 미치는 영향. 한국응용곤충학회지, Vol. 1, pp. 20-25, 1962.

159. 현재선, 유문일. 쌀바구미의 생육에 미치는 *Aspergillus* spp.의 영향. *Kor. J.Pl. Prot*, Vol. 13, No. 2, pp. 71-75, 1974.

160. 현재선, 저장중의 맥류에 미치는 쌀바구미(*Sitophilus oryzae* L.)의 영향, 한국응용곤충학회지, Vol. 3, pp. 27-30, 1964.

161. 横山理雄, ガス置換包装の現状と課題, 日本水産学会誌, 61, pp. 97-98, 1995.

162. 横山理雄, 食品の安全·衛生包裝, 幸書房, 2002.

163. 横山理雄, 矢野俊博, 食品の無菌包裝, 社幸書房, 2003.

164. 横山理雄, 栗田守敏, 包裝食品の安全戰略, 日報出版社, 2002.

Index

ㅈ

D

E

F

G

저자 소개

김정민

현재 고려대학교 건강기능식품연구센터 연구교수
고려대학교 생명공학과 이학박사(식품공학 전공)
(주)오리온 마케팅 포장팀
(주)오뚜기 중앙연구소 포장개발실 실장
한국농수산식품유통공사 농식품유통교육원 유통연구소 교수

배호재

현재 건국대학교 KU융합과학기술원 줄기세포재생공학과 부교수
Lecturer, Harvard Medical School, Boston, USA
한국과학기술한림원(YKAST) 회원
Clemson University Food Technology 박사
Associate Bioengineer, Brigham Women's Hospital, Department of Medicine, Boston, USA
전임교원, Harvard Medical School, Boston, USA
경희대학교 치의학전문대학원 악안면생체공학교실 조교수
건국대학교 동물생명과학대학 바이오산업공학과 조교수

최원영

현재 식품의약품안전처 보건연구관
고려대학교 생명공학과 이학박사(식품공학 전공)
동원F&B 식품연구소 선임연구원
미국 메사추세츠공과대학 Research scientist

박준석

현재 한국식품산업협회 위생교육본부 5급
고려대학교 생명공학부 시스템식품공학과 석사

인지
생략

실무를 위한 식품포장 위생 · 안전관리

2021년 10월 20일 초판 인쇄
2021년 10월 25일 초판 발행

지은이 김정민 · 배호재 · 최원영 · 박준석
발행인 이 영 호
발행처 **수 학 사**
10881 경기도 파주시 회동길 56 기한재 1층
출판등록 1953년 7월 23일 제2020-000143호
전화번호 031) 946-4642(代) 팩스 031) 944-1457
http://www.soohaksa.co.kr
디자인 북큐브

값 27,000원
ISBN 978-89-7140-738-7 93590